G. ANDRÉ

CHIMIE AGRICOLE

CHIMIE DU SOL

PARIS

J.B. BAILLIÈRE & FILS

GUSTAVE ANDRÉ

CHIMIE AGRICOLE

******

CHIMIE DU SOL

Encyclopédie Agricole

60 volumes in-18 de chacun 400 à 500 pages, illustrés de nombreuses figures.
Chaque volume : broché, 5 fr. ; cartonné, 6 fr.

I. — SCIENCES APPLIQUÉES A L'AGRICULTURE.

Botanique agricole	MM. Schribaux et Nanot, prof. à l'Inst. agron.
Chimie agricole, 2 vol.	M. André, prof. à l'Inst. agron.
Géologie agricole	M. Cond, professeur d'agriculture.
Hydrologie agricole	M. Diénert, ingénieur agronome.
Microbiologie agricole	M. Kayser, maître de conf. à l'Inst. agron.
Zoologie agricole	M. G. Guénaux, répétiteur à l'Inst. agronomique.
Entomologie et Parasitologie agric.	
Analyses agricoles, 2 vol.	M. Guillin, dir. du lab. de la S. des agr. de France.

II. — PRODUCTION ET CULTURE DES PLANTES.

Agriculture générale, 2 vol.	M. P. Diffloth, professeur d'agriculture.
Engrais	
Céréales	M. Garola, prof. d'agricult. d'Eure-et-Loir.
Prairies et plantes fourragères	
Plantes industrielles	M. Hitier, maître de conf. à l'Inst. agron.
Cultures potagères	M. L. Bussard, prof. à l'Éc. d'hort. de Versailles.
Arboriculture fruitière	MM. L. Bussard et G. Deval.
Sylviculture	M. Fron, inspecteur des eaux et forêts.
Viticulture	M. Pacottet, chef de lab. à l'Instit. agron.
Cultures de serres	
Cultures méridionales	MM. Rivière et Lecq, insp. de l'agric., à Alger.
Maladies des plantes cultivées, 2 vol.	I. Delacroix. — II. Delacroix et Maublanc.

III. — PRODUCTION ET ÉLEVAGE DES ANIMAUX.

Zootechnie générale	
— *spéciale*	
— *Races bovines*	M. P. Diffloth, professeur d'agriculture.
— *Races chevalines*	
— *Moutons, Chèvres, Porcs*	
— *Lapins, Chiens, Chats*	
Aviculture	M. Voitellier, maître de conf. à l'Inst. agron.
Apiculture	M. Hommell, professeur d'apiculture.
Pisciculture	M. G. Guénaux, répétiteur à l'Inst. agronomique.
Sériciculture	M. Vieil, insp. de la séricic. de l'Indo-Chine.
Alimentation des animaux	M. R. Gouin, ing. agronome.
Hygiène et maladies du bétail	MM. Cagny, méd. vétér., et R. Gouin.
Hygiène de la ferme	MM. Regnard et Portier.
Élevage et Dressage du Cheval	M. G. Bonnefont, officier des haras.
Chasse, Élevage du gibier, Piégeage.	M. A. de Lesse, ing. agronome.

IV. — GÉNIE RURAL.

Machines agricoles, 2 vol.	M. Coupan, chef de travaux à l'Inst. agronomique.
Moteurs agricoles	
Matériel viticole	M. Brunet, Introduction par M. Viala.
Constructions rurales	M. Danguy, dir. des études de l'École de Grignon.
Arpentage et Nivellement	M. Muret, professeur à l'Institut agronomique.
Drainage et Irrigations	MM. Risler et Wery.
Électricité agricole	M. Petit, ingénieur agronome.

V. — TECHNOLOGIE AGRICOLE.

Sucrerie, Meunerie, Boulangerie	M. Saillard, prof. à l'École des ind. agr. de Douai.
Industries agric. de fermentation	
Brasserie	M. Boullanger, chef de lab. à l'Inst. Past. de Lille.
Distillerie	
Pomologie et Cidrerie	M. Warcollier, dir. de la stat. pomolog. de Caen.
Vinification	M. Pacottet, chef de lab. à l'Inst. agron.
Laiterie	M. Ch. Martin, anc. dir. de l'École d'ind. lait.

VI. — ÉCONOMIE ET LÉGISLATION RURALES.

Économie rurale	M. Jouzier, prof. à l'École d'agric. de Rennes.
Législation rurale	
Comptabilité agricole	M. Convert, professeur à l'Institut agronomique
Le Livre de la Fermière	Mᵐᵉ O. Bussard.
Le Livre agricole des Instituteurs	
Lectures agricoles	M. Sagnier-Spencer, professeur d'agriculture.
Dictionnaire d'agriculture et de viticulture, 2 vol.	

ENCYCLOPÉDIE AGRICOLE

Publiée par une réunion d'Ingénieurs agronomes

SOUS LA DIRECTION DE G. WERY

CHIMIE AGRICOLE

★ ★

CHIMIE DU SOL

PAR

Gustave ANDRÉ

PROFESSEUR A L'INSTITUT NATIONAL AGRONOMIQUE
AGRÉGÉ DE LA FACULTÉ DE MÉDECINE

Introduction par le D P. REGNARD*
DIRECTEUR DE L'INSTITUT NATIONAL AGRONOMIQUE
MEMBRE DE LA SOCIÉTÉ N¹⁰ D'AGRICULTURE DE FRANCE

PARIS

LIBRAIRIE J.-B. BAILLIÈRE ET FILS

49, rue Hautefeuille, près du Boulevard Saint-Germain

1913

L'Institut national agronomique.

INTRODUCTION

Si les choses se passaient en toute justice, ce n'est pas moi qui devrais signer cette préface.

L'honneur en reviendrait plus naturellement à l'un de mes deux éminents prédécesseurs :

A Eugène Tisserand, que nous devons considérer comme le véritable créateur en France de l'enseignement supérieur de l'agriculture : n'est-ce pas lui qui, pendant de longues années, a pesé de toute sa valeur scientifique sur nos gouvernements et obtenu qu'il fût créé à Paris un Institut agronomique comparable à ceux dont nos voisins se montraient fiers depuis déjà longtemps ?

Eugène Risler, lui aussi, aurait dû, plutôt que moi,

présenter au public agricole ses anciens élèves devenus des maîtres. Près de douze cents ingénieurs agronomes, répandus sur le territoire français, ont été façonnés par lui : il est aujourd'hui notre vénéré doyen, et je me souviens toujours avec une douce reconnaissance du jour où j'ai débuté sous ses ordres et de celui, proche encore, où il m'a désigné pour être son successeur (1).

Mais, puisque les éditeurs de cette collection ont voulu que ce fût le directeur en exercice de l'Institut agronomique qui présentât aux lecteurs la nouvelle *Encyclopédie*, je vais tâcher de dire brièvement dans quel esprit elle a été conçue.

Des ingénieurs agronomes, presque tous professeurs d'agriculture, tous anciens élèves de l'Institut national agronomique, se sont donné la mission de résumer, dans une série de volumes, les connaissances pratiques absolument nécessaires aujourd'hui pour la culture rationnelle du sol. Ils ont choisi pour distribuer, régler et diriger la besogne de chacun, Georges WÉRY, que j'ai le plaisir et la chance d'avoir pour collaborateur et pour ami.

L'idée directrice de l'œuvre commune a été celle-ci : extraire de notre enseignement supérieur la partie immédiatement utilisable par l'exploitant du domaine rural et faire connaître du même coup à celui-ci les données scientifiques définitivement acquises sur lesquelles la pratique actuelle est basée.

Ce ne sont pas de simples Manuels, des Formulaires irraisonnés que nous offrons aux cultivateurs; ce sont de brefs Traités, dans lesquels les résultats incontestables sont mis en évidence, à côté des bases scientifiques qui ont permis de les assurer.

Je voudrais qu'on puisse dire qu'ils représentent le véri-

(1) Depuis que ces lignes ont été écrites, nous avons eu la douleur de perdre notre éminent maître, M. Risler, décédé, le 6 août 1905, à Salèves (Suisse). Nous tenons à exprimer ici les regrets profonds que nous cause cette perte. M. Eugène Risler laisse dans la science agronomique une œuvre impérissable.

table esprit de notre Institut, avec cette restriction qu'ils ne doivent ni ne peuvent contenir les discussions, les erreurs de route, les rectifications qui ont fini par établir la vérité telle qu'elle est, toutes choses que l'on développe longuement dans notre enseignement, puisque nous ne devons pas seulement faire des praticiens, mais former aussi des intelligences élevées, capables de faire avancer la science au laboratoire et sur le domaine.

Je conseille donc la lecture de ces petits volumes à nos anciens élèves, qui y retrouveront la trace de leur première éducation agricole.

Je la conseille aussi à leurs jeunes camarades actuels, qui trouveront là, condensées en un court espace, bien des notions qui pourront leur servir dans leurs études.

J'imagine que les élèves de nos Écoles nationales d'agriculture pourront y trouver quelque profit et que ceux des Écoles pratiques devront aussi les consulter utilement.

Enfin c'est au grand public agricole, aux cultivateurs, que je les offre avec confiance. Ils nous diront, après les avoir parcourus, si, comme on l'a quelquefois prétendu, l'enseignement supérieur agronomique est exclusif de tout esprit pratique. Cette critique, usée, disparaîtra définitivement, je l'espère. Elle n'a d'ailleurs jamais été accueillie par nos rivaux d'Allemagne et d'Angleterre, qui ont si magnifiquement développé chez eux l'enseignement supérieur de l'agriculture.

Successivement, nous mettons sous les yeux du lecteur des volumes qui traitent du sol et des façons qu'il doit subir, de sa nature chimique, de la manière de la corriger ou de la compléter, des plantes comestibles ou industrielles qu'on peut lui faire produire, des animaux qu'il peut nourrir, de ceux qui lui nuisent.

Nous étudions les manipulations et les transformations que subissent, par notre industrie, les produits de la terre :

la vinification, la distillerie, la panification, la fabrication des sucres, des beurres, des fromages.

Nous terminons en nous occupant des lois sociales qui régissent la possession et l'exploitation de la propriété rurale.

Nous avons le ferme espoir que les agriculteurs feront un bon accueil à l'œuvre que nous leur offrons.

Dr PAUL REGNARD,

Membre de la Société nationale
d'agriculture de France,
Directeur de l'Institut national
agronomique.

PRÉFACE

Le petit livre que nous publions aujourd'hui sous le titre de *Chimie du sol* est le complément indispensable de notre *Chimie végétale* qui a paru dans cette Encyclopédie il y a quatre ans. Ces deux volumes forment un Traité élémentaire de Chimie agricole essentiellement destiné à l'enseignement.

Il est à peine besoin de faire ressortir l'intérêt de premier ordre qui s'attache à l'étude du sol. C'est le sol qui nourrit la plante, qui lui fournit de l'azote et certains éléments minéraux capables de concourir à l'édification de ses tissus. C'est au sol, par conséquent, que l'homme et les animaux demandent leur propre alimentation.

Le sol nous offre ses richesses sous les aspects les plus variés: aussi toutes les sciences humaines trouvent-elles dans son étude des sujets de recherches d'une inépuisable fécondité. Ces matériaux précieux que chaque branche de la science accumule lentement après des années de labeur, il appartient à l'agronome de les mettre en valeur.

On comprend donc que celui qui se hasarde à écrire un Traité de Chimie agricole, fut-il aussi élémentaire que l'ouvrage actuel, éprouve quelque appréhension en pensant à la somme des connaissances qu'il devrait posséder pour servir utilement la cause de l'agriculture et celle de l'enseignement. Puisse cette considération rendre le lecteur indulgent lorsqu'il rencontrera, dans les pages qui suivent, des erreurs ou des omissions.

Le chimiste qui s'occupe d'agriculture envisage le problème du sol de la façon suivante. Étant donnée une plante, quels sont les éléments que cette plante prend au sol, sous quelle forme ces éléments lui sont-ils présentés, quel est leur degré d'assimilabilité, par quels procédés peut-on modifier le sol en vue de lui faire porter telle récolte déterminée.

C'est en nous inspirant de ces idées que nous avons cru devoir adopter l'ordre suivant dans l'exposé de l'histoire du sol.

Après avoir établi, dans un premier chapitre, la nature et le nombre des problèmes que soulève l'étude du sol et avoir remarqué que le sol était, avant tout, formé d'une infinité de fragments rocheux, nous cherchons, dans le chapitre II, par quelle succession de phénomènes cette poussière minérale, que nous appelons la terre arable, a pu prendre naissance. Nous décrivons les effets mécaniques de trituration et d'érosion des roches massives qu'engendrent les glaciers, les torrents, l'action de la gelée, les racines des arbres, le développement des végétations cryptogamiques. Ces effets mécaniques s'accompagnent de réactions chimiques d'hydratation, de dissolution, d'oxydation, de carbonatation, qui seront d'autant plus efficaces, vis-à-vis de la pulvérisation et des métamorphoses ultérieures que subit la roche initiale, qu'elles s'exerceront sur une plus grande surface ; ce sont donc les phénomènes mécaniques qui préparent un champ d'action aux phénomènes chimiques. Nous examinons ensuite, comme conséquence de ce travail préparatoire, les formes principales des éléments rocheux que l'on rencontre dans la terre arable, en insistant surtout sur ceux de ces éléments qui peuvent être de quelque utilité dans la nutrition des plantes.

Le chapitre III comporte une étude sommaire des gaz de l'atmosphère en tant qu'agents chimiques destinés à intervenir d'une manière incessante dans les phénomènes dont le sol est le théâtre.

Le sol étant ainsi défini dans sa formation, nous examinons, dans le chapitre IV, sa structure physique. Nous classons les éléments si variés qu'il renferme en un petit nombre de substances fondamentales, faciles à isoler, et nous cherchons quels sont les facteurs qui favorisent ou entravent la circulation de l'eau et des gaz de l'atmosphère dans la masse du sol.

Nous passons ensuite, dans le chapitre V, à l'exposé des propriétés physiques de la terre arable : poids spécifique, capacité pour l'eau, aptitude à la dessiccation, relations avec la chaleur solaire, etc.

Chaque élément d'une terre joue un rôle physique déterminé

vis-à-vis de la distribution des fluides dans son épaisseur. Les effets réciproques de ces éléments s'ajoutent ou se combattent suivant leurs proportions relatives. Aussi est-il très important de pouvoir définir, dans chaque cas particulier, quelle est la quantité de tel élément qui entre dans la composition d'un sol donné : c'est le but que se propose d'atteindre l'analyse mécanique et physique à laquelle nous consacrons le chapitre VI.

Le milieu solide dont l'agriculteur modifie constamment la surface par les travaux du labourage nous est maintenant connu. Jusqu'ici, ce n'est qu'un support inerte. Nous devons chercher quelle est sa composition intime, aborder, par conséquent, l'étude de sa structure chimique, définir la nature, les formes, la quantité des substances nutritives que la plante doit y rencontrer. Dans le chapitre VII, nous nous livrons à l'examen de la constitution chimique de la matière minérale des sols ; nous étudions principalement le mode d'obtention, la composition et le titre des dissolutions que contient normalement une terre arable : car les racines n'empruntent vraisemblablement au sol les éléments fixes dont la plante a besoin que lorsque ceux-ci atteignent un haut degré de division tel que celui que présente une substance saline en solution dans l'eau. Les phénomènes de double décomposition qui interviennent dans la production des matériaux solubles nous arrêteront quelques instants, et nous essaierons ensuite de définir les différentes formes de la matière minérale utiles au végétal, d'après l'action de certains réactifs énergiques.

Les substances minérales, si nombreuses et si variées, avec lesquelles nous venons de prendre contact dans les chapitres précédents, sont toujours intimement mélangées avec des quantités variables de matières organiques, débris des végétations antérieures. Ces deux sortes de matériaux réagissent les uns sur les autres, non seulement au point de vue physique, mais ils se pénètrent réciproquement et forment entre eux de véritables combinaisons. L'humus, c'est ainsi qu'on nomme le plus souvent la substance organique des sols, est un générateur de gaz carbonique ; c'est lui qui est la source principale de l'azote que les plantes absorbent après que cet azote a subi certaines transformations indispensables qui doivent l'amener à l'état diffusible. Ces notions sur la constitution et le rôle de la matière organique des sols sont développées dans le chapitre VIII.

Un bon sol arable présente toujours la propriété remarquable de retenir, pour le plus grand profit des plantes qu'il porte, certains éléments minéraux solubles que les eaux d'arrosage ou de drainage ne lui enlèvent pas, alors que d'autres éléments, non moins utiles, sont fatalement entraînés. Cette propriété spéciale, connue sous le nom de *pouvoir absorbant* est, à la fois, sous la dépendance de phénomènes chimiques et d'actions physiques de surface. Lorsqu'on en connaît les facteurs principaux, il est possible de la modifier dans un sens favorable à la nutrition de la plante. Le chapitre IX comprend la description de ce phénomèe particulier.

De même que nous avons dû chercher les moyens susceptibles de nous renseigner sur la quantité des éléments capables de jouer dans la terre arable un rôle physique important, il nous faut à présent examiner les procédés qui permettent de doser les substances nutritives que contient le sol. Nous nous efforcerons surtout de définir la fraction de ces éléments qui est actuellement assimilable par la plante, c'est-à-dire, immédiatement disponible sous une forme propre à l'absorption. Ce sont les principales méthodes de l'analyse chimique des sols que nous exposerons dans le chapitre IX.

Nous avons, jusqu'à présent, considéré le sol comme un milieu purement minéral, comme une sorte de poussière dénuée de vie dans laquelle les seuls changements qui se manifestent ne sont régis que par les lois de la mécanique chimique. Or, le sol est peuplé des espèces microbiennes les plus variées. La plupart de ces microorganismes possèdent une influence de premier ordre sur les transformations que subit la matière organique si étroitement unie à la matière minérale. Dans les conditions favorables, ces transformations aboutissent toujours à la simplification du noyau organique, de telle façon que celui-ci se résout finalement en gaz carbonique, eau, ammoniaque, acide nitrique. Aussi le noyau organique, tel qu'il est contenu dans l'humus primitif, serait-il presque toujours inutilisable s'il ne subissait, de la part des infiniment petits, des métamorphoses profondes qui le minéralisent et lui permettent ainsi de concourir activement à la nutrition végétale. Le sol est donc en fermentation continuelle, il évolue comme évoluerait un organisme vivant ; la terre arable est un véritable bouillon de culture.

Il y a quarante ans à peine que cette étude microbiologique du sol a été entreprise de façon méthodique ; mais les résultats qu'elle a déjà fournis sont d'une telle importance que tout chimiste qui s'occupe d'agriculture ne saurait s'en désintéresser. C'est dans le chapitre XI que nous développons les notions relatives aux propriétés biologiques du sol.

Cette vie microbienne retentit d'une manière remarquable sur la fertilité d'une terre : ce dont il est facile de se convaincre par une étude attentive des eaux de drainage à laquelle nous réservons le chapitre XII.

Il existe une infinie variété de sols, puisqu'il existe une infinie variété de roches et que le mode de décomposition, physique et chimique, de ces masses rocheuses n'est jamais le même en tous lieux. Il est donc indispensable, afin de conclure, d'essayer d'établir une classification des sols, d'examiner leurs propriétés respectives en vue de connaître la nature des plantes qu'ils pourront porter et le genre des engrais ou amendements qu'il sera bon de leur incorporer dans le but de les améliorer. L'exposé critique des différentes classifications des sols fait l'objet du chapitre XIII et dernier.

L'étude rationnelle de la terre arable comporte donc, ainsi que nous venons de le montrer, une multitude de problèmes de la plus haute importance, problèmes qui, le plus souvent, ne sauraient être traités séparément et dont la solution, il faut l'avouer, est encore fort incomplète dans la plupart des cas.

C'est dans le but de jeter un peu de lumière sur quelques-uns des points les plus remarquables de la Chimie du sol que nous avons entrepris la rédaction de ces pages. Nous serons amplement récompensés des efforts qu'elles nous ont coûtés si leur lecture peut être de quelque profit aux agriculteurs, aux chimistes qui s'occupent de physiologie générale, à tous ceux enfin qui s'intéressent aux choses de la nature.

Nous n'avons pas pensé que, dans ce livre élémentaire, il fut indispensable de donner des références bibliographiques, bien qu'on nous ait reproché déjà cette lacune à propos de notre *Chimie végétale*. Nous avons dû, cela va sans dire, consulter un grand nombre de mémoires parus, pour la plupart, dans les périodiques les plus connus sur la matière. Nous nous contenterons d'indiquer ici le titre d'un certain nombre d'ouvrages auxquels nous avons fait de fréquents emprunts :

BOUSSINGAULT : *Agronomie, Chimie agricole* et *Physiologie* : 8 volumes, Paris, 1860-1891. — SCHLŒSING : *Contribution à l'étude de la Chimie agricole* (Encyclopédie Frémy), Paris, 1885. — DEHÉRAIN : *Traité de Chimie agricole*, 3e édition, Paris, 1902. — WOLLNY : *La décomposition des matières organiques et les formes de l'humus*, traduction L. Henry, Paris, 1902. — HALL : *Le sol en agriculture*, traduction Demolon, Paris, 1906. — HARWEY W. WILEY : *Principes and Practice of agricultural analysis*, 2e édition, volume I, Easton, 1906. — A. MAYER : *Lehrbuch der Agrikulturchemie*, 5e édition, Heidelberg, 1911. — E. RAMANN : *Bodenkunde*, 3e édition, Berlin, 1911. — E. A. MITSCHERLICH : *Bodenkunde fur Land und Forstwirte*, Berlin, 1905. — LÖHNIS : *Handbuch der landwirtschaftlichen Bakteriologie*, Berlin, 1910.

Il est, en terminant, un devoir qu'il nous est agréable de remplir. Nous avons eu bien des fois recours aux conseils et à la critique éclairée de notre ami E. Demoussy. Nous le remercions, comme il le mérite, de n'avoir ménagé ni son temps, ni sa peine, dans la révision méticuleuse des pages de ce petit ouvrage.

G. ANDRÉ.

1er *Novembre* 1912.

CHIMIE DU SOL

CHAPITRE PREMIER

INTRODUCTION
A L'ÉTUDE DE LA CONNAISSANCE DU SOL

But de cette étude. — Aspect général du sol. — Inhomogénéité du
sol. — Terre arable. — Couches situées au dessous de la terre arable.
— Comment on peut étudier le sol. — Éléments minéraux absorbés
par la plante.

I

ASPECT GÉNÉRAL DU SOL.

Nous appelons *sol* cette masse solide dans laquelle les végétaux enfoncent leurs racines. Le sol sert de support à la plante
qui résiste, en général, d'autant mieux à l'action du vent que
ses racines sont plus puissantes et pénètrent à une plus grande
profondeur.

Mais le sol n'est pas seulement un support inerte : la plante
qui se développe, soit parce que sa graine a été déposée en tel
ou tel endroit par suite des caprices du hasard, soit parce que
cette graine y a été intentionnellement placée, trouve, dans ce
milieu solide, des éléments qu'elle absorbe et qui sont indispensables à son accroissement. Ces éléments sont l'*eau* et *certaines
matières minérales*. Toutes les recherches faites depuis plus de
soixante ans sur la nutrition végétale démontrent, en effet,
de la façon la plus formelle qu'un petit nombre de substances
fixes, et toujours les mêmes, servent à l'édification des tissus de
la plante. De telle sorte que, si l'on rencontrait quelque part
une surface de terre absolument dépourvue de végétation, on

pourrait affirmer qu'une ou plusieurs des matières indispensables à la plante feraient défaut : en supposant toutefois que la température de l'air ambiant ne soit ni assez basse ni assez élevée pour mettre un obstacle à la vie végétale.

Le sol est un milieu inhomogène. — Examinons maintenant d'un peu plus près la masse solide sur laquelle sont implantés les végétaux. A la simple inspection, nous remarquerons que cette masse présente les aspects extérieurs les plus différents. Sa *couleur* est très variable ; parfois elle est blanche : c'est ce que l'on remarque chez les sols qui renferment un excès de calcaire ; elle est très souvent d'un blanc grisâtre : tel est le cas des sols riches en silice ; elle est d'un rouge plus ou moins vif, tirant sur le brun : elle caractérise alors les sols ferrugineux ; elle est d'un brun plus ou moins foncé chez la plupart des sols cultivés ; enfin elle est parfois noire, ainsi qu'on peut l'observer dans les tourbières.

On peut dire qu'à chaque coloration, mais ceci est loin d'être absolu, correspond *une flore spontanée* différente : ce qui signifie que, si dans toutes ces masses solides on rencontre les mêmes éléments fondamentaux propres à la nutrition de la plante, ces éléments n'y sont pas contenus dans les mêmes proportions, *et que la façon dont ils sont agencés dans tel ou tel endroit* convient à telle plante et non à telle autre.

Une observation superficielle nous montre également que certains sols renferment des éléments plus ou moins volumineux : pierres, cailloux, aux dimensions variées, alors que d'autres paraissent constitués par des éléments beaucoup plus fins. Telles sont les notions très sommaires que nous pouvons acquérir par un simple coup d'œil jeté en passant sur une étendue quelconque de terrain. La conclusion que nous en tirons est donc celle-ci : cette portion de notre planète qui porte des végétaux est essentiellement *inhomogène*.

Ce défaut d'homogénéité, nous allons le retrouver jusque dans les moindres parcelles de la masse que nous venons d'examiner sommairement. Prenons 2 ou 3 kilogrammes de n'importe quelle terre — et, par ce mot, nous entendrons désormais cette partie de l'écorce solide du globe dans laquelle s'enfoncent les racines d'une plante —

jetons-les sur un tamis dont les mailles auront une ouverture d'un centimètre par exemple. Suivant la nature de la terre soumise à l'expérience, il restera sur ce tamis une quantité plus ou moins notable de pierres. Nous pouvons juger immédiatement que celles-ci possèdent des formes et des couleurs très variées. Le tamis retient également, dans bien des cas, des fragments de substances amorphes, molles, dans lesquelles nous reconnaissons aisément des débris de végétaux morts. Tamisons avec des tamis de plus en plus fins la masse de terre qui s'est échappée de notre premier appareil, et nous retrouverons, aux dimensions près, les mêmes éléments que ceux que le premier tamis avait retenus. Finalement, servons-nous de la loupe pour examiner ce qu'un tamis d'un demi-millimètre laisse passer. A côté de fragments de matières dures, présentant parfois des formes géométriques, nous trouvons une quantité considérable d'éléments, sans contours définis, les uns opaques, les autres plus ou moins transparents. Au milieu de cet ensemble sont éparpillées des parcelles de matière *organique* qu'il est souvent très facile de distinguer des éléments *minéraux*.

Toutes ou presque toutes les terres auxquelles nous ferons subir ce traitement donneront le même résultat : seules, les proportions de ces divers fragments de nature variée ne seront pas les mêmes. La terre est donc constituée jusque dans ses moindres éléments par des particules sans homogénéité. Cette *analyse immédiate* peut être également pratiquée de façon très simple en jetant dans un grand vase transparent plein d'eau une poignée de terre. Certains éléments grossiers parviennent rapidement au fond ; d'autres, de plus petites dimensions, mettent un temps plus long à parcourir le liquide ; d'autres restent assez longtemps en suspension, à cause de leur degré de finesse extrême ; d'autres, enfin, surnagent et sont constitués, en majeure partie, par des débris végétaux de grosseur très variable et dans un état d'altération plus ou moins avancée. Nous aurons très prochainement l'occasion de montrer comment et pourquoi la terre présente forcément cette structure particulière.

A quelle profondeur pénètrent les racines ? — Terre arable. — Quelle est la profondeur à laquelle pénètrent les racines? Cette profondeur varie beaucoup non seulement avec la nature des végétaux, mais aussi avec la constitution du milieu solide dans lequel cheminent ces racines. Les racines des grands arbres, et même parfois celles des plantes annuelles, peuvent pénétrer à une profondeur de plusieurs mètres si, dans la masse du sol, n'existent pas d'obstacles. Lorsque, au contraire, la roche compacte se trouve à une faible distance de la surface, les racines buteront contre cette roche et s'étaleront sur une circonférence dont le diamètre sera plus ou moins grand. Lorsqu'une plante ne peut trouver en profondeur les éléments nutritifs dont elle a besoin, elle les cherche en largeur. C'est ce que l'on observe fréquemment lorsque les racines d'un végétal atteignent une couche sableuse très pauvre en substances fertilisantes. On peut donc, dans bien des cas, juger de la richesse d'un sol en examinant la quantité de végétaux qui s'y développent sur une surface déterminée. Ceux-ci seront d'autant plus abondants et leur développement se fera d'autant mieux que le sol dans lequel ils puisent leurs aliments sera plus profond ; ils seront d'autant plus clairsemés et d'une végétation d'autant plus languissante que la couche de terre sera moins profonde. Tout revient donc, en agriculture, à disposer, lorsque la chose est possible, d'un sol profond, susceptible de renfermer un approvisionnement suffisant de matériaux aptes à fournir aux végétaux qu'il porte les substances indispensables à leur existence. Cependant la fertilité d'une pareille terre ne saurait être indéfinie, sauf dans des cas exceptionnels. Pour maintenir au même niveau sa fécondité, il est indispensable de lui *restituer* les éléments dont elle s'est dépouillée par suite des récoltes successives qu'elle a portées. Il faut, et ceci est de première importance, la *remuer* à certaines époques afin de diminuer sa compacité et de lui permettre d'emmagasiner de l'air et de l'eau. Lorsque la masse terreuse est ainsi divisée, l'ensemencement des graines est rendu plus facile, et la réussite de leur germination est mieux assurée. Ce travail mécanique est celui de la bêche ou de la charrue. A quelle profondeur pénètre le fer de ces instruments? A quelques décimètres à peine, même lorsqu'on fait usage des outils les plus perfectionnés. On est convenu d'appeler *terre arable* cette portion de la surface du globe dans laquelle peuvent pénétrer sans trop de difficultés les instruments de labour. La hauteur de cette couche est infiniment petite par rapport à la masse totale du sol, et la plupart des racines se répandent dans des régions beaucoup plus profondes que celles que nos instruments aratoires ont défoncées.

Importance de la couche située au dessous de celle de la terre arable. — Il résulte de ce qui précède que nous devons porter toute notre attention sur la couche de terre accessible aux instru-

ments aratoires : de cette couche nous pouvons modifier fonciére-
ment l'état physique, augmenter sa perméabilité par des façons
fréquentes, l'enrichir par l'addition d'engrais appropriés, la nettoyer
par le sarclage des mauvaises herbes qui disputent à la plante prin-
pale l'eau et les matières alimentaires. Mais si nos moyens de travail
sont bornés à l'amélioration d'une croûte fort mince, n'oublions pas
que les racines, ainsi que nous l'avons dit précédemment, s'introduisent dans des régions plus basses pour y chercher également de
l'eau et des matières alimentaires. Il est donc indispensable de connaître la nature et les propriétés de ces couches inférieures. La plante,
en effet, y puise très souvent la majeure partie des substances dont
elle a besoin. Ces notions seront ultérieurement développées avec
détails.

II

COMMENT ON PEUT ETUDIER LE SOL

Il est facile de se rendre compte, même à la suite d'un examen superficiel, que l'étude du sol comprend trois ordres de
problèmes généraux.

Les éléments minéraux dont nous avons reconnu la présence, et chez lesquels nous avons constaté la variabilité des
formes, possèdent des degrés de finesse très différents suivant
les sols. Il semble que ces débris minéraux, de grosseurs si variables, apparaissent comme les produits d'une trituration plus
ou moins énergique de masses initiales beaucoup plus volumineuses. Par quelle suite de phénomènes ou d'accidents naturels ces fragments font-ils leur apparition dans les sols dont
ils constituent les éléments fondamentaux? Avant toute
chose, il est donc indispensable d'étudier la *formation mécanique des sols*.

Or, le coup d'œil le plus sommaire nous montre que l'assemblage qui
résulte de cette formation n'est pas partout le même. Ce fait a
une importance considérable lorsqu'il s'agit de déterminer de quelle
façon l'eau et l'air, deux agents dont nous apprécierons plus tard
le rôle capital, se meuvent au travers des particules des différents
sols. Quelle est l'action de la *gelée*, par exemple, sur les masses minérales imprégnées d'eau ; quelle est l'*influence de la végétation* qui
s'installe spontanément sur un grand nombre de ces masses?
Le mouvement de l'eau entre les particules terreuses doit, à priori,
s'effectuer d'une façon qui ne sera pas identique d'une terre à l'autre ;
telle terre emmagasine beaucoup d'eau et la retient aisément ; telle

autre se conduit de façon inverse. Dans celle-ci, la circulation des gaz est aisée ; dans celle-là, le passage des gaz est lent. Certaines terres conservent l'eau qu'elles ont reçue du fait de la pluie ou des arrosages ; d'autres laissent aisément filtrer ce liquide. Une terre qui retient long-temps les liquides, qui, lorsque vient la sécheresse, se fendille puis se dessèche et forme des masses volumineuses dans lesquelles les instru-ments aratoires ont quelque peine à pénétrer, est une terre dont la cul-ture est difficile, parfois même impossible. Réciproquement, une terre perméable à l'eau est une terre qui s'émiette facilement si la sécheresse survient : les instruments de labour la pénètrent avec une grande faci-lité. Donc, puisque toutes les terres ne se comportent pas de la même manière vis-à-vis de la circulation de l'eau et des gaz, elles doivent présenter forcément des constitutions différentes. Leur origine n'étant pas identique, il en résulte que leur cohésion, leur aptitude à la dessic-cation, leur perméabilité diffèrent précisément parce que les éléments fondamentaux dont elles sont formées ne sont pas les mêmes. On conçoit, par conséquent, que *le premier problème* qui se pose, lorsqu'on étudie le sol, doit être celui de *sa constitution et de ses propriétés physiques*, précédé de celui de sa *formation mécanique*.

En second lieu, étant donnée la diversité des éléments minéraux que renferment les sols, on peut penser *à priori*, que ces éléments se conduiront de façon très variable vis-à-vis de l'eau et des gaz de l'at-mosphère qui circulent autour de chacune de leurs particules. Il est légitime de croire que le gaz carbonique, l'oxygène, l'eau, agissent suivant les cas et suivant la nature des masses minérales qui sont à leur contact, soit comme de simples dissolvants, soit comme des agents d'une décomposition plus ou moins profonde. En un mot, une série de *réactions chimiques* prennent naissance à chaque moment dans l'inti-mité du sol et fournissent des dissolutions d'une concentration qui varie avec la composition de la masse minérale. Il est facile de se faire une opinion à cet égard en récoltant quelques litres d'eau de drainage, c'est-à-dire d'eau ayant traversé une certaine épaisseur de terre. Si on évapore cette eau, on trouve toujours qu'elle abandonne des sub-stances fixes dont le poids et la composition chimique varient d'une terre à l'autre. Les débris organiques que renferment la plupart des sols disparaissent partiellement au contact de l'oxygène atmosphé-rique, emportés dans une combustion lente, mais incessante ; tandis que l'azote de ces matières apparaît, le plus souvent, dans l'eau de drainage que nous venons d'examiner, sous une forme nouvelle, celle d'acide nitrique. Ces dissolutions, ces réactions entre éléments minéraux, sont d'*ordre chimique* ; elles contribuent d'une façon très efficace à la nutrition de la plante dont les racines sont continuelle-ment baignées par ces liquides. Le *second problème* qui s'impose à notre attention, et dont nous venons de signaler toute l'importance, consistera dans l'étude de *la constitution et des propriétés chimiques des sols*.

Pour comprendre la nature du troisième problème, faisons l'expérience suivante. Prenons un liquide, tel que celui qu'emploient les bactériologistes, composé de sucre, d'un sel ammoniacal et de divers sels, tels que phosphates, sulfates, etc... Après avoir stérilisé ce liquide par la chaleur, projetons-y une parcelle d'une terre quelconque et chauffons-le à une température de 30° environ. Au bout de quelques jours, parfois même de quelques heures ce liquide sera fortement trouble. Si nous en examinons une goutte au microscope, nous la trouverons peuplée d'une foule de très petits organismes. Il existe donc dans le sol une *flore microscopique* infiniment variée. A la plupart des individus qui composent cette flore est dévolu un rôle particulier que de patientes recherches, entreprises depuis vingt-cinq ans, ont nettement défini dans un certain nombre de cas. Tel de ces microorganismes est un agent de combustion de la matière organique sur laquelle il s'est implanté ; tel autre est un oxydant de l'azote de cette matière organique ; tel autre transforme l'azote complexe en azote ammoniacal. Tous concourent, chacun suivant ses aptitudes, à modifier profondément la structure des molécules si variées qui constituent la terre végétale. Les phénomènes dont ces infiniment petits sont les agents dans le sol représentent, en somme, des phénomènes chimiques, mais d'une essence un peu particulière. Un phénomène chimique proprement dit provient du conflit de deux ou plusieurs substances présentant un certain degré d'affinité : contact de l'oxygène avec tel élément oxydable suivi d'une oxydation ou d'une peroxydation de la substance initiale, contact du gaz carbonique avec telle matière complexe (silicates par exemple), suivi de la carbonatation des bases et de la mise en liberté de la silice et de divers silicates plus simples. Ces phénomènes sont des phénomènes purement chimiques ; ils sont régis par les lois de la mécanique chimique. L'élévation de la température favorise au plus haut point leur genèse, et ils peuvent être très souvent réalisés dans le laboratoire avec une intensité et une rapidité que nous n'observons jamais dans la nature. Les phénomènes *biologiques*, au contraire, qui dépendent de la présence et du développement d'êtres vivants, ne sauraient avoir lieu que dans des limites de température compatibles avec l'existence de ces êtres. On serait donc tenté de croire que les réactions qu'ils provoquent ne devraient avoir qu'une faible intensité. Mais le nombre prodigieux de ces êtres sur la moindre parcelle de terre végétale, et le champ colossal de leur action, puisqu'ils peuvent s'attaquer aux plus minimes particules, compensent la petitesse relative de leur action sur un point déterminé. Les phénomènes chimiques qui sont subordonnés à la présence des microorganismes sont une conséquence du mode de nutrition des infiniment petits.

Nous en concluons que *le troisième problème* relatif à l'étude des sols est d'ordre *biologique ;* que nous devons connaître ceux de ces microorganismes qui travaillent à la solubilisation des éléments du sol destinés à nourrir la plante, et que nous devons combattre ceux qui, pour telle ou telle cause, entravent la vie de la plante, soit par production de gaz nuisibles, soit par formation de substances toxiques. Nous aurons, *en résumé*, à étudier les *propriétés* et *la constitution biologiques* des sols.

Telles sont la nature et l'étendue des problèmes que soulève l'étude du sol. Une autre question se présente maintenant à nous à laquelle nous allons essayer de répondre.

III

COMPOSITION ÉLÉMENTAIRE DE LA PLANTE. ÉLÉMENTS MINÉRAUX ABSORBÉS PAR LA PLANTE

L'analyse chimique nous enseigne que les tissus de la plante vivante renferment toujours les quatorze corps simples suivants : *carbone, hydrogène, oxygène, azote, phosphore, potassium, sodium, calcium, magnésium, silicium, fer, manganèse, soufre, chlore.*

Ces différents corps simples existent sous des états de combinaisons fort variées.

La *partie organique* du végétal, c'est-à-dire celle qui disparaît par l'incinération, est composée de carbone, d'hydrogène, d'oxygène et d'azote. Elle comprend des substances ternaires (hydrates de carbone, graisses, essences, cires, gommes, etc.), et des substances quaternaires (albuminoïdes). La *partie minérale* du végétal, qui demeure après l'incinération, comporte les dix autres corps simples. Il est bien évident que la haute température nécessaire à la destruction de la partie organique a modifié profondément l'*arrangement moléculaire* de la partie minérale elle-même. On sait, en effet, que les éléments minéraux contractent dans la plante vivante des combinaisons ou des associations intimes avec les éléments organiques.

Le carbone, absorbé par la plante pourvue de chlorophylle, provient de l'atmosphère qui le contient sous forme de gaz carbonique ; l'hydrogène et l'oxygène proviennent de l'eau ; l'azote, dans certains cas, est pris par le végétal directement à l'atmosphère à l'état gazeux ; dans d'autres cas, qui sont les plus nombreux, il vient du sol.

Quant aux éléments minéraux fixes, la plante doit les rencontrer dans le sol en quantité convenable. Mais il ne suffit pas de constater par l'analyse chimique la présence dans le sol des mêmes substances minérales que celles que renferme la plante pour affirmer que cette plante les absorbera forcément et les assimilera ensuite. Certains de ces éléments, en effet, pourraient se trouver en quantités notables dans le sol et, cependant, n'être d'aucun profit vis-à-vis du végétal, incapable de les utiliser. Un facteur très important entre ici en jeu. Il faut connaître avant tout la *forme* sous laquelle existent dans la terre ces éléments minéraux, et savoir si cette forme est bien celle que réclame le végétal. Expliquons-nous à cet égard. Lorsqu'il s'agit de discerner si une substance est assimilable pour un animal, il ne faut pas considérer uniquement les corps simples qui entrent dans sa composition. La gélatine et l'urée, par exemple, sont des substances qui renferment toutes deux du carbone, de l'oxygène, de l'hydrogène et de l'azote ; mais ces matières ne sont pas des matières nutritives. La question du *groupement* des divers corps simples entre eux intervient donc ici et règle seule la question d'assimilabilité. Il en est de même chez la plante. Dans un terrain tourbeux, renfermant un excès d'azote, la plupart des plantes supérieures, et celles de la grande culture en particulier, ne sauraient prospérer, malgré cet excès d'azote ; car le groupement moléculaire qu'affecte dans la tourbe l'azote organique est inutilisable par les végétaux que nous avons ici en vue. Il en est de même de certains groupements que présentent les éléments minéraux : phosphates dans les apatites, potasse dans les granites, etc. La forme de ces éléments n'est pas appropriée à la nutrition végétale, soit par suite d'un groupement défectueux, soit par suite d'un manque de solubilité.

L'étude du sol ne doit donc pas seulement porter sur les notions relatives à sa constitution et à ses propriétés physiques, chimiques et biologiques ; elle doit être complétée par celle du degré d'*assimilabilité actuelle* des éléments que réclame la plante. Nous développerons ultérieurement ce sujet en donnant les détails nécessaires à son intelligence.

Cette question de l'assimilabilité est tellement importante, elle exerce une telle influence sur la production des récoltes, que la pratique raisonnée des engrais ne saurait avoir d'autre base. Car, ce qui doit guider l'agriculteur dans l'emploi des matières fertilisantes, ce n'est pas seulement la richesse absolue de ces matières en tel ou tel élément indispensable à la nutrition végétale, c'est surtout la facilité avec laquelle la plante pourra les utiliser à la production du maximum de récolte. Les qualités intrinsèques d'un engrais doivent être estimées d'après le poids de cette récolte.

Il résulte de ce que nous venons de dire qu'une étude approfondie du sol portera spécialement sur les états physiques et chimiques des dix éléments fixes dont l'analyse révèle la présence constante dans les tissus de tout végétal. A ces dix éléments, il est indispensable de joindre l'azote, puisque la plupart des plantes puisent cette substance dans la terre. Toutes les interventions mécaniques ou physiques, toutes les additions de substances étrangères qui auront pour objet de modifier qualitativement ou quantitativement la nature de ces éléments fondamentaux, et de les mettre ainsi à la portée de la plante sous l'état le plus favorable à son évolution, augmenteront dans une large mesure la fertilité d'une terre.

Nous résumerons ce qui vient d'être exposé dans le présent chapitre de la façon suivante. Le sol doit être étudié, d'abord quant à sa *formation mécanique* : la structure des débris de roches de volume très variable dont il est composé possède une influence de premier ordre sur ses autres propriétés. La dissémination et la pulvérisation de certains éléments minéraux, en augmentant considérablement les surfaces, ouvrent, en effet, de la façon la plus efficace une voie aux phénomènes de dissolution par les agents naturels. Le sol doit ensuite être examiné au point de vue *de sa constitution et de ses propriétés physiques* qui nous renseignent sur son degré de perméabilité à l'eau et aux gaz, sur la facilité plus ou moins grande avec laquelle il pourra être travaillé et, même, sur la nature des substances artificielles qu'il sera bon parfois de lui incorporer pour modifier dans un sens déterminé, au moins dans la couche arable, quelques-unes de ces propriétés. La connaissance des réactions chimiques dont le sol est le siège découle naturellement de l'étude précédemment faite de sa constitution et de ses propriétés physiques. La chimie du sol nous renseigne sur le degré de solubilité des éléments rocheux; elle nous fait entrevoir quelques-uns des phénomènes qu'engendre l'action concomitante de l'eau et du gaz carbonique sur les substances minérales si variées qui composent le

sol ; elle nous fournit quelques indications sur la nature de cette propriété spéciale qui permet à tel ou tel sol de retenir certains éléments
de fertilité et d'en empêcher le départ, même à la suite de lavages prolongés par l'eau des pluies. Enfin, parmi les très nombreuses espèces
d'infiniment petits qui vivent dans le sol, il en est qui provoquent des
réactions chimiques très spéciales. Ces réactions tendent à solubiliser
certaines matières indispensables au végétal ; elles jouent, par conséquent, un rôle capital à l'égard de la nutrition de la plante.

CHAPITRE II

FORMATION DES SOLS ; ÉLÉMENTS DES SOLS

Des roches en général. — Sols formés sur place, sols de transport. — Constitution des roches, leur composition. — Phénomènes qui provoquent la destruction des roches : actions mécaniques, actions chimiques, actions physiologiques. — Mode de destruction des principales roches. — Formes principales des éléments rocheux que l'on rencontre dans le sol. — Discussion relative à la nature et à la composition des éléments rocheux. — Présence et origine de l'humus dans le sol.

I

ROCHES EN GÉNÉRAL

Ce que l'on doit entendre par le mot : roches. — A une profondeur plus ou moins grande, souvent même à la surface du sol, on rencontre des masses volumineuses, dures, compactes, colorées de façon variable. Ces amas ont reçu le nom de *roches*. On peut définir *une roche* en disant que c'est une association de parties minérales demeurant homogène, ou à peu près, sur une étendue plus ou moins considérable. Sous des latitudes très différentes on rencontre les mêmes roches. Les minéraux qui les constituent représentent très fréquemment des espèces chimiques bien définies ; mais une roche n'est pas une espèce chimique : c'est un mélange, en proportions souvent quelconques, d'éléments cristallins et d'éléments amorphes dont l'homogénéité est quelquefois assez grande. Une roche est essentiellement caractérisée par les minéraux qui entrent dans sa composition. Une roche massive peut ne renfermer qu'une seule espèce minérale pure ; le fait est assez rare cependant, et les roches réputées les plus pures contiennent toujours quelques éléments étrangers, souvent, il est vrai, en faibles quantités. La plupart des roches sont composées de deux ou plusieurs espèces minérales, mais le nombre de celles-ci n'est, en somme, jamais très grand. L'expression de *roche* n'implique pas forcément l'idée que l'on a affaire à une masse dure et résistante : il est, en effet, des roches qui présentent un assez faible degré de résistance (quelques roches calcaires). Si nous entendons par ce mot de *roches* une masse homogène de quelque étendue, nous devrons qualifier de *roches* certaines masses sablonneuses ; l'eau elle-même, malgré son état liquide, peut passer pour une roche ; les amas de matière organique connus sous le nom de *tourbières* sont également des roches.

Roches cristallines, roches sédimentaires. — On peut classer les roches en deux grandes catégories : 1° les *roches cristallines*, essentiellement formées de minéraux silicatés ; 2° les *roches sédimentaires*, qui proviennent du travail des eaux sur les premières et qui sont, le plus souvent, formées de couches superposées les unes aux autres.

Les roches cristallines, elles-mêmes, doivent être distinguées en : α. *Roches massives ou éruptives ;* β. *Roches cristallines stratifiées ou cristallophylliennes.*

α. Roches massives ou éruptives. — Ces roches paraissent composées d'une matière uniforme dont la masse n'est interrompue que par des fentes de largeur variable. Elles s'enfoncent dans la profondeur : il semble qu'elles proviennent de la solidification d'une substance primitivement liquide, comme les laves, venue de l'intérieur de la terre ; d'où le nom de *roches éruptives.*

β. Roches cristallines stratifiées ou cristallophylliennes. — Ces roches sont formées d'éléments cristallisés, le plus souvent disposés par couches ; d'où la dénomination de *schistes cristallins* qu'on leur applique parfois (*gneiss, micaschistes*).

Roches sédimentaires. — Elles prennent naissance dans

le travail des eaux ; on les appelle aussi *roches d'origine externe*, en réservant le nom de *roches d'origine interne* aux roches éruptives qui dérivent d'un travail interne de la masse du globe terrestre.

La formation des roches sédimentaires reconnaît une triple origine : *chimique*, *organique* et *détritique*. L'origine *chimique* est le résultat d'une précipitation de substances contenues dans les eaux (carbonates, sulfates). L'origine *organique* doit être cherchée dans l'accumulation de squelettes animaux ou végétaux, dont les éléments ont été pris au milieu ambiant (phosphates et carbonates ayant fait partie d'algues, de foraminifères, d'échinodermes, de bryozoaires, etc.). L'origine *détritique* doit être cherchée dans les matériaux remaniés empruntés à des roches préexistantes, cristallines ou sédimentaires.

La formation des roches sédimentaires résulte donc, en partie, de la désagrégation des roches cristallines dont l'étude doit être forcément faite la première.

Enfin un grand nombre de roches sédimentaires ont subi, après leur formation, des modifications qui ont porté sur leur structure, leur composition chimique, la nature des minéraux dont elles étaient primitivement formées ; ces roches sont dites *métamorphiques*. Les changements ainsi apportés à la roche primitive sont seulement locaux ; ils résultent de l'action de gaz, de vapeurs, de sources minérales qui se sont infiltrés au travers de la roche initiale.

Sols formés sur place ; sols de transport. — L'examen, même sommaire, des roches en général, montre qu'il existe deux espèces de sols : *les sols formés sur place* et *les sols de transport*.

Chez les premiers, si on examine la roche que l'on rencontre à une certaine profondeur au dessous de leur surface, on trouve une masse dure, compacte, fissurée parfois de façon plus ou moins irrégulière, mais généralement peu entamée et souvent composée de blocs très puissants. A une moins grande profondeur, la roche possède déjà des fissures plus nombreuses et les blocs que ces fissures circonscrivent sont moins volumineux. A mesure que l'on se rapproche de la surface de la roche, les fissures ou cassures sont de plus en plus nombreuses ; les racines des plantes les ont souvent visitées et ont provoqué des déchirures multiples. Enfin, à la surface même de la roche, on observe un amas de fragments souvent peu volumineux, assez friables pour se réduire en fragments encore plus petits quand on les soumet à des actions mécaniques faibles. Au-dessus de ces débris, dont la forme et surtout la composition rappellent encore très bien la roche initiale, se trouve, sur une hauteur variable, ce que nous avons appelé *la terre arable*, c'est-à-dire un assemblage complexe de fragments encore plus menus de cette roche, dont la petitesse et l'émiettement vont en s'accentuant au fur et à mesure que nous nous rapprochons de la surface du sol. Ici, on est bien en présence d'un sol *formé sur place* : la composition minérale de la couche arable, sa structure, ses propriétés, sont celles que l'on rencontre chez la roche massive qu'elle surmonte. Si telle roche est riche en tel élément indispensable à la vie de la plante, la couche arable renfermera cet élément en quantité suffisante pour pourvoir aux besoins de récoltes nombreuses. Réciproquement, si la roche est pauvre ou dépourvue de cet élément de fertilité, la couche arable elle-même n'en contiendra pas : il faudra de toute nécessité fournir cet élément à la plante sous forme d'engrais.

Sous quelles influences s'est produite cette division de la roche compacte dont les débris forment la terre arable? Nous allons, dans ce qui va suivre, et comme causes premières de cet émiettement progressif, constater l'intervention d'actions mécaniques, d'actions chimiques (dissolutions, attaques par l'eau et le gaz carbonique), et d'actions microbiennes.

Nous venons d'étudier la formation d'un sol directement en contact avec la roche massive sur laquelle il repose et de même composition que cette roche, ou à peu près. Nous disons, *à peu près*, car il est évident *à priori*, que, sur les éléments les plus fins que l'on trouve à la surface, l'action des agents atmosphériques doit s'exercer avec une énergie incomparablement plus grande que sur les fragments volumineux sous-jacents. De sorte que les phénomènes d'oxydation, d'hydratation, de carbonatation devront engendrer des réactions chimiques telles que la composition de la terre fine s'éloignera plus ou moins de celle de la roche massive. Mais, dans tous les cas, les mêmes éléments fondamentaux se rencontrent aussi bien dans la terre la plus fine que dans les masses les plus denses de la roche située au-dessous.

Cependant, il peut arriver que l'examen d'un sol fournisse un tout autre résultat. La masse dure que nous avons trouvée tout à l'heure à une certaine distance de la surface, et qui, parfois même, émergeait au-dessus de cette surface, ne se rencontre plus. Nous pouvons creuser assez profondément sans être arrêtés par aucun obstacle, et, lorsque celui-ci survient, nous remarquons que sa structure et sa composition sont notablement différentes de celles du milieu qui le surmonte. En d'autres termes, il n'existe plus les mêmes relations que celles que nous venons de définir entre la roche dure et les débris plus fins qui lui sont superposés. Il semble donc que la couche d'éléments fins qui surmonte a roche provienne d'une autre région et se soit formée par la destruction de roches étrangères à la région où nous trouvons actuellement ses débris. Dans les terrains qui viennent de loin, et qualifiés de *terrains de transport*, nous rencontrerons des éléments de grosseurs extrêmement différentes : depuis celle de galets volumineux jusqu'à celle de grains de l'argile la plus ténue. C'est l'eau qui a ainsi amené, à de grandes distances parfois, les débris de roches très hétérogènes dont les dépôts sont en relation avec la vitesse du courant liquide qui les a charriés : les éléments les plus fins se déposant quand la vitesse de l'eau est faible, les éléments les plus grossiers s'arrêtant à une distance d'autant moins grande de la roche initiale qu'ils sont plus volumineux. Ces notions étant acquises, on voit qu'il est indispensable de connaître quels sont les éléments constitutifs de ces roches dont la composition a une influence capitale sur la structure et les qualités de la terre arable.

<h1 style="text-align:center">II</h1>

CONSTITUTION DES ROCHES

Généralités. — Les roches que nous avons appelées *éruptives* proviennent de la consolidation d'une substance primitivement liquide. Elles forment à la surface du globe une croûte dont l'épaisseur est difficile à déterminer. Cette formation par refroidissement s'observe fréquemment encore de nos jours lorsque des masses de laves incandescentes sont rejetées par les cratères volcaniques et s'épanchent sur les parois du volcan. Peu à peu, ces masses, après avoir cheminé à l'état liquide, deviennent de plus en plus pâteuses et prennent finalement l'état solide.

Les éléments chimiques essentiels qui caractérisent ces roches, dont la stabilité et la dureté constituent les caractères dominants, sont les *silicates*. Ceux-ci sont représentés par l'union de la silice avec un petit nombre de bases : alumine, potasse, soude, chaux, magnésie, oxydes ferreux et ferrique, pour ne citer que les plus importantes. Beaucoup de roches admettent, en outre, dans leur constitution, une certaine quantité de silice à l'état de liberté. Les roches présentent une très grande variété en raison de la *proportion variable* des silicates qui entrent dans leur structure. De plus, entre deux roches d'apparence assez identique, peuvent exister des différences d'arrangement et de composition dues au remplacement partiel de telle base par telle autre.

L'importance de la silice, en particulier, est considérable ; cette substance domine dans la composition de l'écorce terrestre.

On a donné les chiffres suivants comme représentant la composition moyenne de la croûte solide. Cette composition résulte des analyses d'un grand nombre de roches de divers pays :

$$
\begin{aligned}
\text{Si O}^2 &= 58.2 \\
\text{Al}^2\text{O}^3 &= 15.8 \\
\text{Fe}^2\text{O}^3 &= 3.3 \\
\text{FeO} &= 3.8 \\
\text{MgO} &= 3.8 \\
\text{CaO} &= 5.2 \\
\text{Na}^2\text{O} &= 3.9 \\
\text{K}^2\text{O} &= 3.2 \\
\text{H}^2\text{O} &= 1.5 \\
\text{TiO}^2 &= 1.0 \\
\hline
&\;\; 99.7
\end{aligned}
$$

Classification des roches au point de vue chimique. — Les roches, à ce point de vue, ont été classées d'après leur teneur en silice. On les distingue en *roches acides* chez lesquelles on rencontre une proportion de silice supérieure à 65 p. 100, parce qu'à côté de silicates chimiquement définis, elles renferment de la silice libre. Les éléments de ces roches sont surtout : la silice, l'alumine et la potasse. Les autres roches sont dites *roches lourdes ou basiques* ; leur teneur en silice est généralement inférieure à 54 p. 100 ; elles ne renferment pas de silice libre, et, parmi les bases des silicates qui les constituent, se rencontrent surtout la chaux, la magnésie, l'oxyde de fer, à côté de proportions variables de potasse et de soude.

Enfin beaucoup de roches, postérieurement à leur formation, se sont modifiées par *métamorphisme :* ce qui signifie que ces roches ont éprouvé, soit dans leur structure, soit dans leur composition chimique, des changements plus ou moins profonds. Parmi les agents du métamorphisme, il faut citer d'abord la température. Cet agent physique a exercé son action sur certaines roches lorsque celles-ci ont été traversées par des roches à l'état de fusion ignée (craie transformée en marbre cristallin au contact de filons de basalte). Parfois il s'agit d'un *métamorphisme chimique* (silicification de schistes argileux au contact du granite) ; parfois d'un *métamorphisme mécanique*, ayant engendré la cristallisation de certaines roches sous l'influence de pressions considérables, telles que celles qui ont pu prendre naissance dans les dislocations de l'écorce terrestre.

Les fentes qui divisent fréquemment la masse de certaines roches sont souvent occupées par des espèces minérales non silicatées (*gîtes minéraux*), dont nous citerons les plus importantes en ce qui concerne la chimie de la terre arable.

Ces gîtes minéraux contiennent : des *oxydes* (alumine anhydre ou hydratée, aluminates de fer et de magnésium, oxyde de titane), des *nitrates*, des *borates*, des *carbonates* (aragonite ou carbonate de calcium orthorhombique ; calcite ou carbonate rhomboédrique ; carbonates de baryum et de strontium ; carbonate double de calcium et de magnésium ou dolomie ; carbonate de magnésium ou giobertite), des *sulfates* anhydres ou hydratés (gypse ou sulfate de calcium bihydraté, clinorhombique, anhydrite ou sulfate anhydre, orthorhombique), des *phosphates* (phosphate tricalcique ou apatite, phosphate d'aluminium ou amblygonite), des *chlorures* (sel gemme), des *fluorures* (fluorure de calcium ou fluorine, fluorure double d'aluminium et de sodium ou cryolithe), etc., etc.

On peut aussi classer les roches d'après leur *structure*, et on y admet alors les principales distinctions suivantes : *structure compacte*, lorsque les éléments, extrêmement fins, sont très rapprochés les uns des autres ; *structure saccharoïde*, lorsque les éléments présentent une texture cristalline ressemblant à celle du sucre ; *structure grenue*, lorsqu'on distingue dans la roche des grains d'un volume plus ou moins considérable ; *structure schisteuse*, lorsque la roche présente des fentes de direction déterminée. Si la division de cette roche s'obtient en feuillets plus ou moins minces, on dit que la structure est *feuilletée* ; elle est *tabulaire* si les feuillets sont de quelque épaisseur ; elle est *rhomboïde* quand la fragmentation de la roche fournit des masses de forme géométrique plus ou moins régulière. On dit que la structure est *vitreuse*, lorsque la roche possède la cassure, la consistance et la fragilité du verre.

Mais, à notre point de vue spécial, nous n'avons pas à faire la description des roches : nous avons à nous préoccuper seulement de la *nature de leurs éléments*, c'est-à-dire de la composition des minéraux qui forment leur masse. Quelques-uns de ces minéraux nous intéressent particulièrement, puisque ce sont leurs débris qui constituent la terre arable, et que, parmi ces débris, il en est un grand nombre dont les produits de décomposition par les agents chimiques naturels sont des substances nutritives pour les végétaux.

Nous passerons donc brièvement en revue les *principaux minéraux* que l'on rencontre dans les roches les plus communes et nous indiquerons leur composition. Mais, auparavant, signalons à grands traits la façon de procéder qui permet d'arriver à l'isolement des espèces minérales que renferment les roches ; ces procédés sont compris sous le nom d'*analyse minéralogique*.

Analyse minéralogique. — Les procédés qu'emploie l'analyse minéralogique sont destinés à isoler les espèces minérales que les roches contiennent à l'état de mélange. L'examen à l'œil nu, et mieux encore avec la loupe, permet souvent de reconnaître dans les roches à gros grains des espèces bien définies que l'on peut séparer de la masse en brisant celle-ci avec un marteau ou en s'aidant du burin. On se rendra compte ensuite de la forme cristalline, de la dureté des fragments ainsi isolés, sur lesquels on pourra faire agir quelques réactifs (acides, par exemple). Un essai au chalumeau fournit fréquemment des indications très utiles sur la nature des corps simples entrant dans la constitution du fragment.

Le *triage mécanique* des éléments constitutifs d'une roche peut s'effectuer, après fragmentation de celle-ci, en faisant usage de certains liquides dont la densité est intermédiaire entre celle des minéraux constitutifs de la roche ; les uns tombent au fond du liquide, les autres surnagent. L'emploi du barreau aimanté rend également de grands services pour la séparation de beaucoup d'éléments ferrugineux. Chez les minéraux dans lesquels entre une proportion notable de fer, l'emploi graduel d'un électro-aimant de puissance variable est souvent fort commode. Mais le meilleur procédé d'examen des roches consiste à tailler celles-ci en plaques extrêmement minces que l'on observe, non pas au microscope simplement, car les couleurs des minéraux s'atténuent à ce point que l'on ne distingue plus qu'une masse incolore, mais avec l'aide de la lumière polarisée (lumière parallèle). La plaque mince est examinée entre deux nicols croisés ; chaque espèce minérale s'illumine de couleurs assez vives, souvent caractéristiques, qui per mettent de distinguer telle espèce minérale de telle autre. Cet examen microscopique des roches, sur lequel nous ne pouvons nous étendre ici, a été particulièrement mis en œuvre en France par Fouqué et Michel-Lévy.

Il est évident que l'*analyse chimique complète* d'une roche s'impose toujours, cette analyse étant seule capable de fournir les proportions véritables des différents corps simples qui entrent dans sa composition.

III

PRINCIPAUX MINÉRAUX QUE L'ON RENCONTRE DANS LES ROCHES LES PLUS USUELLES. COMPOSITION DE CES MINÉRAUX

Il ne faut pas perdre de vue *qu'un petit nombre seulement d'éléments fixes* nous intéressent de façon spéciale, soit parce que l'on trouve ces éléments d'une façon constante dans les cendres des plantes et que l'on peut leur assigner, bien qu'avec de grandes réserves encore, un rôle déterminé dans le processus de la nutrition, soit parce que certains de ces éléments jouent un rôle physique ou mécanique important dans la constitution de ce que nous avons appelé *la terre arable*. Ce rôle sera défini dans la suite. Bref, nous devons accorder une attention particulière à toute roche ou à tout fragment minéral qui renferme un ou plusieurs des éléments suivants que nous rangerons : 1° en *éléments acides :* silice SiO^2, acide sulfurique SO^4H^2, acide phosphorique PO^4H^3, anhydride carbonique CO^2, chlore Cl ; 2° en *éléments basiques :* potasse K^2O, soude Na^2O, chaux CaO, magnésie MgO, alumine Al^2O^3, oxyde ferreux FeO, oxyde ferrique Fe^2O^3, oxyde de manganèse MnO. Mais il ne faut pas oublier que l'analyse révèle très souvent dans les cendres des plantes la présence de traces de corps qui ne sont pas mentionnés dans la liste précédente : acide titanique, zinc, fluor, iode, acide borique, cuivre, cœsium, rubidium, etc. Il est probable, sans qu'on puisse absolument affirmer la réalité du fait à l'heure actuelle, que quelques-uns de ces corps jouent un rôle physiologique spécial, bien qu'encore assez obscur. Cependant, dans le but de simplifier ici l'étude déjà si compliquée du sol arable, nous nous en tiendrons à l'examen des seuls éléments que nous avons divisés en *éléments acides* et *éléments basiques*.

A. — Description sommaire de quelques roches éruptives.

α. **Granite ou granit**. — Cette roche appartient au groupe des *roches acides* ; elle est formée d'un assemblage de cristaux de *quartz* (SiO^2), de *feldspaths* et de *micas* (*biotite*) (1). Le quartz y possède des contours irréguliers ; sa couleur est blanche, grisâtre, parfois rouge ou bleuâtre. L'orthose, blanc, gris, ou rose, est souvent accompagné d'oligoclase. Les lamelles brillantes de mica, élastiques, ont une couleur blanche ou noire. A côté de ces éléments fondamentaux, on rencontre dans les granites des éléments accessoires : fer oligiste (Fe^2O^3) *hornblende* (silicate de magnésium et de calcium, avec alumine et fer). La structure des granites est grenue ; on les classe souvent en granites à grains gros, moyens, fins. Très répandu dans diverses régions de la France, le granite se rencontre également sur un grand nombre de points du globe ; c'est une des roches les plus communes.

Les *feldspaths*, au point de vue de leur composition, forment un groupe très homogène. Ce sont des silicates doubles d'aluminium et d'alcalis (K^2O, Na^2O), ou de terres alcalines (CaO). Le rapport de l'oxygène de l'alumine à celui des autres bases est toujours 3 : 1. Les feldspaths représentent des *polysilicates* chez lesquels le nombre des molécules de silice va sans cesse en augmentant d'une unité. Si on prend pour unité l'atome d'oxygène de la base alcaline ou terreuse, le nombre des atomes d'oxygène de la silice est le suivant chez les divers feldspaths : anorthite 4, labradorite 6, andésine 8, oligoclase 10, albite 12, orthose 12.

Les *micas* sont caractérisés par la facilité avec laquelle ils peuvent être découpés en lames très minces et flexibles, grâce à un clivage basal très facile. Ils cristallisent le plus souvent en prismes orthorhombiques. Au point de vue de leur constitution, on peut dire que ce sont des silicates d'aluminium et de métaux alcalins ou de magnésium. Les *micas magnésiens* ont pour formule $2\,RO.\,SiO^2$ ($R = Mg, K^2$, Al^2_3) ; les *micas ferro-magnésiens*, moins riches que les premiers en magnésie, contiennent de l'oxyde ferreux. Il existe des *micas potassiques* et des *micas lithifères*. Les micas sont composés de trois sortes de substances : un silicate d'aluminium et de potassium dans lequel le potassium peut être remplacé partiellement par du sodium, ou de l'hydrogène (formant avec l'oxygène de l'eau) ; un silicate magnésien dans

(1) Nous donnons, quelques pages plus loin, la composition chimique des espèces minéralogiques que nous ne faisons que mentionner ici.

lequel la magnésie peut être remplacée par du fer ou du manganèse et, enfin, un composé fluoré.

β. **La granulite**, dont certaines variétés sont très finement cristallisées, ne diffère du granite que par la présence de mica blanc (muscovite), remplaçant la biotite.

La *décomposition* du granite, que nous examinerons ultérieurement avec plus de détails, fournit surtout un silicate hydraté d'aluminium (argile), plus ou moins pur, ainsi que des sels de potassium, de sodium, de magnésium, de calcium (ces deux derniers en très faibles proportions). Certains granites contiennent aussi de petites quantités d'*apatite* (phosphate tricalcique cristallisé).

γ. **Porphyre quartzifère**. — Cette roche se rapproche par sa composition de la précédente; sa couleur est le plus souvent grise. Elle est formée d'orthose compacte dont les éléments peuvent être indiscernables (pétrosilex ; eurite). Souvent, aux cristaux de feldspath se joignent des cristaux de quartz, parfois de hornblende, de mica noir, de chlorite, d'apatite.

δ. **Syénite**. — Cette roche comporte, comme éléments fondamentaux, l'orthose, l'oligoclase, la hornblende, la biotite, l'augite. C'est un granite dépourvu de quartz. On y trouve, comme éléments accessoires, la calcite, l'apatite, l'oligiste, la pyrite. Lorsque le feldspath orthose diminue dans leur structure, les syénites portent le nom de *porphyres syénitiques*.

ε. **Diorite**. — C'est une roche granitoïde, à structure grenue, noirâtre ou vert foncé, ou d'un blanc moucheté de noir, composée d'oligoclase (quelquefois d'anorthite ou d'andésine), de biotite et d'hornblende. Il existe des diorites à orthose. Cette roche admet, comme éléments accessoires, le quartz, le pyroxène, etc. et, comme produits d'altération, l'épidote, la pyrite cubique (FeS^2), le calcaire (parfois abondant). L'apatite s'y rencontre plus rarement.

B. — Description sommaire de quelques roches volcaniques.

α. **Trachytes**. — Ce sont des roches volcaniques, à structure saccharoïde ou porphyroïde, composées de grains très fins laissant entre eux des vides. Une certaine quantité de matières amorphes peut coexister à côté de la masse cristalline. Les éléments essentiels de cette roche sont les feldspaths auxquels se joignent, soit des amphiboles, soit un mica magnésien, soit de l'augite. Certains trachytes renferment des éléments ferro-magnésiens en grande abondance ; chez d'autres, on rencontre de l'apatite et de la magnétite.

β. **Andésites**. — Roches poreuses, souvent granitoïdes, composées de feldspath vitreux (andésine), renfermant comme minéraux accessoires la hornblende, l'augite, la biotite, la magnétite, l'apatite. L'*obsidienne* ou *verre des volcans* est un type vitreux de trachyte.

γ. **Basaltes**. — Ce sont des masses éruptives, à structure porphyroïde, ayant formé des coulées à la manière des laves, composées d'éléments cristallins, tels que labrador, augite, péridot, magnétite, pyroxène, noyés dans une pâte vitreuse répandue entre les cristaux. Les basaltes renferment, comme éléments accidentels, des carbonates de fer et de calcium, de la pyrite, des silicates zéolithiques. Certains échantillons contiennent du fer natif.

δ. **Laves actuelles**. — Ce sont des roches en fusion, de composition très variable ; tantôt acides, tantôt basiques. Au moment où elles émergent, elles peuvent avoir une température de 1 000 degrés. Elles renferment généralement des silicates plus ou moins basiques et sont riches en éléments de fertilité, grâce à la présence habituelle de phosphates.

C. — Description sommaire de quelques roches cristallophylliennes.

α. **Gneiss**. — Roche à structure schisteuse, entièrement cristalline, composée des mêmes éléments que le granite avec lequel elle se confond parfois par suite de transitions insensibles. Sa structure provient du parallélisme des lamelles de mica, lesquelles alternent avec les cristaux de feldspath mélangés eux-mêmes avec du quartz. Les gneiss contiennent un peu d'apatite et de magnétite (Fe^3O^4) ; le quartz est mélangé de biotite. Certains gneiss sont riches en amphibole. Un gneiss de composition moyenne renferme, outre la silice et l'alumine, de 2 à 3 p. 100 de chacune des bases suivantes : K^2O, Na^2O, CaO.

β. **Micaschiste**. — Cette roche est composée de quartz et de mica ; ce dernier (biotite, le plus souvent) forme le tiers et, souvent, la moitié de l'assemblage. Parfois le quartz y domine à tel point que cette roche prend le nom de *quartz schisteux micacé* ; parfois, au contraire, le mica forme la presque totalité de la masse. Plus le quartz prédomine, et plus l'ensemble est susceptible de se diviser en feuillets. Les micaschistes se confondent avec le gneiss lorsqu'ils renferment de fortes proportions de feldspaths. On y rencontre, comme éléments accessoires, du graphite, de la calcite (CO^3Ca), de l'andalousite, du disthène, du grenat, de la tourmaline.

Les micaschistes abondent sur plusieurs points du globe.

D. — Roches sédimentaires.

α. **Grès.** — Les grès sont des roches siliceuses formées de sable dont les grains sont agglutinés par un ciment de composition variable qui peut être celle des grains de sable eux-mêmes. Les grès sont *quartzeux* lorsque leurs éléments sont composés de grains de quartz que réunit un ciment siliceux. Dans les grès *ferrugineux*, le ciment est de l'oxyde de fer ; dans les grès *calcarifères*, le ciment est du carbonate de calcium ; dans d'autres variétés de grès, le ciment est à la fois calcaire et argileux (c'est-à-dire marneux). Les grès *rouges* à grains grossiers comportent, comme substance agglutinante, un ciment argilo-ferrugineux.

Les *quartzites* sont des grès siliceux dont les grains se sont moulés les uns sur les autres.

Lorsque les grès siliceux à éléments calcaires ont subi l'action de l'eau, ils perdent tout ou partie de leur carbonate de calcium et se creusent de cavités (*grauwackes*).

β. **Roches argileuses.** — Les argiles sont constituées théoriquement par un silicate d'aluminium hydraté, mais elles renferment toujours des débris sableux, mélange de quartz, de mica, d'oxyde de fer et souvent de calcaire. La variété la plus pure porte le nom de *kaolin* $Al^2O^3. 2SiO^2, 2H^2O$. Les argiles peuvent être compactes, sans indice de stratification, ou, au contraire, présenter des alignements ; on dit alors que les argiles sont *schisteuses*. Leur degré de dureté et leur altérabilité par les agents atmosphériques sont très variables.

Une argile renfermant plus de 15 à 20 p. 100 de calcaire prend le nom de *marne*. Parmi les différentes espèces d'argile, il faut signaler : le *kaolin*, que nous venons de mentionner, en masses blanches ou rougeâtres ; *l'argile plastique ou grasse*, plus riche en silice que le kaolin, présentant des teintes très variées ; gris, rouge, jaune, vert, bleu. Cette sorte d'argile absorbe bien l'eau ; elle forme avec ce liquide une pâte liante à laquelle on peut donner telle forme que l'on veut ; elle est onctueuse et douce au toucher. La *terre glaise* et la *terre à poteries* sont essentiellement constituées par de l'argile plastique. Une variété d'argile, dite *argile smectique*, utilisée à cause de la faculté quelle possède d'absorber les corps gras, présente la particularité de se mal délayer dans l'eau et d'être plus facilement fusible que les autres argiles.

γ. **Roches calcaires.** — Elles sont formées principalement de carbonate de calcium. Ce sel, lorsqu'il est pur, cristallise soit en rhomboèdres (calcite, spath d'Islande), soit en prismes orthorhombiques (aragonite). Le calcaire en masse peut être cristallin ; il est alors souvent mélangé à des substances schisteuses. Le calcaire *saccharoïde* comprend dans ses nombreuses variétés le marbre blanc ;

il contient fréquemment du mica, du talc, des grains cristallins de pyrite, de magnétite, de grenat, de pyroxène, d'apatite, etc. Chez le *calcaire compact*, les grains sont extrêmement fins et ne peuvent être discernés que sous de forts grossissements. Cette variété de calcaire, parfois poreuse, est mélangée d'oxyde de fer, de matières sableuses, ou bitumineuses, de substances organiques et d'espèces minérales cristallisées très variables. Sa cassure est terne et sa couleur jaunâtre. Les *travertins* sont des calcaires compacts, blanc-grisâtre criblés de cavités provenant du dégagement du gaz carbonique mis en liberté au moment où le calcaire s'est déposé. Les *tufs calcaires* présentent des cavités plus grandes encore.

Les *calcaires argileux*, mélangés d'une quantité plus ou moins considérable d'argile, appartiennent, suivant les proportions de cette dernière, aux *calcaires hydrauliques* ou aux *marnes proprement dites*. Les calcaires peuvent parfois renfermer une forte dose de silice (jusqu'à 45 p. 100) (*calcaires siliceux*), ou d'oxyde ferrique (*calcaires ferrifères*). Chez le *calcaire grossier*, les grains sont cimentés par une matière argileuse. Les *calcaires terreux* (craie, blanc de Meudon, blanc d'Espagne), sont blancs, friables, à cassure mate. Ils sont formés de grains cristallins extrêmement fins et, surtout, d'une infinité de carapaces de foraminifères.

δ. Roches dolomitiques. — Elles sont essentiellement formées par un carbonate double de magnésium et de calcium, rhomboédrique, isomorphe avec la calcite. Souvent incolores, les roches dolomitiques possèdent parfois une couleur rouge, jaune, verte ou brune. La dolomie renferme fréquemment, comme minéraux accessoires, du quartz, du talc, du mica, de l'apatite, de la pyrite, du fer oligiste, de la magnétite. Certains calcaires contiennent une proportion notable de magnésie (calcaires dits *magnésiens*).

Les dolomies, le plus souvent compactes et ressemblant au calcaire du même nom, peuvent avoir cependant une structure caverneuse. La *dolomie grenue* rappelle le calcaire saccharoïde. Elle peut aussi affecter un aspect schisteux. Son caractère essentiel est de se dissoudre lentement dans l'acide nitrique et sans effervescence apparente ; mais si on la pulvérise et si on opère à chaud, sa dissolution est rapide.

ε. Gypse. — C'est du *sulfate de calcium hydraté* $CaSO^4 2H^2O$, cristallisant en prismes clinorhombiques. Le gypse admet fréquemment, comme éléments accessoires, de l'argile, de la calcite, du quartz. Les éléments sableux qui lui sont souvent intimement mélangés n'altèrent pas sa forme cristalline. Le gypse peut provenir du calcaire par métamorphisme : des émanations sulfureuses arrivant au contact de ce dernier en ont chassé le gaz carbonique.

Le gypse affecte l'état *lamellaire* avec éclat nacré, l'état *fibreux* avec éclat soyeux ; le *gypse saccharoïde* ressemble au marbre, mais il est beaucoup plus tendre.

5. Apatite. — C'est un fluophosphate de calcium ; le fluor peut y être remplacé par du chlore ou de l'iode. L'apatite cristallise dans le système hexagonal. Généralement incolore, elle peut être colorée en vert, jaune ou bleu. On la rencontre dans les roches éruptives ; plusieurs roches basaltiques et certaines laves renferment de notables proportions de phosphate tricalcique, lequel abonde dans certaines craies où il forme des globules concrétionnés.

Nous résumons dans les tableaux ci-joints la composition de quelques roches communes et nous donnons ensuite la nomenclature des principaux minéraux que l'on y rencontre. Cet exposé très sommaire n'est destiné qu'à montrer le degré de richesse de ces roches au point de vue de la nutrition minérale de la plante. On trouvera, en particulier dans l'ouvrage de Rosenbusch (*Elemente der Gesteinslehre* ; 3 Auflage, Stuttgart, 1911), des analyses très détaillées sur ce sujet.

Composition centésimale de quelques roches.

Groupe	Noms des roches	SiO_2	Al_2O_3	Fe_2O_3	FeO	MgO	CaO	Na_2O	K_2O	P_2O_5	H_2O	Tot.
Granites	G. de Flamanville (sans enclave)	67.5	14.5	4.6	2.6	1.2	1.8	4.3	3.0		0.5	
	G. riche en enclaves	67.3	15.3	4.8	2.6	1.5	2.0	3.9	2.2		0.5	
	G. du Colorado	74.4	14.4	0.2	0.9	0.07	0.58	1.7	6.5	0.2		
	G. du duché de Bade	76.5	12.7	0.2	0.6	0.14	0.46	3.38	4.85			
	Granulite de Suède	75.4	11.0	2.3	0.9	0.25	1.24	2.72	4.98			0.47
Porphyres	P. du Lac Majeur	75.0	13.1	1.6	3.0	0.38	1.8	0.92	2.58		1.57	
	P. du duché de Bade	78.0	12.0	0.23	0.60	0.04	0.62	0.24	6.83		1.41	
	P. du Colorado	68.1	15.0	2.7	1.1	1.1	3.04	3.46	2.93	0.16		
Diorites	D. du Parc National	63.7	16.0	2.2	1.96	2.48	4.55	3.98	2.84	0.25		
	D. de Silésie	65.8	14.8	1.7	3.1	2.9	4.6	2.1	4.2			
	D. de l'Alaska	58.6	16.2	1.91	4.2	4.2	6.6	3.5	2.1	0.2		
Syénites	S. de la Guyane Anglaise	62.9	20.8	1.7	0.4	2.6	3.75	4.1	3.4	0.09		
	S. de Hesse	57.7	18.6	3.8	0.18	1.8	6.5	7.4	1.52			
Basaltes	B. de la Prusse Rhénane	53.6	14.4	1.6	8.7	0.41	8.0	5.6	2.03	0.16		
	B. du Colorado	46.7	18.0	2.6	6.2	5.7	8.2	3.0	3.9	0.81		
	B. des Açores	45.4	17.0	9.9	3.2	5.0	10.7	3.2	1.1	1.27		
	B. du Parc National	51.7	15.4	2.1	8.5	8.1	8.7	2.3	1.8	0.21		
	B. du Tyrol	51.6	12.1	8.6	3.1	9.4	9.1	3.1	0.3	0.26		
	Domite	66.7	16.6	2.3	0.87	1.08	1.48	5.8	4.6	0.06		
Trachytes		65.5	16.8	2.2	1.11	0.41	2.07	6.5	4.1	0.07		
		65.1	17.7	1.4	1.27	0.79	2.32	6.6	4.3	0.06		
	Ponce	60.1	17.9	1.34	1.53	0.26	2.2	6.2	3.8	0.05		
		73.9	10.9	0.08	1.06	1.08	1.58	4.08	4.6			
	Trachyte micacé du Vésuve	53.1	19.9	1.09	2.9	3.1	5.4	5.9	6.6		0.54	
Laves	L. cristalline de l'Etna	49.7	18.3	2.8	6.2	3.4	9.7	4.9	1.9	0.03		
	Leucittéphrite (Vésuve)	47.8	18.0	2.0	6.7	4.1	9.0	2.7	7.4	0.56		
	L. du Vésuve	47.5	18.6	1.5	7.6	3.8	9.1	2.7	7.0			
Micaschistes	M. de Suède	75.4	12.7	1.4	2.06	0.36	0.63	0.71	4.4		2.14	
	M. de la province de Messine	57.6	17.9		9.1	3.3	3.2	1.1	3.8	0.38	3.19	
Gneiss	G. de Freiberg	68.0	15.1	1.4	3.1	1.3	1.8	2.9	4.2	0.12	0.91	
Andésites	A. du Mont-Pelé	59.4	18.5	0.7	4.6	2.45	6.8	3.7	0.86		3.12	
	A. à hypersthène (Color. do)	62.0	17.8	4.40		2.64	5.8	4.3	1.47	0.29	1.66	

Composition de quelques minéraux communs.

	NOMS DES MINÉRAUX.	FORME CRISTALLINE.	FORMULE.	COMPOSITION.
	Silice (quartz hyalin ; cristal de roche)........	Hexagonal.	SiO^2	Acide silicique anhydre.
Feldspaths.	Orthose (orthoclase).	Clinorhombique.	$K^2O. Al^2O^3. 6SiO^2$	Silicate d'aluminium et de potassium ; contient souvent des quantités notables de soude, des traces de chaux et de magnésie.
	Anorthite....	Triclinique.	$CaO. Al^2O^3. 2SiO^2$	Silicate d'aluminium et de calcium ; contient aussi de petites quantités de fer, de magnésie, de soude et de potasse.
	Andésine....	—	$RO. Al^2O^3. 4SiO^2$	$(R=Ca,Na^2)$. Silicate d'aluminium, de sodium et de calcium, contenant un peu de potasse et de magnésie.
	Oligoclase...	—	$Na^2O. Al^2O^3. 5SiO^2$	Silicate d'aluminium et de sodium (avec un peu de potasse, de chaux et de magnésie).
	Albite.......	—	$Na^2O. Al^2O^3. 6SiO^2$	*idem*
	Labradorite..	—	$CaO. Al^2O^3. 3SiO^2$	Silicate d'aluminium et de calcium, contenant un peu de sodium.
Micas.	Muscovite...	Orthorhombique.	$K^2O. 3Al^2O^3. 6SiO^2. 2H^2O$	Silicate hydraté d'aluminium et de potassium, avec traces de fer, de magnésie et de chaux.
	Biotite......	—	$2RO. SiO^2$	$(R=Mg, K^2, Al\ ?)$. Silicate d'aluminium et de magnésium avec quantités variables d'oxydes ferreux et ferrique, de potasse, de soude, de chaux.
	Lépidolithe.	—	$(Li^2, K^2, H^2)O, Al^2O^3. 2SiO^2$	Silicate hydraté d'aluminium, de potassium et de lithium (avec fluor).

Chlo-rites	Pennine....	Rhomboédrique.	7 MgO. Al²O³. 4SiO². 5H²O	Silicate hydraté d'aluminium et de magnésium, souvent ferrifère.
	Clinochlore..	Clinorhombique.	8MgO. Al²O³. 5 SiO². 7H²O	Idem. Contient du fer, et, parfois, du chrome.
Amphiboles.	Trémolite...	—	Ca (Fe. Mg)² Si⁴O¹²	Silicate de magnésium et de calcium, renfermant toujours un peu de fer et de magnésie.
	Hornblende	—	—	Silicate voisin du précédent, renfermant toujours de l'alumine et de l'oxyde ferrique.
	Actinote...	—	—	Silicate voisin de la trémolite, mais plus riche en oxyde ferreux.
Pyroxènes.	Diopside....	—	Ca (Fe. Mg) Si²O⁶	Silicate de calcium et de magnésium, mélangé d'alumine; les proportions de magnésie et d'oxyde ferreux sont souvent assez faibles.
	Diallage....	—	—	Silicate plus riche en aluminium et en oxyde ferrique que le précédent.
	Augite......	—	—	Ce silicate contient des quantités notables d'aluminium (10 p. 100), d'oxyde ferreux et des traces de potasse et de soude.
	Épidote..........	—	4 CaO. 3Al²O³. 6SiO². H²O	Silicate d'aluminium et de calcium, dans lequel l'oxyde ferrique peut remplacer une partie de l'alumine, et l'oxyde ferreux ou la magnésie, une partie de la chaux.
	Péridot (Olivine).	Orthorhombique.	2MgO. SiO²	Silicate de magnésium dans lequel la magnésie est souvent remplacée partiellement par l'oxyde ferreux ; parfois le remplacement est total (Fayalite).

2.

Composition de quelques minéraux communs (*suite*).

NOMS DES MINÉRAUX.	FORME CRISTALLINE.	FORMULE.	COMPOSITION.
Talc..........	Orthorhombique.	$3MgO. 4SiO^2. H^2O$	Silicate hydraté de magnésium, avec un peu de fer et d'aluminium.
Andalousite, Disthène....	— Triclinique.	$Al^2O^3. SiO^2$ —	Silicate anhydre d'aluminium. Idem.. avec un peu de fer.
Argiles plastiques.....	amorphe		Silicates hydratés d'aluminium impurs, gris, jaunes, verts ; contiennent de la silice, parfois du feldspath, de l'oxyde ferrique, de la pyrite, du gypse. Si l'argile contient du calcaire, elle se rapproche des *marnes*. Le *limon* qui forme les terres végétales est un mélange d'argile et de sable fin contenant des phosphates et des sulfates alcalino-terreux, ainsi que de la matière organique.
Kaolin......	Éclat nacré ou terreux, parfois écailles rhombiques.	$Al^2O^3. 2SiO^2. 2H^2O$	Silicate hydraté d'aluminium blanc, s'il est pur ; souvent mélangé de quartz, de mica et d'oxyde ferrique.
Apatites	Hexagonale.	$3(PO^4)^2 Ca^3 + CaF^2$	Fluophosphate de calcium, dans lequel une partie du fluor peut être remplacée par du chlore ou de l'iode.

IV

PHÉNOMÈNES QUI PROVOQUENT LA DESTRUCTION DES ROCHES

La terre arable étant essentiellement formée de particules rocheuses de volume très variable, il s'agit de savoir maintenant par quelle succession de phénomènes les roches massives, dont nous venons d'esquisser la composition, sont parvenues à cet état d'émiettement. Quatre causes interviennent dans la formation de la terre arable. Parlons d'abord des phénomènes d'ordre *mécanique*.

A. **Action de la gelée**. — L'action mécanique exercée par l'eau passant de l'état liquide à l'état solide est extrêmement efficace lorsqu'il s'agit de la destruction des roches. Ce changement d'état de l'eau s'accompagne d'une augmentation de volume de 1/11. Il en résulte que, lorsqu'une roche imprégnée d'humidité, surtout si elle présente des fissures d'une largeur plus ou moins notable, est exposée à une température inférieure à 0°, la glace qui se forme exerce sur les parois du corps qui l'emprisonne une pression énorme capable de faire éclater la masse solide et de la réduire en fragments plus menus : ceux-ci, à leur tour, subissent des actions analogues. On conçoit que cette fragmentation sera d'autant plus parfaite que la roche initiale offrira plus de voies de pénétration à l'eau. A cet égard, il existe de très grandes différences entre les roches. D'ailleurs, c'est le plus souvent l'action chimique de l'eau qui précède son action mécanique. Nous verrons bientôt, en effet, que l'eau naturelle (c'est-à-dire contenant en dissolution les gaz de l'atmosphère) dissout de façon très inégale les éléments constitutifs des roches : plus cette action dissolvante est intense et plus la masse ainsi attaquée présente de points vulnérables par où l'eau liquide peut pénétrer ultérieurement. Le phénomène de la gelée est donc une cause d'émiettement des roches même les plus dures ; et, par cela même, ce phénomène d'ordre mécanique est d'une très grande activité dans la formation de cette poussière minérale que nous avons appelée *terre arable*. La surface sur laquelle s'exerce la gelée est d'autant plus grande que la pénétration de l'eau se fait plus aisément dans l'épaisseur des moindres particules solides.

B. **Action des glaciers**. — Un glacier se présente sous l'aspect d'une rivière congelée à pente plus ou moins accentuée.

La *moraine frontale* d'un glacier est une sorte de colline de hauteur

variable, atteignant souvent plusieurs centaines de mètres et terminant en avant le glacier. Elle est formée de blocs rocheux, de dimensions et de formes très variables, empâtés dans une masse de boue et
de sable.

Derrière cette *colline* est une muraille de glace d'une grande puissance qui représente la paroi antérieure du glacier et dont la base est
en contact avec une couche de sable et de fragments rocheux plus ou
moins émoussés ou arrondis en forme de galets. Les glaciers se déplacent d'une manière continue, mais très lente, à peine de quelques
dizaines de centimètres par jour. Ils occupaient autrefois une hauteur
incomparablement plus grande que celle que l'on observe aujourd'hui.
Car, au-dessus des glaciers actuels, on observe, sur les roches qui
forment les parois de la gorge dans laquelle ils sont enserrés, des phénomènes de striation et de polissage produits par le frottement de la
glace sur la surface ou par celui des blocs enchâssés dans celle-ci et
dont le déplacement a buriné les roches de la paroi. Si les glaciers, dans
leur progression, usent les parois rocheuses de leur gorge et charrient
au sein de leur masse des fragments de grosseur très variable, ils reçoivent également sur leur surface des débris de roches que la pluie
ou l'action de la gelée ont détachés des parties supérieures de la gorge
et qui s'incrustent peu à peu dans l'épaisseur de la glace.

La moraine frontale qui termine le glacier est donc composée de fragments rocheux plus ou moins arrondis, de débris sableux et boueux,
qui représentent les produits de la trituration, et aussi de l'altération
des minéraux constitutifs des roches. Ainsi les glaciers creusent le sol
des vallées dans lesquelles ils cheminent et transportent des blocs de
pierre qui proviennent des montagnes environnantes; celles-ci tendent
donc, de ce fait, à s'abaisser. Cette action très puissante des glaciers
est l'une des causes mécaniques de la formation de ces débris de roches
pulvérisées qui constituent la terre arable. Les glaciers, à une époque
où ils étaient beaucoup plus répandus qu'à l'heure actuelle, ont donc
contribué très largement à la formation du sol. Aujourd'hui leur action
est infiniment plus limitée : elle est restreinte seulement aux régions
élevées, à température suffisamment basse, dans lesquelles peuvent
s'accumuler des amas de neige d'un volume notable. Mais, à une époque
reculée, cette action des glaciers, comme cause première de la formation des sols arables, a dû être singulièrement plus générale, ainsi
qu'on l'observe actuellement dans beaucoup de régions montagneuses
dont les sommets cependant ne supportent plus de glaces éternelles
et ne sont pas couverts de neige pendant les mois d'été. Au bas des
vallées, en effet, se trouvent des moraines plus ou moins puissantes,
et, sur les parois des roches qui encaissent ces vallées, on observe des
marques évidentes de striations longitudinales. Les blocs dits *erratiques*, masses rocheuses d'un volume parfois très considérable, que
l'on rencontre à la surface du sol dans des milieux de constitution
très différente de la leur, ont été entraînés par des glaciers dont la
trace n'existe plus, mais dont ces masses rocheuses sont certainement

les témoins irrécusables. Ces blocs erratiques se trouvent disséminés dans une foule de régions.

A côté de l'action de la gelée, on peut mentionner les effets produits par les variations de température en général comme étant une cause de destruction des roches. Le coefficient de dilatation de leurs divers constituants n'étant pas le même, on conçoit qu'à la suite de brusques variations de température il doive se produire des allongements ou des retraits de nature à faciliter la formation de fissures où l'eau et l'air peuvent pénétrer.

C. **Action des torrents.** — Lorsqu'à la partie supérieure d'une vallée une roche est minée à sa base par l'eau, ou se déplace par suite d'un glissement, il y a éboulement de la masse et formation de blocs de dimensions extrêmement variables. Au moment où cette portion des eaux de la pluie qui ne s'est pas infiltrée dans le sol ruisselle à la surface, on voit se produire sur ces fragments rocheux des effets mécaniques d'autant plus puissants que le volume de l'eau sera plus considérable et que la pente sur laquelle s'écoulera cette eau sera plus accusée. Les masses éboulées sont donc entraînées mécaniquement ; elles s'entrechoquent, se divisent et se pulvérisent. Leurs angles saillants s'émoussent et tels fragments prennent la forme de masses arrondies, de cailloux roulés, dont le volume s'amoindrit d'autant plus que l'action mécanique d'entraînement se prolonge davantage. De plus, les quartiers de roche qui roulent ainsi dans le lit du torrent rencontrent d'autres masses immobiles, enchâssées dans les parois ; ils produisent sur celles-ci des phénomènes d'érosion analogues à ceux que nous avons signalés chez les glaciers. Souvent même, ces masses se détachent et viennent augmenter le nombre des fragments rocheux que le torrent entraîne. Cet émiettement mécanique donne naissance à des fragments de grosseur très variable suivant la vulnérabilité de la roche et la force mécanique à laquelle elle est soumise. On rencontre, en effet, parmi les produits de cette attaque mécanique, tous les degrés de finesse, voire même des poudres impalpables. Une pareille attaque est donc une cause puissante de désorganisation des roches avec formation de ces débris solides de grosseur extrêmement variée que nous avons dits caractériser la terre arable.

En outre, cette action mécanique de l'eau se complète toujours de phénomènes chimiques. Ceux-ci peuvent être de deux ordres : dissolution pure et simple des éléments sans changement de composition ; ou bien, le plus souvent, attaque profonde de certains constituants de la roche par le gaz carbonique et l'oxygène dissous dans l'eau, et formation d'éléments dérivés nouveaux. Nous examinerons plus loin la chose en détail. On comprend aisément que l'eau, en tant qu'agent chimique, exerce sur les roches une action, quelle qu'en soit la nature, d'autant plus profonde que ces roches se présenteront sous un état de division plus parfait, division qui a été préparée par les phénomènes mécaniques que nous examinons en ce moment.

L'entraînement des matériaux par les eaux torrentielles se ralentit lorsque la pente diminue. Les plus gros parmi les fragments que l'eau a charriés s'arrêtent, mais beaucoup de ces fragments continuent leur voyage et se déposent dans un lieu d'autant plus éloigné de leur point d'origine que leur finesse est plus grande. Les éléments les plus ténus peuvent même rester en suspension très longtemps et ne se déposer finalement qu'à l'estuaire des fleuves (formation des *deltas*). Cependant, dans ce dernier cas, la précipitation des particules suspendues est souvent le fait d'une réaction particulière, d'ordre physico-chimique : les plus fines de ces particules, composées le plus ordinairement d'argile, sont *coagulées* au contact des sels dissous dans l'eau de la mer. Nous nous expliquerons plus tard sur ce point.

On donne le nom d'*alluvions* aux dépôts plus ou moins considérables que les eaux abandonnent sur les rives des cours d'eau à l'époque des crues. Ces alluvions enrichissent souvent les terres sur lesquelles elles se déposent en leur apportant des éléments de fertilité empruntés à des régions situées parfois à une grande distance en amont. Mais, réciproquement, un apport alluvial très sableux peut appauvrir le sol sur lequel il se dépose.

D. **Actions destructives dues à la végétation.** — Il arrive très fréquemment que des graines, chassées par l'action du vent, se déposent sur une surface rocheuse. Si l'humidité est suffisante, la graine germe ; la plantule enfonce ses racines dans les fissures que présente la roche, et, lorsqu'il s'agit de plantes arborescentes, ces racines peuvent pénétrer jusqu'à une profondeur assez grande. Elles entament la roche, à laquelle elles empruntent pour leur nutrition certains éléments calcaires ou potassiques et agrandissent ainsi des cavités qui, sans leur concours, demeureraient parfois imperceptibles. Si, grâce aux dimensions de ces cavités, l'eau pénètre plus facilement et prend l'état solide sous l'action de la gelée, on comprend qu'il y ait là une action non négligeable de fragmentation. De plus, les racines, quand elles ont atteint un certain volume, agissent à la manière d'un *coin* et peuvent déchirer peu à peu des masses rocheuses même très résistantes. Sur ces masses ainsi fragmentées, et présentant une surface plus considérable que celle de la masse primitive, viendront s'exercer de nouvelles actions semblables.

Une autre cause, très lente mais très réelle d'érosion des roches, est imputable au développement à leur surface de végétaux inférieurs, mousses, lichens, algues microscopiques, microbes eux-mêmes. Ce n'est pas le lieu de discuter ici quelle peut être la part que prennent, dans l'acte de corrosion de la roche, les sécrétions acides des racines. Toujours est-il que, lorsque ces végétaux meurent, ils abandonnent la matière minérale qu'ils avaient empruntée à la roche ; d'où la présence sur la surface de celle-ci d'une sorte de *poussière minérale* que les pluies entraînent et emportent dans des régions plus basses.

Toutes les actions mécaniques que nous venons d'analyser aboutissent donc à une fragmentation des roches : l'échelle de grosseur des fragments qui prennent ainsi naissance s'étend depuis celle de masses pesant plusieurs kilogrammes jusqu'à celle d'éléments impondérables.

V

PHÉNOMÈNES D'ORDRE CHIMIQUE

Les phénomènes de destruction et de transformation imputables aux actions chimiques sont enseignés depuis très longtemps sous la forme que nous allons d'abord indiquer. Toutefois, il y a quelques années, à la suite d'observations microscopiques faites sur des *plaques minces de terre*, taillées comme cela se pratique sur une roche massive, une théorie nouvelle est apparue d'après laquelle la persistance à peu près intégrale, quant à leur composition chimique, des fragments rocheux primitifs semblerait être la règle générale.

Nous exposerons d'abord les faits tels qu'on a l'habitude de les présenter d'après la méthode classique qui, hâtons-nous d'ajouter, rend très bien compte, dans la plupart des cas du moins, des transformations chimiques subies par les roches et de la nature des produits qui en dérivent. Nous discuterons ensuite ces opinions classiques en les comparant à celles de la théorie nouvelle.

Les phénomènes d'ordre chimique qu'il nous faut examiner sont caractérisés par l'action dissolvante de l'eau pure, par celle de l'eau plus ou moins chargée des gaz normaux de l'atmosphère, oxygène et gaz carbonique, et par celle de l'eau contenant en solution des substances salines ou organiques. Faisons remarquer que, en principe, les phénomènes chimiques qu'exercent l'eau et le gaz carbonique sur les roches sont régis par la loi d'*action de masse* (voir page 327). Si faible que soit l'effet de ces agents vis-à-vis de la décomposition d'une roche donnée, cette action est sans cesse répétée ; les produits de destruction formés s'éliminent et sortent du champ de la réaction: de sorte qu'une nouvelle attaque peut se produire parce que l'eau se renouvelle de façon incessante et, cela, jusqu'à la destruction totale de la roche. Un équilibre ne pourrait se manifester que si les produits de la réaction demeuraient en présence : ce qui n'a jamais lieu, au moins à la surface des roches et dans les régions superficielles du globe. Mais cet état d'équilibre, dont nous venons de parler, est capable de se réaliser dans les régions profondes où peuvent persister en mêmes proportions : l'eau, le gaz carbonique et la roche attaquée ; de sorte que l'altération de celle-ci sera infiniment moins marquée qu'à la surface (Ramann).

A. **Dissolution par l'eau pure.** — Si nous supposons, pour un instant, que l'eau soit rigoureusement exempte de matières salines et de gaz dissous, son pouvoir dissolvant sera extrêmement faible sur la plupart des roches. Le sel gemme et le sulfate de calcium seuls y sont solubles. Le quartz est insoluble dans l'eau pure. Des plaques de ce minéral résistent à l'action de l'eau à une température de 25° et sous une pression de 1 800 atmosphères (Spezia). D'après certains auteurs, la silice amorphe se dissoudrait très faiblement lorsqu'on élève la température, et le résidu qui demeurerait après évaporation serait de l'*opale*. D'après Le Chatelier, la silice ne forme pas d'hydrates avec l'eau ; elle est toujours anhydre. La silice précipitée serait dans un état d'extrême division, rigoureusement insoluble dans l'eau, et dont l'insolubilité même expliquerait l'extrême finesse.

Mais si l'eau absolument pure est un dissolvant très médiocre de la plupart des roches, elle peut, au contact de certaines d'entre elles, entrer en réaction avec telle espèce minérale définie et fournir un produit d'*hydratation*. On peut citer, comme exemple, la transformation de l'*anhydrite* (sulfate de calcium anhydre, orthorhombique), en *gypse* (sulfate de calcium bihydraté, clinorhombique), ainsi que le changement de certains oxydes anhydres de fer en *limonite* (oxyde hydraté). Les *zéolithes* (ζέω, je bous) sont des silicates *hydratés* d'aluminium et de bases alcalines ou alcalino-terreuses (K, Na, Ba, Ca) ; ils ne contiennent pas de magnésie ; ils remplissent ordinairement les cavités dont sont creusées les roches basiques : ces zéolithes doivent être regardés comme *des produits d'altération* de certaines roches.

L'action de l'eau est donc de première importance, étant donné que les phénomènes d'hydratation précèdent toujours les actions chimiques plus profondes.

B. **Dissolution par l'eau contenant les gaz de l'atmosphère.** — Les eaux naturelles, qu'elles proviennent de la pluie ou qu'elles soient charriées par les rivières, ne sont jamais pures. En premier lieu elles dissolvent toujours une certaine quantité des gaz de l'atmosphère. Si on supposait que de l'eau pure fut *saturée* d'oxygène et de gaz carbonique, elle contiendrait, à 10° et par litre, 53 milligrammes du premier de ces gaz, soit 37 centimètres cubes, et 2^{gr},319 du second, soit 1170 centimètres cubes, sous la pression atmosphérique normale. Mais les eaux naturelles ne sont pas saturées ; l'eau de pluie ne renferme en réalité que quelques centimètres cubes d'oxygène et moins encore de gaz carbonique.

Les eaux météoriques contiennent aussi de faibles quantités de nitrite, de nitrate, de carbonate d'ammonium, ainsi que des traces de sel marin. Cependant, au voisinage de la mer, la quantité de chlorure de sodium qui est entraînée par les vents est parfois assez considérable. Les eaux de rivière sont notablement plus riches en sels minéraux : chlorures, sulfates, nitrates, carbonates. Or, le pouvoir dissolvant de l'eau est singulièrement exalté du fait de la présence des gaz et des substances solides qu'elle renferme. De plus, en s'infiltrant au travers du sol, les eaux météoriques s'enrichissent en gaz carbonique ; elles dissolvent, en outre, certaines substances salines et organiques (matières humiques) qui augmentent leur énergie chimique. Lorsqu'elle pénètre dans les fissures des roches, l'eau abandonne une grande partie des gaz qu'elle tenait en dissolution, et ceux-ci peuvent réagir d'une façon très nette sur tels éléments solides. Mais quelles que soient l'intensité et la continuité de l'action du gaz carbonique, *l'eau seule agit d'abord sur les roches en tant qu'agent d'hydratation* ; ce phénomène primordial de l'hydratation précède toujours les actions chimiques ultérieures imputables aux substances que l'eau tient en dissolution. Cette hydratation étant admise, examinons les effets que produit sur les roches la présence des gaz carbonique et oxygène dissous dans l'eau.

Action des gaz carbonique et oxygène. — Ces effets se font sentir sur toutes les roches silicatées sans exception ; ils seront d'autant plus profonds que les actions mécaniques et physiques que nous avons étudiées plus haut auront mieux préparé la roche, c'est-à-dire l'auront divisée en fragments plus petits.

Nous savons que les roches silicatées renferment de la silice combinée aux bases suivantes : potasse, soude, chaux, magnésie, oxyde de fer, alumine. En principe, *le gaz carbonique décompose les silicates* ; il met en liberté une partie de la silice (une autre reste unie aux alcalis), et se combine à toutes les bases pour former des carbonates. L'*alumine seule* résiste à cette carbonatation : elle demeure combinée à une certaine quantité de la silice primitive. Le silicate d'aluminium ainsi formé s'hydrate et constitue l'*argile*. On donne le nom de *kaolinisation* à ce mode d'attaque que subissent les roches silicatées primitives, parce que le produit principal de cette attaque fournit une substance dont les propriétés physiques ressemblent quelque peu à celle du *kaolin* ou silicate d'aluminium hydraté pur. Ce mode de formation de

G. ANDRÉ. — *Chimie du sol.* 3

L'argile a été indiqué pour la première fois par Fournet (1833). L'argile proprement dite n'est que très rarement formée de silicate d'aluminium hydraté pur ; elle renferme toujours une quantité plus ou moins notable des éléments de la roche primitive dont elle paraît être ainsi un produit de décomposition.

Dans la très grande majorité des cas, elle est colorée, soit en gris, soit en rouge par de l'oxyde de fer ; car, si l'attaque du fer contenu dans les roches silicatées conduit à la production d'un carbonate ferreux, celui-ci, extrêmement oxydable, fournit de l'oxyde ferrique avec départ de gaz carbonique : d'où persistance de cet oxyde dans la plupart des argiles. Mais, de plus, la coloration de l'argile est fréquemment imputable à la présence de matières organiques : nous reviendrons plus loin sur ce point particulier.

Le kaolin pur est blanc et exempt de fer. Plus la composition d'une argile se rapproche de celle du kaolin, plus cette argile est plastique. Nous étudierons à leur place les remarquables propriétés que communique l'argile aux terres arables.

Examinons maintenant avec quelque soin cette action décomposante du gaz carbonique sur les silicates. La silice que l'acide carbonique met en liberté peut être entraînée en dissolution (?) ou persister dans la roche ainsi altérée sous forme de veines. Quant aux grains de quartz cristallisés que contiennent les roches acides, ils sont très peu attaqués. Si les eaux d'infiltration sont en quantité suffisante, elles entraînent à l'état de bicarbonates les carbonates qui viennent de prendre naissance ; elles emportent également des particules extrêmement fines d'argile : il ne reste finalement que le quartz (arènes). La chaux et la magnésie dissoutes à l'état de carbonates, ou plutôt de bicarbonates, ne se déposent que, lorsqu'à la faveur d'une cause quelconque, l'excès du gaz carbonique se dégage. Après avoir subi la carbonatation, les éléments ferreux de la roche primitive s'oxydent ; ils dégagent du gaz carbonique et se changent en oxyde ferrique hydraté.

Les carbonates alcalins (potasse et soude), beaucoup plus diffusibles parce qu'ils sont très solubles, seraient entraînés sans l'existence d'une propriété très caractéristique que possèdent beaucoup de sols d'arrêter ces bases sous un état particulier. Cette élimination des bases de la roche primitive sous l'influence du gaz carbonique n'est jamais complète ; la potasse et la soude y persistent en partie à l'état de silicates solubles hydratés après le départ de la chaux, de la magnésie et de l'oxyde de fer.

L'action du gaz carbonique se fait sentir parfois jusqu'à de grandes profondeurs (plusieurs dizaines de mètres). Elle est cependant limitée par suite des phénomènes d'équilibre dont nous avons parlé plus haut. Mais, dans les pays à climat sec et à température uniforme, on conçoit que les roches silicatées, et le granite en particulier qui est la plus commune de ces roches, ne doivent subir que des altérations très légères.

Action profonde du gaz carbonique. — Revenons un instant sur le pouvoir dissolvant de l'eau chargée de gaz carbonique. Grâce à la formation de bicarbonates alcalino-terreux, beaucoup plus solubles que les carbonates neutres, certains sols peuvent changer complètement de nature. Dans un grand nombre de régions, le carbonate de calcium est fréquemment mélangé de sable siliceux et d'argile, c'est-à-dire de substances sur lesquelles l'eau n'a pratiquement aucun pouvoir dissolvant. Les eaux météoriques agissant sur ce calcaire impur dissolvent le carbonate de calcium à l'état de bicarbonate et l'entraînent à une profondeur de plusieurs mètres parfois. Cette *décalcification* s'accompagne donc de la formation sur place d'une couche de terre argilo-sableuse dont la teinte primitive change avec les progrès de la décalcification, parce que les éléments ferrugineux que contenait la roche calcaire initiale s'oxydent peu à peu et se changent en oxyde ferrique. C'est à ce phénomène que l'on a donné le nom de *rubéfaction*. Aussi, à la suite des transformations qui viennent d'être décrites, voit-on un sol argileux, d'une épaisseur souvent notable, remplacer une roche primitivement calcaire.

Grandeau (1883) en a donné un exemple remarquable relatif à un sol calcaire du district forestier prussien de Lohra (1). Le sol était formé d'une couche de 2 à 4 centimètres d'argile colorée par l'humus, au-dessous de laquelle se trouvait une couche de 25 à 30 centimètres d'argile dont la couleur variait du gris jusqu'au brun noir. A un niveau inférieur, on rencontrait, sur une épaisseur de 5 à 16 centimètres, une argile jaune. Tout cet ensemble était superposé à une roche calcaire. Or, voici quelle est la composition centésimale de ces différentes couches :

	Couche supérieure.	Couche moyenne.	Couche inférieure.	Roche
Potasse	2.32	2.64	2.65	0.39
Soude	0.66	1.09	0.93	0.30
Chaux	1.14	1.16	1.16	52.98
Magnésie	0.94	0.99	0.83	0.76
Oxyde de fer	3.82	3.90	6.53	0.51
Alumine	9.83	12.13	17.60	0.90
Acide phosphorique	0.21	0.22	0.20	0.03
Silice	63.57	67.74	54.13	2.06
Acide carbonique	0.14	0.56	1.11	41.74
Eau	7.59	4.26	8.70	0.21

Ainsi la couche argileuse, immédiatement en contact avec la roche calcaire, a été dépouillée de carbonate de calcium par suite de l'action dissolvante des eaux météoriques.

(1) Cité par Ramann (*Bodenkunde*, 2ᵉ Auflage, Berlin 1905, p. 101).

Les schistes, en raison de leur structure, subissent très facilement la kaolinisation ; ils se transforment avec une rapidité plus ou moins grande, parfois dans l'espace de quelques années, en argile plastique (schistes houillers mis à découvert).

Qu'advient-il des eaux dont l'action chimique de carbonatation a produit les phénomènes de décomposition que nous venons de mentionner, et qui s'infiltrent à des profondeurs plus ou moins grandes ? La portion de ces eaux qui fait retour à la surface du sol, à un niveau forcément inférieur à celui du point de chute, restitue une partie des matériaux que ces eaux avaient empruntés aux couches traversées par elles. Leur richesse en éléments solides est subordonnée évidemment à la solubilité des roches qu'elles ont rencontrées : les eaux issues du granite étant parfois dix fois plus pauvres que celles qui ont été en contact avec certaines roches calcaires. C'est ainsi que l'on voit, aux points d'émergence ou de suintement, se former des dépôts ferrugineux dus à la décomposition rapide du bicarbonate de fer, et surtout des dépôts calcaires (tufs, stalactites), de formation plus lente, au fur et à mesure que la dissolution perd au contact de l'air l'excès de gaz carbonique qu'elle contenait.

Les phénomènes de kaolinisation que nous avons décrits plus haut peuvent être parfois suivis sur place ; mais la lenteur excessive de leur évolution est, le plus souvent, un obstacle à l'observation directe. Cependant l'analyse chimique permet d'expliquer d'une manière remarquable ces réactions de transformation lorsqu'on l'applique à l'étude comparée d'une roche non altérée et de ses produits d'altération. Un grand nombre d'expériences *synthétiques* autorisent également l'interprétation des phénomènes de décomposition dans le sens que nous venons d'indiquer. Nous allons examiner ces différents points.

VI

EXAMEN COMPARÉ DES ROCHES NON ALTÉRÉES ET DES ROCHES ALTÉRÉES

Dégradation des feldspaths. — Comparons d'abord, au point de vue théorique, la composition centésimale d'un *feldspath orthose* supposé pur : $K^2O.Al^2O^3.6SiO^2$ et celle du kaolin ou *silicate hydraté d'aluminium* pur : $Al^2O^3.2SiO^2.2H^2O$

	Orthose.	Kaolin.
SiO^2	64.86	46.64
Al^2O^3	18.28	39.46
K^2O	16.86	
H^2O		13.90
	100.00	100.00

On peut mettre la chose sous une forme encore plus nette. 100 parties de feldspath fournissent — si l'on suppose que l'alumine ne subisse aucune perte de poids en passant du feldspath au kaolin — 46.32 parties de ce dernier corps, dont la composition est représentée par :

$$
\begin{array}{ll}
SiO^3 \dots\dots & 21.60 \\
Al^2O^3 \dots\dots & 18.28 \\
H^2O \dots\dots & 6.44 \\
\hline
& 46.32
\end{array}
$$

Il y a donc eu perte de $64.86 - 21.60 = 43.26\ SiO^2$; perte de $16.86\ K^2O$ et gain de 6.44 d'eau.

Recherches d'Ebelmen. — On doit à Ebelmen (1845) un grand nombre de recherches sur la composition comparée de certaines roches primitives inaltérées et de leurs produits d'altération ; ces recherches confirment très nettement le mécanisme de la formation de l'argile tel que nous l'avons développé. Mais les produits d'altération ne sont pas, à beaucoup près, des substances définies ; ce sont des *mélanges complexes* dans lesquels l'analyse révèle la présence constante des mêmes éléments que ceux que la roche primitive renfermait, mais dont toutes les bases, sauf l'alumine, ont subi un déchet plus ou moins notable. Citons-en quelques exemples.

Ebelmen a examiné un fragment arrondi de basalte de la Haute-Loire, dont la surface, jusqu'à 5 à 6 millimètres de profondeur, était changée en une matière terreuse d'un blanc un peu jaunâtre, friable, facile à détacher. L'intérieur de la masse consistait en une roche compacte d'un noir foncé. La comparaison des analyses de la partie superficielle altérée et de la partie profonde intacte fournit des résultats très intéressants, surtout si, comme l'a fait Ebelmen, on rapporte la composition des deux matières à une proportion constante d'alumine, 100 parties par exemple.

	Basalte non altéré.	Basalte altéré.
Alumine	100.00	100.00
Silice	347.5	118.30
Chaux	55.1	29.2
Oxyde de fer	138.7	14.1
Magnésie	52.8	1.9
Potasse	13.4	2.3
Soude	20.3	3.3
Eau	37.0	55.1

Outre la fixation d'eau provenant de cette décomposition, on remarque un entraînement, en proportions plus ou moins notables, de toutes les substances, sauf l'alumine.

Ebelmen a également comparé l'analyse d'un basalte de Bohême avec celle de ses produits d'altération. Ce basalte commence par se diviser en boules qui se séparent de la masse principale et se décomposent ensuite sur toute leur surface extérieure. La partie centrale de la boule est gris noirâtre et d'aspect déjà terreux, friable ; alors que le basalte inaltéré est noir et très dur. La partie extérieure de la boule est d'un blanc grisâtre ; on passe insensiblement de la teinte extérieure de cette boule à la teinte intérieure. On a trouvé à l'analyse les chiffres suivants, en rapportant, comme plus haut, la composition des matières à une proportion constante d'alumine (100) :

	Basalte non altéré.	Basalte au centre des boules.	Basalte à la surface des boules.
Alumine	100	100	100
Silice	364	309	237
Chaux	93	87	14
Magnésie	76	52	19
Peroxyde de fer	29	39	64
Protoxyde de fer	99	60	0
Potasse	6	4	1
Soude	22		
Eau	36	68	114

A la première période de sa décomposition, le basalte (centre des boules) a perdu la presque totalité des alcalis et une certaine quantité de fer et de magnésie, alors que la perte de chaux est peu notable. Mais, à la surface des boules, c'est-à-dire dans la région d'altération plus avancée, le fer a encore diminué et n'existe plus qu'à l'état ferrique ; la chaux a disparu en grande partie. Ainsi que le fait remarquer Ebelmen, la première période correspond à l'entraînement des alcalis, c'est-à-dire à la destruction de l'élément feldspathique (voir ce que nous avons dit plus haut, page 23, au sujet de la composition des basaltes), la seconde, à l'altération du pyroxène et du péridot qui perdent une partie de leur silice et la majeure partie de leurs bases.

Ces phénomènes de destruction chimique sont très importants à connaître lorsque l'on veut se rendre un compte exact de la variété extrême de structure que présentent les différents sols. Nous trouverons plus loin de nouveaux exemples à l'appui de cette manière de voir. Ainsi, le gaz carbonique sépare les éléments des silicates complexes ; il met en liberté une certaine quantité de silice, et forme avec les bases, sauf l'alumine, des bicarbonates plus ou moins solubles.

Dans les eaux qui filtrent au travers du sol, le gaz carbonique est en

grand excès par rapport à la silice. Toutes les eaux minérales ren
ferment de la silice et des carbonates, mais jamais de silicates, et seu
lement des traces d'alumine.

Latérite. — Dans les régions tropicales, et pour des causes mal
connues actuellement, mais qui semblent pouvoir être rapportées à
des actions microbiennes, les roches feldspathiques éprouvent une
décomposition plus profonde que celle que nous venons d'examiner.
L'argile abandonne la presque totalité de sa silice et laisse un mélange
d'hydrate d'alumine (*hydrargillite* Al (OH)³) et d'hydrate ferrique,
connu sous le nom de *latérite* (de *later*, brique). Les latérites possèdent
une composition analogue à celle de la *bauxite*. Les latérites renferment
aussi des silicates alumineux hydratés (Arsandaux, 1909). Schlœsing
a montré (1901) que, si les terres de France ne contiennent que des
quantités d'alumine libre très faibles (dont on décèle la présence en
traitant ces terres par de la soude à 3ᵍʳ,5 Na²O par litre), les terres
de Madagascar en renferment souvent des proportions considérables,
soit à l'état de base libre, soit appartenant à un silicate très attaquable
par la soude diluée. Or, une argile très grasse de Vanves et un kaolin
très maigre ne contiennent ni silice, ni alumine libres solubles dans
la solution sodique précédente.

Expériences synthétiques. — Nous avons dit plus haut
que l'eau seule était un très médiocre dissolvant des éléments
rocheux. Mais si on pulvérise au préalable la matière et si on
la met au contact de l'eau, certains de ses éléments possèdent
une solubilité suffisante pour que l'on puisse les reconnaître
qualitativement et même les doser. W. B. et R. E. Roggers
ont montré (1848) que les minéraux et roches suivants aban-
donnaient à l'eau quelques-uns de leurs éléments : feldspaths,
labrador, mica, leucite, tourmaline, hornblende, olivine, épidote, talc, chlorite, obsidienne, laves, gneiss, verres, etc. Un
grand nombre d'expérimentateurs ont vérifié dans la suite la
véracité de ces faits. D'après Cushman, les poudres de certaines roches (quartzites, granite, diabase, basalte, gneiss, etc.)
donnent, au contact de l'eau, des solutions dont l'alcalinité
est manifeste vis-à-vis de la phtaléine.

Expériences de Daubrée. — On doit à Daubrée (1) un certain
nombre d'expériences destinées à imiter les conditions naturelles de

_____

(1) Études synthétiques de géologie expérimentale, Paris, 1879.

désagrégation des roches, soit dans leurs effets physiques, soit dans leurs effets chimiques. Il est utile de mentionner à ce sujet quelques essais destinés à compléter la connaissance des phénomènes naturels que nous venons d'étudier.

Si l'on triture mécaniquement des fragments rocheux immergés dans l'eau, il se produit une poudre très fine, composée, non pas de sable, mais d'un *limon* impalpable, pouvant rester pendant plusieurs jours en suspension dans le liquide. Ce limon, très plastique, se prend par dessiccation en masses extrêmement dures, parsemées de lamelles micacées quand il provient de la destruction du granite ; de plus, il fixe une certaine dose d'eau. Les roches quartzeuses fournissent une certaine proportion de sable proprement dit. Le feldspath, si abondant dans la roche granitique primitive, disparaît ainsi presque complètement. En effet, à côté des phénomènes mécaniques, et simultanément, apparaissent des phénomènes d'ordre chimique.

Le feldspath, en fragments, longuement trituré dans des cylindres de grès au sein de l'eau distillée, communique à cette eau un certain degré d'alcalinité imputable à la présence de silicate de potassium. Lorsque le cylindre de grès est remplacé par un cylindre de fer, la silice s'unit à ce métal, et l'eau ne renferme plus que de la potasse : le fer, très divisé, s'est oxydé pendant le mouvement de trituration. L'action est notable ; Daubrée l'a mesurée quantitativement : 3 kilogrammes de feldspath, après broyage prolongé pendant cent quatre-vingt-douze heures dans un cylindre de fer, et correspondant à un parcours de 460 kilomètres, ont formé 2729 grammes de limon et les cinq litres d'eau employés dans l'expérience se sont chargés de 12^{gr},60 de potasse, soit 2^{gr},52 par litre. Un fait également digne de remarque est le suivant. La trituration seule à *sec* ne décompose pas le feldspath ; l'action ultérieure de l'eau sur cette poudre n'agit pas de façon bien sensible : la décomposition, telle que nous venons de l'établir, n'a lieu que lorsque la destruction mécanique et l'action dissolvante de l'eau s'exercent simultanément.

Lorsqu'on emploie de l'eau saturée de gaz carbonique, que l'on fait agir sur des fragments de roches disposés dans un vase de grès soumis à une rotation de dix jours, la décomposition est très nette ; elle donne naissance à des produits analogues à ceux que fournit l'eau seule. Ces faits établissent que la potasse, engagée en combinaison dans les roches feldspathiques, peut entrer lentement en dissolution, et l'on doit reconnaître, dans l'exercice de ce phénomène, une des sources de la potasse auxquelles les plantes viennent puiser. Nous retrouverons d'ailleurs des faits analogues chez les autres principes minéraux des roches dont les éléments sont utiles aux végétaux.

Conséquences de l'altération des roches. Action du gaz carbonique sous pression. — Il semble que le premier état qu'affectent les débris de roches les plus fins, lorsqu'ils sont triturés au contact de l'eau, soit l'état *colloïdal*, c'est-à-dire pseudo-soluble, puisqu'une solution colloïdale est toujours trouble et renferme des particules solides en suspension (voir quelques données sur les solutions colloïdales, dans notre *Chimie végétale*, p. 11). D'après Funk (1909), si on isole ces particules et qu'on les sèche à 120°, on trouve qu'elles renferment une proportion d'eau variant de 5 à 15 p. 100 : la roche initiale est d'abord hydratée ; il y a eu en même temps perte de traces d'alcali. Il apparaît donc que la transformation d'un feldspath en argile est précédée d'une série de termes intermédiaires, et que l'absorption de l'eau représente la première manifestation de la décomposition. Il faut y joindre également le *rougissement*, lequel indique la peroxydation de l'oxyde ferreux. Lorsque les grains sableux ont un diamètre inférieur à 0^{mm},02, ils affectent les propriétés des colloïdes et communiquent au sol les caractères des limons. Dans beaucoup de ces limons existent de très fines particules de mica que l'on a confondues souvent avec de l'argile. Ces particules très fines semblent être les éléments les plus caractéristiques des limons. Au point de vue agricole, les colloïdes issus des zéolithes ont une grande importance (Atterberg, 1908).

Fittbogen (1873) a exécuté des essais concluants sur la solubilité des éléments rocheux dans l'eau chargée de gaz carbonique. D'après cet auteur, la silice serait trois fois plus soluble dans ce dernier cas qu'en présence d'eau pure. R. Müller (1877) a montré que la pression du gaz carbonique augmente singulièrement son action décomposante. Si on opère à la température ordinaire et sous une pression de 3,5 atmosphères de gaz carbonique, on trouve, au bout d'une cinquantaine de jours, que tous les éléments des roches ainsi traitées sont entrés en dissolution : l'alumine est la substance de beaucoup la moins soluble dans ces conditions. Un feldspath est d'autant moins attaquable qu'il est plus riche en silice ; lorsqu'il contient de la chaux et de la soude, il est plus altérable que s'il renferme surtout de la potasse. L'apatite est facilement attaquée ; la chaux et l'acide phosphorique se dissolvent sensiblement dans les mêmes proportions où ces éléments entrent dans le minéral. Toutes les bases, sauf l'alumine, s'unissent à l'acide carbonique.

F. Sestini (1902) a traité des fragments d'augite de 1 à 2 millimètres de diamètre par de l'eau pure et par de l'eau chargée de gaz carbonique. Après une agitation de cinquante heures, il est entré en solution, dans l'eau seule, de la silice, de l'oxyde ferrique, de la chaux, de la magnésie, des traces de chlore, d'acide sulfurique, de potasse et de soude. Dans l'eau chargée d'acide carbonique, l'acide sulfurique et les alcalis existaient en plus fortes proportions que dans l'eau pure. La poudre fine, produite par la trituration, était formée de très petits fragments d'augite et d'une substance blanche, soluble dans les acides chlorhydrique et sulfurique, plus riche en alumine et en oxyde ferrique que l'augite. L'auteur a tenu compte de la dissolution possible des parois du vase d'expérience.

Une remarque générale doit être faite ici. Beaucoup d'expériences synthétiques sont sujettes à critique, dans lesquelles telle roche a été pulvérisée au contact de matières étrangères ou a été chauffée dans des tubes de verre à une température souvent supérieure à 100°. On ne doit interpréter ces expériences qu'avec réserve, étant donné que la substance même des vases ou des engins de broyage a dû entrer fréquemment en réaction avec les produits qu'il s'agissait d'examiner.

Action de l'eau chargée de matières salines ou de substances organiques. — Après avoir mentionné l'action dissolvante de l'eau pure ou chargée de gaz carbonique, il est nécessaire de dire quelques mots de l'action de l'eau contenant en dissolution certaines matières salines ou certaines substances organiques. D'ailleurs, dans la nature, de semblables effets interviennent continuellement ; plusieurs savants ont exécuté sur ce point des expériences synthétiques qui présentent quelque intérêt. Presque toujours, lorsque l'eau contient en dissolution des sels de sodium ou de calcium, surtout en présence du gaz carbonique, son pouvoir dissolvant vis-à-vis des roches éruptives est beaucoup plus énergique. Les substances préalablement dissoutes peuvent agir également par double décomposition et échanger, partiellement au moins, leurs bases contre celles des roches avec lesquelles elles sont en contact. A cet égard, les sels ammoniacaux jouissent d'un pouvoir dissolvant assez élevé.

Il résulte d'anciennes expériences, dues à Dietrich, que le sulfate d'ammonium au centième est capable de dissoudre, par une digestion prolongée à froid pendant trois mois, 0,4 p. 100 de poudre de basalte et 0,8 p. 100 à la suite d'une ébullition de neuf heures. Plus récemment, Prianischnikow a montré que les sels ammoniacaux peuvent faire entrer en dissolution, non seulement le phosphate tricalcique, mais aussi le mica.

Les feldspaths et les silicates zéolithiques réagissent vis-à-vis des solutions de sel marin, même étendues. Le sodium prend la place du potassium, du calcium et du magnésium. Ce fait rend compte de l'influence favorable que possèdent certains engrais contenant comme impureté du sel marin. L'emploi de celui-ci a d'ailleurs été parfois préconisé pour augmenter la teneur du sol en potasse soluble. Nous reviendrons sur ces phénomènes à propos du pouvoir absorbant des sols (page 219). Les éléments calciques et ferro-magnésiens sont assez facilement attaqués par une solution d'acide chlorhydrique à 5 p. 100. Le chlorure de calcium à 5 p. 100 enlève aux feldspaths riches en potasse une quantité d'alcali d'autant plus notable que le minéral a été plus finement pulvérisé (J. Dumont, 1909).

Il faut noter aussi que les eaux qui traversent normalement le sol dissolvent toujours une faible proportion de matière humique. Ces eaux ont, en effet, une couleur ambrée particulière. Indépendamment des sels que peut contenir cette eau, dont le pouvoir dissolvant, comme nous venons de le dire, est plus notable que celui de l'eau pure, la matière humique communique à l'eau des propriétés dissolvantes spéciales, d'autant plus énergiques que la quantité qui s'y trouve à l'état de dissolution est plus forte. Nous parlerons plus tard, avec les détails nécessaires, de l'origine de la matière humique, sous les différentes formes qu'elle affecte dans le sol. Lorsque cette matière existe dans des terrains non calcaires, elle est douée de propriétés acides très remarquables qui lui permettent de décomposer les carbonates ; son pouvoir dissolvant sur les oxydes ferriques et sur les phosphates est considérable. L'acide humique décompose les aluminosilicates alcalins et leur soustrait l'alcali et, même, la silice en excès.

En résumé, *l'eau naturelle* qui traverse les sols, c'est-à-dire l'eau qui contient des proportions variables de gaz carbonique, de substances salines et de matières humiques, est un dissolvant lent, mais dont l'action est incessamment renouvelée, des roches de toute nature que contient l'écorce terrestre : à cette action dissolvante s'ajoute toujours une action chimique de décomposition.

Les agents de la décomposition des roches sont donc nombreux : eau pure, eau chargée de gaz carbonique, eau contenant en dissolution, soit des sels très variés, soit même des acides et des matières organiques mal définies. Quel est celui de ces agents qui possède le maximum d'énergie? Cela dépend absolument des conditions mêmes dans lesquelles s'effectue la décomposition, et, d'après beaucoup d'auteurs, du degré d'humidité du lieu considéré et de la nature de son climat.

Rôle des acides concentrés, rôle de la matière organique dans la décomposition des roches. — Revenons, pour un moment, sur deux causes probables de la formation de l'argile auxquelles on accorde actuellement une assez grande importance. A côté de l'action de l'eau et de celle du gaz carbonique comme agents naturels de décomposition des silicates et de formation de l'argile, il faut placer, suivant certains auteurs, soit l'intervention de facteurs minéraux plus énergiques, soit celle des matières organiques.

L'intervention des acides forts (acides chlorhydrique, fluorhydrique, sulfurique, nitrique), l'intervention, d'une manière plus générale, des eaux minérales acides, seraient capables de provoquer la kaolinisation des roches feldspathiques (Weinschenk). Il s'agirait là d'un phénomène de *pneumatolyse*, c'est-à-dire d'insufflation de vapeurs acides venues des profondeurs.

L'action des acides dilués, dont nous avons dit quelques mots déjà, et celle, beaucoup plus marquée, des acides concentrés sur les feldspaths pulvérisés, fournit, dès la température ordinaire et par contact prolongé, une substance laiteuse, blanche, qui ressemble à l'argile à porcelaine. Cependant il faut remarquer, avec Stremme, qu'il n'existe pas d'expérience absolument probante démontrant que la genèse de l'argile soit attribuable à une semblable réaction. En effet, les acides forts décomposent le kaolin ; il est donc peu admissible que cette substance prenne naissance par le processus inverse.

Si la formation de l'argile peut être parfois expliquée à l'aide du mécanisme précédent, il est très probable, d'après certains observateurs, que cette substance provient, dans bien des cas, *du contact de la matière organique avec les roches feldspathiques*. L'acide humique serait l'agent de cette transformation. La plupart des argiles sont colorées en gris ; elles possèdent souvent une odeur propre que l'on ne peut rattacher à la présence d'aucune matière minérale connue ; elles dégagent, quand on les chauffe, une odeur plus vive et blanchissent fréquemment, comme si l'action de la chaleur avait détruit un corps d'origine organique. On trouve, sous les couches d'humus ou sous les tourbières, des débris de roches fortement kaolinisés, et l'on peut penser, qu'après contact très prolongé avec les matières humiques, il y a eu décomposition des feldspaths. D'après Glinka, l'acide humique libre enlève à ceux-ci leurs alcalis et leur silice en excès. Hähnel, ayant analysé un produit de destruction récente du granite sous une couche d'humus, a trouvé à cette matière une composition voisine de celle du kaolin brut.

L'effritement des roches silicatées sous l'influence de l'air aboutit à une peroxydation du fer que contiennent ces roches ; le contact de la matière organique avec le résidu de cet effritement réduit de nouveau l'oxyde ferrique en oxyde ferreux (Stremme). Beaucoup d'argiles, en effet, lorsqu'on les calcine à l'air, passent du gris au rouge ; comme si l'oxydule de fer se changeait, sous l'action de la chaleur et de l'oxygène, en oxyde ferrique.

Quel est celui d'entre ces modes multiples de formation de l'argile auquel on doit attacher le plus d'importance ; quel est celui dont l'action est prépondérante? On ne saurait trop le répéter ; un seul et même minéral doit, dans les conditions naturelles, se décomposer de façons très différentes suivant les circonstances de milieu.

Désagrégations sous l'influence de l'eau et de la végétation.
— Dans une série d'expériences intéressantes, Haselhoff (1909) a examiné sur quatre espèces de roches exposées à l'air : *grès bigarré*,
grauwacke, *calcaire coquillier*, *basalte*, l'action des agents atmosphériques et celle de la végétation sur la rapidité de destruction de ces
roches, ainsi que les quantités de matières dissoutes par l'eau de pluie
et la proportion des substances minérales enlevées par les plantes.
Chaque échantillon renfermait, mais en doses très variables, les éléments de fertilité indispensables à la nutrition végétale, moins l'azote.
Les fragments rocheux, d'un diamètre de 7 à 10 millimètres, étaient
disposés dans des cases de fer blanc pouvant laisser échapper les liquides qui les traversaient. Les essais ont duré quatre ans. Voici, en
quelques mots, les résultats obtenus. C'est le *grès bigarré* qui s'est le
mieux émietté. La présence de végétaux (fève, pois, lupin, blé, orge,
dont le développement était assuré par l'addition d'un peu d'azote
nitrique) a favorisé cet émiettement des roches ; mais il n'y a pas eu,
à cet égard, de grandes différences entre les diverses plantes cultivées.
Au point de vue de la rapidité de la décomposition, on remarque que
l'altération la plus forte porte sur le *grès bigarré*, puis sur le *basalte*
et le *grauwacke*. Le *calcaire coquillier* est peu attaqué. L'eau de pluie
qui avait traversé les vases occupait les volumes suivants :

Vase témoin sans fragments rocheux.	Grès.	Grauwacke.	Calcaire coquillier.	Basalte.
80 lit. 5	45 lit. 9	54 lit. 4	55 litres.	47 litres 5

Voici la teneur de cette eau en éléments dissous (nous ne retiendrons ici que ce qui est relatif à la chaux et à la potasse), et la teneur
initiale de la roche en ces mêmes éléments :

	100 parties de la roche initiale renferment.		Matières dissoutes dans le volume d'eau de pluie recueillie	
	CaO	K^2O	CaO gr.	K^2O gr.
Grès	0.50	3 67	0.18	0.017
Grauwacke................	3.30	1.74	1.03	0.010
Calcaire coquillier........	52.90	0.34	1.40	0.005
Basalte	11.00	1.90	0.13	0.054

La richesse des eaux en chaux et en potasse est donc aussi variable
que la teneur initiale des roches en ces deux bases. Les végétaux
cultivés sur ces fragments rocheux leur ont emprunté des doses notables d'éléments minéraux ; ces doses varient avec l'espèce cultivée
et avec la nature de la roche. C'est le *grès bigarré* qui cède le mieux ses
éléments à la végétation en raison de son émiettement plus facile. Il
semble qu'il existe le même rapport entre la quantité de substance prise

à la roche par la plante et la quantité de matière qui se dissout dans l'eau de pluie.

On assiste donc, dans cette expérience synthétique, à une désagrégation naturelle de la masse solide sous l'influence de l'eau de pluie, désagrégation qui fournit aux végétaux les substances indispensables à leur développement.

Quelques remarques relatives à la structure chimique des silicates. — Il est difficile actuellement d'exprimer par des formules rationnelles la composition des silicates, tant naturels qu'artificiels. On se contente ordinairement, comme nous l'avons fait ici, d'indiquer le rapport existant entre l'anhydride silicique SiO^2 et les oxydes qui lui sont combinés. L'eau est mise à part dans le cas des silicates hydratés, bien que, chez un grand nombre d'entre eux, il ne s'agisse pas, le plus souvent, d'*eau de cristallisation*, mais bien d'*eau de constitution*. On formule généralement les silicates comme on note les carbonates : $SiO^2.M^2O$, $SiO^2.M''O$ figureront des silicates *neutres*, le rapport de l'oxygène de la base à celui de l'acide étant égal à 1/2. Les silicates basiques contiendront, pour une molécule de silice, une quantité de base plus grande que ne l'indiquent les deux formules précédentes ; les silicates acides présenteront, au contraire, un rapport plus petit que le rapport 1/2. Lorsqu'il s'agit de silicates complexes, renfermant plusieurs bases, on admet en général que ces silicates sont des *combinaisons moléculaires* de deux ou plusieurs silicates, absolument comme l'alun de potasse, par exemple, résulte de la soudure du sulfate de potassium avec le sulfate d'aluminium, auxquels s'ajoutent vingt-quatre molécules d'eau : $SO^4K^2.(SO^4)^3Al^2.24H^2O$.

Parmi les modes de représentation plus rationnels des silicates, signalons le suivant qui permet d'expliquer pour le mieux la décomposition hydrolytique de certains d'entre eux.

Au lieu d'écrire l'orthose, par exemple :

$$[K^2O.Al^2O^3.]\,6SiO^2 = K^2Al^2Si^6O^{16},$$

on peut supposer que ce minéral représente un *sel alumino-potassique* de l'acide complexe $H^4Si^3O^8$; l'orthose devient alors $(K^2Al^2)Si^3O^8$, soit la moitié de la formule précédente. Mais, étant donnée la fixité remarquable du silicate d'aluminium, on a proposé d'envisager l'aluminium (et le fer qui le remplace partiellement dans bien des cas) comme un des constituants essentiels du radical acide. Celui-ci devrait alors s'écrire : $Si^3O^8Al(H)$, et l'orthose en serait le sel monopotassique $Si^3O^8Al(K)$. D'après cette façon d'envisager les choses, la séparation du kaolin, ou silicate d'aluminium hydraté, proviendrait de l'instabilité de l'acide alumino-silicique. Celui-ci se scinderait en silice et silicate d'aluminium anhydre qui, au contact de l'eau, s'hydraterait ultérieurement :

$$HAlSi^3O^8 \rightleftharpoons 2SiO^2 + HAlSiO^4$$
$$2HAlSiO^4 + H^2O \rightleftharpoons Al^2O^3.2SiO^2.2H^2O \text{ (Kaolin)}.$$

La genèse de l'argile serait donc indépendante de l'action du gaz carbonique sur les roches silicatées en général, et cette manière de concevoir sa formation serait corroborée, d'après certains auteurs, par ce fait que les feldspaths pulvérisés fournissent, au contact de l'eau seule, une liqueur à réaction alcaline : ce qui implique une séparation de potasse. D'ailleurs, il semble que les minéraux constitutifs des roches et des terres arables représentent principalement les sels d'une ou plusieurs bases fortes : K^2O, Na^2O, CaO, MgO, FeO, MnO, etc., combinées à un acide faible (alumino ou ferri-silicique). *Un simple phénomène d'hydrolyse* sépare la base et rend le liquide alcalin, comme nous venons de le dire, et, cela, même au sein de l'eau complètement débarrassée de gaz carbonique.

Ce sont là des faits sur lesquels nous reviendrons dans la suite à propos des dissolutions des sols, faits qui ont été bien mis en lumière par Cameron et Bell.

Mais on peut supposer aussi, conformément aux données que nous avons développées plus haut, que l'orthose, au contact du gaz carbonique, se décompose de la façon suivante :

$$2Si^3O^8AlK + 2H^2O + CO^2 = 4SiO^2 + CO^3K^2 + Al^2O^3Si^2H^4 \text{ (Kaolin)}.$$

VII

PHÉNOMÈNES DE DESTRUCTION DES ROCHES AYANT UNE ORIGINE D'ORDRE PHYSIOLOGIQUE

Il est des phénomènes d'ordre biologique qui contribuent à l'altération et à la décomposition des roches même les plus compactes. Nous avons mentionné plus haut (p. 34) l'action des racines comme capable d'entamer mécaniquement les roches dans les fissures desquelles elles s'introduisent peu à peu. Les racines secrètent des acides organiques qui peuvent jouer à cet égard un rôle dissolvant de quelque énergie. En tous cas, elles exhalent toujours, tant qu'elles sont vivantes, du gaz carbonique, et l'on conçoit que les surfaces minérales qui se trouvent au voisinage de cette source gazeuse puissent plus aisément subir des phénomènes de décomposition. F. Sestini a montré, par des expériences comparatives, que la végétation favorisait la désagrégation et l'hydratation des roches feldspathiques ; les racines s'emparent des bases (surtout la potasse) et laissent un résidu argileux.

Destruction par les végétaux inférieurs. — On sait, d'autre part, combien sont nombreuses sur une foule de roches, et cela à des altitudes où les arbres proprement dits ne peuvent plus se développer, certaines végétations cryptogamiques : algues, mousses, lichens. Ces organismes, lorsqu'ils possèdent de la chlorophylle, fixent le carbone du gaz carbonique aérien ; leur nutrition azotée se fait aux dépens de l'ammoniaque atmosphérique et, probablement pour beaucoup d'espèces, aux dépens de l'azote gazeux lui-même. La matière minérale, indispensable à leur développement, leur est fournie par la roche sur laquelle ils se sont implantés. Leurs rhizoïdes excrètent du gaz carbonique, peut-être même des acides organiques. A la fin de ce chapitre, page 73, nous reviendrons sur ce point à propos de l'origine de l'humus.

De même que les végétaux supérieurs, les plantes inférieures travaillent donc à l'érosion et à la solubilisation de la masse minérale. Les pluies, le vent, emportent peu à peu une partie de cette végétation, surtout lorsque les plantes sont mortes : on conçoit donc que les surfaces situées au-dessous de ces roches puissent s'enrichir, lentement sans doute mais d'une manière continue, des éléments fins qui constituent la terre arable, y compris la matière carbonée. Cette action est loin d'être négligeable ; elle a comme théâtre des étendues considérables, et si elle est suspendue pendant la période froide de l'année, elle est, parfois, fort active dans la saison chaude. De plus, aux endroits mêmes où se sont implantées les racines des végétaux inférieurs, se forment peu à peu des cavités dans lesquelles l'eau atmosphérique peut pénétrer et produire sur de bien plus grandes surfaces qu'auparavant ces actions dissolvantes dont nous avons parlé plus haut. Lorsque survient la gelée, l'écorce superficielle de la roche se soulève sur une certaine épaisseur et offre de nouvelles surfaces à l'action corrosive ultérieure de l'eau et du gaz carbonique. A cet égard, les roches calcaires un peu tendres sont particulièrement désignées à l'action destructive des météores aqueux.

Destruction par les microbes. — Une autre cause de destruction des roches, et non moins active, doit être mise sur le compte des organismes invisibles à l'œil nu que l'on groupe sous le nom de *microbes*.

De même que les plantes supérieures et les végétaux inférieurs dont nous venons de mentionner le travail d'érosion, les microbes ne peuvent se développer sans le concours de matières minérales. Ces êtres microscopiques, dénués de chlorophylle, trouvent dans les poussières organiques de l'atmosphère la source du carbone et de l'azote dont ils ont besoin, et dans la matière minérale de la roche sur laquelle ils sont disséminés les éléments inorganiques qu'ils réclament. Du fait de leur pullulation résulte donc l'émiettement des matières minérales qu'ils ont empruntées à la roche. A cet égard, les microbes nitrificateurs sont particulièrement actifs. Müntz (1891) a montré leur présence constante sur les roches et, particulièrement, sur les parties de celles-ci en voie d'effritement. Ces microbes, ainsi que nous l'établirons dans la suite, sont capables, bien que dépourvus de chlorophylle, d'effectuer aux dépens du gaz carbonique aérien la synthèse des éléments carbonés qui leur servent de nourriture et qui entrent dans la composition de leurs tissus. Le carbonate d'ammonium, uniformément diffusé dans l'air, leur fournit l'azote indispensable. Ces organismes travaillent très activement à l'altération des roches, même les plus résistantes, grâce à leur extrême petitesse qui leur permet de s'insinuer dans les moindres fissures ; d'où production de ce phénomène d'altération si remarquable qui change les granites, les schistes, les calcaires en *roches pourries*, c'est-à-dire en roches qui tombent finalement en poussière sous la moindre influence.

Bref, les algues, les lichens, les mousses, l'infinie variété des microbes, et principalement ceux de la nitrification, concourent sur une immense surface à la formation de la terre arable dont ils fournissent tous les éléments caractéristiques, minéraux et organiques : ce sont des adjuvants très puissants des phénomènes d'ordre mécanique et chimique examinés plus haut au sujet de la genèse de la terre arable. Il est également une cause assez efficace de transformation continue des éléments de la terre arable due à l'action de certains animaux, au premier rang desquels il faut citer les *vers de terre*. Nous en dirons quelques mots à propos de la production de l'humus (page 262).

Fixation du gaz carbonique sur l'écorce terrestre. — Étant donné le rôle de premier ordre que nous avons attribué au gaz carbonique dans la décomposition des roches silicatées, il résulte que l'atmosphère primitive qui entoure notre globe devait être infiniment plus riche en ce gaz qu'à l'heure actuelle. D'une part, celui-ci a été consommé aux époques primitives par les végétaux verts qui ont évidemment précédé les autres dans leur apparition, puisqu'ils peuvent

seuls l'utiliser comme source de carbone, et ces végétaux ont concentré
ce carbone sous forme de houille. D'autre part, le gaz carbonique s'est
fixé à l'état de carbonates sur les produits de décomposition basiques
des roches feldspathiques. Par conséquent il s'est immobilisé, et son
taux initial s'est forcément abaissé d'une façon très notable. Or,
comme les végétaux verts de l'époque actuelle, de dimensions bien
moindres que leurs ancêtres, travaillent néanmoins encore à appauvrir
l'atmosphère en gaz carbonique et que les phénomènes de désagrégation des roches, suivis de la carbonatation de quelques-uns de leurs
éléments, se continuent d'une façon certaine encore sous nos yeux,
on arrive à cette conséquence que le taux du gaz carbonique aérien
devrait sans cesse diminuer. Mais les phénomènes de combustion de
toute nature, c'est-à-dire d'oxydation de la matière carbonée,
combustions vives ou lentes, tendent à rétablir l'équilibre. Il est
impossible de savoir dans quelle mesure cet équilibre est atteint et de
dire si la dose du gaz carbonique actuellement contenue dans l'atmosphère est appelée à se maintenir uniformément ou non. Tout ce que
l'on peut avancer à cet égard c'est que les variations brusques du
taux du gaz carbonique aérien sont atténuées par l'effet d'un régulateur qui n'est autre que l'eau de la mer, ainsi que nous l'exposerons
dans le prochain chapitre relatif à la composition de l'atmosphère
terrestre.

Connaissant le mécanisme général de la destruction des
roches, nous allons passer rapidement en revue la façon particulière dont les principales d'entre elles se comportent à cet
égard.

VIII

MODES DE DESTRUCTION DES PRINCIPALES ROCHES

Examinons le mode de destruction particulière des roches
que l'on rencontre le plus communément à la surface du globe,
ainsi que les produits qui en dérivent ; cela nous donnera une
idée assez nette de la nature des terrains qui proviennent de
telle ou telle de ces masses rocheuses.

On trouvera dans le Tome premier du traité de *Géologie
agricole* de Risler des renseignements détaillés sur un sujet que
nous ne pouvons qu'effleurer ici.

Roches primitives. Granites. — Le granite est composé de trois espèces minérales principales : quartz, feldspaths, mica. Le *quartz* ne constitue pas un élément de fertilité, mais il joue un rôle très important vis-à-vis des propriétés physiques des sols auxquels il communique, suivant son degré de finesse, des qualités de porosité ou d'imperméabilité. Le *feldspath orthose* donne, en se décomposant, de l'argile et de la potasse ; l'*albite*, de la soude ; l'*oligoclase* peut fournir, en plus, de petites quantités de chaux (sous forme de silicate ou de carbonate). Le *mica* fournit en se décomposant de l'argile, ainsi que de la magnésie, du fer, et, suivant ses variétés, un peu de potasse et de soude. En outre, tous les granites renferment un peu d'apatite, parfois des phosphates de fer et d'aluminium. L'acide phosphorique est, sous ce dernier état, peu attaquable par l'eau chargée de gaz carbonique. Enfin, les granites contiennent souvent du sulfure de fer dont l'oxydation fournit de l'acide sulfurique, c'est-à-dire l'élément *soufre*, sous une forme soluble dont les plantes ne sauraient se passer.

Les granites à petits grains résistent mieux à la décomposition que ceux à gros grains. La désagrégation d'un granite est d'autant plus rapide que celui-ci contient moins de silice et plus de chaux et d'oxyde ferreux. Les sols formés par la destruction de ces genres de granite (avec oligoclase, andésine, anorthite, labrador) renferment, outre l'argile, du carbonate de calcium, et sont plus fertiles que ceux qui dérivent d'un granite à orthose ou à albite.

Les micas, dont les éléments sont plus tendres, présentent des degrés d'altérabilité qui varient avec leur composition. Les micas *ferro-magnésiens* (biotite), de couleur foncée, sont très altérables et fournissent beaucoup d'argile ; les micas *alumino-potassiques* (muscovite) sont très peu altérables et leurs paillettes se retrouvent intactes dans les produits de désagrégation ; ces paillettes peuvent demeurer longtemps en suspension et ne se déposer avec l'argile que lorsque la vitesse de l'eau diminue.

La destruction des roches granitiques fournit des masses minérales de toute grosseur : depuis celle de fragments de la roche primitive inaltérée, et parfois volumineux, jusqu'aux sables les plus fins mélangés de mica et aux argiles. Suivant la pente du sol, ces fragments restent en place ou sont entraînés d'après leurs dimensions à des distances plus ou moins grandes. Au pied de la roche, et dans ses environs immédiats, on peut donc rencontrer un sol formé d'éléments grossiers, très perméable ; plus loin, au contraire, un sol composé d'argile et de sable fin, imperméable. Mais ce qui caractérise les sols issus de la décomposition des roches granitiques en général, c'est d'être essentiellement pauvres en acide phosphorique et en chaux. Parfois même ces deux derniers éléments de nutrition seront si peu abondants que le sol ne sera capable d'alimenter qu'une végétation misérable.

La *syénite*, chez laquelle le mica est accompagné, ou même remplacé par la *hornblende*, silicate calcique et magnésien, fournit par sa décomposition des terres plus riches en chaux que celles qui dérivent du granite proprement dit.

La *diorite*, roche à feldspath et à amphibole, contenant parfois de l'oligoclase et du labrador, est souvent, par cela même, assez riche en chaux, et sa décomposition fournit des sols beaucoup plus fertiles que ceux, dont nous venons d'examiner la genèse ; d'autant plus que la diorite contient une proportion non négligeable de phosphate tricalcique.

Roches volcaniques. — Ces roches, moins bien cristallisées que les précédentes et renfermant le plus souvent une masse amorphe, contiennent, ainsi que le montre le tableau de la page 27, une très notable quantité de phosphate tricalcique et de silicates à base de chaux. Les trachytes, les basaltes, les laves fournissent donc par leur décomposition des sols infiniment plus riches en matières fertilisantes que ceux qui dérivent des roches éruptives. Les basaltes, en particulier, sont formés de silicates basiques dont l'altération à l'air humide est assez rapide. Leur teneur en potasse est faible ; mais, par contre, ils sont suffisamment pourvus de chaux. Ils subissent une décomposition d'autant plus prompte que cette dernière base est plus abondante.

Certaines eaux, issues des terrains volcaniques de l'Auvergne, sont exceptionnellement riches en acide phosphorique. D'après Truchot, elles contiennent, par litre, de 0^{mgr},8 à 1 milligramme de cet acide et 1^{mgr},4 environ de potasse.

Roches cristallophylliennes. — Les *gneiss* éprouvent une décomposition dont les produits sont identiques à ceux des granites proprement dits. Les gneiss à feldspaths calciques fournissent par leur altération du silicate de calcium.

Les *micaschistes* ne contiennent pas de feldspaths ; ils sont formés de couches alternantes de quartz et de mica et présentent une moindre résistance aux agents atmosphériques que les gneiss. Leur décomposition donne naissance à des sols relativement riches en magnésie, mais presque totalement dépourvus de chaux. Si le mica prédomine dans les micaschistes, la décomposition de ceux-ci est assez facile et fournit des terres argileuses ; mais si le quartz est plus abondant chez la roche primitive, celle-ci, fort dure, est d'une décomposition difficile et ne donne naissance qu'à des sols improductifs.

Roches calcaires. — On les rencontre dans un grand nombre de formations géologiques ; elles sont de nature sédimentaire, et presque exclusivement formées de carbonate de calcium. Leur structure est très variable. Lorsqu'elles sont très dures (marbres, calcaires compacts), elles ne sont attaquées par l'eau chargée de gaz carbonique qu'avec une grande lenteur. Les calcaires jurassiques, oolithiques, et surtout les craies, sont infiniment plus attaquables. Dans tous les cas, le produit de l'attaque est du bicarbonate de calcium, facilement diffusible, capable de fournir de nouveau du carbonate neutre en grains très fins sitôt que l'excès du gaz carbonique qui le maintenait en dissolution s'est dégagé.

La plupart des roches calcaires renferment toujours des éléments étrangers, tels que carbonate de magnésium, dont le mode de dissolution par le gaz carbonique présente les mêmes particularités que celles du carbonate de calcium, mais qui est beaucoup plus soluble. Les calcaires sont souvent sableux. A côté de la silice amorphe qu'abandonne leur dissolution dans l'eau carbonique, peuvent exister des cristaux de quartz : sable ou quartz restent inattaqués. Beaucoup de calcaires renferment de l'argile, laquelle demeure après dissolution du calcaire ; les calcaires riches en argile constituent les *marnes*. Lorsque celles-ci sont employées comme amendements, elles subissent au bout d'un certain nombre d'années une sorte de dissociation qui en élimine le calcaire. Presque toujours, les calcaires renferment de l'oxyde de fer qui les colore en gris, parfois même leur communique une teinte ocreuse. Cet oxyde de fer, devenant libre par disparition du calcaire, s'hydrate et se change en limonite. Certains calcaires renferment du phosphate tricalcique, beaucoup moins soluble dans l'eau chargée de gaz carbonique que le carbonate de calcium lui-même ; mais, sauf dans quelques cas exceptionnels, la dose de phosphate tricalcique n'atteint que quelques millièmes. Souvent aussi, le calcaire renferme un peu de potasse. Il s'ensuit qu'un sol purement calcaire est presque infécond, les doses de potasse et d'acide phosphorique qu'il contient étant, la plupart du temps, insuffisantes. En somme, le calcaire qui, ainsi que nous le verrons dans la suite, est si important dans l'économie du sol, est une roche *soluble* sans décomposition et d'autant plus soluble qu'elle est d'une nature plus friable ou que cette friabilité a été mieux préparée par l'action des agents mécaniques et physiques.

Lenteur de la formation de la couche de terre arable.

— On doit se demander quel est le temps nécessaire à la formation d'une couche de terre arable. Des phénomènes de toute nature contribuent, ainsi que nous l'avons dit, à cette formation, et la couche arable renferme, à la fois, des éléments minéraux et des débris organiques.

On peut, à ce sujet, rappeler les observations de Semiatschenski (cité par Ramann : *Bodenkunde*, 3° Aufl. page 75, 1911). Sur des ruines calcaires, en Autriche, il s'était formé en cinq à six cents ans une couche terreuse de 10 centimètres d'épaisseur ; sur un mur de forteresse, en Crimée, une couche de pareille épaisseur s'était produite en six cents ans. Les sols, au voisinage de ces localités, possédaient, le premier, une épaisseur de 38 à 40 centimètres ; le second, une épaisseur de

65 centimètres. D'après cela, la formation de ces sols aurait exigé un laps de temps égal à 2 400 et 3 600 ans.

IX

FORMES PRINCIPALES DES ÉLÉMENTS ROCHEUX QUE L'ON RENCONTRE DANS LE SOL

1. **Éléments acides ; silice et silicates**. — La silice se rencontre dans le sol sous forme de quartz dont les angles sont parfois très vifs, parfois plus ou moins émoussés ; elle se rencontre également sous forme de silice hydratée (opale). On doit peut-être aussi admettre son existence sous l'état de *silice gélatineuse*, c'est-à-dire amorphe, provenant du départ de l'eau qui l'avait préalablement dissoute. La pseudo-solution que forme la silice dans l'eau peut, en effet, sous diverses influences de contact, se coaguler : d'où l'origine de cette silice gélatineuse. De plus, l'hydrolyse doit être complète dans les solutions très diluées de silicates (Graham, Kahlenberg et Lincoln), et la silice libre affecte alors l'état colloïdal.

Le sol renferme, en outre, une foule de débris de silicates peu ou pas altérés provenant de la roche initiale qui leur a donné naissance. Nous verrons, à propos des dissolutions contenues dans le sol (p. 216), que ces silicates se dissolvent avec une lenteur variable dans l'eau et constituent, par quelques-uns de leurs éléments, la matière minérale absorbée par les racines des végétaux. Mais, beaucoup de silicates sont altérés dans le sol : que cette altération se soit déjà produite dans la roche initiale, ou qu'elle ait eu lieu ultérieurement sous des influences chimiques. C'est ainsi que les cristaux de feldspath orthose perdent leur éclat et se colorent en rouge par suite de la peroxydation d'une petite quantité d'oxyde ferreux qu'ils contenaient à l'origine. Certains cristaux éprouvent également une kaolinisation partielle. Le *péridot*, silicate de magnésium, s'hydrate et se transforme en *serpentine*, silicate de magnésium hydraté ; l'oxyde ferreux se change en oxyde ferrique, et la teinte du minéral primitif devient jaune. Les feldspaths plagioclases s'hydratent et fournissent de la calcite, des zéolithes et de l'argile ; ils peuvent également perdre tout ou partie de la chaux et de la soude qu'ils renfermaient et se transformer en kaolin. Les lamelles des micas magnésiens (biotite) sont entourées parfois d'une zone plus claire (chlorite) par suite du départ du fer ; les cristaux de hornblende se métamorphosent en épidote et chlorite ; ils peuvent perdre la plus grande partie des bases constituantes et fournir des argiles fortement ferrugineuses. On conçoit donc que l'argile n'est jamais pure en tant que représentant un silicate d'aluminium hydraté. L'oxyde ferrique l'accompagne presque toujours, ainsi que des débris sableux de toute nature formés par de la silice et des fragments, parfois extrêmement fins, des silicates les plus variés.

Acide phosphorique et phosphates. — Cet acide est extrêmement répandu ; mais, le plus souvent, il n'existe dans certains sols qu'à l'état de traces. Les formes minérales principales qu'affecte l'acide phosphorique sont celles de phosphate tricalcique, de phosphate ferrique, de phosphate d'aluminium, de phosphate de magnésium. Sous l'influence de réactions multiples que nous examinerons dans la suite, le phosphate tricalcique, très peu soluble dans l'eau chargée de gaz carbonique, peut se changer en phosphate de fer ou d'aluminium par double décomposition. Sous cette nouvelle forme, il est à peu près insoluble dans l'eau et beaucoup moins soluble dans l'eau carbonique que les phosphates de calcium et de magnésium ; les plantes ne semblent pas pouvoir utiliser directement l'acide phosphorique uni au fer ou à l'aluminium.

On admet d'habitude que la présence du gaz carbonique dans l'eau facilite considérablement l'attaque des phosphates du sol. D'après Schlœsing fils, cette influence peut être sensible lorsque le gaz carbonique se présente dans l'eau sans la quantité correspondante de bicarbonate de calcium, mais elle est nulle quand, avec cet acide carbonique, l'eau renferme du bicarbonate de calcium qui la sature de telle manière qu'elle n'en puisse pas dissoudre davantage. Dans tous les cas, et sous quelque état qu'ils existent dans le sol, la solubilité des phosphates est si faible et les propriétés absorbantes du sol s'exercent si complètement à leur égard que les eaux de drainage ayant traversé le sol n'en renferment la plupart du temps que des traces.

La *structure* des phosphates que contient le sol n'est pas partout la même. Lorsque les roches primitives abandonnent, par suite des phénomènes mécaniques d'émiettement, les phosphates qu'elles renferment en quantités extrêmement variables, ceux-ci affectent une texture cristalline. Le phosphate s'y trouve sous la forme d'*apatite* et résulte de dépôts formés par les eaux thermales : le gaz carbonique qui le tenait en solution s'étant peu à peu dégagé, le produit a cristallisé. C'est là une forme de phosphate très peu attaquable par les agents habituels que l'on rencontre dans les sols. Mais, plus l'état de division de l'apatite est grand et plus les agents de dissolution ou de transformation ont de prise sur elle. L'origine probable du phosphate tricalcique semble être une attaque de certains phosphures par la vapeur d'eau. A côté de cette forme cristalline, les phosphates se rencontrent sous l'état *amorphe*, bien plus sensibles à l'action des phénomènes de dissolution et, par conséquent, bien plus efficaces quant à la nutrition des végétaux. Les phosphates amorphes, souvent rassemblés en quantités considérables dans un assez grand nombre de localités, constituent des rognons, des sables, des craies phosphatés. C'est dans l'étage crétacé que s'est produite la plus grande accumulation de phosphate tricalcique.

Il est possible que, malgré sa très faible solubilité dans l'eau chargée de gaz carbonique, le phosphate tricalcique ait été entraîné à quelque distance de son lieu de gisement et se soit déposé, par suite du départ du gaz, sur telle substance (carbonate de calcium, par exemple) ayant servi de noyau et d'amorce. Peut-être même, la solution de phosphate tricalcique, au fur et à mesure que se dégageait le gaz carbonique, a-t-elle dissous totalement le noyau calcaire primitif, lequel a été remplacé par un noyau entièrement phosphaté. Quoi qu'il en soit, le sol renferme très souvent des particules phosphatées amorphes, d'une très grande finesse, capables d'entrer aisément en réaction avec certains solvants naturels.

Acide sulfurique et sulfates. — Tous les sols renferment de l'acide sulfurique, sous forme de sulfate de calcium hydraté le plus ordinairement. La solubilité de ce sel, entre 15 et 20 degrés, est de 1 gramme pour 388 grammes d'eau ; 218 parties d'eau saturée de gaz carbonique en dissolvent 1 gramme. Certains sels contenus dans les dissolutions qui circulent dans le sol augmentent encore cette solubilité. Les substances fertilisantes introduites artificiellement dans la terre arable peuvent apporter au sol des doses notables d'acide sulfurique (sulfates de potassium, d'ammonium ; sulfate de calcium employé au plâtrage ; sulfate de magnésium dans certains engrais potassiques impurs). Les sulfates sont très mobiles dans le sol, grâce à leur solubilité notable. Nous ne parlerons pas, bien entendu, de certains sulfates que l'on rencontre plus rarement, comme le sulfate de baryum, lequel est pratiquement insoluble.

Acide chlorhydrique et chlorures. — Il n'est guère de sol qui ne contienne de chlorures (de sodium, de potassium). Beaucoup de roches en renferment des traces. On considère parfois la présence du chlore dans le sol comme provenant des eaux marines pulvérisées par le vent et capables de se transporter à l'intérieur des terres, même à de grandes distances. Au voisinage des bords de la mer, cet apport est certain ; les feuilles des végétaux qui vivent dans la zone maritime se couvrent d'un enduit, souvent notable, de sel marin ; ce qui a fait croire à beaucoup d'auteurs que les cendres de ces plantes renfermaient normalement une forte quantité de ce sel. Le rôle du chlore dans l'économie végétale est d'ailleurs assez obscur.

β. **Éléments basiques : potasse**. — C'est, avec la chaux, la base la plus commune que l'on rencontre dans les sols. Elle s'y trouve à l'état de silicates complexes faisant encore partie de débris rocheux non décomposés, ainsi que sous forme de silicate de potassium soluble provenant de la destruction chimique des débris susnommés. Les solutions de ce silicate dans le sol sont extrêmement diluées ; elles doivent être complètement *hydrolysées*, c'est-à-dire séparées en silice et base : ce qui explique, ainsi que nous l'avons dit plus haut (page 44), l'alcalinité des eaux qui sont restées quelque temps en contact avec du feldspath pulvérisé. L'attaque des roches potassiques par les agents naturels est très lente ; elle est plus rapide quand il s'agit de silicates zéolithiques. Aussi est-il indispensable d'ajouter assez souvent au sol des engrais de potasse solubles, destinés à nourrir certains végétaux (plantes-racines) particulièrement avides de cet alcali, bien que l'analyse chimique indique la présence de quantités très notables de potasse dans la plupart des sols. Nous verrons, à propos de la constitution chimique des sols, combien il est difficile de définir *les formes véritables* de cet alcali, principalement celles qui sont utiles aux plantes. La présence du calcaire, ou plutôt celle du bicarbonate de calcium, exerce une influence marquée sur la solubilité de la potasse contenue dans les silicates.

Soude. — Cette base accompagne fréquemment la potasse dans une foule de roches. Comme celle-ci, elle se rencontre, soit à l'état de silicates complexes appartenant à des fragments rocheux inaltérés (albite, oligoclase), soit à l'état de silicate de sodium en solution très diluée. Beaucoup de végétaux renferment de la soude ; son rôle est assez obscur (Voir, à ce sujet, notre *Chimie végétale*, page 434).

Chaux. — Cette base se rencontre dans le sol sous deux formes principales : celle de silicate, et celle de carbonate. Nous pourrions répéter ici ce que nous avons dit, quelques lignes plus haut, relativement à la potasse. Certains silicates complexes (anorthite, amphiboles, pyroxènes) renferment de la chaux, non encore désagrégée en quelque sorte. Sous cette forme, la chaux peut servir, en théorie, à la nutrition de tous les végétaux. Cependant les sols qui ne renferment que des débris de ces silicates calciques complexes ne portent que des plantes très spéciales et sont impropres à la grande culture ;

d'ailleurs la dissolution de ces silicates calciques est fort lente.

Il n'en est plus de même du carbonate de calcium. Celui-ci se rencontre dans une foule de sols, en proportions extrêmement variables et sous des degrés de finesse qui varient également dans une très large mesure. La présence de cette forme de la chaux imprime au sol des caractères très particuliers. Toutes les plantes de la grande culture peuvent prospérer sur les terrains calcaires ; à la condition toutefois que la dose n'en soit pas excessive. Toutes les terres calcaires peuvent transformer l'azote organique en azote nitrique, ce qui n'a pas lieu chez les sols dépourvus de carbonate calcique, dits *sols acides* (terres de bruyère, landes, tourbières). De plus, le calcaire joue un rôle important dans le *pouvoir absorbant*, vis-à-vis des sels de potasse principalement. Par sa présence, il maintient l'argile en état de coagulation, permettant ainsi à l'eau et à l'air de circuler librement. Mais ces propriétés remarquables que possède le calcaire ne se manifestent qu'autant que cet élément est très divisé. Nous reviendrons d'ailleurs ultérieurement sur ce point capital. Lorsqu'il est très divisé, le calcaire est très mobile dans le sol, grâce à sa solubilité dans l'eau chargée de gaz carbonique. Il subvient très facilement aux besoins des végétaux ; il est, en effet, soumis à des actions dissolvantes continuelles, suivies de reprécipitation, lorsque, pour telle ou telle cause, le gaz carbonique qui le maintenait en dissolution se dégage.

Nous avons mentionné déjà (page 39) certains faits relatifs à la décalcification du sol qui doivent être mis sur le compte de la solubilité du calcaire.

En vertu de sa facile décomposition par les acides et de l'alcalinité de sa base, le carbonate calcique peut saturer les matières organiques à propriétés acides que renferment en excès beaucoup de sols : la culture devient donc possible après un chaulage. Nous nous expliquerons ailleurs sur la nature et les propriétés des sols dits *acides*.

On conclut de ce qui précède que l'analyse chimique, ainsi que nous le verrons plus tard, devra nous renseigner *sur les différentes formes de la chaux*, et nous indiquer surtout quelle est la proportion de cet élément qui est capable d'entrer dans le sol en combinaison avec le gaz carbonique.

La chaux se rencontre également dans le sol sous forme de phosphate tricalcique : nous avons déjà parlé de cette substance à propos de la présence de l'acide phosphorique.

Magnésie. — Elle est moins répandue dans les sols que la chaux, mais elle se rencontre sous les mêmes états : 1° débris de roches silicatées magnésiennes (micas magnésiens, amphiboles, pyroxènes, péridot), auxquels la plante peut emprunter la magnésie qu'elle contient toujours et qui semble être indispensable à la constitution de

certains de ses organes ; 2° carbonate de magnésium, rarement pur,
mais le plus souvent combiné au carbonate de calcium (dolomie).
Vis-à-vis des propriétés physiques du sol, le carbonate de magnésium
peut jouer un rôle analogue à celui du carbonate de calcium ; mais il
ne saurait remplacer ce dernier en totalité lorsqu'il s'agit de la nutrition de la plante. Rappelons que le carbonate de magnésium est notablement plus soluble dans l'eau chargée de gaz carbonique que celui
de calcium.

Oxyde de fer. — Il n'est pas de sol qui ne renferme des traces au
moins de fer ; celui-ci y figure sous forme de silicates complexes. Les
micas, les chlorites, les amphiboles, les pyroxènes sont toujours plus
ou moins ferrugineux ; il en est de même de l'argile. Les sols exclusivement sableux contiennent souvent du fer à l'état d'oxyde hydraté.

Oxyde de manganèse. — Constant dans presque tous les sols, souvent à l'état de traces, il joue un rôle capital dans la constitution des
ferments oxydants.

X

DISCUSSION RELATIVE A LA NATURE ET A LA COMPOSITION DES ÉLÉMENTS ROCHEUX QUE L'ON RENCONTRE DANS LE SOL.

Nous avons établi, dans les pages qui précèdent, le mode de
décomposition des roches silicatées en faisant intervenir l'eau
et le gaz carbonique comme agents essentiels de la simplification des matériaux de ces roches. D'après cette manière de
voir, les éléments rocheux seraient en butte à une attaque
perpétuelle, d'autant plus intense que leurs fragments seraient
plus petits ; ces fragments seraient appelés à disparaître en
tant que constituants de la roche originelle au bout d'un
temps plus ou moins considérable. Il ne resterait finalement,
comme squelette de l'élément primordial, que la silice et le silicate d'aluminium. Les différentes bases, sorties de la roche à
la suite de ce vaste travail de décomposition, se retrouveraient,
soit sous forme de silicates simples, soit sous forme de carbonates, soit sous forme d'oxydes. Nous avons montré comment
l'observation des phénomènes naturels parlait en faveur de
ce genre de décomposition, et nous avons signalé quelques
expériences artificielles susceptibles d'appuyer cette interpré-

tation classique. Mais remarquons que celle-ci n'a de valeur qu'autant que l'on admet que les silicates complexes formant la trame de la grande majorité des roches représentent seulement des sortes d'agrégats issus de la soudure de plusieurs silicates simples.

Persistance, dans la terre arable, d'espèces minérales pures. — Ainsi que nous l'avons déjà fait observer (page 51), il est possible que ce ne soit pas l'acide silicique qui représente le seul acide simple que l'on rencontre dans les éléments silicatés. La silice peut, tout aussi vraisemblablement, figurer dans les silicates sous la forme complexe d'un *acide alumino-* ou *ferrisilicique*. Ceci nous sert de transition pour exposer une autre manière de voir relativement à la persistance dans le sol d'espèces minérales intactes, telles qu'elles sont issues de la roche initiale. Cette nouvelle façon d'envisager la structure minérale de la terre arable a été imaginée par Delage et Lagatu (1905) à la suite d'une série de travaux exécutés par ces savants, travaux conçus dans le sens suivant.

Il existe une concordance remarquable entre la composition d'une terre donnée et celle de la roche ou des roches originelles. Pour étudier la constitution de la terre arable, les auteurs précités creusent dans le sol, jusqu'à 30 centimètres de profondeur, un trou à bords rectangulaires d'où ils extraient plusieurs kilogrammes de terre. Celle-ci étant rendue homogène par des secousses répétées, est jetée sur un tamis à mailles de 5 centimètres de côté sur lequel reste, après vive agitation, un lot de cailloux. On jette sur un second tamis de 10 fils au centimètre la matière qui a traversé le premier. Sur celui-là demeurent, après agitation, les *graviers*. Cailloux et graviers peuvent être facilement déterminés à l'œil nu ou à la loupe. *La terre fine* qui a traversé le second tamis, et qui doit être considérée comme la terre *véritablement active* au point de vue de la végétation, ne peut être étudiée qu'au microscope. Cette terre fine, à l'aide d'un procédé qu'il serait trop long de rapporter ici, est agglomérée et taillée ensuite en plaques minces ayant une épaisseur voisine de 1/100 de millimètre, comme cela se pratique sur les échantillons de roches massives. On examine ces plaques au microscope polarisant, en lumière parallèle.

Or, au lieu de rencontrer dans cette terre fine des éléments absents de la roche initiale, ou plus ou moins fortement décomposés par suite des processus que nous avons indiqués antérieurement, Delage et Lagatu ne trouvent que *des espèces minérales d'une pureté parfaite*, *c'est-à-dire dans l'état où on les rencontre dans les roches d'origine* ; et cela, dans la grande majorité des cas.

Parmi ces minéraux, plusieurs ont subi, sans doute, des *épigénies*, autrement dit des décompositions ; mais les mêmes épigénies se rencontrent chez les mêmes minéraux faisant partie des roches. Il est possible que ces altérations aient continué à se produire au sein de la terre, mais elles ne sont pas spéciales à la terre arable. Donc, *aucune espèce minérale n'existerait dans le sol arable en décomposition véritable*.

Quant à l'argile, c'est un mélange très complexe, renfermant une foule d'espèces minérales. Les éléments de cette argile forment, dans les préparations exécutées par les auteurs précités, une sorte de réseau à mailles irrégulières, exactement occupées par des minéraux dont la détermination est possible, bien que difficile, en raison de leur petitesse.

Pour expliquer comment les végétaux qui se développent dans le sol sont capables d'y puiser les matières minérales indispensables à leur existence, matières qui ne peuvent se présenter à l'absorption que sous la forme dissoute, Delage et Lagatu admettent que les minéraux constituants de la terre arable *se dissolvent purement et simplement dans l'eau*. Cette dissolution est très lente, sans doute, mais l'eau enlevant peu à peu, et avec des vitesses très variables, la totalité des éléments d'une espèce minérale donnée, on comprend que cette espèce demeure constamment pure jusqu'à sa disparition intégrale. Entre les diverses dissolutions auxquelles donnent naissance les minéraux très variés qui composent la terre arable se produit une série de doubles décompositions. Les substances issues de celles-ci constituent, en réalité, le milieu liquide nutritif dans lequel les racines de la plante puisent les éléments salins qui sont indispensables à la nutrition. Cette idée de la *persistance intégrale* des espèces minérales et de leur dissolution progressive dans l'eau a été adoptée dans ces dernières années par nombre d'agronomes américains.

Laissons pour le moment de côté tout ce qui a trait à la nature et à la composition des dissolutions contenues dans la terre arable. Nous retrouverons ce sujet à propos de la constitution chimique du sol (page 216) ; occupons-nous seulement d'examiner dans quelle mesure cette opinion nouvelle est fondée.

Objections à cette manière de voir. — Ces objections doivent *à priori* être nombreuses ; elles ont été formulées principalement par Cayeux.

En réalité, toutes les terres arables peuvent être ramenées à deux types : *terres formées sur place* ; *terres transportées à une distance plus ou moins grande de leur lieu d'origine*. Or, dans le premier groupe, les phénomènes d'altération et de décomposition sont la règle. Si on étudie les terrains issus des roches éruptives, on peut suivre les progrès de l'altération depuis la *roche initiale intacte située en profondeur jusqu'à la couche superficielle non remaniée par les eaux et qui est utilisée comme terre arable.* Ce phénomène d'altération est d'ailleurs d'une extrême lenteur. Puisque l'observation montre l'existence d'éléments altérés dans le cas d'une terre formée sur place, il est impossible d'admettre que les terrains de transport, dont l'origine doit être cherchée dans la destruction des mêmes roches, ne présentent plus les phénomènes d'altération signalés chez les terres formées sur place.

Il faut, en fait, distinguer dans la terre arable trois catégories de minéraux.

1° Ceux qui ne subissent *aucune altération* et que l'on doit retrouver dans la terre, sinon avec la forme cristalline parfaite qu'ils possèdent dans les roches, du moins avec la même composition chimique : quartz, zircon (silicate de zirconium), tourmaline ; 2° ceux qui peuvent *se dissoudre*, c'est-à-dire *disparaître intégralement* sous l'action des solvants naturels (eau), tels que : apatite, gypse, calcite, sel marin ; 3° ceux qui manifestent des signes évidents d'altération : feldspaths divers, micas, etc. Ces derniers sont fréquemment épigénisés, c'est-à-dire en voie de décomposition ou plutôt de *substitution* de certains éléments nouveaux à ceux qui entraient à l'origine dans leur composition. C'est là un fait connu depuis longtemps et sur lequel, ainsi que nous l'avons vu plus haut, Delage et Lagatu ont appelé de nouveau l'attention. Que les mêmes minéraux se rencontrent dans la roche initiale avec les mêmes épigénies, et que celles-ci ne se poursuivent pas dans la terre arable constituée par ces mêmes minéraux plus ou moins fragmentés, la chose est possible : il n'en est pas moins vrai que l'on n'a plus affaire à des espèces *pures*. Un mica, épigénisé par de la chlorite, n'est plus un mica pur, et il est difficile d'admettre *à priori* que l'action dissolvante de l'eau s'exercera de la même manière sur le mica pur et sur le mica altéré. Mais laissons momentanément de côté le rôle du dissolvant ; nous allons y revenir plus loin.

L'épigénie, ainsi que le fait remarquer Cayeux, n'est autre chose qu'une *décomposition* vis-à-vis des minéraux qui ne se dissolvent pas directement (ceux que nous avons classés plus haut dans la troisième catégorie). Les minéraux secondaires qui remplacent par substitution le minéral primitif reconnaissent trois origines : α. La matière de ces minéraux secondaires est fournie exclusivement par le minéral primitif. β. Les eaux qui circulent dans les roches transportent en solution telles substances qui sont l'origine des minéraux secondaires. γ. Ceux-ci ne tirent leur origine que des substances dissoutes apportées par l'eau, et le minéral primitif ne cède aucune partie de sa matière.

Or, un minéral qui subit l'épigénie abandonne forcément une partie de sa substance : le minéral secondaire qui l'envahit diffère du minéral

primitif par la nature et la proportion des bases qu'il renferme. Deux
exemples seulement, empruntés à Cayeux, montreront bien le mécanisme même de cette *substitution*. L'orthose, silicate d'aluminium et
de potassium, dont la limpidité est altérée par des particules d'argile
secondaire, a perdu une partie de sa potasse. Si l'épigénie est totale,
une quantité de potasse, s'élevant à 14 p. 100 du poids du minéral
primitif, est mise en liberté. L'épigénie de la biotite par la chlorite
met en liberté diverses bases et, notamment, la potasse (au plus
11 p. 100).

Il en résulte que, si l'on veut apprécier l'état de conservation des
éléments minéraux de la terre arable, il faut faire abstraction des
deux premières catégories que nous avons signalées plus haut : minéraux inaltérables, minéraux disparaissant complètement par dissolution sans laisser de traces d'altération ; et l'on doit ne retenir que
ceux de la troisième catégorie, fort nombreux, qui se décomposent
par épigénie et abandonnent leurs produits d'altération. Cayeux formule donc la proposition suivante, conforme d'ailleurs au mécanisme
de formation de la terre arable, tel que nous l'avons indiqué en premier lieu : « *la présence de matériaux altérés à des degrés fort divers et
en proportions très variables est la règle absolument générale* ». Ce même
auteur signale, à ce propos, un fait de nature à induire en erreur dans
l'analyse micrographique des roches, et, par cela même, des terres
arables. Ce fait a trait à la présence possible de *minéraux secondaires*.
On rencontre très souvent, en effet, dans une roche éruptive en voie
d'altération, des feldspaths anciens dont la décomposition fournit sur
place des feldspaths très purs. Ces deux catégories d'éléments feldsp-
pathiques peuvent exister dans une même terre arable. Ces feldspaths
très purs, dérivés de feldspaths anciens, sont l'indice d'*une décomposition très avancée :* ce qui paraît paradoxal. En réalité, ces feldspaths
secondaires très purs ne prennent naissance aux dépens des feldspaths
anciens *que par suite de la mise en liberté d'une base :* tel feldspath
calcico-sodique, par exemple, faisant place à un feldspath *exclusivement sodique.*

**Les phénomènes d'épigénie se continuent dans la terre
arable.** — Cette démonstration résulte, d'après Bieler-Chatelan, des
observations suivantes. Le verre, exposé à l'humidité, se couvre d'iri-
sations produites par de fines lamelles de silicates insolubles qui restent lorsque les silicates alcalins solubles ont été entraînés par l'eau.
Ce dernier auteur rappelle l'expérience de Daubrée dans laquelle on
voit l'attaque du verre, produite par la vapeur d'eau surchauffée,
aboutir à un silicate calcique fibreux, analogue à la wollastonite. Des
verres *naturels*, tels que l'obsidienne, présentent également ces phénomènes d'irisation.

Les éléments d'une roche se dissolvent-ils tels quels ? — De
toutes les conclusions énoncées par Delage et Lagatu, celle-ci est incon-

testablement la plus difficile à admettre, si on l'adopte au pied de la lettre. Dire qu'un corps se dissout, dans l'eau par exemple, c'est dire que, pour une quantité suffisante de ce liquide, *ce corps disparaît intégralement sans changer de composition*, et que, si on évapore ensuite le solvant, on retrouvera les éléments du corps dissous dans les mêmes proportions où ils existaient dans le solide primitif. Or, lorsqu'il s'agit de silicates aussi complexes que ceux qui font partie des roches, et que l'on retrouve ensuite dans la terre arable, peut-on dire *à priori* que leur dissolution *intégrale* dans l'eau est possible sans qu'il y ait, à aucun moment, changement dans la composition du solide en voie de disparition? C'est là une affirmation qui n'est appuyée, à l'heure actuelle, par aucune expérience valable. Delage et Lagatu, ainsi que nombre d'agronomes américains à leur suite, admettent, comme conséquence des travaux de Schlœsing fils, que tous les sols renferment des dissolutions d'éléments minéraux dans lesquelles les plantes puisent directement leur nourriture ; que ces dissolutions sont extrêmement étendues, sans doute, mais que, au fur et à mesure de leur absorption, elles se reproduisent de façon continue. Cela semble, en effet, démontré, et nous nous expliquerons à cet égard quand nous parlerons de la constitution chimique des sols. Mais, par une généralisation prématurée, les auteurs précités semblent en conclure que *tous les éléments d'une roche*, quelle qu'en soit la nature, se retrouvent dans la dissolution en mêmes proportions relatives que dans la roche initiale, objet de cette dissolution. Tous les faits connus, et ils sont nombreux, parlent contre cette manière de voir d'une façon absolue. Quelques mots seulement sur ce point.

L'action dissolvante de l'eau s'accompagne toujours d'une action destructrice. — Nous avons signalé plus haut (page 43) un certain nombre d'expériences dans lesquelles on a fait agir sur des fragments de roches ou sur leur poussière, soit l'eau seule, soit l'eau chargée de gaz carbonique. S'il a toujours été observé que les alcalis, notamment, passaient en dissolution en quantités facilement dosables, il n'en est plus de même des autres éléments dont la présence peut être reconnue qualitativement, mais dont le poids est d'une estimation difficile, étant donnée sa petitesse. Sans doute, en prolongeant pendant un temps suffisamment long le contact de la roche fragmentée avec le solvant, on obtiendrait un liquide plus chargé d'éléments dissous ; mais, seuls, les alcalis domineraient. Daubrée, dans l'expérience que nous avons signalée antérieurement, a trouvé que 3 kilogrammes de feldspath orthose avaient abandonné à l'eau, au bout de cent quatre-vingt-douze heures d'un mouvement continu : potasse $2^{gr},52$, alumine $0^{gr},03$, silice $0^{gr},02$. Il est superflu de faire remarquer qu'il ne peut être question ici d'une dissolution au sens exact du mot, puisque la formule de l'orthose $K^2O.Al^2O^3.6SiO^2$ exigeant : $SiO^2 = 64,86$ p. 100, $Al^2O^3 = 18,28$, $K^2O = 16,86$, on devrait trouver en dissolution des poids d'alumine, et surtout de silice, supérieurs à celui qui a été trouvé pour la potasse dans l'expérience de Daubrée ; ce qui n'est pas.

Les très nombreux essais exécutés dans le même ordre d'idées, essais relatifs aux prétendues dissolutions, montrent que l'eau s'est effectivement emparée de certaines substances, et même de toutes, mais dans des proportions qui n'ont rien de commun avec la composition du minéral initial. Lorsqu'il s'agit de minéraux plus solubles que la silice ou l'alumine, il existe encore de notables différences dans la façon dont leurs constituants sont enlevés par l'eau.

Quant à l'exemple, que l'on donne parfois, des eaux minérales ou des eaux de certaines sources qui renferment très souvent plusieurs grammes de substances salines dissoutes, on peut le regarder comme démontrant de façon irréfutable qu'il y a *décomposition des roches suivie de dissolution et non dissolution primitive :* toutes ces eaux ne contiennent que des traces d'alumine, alors qu'elles sont souvent relativement riches en sels de potassium, de sodium, de calcium. Cependant elles ont très fréquemment traversé des terrains où l'alumine combinée abonde. Citons encore le cas très curieux du granite de Vire étudié par A. Gautier (1901). Un kilogramme de ce granite est épuisé méthodiquement par 7 litres d'eau froide. La solution, neutre aux réactifs colorés, est évaporée. Pendant la concentration, on constate que le gaz carbonique de l'air en sépare une certaine quantité de silice et que la liqueur, qui devient légèrement alcaline, contient des traces de carbonate de sodium. Le résidu de l'évaporation à sec renferme de la soude et des traces de potasse (et cependant les feldspaths de ce granite sont très riches en cette dernière base). L'eau a également dissous un peu de sulfate et de carbonate de calcium, des traces de magnésie, de fer et d'acide phosphorique. Cet exemple montre nettement qu'il ne saurait être question, ici encore, d'une véritable dissolution de la roche par l'eau au sens chimique que l'on attache à ce mot.

Il se peut d'ailleurs que tel élément, alcalin par exemple, mis en liberté par l'action de l'eau, puisse de nouveau réagir sur la roche primitive dépouillée de cet alcali et la régénérer dans une certaine mesure. En effet, d'après Cosyns, on restitue au silicate d'aluminium une partie de son alcali en l'agitant avec une solution faible de potasse. La réaction est donc réversible, et si une eau de carrière, neutre ou acide, peut kaoliniser le feldspath, inversement, une solution alcaline peut feldspathiser la kaolinite. Quant aux minéraux solubles sans décomposition (deuxième catégorie de Cayeux), ceux-là peuvent disparaître entièrement *et tels quels* par l'action de l'eau ; c'est le cas de l'apatite qui, ainsi que nous l'avons indiqué plus haut, fournit une solution de phosphate tricalcique dans laquelle l'acide phosphorique et la chaux se trouvent dans les mêmes proportions que chez le minéral initial. Toutefois, il a été signalé que le phosphate tricalcique de l'apatite $(PO^4)^2Ca^3$ semble parfois se décomposer en chaux et phosphate bicalcique PO^4CaH.

En résumé, le mot *dissolution* employé à propos du passage dans l'eau des éléments acides ou basiques des roches est, dans le cas présent, d'un usage absolument incorrect. Si chaque élément d'un minéral donné se dissout, il semble le faire suivant un coefficient de solubilité propre. Dans la prétendue dissolution de tel silicate, on ne trouve jamais dans le liquide les éléments de la roche sous les mêmes proportions que celles qu'ils possédaient chez le solide primitif, et, cela, que la dissolution ait lieu avec ou sans le concours du gaz carbonique, à la pression ordinaire ou sous une pression plus élevée. Ce qu'il faut admettre, au moins dans l'état actuel de la question, c'est la *décomposition*, c'est-à-dire l'hydratation, puis la séparation sous l'influence de l'eau agissant *d'abord* comme agent chimique de tel ou tel élément de la roche (éléments basiques et surtout alcalins), puis *dissolution* de ces éléments suivant un coefficient de solubilité qui doit être différent de celui que donnerait l'eau pure. En effet, cette dissolution a lieu, dans les conditions naturelles, en présence d'une eau qui contient plusieurs substances : on comprend donc que les phénomènes de dissolution simple soient accompagnés presque aussitôt de phénomènes de double décomposition. Tel est le sens exact de la nature des réactions qui se passent entre l'eau et les particules minérales des roches constitutives de la terre arable.

Mécanisme probable des phénomènes de dissolution. —Nous allons faire usage, dans ce paragraphe, de quelques formules schématiques qui nous semblent devoir rendre compte assez exactement de l'action de l'eau sur les silicates. Ces conceptions théoriques pourront servir à résumer les différents points que nous avons développés plus haut : soit que l'on s'en tienne à la façon classique d'interpréter les phénomènes de décomposition des roches, soit que l'on adopte les idées récentes sur la structure minérale de la terre arable que nous avons indiquées en dernier lieu. Il ne convient pas d'attacher à ces formules une importance exagérée ; elles ne constituent qu'un moyen commode d'expliquer le mécanisme de la genèse des dissolutions du sol et s'adaptent assez bien aux observations courantes. Cette façon d'interpréter les faits a d'ailleurs été employée déjà sous bien des formes par nombre d'auteurs ; mais on ne saurait trop répéter qu'aucune des formules de constitution de silicates proposées jusqu'ici ne représente d'une manière parfaite les différentes modalités de ce groupe si complexe de composés chimiques.

L'eau, d'après ce que nous savons, agit sur les particules rocheuses comme agent d'hydratation, puis de décomposition ; son action dissolvante s'exerce ensuite sur les bases qu'elle a ainsi libérées. On peut traduire ce premier effet d'hydrolyse en utilisant les formules de constitution des silicates que nous avons mentionnées plus haut (page 59) et qui permettent d'expliquer de façon assez vraisemblable, d'une part la nature de l'attaque des éléments silicatés par l'eau, et, d'autre part, la formation de l'argile entendue comme un silicate hydraté d'aluminium.

La formule de l'orthose $K^2O.Al^2O^3.6SiO^2$, divisée par 2, peut s'écrire, avons-nous dit, $[KAl]Si^3O^8$, et ce silicate double constituerait le sel monopotassique d'un *acide alumino-silicique* $[H]AlSi^3O^8$. L'attaque de ce minéral par l'eau éliminerait le potassium sous forme de potasse, avec mise en liberté de l'acide alumino-silicique :

$$KAlSi^3O^8 + H^2O = KOH + HAlSi^3O^8$$

Ce dernier acide, instable, se scinderait en silice et en un acide $HAlSiO^4$, lequel acide, par hydratation, fournirait le kaolin :

$$2HAlSiO^4 + H^2O = Al^2O^3.2SiO^2.2H^2O \text{ (kaolin)}.$$

On peut concevoir pour l'acide $HAlSiO^4$ et, pour le kaolin, les formules suivantes de constitution (Glinka) :

$$2\left[O = Si\!<\!^O_O\!>\!Al.OH \right] + H^2O =
\begin{array}{c}
HO - Si\!<\!^O_O\!>\!Al.OH \\[2pt]
| \\
O \\[2pt]
| \\
HO - Si\!<\!^O_O\!>\!Al.OH
\end{array}$$

Kaolin

Le kaolin posséderait donc un caractère acide, par suite de la présence de quatre groupements hydroxyles (OH), dont deux sont unis au silicium et deux à l'aluminium. Nous aurons l'occasion de revenir sur ce caractère acide du kaolin pour expliquer ultérieurement une des causes du pouvoir absorbant du sol vis-à-vis des bases.

Remarquons que l'acide $HAlSiO^4$, monobasique, peut être regardé comme le *squelette* d'un grand nombre de silicates. Exemples :

L'*anorthite* : $CaO.Al^2O^3.2SiO^2$ s'écrira : $Ca[AlSiO^4]^2$; la *labradorite* : $CaO.Al^2O^3.3SiO^2$ s'écrira : $Ca[AlSiO^4]^2 + SiO^2$; l'*oligoclase* :

$Na^2O . Al^2O^3 . 5SiO^2$ s'écrira : $(NaAlSiO^4)^2 + 3SiO^2$, etc. Il est donc permis de considérer tous les silicates comme des sels potassiques, sodiques, calciques, magnésiens, ferreux, etc., de l'acide $HAlSiO^4$. L'action de l'eau sur un silicate se bornera, par conséquent, avec une vitesse plus ou moins grande, à séparer par hydrolyse la ou les bases alcalines ou alcalino-terreuses de ces sels complexes et à mettre en liberté, suivant les cas, un certain nombre de molécules de silice. Or, c'est exactement ce que l'on observe lorsqu'on étudie l'action de l'eau sur les minéraux silicatés : ce liquide dissout des proportions parfois dosables, variables avec le temps de contact, de potasse, de soude, de chaux, de magnésie, avec séparation de silice, mais il ne touche pas à l'alumine, puisque celle-ci est engagée dans le radical de l'acide complexe $HAlSiO^4$. Sous l'influence de l'eau, ce dernier acide s'hydrate simplement et donne naissance à l'argile, ainsi que nous l'avons dit plus haut. Cet acide, sans doute hypothétique, semble être extrêmement peu soluble dans l'eau : d'où la présence de traces d'alumine dans les liquides qui ont été en contact, même prolongé, avec les silicates pulvérisés. L'aluminium peut du reste être partiellement remplacé, conformément à l'observation, par le fer : ce qui explique la coloration grise de la plupart des argiles et leur teneur en fer (ferrique) plus ou moins élevée.

En résumé, il existerait trois phases successives dans l'action de l'eau sur un silicate : 1° *un stade d'hydrolyse*, dans lequel les bases sont séparées de l'acide alumino-silicique. Celui-ci devient libre et il est souvent accompagné d'une certaine quantité de silice ; 2° *une hydratation*, c'est-à-dire l'union de l'eau en nature avec l'acide alumino-silicique, et formation subséquente d'argile ; 3° *une dissolution* des bases que l'hydrolyse a libérées : *telle est l'origine des dissolutions du sol*. Ces bases peuvent d'ailleurs subir une carbonatation ultérieure, d'où formation des calcaires et des dolomies.

XI

PRÉSENCE ET ORIGINE DE L'HUMUS
DANS LE SOL.

Un sol, quelles qu'en soient la nature et la composition minérale, contient toujours une certaine quantité de *matière organique*, c'est-à-dire d'une matière issue de la vie. La dose de cette matière est extrêmement variable d'un sol à l'autre, mais son ubiquité peut être démontrée facilement. Il n'est pas, en effet, de terres arables, de sables stériles, et même de surfaces rocheuses qui ne fournissent, quand on en calcine une petite quantité au contact de l'air, un dégagement de gaz carbonique, parfois sans doute très faible. Si l'on effectue cette calcination en vase clos, en mélangeant au préalable la substance avec un peu de chaux sodée, il se dégage toujours de l'ammoniaque : la matière organique, ainsi présente dans le sol ou sur une surface rocheuse, contient donc, à côté du carbone, une certaine dose d'azote.

L'*origine* de cette matière doit être cherchée dans les débris animaux et végétaux (voir plus haut, page 3). Elle perd le plus souvent très vite sa structure et son aspect primitifs, soit qu'elle subisse, au moins dans quelques-uns de ses constituants, une oxydation plus ou moins profonde, grâce à la présence de l'oxygène de l'air avec lequel elle est en contact, soit qu'elle éprouve des phénomènes particuliers de décomposition à l'abri de l'air ou dans telles conditions dans lesquelles l'air la pénètre difficilement.

Formation de la terre végétale. — La matière minérale s'*organise*, si l'on peut s'exprimer ainsi, avec une grande rapidité. Nous en avons fourni précédemment des exemples concluants ; mais la chose peut être démontrée d'une façon, en quelque sorte, synthétique. Prenons quelques kilogrammes d'une terre quelconque et soumettons-les à une température élevée, capable de détruire toute trace d'éléments organisés, tout être vivant et tout composé azoté. Exposons cette terre calcinée au libre contact de l'air. Au bout d'un temps qui variera de quelques jours à quelques mois, il nous sera facile de constater que la surface de cette terre sera envahie par des végétations cryptogamiques (algues), et qu'elle sera habitée par de nombreuses espèces microbiennes déposées par les poussières de l'atmosphère. Voilà donc un premier début d'organisation du sol en vue de porter des végétaux. A ces végétations inférieures succèdent bientôt des plantes supérieures dont les graines, parfois très légères et spécialement adaptées au transport (Composées) sont véhiculées par les courants aériens. Cette apparition successive de plantes inférieures, puis de plantes supérieures, en supposant, bien entendu, que le substratum minéral renferme tous les éléments *fixes* indispensables à la vie, s'explique aisément. Les premiers de ces végétaux (algues vertes) fixent à la fois le carbone de l'acide carbonique et l'azote gazeux de l'air en en vertu d'une symbiose qu'ils contractent avec des bactéries spécifiques qui flottent continuellement dans l'atmosphère. La matière organique végétale apparaît donc pour la première fois. La mort des plantes qui l'ont constituée de toutes pièces engendre un humus, encore peu abondant et peu riche, sans doute, mais dont le poids augmente dans la suite par l'effet de l'accumulation de végétaux semblables. En sorte que, au bout d'un certain temps, une plante supérieure, dont la graine s'est déposée par hasard sur ce milieu, trouvera une quantité suffisante de matière azotée pour se développer à son tour. Sa masse organique, plus considérable que celle des végétations cryptogamiques qui l'ont précédée, fournira une dose d'humus déjà notable.

Il semble donc que certains végétaux inférieurs, pourvu qu'ils possèdent de la chlorophylle et soient capables de fixer l'azote gazeux de l'atmosphère ou de s'emparer des traces d'ammoniaque que celle-ci renferme, doivent être regardés comme les premiers artisans de la production de la *terre végétale*, c'est-à-dire du mélange complexe de matière minérale et de matière organique que nous qualifions de ce nom. Ce sont, par conséquent, les êtres inférieurs, microbes, champignons, algues qui préparent aux plantes supérieures le milieu où celles-ci pourront rencontrer une quantité suffisante de substances alimentaires : telle a été, probablement, la première étape du développement des végétaux à la surface du globe, considéré, au début, comme un milieu exclusivement minéral.

Une observation quotidienne nous montre, d'ailleurs, que lorsqu'on met à jour, à la suite d'une fouille, tel sable, telle argile, en un mot telle masse minérale très pauvre en éléments organiques, et en azote en particulier, cette masse se couvre peu à peu d'une flore parfois très variée.

La majeure partie de la matière organique que renferme un sol non cultivé provient donc des végétaux qui se sont spontanément développés à sa surface. Après leur mort, ces végétaux s'effritent, leurs débris s'éparpillent çà et là et leur trame organique, composée de carbone, d'hydrogène, d'oxygène et d'azote, se mélange peu à peu d'une manière intime à la matière même du sol. *Cet élément organique* des sols n'est pas seulement intéressant à étudier quant à son mode de formation et aux variations multiples qu'il subit lentement dans le milieu auquel il se trouve incorporé après avoir appartenu à un organisme vivant, il possède encore une importance de premier ordre vis-à-vis des propriétés physiques des sols, ainsi que nous l'établirons ultérieurement. De plus, il est la source continuelle du gaz carbonique inclus dans le sol, et ce gaz joue un rôle capital dans les actions de dissolution que nous avons déjà examinées et qu'il nous reste à étudier de plus près dans un autre chapitre. L'*azote organique* est la source de l'azote nitrique, forme essentiellement diffusible à laquelle un nombre considérable de végétaux empruntent leur azote.

L'origine *première* de la matière azotée est impossible à déterminer. Que l'atmosphère ait été, dans les époques reculées, beaucoup plus chargée en gaz carbonique qu'à l'heure actuelle, c'est là un fait qui semble généralement admis aujourd'hui et qui permet d'expliquer la présence, à ces époques, de végétaux aux dimensions gigantesques dont les dépôts de houille renferment encore de beaux spécimens. Mais d'où venait l'azote dont ces végétaux se sont emparés? Est-ce *l'azote libre* qui leur a fourni cet élément, comme il le fournit à certaines catégories de plantes, les légumineuses, par exemple, ou certaines algues vertes? est-ce l'azote répandu dans l'atmosphère primitive à l'état ammoniacal que l'on doit regarder comme la source primordiale de l'azote organique de ces végétaux? Ou bien, existait-il dans le sol des *azotures* capables d'être assimilés par eux? On conçoit que nulle réponse satisfaisante ne puisse être faite sur ce point.

A l'inverse de la matière minérale qui, à la suite des transformations qu'elle subit dans le sol, cède aux plantes une partie de sa propre substance, la matière organique du sol, le plus souvent du moins, ne profite pas directement aux végétaux pourvus de chlorophylle sous la forme même qu'elle possède; elle ne leur fournit que ses produits de destruction totale, gaz carbonique et ammoniaque. Cependant, beaucoup de végétaux, inférieurs ou supérieurs, dépourvus de chlorophylle, lui empruntent directement son carbone et son azote sous une forme complexe que l'on ne saurait définir actuellement. Elle joue donc ici le rôle de matière nutritive au même titre que les éléments minéraux issus des roches. Certains sols, épuisés par la culture, ne retrouvent leur fertilité première que si, à la distribution d'engrais salins appropriés, on joint l'addition d'*engrais organiques*, c'est-à-dire de matières contenant du carbone et de l'azote sous un état condensé. Il serait donc possible, ainsi que le font pressentir certaines expériences et certaines observations, que les engrais organiques n'agissent pas seulement dans un sens favorable à la végétation par leurs seuls produits de décomposition, gaz carbonique et ammoniaque, mais qu'ils sont peut-être absorbés *en nature*, du moins dans quelques-uns de leurs constituants, par les végétaux pourvus de chlorophylle. On voit quel puissant intérêt s'attache à l'étude de la présence de la matière organique dans le sol et aux transformations multiples d'ordre chimique et microbien qu'elle subit dans le milieu auquel elle est incorporée, ainsi qu'à la connaissance du rôle qu'elle joue vis-à-vis des autres composants de la terre arable. Les différents points que nous venons de mentionner seront examinés plus tard à propos de la constitution chimique de la terre arable et des phénomènes d'ordre très varié qui sont sous la dépendance de l'activité des microorganismes, toujours présents dans les sols (Voir chapitres VIII et XI).

Dans les pages qui précèdent, nous avons analysé les phénomènes d'altération des roches qui conduisent à la formation de la terre arable. Il convient maintenant de définir, au point de vue physique, chimique et physiologique, quelles sont les propriétés de cette masse dans laquelle la plante doit trouver tous les éléments indispensables à son évolution. Ce sera l'objet des chapitres suivants.

Mais, auparavant, il est nécessaire de dire quelques mots de l'atmosphère gazeuse qui est superposée à la terre et qui en pénètre les moindres particules jusqu'à une assez grande profondeur. Il existe des relations tellement intimes entre cette atmosphère et le sol que nous devons chercher dans quelles proportions l'air renferme les éléments gazeux qui réagissent, à la fois, sur les substances minérales dont nous venons d'étudier les transformations, et sur la plante qui se développe dans ce milieu solide.

CHAPITRE III

ÉTUDE DES GAZ DE L'ATMOSPHÈRE
ET DES EAUX MÉTÉORIQUES.

Éléments gazeux de l'atmosphère. — Gaz carbonique et ses variations. — Circulation du gaz carbonique à la surface du globe. — Ammoniaque. — Acide nitrique. — Ozone. — Eaux météoriques, leur teneur en principes fertilisants.

Éléments gazeux de l'atmosphère. — Nous étudierons sommairement, dans ce chapitre, les composants gazeux de l'atmosphère, ainsi que la composition des eaux météoriques au point de vue seulement des éléments de fertilité qu'elles peuvent renfermer. En ce qui concerne les quantités d'eau qui tombent annuellement sur une surface donnée de terrain et le rôle de cet agent dans le sol, nous ferons de ces points particuliers un examen ultérieur (1).

La hauteur de l'atmosphère n'est pas connue avec certitude. Certaines considérations, sur lesquelles nous ne pouvons nous étendre, permettent de fixer cette hauteur à 300 kilomètres environ. La plupart des éléments de l'atmosphère jouent un rôle extrêmement important dans l'économie du globe : leur action se fait sentir et sur le sol et sur les plantes que supporte celui-ci. Les éléments *constants* de l'atmosphère sont : l'*oxygène*, l'*azote* et l'*argon*. D'après Leduc (1896), la composition de l'air en ces éléments serait la suivante :

	Azote.	Oxygène.	Argon.
En poids...............................	75.50	23.20	1.
En volumes	78.06	21.00	0.94

(1) Parmi les très nombreux ouvrages ou mémoires consacrés à l'étude de l'atmosphère, nous signalerons le petit livre de H. Henriet : *Les gaz de l'atmosphère* (Encyclopédie Léauté) qui présente un bon résumé de l'état actuel de la question.

Les éléments *variables* sont nombreux et, c'est surtout, l'étude de quelques-uns d'entre eux que nous avons en vue ici à cause de leur importance dans les phénomènes de la végétation. Ces éléments sont *le gaz carbonique, l'ammoniaque, la vapeur d'eau, l'acide nitrique, l'ozone, le formène, l'oxyde de carbone, l'hydrogène.*

Il existe, de plus, dans l'atmosphère des gaz très rares, découverts dans ces dernières années : néon, krypton, xénon, hélium. Nous n'en parlerons pas. Disons seulement que, d'après Claude (1909), il existerait dans un million de parties d'air, en volumes : 15 parties de néon, 5 d'hélium et moins de une partie d'hydrogène.

Rappelons brièvement le rôle des gaz les plus importants.

L'*oxygène* agit sur certains éléments minéraux du sol comme oxydant direct : il change, par exemple, l'oxyde ferreux en oxyde ferrique. D'autre part, c'est l'agent le plus actif de la minéralisation des débris organiques que renferme toujours la terre : le terme final de cette destruction est l'acide carbonique. Vis-à-vis des plantes, le rôle de l'oxygène n'est pas de moindre importance ; c'est l'agent de toutes les combustions lentes qui se passent dans le végétal, combustions qui aboutissent, tantôt à la production du gaz carbonique, tantôt à celle de corps moins riches en oxygène que ce dernier.

L'*azote*, regardé pendant longtemps comme un gaz doué d'une inertie remarquable vis-à-vis du sol et des végétaux, est continuellement fixé par la terre arable, grâce à la présence dans celle-ci de micro-organismes spéciaux, ainsi que nous l'établirons dans la suite. Certains végétaux verts (légumineuses, algues) peuvent également s'en emparer directement. Inversement, les phénomènes de combustion vive et quelques phénomènes de combustion lente (putréfaction), lorsqu'ils s'exercent vis-à-vis des tissus végétaux, restituent à l'atmosphère tout ou partie de l'azote que contenaient les matières azotées complexes formant la trame de ces tissus.

Le *gaz carbonique*, qui se rencontre le plus ordinairement dans l'atmosphère sous un volume incomparablement plus petit que celui de l'azote et de l'oxygène, est la source du carbone à laquelle puisent toutes les plantes vertes. Ce gaz est sans cesse décomposé : la plante fixe le carbone et rejette l'oxygène.

Nous connaissons également le rôle remarquable que joue ce gaz dans les phénomènes de destruction des roches ; il s'immobilise sous forme de carbonates lorsqu'il est entré en combinaison avec certaines bases. De telle sorte que, même après un examen aussi superficiel que celui auquel nous venons de nous livrer, il apparaît *à priori* que la composition de l'atmosphère ne devrait pas beaucoup changer ; car, s'il existe des causes de disparition de l'oxygène, de l'azote, du gaz carbonique, on trouve, d'une façon concomitante, des causes de régénération de ces gaz. En fait, Dumas et Boussingault, puis plus tard Regnault, ont montré que les deux gaz les plus abondants, oxygène et azote, ne subissaient que de très faibles variations dans leurs proportions relatives.

Le gaz carbonique, dont la source principale doit être cherchée dans les fluides qui s'échappent des cratères volcaniques, est sujet à des oscillations assez fortes. L'étude de ces oscillations présente un grand intérêt en raison du rôle considérable que joue le gaz carbonique à la surface du globe. Aux époques géologiques, il devait être infiniment plus abondant dans l'air qu'à l'heure actuelle : aussi doit-on se demander s'il subit encore une diminution graduelle ou s'il est en état d'équilibre relatif.

Cette question a préoccupé nombre de chercheurs ; il semble qu'une diminution ou une augmentation, même faibles, du taux de ce gaz déjà si dilué dans l'atmosphère, amènerait des changements profonds dans l'économie du globe terrestre. En effet, le gaz carbonique et la vapeur d'eau se comportent comme des écrans protecteurs vis-à-vis du rayonnement solaire.

Arrhénius, à l'aide d'expériences exécutées sur la perméabilité à la chaleur du gaz carbonique et de la vapeur d'eau, a pu calculer que si l'acide carbonique disparaissait entièrement de notre atmosphère, dans laquelle il n'entre pourtant que dans la proportion moyenne de 3/10000, la température du sol diminuerait de 21 degrés. Par suite de cet abaissement, la quantité de la vapeur d'eau diminuerait également : d'où un nouvel abaissement de la température presque égal au premier. Si la moitié seulement du gaz carbonique disparaissait, le refroidissement serait de 4 degrés ; si les 3/4 disparaissaient, l'abaissement de la température serait de 8 degrés. En revanche, si le taux actuel doublait, la surface du sol gagnerait 4 degrés (1).

On voit quelles conséquences étonnantes pourraient entraîner de faibles variations dans la composition de l'air. D'autre part, et indépendamment du refroidissement ou de l'échauffement de l'atmosphère, la diminution ou l'augmentation du gaz carbonique retentiraient d'une façon extraordinaire sur les phénomènes de synthèse chlorophyllienne.

L'*argon*, gaz méconnu jusqu'en l'année 1895, date de sa découverte par W. Ramsay et Rayleigh, bien que contenu dans l'atmosphère en dose notable, ne semble jouer de rôle ni vis-à-vis du sol, ni vis-à-vis des végétaux, ainsi que l'a montré Schlœsing fils.

Nous nous contenterons, dans ce qui va suivre, d'étudier les variations du gaz carbonique, de l'ammoniaque, des composés nitrés, de l'ozone ; puis nous dirons quelques mots des eaux météoriques en tant qu'elles contiennent certaines substances fertilisantes (nitrates, ammoniaque).

(1) Arrhénius : *L'évolution des mondes.* Traduction française, Paris, 1910, p. 17.

I
GAZ CARBONIQUE

Voici, sous forme de tableau, le résumé d'un certain nombre de dosages du gaz carbonique aérien effectués dans les conditions les plus variées.

QUANTITÉS de CO² dans 10 000 vol. d'air.	Nombre des expériences et chiffres extrêmes.	Localités.	Auteurs.	Années.
2,5-6,7	....	Paris.	Boussingault.	1844
2,8-3,2	....	Paris et Andilly.	Boussingault et Lewy.	1852
3,035	....	Calèves, près Nyon (Suisse).	Risler.	1872-1873
4,52	....	Seine-Inférieure.	Reiset.	1882
2,92	3,44 à 2,25	Bords de la Baltique.	Schulze.	1873
3,7	....	Au ras du sol d'un champ en jachère.	Wollny.	1882
2,32	....	A 70 cent. au-dessus du sol.	—	
3,06	....	A 2 mètres au-dessus du sol.	—	
3,30	....	Au ras du sol d'un champ de trèfle.	—	
2,45	....	A 20 centim. au-dessus.	—	
2,30	....	A 2 mètres au-dessus.	—	
2,98	Hiver = 3,00; Été = 2,96	Montsouris (Paris).	Albert Lévy.	1883-1895
2,40	(800 m. d'altitude).	Expériences faites en ballon.	Tissandier.	
3,00	(3 000 m. d'altitude).	—	—	
2,84	35 exp. (3,17 à 2,7).	Plaine de Vincennes.	Muntz et Aubin.	
2,99	12 exp. (3,29 à 2,73).	Joinville-le-Pont.	—	
3,19	30 exp. (4,22 à 2,89).	Paris.	—	
2,86	(3,01 à 2,69)	Pic du Midi (2 877 mètres).	—	1882
2,85	(3,07 à 2,63).	—	—	1883
2,78	....	Haïti.	—	
2,92	....	Floride.	—	
2,73	....	Mexique.	—	
2,66	....	Chili.	—	
2,65	....	Patagonie.	—	
2,0524	....	Hémisph. sud ; latit. variant de 64 à 70 degrés.	Muntz et Lainé.	1911
3,35	....	Côte sud de la Bretagne (en pleine mer).	Legendre.	1910

Observations relatives à la teneur de l'atmosphère en gaz carbonique. — Un fait général, observé d'abord par Th. de Saussure en 1816 et retrouvé depuis par tous les expérimentateurs, est relatif à l'augmentation du taux du gaz carbonique pendant la nuit et à sa diminution pendant le jour.

A la campagne, les maxima s'observent, soit pendant la nuit, soit par des temps de brouillard ou de brume; les minima correspondent à des jours sans nuages et lorsque l'air est agité : en effet, le gaz carbonique est alors mieux absorbé par les végétaux verts, et celui qui se produit à la surface du sol se diffuse plus rapidement.

Le gaz carbonique augmente au voisinage des lieux habités. D'après Truchot, ainsi que d'après beaucoup d'observateurs, il diminuerait à mesure qu'on s'élève dans l'atmosphère. Si l'on compare les dosages effectués sur différents points du globe, il semble en résulter que *la grande moyenne* pour la surface de la terre doit être inférieure à celle que fournissent seulement les expériences faites en Europe. D'une façon constante, on remarque que le taux moyen du gaz carbonique contenu dans l'hémisphère sud (2.71) est inférieur à celui du gaz carbonique contenu dans l'hémisphère nord, et que cette particularité ne provient pas d'erreurs expérimentales. On doit expliquer ce résultat, d'après Müntz et Aubin, en remarquant que la température de l'hémisphère sud est moins élevée que celle de l'hémisphère nord : les glaces du pôle antarctique s'étendent plus loin que celles du pôle arctique, et la température de l'eau de mer est, de ce fait, plus basse sur une surface considérable. Or, d'après Schlœsing, l'abaissement de la température a une grande influence sur la valeur qui exprime le rapport existant entre la tension du gaz carbonique contenu dans l'eau et celle de ce gaz qui est contenu dans l'air.

La plupart des sols contenant des matières organiques en voie de décomposition plus ou moins avancée, il doit y avoir, à leur niveau une proportion de gaz carbonique plus forte qu'à un niveau supérieur (Fodor, Wollny). Si la température de la terre est basse, la couche d'air immédiatement en contact avec elle recevra peu de gaz carbonique ; mais si le sol est chaud, il en dégagera de plus fortes quantités, et la couche d'air la plus voisine s'enrichira.

Au ras d'un sol planté, il y a moins de gaz carbonique qu'au ras d'un sol non planté, en raison de l'exercice de la fonction chlorophyllienne (Wollny).

Nous rappellerons, en passant, que le procédé de dosage employé à Montsouris, l'un des procédés les plus rapides et les plus corrects, repose sur l'absorption par la potasse du gaz carbonique contenu dans un volume d'air connu (une dizaine de litres). Si on ajoute de l'acide sulfurique à une solution diluée de carbonate de potassium, colorée en rouge par quelques gouttes de phtaléine du phénol, la coloration disparaît de façon très nette au moment où la moitié du gaz carbonique du carbonate s'est fixée sur le carbonate non décomposé en le transformant en bicarbonate. On absorbera donc par la potasse le gaz carbonique contenu dans un volume d'air connu, et l'on titrera avec de l'acide sulfurique de force connue. D'autre part, on titrera un égal volume de la liqueur alcaline employée. La différence des deux lectures, multipliée par 2, répond à l'acide carbonique fixé (Henriet).

Circulation du gaz carbonique à la surface du globe. — On doit à Schlœsing une étude importante de la circulation du gaz carbonique dans l'atmosphère, étude dans laquelle l'auteur fait intervenir l'eau de la mer comme régulateur du taux du gaz carbonique aérien. Schlœsing met en balance, d'une part, les causes d'absorption de ce gaz à la surface du globe (absorption par les végétaux verts), d'autre part, les causes nombreuses de restitution à l'atmosphère de ce même gaz (combustions vives ou lentes, fermentations, respiration) ; cet auteur estime que les causes de restitution peuvent ne pas agir d'une façon simultanée correspondant aux causes d'absorption de ce gaz par les plantes. Il pourrait se rencontrer, à certains moments, des oscillations de part et d'autre d'un taux moyen. *L'eau de la mer* absorberait l'excès du gaz carbonique et, réciproquement, en fournirait à l'atmosphère lorsqu'il y aurait diminution de ce gaz dans l'air.

Voici sur quelles observations repose cette manière de voir. Si on met en présence d'eau tenant en suspension un carbonate terreux neutre insoluble, tel que le carbonate de calcium, une atmosphère plus ou moins riche en gaz carbonique, celui-ci se fixe sur le carbonate et donne naissance à un bicarbonate qui se dissout. Réciproquement, si on enlève à cette atmosphère du gaz carbonique, le bicarbonate se décompose partiellement et régénère du carbonate neutre qui se précipite.

Schlœsing a fait de ces principes l'application suivante. Il détermine à diverses reprises la teneur de l'eau de mer en gaz carbonique et son titre alcalin ; il y trouve $0^{gr},0083$ CO_2 engagé presque entièrement en combinaison à l'état de bicarbonates. Entre le gaz carbonique de l'air et celui des bicarbonates de la mer un équilibre tend sans cesse à se produire, lequel régularise les causes perturbatrices agissant en sens contraire. Il semble que ce soit l'eau de la mer qui joue ainsi le rôle d'un immense régulateur. Si le taux du gaz carbonique aérien s'abaisse, les bicarbonates marins en fournissent à l'atmosphère par dissociation ; si ce taux augmente, l'eau de la mer l'emmagasine sous forme de bicarbonate. On calcule approximativement que l'eau de la mer renferme en réserve une quantité de gaz carbonique dix fois supérieure à celle qui existe dans l'air et qui peut être restituée à l'atmosphère par le jeu du mécanisme qui vient d'être exposé.

II

AMMONIAQUE ATMOSPHÉRIQUE

L'ammoniaque est une source d'azote pour tous les végétaux. Cet alcali peut être absorbé par les feuilles lorsqu'il existe à l'état de dilution extrême dans l'atmosphère ; il peut être absorbé par les racines lorsqu'il prend naissance dans le sol à la suite de la décomposition des matières azotées. A une époque où la fixation de l'azote gazeux par le sol et par certaines plantes était méconnue, le rôle de l'ammoniaque atmosphérique semblait fort important. On admettait que ce gaz, issu de la réduction des nitrates dans les parties profondes et peu oxygénées des eaux de la mer, passait en tension dans l'atmosphère, puis, arrivé sur les continents, se fixait sur la terre arable, et s'y transformait de nouveau en nitrates par oxydation. Lorsque les nitrates ne sont pas absorbés par les végétaux, ils filtrent dans les eaux de drainage ; de là, ils se rendent dans les fleuves et, finalement, à la mer. Tel était le cycle supposé de l'azote ammoniacal.

Une proportion variable de l'azote combiné existant à la surface du globe est détruite de façon continue, car les phénomènes de combustion vive, ainsi que certains phénomènes

réducteurs, restituent à l'atmosphère de l'azote gazeux. Afin
que le stock de cet azote combiné n'éprouve pas une diminution progressive, capable même, à un moment donné, de faire
disparaître de la surface du globe la totalité de l'azote combiné, on faisait autrefois entrer en ligne de compte, comme
compensation à cette déperdition, *la nitrification atmosphérique*, c'est-à-dire l'union de l'oxygène et de l'azote sous
l'influence des décharges électriques de l'atmosphère. Cette
façon ingénieuse d'expliquer la circulation de l'azote et d'imaginer un entretien régulier du stock des composés azotés a
perdu beaucoup de son importance depuis que l'on connaît
nombre de phénomènes biologiques qui fixent directement
l'azote gazeux de l'air, soit sur le sol, soit sur certaines
plantes.

Toutefois, l'étude de l'ammoniaque atmosphérique présente encore
un intérêt réel ; nous dirons donc quelques mots de sa présence et de
ses proportions dans l'atmosphère. L'ammoniaque n'existe pas à l'état
libre dans l'air ; elle s'y rencontre principalement sous forme de carbonate et sous forme de nitrate. Parmi les très nombreux travaux
relatifs à son dosage, nous ne retiendrons que ceux de Schlœsing, ainsi
que ceux qui ont été exécutés à Montsouris par A. Lévy. Schlœsing
dose l'ammoniaque atmosphérique en faisant barboter un courant
d'air dans de l'acide sulfurique dilué. Cet auteur s'est proposé
d'étudier les variations diurnes et même horaires de ce gaz : aussi
convenait-il d'opérer sur des volumes d'air considérables. L'appareil
employé comporte essentiellement un barboteur, cloche à douille
dont le fond est formé d'un disque de platine percé de 300 trous de
1/3 de millimètre de diamètre. Cette cloche est placée sur trois
cales de verre posées au fond d'un cristallisoir, lequel est muni
d'une tubulure latérale qui permet l'entrée de l'air. Dans ce
cristallisoir on introduit de l'eau acidulée. Entre le cristallisoir et la
cloche, on interpose une sorte de couronne de caoutchouc formant
obturateur. L'aspiration de l'air au travers du disque de platine
perforé est assurée au moyen d'une chaudière dans laquelle on fait
bouillir de l'eau et qui porte à sa partie supérieure un injecteur, du
modèle de l'injecteur Giffard, permettant de produire, lorsque la vapeur
d'eau se dégage, un appel d'air énergique. A l'aide d'un dispositif
particulier on recueille une fraction de l'air entraîné, et l'on en déduit
le volume total de l'air qui a traversé le barboteur.

Le barbotage de l'air au sein de la couche liquide aspirée au travers des 300 trous du disque de platine rend l'absorption de l'ammoniaque très complète. D'ailleurs cet appareil a été soumis au contrôle
en le faisant traverser par de l'air, dépouillé de son ammoniaque na-

turelle d'abord, puis chargé artificiellement d'une quantité connue d'ammoniaque. Schlœsing fait remarquer que les chiffres qu'il a obtenus s'appliquent à l'ammoniaque existant en *tension* dans l'atmosphère, vraisemblablement à l'état de carbonate. Car, en ce qui concerne le nitrate d'ammonium de l'atmosphère, celui-ci ne saurait être dosé par barbotage, ainsi que nous le dirons plus loin.

Les dosages, exécutés depuis le mois de juin 1875 jusqu'au mois de juillet 1876, ont fourni les chiffres suivants. Dans 100 mètres cubes d'air, on trouve, à Paris, comme moyenne générale pour l'année entière, $0^{gr},00225$ NH^3. La moyenne du jour donne $0^{gr},00193$, celle de la nuit $0^{gr},00257$. Il existe donc dans l'atmosphère plus d'ammoniaque la nuit que le jour. Schlœsing attribue ce fait à la condensation aqueuse qui s'effectue par les nuits claires : on constate une descente de l'ammoniaque avec les produits de la condensation résultant de l'abaissement de la température. La démonstration en est particulièrement probante lorsque l'on compare les taux moyens nocturnes relatifs aux temps clairs avec les taux obtenus par les temps couverts : les premiers l'emportent parfois de 50 p. 100 sur les seconds.

Pendant la saison tiède ou chaude (avril-septembre), la différence des taux moyens du jour et de la nuit est très accentuée : elle s'atténue en octobre et s'annule de novembre à mars. La moyenne des taux qui se rapportent aux jours pluvieux est à peu près la même que celle qui se rapporte aux jours sans pluie.

Müntz et Aubin (1882) ont obtenu, au sommet du Pic du Midi, des chiffres un peu plus faibles que ceux que l'on observe à la surface du sol. La moyenne générale donne $0^{gr},00135$. Puisque, dans ces régions élevées, il existe de l'ammoniaque, on doit s'attendre à en rencontrer également dans les eaux météoriques qui se condensent à de grandes hauteurs : c'est ce que l'expérience a, en effet, permis de constater. A l'observatoire de Montsouris, A. Lévy a trouvé, comme moyenne de treize années d'expérience, des teneurs plus fortes en été et moins fortes en hiver. Ainsi, en janvier, et pour 100 mètres cubes d'air, l'ammoniaque s'élève à $0^{gr},0018$; en mai à $0^{gr},0021$; en septembre à $0^{gr},0023$; en décembre, à $0^{gr},0019$. Il est bon de remarquer que le poids moyen de $0^{gr},0020$ est précisément celui qui est contenu dans un litre d'eau de pluie. En moyenne, un litre d'eau de pluie apporte donc au sol la quantité d'ammoniaque que renferment 100 mètres cubes d'air. Notons ici que les maxima et minima des gaz carbonique et ammoniaque atmosphériques ne se correspondent pas.

III

ACIDE NITRIQUE ATMOSPHÉRIQUE.

L'origine de cet acide doit être cherchée dans l'électricité atmosphérique. Il n'existe pas dans l'air à l'état de liberté, mais sous forme de sel ammoniacal. Les eaux de pluie renferment également de l'acide nitrique ; nous y reviendrons plus loin. La nitrification atmosphérique est peu intense dans nos climats ; elle est infiniment plus considérable dans les régions tropicales. Le nitrate d'ammonium, ainsi que le nitrite que l'on trouve également dans l'atmosphère, n'y existent pas en tension, *mais sous forme de poussière* que les vents brassent sans cesse. L'acide nitrique de l'air ne peut être facilement dosé, car, ainsi que Schlœsing l'a fait remarquer, lorsqu'il s'agit de doser tel gaz existant en *tension* dans l'air, il suffit de faire barboter celui-ci dans un réactif approprié, puisque les molécules gazeuses, très mobiles, arrivent toujours au contact du réactif destiné à les absorber. Au contraire, le nitrate d'ammonium n'a pas de tension et, malgré sa très grande solubilité dans l'eau, il ne peut être saisi par ce liquide, même à la suite d'un barbotage énergique. C'est ce que démontre l'expérience suivante, due à Schlœsing, très simple à reproduire et très instructive. Un courant d'air, très lent, traverse un flacon renfermant de l'acide nitrique fumant et passe ensuite dans un long tube contenant une dissolution d'ammoniaque. Quand une bulle d'air chargée de vapeurs acides pénètre dans le tube, il se produit du nitrate d'ammonium, lequel devrait instantanément se dissoudre en totalité ; mais, en fait, le gaz ammoniac s'introduit dans cette bulle d'air, et le nitrate d'ammonium qui prend naissance étant dénué de tension demeure tel dans la bulle ; il chemine le long du tube et sort dans l'atmosphère en produisant une fumée blanche.

Nous parlerons plus loin de la présence et des quantités d'acide nitrique qui existent dans les eaux météoriques, quantités qui peuvent servir à mesurer l'intensité des phénomènes électriques de l'atmosphère. Remarquons seulement que Müntz et Aubin ont cherché la présence de l'acide nitrique dans des volumes d'eau considérables tombés au Pic du Midi, et ont constaté une absence à peu près complète de cet acide. Or, ainsi que le disent ces auteurs, sur 184 orages observés dans cette région dans l'espace de dix ans, 23 seulement s'étaient produits à une altitude supérieure à 2300 mètres. Aucune observation ne signale d'orages se produisant à une certaine hauteur au-dessus du sommet du Pic du Midi. Dans la région

pyrénéenne, il semble que les orages ne dépassent pas une altitude de
3 000 mètres. La formation des nitrates, sous l'influence de l'électricité atmosphérique, s'effectue donc à une hauteur inférieure à
cette limite. Müntz et Aubin estiment que la nitrification atmosphérique prend naissance dans les régions inférieures de l'atmosphère
comprises entre le niveau du sol et des mers et la hauteur moyenne des
nuages. Le nitrate d'ammonium demeure à l'état de *suspension* dans
ces régions : il ne semble pas devoir s'élever davantage que les
poussières organiques qui, d'après Pasteur, restent concentrées dans
les parties basses de l'atmosphère. Ceci montre que le nitrate
d'ammonium n'existe pas en tension dans l'air, car il s'y diffuserait
de façon uniforme à la façon de l'acide carbonique et de l'ammoniaque.

IV

OZONE.

Cette modification allotropique de l'oxygène reconnaît le
plus souvent une origine électrique. L'oxydation lente des matières organiques en produit aussi de petites quantités. L'ozone
est fort instable : il se détruit, même aux basses températures,
en régénérant de l'oxygène. C'est un oxydant extrêmement
énergique. Il existe dans l'air dans la proportion maxima de
1/450 000 en poids ; cette teneur est variable suivant les différentes saisons. La courbe annuelle de l'ozone indique un maximum au mois de juin : 0gr,0032 dans 100 mètres cubes d'air.

La méthode de dosage de ce gaz, employée à Montsouris, consiste à
faire barboter un volume d'air de 1500 à 2000 litres au moins dans
une solution titrée d'arsénite de potassium mélangée d'iodure de potassium, lequel active la réaction. On se sert d'une solution titrée
d'iode pour évaluer le poids de l'arsénite non oxydé. Du poids de l'arsénite oxydé, on déduit l'oxygène fixé, et le triple de ce poids représente l'ozone, lequel est constitué par trois atomes d'oxygène.
On doit à Henriet et Bonnyssy des observations curieuses sur l'origine de ce gaz et sur les variations concomitantes de l'acide carbonique. D'après ces auteurs, le gaz carbonique subit dans certaines circonstances des variations considérables ; or, ni les combustions, ni les
phénomènes de la végétation ne permettent d'expliquer de semblables
perturbations. D'autre part, l'analyse de la teneur de l'air en ozone,
faite tous les jours à Montsouris pendant de nombreuses années, met
en relief les faits suivants. L'ozone augmente sous l'influence des

vents du sud et du sud-ouest, par les temps de pluie et par les temps calmes ensoleillés ; il diminue si le vent souffle du nord ou de l'est, ainsi que par les temps de brouillard ou de brume.

De la comparaison des analyses quotidiennes de l'ozone et du gaz carbonique, il ressort ce fait que, généralement, quand le second de ces gaz diminue, le premier augmente, et réciproquement. Ainsi on trouve, en moyenne, dans 100 mètres cubes d'air :

Vents soufflant du :

	CO_2. litres.	Ozone milligr.
Nord	31.8	1.5
Nord-est	32.7	1.2
Est	32.7	1.3
Sud-est	31.1	1.4
Sud	29.9	1.6
Sud-ouest	27.8	2.0
Ouest	29.4	2.0
Nord-ouest	31.0	1.7

Le gaz carbonique reconnaît une origine essentiellement terrestre. La circulation horizontale des vents empêche ce gaz de s'élever beaucoup dans l'atmosphère, puisqu'il est absorbé par les végétaux d'une part, et que, d'autre part, la mer lui sert de régulateur. Il doit donc y avoir moins de gaz carbonique dans les régions élevées de l'atmosphère qu'à la surface. En conséquence, si le taux normal du gaz carbonique dans l'atmosphère subit un abaissement, cela ne peut être dû qu'à un apport d'air provenant des régions élevées. Or, l'abaissement du taux de l'acide carbonique est accompagné d'une augmentation dans la proportion de l'ozone. Nous avons dit que, plus celle-ci est forte, plus celle du gaz carbonique est faible. Henriet en conclut que ce sont les hautes régions de l'atmosphère qui charrient l'ozone sur le sol : c'est dans ces régions que l'ozone prend naissance. Les vents du sud-ouest et de l'ouest, soufflant souvent en tempête, bouleversent les couches de l'atmosphère ; ils sont plus riches en ozone, et il est possible qu'ils apportent au sol l'air provenant de très grandes altitudes. L'origine de l'ozone doit être mise sur le compte de l'action des rayons ultra-violets du soleil sur l'oxygène dans les couches supérieures de l'atmosphère.

Henriet a également mis en évidence ce fait que la teneur de l'air en gaz carbonique est plus faible par les temps de pluie ; celle de l'ozone est, au contraire, plus forte. Si ce dernier gaz est amené dans les couches inférieures de l'atmosphère à la faveur des vents, il l'est également grâce aux pluies qui entraînent avec elles l'air des grandes altitudes. Ces deux facteurs sont donc la cause principale des variations de l'ozone dans les basses régions de l'air. De plus, dans les temps calmes, lorsque l'atmosphère est transparente, la proportion de l'ozone contenu dans les couches inférieures de l'air augmente par l'effet de la radiation solaire.

V

EAUX MÉTÉORIQUES.

Leur teneur en azote combiné ; causes d'enrichissement du sol sous leur influence. — Quelques mots maintenant sont nécessaires à propos de la teneur des eaux météoriques en combinaisons azotées capables d'enrichir le sol.

Acide nitrique. — Cet acide, uni à l'ammoniaque, ne se rencontre pas seulement dans les eaux des pluies d'orage, mais aussi dans toutes les eaux de pluie. La quantité en est très variable. Citons, dans nos climats, les doses exceptionnelles obtenues par Boussingault au Liebfrauenberg. Le 16 juillet 1857, ce savant a trouvé par litre 0^{gr},0062 ; le 9 octobre, 0^{gr},005 ; le 14 août 1856, 0^{gr},0034. La moyenne générale des déterminations dans cette localité fournit un chiffre infiniment plus faible : 0^{gr},00184 par litre. Boussingault estimait à 330 gr. par an et par hectare la quantité d'acide nitrique apportée par l'eau de pluie. Les analyses de Chabrier, faites en Provence, fournissent un poids d'acide nitrique plus élevé, soit environ 800 grammes par hectare. On a indiqué 420 grammes, en moyenne, en Angleterre ; Lawes et Gilbert, à Rothamsted, ont trouvé 830 grammes. Mais dans les régions tropicales, où la nitrification atmosphérique est beaucoup plus intense, les eaux de pluie doivent contenir forcément des doses fort importantes d'acide nitrique : soit 5800 grammes par an et par hectare à Caracas et 6900 grammes à l'île de la Réunion (Müntz et Marcano). A Montsouris, la dose d'acide nitrique moyenne annuelle est plus élevée que ne l'indiquent les chiffres obtenus par Boussingault ou ceux qu'ont fournis les dosages effectués en Angleterre. La moyenne des années 1880 à 1894 donne 400 milligrammes d'acide par mètre carré et par an, soit 4000 grammes à l'hectare. D'après Boussingault, l'eau de pluie peut parfois ne pas renfermer d'acide nitrique, au moins à la fin de sa chute. La neige est toujours plus riche que la pluie en acide nitrique.

Ammoniaque. — La proportion d'ammoniaque existant dans l'eau de pluie est toujours plus considérable que celle de l'acide nitrique ; le début d'une pluie en renferme davantage que la fin. La neige est souvent plus riche que la pluie en ammoniaque ; la grêle en contient toujours, ainsi que le brouillard et la rosée.

Des recherches de Boussingault il résulte que, dans une même journée, et pour un volume d'eau déterminé, la fin d'une pluie contient moins d'ammoniaque que n'en contient le commencement de la pluie qui lui succède, quelque court que soit d'ailleurs l'intervalle pendant lequel la pluie n'est pas tombée. Ces faits s'expliqueraient, d'après l'auteur précité, par la nature même du carbonate qui fournit certainement à la pluie la plus forte proportion de l'ammoniaque que celle-ci renferme. Ce carbonate est volatil et soluble. S'il est volatil, l'air le contient à l'état de vapeurs que le sol émet continuellement quand il est humide. Comme il est soluble, ce sel passe en partie dans les eaux météoriques, et la pluie qui commence en contient davantage que celle qui finit. Aussitôt que la pluie a cessé, ce carbonate, volatil, tend à passer dans l'air en vertu de la tension qui lui est propre ; ce passage s'effectue d'autant plus vite que la température est plus élevée. Un temps très court pendant lequel il ne pleut pas suffit pour reporter, dans les couches de l'atmosphère les plus rapprochées du sol, le carbonate d'ammonium dont la prochaine pluie s'emparera pour le ramener sur la terre.

Boussingault, opérant au Liebfrauenberg, a fourni une moyenne de 47 dosages relatifs à des échantillons d'eau de pluie prélevés du mois de mai au mois d'octobre 1853 (en y comprenant les rosées et les brouillards) ; cette moyenne donne $0^{mgr},52$ d'ammoniaque par litre d'eau. Par an et par hectare, les pluies apporteraient au sol 3500 grammes de cette base. Ce chiffre est faible relativement à ceux que d'autres expérimentateurs ont indiqués En effet, Barral, quelques années auparavant, avait trouvé, comme moyenne, 4 milligrammes par litre.

Bineau, en 1852, obtient à Lyon, comme apport annuel sur la surface d'un hectare, le chiffre de 32^{kgr},5, et, en 1854, le chiffre énorme de 43^{kgr},5. Bobierre, en 1864, a montré qu'il existait une relation évidente entre les agglomérations d'hommes et la richesse de l'atmosphère en ammoniaque et en matières organiques. Ainsi, à Nantes, à 47 mètres d'altitude, la dose moyenne d'ammoniaque a été de 1^{gr},997 par mètre cube d'eau de pluie. A 7 mètres d'altitude, dans un quartier bas et peu salubre, on a trouvé 5^{gr},939.

En Allemagne, Bretschneider a trouvé, comme moyenne de six années d'expériences, dans un litre d'eau de pluie, 0^{gr},00186. Dans 66 p. 100 des observations, la teneur oscillait entre 1 et 2 milligrammes ; dans 17 p. 100 entre 2 et 2,5 ; dans 7 p. 100, entre 2,5 et 3 ; dans 5 p. 100, cette teneur était supérieure à 3 ; dans 5 p. 100, elle était inférieure à 1. Albert Lévy, à Montsouris, a trouvé que la quantité d'azote ammoniacal versé par les pluies sur le parc a été, pour une période moyenne de vingt ans (1876-1895), de 1^{gr},086 par année et par mètre carré ; soit 10^{kg},860 d'azote ammoniacal à l'hectare (le minimum a été observé en 1879 avec 0^{gr},628 ; le maximum en 1893 avec 1^{gr},632).

Apport total des composés azotés sur le sol. — Si on prend, d'après les données fournies par l'observatoire de Montsouris, la dose de 0^{gr},400 comme moyenne de l'azote nitrique tombé annuellement sur une surface de 1 mètre carré, et celle de 1^{gr},086 comme moyenne de l'azote ammoniacal sur la même surface, on trouve que le sol s'enrichit, par an et par hectare, de 14^{kg},860 d'azote total ; la hauteur moyenne de la pluie ayant été, pour la période de vingt ans précédemment indiquée, de 551 millimètres par année. Il est certain que ce chiffre d'apports azotés est peut-être un peu fort à cause du voisinage de la ville de Paris.

Petermann, à Gembloux (Belgique), a trouvé que chaque hectare recevait par an 10^{kg},300 d'azote combiné, dont 76 p. 100 à l'état ammoniacal et 24 à l'état nitrique.

En réalité, la quantité d'azote combiné total que reçoit annuellement la surface d'un hectare est extrêmement variable, si l'on s'en

rapporte aux seules observations faites en Europe. Cette quantité varie
de 2 à 23 kilogrammes, avec des hauteurs annuelles de pluie variant
de 30 à 200 centimètres. Ce ne sont pas forcément les localités dans
lesquelles il tombe le plus d'eau dont le sol reçoit le plus d'azote
combiné.

Afin d'apprécier la quantité maxima d'ammoniaque que le sol peut
enlever à l'atmosphère, on verse, dans un vase de surface connue, protégé de la pluie et des poussières, de l'eau aiguisée d'acide sulfurique
destiné à fixer l'alcali atmosphérique. En opérant ainsi, on a trouvé que,
dans nos climats, la moyenne absorbée, rapportée à l'hectare, s'élevait à 14^{kg},300 d'ammoniaque, soit 11^{kg},7 d'azote. Cependant des
chiffres baucoup plus élevés ont été fournis par l'emploi de cette
méthode. Il convient d'ailleurs de faire à cet égard des réserves formelles, car le sol ne se comporte nullement comme une surface d'acide
sulfurique dilué. S'il absorbe une partie de l'ammoniaque gazeuse de
l'atmosphère, il est capable d'émettre à son tour, et dans une foule de
circonstances, une petite quantité de cet alcali, ainsi que nous l'établirons plus tard. Quoi qu'il en soit, les apports d'azote faits au sol,
soit sous forme ammoniacale, soit sous forme nitrique, sont sans doute
très variables sur les différents points du globe et ils diffèrent d'une
année à l'autre ; mais ils sont loin d'être négligeables d'après les chiffres
mêmes que nous avons donnés.

Nous avons, dans les pages qui précèdent, défini les phénomènes de formation mécanique, physique et chimique des
sols, ainsi que la composition de l'atmosphère qui leur est
superposée et dont les éléments gazeux réagissent d'une manière incessante sur les particules de ce que nous avons appelé
la terre arable. Nous devons, maintenant, pénétrer plus avant
dans la connaissance de la structure intime de cette terre
arable en étudiant sa constitution physique et chimique.

CHAPITRE IV

CONSTITUTION PHYSIQUE DES SOLS

Les quatre constituants du sol arable. — Définition de la constitution
physique des sols. — Sable, argile et sa constitution, calcaire,
humus. — Structure du sol ; ses relations avec l'eau et avec l'air. —
Lacunes du sol. — Volumes et surfaces des éléments terreux. —
Capacité du sol vis-à-vis de l'eau et des gaz. — Phénomènes capillaires. — Rapports entre l'eau et le sol. — Mouvement de l'eau dans
le sol. — Colloïdes du sol, adhérence, adsorption.

On serait tenté de s'étonner que, dans un ouvrage intitulé
Chimie du sol, nous nous occupions d'abord *de la constitution
physique*, puis ensuite *des propriétés physiques* du sol et que
nous ayons cru devoir consacrer à ces questions d'assez longs
développements. L'étude des réactions chimiques dont le sol
est le théâtre n'aurait qu'un intérêt très restreint si nous ne
placions pas ces réactions dans le milieu physique où elles
doivent s'accomplir et qui exerce sur elles une influence prépondérante. L'ordre dans lequel nous allons exposer les principes de la constitution physique des sols justifiera, nous l'es-
pérons, cette manière de voir.

Nous allons chercher d'abord quels sont les constituants du
sol *au point de vue de leur structure physique* et indépendamment de leur composition chimique. Nous étudierons ensuite
la constitution physique de chacun d'eux. Cela fait, nous examinerons les relations de l'ensemble avec l'air et l'eau, c'est-
à-dire avec les deux fluides indispensables à la végétation.
Quelques notions sommaires sur la capillarité et les propriétés
des matières colloïdales nous permettront enfin de mieux
saisir le mécanisme d'action de ces fluides.

I

LES QUATRE CONSTITUANTS DU SOL ARABLE

Nous avons, dans le chapitre II, examiné en détail la formation des sols, et nous avons pu nous convaincre de leur extrême défaut d'homogénéité, résultant, d'une part, de la diversité même des roches qui leur donnaient naissance; d'autre part, de la présence de nombreux débris organiques, de provenance variée, qui se trouvent mélangés aux éléments minéraux.

Il importe maintenant de mettre un peu d'ordre dans ce milieu complexe et d'essayer de classer les éléments si nombreux, et d'apparence si dissemblables, qui constituent la masse terreuse. Pour atteindre ce but, procédons à quelques essais très simples.

Détermination qualitative sommaire des constituants du sol. — 1° Prenons à la surface des sols les plus divers quelques centaines de grammes de terre et, après en avoir éloigné aussi exactement que possible les plantes ou les débris végétaux, jetons cette terre dans un grand bocal plein d'eau et agitons pendant quelques instants le liquide avec une baguette de verre. A peine le mouvement de l'eau a-t-il cessé que nous voyons apparaître au fond du bocal des éléments lourds, parfois volumineux, auxquels se superposent peu à peu des éléments de plus en plus fins. L'eau peut rester trouble par suite de la présence de grains solides très fins qui demeurent en suspension d'autant plus longtemps que leur diamètre est plus petit. Mais, au bout d'un temps plus ou moins long, le liquide qui surnage le dépôt deviendra limpide. Ce dépôt de matière qui s'effectue ainsi par couches de grains de grosseur décroissante de bas en haut a reçu le nom de *sable*; il forme la presque totalité de la masse du sol. Un examen, même très superficiel, montre que ce sable est une matière qui manque totalement d'homogénéité, non seulement d'une couche à une autre, mais aussi dans la même couche. Une étude plus approfondie y décèle la présence de

minéraux plus ou moins fragmentés, les uns à arêtes encore
vives, d'autres à arêtes et à angles émoussés. On y rencontre
de la silice pure, des silicates variés, du calcaire en grains de
grosseurs très inégales, de l'argile qui se dépose la dernière :
le tout plus ou moins coloré en brun, indice de la présence
d'une matière organique qui adhère avec une grande force
aux éléments minéraux. Formé surtout de silice et de silicates, ce sable, si complexe quant à sa composition et,
comme nous le dirons bientôt, quant à sa structure, ne
manque presque jamais dans le sol. C'est lui qui, dans les
conditions les plus habituelles, figure dans une analyse physique pour le chiffre de beaucoup le plus élevé. On peut cependant rencontrer des sols dans lesquels le sable ne constitue
pas la partie prépondérante ; mais c'est là un cas moins fréquent : sols éminemment calcaires, argiles compactes, tourbes.
Ces derniers sols sont souvent dépourvus de végétation spontanée ; du moins celle-ci y est-elle assez réduite : c'est ce qui a
lieu dans les sols des deux premières catégories ; ou bien ils
portent des plantes de nature très spéciale (plantes de tourbières) de valeur alimentaire très faible, le plus souvent nulle.

Dans la plupart des cas, étant données précisément sa nature
et ses origines, *le sable*, tel que nous venons de le définir, est
la source à laquelle les végétaux empruntent presque tous les
éléments fixes dont ils ont besoin, sinon même la totalité. On
conçoit qu'il doive en être ainsi puisque le sable contient, à
l'état de combinaisons complexes, de la potasse, de la chaux,
de la magnésie, des phosphates, etc.

Parmi les éléments si variés qu'il renferme, il en est un cependant qui peut parfois faire totalement défaut, c'est le carbonate de calcium.

2° Procurons-nous des échantillons de terre aussi différents
que possible. Ajoutons à une cinquantaine de grammes de
chacun d'eux une quantité d'eau telle que la masse n'en renferme pas un excès afin que nous puissions la pétrir avec la
main. Nous reconnaîtrons assez rapidement, à la suite de cette
manipulation, que certains de ces échantillons se laissent fa-
çonner avec facilité, et que nous pouvons donner à cette masse
telle forme que nous désirons, alors que, chez d'autres, ce fa-

çonnage sera difficile, sinon impossible, parce que le magma ainsi obtenu manquera de cohésion et s'effritera entre nos doigts. Ce simple essai nous fait voir que certaines terres, celles de la première catégorie, doivent contenir une substance qui *agglutine* la masse, qui nous permet de lui faire prendre telle forme que nous désirons et qui donne au toucher la sensation que procure le mastic de vitrier. L'analogie avec cette dernière substance est réelle, car un pareil échantillon adhère fréquemment aux doigts en y laissant une matière qui s'y applique intimement. Dans les terres de la seconde catégorie rien de semblable ne se manifeste ; les particules de la masse ne contractent entre elles aucune adhérence et ne peuvent, comme dans le premier cas, être façonnées à notre volonté. Nous employons à dessein ici deux échantillons de structure très différente, mais il est bien évident que si nos investigations portaient sur un grand nombre d'échantillons des terres les plus variées nous rencontrerions tous les termes de passage possibles entre celles qui, une fois mouillées comme nous l'avons dit plus haut, contracteraient une adhérence durable et abandonneraient aux doigts des quantités plus ou moins notables de la substance *agglutinante*, et celles dont les particules ne se soudant pas entre elles laisseraient dans la main une masse sans cohésion. La matière qui imprime à la terre cette propriété particulière de fournir une masse cohérente, c'est *l'argile*. Il faut prendre le mot « argile » dans son sens le plus général, celui d'un mélange complexe dans lequel domine la présence du silicate d'aluminium hydraté (voir plus haut page 24). La présence de l'argile dans une terre, lorsque la proportion en est un peu élevée, communique à cette terre pétrie avec de l'eau une propriété caractéristique. Si on laisse la masse humide se dessécher spontanément, elle subit peu à peu un *retrait* qui s'accuse par la production sur sa surface de fentes de largeur et de profondeur variables. D'après ce qui précède, nous devons donc admettre déjà au nombre des constituants du sol : *le sable*, avec l'acception très large que nous avons donnée plus haut à ce mot, et *l'argile* ; celle-ci pouvant parfois manquer ou n'exister qu'en proportions minimes.

3° Un grand nombre de terres contiennent du *calcaire* dont

on reconnaît la présence à ce fait que, traitées par un acide tel que l'acide chlorhydrique, elles donnent lieu à un dégagement gazeux qui fait mousser la masse. Le gaz qui s'échappe alors est le *gaz carbonique*. Le calcaire, ainsi que nous l'établirons ultérieurement, se rencontre dans les sols à des états de finesse extrêmement variables.

Parfois, il semble que l'addition d'acide chlorhydrique à certaines terres ne donne lieu à aucune effervescence ; il se peut, en effet, que ces terres ne renferment pas de calcaire (beaucoup de tourbes, terres de bruyère, de landes, certains sols forestiers). Parfois cette effervescence est si faible qu'il faut employer un petit artifice pour en manifester l'existence. Voici comment il convient d'opérer dans ce dernier cas. On introduit dans un tube à essai 2 ou 3 grammes de terre et une quantité d'eau plus que suffisante pour noyer celle-ci. On fait bouillir pendant quelques instants afin d'expulser les bulles d'air que la terre a emprisonnées ; on laisse la masse se refroidir et se séparer en deux couches ; en bas la terre, en haut l'eau à peu près limpide. On prélève alors, dans un flacon, à l'aide d'un tube effilé, 2 ou 3 centimètres cubes d'acide chlorhydrique et on introduit dans le tube à essai le tube effilé de façon que la pointe de celui-ci affleure le niveau supérieur de la couche de terre. On laisse couler doucement l'acide, lequel pénètre dans la couche terreuse. S'il y a seulement des traces de calcaire, on aperçoit de fines bulles gazeuses qui s'élèvent au travers de la couche d'eau surmontant la terre et sont nettement perceptibles, même lorsque l'échantillon ne renferme que 1/1000° de calcaire.

4° Il est très facile de montrer dans la terre la présence du quatrième constituant : *la matière organique ou humus*. Celle-ci s'y rencontre presque toujours, quelle que soit l'origine de la terre ; mais ses proportions varient dans des limites extrêmement étendues, ainsi que nous le verrons plus tard. L'existence de cet humus est évidente à première vue la plupart du temps. En effet, on sait que beaucoup de terres sont plus ou moins colorées en brun ou même en noir, surtout lorsqu'elles sont humides. Il suffit, pour plus de certitude, de chauffer 1 ou 2 grammes de terre sèche dans un tube à essai pour s'apercevoir que celle-ci noircit peu à peu, ce qui est l'indice de la destruction d'une matière organique. L'odeur qui se dégage pendant le chauffage est souvent très caractéristique. On peut d'ailleurs compléter cet essai par le suivant, encore plus concluant. L'humus contient toujours une certaine quantité d'azote dont l'importance est capitale dans le chimisme du sol. Si on mélange dans un petit tube bouché quelques grammes de terre avec un peu de chaux sodée et si on calcine, l'azote organique se change en azote ammoniacal, facile à caractériser, par son odeur d'abord, et, mieux encore, par l'introduction dans le tube à essai d'un papier rouge de tournesol humecté d'eau, lequel bleuit immédiatement.

Nous venons donc de reconnaître dans les échantillons les plus variés de terre arable la présence des quatre éléments fondamentaux à chacun desquels est dévolu un rôle très spécial, soit direct, soit indirect, vis-à-vis de la nutrition de la plante. Ces quatre éléments, dont nous rappelons les noms, sont *le sable l'argile, le calcaire et l'humus*. Ce qui constitue l'extrême variabilité des terres, c'est précisément la variabilité même des proportions dans lesquelles chacun de ces éléments entre dans un échantillon donné. L'argile et le calcaire peuvent, nous le répétons, manquer parfois d'une façon presque absolue.

II

DÉFINITION DE LA CONSTITUTION PHYSIQUE DES SOLS

Ce chapitre étant consacré à la connaissance de la constitution physique des sols, définissons ce que l'on doit entendre par cette expression, et montrons l'intérêt qui s'attache à l'étude du problème que nous allons aborder.

La constitution physique des sols comporte la recherche de la structure des quatre éléments mentionnés plus haut, indépendamment des propriétés chimiques qui leur appartiennent en propre et qui peuvent amener dans leur masse des changements plus ou moins profonds suivant l'intensité des réactions dont ils sont l'objet. La constitution physique des sols a pour but également l'étude de l'importance relative de ces quatre éléments et, par conséquent, de la façon dont ils réagissent les uns sur les autres.

De la connaissance de la constitution physique d'un sol nous déduirons les règles à suivre relativement aux améliorations mécaniques et chimiques qu'il faudra faire subir à ce sol afin de lui permettre de porter telle ou telle culture.

Constitution du sable. — Le sable est formé, ainsi que nous le savons, des débris rocheux les plus variés, et comme grosseur, et comme composition.

Cet élément est de beaucoup le plus important dans la plupart des sols, lesquels empruntent leurs qualités ou leurs défauts aux dimensions des grains sableux. Ceux-ci sont des agents de division, et c'est du degré de finesse de leurs grains que dépendent la compacité ou la perméabilité des terres. En outre, le sable atténue ou tempère les propriétés de l'argile ; plus celle-ci est riche en matières sableuses, plus le sol qui la renferme est meuble et facile à travailler. Aux grains sableux adhère toujours avec une extrême énergie une certaine quantité de matière organique : cette sorte de *teinture* peut être superficielle si les grains sableux sont lisses ; mais comme, le plus souvent, ils sont pourvus d'anfractuosités, la matière organique les pénètre sur une certaine profondeur. Ce phénomène d'adhérence ou *d'adsorption* est très utile à connaître. C'est grâce à lui que la matière humique, toujours azotée, s'insinue dans les sols souvent à de grandes profondeurs, mettant ainsi l'azote sous une forme *très disséminée* à la disposition des racines des plantes. D'ailleurs cet azote complexe, ainsi que nous l'établirons ultérieurement, subit des métamorphoses continuelles dans le sol ; en dernière analyse, il s'oxyde et se change en azote nitrique soluble. Lorsque le sable est quelque peu riche en calcaire, il jouit alors de propriétés encore plus précieuses, car, à son rôle d'agent mécanique de division, s'ajoutent des propriétés physiques (et chimiques) nouvelles qui portent sur la coagulation de l'argile (voir plus loin, page 103), sur la décomposition de l'humus, sur la transformation de l'azote organique en azote minéral, etc.

Constitution de l'argile. — Avant de parler de la constitution de cette substance, nous devons appeler l'attention sur un terme que nous emploierons souvent dans le cours de nos études sur le sol.

Quelques mots sur les substances colloïdales. — On désigne sous le nom de *colloïdes* ou de *substances colloïdales* certaines substances telles que la gomme, la gélatine, etc., qui, mises au contact de l'eau, semblent disparaître au sein de ce liquide comme le ferait un corps soluble proprement dit, mais qui, en réalité, ne forment pas avec le liquide de véritables dissolutions. En effet, la liqueur n'est pas *homogène*, comme le serait une solution de sucre ou de sulfate de cuivre, où l'on ne distingue plus la substance dissolvante et la substance dissoute. On peut, au contraire, dans le cas des colloïdes, montrer, par l'emploi de l'ultramicroscope, que ces *pseudo-solutions renferment toujours des particules extrêmement fines* et qu'une solution colloïdale n'est qu'une suspension d'une matière solide dans un milieu liquide. Nous rappelons également qu'il n'existe pas de colloïdes considérés isolément, mais qu'il n'existe que des *solutions colloïdales ; la nature* du dissolvant joue un rôle prépondérant à cet égard. Lorsqu'un colloïde est en suspension, dans l'eau par exemple, il peut en être précipité, avec une vitesse variable, quand on verse dans la liqueur certaines matières. Cette *coagulation*, qui se manifeste sous la forme de flocons, ne s'obtient que par l'addition d'*électrolytes ;* suivant la nature et la quantité de ceux-ci, la précipitation est plus ou moins rapide. L'électrolyte ajouté peut agir sous un poids très faible et qui n'a aucun rapport avec la quantité de colloïde qui se coagule sous son influence. Le coagulum retient toujours une quantité variable, mais très petite, de l'électrolyte qui a servi à le produire. Les solutions colloïdales jouent dans le sol un rôle très important. Nous aurons maintes fois l'occasion d'en parler (Voir, à propos des Colloïdes, notre *Chimie végétale*, p. 12).

Les notions précédentes étant acquises, arrivons à la constitution de l'argile.

Cette constitution a été particulièrement bien étudiée par Schloesing. Ce sont les travaux de ce savant agronome que nous prendrons ici pour base dans ce qui va suivre.

L'argile, lorsqu'elle est pure, est une substance blanche, douce au toucher ; c'est, théoriquement du moins ainsi que nous le savons déjà, un *silicate d'aluminium hydraté*. Nous avons vu un peu plus haut que l'argile formait avec l'eau une masse plastique, se fendillant par la dessiccation. Mais, dans les sols, l'argile *n'est jamais pure* ; elle est toujours plus ou moins colorée, soit en gris, soit en vert, soit en rouge, par suite de la présence de matières étrangères au nombre desquelles se rencontre surtout l'oxyde ferrique. De plus, ainsi que nous allons l'établir dans la suite, l'argile, même la plus plastique, c'est-à-dire celle qui se pétrit le mieux avec l'eau et garde, après dessiccation, la forme qu'on lui a donnée, renferme toujours une quantité considérable d'éléments purement sableux qui sont intimement mélangés à sa masse. La présence de ces éléments, débris rocheux de finesse et de composition variables, communique à l'argile un certain degré de fertilité qu'elle ne posséderait pas si elle était, comme le kaolin, formée uniquement de silicate d'aluminium.

On peut se convaincre facilement de la présence de débris sableux dans un argile donnée en malaxant quelques grammes de celle-ci dans un mortier au contact d'une quantité d'eau distillée suffisante pour noyer la masse. Au moment donné, le frottement du pilon sur le fond du mortier fait entendre un grincement particulier qui est dû à l'écrasement des grains sableux. Il suffit de décanter le liquide trouble et de recommencer l'opération un certain nombre de fois pour qu'il reste finalement dans le mortier un dépôt de sable très apparent.

L'argile — et nous entendrons désormais par ce mot le silicate d'aluminium hydraté pur, supposé séparé des éléments sableux qui lui sont mélangés — est un *colloïde*.

L'argile est une substance colloïdale. — On peut, d'après Schloesing, mettre facilement en évidence les propriétés colloïdales remarquables de l'argile de la façon suivante. On prend une certaine quantité de terre que l'on émiette sur deux filtres, ou que l'on dispose dans deux tubes verticaux de 2 ou 3 centimètres de diamètre et d'une

vingtaine de centimètres de longueur, étirés à leur partie inférieure.
Sur l'un des filtres et dans l'un des tubes on verse de l'eau ordinaire.
Le second filtre et le second tube reçoivent de l'eau distillée. Si le lavage est suffisamment prolongé, des deux premiers appareils ayant reçu de l'eau ordinaire s'écoulera toujours un liquide limpide. Des deux autres, ayant reçu de l'eau distillée, s'écoulera d'abord un liquide clair ; mais peu à peu celui-ci deviendra trouble et, en même temps, l'écoulement de l'eau se ralentira de plus en plus. Ces deux expériences ne diffèrent l'une de l'autre que *par la nature* de l'eau employée ; l'eau ordinaire renferme toujours en dissolution des sels et, en particulier, des sels calcaires ; l'eau distillée est exempte de sels. Il semble donc que la limpidité persistante du liquide dans le premier cas soit imputable à la présence de sels calcaires dans l'eau qui a été employée au lavage de la terre, et que le trouble des liquides écoulés dans le second cas doive être mis sur le compte de l'absence de ces sels dans l'eau distillée.

On peut justifier cette supposition de la façon suivante. Traitons quelques centaines de grammes de terre, mis dans une grande terrine, par de l'acide chlorhydrique dilué, et remuons bien la masse de façon à décomposer tout le calcaire, puis laissons reposer. Décantons le liquide parfaitement limpide qui surmonte le magma terreux, puis versons sur celui-ci de l'eau distillée, agitons et laissons encore reposer, puis décantons la partie claire qui surnage. Nous nous apercevrons, après un certain nombre d'opérations analogues, que, au bout de quelque temps, le liquide qui se clarifiait avec facilité au début de cette manipulation, prend peu à peu l'aspect trouble et finalement demeure opaque. Versons dans un grand cylindre de verre une portion de cette liqueur opaque et abandonnons-la au repos. Nous ne tarderons pas à observer que certaines parties solides se précipitent assez vite au fond du vase ; d'autres, plus fines, mettront un temps plus long à descendre et ainsi de suite : mais, après plusieurs heures, voire même après plusieurs jours, la partie supérieure du liquide restera toujours trouble. Il existe donc, dans ce milieu inhomogène, des particules solides qu'entraîne l'influence de la pesanteur, tandis que d'autres peuvent rester en *suspension* pendant un espace de temps considérable. La matière ainsi suspendue au sein de l'eau est de *l'argile*, et c'est grâce à son état colloïdal qu'elle manifeste cette propriété spéciale.

Si nous sommes réellement en présence d'un colloïde dans le cas présent, nous pourrons nous en assurer en essayant de *coaguler* ce colloïde par l'addition d'un *électrolyte*, c'est-à-dire d'une substance soluble dans l'eau dont la solution est capable de conduire l'électricité.

Versons donc dans le cylindre de verre une petite quantité d'un sel de calcium, chlorure par exemple, et agitons. Nous ne tarderons pas à voir la partie supérieure de la colonne liquide s'éclaircir peu à peu, tandis que des flocons d'une matière grisâtre se forment, descendent

lentement, et finalement se déposent au-dessus des éléments qui
avaient, dès le début, gagné rapidement le fond du vase. Si on isole
cette matière floconneuse, qu'on l'prive par décantation de la majeure
partie du liquide qui la baigne et qu'on la laisse se dessécher à l'air,
elle fournit une masse amorphe qui se fendille par le fait de cette dessiccation. Si on vient à l'humecter avec un peu d'eau, on peut la pétrir
aisément entre les doigts : elle affecte donc les caractères grossiers que
nous avons reconnus plus haut à l'argile et, de plus, sa composition
se rapproche de celle du silicate d'aluminium hydraté typique que représente l'argile pure. Les sels calcaires ne sont pas les seuls, bien entendu, qui soient capables de produire la coagulation que nous venons
de constater. Tout autre sel produirait les mêmes effets, mais avec
une rapidité qui varierait avec la nature du sel employé. Les sels des
métaux monovalents sont moins efficaces que ceux des métaux bi-
valents. Les métaux de même valence ont à peu près le même pouvoir
de coagulation. D'après Schlœsing, $\dfrac{1}{5\,000}$ de chaux, libre ou engagée dans un sel, produit une précipitation immédiate ; à la dose de
$\dfrac{1}{10\,000}$ cette précipitation demande quelques jours ; elle n'a plus lieu
si la dose du sel tombe à $\dfrac{1}{20\,000}$. Mais, ainsi que le fait remarquer
l'auteur précité, ces chiffres n'ont rien d'absolu ; ils varient avec les
diverses sortes de limons employés.

Les acides minéraux étant des électrolytes doivent pouvoir coaguler
l'argile, comme ils coagulent les colloïdes en général, les colloïdes minéraux en particulier. C'est, en effet, ce que l'on constate lorsqu'au
lieu d'ajouter un sel de calcium au liquide trouble, ainsi que nous
l'avons pratiqué plus haut, nous l'additionnons d'une petite quantité d'un acide minéral quelconque. Les mêmes flocons prennent naissance et se déposent avec une rapidité qui varie avec la nature de
l'acide employé. Le pouvoir coagulant de tel agent répond à son degré
de *dissociation ou d'ionisation*. Ce pouvoir, considérable chez les acides
minéraux, est beaucoup plus faible chez les alcalis et les carbonates
alcalins.

Revenons maintenant à notre expérience initiale, celle dans laquelle nous avons lavé la terre, disposée soit sur un filtre, soit dans un
tube. Dans le cas où nous avons fait usage d'eau ordinaire pour le lavage, le liquide s'écoulait toujours limpide, quelle que fût la durée
de ce lavage. Cette eau, en effet, contient toujours une faible quantité
de sels calcaires qui maintiennent l'argile à l'état coagulé, et qui, par
conséquent, l'empêchent de prendre l'état colloïdal : d'où la limpidité
persistante de l'eau qui a filtré au travers de la terre. Dans le second
cas, où nous avons employé de l'eau distillée, celle-ci a d'abord fourni
un liquide limpide, car, en traversant la masse terreuse, elle a dissous
une faible quantité de calcaire, à l'état de bicarbonate, suffisante pour
maintenir la coagulation de l'argile. Mais si le lavage est prolongé,

et il devra être d'autant plus long que la dose de calcaire contenue dans l'échantillon de terre primitif sera plus forte, l'eau distillée finira par dissoudre tout le calcaire. A ce moment il n'existera plus, dans la terre soumise au traitement, d'agent salin capable de maintenir l'argile coagulée ; celle-ci entrera en suspension et bouchera les interstices libres de la masse de terre au travers desquels l'eau cheminait antérieurement avec facilité. L'écoulement de l'eau sera donc de plus en plus lent, et ce liquide sera de plus en plus trouble jusqu'au moment où tout passage deviendra impossible.

On comprend aisément pourquoi il est bien préférable, pour amener l'argile en suspension, de traiter la terre initiale par l'acide chlorhydrique et de faire suivre ce traitement de lavages à l'eau distillée ; on la débarrassera très promptement ainsi du calcaire. Tandis que si l'on emploie l'eau distillée seule dès le début, il faut un temps souvent extrêmement long pour arriver au même résultat ; la solubilité du calcaire dans ces conditions étant très faible.

On peut encore faire avec l'argile, coagulée par un sel calcaire, une expérience intéressante. Jetons sur un filtre en papier soutenu par un entonnoir le contenu d'un vase dans lequel nous venons de coaguler l'argile au moyen d'un sel calcaire. Il s'écoulera par la douille de l'entonnoir un liquide limpide. Si, après égouttage, nous lavons cette argile avec de l'eau distillée, celle-ci se charge des petites quantités du sel calcaire retenu par les flocons argileux, et nous observerons encore que la liqueur qui passe est limpide. Mais, au bout d'un certain temps, l'eau commencera à devenir trouble et s'écoulera plus lentement. A ce moment, l'argile a fini d'abandonner à l'eau distillée le sel calcaire qui la maintenait en état de coagulation ; les flocons argileux se remettent en suspension, ils bouchent peu à peu les pores du filtre et entravent ainsi le passage de l'eau. L'observation de cette particularité nous servira ultérieurement dans la pratique de l'analyse physique de la terre arable.

En versant quelques gouttes d'un sel de calcium sur le filtre, on détermine de nouveau la coagulation de l'argile ; l'écoulement recommence, il fournit une liqueur claire, et ainsi de suite.

Conséquences pratiques des propriétés colloïdales de l'argile. — Schlœsing a tiré des faits qui précèdent un certain nombre d'explications relatives à la permanence des effets produits par les labours et à la persistance de la limpidité des eaux naturelles.

Le but du labourage est de diviser le sol le mieux possible, de façon à créer des intervalles capables de laisser circuler l'eau de pluie, l'air et les racines des plantes. Les sels calcaires maintiennent l'argile coagulée, laquelle cimente les grains de sable et les empêche de se réunir. La présence du calcaire est donc indispensable, et l'on conçoit que si cette substance venait à disparaître par suite d'un lavage prolongé, comme dans l'expérience des tubes dont il a été question plus haut, il faudrait en remettre de nouveau dans le sol. Cet effet de la présence du calcaire, dont nous aurons souvent l'occasion de parler dans la suite, permet également de comprendre la nécessité où l'on se trouve d'en incorporer une certaine dose à des terres très argileuses chez lesquelles la culture est difficile, sinon impraticable, en raison de leur compacité et de leur aptitude à retenir l'eau sans écoulement possible dans les parties profondes du sol. Dans de pareilles conditions, les racines des végétaux sont noyées, leur respiration s'arrête et la plante meurt.

L'eau de pluie, qui représente de l'eau sensiblement pure, devrait, en tombant sur le sol, amener l'imperméabilité de celui-ci par suite de la mise en suspension de l'argile. Mais, la plupart du temps, sa chute est assez lente pour que cette eau puisse dissoudre au passage des quantités suffisantes de calcaire qui maintiennent l'argile coagulée ; de plus, elle rencontre dans le sol une proportion de gaz carbonique beaucoup plus forte que celle que contient l'air normal : d'où augmentation de son pouvoir dissolvant sur le carbonate de calcium. Aussi les eaux de drainage et les eaux de source sont-elles presque toujours parfaitement limpides. Si, au contraire, l'eau de pluie tombe en quantités considérables dans un court espace de temps, elle ne peut plus dissoudre, dans son passage au travers du sol, une dose de calcaire suffisante pour maintenir l'argile coagulée : celle-ci entre alors en suspension. D'où l'existence temporaire d'un trouble dans les eaux de source et de drainage.

Une eau de rivière ou de torrent, qui ne renferme pas au moins 60 milligrammes de calcaire par litre, reste toujours trouble : telles les eaux sortant des glaciers. Lorsque ces eaux viennent se confondre avec celles d'une rivière suffisamment riches en chaux, l'argile se précipite et donne naissance à des bancs de matière qui se déposent à une distance qui varie avec la vitesse du courant. Toute eau limoneuse qui se mêle aux eaux de la mer fournit également un précipité immédiat, étant donnée la grande richesse de ces dernières en sels de toute nature.

Argile colloïdale véritable. — Une argile naturelle donnée est toujours composée de sable et d'un colloïde spécial. Celui-ci ne constitue, en réalité, qu'une très faible partie de l'argile brute, ainsi que Schlœsing l'a montré au moyen des essais suivants. On prend, comme plus haut, une terre ou une argile que l'on soumet à l'action de l'acide chlorhydrique pour les priver de tout calcaire. On lave à l'eau distillée jusqu'à disparition totale de l'acidité ; on introduit le résidu dans une grande éprouvette à pied, puis on ajoute de l'eau distillée mélangée d'un peu d'ammoniaque pour favoriser la diffusion de l'argile, et on laisse reposer. Nous savons que le sable va se précipiter peu à peu, les grains grossiers d'abord, les plus fins ensuite. Au bout de quelques jours, on décante dans une nouvelle éprouvette le liquide trouble qui surmonte le dépôt sableux. Après repos, il se forme à la partie inférieure du vase un dépôt sableux, plus fin encore

que ceux qui se sont déposés précédemment dans le premier vase.
Cette opération, renouvelée un grand nombre de fois, fournit des dépôts de moins en moins abondants et dont les grains sont de plus
en plus fins. Après plusieurs mois, cette précipitation sableuse est
achevée, mais le liquide qui la surmonte demeure encore trouble.
Celui-ci, décanté encore une fois et traité par un sel calcaire, fournit
des flocons qui, réunis sur filtre et bien lavés, donnent pas dessiccation une substance dure, rétractile : c'est *l'argile vraie*, *l'argile colloïdale* comme l'appelle Schlœsing ; c'est *le véritable ciment des argiles
grossières* qui, on ne saurait trop le répéter, ne sont constituées que
par des mélanges très intimes de cette argile colloïdale avec des proportions de sable fin variables. La matière sableuse n'a par elle-même,
aucune cohésion ; c'est l'argile colloïdale qui lui communique cette
propriété. L'argile dite *grasse* ne renferme guère plus de 1,5 p. 100
d'argile colloïdale ; au-dessous d'une teneur de 0,5 p. 100, l'argile est
dite *maigre*.

Ainsi, *en résumé*, une argile quelconque est composée de deux parties : l'une, qui en forme la masse principale, est le sable dont les fragments de volume variable sont dénués de cohésion ; l'autre, qui réunit
et soude ces éléments sableux, est l'argile colloïdale, définie comme
nous l'avons dit plus haut. L'argile joue dans les sols arables un rôle
des plus importants, mais ce n'est pas le seul *ciment* des sols ; il en
existe un autre dont nous examinerons bientôt les propriétés.

Constitution du calcaire. — Tous les sols arables destinés à la grande culture doivent renfermer du calcaire. La
richesse des sols en cette substance est extrêmement variable ;
depuis des traces jusqu'à 90 p. 100. Ainsi que nous l'établirons plus tard, c'est moins la dose absolue du calcaire
qu'il importe de connaître quand il s'agit d'en apprécier le
degré d'activité chimique, que l'*état de finesse* que possède ce
calcaire dans le sol. Etant donné son rôle multiple, le calcaire
n'est véritablement actif que s'il existe en grains très fins,
pouvant se dissoudre aisément sous l'influence de l'eau et
du gaz carbonique : c'est sous cette dernière forme qu'il est
l'agent de la coagulation de l'argile et qu'il est capable de
maintenir la division particulaire des éléments de la terre
arable. En raison même de sa solubilité, le calcaire peut, à la
longue, disparaître de certains sols : d'où la nécessité d'en
réintroduire par la pratique du chaulage ou par celle du
marnage. Quand le calcaire se rencontre sous forme de
grains grossiers ou de masses encore plus volumineuses il est
très peu actif.

Constitution de la matière organique. — Nous ne parlerons ici que du côté *physique* de la question ; la constitution chimique de la matière organique sera l'objet d'un chapitre ultérieur. Cette matière existe dans tous les sols, mais dans des proportions très diverses. Elle provient de la partie organique des végétaux et se trouve sous une série de formes physiques et chimiques qui commencent avec la chute des organes végétaux sur le sol, se continuent par la combustion lente du carbone et de l'hydrogène et finissent par une destruction totale de la matière qui se résout en gaz carbonique et eau. Lorsque la matière végétale est noyée sous une couche d'eau plus ou moins épaisse, sa décomposition est infiniment plus lente qu'à l'air libre. On donne le nom d'*humus* à la substance complexe, brune ou noire, que l'on rencontre dans le sol. Cet humus est doué de qualités physiques très précieuses. Il joue fréquemment le rôle de *ciment* vis-à-vis des éléments sableux dans un grand nombre de terres ; de plus, il corrige les propriétés de l'argile. Ce double rôle a été bien mis en évidence par Schlœsing. Examinons comment il peut être défini.

Certaines terres, celles des forêts par exemple, ne renferment souvent que des traces d'argile. Disposées dans une allonge et lavées à l'eau, elles laissent s'écouler avec facilité un liquide clair ; les particules terreuses ne se rapprochent pas, ne se soudent pas. Si on remplace l'eau pure par une solution alcaline faible d'ammoniaque, le liquide qui s'écoule est plus ou moins fortement coloré en brun. A mesure que se dissout cette substance brune, les particules terreuses se rapprochent et l'écoulement devient de plus en plus difficile. On en conclut que l'eau ammoniacale a enlevé à la terre soumise à l'expérience une matière qui maintenait la division particulaire des éléments, de même que l'argile coagulée assurait cette division dans les exemples précédemment étudiés. Si on additionne le liquide ammoniacal brun d'un sel de chaux, il se produit des flocons d'une matière colloïdale ; c'est de l'*humate de calcium*. Il est bien évident que l'on n'a pas affaire ici à un composé chimiquement défini, mais à un mélange en proportions variables de plusieurs substances, les unes minérales, les autres organiques. L'humus, en l'absence de calcaire, possède des propriétés acides ; c'est pourquoi on nomme souvent cet humus : *acide humique*. On dit aussi que les sols riches en humus, et dépourvus de calcaire, sont des *sols acides*. Quoiqu'il en soit, si on laisse l'humate de calcium se dessécher à l'air, il fournit une substance amorphe, brunâtre, fendillée, à cassure inégale. Si, lorsqu'elle est encore humide, on pétrit cette substance avec du sable ou du calcaire, même dans la proportion peu élevée de 1 p. 100, elle communique au mélange la propriété de rester cohérent, de pouvoir garder une forme quelconque lorsqu'on l'a façonné avec les doigts. Vient-on à émietter une semblable masse dans un allonge de verre et à l'arroser avec de l'eau calcaire, ou même avec de l'eau distillée, elle se laisse facilement *traverser par le liquide* sans se délayer ; ses éléments conservent un certain degré de cohésion. D'où cette expression bien connue : *le terreau donne du corps aux terres légères*. Les applications pratiques de cette propriété sont nombreuses. Inversement — et c'est là un des côtés les plus remarquables de la présence de l'humus dans le sol — la matière organique *corrige* les propriétés de l'argile. Lorsqu'ils sont mélangés ensemble, au lieu d'ajouter leurs effets, ces deux colloïdes agissent l'un sur l'autre de telle sorte que la cohésion de l'argile diminue et, par conséquent, sa perméabilité à l'eau et aux gaz augmente. La cohésion de l'argile est d'autant moindre que la proportion de l'humus est plus élevée : c'est ce que l'on traduit souvent par cette expression : *le terreau ameublit les terres fortes*. Aussi a-t-on très fréquemment recours, dans la pratique, à l'addition d'engrais organiques aux terres argileuses et en obtient-on les meilleurs effets. Schlœsing estime que le colloïde organique emprisonne l'argile comme en un réseau : cette argile ne peut plus se distendre sous l'action de l'eau et ses particules ne sont plus capables de se souder entre elles par la dessiccation. Il résulte de ce qui vient d'être dit que le colloïde *humus* possède les propriétés d'un ciment au même titre que l'argile, au moins dans certains cas ; il est donc nécessaire d'en réintroduire de temps en temps dans le sol sous forme d'engrais organiques ou d'engrais verts, car il disparaît lentement par combustion totale.

Il semble même exister entre l'argile et l'humus *une sorte de combinaison* que Schlœsing met en évidence de la façon suivante. On traite de la terre végétale par l'acide chlorhydrique pour détruire le calcaire qu'elle contient et pour éliminer la chaux, le fer et l'alumine combinés à la matière humique, bases qui rendent celle-ci insoluble. On lave cette masse terreuse à l'eau distillée, on l'introduit ensuite dans un flacon, on l'additionne d'une solution étendue d'ammoniaque ou de potasse et on agite fortement. Ceci fait, on ajoute un peu de chlorure de potassium afin de coaguler l'argile diffusée dans le liquide (et non pas un sel calcaire qui précipiterait sans doute l'argile, mais, en même temps, la matière humique). Au bout de un ou deux jours, on décante le liquide clair fortement coloré en brun, et on le neutralise par l'acide chlorhydrique jusqu'à formation de flocons. Il est des terres de forêts, par exemple, que l'on peut laver directement à l'eau ammoniacale ; on neutralisera ensuite par l'acide chlorhydrique. Or, lorsqu'on extrait l'acide humique d'une terre, ainsi qu'il vient d'être dit, on remarque que la coagulation de l'argile entraîne toujours une quantité variable d'humus. Celui-ci peut être récupéré en partie lorsqu'on met l'argile en suspension dans de l'eau ammoniacale et qu'on la coagule de nouveau. Ainsi, *l'argile entraîne l'humus*. De plus, si on veut coaguler une argile en suspension au sein d'une solution alcaline d'humus, on trouve qu'il est nécessaire d'employer des doses de l'agent coagulant d'autant plus fortes qu'il existe de plus grandes quantités d'humus. Donc *l'humate dissous retient l'argile*.

L'argile, même desséchée, redevient facilement plastique lorsqu'on la met au contact de l'eau ; il n'en est pas de même des humates. Ceux-ci, durcis par la dessiccation, ne retrouvent plus leur plasticité en présence de l'eau ; mais, lorsqu'ils sont mélangés à l'argile, ils se conduisent comme elle à cet égard.

En résumé, on peut concevoir l'architecture de la terre arable de la façon suivante. Supposons une série de grains purement quartzeux, absolument indépendants les uns des autres et de dimensions aussi variées que l'on voudra. L'eau et les gaz ne pourront pénétrer entre ces grains que lorsque ceux-ci présenteront entre eux un certain degré d'écartement ; plus cet écartement sera considérable, plus forte sera la proportion des fluides qui pourra s'y loger. Mais, dans la plupart des terres, les grains sableux ne sont jamais indépendants les uns des autres ; ils sont rassemblés en petites masses de forme irrégulière qui se juxtaposent, et c'est précisément ce dispositif qui est l'origine des espaces lacunaires dans lesquels s'emmagasinent l'air et l'eau.

Pourquoi ces espaces vides peuvent-ils persister malgré les façons culturales auxquelles on soumet la terre arable et malgré la chute de l'eau de la pluie ? Ils ne peuvent persister qu'autant qu'il existe une substance qui agglutine ces grains en petits paquets et qui produit ce que l'on nomme *l'ameublissement du sol*, c'est-à-dire la division en agglomérats distincts les uns des autres.

C'est à *l'argile* ainsi qu'à *l'humus*, suivant les cas, qu'est dévolu le rôle de *cimenter* entre eux un nombre plus ou moins considérable de ces grains sableux. L'argile, lorsqu'elle est coagulée, grâce à la présence des sels de calcium, provoque et maintient cet état d'agglutination dans lequel sont englobés un grand nombre de grains sableux. Mais si les sels de calcium viennent à être enlevés par un lavage à l'eau distillée, par exemple, les agglomérats que retenait le ciment argileux se disloquent, les espaces libres se comblent, et l'argile — qui assurait, grâce à la présence des sels calcaires, la soudure des éléments constituant ces agglomérats — entre en suspension : elle forme une sorte de voile et elle entrave la circulation de l'eau.

L'humus, de son côté, dans les terres de forêts, de landes, de bruyère, assure également, au lieu et place de l'argile, la division du sol en agglomérats. Si cet humus vient à disparaître par combustion, ou par dissolution (dans un alcali), l'état d'agglutination ou *état particulaire* cesse aussitôt. Les grains sableux redeviennent indépendants ; ils se rapprochent les uns des autres et obstruent ainsi les espaces demeurés libres auparavant.

L'état particulaire est donc assuré par la présence de deux ciments qui agissent chacun suivant les circonstances de milieu : l'un est un *ciment minéral* (argile), l'autre est un *ciment organique* (humus). Si le premier se détache des éléments sableux, si le second disparaît par combustion, ou dissolution, chacun des grains sableux de l'agglomérat reprend sa liberté : ces grains se mettent en contact intime, et l'ensemble de la terre perd une partie de sa perméabilité à l'eau et aux gaz.

III

STRUCTURE DU SOL,
SES RELATIONS AVEC L'EAU ET AVEC L'AIR
AU POINT DE VUE PHYSIQUE

Nous venons d'étudier la *nature physique* des constituants du sol et nous avons défini les états sous lesquels on les rencontre dans la terre arable. Il est de toute nécessité, pour la culture, qu'une terre emmagasine une certaine quantité d'eau dont pourront disposer les racines qui plongent dans sa masse, ainsi qu'une certaine quantité d'air, lequel est chargé d'assurer, grâce à la présence de l'oxygène, la respiration des racines. Cette eau et cet air circulent entre les particules terreuses : il convient de chercher quel est l'espace réservé à ces fluides. Nous allons donc examiner maintenant, au point de vue le plus général, la nature et la capacité des espaces dans lesquels circulent les fluides, et nous reviendrons ultérieurement, avec plus de détails et de précision, sur la plupart des points que nous allons examiner sommairement ici, lorsque nous traiterons, dans le chapitre suivant des propriétés physiques des sols.

Lacunes du sol; dimensions des éléments. — Il est très important d'essayer de connaître le volume des espaces vides que laissent entre eux les grains solides dont est composée la terre arable. Cet espace lacunaire peut être agrandi dans une assez large mesure : le labour n'a pas d'autre but. Il permet, en détruisant le tassement que la terre éprouve toujours du fait de la culture et de la chute des pluies, d'accroître la capacité du sol pour les fluides, eau et air, qu'on a le plus grand intérêt à faire pénétrer autour de ses particules. Ce *foisonnement* de la terre sous l'influence du labour est mis en évidence par une expérience de tous les jours. On sait, en effet, que si l'on creuse à l'aide d'une bêche une cavité de dimensions quelconques dans un sol quel qu'il soit, et si on rejette ensuite dans cette cavité la totalité de la terre que l'on en a retirée d'abord, celle-ci occupe un volume plus grand que celui de la cavité et vient bomber à sa surface. Cette manipulation a donc augmenté sensiblement le volume apparent de la terre par suite de l'emprisonnement d'une certaine quantité d'air. Indépendamment du travail de l'homme, il se forme naturellement des *vides* dans la terre arable à la suite de l'intervention de certaines actions mécaniques, ainsi qu'il arrive dans le cheminement des racines. Lorsque celles-ci meurent, elles laissent après leur décomposition des espaces libres plus ou moins notables. Il faut également citer, parmi les actions mécaniques destinées à augmenter les lacunes du sol, celles qu'exercent certains animaux vivant sous terre, les vers de terre principalement. On devra aussi tenir compte des phénomènes physiques, tel que celui de la gelée, qui soulève la surface du sol par suite d'une augmentation de volume due au changement de l'eau liquide en glace. On sait, en effet, qu'après de fortes gelées, la surface du sol semble s'être dilatée, et présente une série de petits monticules.

Nous verrons plus loin (p. 116) comment on peut estimer, dans un cas déterminé, le volume des gaz inclus dans un sol en place. La manière d'opérer, telle que nous la ferons connaître, a seule une utilité *pratique*. Mais on peut aussi se proposer de traiter la question au point de vue théorique, et chercher quel est le volume libre que laissent entre elles les particules terreuses, en supposant que celles-ci possèdent des formes géométriques bien définies et des positions également bien définies les unes par rapport aux autres. Voici quelques exemples destinés à fixer les idées à cet égard, qui peuvent fournir une notion approximative de la grandeur des espaces libres.

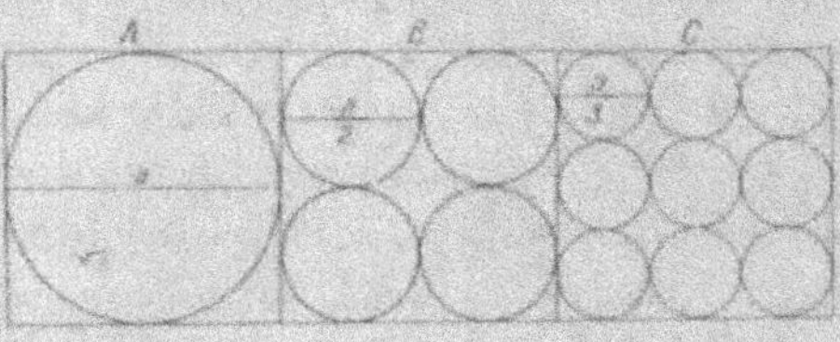

Fig. 1.

1° Imaginons que les particules du sol possèdent toutes la forme de sphères d'égal diamètre et que ces sphères soient rangées de la façon indiquée par la figure 1.

La texture du sol sera alors *cubique*. Supposons que, dans un cube d'arête a, on inscrive d'abord une seule sphère. Le volume du cube est égal à a^3, celui de la sphère est égal à $\frac{1}{6}\pi a^3$ (A). Si, dans ce même cube, nous supposons inscrites 8 sphères égales, celles-ci auront pour diamètre $\frac{a}{2}$ et leur volume total sera égal à $\frac{1}{6}\pi\frac{a^3}{8}\times 8 = \frac{1}{6}\pi a^3$ (B). Dans le cas de 27 sphères égales, inscrites dans le cube, le diamètre de chacune d'elles est égal à $\frac{a}{3}$ et leur volume total sera égal à $\frac{1}{6}\frac{a^3}{27}\times 27 = \frac{1}{6}\pi a^3$ (C), et ainsi de suite. Donc le volume total de ces sphères *est indépendant de leur diamètre*.

Comparons le volume du cube qui les contient toutes à leur propre volume ; nous trouverons que les sphères occupent, pour 100 du volume total, un volume de :

$$\frac{a^3}{\dfrac{\pi a^3}{6}} = \frac{100}{x} \qquad x = \frac{100\,\pi}{6} = 52,36$$

Donc *les espaces libres* occuperont un volume de $100 - 52,36 = 47,64$. Telle est l'expression du *volume lacunaire* dans le cas de sphères de diamètre égal disposées comme nous l'avons dit. C'est l'espace lacunaire *maximum* qui puisse théoriquement exister, il se rapproche d'ailleurs assez bien de la réalité.

Cherchons maintenant, dans le dispositif précédent, comment varie *la surface des sphères* avec leur nombre, car cette notion nous servira bien souvent dans la suite. L'arête de notre cube étant égale à

a, la surface totale de ce cube sera égale à $6a^2$. La surface de la sphère inscrite (fig. 1, A) est égale à πa^2. La surface des 8 sphères dont le diamètre $= \dfrac{a}{2}$ (fig. 1, B) est égale à $\dfrac{\pi a^2}{4} \times 8 = 2\pi a^2$. La surface des 27 sphères dont le diamètre $= \dfrac{a}{3}$ (fig. 1, C) est égale à $\dfrac{\pi a^2}{9} \times 27 = 3\pi a^2$, etc.

Donc, la surface totale des sphères inscrites dans un même cube augmente avec le nombre de ces sphères, elle varie en raison inverse du diamètre de ces sphères. Ainsi la sphère de la figure 1 A possède une surface qui est la moitié de celle des 8 sphères de la figure 1 B, lesquelles ont ensemble le même volume que la sphère A : sa surface est le tiers de celle des 27 sphères de la figure 1 C, lesquelles ont ensemble le même volume que la sphère A, etc.

Supposons maintenant que les sphères, ayant toutes encore le même diamètre, soient disposées comme dans la figure 2 (structure pyramidale). L'espace vide sera dans ce cas *minimum* et s'élèvera à 25,95 p. 100 du volume total. Cet espace sera également indépendant du diamètre des sphères, pourvu que celles-ci soient encore toutes égales.

Mais on peut aussi imaginer le cas, plus voisin d'ailleurs de la réalité, dans lequel des sphères plus petites remplissent une partie des espaces demeurés libres entre les grandes sphères. Dans ce cas, l'espace lacunaire diminue beaucoup et son volume peut descendre fort au-dessous de celui que nous avons regardé comme figurant l'espace minimum dans la disposition précédente. Inversement, si les sphères, dans la disposition cubique, étaient partiellement creuses, l'espace lacunaire augmenterait forcément et dépasserait le chiffre de 47,64 p. 100.

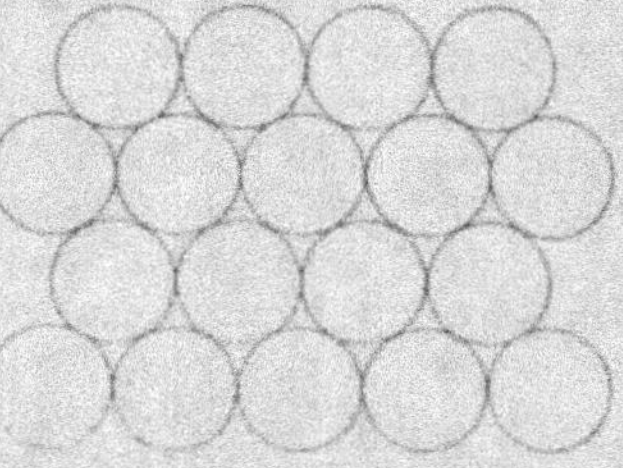

Fig. 2

Les calculs théoriques que l'on peut effectuer dans cet ordre d'idées ne sont pas dépourvus d'intérêt ; il faut cependant penser qu'un sol à éléments de formes absolument régulières n'existe pas, et que le tassement n'est jamais homogène d'un bout à l'autre d'une pièce de terre dont la constitution physique, établie par l'analyse, paraîtrait sensiblement uniforme. Dans la réalité, les espaces lacunaires varient, pour un volume de terre donné, de 20 à 60 p. 100 environ. L'humus, s'il était le seul constituant d'une terre, pourrait présenter un vide lacunaire supérieur à 75 p. 100 du volume total.

D'ailleurs, il est évident *à priori* qu'un assemblage aussi complexe que celui que représente la terre arable, contenant des débris de roches d'une infinité de dimensions, comme nous l'établirons en traitant de l'analyse mécanique, échappe à toute définition mathématique. De plus, et l'on ne saurait trop le répéter, la terre n'est pas composée de particules isolées n'ayant avec leurs voisines aucun lien et se comportant de façon autonome, mais bien d'un *assemblage* de particules réunies entre elles sous des formes très variées au moyen des ciments colloïdaux que nous avons étudiés dans les pages qui précèdent. Remarquons, en outre, que le volume absolu des espaces lacunaires serait celui qui correspondrait au cas idéal où la terre serait complètement dépourvue d'eau. Ce fluide, en effet, occupe toujours une partie de l'espace lacunaire, quelles que minces que soient les pellicules liquides qui entourent les particules terreuses.

Nous avons signalé un peu plus haut les causes artificielles et naturelles qui augmentent le volume de la terre : labour, action de la gelée, travail de certains animaux, cheminement des racines, décomposition des débris végétaux ou des fumures organiques ; en sorte que, si nous voulons estimer le volume lacunaire de tel ou tel sol, pris dans son état actuel, l'expérience directe est seule capable de nous éclairer à ce sujet. On peut pratiquer celle-ci d'une façon assez grossière en introduisant de la terre dans un vase de capacité connue. On prend ensuite le poids de l'ensemble, et on verse doucement de l'eau sur la terre que l'on remue avec une baguette pour en chasser toutes les bulles gazeuses. Lorsque l'eau apparaît à la surface, on pèse de nouveau, et la différence des deux pesées donne le poids d'eau introduit, et, par conséquent, le volume des espaces libres. Mais on n'est jamais assuré, en opérant ainsi, de chasser complètement les gaz inclus dans la masse terreuse. De plus, le volume lacunaire naturel est modifié par le fait même du transport de la terre dans le vase à expérience. Nous indiquerons plus loin une façon de procéder plus correcte.

Ce ne sont pas les argiles, à éléments le plus souvent très fins, qui présentent les espaces lacunaires les plus faibles. Hall fait remarquer que, dans les argiles compactes, ces espaces atteignent 50 p. 100 environ, alors qu'ils varient entre 25 et 30 p. 100 chez les sables grossiers de texture uniforme. Suivant cet auteur, c'est dans les terres à grains fins que l'on doit rencontrer le maximum d'espaces lacunaires, car le poids des grains de l'argile est trop faible pour vaincre le frottement : ces éléments ne peuvent se déplacer de façon à occuper la disposition qui donnerait le minimum d'espace vide.

D'après Ramann, les espaces lacunaires diminuent, chez un sol non travaillé, avec la profondeur. Mais, à partir d'une certaine distance de la surface, ces espaces occupent un volume à peu près constant ; en supposant, bien entendu, que le sol considéré soit sensiblement homogène dans sa formation.

Surface des éléments constituants du sol. — On peut prévoir, *à priori*, que la surface de la terre arable doit être considérable puisqu'elle est composée d'une infinité de grains, de dimensions variables sans doute, mais souvent très petits.

Nous avons dit plus haut que, lorsque le diamètre des

sphères (supposées constituer les particules du sol et occupant un volume donné) diminuait de moitié, la surface de ces sphères devenait double. Donc, si on compare entre eux différents sols pris sous le même volume, la surface des particules dont ils se composent sera d'autant plus grande que ces particules seront plus petites. On s'est livré à cet égard à des calculs faciles à imaginer. Mais, le plus souvent, ces calculs s'adressent à des particules que l'on suppose avoir une forme géométrique et une grosseur déterminées; ce qui ne se présente pas, en général, dans la réalité. Cependant, si on a en vue un sol purement sableux dont la dimension des particules indépendantes les unes des autres peut être estimée à peu près par tamisage, il est possible de calculer, d'une façon qui se rapproche des conditions naturelles, la surface de chaque lot sableux occupant un volume déterminé ou pesant un poids déterminé. Le même calcul pourra être effectué dans le cas d'une argile compacte, homogène, dont la grosseur des grains est approximativement connue.

Bornons-nous aux exemples suivants. Si on admet que le sable, défini *sable fin*, ait un diamètre moyen de $0^{mm},175$ pour chacune de ses particules, la surface de 1 gramme de ce sable occuperait 129 centimètres carrés. Le diamètre moyen des particules d'argile étant supposé égal à $0^{mm},00255$, la surface occupée par 1 gramme d'argile serait de 8.878 centimètres carrés (Garola). On voit, d'après cela, quelle surface colossale présenterait un sol argileux pris sur une profondeur de 40 centimètres seulement et sur une étendue de 1 hectare.

La diamètre des grains des argiles plastiques varie entre $0^{mm},0001$ et $0^{mm},005$; le diamètre des grains du sable grossier est de 2 millimètres environ: ce sont là les limites extrêmes. On donne le nom de *gravier* aux matériaux qui présentent un diamètre de 2 à 5 millimètres, celui *de gravier grossier* aux matériaux d'un diamètre de 5 à 10 millimètres. Les *cailloux* proprement dits ont un diamètre supérieur à 10 millimètres (Wollny).

Capacité du sol vis-à-vis des fluides : eau et gaz. — Il existe donc, d'après ce qui précède, un espace lacunaire très notable dans le sol. Cet espace lacunaire sert à loger de l'eau et des gaz. Dans la plupart des sols, surtout dans ceux qui sont soumis à une culture régulière, ces deux fluides existent toujours et leur présence est indispensable au développement

normal des plantes. Nous verrons, à propos du travail du sol
(page 181), comment on peut augmenter les espaces lacunaires
pour le plus grand profit de la végétation.

Occupons-nous seulement de la présence dans le sol des
gaz à l'état statique, et cherchons de suite un moyen simple
et pratique qui nous permette de déterminer le volume total
des fluides (gaz et eau) qui sont compris dans un volume déterminé de terre arable. A propos de la perméabilité du sol vis-
à-vis des gaz, nous étudierons les particularités qui accompagnent leurs mouvements, c'est-à-dire le côté dynamique de
la question. Rappelons d'abord ce fait que tous les corps solides condensent des gaz à leur surface. A cette condensation
on donne parfois le nom *d'adsorption*, bien qu'il soit préférable
de réserver ce terme au phénomène qui se passe lorsqu'une
solution se trouve au contact d'un corps solide capable d'en
modifier la concentration. Il est bien évident que le volume
de l'air renfermé dans un sol sera d'autant moins grand que
la terre sera plus tassée, soit par suite des conditions naturelles qui font que, dans un sol abandonné à lui-même, les lacunes se rétrécissent spontanément, soit par suite d'un tassement artificiel tel que celui qui est dû à l'action du rouleau.
Il est clair également que, plus un sol contiendra d'eau et plus
la quantité de ce liquide approchera de la limite pour laquelle
le sol sera saturé, moins il restera d'espaces libres pour les
gaz.

Aussi ne faut-il pas estimer la capacité habituelle d'une terre
pour les gaz sur des échantillons de cette terre gorgée d'eau.
Dans ce qui va suivre, nous supposerons une teneur en eau du
sol de 10 à 15 p. 100 ; d'ailleurs il est facile d'apprécier ce que
devient le volume d'air inclus dans le cas où la terre contient
une quantité d'eau plus forte ou moins forte ; le volume de
l'air et celui de l'eau étant *complémentaires* pour un espace lacunaire donné.

Afin d'avoir une idée du volume des gaz contenus dans un volume
déterminé de terre, prenons un vase métallique cubique dont l'arête
aura une longueur de 1 décimètre par exemple, et dont la capacité
sera, par conséquent, de 1000 centimètres cubes. Mettons ce vase sur
le plateau d'une balance et prenons-en la tare ; puis remplissons-le

de terre émiettée, privée des cailloux les plus gros. Tassons légèrement
cette terre par des secousses répétées, nivelons sa surface à l'aide d'une
règle et reportons le vase sur le plateau de la balance. Le poids du
décimètre cube de terre variera avec la nature de cette terre et avec
sa teneur en eau ; supposons, ce qui d'ailleurs est un chiffre voisin de
celui que l'on obtient souvent dans la pratique, que le poids obtenu
soit de 1.300 grammes. Le volume de notre vase, soit 1000 centimètres
cubes, se composera : 1° du volume de la terre ; 2° du volume de l'eau
que celle-ci contient ; 3° du volume de l'air enfermé entre les particules terreuses. Admettons qu'un dosage d'humidité, effectué sur un
échantillon de terre identique à celle que nous employons ici, indique
une teneur en eau de 10 p. 100, soit 130 grammes d'eau dans l'échantillon de terre introduit dans le vase. Le poids de la terre, supposée
sèche, se réduira donc à 1300 — 130 = 1170 grammes. Le volume
véritable de cette terre s'obtient en divisant 1170 par le poids spécifique *réel* de la terre (Voy. p. 143) qui est égal, en moyenne, à 2 6 :
soit donc 450 centimètres cubes le volume de la terre seule. Il en
résulte que le volume de notre vase est occupé par :

$$1000 \text{ centimètres cubes (volume du vase)} = 130^{cc} + 450^{cc} + 420^{cc}$$
$$\text{(eau)} \quad \text{(terre)} \quad \text{(gaz)}$$

Ainsi, dans l'essai actuel, la terre emprisonne 42 p. 100 de son volume d'air. Un tassement plus énergique diminuerait les espaces lacunaires ; mais, dans les conditions *naturelles* de tassement, le volume
de l'air ne diminue guère que de $\frac{1}{5}$. C'est là d'ailleurs un volume
parfaitement normal, et que le travail du sol, c'est-à-dire son ameublissement par les instruments aratoires, permet d'augmenter très sensiblement. Ce volume s'accroît très souvent de lui-même par ce fait
que, l'aération favorisant les phénomènes d'oxydation, la matière
organique brûle peu à peu et disparaît en laissant de nouveaux espaces vides.

On peut estimer le volume gazeux d'une façon plus rationnelle en
se servant, comme l'a préconisé Dehérain, d'un cadre cubique en tôle
forte sans fond. On enfonce ce cadre dans tel sol dont on veut déterminer le degré d'aération, on fait passer ensuite le fer d'une bêche
au ras de la partie inférieure du cadre de manière à détacher le cube
de terre compris dans ce cadre. On pèse le système (le poids du cadre
étant préalablement connu) et on achève comme il vient d'être dit
plus haut.

Pour déterminer l'espace lacunaire des sols, Garola fait usage d'une
sonde cylindrique de 5 centimètres de diamètre, pourvue d'une gra-
duation. Cette sonde est enfoncée dans le sol à une profondeur déterminée, puis retirée avec le cylindre de terre qu'elle contient. Le
volume de cette terre est égal à la section du cylindre multipliée par
la hauteur de l'enfoncement. Si on divise le poids de terre sèche par
ce volume, on obtient le poids de l'unité de volume de la terre. Il est
facile de déduire de là l'espace vide,

V

RAPPORTS ENTRE L'EAU ET LE SOL

Occupons-nous maintenant de l'eau qui circule dans le sol. Mais, auparavant, afin de mieux comprendre les mouvements de ce fluide, rappelons très sommairement quelques données relatives aux phénomènes capillaires.

Phénomènes capillaires. Tension superficielle. — On sait que, lorsqu'on plonge dans un liquide capable de le mouiller un tube de verre de faible diamètre intérieur, il se produit dans ce tube une ascension du liquide. La surface libre de celui-ci prend la forme d'une courbe concave en-dessus (ménisque concave). A ces phénomènes d'ascension des liquides dans les tubes étroits on donne le nom de *phénomènes capillaires*. Les lois de la capillarité, ou lois de Jurin, sont au nombre de quatre.

1° Pour un même liquide, et à une même température, les hauteurs moyennes soulevées dans les divers tubes capillaires sont en raison inverse du diamètre de ces tubes. On appelle *hauteur moyenne* la hauteur d'un cylindre à bases circulaires de même volume que la colonne de liquide soulevée.

2° Pour un même liquide et à une même température, les hauteurs moyennes soulevées ne dépendent, ni de la forme du tube capillaire au-dessus et au-dessous du ménisque, ni de la substance des parois du tube, ni de leur épaisseur.

3° A une même température, les hauteurs moyennes soulevées dans un même tube capillaire varient avec la nature du liquide.

4° Lorsque la température s'élève, les hauteurs moyennes soulevées dans un même tube capillaire diminuent jusqu'à devenir nulles et, cela, pour tous les liquides. Pour un liquide donné et une température déterminée, la tension superficielle possède, par unité de surface, une force constante.

Au sein d'un liquide en repos, les molécules situées au milieu de la masse de ce liquide subissent de la part des molécules environnantes une attraction qui est égale dans tous les sens : d'où production d'un état d'équilibre. Mais les molécules qui se trouvent à la surface même du liquide ne subissent une attraction que de la part des molécules sous-jacentes. Aussi, la surface libre de ce liquide est-elle, en quelque sorte, *pressée* contre le liquide sous-jacent, et l'on peut comparer cette surface libre à une membrane élastique très mince, une membrane de caoutchouc par exemple, qui serait appliquée avec une certaine force contre le liquide. On donne le nom de *tension superficielle* à cette force

La démonstration de l'existence de cette force peut être faite de bien des façons. Ainsi une goutte d'huile prend une forme sphérique dans un mélange d'alcool et d'eau de même densité. Dans ces conditions, la goutte d'huile est soustraite à l'action de la pesanteur. Or, la sphère est le solide dont la surface est la plus petite pour un volume déterminé. De même, une très petite goutte d'eau prend la forme sphérique lorsqu'elle se trouve au contact d'un corps sec pulvérulent, tel que le sable. La cohésion due à la tension superficielle permet, entre autres choses, d'expliquer pourquoi le sable mouillé est susceptible, lorsqu'on le pétrit à la main, de prendre une certaine forme qu'il perd immédiatement dès qu'il se dessèche.

Mouvements de l'eau dans le sol. — Considérons d'abord l'eau dans le sol à l'état statique. Compris de la façon la plus générale, les mouvements de l'eau dans le sol, qui ne dépendent pas de l'action de la pesanteur, sont déterminés par la tension superficielle. Supposons un sol d'abord saturé d'eau, c'est-à-dire dont tous les espaces vides sont pleins de ce liquide. Une partie de cette eau s'écoulera sous l'action de la pesanteur, mais chaque particule terreuse demeurera entourée d'une mince pellicule liquide dont la tension superficielle contrebalancera l'effet de la pesanteur. On sait d'ailleurs avec quelle énergie un solide quelconque, immergé dans l'eau, retient une certaine quantité de ce fluide ; on ne peut, en effet, même à l'aide de secousses répétées, enlever la totalité de l'eau qui adhère ainsi à la surface du solide. C'est grâce aux effets produits par la tension superficielle que l'eau chemine dans le sol d'un endroit humide vers un endroit sec, jusqu'à ce que la tension de la pellicule liquide située autour des particules soit la même partout. La plupart des substances salines, solubles dans l'eau et utilisées comme engrais, augmentent la tension superficielle de ce fluide. Lorsqu'on emploie tel engrais salin, la tension superficielle augmente dans les couches d'eau qui reçoivent et dissolvent cet engrais ; aussi, par suite de l'augmentation de cette tension, l'eau monte du sous-sol vers les couches supérieures qui deviennent par cela même plus humides. Les solutions de matières organiques (purin) se conduisent de façon inverse, car leur tension superficielle est inférieure à celle de l'eau. Ce sont là des notions courantes sur lesquelles Hall a particulièrement insisté.

La terre peut se charger d'eau de deux façons : 1° si elle repose sur une couche argileuse imperméable sur laquelle s'étend une nappe d'eau, une certaine quantité de ce liquide pourra remonter dans la masse terreuse en vertu des phénomènes capillaires, ainsi que nous allons le voir ; 2° l'eau peut pénétrer la terre de haut en bas par suite de la chute de pluies, de l'emploi des eaux d'arrosage ou d'irrigation, enfin par l'apport des rosées et des brouillards.

Comme application directe des notions sommaires de capillarité que nous venons d'exposer, examinons d'abord l'ascension de l'eau dans le sol. La masse du sol, tassée ou prise dans son état naturel, est, par le fait même de sa constitution particulaire, composée d'une infinité de canaux indépendants ou anastomosés entre eux.

Ascension capillaire dans le sol. — Il est évident que ces canaux, de calibre variable, n'ont pas de parois régulières et ne sont pas toujours verticaux. Leur diamètre est très inégal, sauf peut-être dans le cas, très rare, d'une extrême homogénéité de substance. Lorsqu'on s'adresse à un élément particulier du sol, tel que le sable, on peut, par un tamisage soigné, isoler des grains de grosseur à peu près égale. On cherchera ensuite, pour un sable de grosseur déterminée, à quelle hauteur s'élèvera l'eau dans sa masse lorsqu'on y plongera un tube de verre un peu large rempli du même sable et fermé à sa partie inférieure par un morceau de toile. Etudions donc avec attention quels sont les phénomènes que l'on observe lorsque l'eau prend ainsi une marche ascendante, et quelles sont les particularités que l'on observe lorsque la finesse des grains varie.

Si nous supposons qu'une terre en place soit en contact par sa base avec une couche d'eau, celle-ci s'élèvera dans la masse à une hauteur d'autant plus grande que ses éléments seront plus fins. Mais, si cette ascension est plus considérable dans les sols à éléments fins que dans ceux qui sont constitués par des éléments grossiers, la *vitesse* avec laquelle l'eau monte sera d'autant plus faible que les éléments seront plus fins. Il faut, en effet, tenir compte de l'obstacle dû au *frottement* qu'éprouve l'eau au contact des particules solides qui constituent les canaux du sol. Ce frottement est d'autant plus considérable que les grains sont plus fins, et, par conséquent, les canaux capillaires plus étroits. L'eau monte d'autant plus vite, toutes choses égales d'ailleurs, que sa température est plus élevée, soit environ deux fois plus vite à 25° qu'à 0°; mais, d'autre part, la hauteur qu'elle atteint est d'autant plus faible que la température est plus haute. Les solutions salines dont la viscosité spécifique est inférieure à celle de l'eau monteront plus vite dans le sol que l'eau pure, et inversement. Il résulte de ce qui précède que, dans les sols travaillés, c'est-à-dire dans les sols où les espaces capillaires sont plus ou moins profondément détruits, l'ascension de l'eau est toujours plus faible que dans les sols naturellement ou artificiellement tassés.

Pratiquement, il ne faut pas exagérer l'importance de l'ascension de l'eau dans les sols. Il est évident que les avantages que l'on peut retirer, au point de vue de l'humidité nécessaire aux racines, de cette montée de l'eau sont subordonnés d'abord à l'existence d'une couche d'eau persistant à une certaine profondeur, et, ensuite, à la distance à laquelle se trouve cette couche à partir de la surface du sol. Si la couche d'eau est très profonde, l'ascension du liquide n'atteindra qu'une faible hauteur dans un sable à éléments grossiers et ne pourra conséquemment parvenir dans la région où se trouvent les racines traçantes de certains végétaux. Si le sol est composé d'éléments très fins, cette élévation de l'eau sera beaucoup plus notable, mais elle se fera si lentement, à cause du frottement, qu'elle ne pourra suffire le plus souvent aux besoins des plantes dont les feuilles seront le siège d'une active transpiration. Un pareil sol est donc pratiquement imperméable à l'eau venant de la profondeur. Si on suppose qu'un sol soit constitué par une série de couches horizontales dont les éléments sont de grosseurs inégales, le mouvement de l'eau à l'intérieur d'un semblable sol sera d'autant plus accentué que l'inégalité des éléments de ces diverses couches sera plus prononcée : les couches à grains fins enlèveront de l'eau à celles dont les grains sont plus grossiers.

En résumé, l'ascension de l'eau dans les capillaires du sol est d'autant plus grande que celui-ci possède des particules plus fines, présentant par conséquent, pour un volume donné, la plus grande surface possible. Cette ascension diminue lorsque la proportion des éléments grossiers augmente. D'une manière générale, la présence de l'air dans le sol contrarie le mouvement de l'eau. Lorsque le sol est très sec, l'ascension de l'eau venant des profondeurs s'effectue parfois avec quelque difficulté, car l'air interposé entre les particules solides constitue un obstacle au mouvement ascensionnel de ce liquide.

Infiltration de l'eau. Capacité du sol pour l'eau. — Lorsque l'eau (d'arrosage ou de pluie) tombe sur le sol, elle s'insinue peu à peu dans les espaces libres et chemine de haut en bas ; on dit alors qu'il y a *infiltration de l'eau*. Examinons quels sont les rapports qui existent entre ce fluide et les éléments solides au contact desquels il se trouve.

Il y a lieu de distinguer *à priori* deux sortes de capacités du sol pour l'eau. On peut appeler *capacité maximum* celle qui correspond au cas où tous les espaces lacunaires sont remplis de liquide, aussi bien les espaces situés entre les particules que les cavités ou *pores* qui se rencontrent à l'intérieur de celles-ci. On peut même supposer que la totalité de l'air que renferment les espaces lacunaires et les pores ait été expulsée par l'arrivée de l'eau. La *capacité minimum* pour l'eau répond au cas où les espaces lacunaires sont vides, et où la seule humidité des éléments est imputable à la présence d'une pellicule liquide très mince entourant chaque particule à la surface de laquelle elle est retenue par la force que nous avons appelée *tension superficielle*. En outre, les *pores* restent pleins d'eau lorsque ce liquide en a chassé l'air ; les canaux capillaires que représentent ces pores sont si étroits, le plus souvent, et leur longueur est si faible que l'eau y demeure emprisonnée même lorsque la terre est complètement égouttée. Schlœsing regarde cette capacité minimum comme représentant la *dose d'eau normale* que contient tel sol considéré.

Lorsqu'un sol est gorgé d'eau, tous les espaces lacunaires sont occupés par ce liquide. Mais, peu à peu, sous l'influence de la pesanteur, les lacunes comprises dans la partie supérieure de la masse de terre envisagée se vident, et cette région ne présente plus finalement que *la capacité minimum*, alors que les lacunes inférieures demeurent pleines sur une hauteur qui dépend du calibre des canaux capillaires formés par les particules terreuses. Plus les éléments constitutifs du sol seront fins, plus ces capillaires seront étroits ; par conséquent, plus grande sera la hauteur de terre qui présentera la capacité maximum, et inversement. En outre, pour un volume déterminé de terre, la surface des éléments (supposés sphériques et égaux) sera d'autant plus grande que ces éléments seront plus petits (page 112). De sorte que la *capacité minimum* répondra à un taux d'eau, pour 100 parties de terre, d'autant plus élevé que les éléments seront plus fins. Nous reviendrons sur ces différents points à propos des propriétés physiques du sol. On peut exprimer approximativement les capacités maximum et minimum d'un sol pour l'eau au moyen des chiffres suivants qui indiquent l'eau absorbée par 100 parties de matière supposée sèche :

Terre franche....................	50	29
— argileuse...................	98	56
Sable grossier...................	45	18
Terre sablo-humifère............	155	116 (d'après Hall).

Il résulte de ce qui vient d'être dit que la structure du sol joue un rôle capital dans l'emmagasinement de l'eau, puisque c'est de la grosseur des particules que dépend le poids de ce liquide que la terre est capable de retenir. Mais, dans les conditions naturelles, un sol, quelque homogène qu'il paraisse, renferme toujours des particules de grosseurs extrêmement variables. Les diamètres des tubes capillaires qui sillonnent ce sol sont fort inégaux. Il est bon de rappeler de nouveau que le sol est presque toujours un mélange d'une quantité variable de cailloux et de graviers, de dimensions relativement considérables, ainsi que de grains de sable fin et d'argile au sein desquels sont noyés ces éléments grossiers. Par suite de certains mouvements intérieurs qu'il subit toujours, le sol est traversé par des fissures plus ou moins larges ; en outre, la décomposition des débris végétaux de toute nature, due aux actions chimiques et microbiennes, creuse des espaces vides qui détruisent la continuité de la masse terreuse.

Il y a donc là autant de causes qui modifient l'homogénéité physique apparente du sol, et il en résulte qu'aucun calcul théorique n'est rigoureusement valable quand il s'agit d'estimer d'une manière exacte, soit la capacité maximum, soit la capacité minimum du sol pour l'eau. D'ailleurs, si la capacité maximum répond à un cas réel, celui où, par suite de pluies d'une extrême abondance, tout l'air contenu dans un sol aura été chassé par l'eau — circonstance très défavorable à la respiration des racines —, la capacité minimum est, au contraire, loin d'être aussi bien définie. En réalité, il existe des variations continuelles dans la teneur en eau d'un sol donné, principalement au voisinage de sa surface. Les causes venant de l'extérieur susceptibles de produire des changements notables et souvent rapides dans le degré d'hydratation de cette surface sont : l'agitation de l'air, l'échauffement ou le refroidissement de l'atmosphère ambiante, l'état hygrométrique de celle-ci, la chute des pluies, la condensation de la rosée.

La grosseur des particules exerce une influence remarquable sur la perte d'eau qu'éprouve un sol dans des conditions déterminées. Nous reviendrons sur ce sujet à propos de l'aptitude des terres à la dessiccation (p. 156). Entre la quantité maximum d'eau dont peut se charger un sol donné et la quantité minimum définie comme plus haut, il existe une foule d'états intermédiaires d'hydratation. Ce qu'il importe de connaître, c'est la quantité d'eau au-dessus et au-dessous de laquelle une plante ne peut vivre : dans le premier cas, par suite du trop faible volume d'air qui se trouve au contact de ses racines, dans le second, par suite d'un approvisionnement insuffisant de ce liquide. On admet que la quantité d'eau optimum pour les végétaux correspond à cet état où le sol renferme de 40 à 60 p. 100 de la quantité nécessaire pour remplir de ce liquide tous les espaces lacunaires. Les façons culturales auxquelles on soumet un sol accroissent dans une très large mesure sa capacité pour l'eau et pour les gaz ; si le sol est profondément remué par les instruments aratoires, il augmente de volume apparent, et, par suite de la destruction momentanée de l'état de tassement où l'ont laissé les cultures antérieures, les vides intérieurs se multiplient qui permettent ainsi à l'eau de pluie de se loger facilement dans les espaces artificiellement créés. Il est inutile d'insister davantage sur ce point, d'ailleurs très important, et sur la nécessité des labours profonds dont les bienfaits ont été reconnus de tout temps. Réciproquement, le tassement naturel qu'éprouvent les terres abandonnées à elles-mêmes, ou le tassement qu'on leur fait subir par le passage du rouleau — lorsqu'on veut restreindre le nombre et la capacité des espaces vides en vue de provoquer l'ascension de l'eau des parties profondes vers la surface par la création de canaux capillaires — ces deux sortes de tassement, disons-nous, diminuent très notablement la faculté d'emmagasinement par le sol des eaux de la pluie.

Le mouvement de l'eau venant des parties profondes vers la surface, lorsque le sol est bien tassé, c'est-à-dire lorsque ses canaux capillaires sont rendus plus étroits et la difficulté, au contraire, qu'éprouve l'eau à cheminer dans une masse de terre convenablement ameublie sont bien mis en évidence par l'expérience classique suivante. On dispose dans une assiette un gros morceau de sucre à la face supérieure duquel on accumule une certaine quantité de sucre pulvérisé, et on verse dans l'assiette de l'eau colorée. L'ascension du liquide, rendue visible par sa coloration, est très rapide dans le morceau de sucre dont les espaces capillaires sont très fins. Mais, aussitôt que ce liquide atteint la face supérieure du morceau de sucre et entre en contact avec le sucre pulvérisé, l'ascension se ralentit beaucoup et ne se propage plus qu'avec une extrême lenteur ; les capillaires du sucre pulvérisé étant incomparablement plus larges que ceux du morceau de sucre situé au-dessous.

Perméabilité du sol. — L'eau ne peut descendre au travers du sol que lorsque celui-ci présente un certain degré de porosité ou, suivant l'expression consacrée, de perméabilité. On peut définir la perméabilité de la façon suivante : c'est la vitesse avec laquelle un volume d'eau donné, de hauteur déterminée, s'introduit dans le sol. Le terme de *perméabilité* sera pour nous synonyme de *facilité avec laquelle l'eau chemine dans un sol de haut en bas.*

Une mesure exacte de la perméabilité, dans le cas d'un sol en place, est difficile à donner, car l'homogénéité de la masse n'est jamais assez parfaite pour que l'on obtienne les mêmes résultats sur différents points de ce sol. On a proposé parfois d'utiliser, pour cette mesure, un cadre de tôle analogue à celui qui nous a déjà servi à étudier la grandeur des espaces libres contenus dans un certain volume de terre (p. 117). On enfonce le cadre de quelques centimètres dans le sol, mais toujours de la même quantité, et on y verse de l'eau sur une hauteur connue. La rapidité avec laquelle cette eau disparaît traduit le degré de perméabilité du sol. Mais, à cause de l'inhomogénéité de la masse terreuse, il peut exister dans tel endroit des fentes, fissures, crevasses, espaces laissés vides par la pourriture des racines, galeries de vers, qui, sans être très larges et même non perçus par l'œil, augmentent beaucoup la perméabilité apparente et font disparaître plus vite la masse d'eau qui les surmonte que si la portion de sol sur laquelle on expérimente était plus homogène. On conçoit que l'eau, qui s'infiltre alors rapidement, ne mouille qu'une portion souvent restreinte de terre au détriment d'une autre portion plus compacte. En règle générale, l'eau pénètre facilement dans les espaces non capillaires, et elle y est très faiblement retenue. Les sols purement sableux et, par conséquent, assez homogènes dans leur structure, sont ceux qui s'humectent de la façon la plus uniforme. Dans le cas de l'argile, la perméabilité est accrue dans de fortes proportions lorsque l'eau renferme des sels calcaires dont nous connaissons le pouvoir coagulant.

Avant toute chose, notons un premier obstacle qui s'oppose à la pénétration de l'eau. Par suite de la sécheresse, les couches supérieures du sol se deshydratent plus ou moins profondément. Lorsque la pluie vient à tomber, l'eau est entraînée dans le sol par l'effet de la pesanteur, mais la couche d'air plus ou moins épaisse que renferme la partie supérieure de la terre devra d'abord être déplacée ; elle crée un obstacle très sérieux à la descente de l'eau. Il arrive alors que l'eau peut demeurer en grande partie à la surface du sol pendant un temps assez long, et repasser même à l'état de vapeur lorsque la température est élevée. Donc, si la durée de cette chute d'eau est courte, la végétation pourra n'en retirer que des avantages minimes. Au contraire, la pénétration de l'eau est beaucoup plus facile lorsque le sol est déjà humide.

La perméabilité d'une terre, supposée homogène, dépend avant tout du diamètre de ses canaux capillaires et de la hauteur de la couche d'eau qui la surmonte.

Poisseuille a établi un certain nombre de lois d'où il résulte que : la vitesse d'écoulement dans des tubes de très petit diamètre est proportionnelle à la pression, en raison inverse de la longueur des tubes et proportionnelle au carré de leur diamètre.

La quantité d'eau qui, dans l'unité du temps, s'écoule au travers d'un sol dépend essentiellement de la dimension des espaces vides que celui-ci présente : la structure du sol a une importance majeure lorsqu'il s'agit de la pénétration de l'eau. Celle-ci varie donc avec chaque sol et, pour un même sol, avec son degré de tassement. Nous avons établi plus haut (p. 120) l'influence du frottement sur la vitesse d'ascension de l'eau. Nous retrouvons ici cette même influence en sens inverse, car la quantité d'eau qui pénètre dans le sol de haut en bas dépend également de l'intensité du frottement de cette eau sur les parois des tubes capillaires ; la vitesse de la pénétration du liquide est d'autant plus petite que les canaux sont plus étroits. Or le frottement de l'eau est très grand sur les particules d'argile dont les grains sont très fins ; aussi la perméabilité de l'argile est-elle très faible.

D'après Garola, l'influence du taux de l'argile sur la perméabilité présente des particularités dignes de remarque. Soit une terre renfermant 69 p. 100 d'argile, et constituant une argile naturelle presque pure à 50 p. 100 d'espaces vides. Si on égale à 1 la perméabilité de cette terre évaluée en volume d'eau écoulée dans l'unité de temps, pour l'unité de pression, sur l'unité de surface et au travers de l'unité d'épaisseur, et si on compare à cette terre des échantillons de sols de richesse décroissante en argile, mais d'espace vide constant, on trouve

que la perméabilité devient double si l'argile n'atteint plus
que 25 p. 100 ; quintuple à 6 p. 100, et sextuple à 4 p. 100. Il
en résulte que la perméabilité diminue d'abord rapidement
lorsque le taux de l'argile éprouve de petits accroissements.
La diminution de perméabilité est encore assez rapide pour
une teneur comprise entre 10 et 30 p. 100 ; mais, au delà de
30 p. 100, l'imperméabilité n'augmente plus que très lentement à mesure que la proportion de l'argile s'accroît.

Dans les conditions naturelles, on conçoit que la vitesse
de la pénétration de l'eau soit assez variable, même lorsqu'on
n'examine qu'une faible étendue de terrain. Car, dans telle
partie, l'eau ne rencontrera que des espaces étroits et son
passage sera d'autant plus lent que les tubes capillaires auront
un diamètre plus petit ; dans telle autre partie, elle glissera
rapidement au travers des fissures ou fentes qui ne présenteront à son passage qu'un obstacle facile à surmonter. De sorte
que la dose d'humidité du sol ne devient uniforme qu'au bout
d'un temps parfois assez long.

**La présence de certains sels augmente la perméabilité du
sol.** — La présence des sels de calcium (chlorure, nitrate, sulfate,
superphosphate) favorise l'ameublissement et augmente la perméabilité du sol. Le sel marin, à la forte dose de 10 p. 100, accroît la perméabilité ; la quantité de ce sel nécessaire pour provoquer la coagulation de l'argile est beaucoup plus forte que s'il s'agit des chlorures de
calcium ou de potassium. Si les doses de sel marin sont faibles, il y a
diminution de la perméabilité (action de la soude). Le nitrate de sodium
à faible dose diminue la perméabilité ; il est sans effet sur l'argile en
suspension dans l'eau distillée, même à la dose de 13 grammes par
litre. Le sulfate et le phosphate de sodium se conduisent pareillement ;
le carbonate possède une action encore plus marquée. Les sels de sodium sont, en réalité, des agents de décoagulation de l'argile ; les sels
correspondants de potassium accroissent, au contraire, la perméabilité du sol. Le chlorure et le sulfate de magnésium, ainsi que le sulfate d'ammonium, dont la nitrification donne naissance à du nitrate de
calcium dans les sols calcaires, se comportent comme les sels de
potassium (Garola).

Infiltration de l'eau sous pression. — Si on dispose une couche
d'eau de hauteur variable au-dessus d'une colonne de sable dont les
grains sont de dimensions variables, la quantité d'eau qui s'écoulera
dans un temps donné au travers du sable sera d'autant plus grande,
pour une même grosseur des grains et une même hauteur d'eau, que

la hauteur de la colonne de sable sera plus petite. Plus la colonne
d'eau est haute et plus la quantité d'eau qui s'écoule dans un temps
déterminé est considérable pour un sable de grosseur déterminée. Plus
les grains de sable sont gros et plus, pour une même hauteur d'eau et
une même hauteur de sable, la quantité d'eau qui s'écoulera sera considérable.

**Mouvements de l'eau du sol au contact des substan
ces salines solubles.** — La répartition de l'eau dans le sol,
du moins dans ses couches les plus superficielles, est sensiblement homogène si on suppose homogène la structure elle-
même de ces couches superficielles. Au point de vue pratique,
celles-ci sont particulièrement importantes à étudier parce
qu'elles sont visitées par les racines des plantes, soit pendant
toute la durée de leur végétation si ces racines sont traçantes, soit seulement pendant les premiers temps de leur
évolution si ces racines sont pivotantes. En outre, les couches
de terre superficielles reçoivent les engrais par épandage direct.
Lorsqu'on distribue, dans les conditions habituelles de la culture, une substance saline solide mais soluble (nitrate de
sodium, sulfates d'ammonium, de potassium, etc.), il s'établit
une répartition particulière de l'eau par le fait de la présence
du sel soluble ajouté. Les phénomènes remarquables qui se
produisent alors, et dont l'intérêt théorique et surtout pratique est considérable, ont été bien mis en évidence par
Müntz et Gaudechon (1908). Voici seulement un aperçu des
résultats auxquels sont arrivés ces auteurs.

Il semble à première vue que, lorsqu'on répand sur la surface d'un
hectare une dose ordinaire de 200 à 300 kilogrammes de l'un des engrais salins ci-dessus énumérés, la quantité d'eau que contient normalement le sol soit plus que suffisante pour dissoudre d'une manière
complète un poids de matière saline aussi faible par rapport à celui
de l'eau totale qui imbibe la terre. Si, en effet, on suppose un taux
d'humidité de 3 p. 100 seulement, réparti dans une épaisseur de terre
de 30 centimètres de hauteur sur la surface d'un hectare, le volume
total de l'eau contenue dans cette terre sera de 90 mètres cubes. Si
la terre contient un taux d'humidité supérieur par suite d'une chute
d'eau de pluie, le taux d'humidité du sol peut quintupler et même
décupler. Mais, si cette quantité totale de liquide est plus que suffisante pour dissoudre le faible poids des engrais salins, il faut remarquer, quand on considère le sol, que l'on n'a pas affaire à proprement

parler à de l'eau liquide, mais à de l'eau qui entoure chaque particule terreuse d'une mince pellicule. De sorte que, à moins de supposer que le mélange de la terre avec l'engrais salin soit absolument parfait, et que celui-ci ait été employé à son maximum de finesse, toutes circonstances qui n'ont jamais lieu, il est évident *à priori* que le dépôt d'une matière saline soluble à la surface d'une terre va rompre l'équilibre de la distribution primitive de l'eau à la surface de cette terre. En réalité, chaque grain de sel — et tous les grains n'ont pas les mêmes dimensions — tombant sur le sol, est entouré d'une zone terreuse d'un diamètre plus ou moins grand non touchée par ce sel. Prenons des terres de natures diverses n'ayant pas reçu d'eaux météoriques depuis quelque temps, et qui se sont desséchées à l'air. Ainsi que le font observer les auteurs précités, cet état de siccité relative répond à un taux d'humidité pouvant varier de 1 à 2 p. 100 dans les sols légers, de 15 à 20 p. 100 dans les terres fortes ou les terres humifères. A ces terres, incorporons un cristal de nitrate de sodium ou de chlorure de potassium. Après quelques heures ou quelques jours, une tache humide apparaît à l'endroit du dépôt, ce que l'on constate par l'apparition d'une teinte plus foncée et par une sensation particulière au toucher. Cette tache persiste, elle s'agrandit peu à peu et, au bout d'un temps assez long, son aspect humide contraste avec le reste de la terre qui présente les caractères d'une terre sèche. Un échantillon de terre, pris au sein même des taches, est beaucoup plus riche en eau qu'un échantillon prélevé hors des taches ; dans ce dernier endroit, la terre s'est desséchée. L'eau s'est transportée vers le sel d'abord, vers la solution saline ensuite. A l'intérieur de la terre située sous le grain de sel, la masse humide a pris une forme à peu près sphérique.

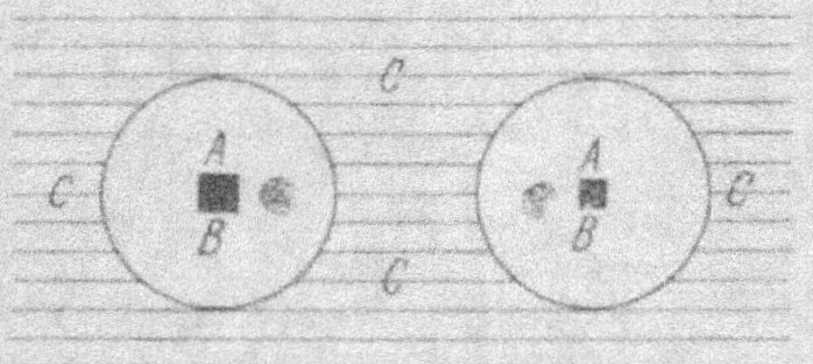

Fig. 3.

AA, endroit où le sel a été déposé ; *BB*, zone mouillée de la solution saline ; *CC*, terre interstitielle desséchée.

Voici un exemple de cette répartition de l'eau en présence d'un sel. Une terre siliceuse à 3,2 p. 100 d'eau, introduite dans une caisse carrée de 30 centimètres de côté et de 15 centimètres de profondeur, a reçu en 4 points équidistants un cristal de nitrate de sodium pesant 5 décigrammes. La caisse a été recouverte d'une plaque de verre. Au bout de huit jours, le diamètre des taches était de 30 à 40 millimètres, le taux d'humidité s'élevait à 5,3 p. 100 dans la terre des taches et à 2,6 p. 100 dans la terre hors des taches. Un sel soluble quelconque se conduit de même.

Il résulte de cette expérience que la substance saline n'a aucune tendance à se diffuser, et que le défaut d'homogénéité dans la répartition de l'eau dans le sol, occasionné par la présence du sel, tend à persister. Une conséquence pratique découle des faits précédents. Si l'on sème des graines dans un sol présentant les zones alternées de dessiccation et de saturation saline que nous venons de décrire, la germination peut n'avoir pas lieu : la graine qui se trouvera au contact d'une solution relativement concentrée d'un sel quelconque ne germera pas ; celle qui sera tombée sur une portion de terre desséchée ne germera pas davantage, puisqu'elle n'aura à sa disposition qu'une quantité d'eau insuffisante.

Si, au lieu de s'adresser à une terre sèche, on opère avec une terre contenant une plus forte proportion d'eau, on observe les faits suivants. Dans une terre siliceuse légère, à 17,5 p. 100 d'eau, disposée dans un cristallisoir de 11 centimètres de diamètre, on introduit, à 1 centimètre de profondeur, 2 grammes de nitrate de sodium au voisinage d'un des bords du cristallisoir. Après trois jours, on prend un échantillon de terre à une profondeur de 2 centimètres, au-dessous de l'endroit où on a déposé le sel, puis un autre échantillon au milieu du cristallisoir à 25 millimètres du premier point, puis un autre échantillon sur le bord opposé du cristallisoir à 50 millimètres du premier point : on constate que le sel n'a atteint aucun des deux derniers points et qu'il n'y a pas eu de diffusion saline.

Dans le même genre de terre (à 16,5 p. 100 d'humidité), et à l'aide d'un dispositif facile à imaginer, on ne constate, au bout de trois jours, aucune diffusion saline dans le sens vertical : le sel étant compris entre deux couches de terre n'a cheminé ni de haut en bas, ni de bas en haut à une distance de 40 millimètres du lieu où il avait été placé. Muntz et Gaudechon montrent, de plus, que si les terres sont mouillées par l'eau de la pluie, puis ensuite plus ou moins ressuyées, il n'y a plus d'appel d'eau vers le point où le sel a été déposé ; mais la diffusion du sel, même dans ces sols humides, est presque nulle pendant longtemps et ne devient appréciable qu'après plusieurs semaines ou même plusieurs mois : il existe donc encore chez ces terres des zones, les unes riches en sel, les autres qui en sont dépourvues. La diffusion saline n'a lieu que, lorsque, par un fort tassement, on rapproche les particules terreuses en détruisant la discontinuité qui existe toujours chez une terre émiettée. Si, de plus, la terre est gorgée d'eau, le milieu devient continu, la diffusion saline se produit, mais moins rapidement qu'au sein d'une masse liquide.

La chute de la pluie n'accélère pas beaucoup la diffusion des sels ; ceux-ci cheminent simplement de haut en bas.

En résumé, la discontinuité de la terre arable, avec ses espaces vides remplis de gaz, crée un obstacle très sérieux à la répartition uniforme d'une matière soluble, alors même que la quantité d'eau contenue dans le sol envisagé ou celle que lui apportent les pluies ou les arrosages serait incomparablement plus grande que la quantité nécessaire à la dissolution de la matière saline en question.

Il était utile de signaler à cette place une nouvelle preuve du manque d'homogénéité de la terre arable pour montrer, une fois de plus, quelles sont les difficultés que l'on rencontre dans l'étude des mouvements de l'eau et des gaz qui circulent dans le sol.

Affinité de l'eau pour certains éléments du sol. — Le pouvoir spécial que possède la terre de retenir l'eau, et de l'enlever même à certains corps, apparaît très nettement dans le phénomène germinatif. On sait qu'une graine ne peut germer que lorsqu'elle a absorbé un certain minimum d'eau. Quand cette graine est à l'état de vie ralentie, elle contient une dose d'eau normale qui varie de 5 à 15 p. 100. Cette dose subit des fluctuations, en plus ou en moins, suivant l'état hygrométrique de l'atmosphère ambiante.

Supposons une graine confiée à un sol dont la teneur en eau subira des variations naturelles, ainsi qu'il arrive dans les conditions ordinaires de la culture, ou à un sol dans lequel on produira à volonté ces changements dans le degré d'hydratation. Comment s'établira la lutte pour l'eau entre le sol et la graine ? La question a été récemment examinée par Müntz (1910). En raison de son intérêt pratique, ce problème demande quelques éclaircissements.

Les grains de blé sur lesquels a opéré l'auteur avaient une humidité primitive de 14 p. 100 ; ils germaient lorsqu'ils avaient absorbé assez d'eau pour que la proportion de ce liquide fut au moins de 36 p. 100. A une température de 11°, placés dans l'eau, ces grains absorbaient, après vingt-quatre heures, 34 p. 100 d'eau en plus de celle qu'ils contenaient déjà, et 47,9 p. 100 au bout de quarante-huit heures. Ici, la lutte pour l'eau n'existe pas, puisque ce liquide est à l'état libre.

2 grammes de ces grains de blé furent semés dans 2 kilogrammes de terre. Dans une terre de jardin à 2,96 p. 100 d'eau, ces grains n'avaient absorbé, après cent quatre-vingt douze heures, que 2,36 p. 100 de ce liquide, quantité insuffisante pour assurer la germination. Malgré la présence de 59 grammes d'eau dans la totalité de la terre, les grains n'ont pu se saisir des 45 centigrammes d'eau nécessaires à leur germination. Lorsque cette même terre fut amenée à

13,59 p. 100 d'eau, les grains en absorbèrent 29,39 p. 100 en quarante et une heures : la limite de saturation de la terre pour l'eau étant dépassée, les grains ont pu absorber une quantité d'eau disponible suffisante à leur germination.

Comme l'affinité de la terre pour l'eau réside presqu'en totalité dans l'argile et l'humus qu'elle contient, l'influence de ces deux facteurs a été examinée spécialement par Müntz.

Au bout de six jours, voici quels ont été les pertes ou gains d'eau des grains de blé dans des terres contenant des doses variables d'argile.

I. Argile p. 100 de terre = 2,35.		II. Argile p. 100 de terre = 5,61.		III. Argile p. 100 de terre = 13,22.	
Eau p. 100 dans la terre.	Perte ou gain d'eau p. 100 de graines.	Eau p. 100 dans la terre.	Perte ou gain d'eau p. 100 de graines.	Eau p. 100 dans la terre.	Perte ou gain d'eau p. 100 de graines.
0	— 7,65	0	— 7,35	0	— 11,25
0,67	— 0,95	1,41	— 0,87	2,56	— 0,70
1,93	+ 16,35	2,60	+ 6,40	3,70	+ 0,90
2,50	+ 29,10	4,15	+ 27,20	7,73	+ 31,15

Ces chiffres montrent que la germination a lieu dans la terre la moins riche en argile quand celle-ci contient seulement 2,50 p. 100 d'eau ; il a fallu 4,15 p. 100 d'eau pour arriver au même résultat dans la seconde terre, et 7,7 p. 100 d'eau dans le cas de la terre la plus argileuse.

Les résultats que l'on obtient avec l'humus sont encore plus frappants :

Terre très légère.		Terreau de jardinier.	
Eau p. 100 dans la terre.	Perte ou gain d'eau p. 100 de graines.	Eau p. 100 dans la terre.	Perte ou gain d'eau p. 100 de graines.
0,10	— 3,65	0,89	— 4,50
0,52	+ 19,87	4,71	— 1,98
1,16	+ 24,72	6,70	+ 6,04
3,49	+ 37,41	13,38	+ 12,45
4,27	+ 39,76	16,42	+ 17,36
		18,96	+ 21,55
		24,30	+ 23,86
		26,98	+ 26,63
		31,10	+ 28,51

Ainsi, lorsqu'une terre très légère ne contient que 0,52 p. 100 d'eau, le grain de blé y trouve une quantité suffisante de ce liquide disponible pour germer ; la germination des grains n'est assurée dans le terreau que lorsque la teneur en eau de celui-ci s'élève à 19 p. 100.

Muntz a également examiné ce qui se passe, lorsqu'après avoir immergé la graine dans l'eau pour lui permettre d'absorber les 35 p. 100 de ce liquide indispensables à sa germination, on la met ensuite dans la terre. Dans quel sens se fera l'équilibre ; la graine cédera-t-elle de l'eau au sol ou inversement ?

Après quatre jours de contact des graines ainsi hydratées avec les sols à divers taux d'argile du premier tableau, on a obtenu les résultats suivants ; les chiffres de la seconde colonne de chaque échantillon indiquent l'eau qui reste dans la graine en plus de l'humidité naturelle de 14 p. 100 ;

I		II		III	
Eau dans 100 de terre.	Eau restant dans 100 de graine.	Eau dans 100 de terre.	Eau restant dans 100 de graine.	Eau dans 100 de terre.	Eau restant dans 100 de graine.
0	5,90	0	4,10	0	2,1
0,67	11,20	1,41	11,0	2,56	10,8
1,55	18,60	2,20	13,20	3,20	11,9

Il en résulte que la terre, lorsque son affinité pour l'eau n'est pas satisfaite, enlève ce liquide à la graine préalablement immergée.

En résumé, la graine ne peut germer que s'il reste de l'eau *disponible* dans la terre après que celle-ci, suivant sa nature, a d'abord satisfait ses affinités pour l'eau. On voit donc quels problèmes intéressants soulèvent ces phénomènes de l'approvisionnement de l'eau dans le sol, de sa circulation, de son attraction par les particules solides, lorsqu'il s'agit de régler la question de l'épandage des engrais ou de confier des graines à une terre arable.

V

COLLOIDES DU SOL.

L'étude de la constitution du sol, telle que nous venons de la présenter, serait incomplète si nous n'envisagions pas les différentes formes, ou plutôt *les différents états physiques*, sous lesquels peuvent se présenter certains de ses constituants. Nous avons déjà attiré l'attention sur ce fait que, par suite de la circulation de l'eau et du gaz carbonique entre les particules terreuses, les éléments rocheux éprouvaient une décomposition plus ou moins profonde. Ces phénomènes de décomposition aboutissent à la production de substances dont quelques-unes se dissolvent dans l'eau et forment, par conséquent, avec ce liquide un milieu homogène. Mais d'autres substances, issues également des processus de décomposition, n'entrent pas en dissolution proprement dite : elles demeurent à l'état de suspension très fine dans l'eau qui les imbibe et donnent naissance à de fausses solutions dont l'argile, que nous avons appelée *colloïdale*, étudiée plus haut (page 105), représente un des types les plus communs et les plus parfaits. On appelle souvent *micelles* (de *mica*, miette) les particules de substance qui demeurent ainsi en suspension au sein d'un liquide, malgré l'action de la pesanteur. L'argile n'est pas la seule matière que l'on rencontre dans le sol qui soit capable, dans les conditions déjà spécifiées, de se diviser au sein de l'eau sans s'y dissoudre et d'affecter une forme micellaire. Le sol renferme de l'hydrate ferrique, de l'hydrate d'aluminium, de la silice, de l'humus colloïdal, ainsi que divers silicates qui, sous l'action des électrolytes (sels dissous) peuvent perdre momentanément cet état de suspension et se précipiter sous forme d'enduits dénués de toute structure géométrique. Lorsque l'état de suspension cesse, on dit qu'il y a *coagulation ou floculation*. Nous rappelons que la matière en suspension porte le nom de *sol* : on dit, par exemple, *un hydrosol* d'acide silicique ; on appelle *gel* la matière coagulée : *hydrogel* d'acide silicique. Inversement, lorsque, sous telle influence, l'électrolyte, cause de la précipitation, aura disparu, la matière dont il a déterminé la précipitation pourra rester en suspension, ou en *pseudo-solution* dans l'eau.

L'exemple de l'argile est caractéristique à cet égard. Cependant il ne faut pas oublier que la floculation entraîne toujours des traces de l'électrolyte qui a produit ce phénomène. Ces traces ne peuvent être enlevées au floculat, même par des lavages prolongés ; mais elles peuvent être *déplacées* par des lavages exécutés avec de l'eau contenant d'autres électrolytes.

Les colloïdes retiennent toujours une grande quantité d'eau, et leur état particulier de suspension ne subsiste qu'en raison même de l'existence de cet excès de liquide qui entoure les micelles. Certains d'entre eux peuvent, en effet, se coaguler spontanément. Graham a montré, il y a longtemps, que telle pseudo-solution, de silice par exemple, jouit d'une stabilité relative lorsque sa concentration ne dépasse pas 1 à 2 p. 100; pour une concentration plus forte, la coagulation peut être spontanée au bout de quelques heures ou de quelques jours.

Lorsque la coagulation est complète, beaucoup de colloïdes, la silice en particulier, peuvent être remis en suspension micellaire si on les additionne d'une quantité d'eau suffisante. Mais cette opération ne réussit que lorsqu'on n'attend pas trop longtemps après l'achèvement de la coagulation, sinon le coagulum demeure définitivement insoluble. En effet, l'état moléculaire nouveau qu'il affecte se modifie alors de telle façon que la *réversibilité* du phénomène n'est plus possible.

Ainsi, la silice est capable d'exister sous forme micellaire en suspension dans l'eau, et cette pseudo-solution est à peine louche ; cette même silice, au moment de sa coagulation spontanée, occupe encore un volume considérable, et le liquide où elle flocule perd beaucoup de sa transparence ; enfin, après quelques jours de repos, cette silice se rassemble peu à peu sur elle-même, comme une éponge gorgée d'eau que l'on exprime, et se sépare du liquide au sein duquel elle nageait tout à l'heure. Toutes ces variétés représentent différents états de la molécule SiO^2, à des degrés de condensation de plus en plus avancés ; mais, ainsi que la chose est admise assez généralement aujourd'hui, on ne rencontre dans aucun d'eux de combinaisons définies entre l'eau et le corps solide. Autrement dit, il n'existe pas d'hydrates siliciques. La silice cristallisée, le *quartz*, peut être regardée comme la molécule élémentaire d'où dérivent par polymérisation les autres formes incapables de cristalliser.

Nous étudierons plus tard, à propos du pouvoir absorbant des sols, la propriété curieuse que possèdent les colloïdes de se combiner à un grand nombre de substances salines indispensables aux végétaux. Ces combinaisons, appelées par Van Bemmelen *combinaisons d'absorption*, ne semblent pas, le plus souvent, se faire en proportions définies. Le fait qu'une substance en pseudo-solution, et qui se précipite au contact des électrolytes, retient toujours, comme nous l'avons dit plus haut, une certaine dose de ces électrolytes, permet aussi d'expliquer pourquoi le colloïde qui flocule peut englober nombre de sels utiles aux végétaux. Tels colloïdes, la silice par exemple, sont capables de décomposer les carbonates ou les phosphates et de retenir une partie de la base de ces sels en donnant naissance à des bicarbonates ou à des phosphates acides. Graham a fait voir que les silicates ainsi formés se dissociaient par l'effet de la dialyse avec séparation de l'acide et de la base. Étant donnée la variété des phénomènes chimiques qui ont le sol pour théâtre, et dont la nature change à chaque instant par suite des mouvements de l'eau et de ceux du gaz carbonique, il est facile de concevoir que certains constituants de la terre, tant minéraux qu'organiques, prennent l'état colloïdal et perdent ensuite cet état par le fait même de la présence d'électrolytes qui les coagulent.

Cette coagulation a pour effet de produire sur les graviers purement sableux une sorte de revêtement argileux et humique que l'on peut faire disparaître par un décapage à l'aide d'une solution d'acide oxalique, puis d'ammoniaque, comme l'a montré J. Dumont.

Phénomènes d'adhérence. — A propos de cette adhérence particulière de certaines matières minérales et organiques aux grains sableux, il est bon de citer les faits suivants, observés par Schlœsing. On peut détruire les effets des ciments argileux et humiques par un lavage avec l'acide nitrique très étendu jusqu'à élimination des sels de calcium qui déterminent la coagulation de l'argile colloïdale. Les humates sont alors décomposés, et l'acide humique, mis en liberté, se dissout aisément dans une liqueur faiblement ammoniacale. Une solution nitrique, dont le titre est inférieur à $1/1000^e$, n'enlève que des traces de fer et ne prend que cette portion de l'acide phosphorique qui est combinée à la chaux et à la magnésie (Voy. p. 248). Après un pareil traitement, les divers éléments du sol sont libérés et peuvent être classés par lévigation en un certain nombre de lots de grosseur décroissante.

On prendra, par exemple, 50 grammes de terre passée au tamis de 1 millimètre que l'on soumettra aux opérations ci-dessus décrites, puis on les délayera dans deux litres d'eau distillée. On décante au bout de 15 secondes, après avoir agité le liquide ; on décante de nouveau après une minute. On renouvelle ainsi les opérations de décantation après cinq minutes, une heure, cinq heures, vingt heures. Au bout de plusieurs mois, il ne reste plus que de l'argile colloïdale en suspension que l'on coagule avec un peu d'acide nitrique. Les éléments ainsi recueillis, de grandeur décroissante, sont traités par l'acide chlorhydrique bouillant ; on dose dans le produit de l'attaque l'acide phosphorique et l'oxyde ferrique. Schlœsing a trouvé qu'il existait une progression rapide dans les proportions de ces deux substances à mesure que la dimension des éléments diminuait. Le fait semble général, car il a été remarqué par l'auteur précité chez un grand nombre de terres. D'où cette conclusion : que l'acide phosphorique, et l'oxyde de fer en particulier, forment un revêtement qui entoure les éléments sableux. De plus, il y a association constante de ces deux substances dans des rapports compris entre des limites assez voisines, rapports qui varient d'une terre à l'autre, mais qui sont sensiblement constants chez une même terre. La quantité de matière carbonée qui enrobe les éléments sableux de diverses grosseurs varie dans le même sens que les quantités d'acide phosphorique et d'oxyde ferrique, ainsi que Masure l'avait déjà montré, mais en employant une méthode beaucoup moins rigoureuse. Cette adhérence spéciale de substances très peu solubles semble résulter d'une attraction que les éléments du sol exercent sur les matières qui se déposent à leur surface.

Adsorption. — A côté de ce phénomène d'absorption que nous venons d'étudier, et dans lequel on observe la pénétration de certains électrolytes dans la masse du colloïde, un autre phénomène vient prendre place, c'est celui de l'*adsorption*. Il se traduit par ce fait que de nombreuses substances solides, mises au contact de dissolutions salines, en diminuent la concentration parce qu'elles retiennent une certaine quantité de la matière dissoute. L'argile, le calcaire, le quartz, les colloïdes à l'état de *gel* adsorbent certains sels. L'adsorption est une sorte de condensation mécanique du sel sur la surface du solide. Les curieuses observations de Schloesing, rapportées plus haut, doivent être mises sur le compte de cette condensation particulière. Ce phénomène de l'adsorption est très général : on l'observe en chimie dans une foule de circonstances. Lorsque, par exemple, on précipite du sulfate de baryum en présence d'un excès d'un sel de potassium, de cuivre, de fer, etc., on sait avec quelle difficulté ces derniers sels sont éliminés même par un lavage prolongé du sulfate de baryum à l'eau distillée. Il est bien des cas où cette élimination n'est jamais complète.

De même que lorsqu'il s'agit de l'absorption, définie comme plus haut, on ne peut invoquer, la plupart du temps, l'existence d'une action chimique proprement dite dans le phénomène de l'adsorption.

Cette manière de voir ne doit cependant pas être adoptée d'une façon absolue : il est des cas où l'action chimique intervient très probablement ; nous en reparlerons à propos du pouvoir absorbant des sols vis-à-vis des matières fertilisantes (pages 349 et suivantes).

L'adsorption est un phénomène *électif*. Tel colloïde, l'argile par exemple, est capable d'adsorber énergiquement les matières colorantes, ainsi que certains ions : NH^4, PO^4 ; elle est sans action sur les ions Cl, NO^3, SO^4.

On a cherché à déterminer la grandeur de l'adsorption de quelques substances en mettant en suspension dans un litre d'eau, contenant 0,3 p. 100 de vert malachite, 50 grammes de diverses argiles ou kaolins. Quand les matières se sont déposées, on dose au colorimètre la quantité du colorant absorbé en comparant le liquide surnageant avec la solution type de vert malachite dont on a fait usage (Ashley). Un procédé analogue a été employé par quelques expérimentateurs pour *doser* la quantité de substances colloïdales contenues dans un sol donné, en supposant que ce soit l'argile qui constitue le colloïde le plus abondant. On a également fait usage, dans ce but, de certaines substances salines, telles que le phosphate de potassium en solution diluée et titrée, dont les deux éléments, acide et basique, se fixent sur des colloïdes différents (König, Hasenbäumer et Hassler).

Certains auteurs pensent que ce sont précisément, ainsi que nous le faisions pressentir plus haut, les électrolytes adsorbés par les colloïdes qui représentent les substances minérales dont s'emparent de préférence les végétaux. Aussi a-t-on proposé parfois, afin d'estimer la quantité de sels nutritifs adsorbés par les colloïdes, de soumettre un poids déterminé de terre, noyée dans 10 à 15 fois son poids d'eau, à l'action d'une température de 120° dans un autoclave. On détruit ainsi l'état colloïdal, et les sels, adsorbés avec plus ou moins d'énergie, entrent en dissolution.

Quelques propriétés des colloïdes du sol. — Le pouvoir que possèdent les divers électrolytes de produire la coagulation des colloïdes varie avec la concentration de ces électrolytes et avec l'atomicité du métal qui entre dans leur composition. Les dissolutions normales du sol sont, comme nous

le dirons dans la suite, des dissolutions très étendues : aussi
la floculation des colloïdes ne doit-elle avoir lieu que dans les
circonstances où, temporairement et dans un endroit déterminé, la concentration de ces dissolutions augmente. Il est à
prévoir, d'après cela, que le sol renferme habituellement un
grand nombre de matières en pseudo-solution. Ces dernières
ne peuvent se maintenir sous cette forme que grâce à une
forte teneur en eau : on conçoit donc avec quelle énergie la
plupart des sols doivent retenir ce liquide.

Les substances capables de se rencontrer dans le sol à l'état
colloïdal sont : la *silice*, dont nous avons signalé plus haut
quelques propriétés particulièrement intéressantes ; l'*argile*, plus
ou moins impure, et toujours mélangée de ses constituants
d'origine tels que potasse, oxyde ferrique, etc. ; l'*hydrate ferrique*
et l'*hydrate d'aluminium* que l'on rencontre surtout dans les
terres tropicales ; les *silicates zéolithiques*, et, enfin, l'*humus* sous
ses formes multiples. Nous étudierons ultérieurement cet humus
au point de vue chimique, et nous essaierons de définir la nature
des combinaisons qu'il contracte avec les matières salines.

Il est indispensable de faire remarquer que, d'une manière
générale, le passage de l'état cristallin à l'état colloïdal est
graduel, et que l'on peut envisager tel colloïde comme un état
condensé, à poids moléculaire élevé, du cristalloïde qui lui correspond. D'après Sjollema, chaque colloïde qui figure dans le
sol semble posséder, vis-à-vis de certains colorants artificiels
(violet de méthyle, jaune de naphtol, etc.), une affinité particulière.

Il existe une cause en vertu de laquelle les colloïdes minéraux peuvent demeurer longtemps sous la forme de *sols*,
même en présence des solutions salines de la terre arable.
En effet, les pseudo-solutions de certains colloïdes organiques
possèdent la faculté, lorsqu'elles sont au contact des hydrosols
minéraux, d'empêcher la précipitation de ces derniers par les
électrolytes. Zsigmondy désigne ce phénomène sous le nom
d'*action préservatrice*. Les différents colloïdes organiques ont, à
cet égard, une intensité très variable. Quelques colloïdes minéraux jouent parfois aussi le rôle de préservateurs. On comprend
facilement, d'après ce qui vient d'être dit, que la présence du

colloïde humique favorise dans la terre arable la diffusion des hydrosols minéraux d'une manière d'autant plus efficace que ce colloïde humique sera plus abondant (Gedroïz).

Précipitation réciproque des colloïdes. — Certains colloïdes peuvent se précipiter réciproquement. On sait que lorsque l'on fait passer un courant électrique dans un liquide qui renferme une suspension colloïdale (métaux, sulfures, acides, hydrates), tel colloïde se rend à la cathode, et l'on dit alors qu'il est *positif*; tel autre se rend à l'anode, et est qualifié de *négatif*. Biltz a constaté que les hydrosols d'électricité contraire tendent, en l'absence de tout électrolyte, à se précipiter en gelée lorsqu'on les mélange. Les hydrosols de même signe n'agissent pas l'un sur l'autre. Pour que la précipitation soit complète, il faut que les quantités respectives des deux colloïdes soient dans un certain rapport dit d'*équivalence*. Si on s'écarte de cette proportion dans un sens ou dans l'autre, la précipitation n'aura plus lieu : on reconnaît là quelque analogie avec la formation des sels insolubles par double décomposition. En vertu de cette précipitation des colloïdes de signe contraire, il est possible d'expliquer un phénomène sur lequel nous avons appelé antérieurement l'attention (page 108) : le colloïde humique et le colloïde argileux détruisent leurs actions réciproques (Fickendey).

De cette discussion sur la présence des colloïdes dans le sol, nous pouvons conclure à l'extrême importance de ces substances vis-à-vis des propriétés physiques de la terre arable. De plus, les colloïdes fixent les éléments de nutrition que renferment les dissolutions naturelles ou celles qui prennent naissance sous l'influence de l'addition des engrais.

Connaissant maintenant la constitution physique de la terre arable, la façon dont se comportent vis-à-vis les uns des autres ses quatre éléments fondamentaux, leurs réactions réciproques, leur structure intime, leurs relations avec l'eau et l'air, nous allons aborder l'étude des propriétés physiques du sol.

CHAPITRE V

PROPRIÉTÉS PHYSIQUES DES SOLS

Notions générales et définition des propriétés physiques des sols. —
Poids spécifique de la terre arable. — Imbibition des terres par
l'eau ; mesure de la capacité d'imbibition. — Hygroscopicité. —
Aptitude des terres à la dessiccation. — Perméabilité de la terre
vis-à-vis des gaz de l'atmosphère. — Relations entre la chaleur solaire et le sol. — Température du sol. — Chaleur spécifique des sols
et de leurs constituants. — Conductibilité du sol pour la chaleur. —
Échauffement du sol et de ses constituants au contact de l'eau. —
Travail des terres. — Jachère.

**Notions générales et définition des propriétés phy-
siques des sols.** — Nous avons décrit, dans les pages qui précèdent, la constitution physique des divers éléments de la
terre arable. Nous en pouvons déduire cette conséquence que
les sols, pris en bloc, présentent des différences qui sont en
rapport avec la prédominance de tel ou tel élément. Or, cette
masse qui constitue la terre végétale jouit de certaines propriétés particulières qui résultent de l'ensemble des conditions mêmes de sa formation et de la façon dont elle se comporte vis-à-vis des agents extérieurs. Ce sont ces propriétés
particulières que l'on nomme *propriétés physiques*. Nous les
étudierons dans l'ordre suivant : *poids spécifique, imbibition
des terres par l'eau, hygroscopicité, aptitude à la dessiccation,
perméabilité à l'eau et aux gaz, relations avec la chaleur solaire.*
Nous ne ferons que mentionner certaines autres propriétés
moins importantes. Cette étude des propriétés physiques nous
est facilitée par les données que nous avons antérieurement
acquises ; quelques-unes d'entre elles peuvent être regardées
comme une série d'*applications pratiques* des lois qui régissent
la circulation de l'eau et des gaz dans le sol.

C'est à Schübler que l'on doit d'avoir défini, le premier, d'une manière nette ce qu'il fallait entendre par cette expression de *propriétés physiques* (1830); mais cet auteur les a étudiées par des procédés souvent imparfaits, et les conséquences qu'il a tirées de ses recherches ont été reconnues parfois inexactes. De très nombreux expérimentateurs ont, à la suite de Schübler, consacré leurs efforts à l'examen de ces propriétés. Nous rappellerons principalement, comme ayant contribué dans une large mesure à l'étude de la physique des sols, les noms de Wollny, Haberlandt, A. Mayer, Ramann, Hilgard, Hall, et, plus récemment, E. A. Mitscherlich, etc. Depuis plusieurs années, toute une phalange d'agronomes américains s'est donnée pour mission d'approfondir les problèmes qui touchent aux propriétés, à la constitution physique et à l'analyse mécanique des sols. Nous signalerons, chemin faisant, les points les plus importants que ces recherches ont mis en relief. Mais, au-dessus des noms que nous venons de citer, il n'est que trop juste de placer celui de Schlœsing. Nous devons, en effet, à ce savant agronome les premières notions vraiment exactes sur les rapports réciproques de la terre avec l'eau, notions auxquelles nous ferons de larges emprunts. Elles ont le mérite d'avoir été présentées par leur auteur avec une grande simplicité jointe à un haut degré de précision; leur intérêt théorique et pratique est de premier ordre.

Les propriétés physiques des sols doivent être étudiées d'abord en elles-mêmes, c'est-à-dire indépendamment *des circonstances de milieu* dans lesquelles se trouvent les terres; c'est à ce point de vue seul que nous les envisagerons ici. Mais nous verrons plus tard que ces propriétés subissent dans leurs attributs des modifications assez profondes qui proviennent de ce que le milieu dans lequel se trouve telle terre réagit sur celle-ci d'une façon continue. C'est ainsi que l'épaisseur de la couche arable, le sous-sol sur lequel repose cette couche, la quantité d'eau pluviale qu'elle reçoit, la chaleur qu'elle emmagasine, le climat sous lequel elle est située, l'inclinaison de sa surface par rapport à l'horizon, sa situation vis-à-vis des quatre points cardinaux sont autant de facteurs capables de modifier la nature des propriétés physiques des sols.

I

POIDS SPÉCIFIQUE DE LA TERRE ARABLE.

Il faut distinguer de suite deux choses dans cette question du poids spécifique de la terre arable par rapport à l'eau : le poids spécifique *réel* et le poids spécifique *apparent*. Le premier s'obtient par des mesures physiques rigoureuses, comme lorsqu'il s'agit d'une semblable détermination sur un corps bien défini (méthode du flacon par exemple). On trouve alors, pour quelques éléments rocheux très communs et pour divers types de terres, les chiffres suivants :

Feldspaths	2,5	à	2,8	Kaolin	2,36 à 2,59	
Micas	2,8	à	3,2	Argile brute	2,44 à 2,59	
Quartz	2,5	à	2,8	Humus et tourbe	1,23 à 1,51	
Spath d'Islande	2,6	à	2,8	Terre sableuse riche		
Dolomie	2,8	à	3,0	en humus	2,45	
Gypse	2,2	à	2,4	Terre argileuse	2,62	
Sable quartzeux	2,64 à 2,74			Terre arable de bonne		
Sable calcaire	2,47 à 2,81			qualité (moyenne)	2,60	

Parmi les éléments normaux du sol, c'est le sable quartzeux qui possède le poids spécifique le plus élevé, mais il s'abaisse lorsque, dans les conditions ordinaires, ce sable est mélangé de proportions variables d'argile et d'humus. Un sol purement humifère posséderait un faible poids spécifique. Mais cette constante physique, prise ainsi au sens absolu, n'a qu'une valeur très secondaire. Elle permet seulement de connaître, comme nous l'avons indiqué plus haut, le volume d'air que renferme un volume déterminé de terre arable (p. 117). On adopte généralement le chiffre de 2,65 comme représentant le poids spécifique moyen des terres arables.

La seule donnée intéressante *au point de vue pratique* c'est le *poids spécifique apparent*, autrement dit, le poids d'un certain volume de terre pris dans les conditions habituelles, renfermant dans ses interstices une quantité variable d'eau et de gaz de l'atmosphère. Ce poids spécifique apparent est très variable. On admet que le poids d'un mètre cube de terre arable, défini comme il vient d'être dit, est voisin de 1.200 kilogrammes. Mais le degré d'humidité de la terre, le tassement plus ou moins énergique auquel on la soumet, ainsi que son mode de culture, peuvent affecter d'une manière assez notable le chiffre que nous venons d'admettre.

Si on s'adresse à une terre contenant de nombreux cailloux volumineux, le poids spécifique apparent s'élèvera en raison même de la grosseur de ces cailloux. Inversement, il s'abaisse beaucoup si la terre est riche en éléments organiques (humus).

Nous avons montré (p. 117) comment on pouvait estimer assez exactement le poids d'un décimètre cube de terre prélevé sur place et dans telles conditions variables que l'on peut imaginer. Le poids spécifique apparent augmente, en général, avec la profondeur à laquelle on prélève l'échantillon.

II

IMBIBITION DES TERRES PAR L'EAU.

Reprenons ici, en quelque sorte *au point de vue pratique*, la question du rapport du sol avec l'eau que nous avons envisagée antérieurement (p. 118) au point de vue théorique.

1° **Pénétration de l'eau de haut en bas**. — La pénétration de l'eau de pluie ou de l'eau d'arrosage ne se fait pas de la même façon dans les divers sols. Nous savons que la rapidité de cette pénétration, ainsi que la quantité d'eau retenue par la terre, varient avec divers facteurs dont le plus important est le degré de finesse des canaux capillaires, et, par conséquent, la grosseur des grains qui la détermine. Mais, si homogène que soit un sol arable, il ne possède jamais, comme nous l'établirons mieux un peu plus loin, une structure tellement uniforme que la grosseur de ses grains et le diamètre de ses canaux capillaires doivent être regardés comme identiques entre eux. Aussi ne peut-on se rendre compte que d'une façon assez grossière de la marche de l'eau dans le sol ; chaque sol possède à cet égard une sorte de coefficient propre. Adressons-nous d'abord aux seuls constituants de la terre, et faisons les expériences suivantes :

Dans une série de tubes un peu larges, de 2 à 3 centimètres environ de diamètre, bouchés à leur partie inférieure par un morceau de toile solidement fixé sur leurs bords, mettons 100 grammes de sable fin sec passant au tamis de 1 millimètre de mailles, 100 grammes de craie pulvérisée sèche, 100 grammes de kaolin sec et 100 grammes d'humus (1). Dans chacun de ces quatre tubes, suspendus au-dessus de vases de verre permettant de recueillir le liquide qui s'écoulera, versons 100 grammes d'eau. Nous observerons alors que l'eau disparaît très rapidement dans l'humus, moins vite dans le sable, plus lentement encore dans la craie, et très lentement dans l'argile. Examinons maintenant quelle est la quantité d'eau qui, après avoir traversé avec une vitesse très variable les divers éléments, s'est écoulée dans les vases sous-jacents. Le vase qui correspond au sable est le plus chargé de liquide, et il en contiendra d'autant plus que les grains sableux employés seront plus gros ; celui qui correspond à la craie est moins chargé que le précédent, mais il en contient davantage que le vase qui correspond à l'argile. Quant au tube qui renferme l'humus, il ne laisse pas écouler d'eau. On conclut de cet essai que les éléments constitutifs du sol, au point de vue de la pénétration de l'eau de haut en bas, peuvent être ainsi définis : l'humus absorbe très rapidement l'eau et en conserve une forte quantité ; avec le sable, l'absorption est encore assez rapide, mais cet élément retient peu d'eau ; la craie s'imbibe lentement et retient beaucoup de liquide ; quant à l'argile, elle se laisse pénétrer encore plus lentement par l'eau dont elle conserve de grandes quantités. Le calcaire, et surtout l'argile, présentent des canaux capillaires beaucoup plus fins que ceux du sable employé ; le frottement de l'eau est donc considérable : d'où la lenteur avec laquelle pénètre ce liquide. Si la quantité d'eau qui s'écoule, au bout d'un temps parfois très long, est faible, cela tient à l'exiguïté des canaux qui retiennent d'autant plus de liquide qu'ils sont plus fins et, par conséquent, plus nombreux.

Une remarque est ici nécessaire qui nous est suggérée par les faits que nous avons étudiés précédemment. Lorsqu'on verse de l'eau sur un sable bien sec, cette eau ne pénètre pas immédiatement ; mais quand le sable a d'abord été amené à un certain degré d'humidité, il se laisse traverser beaucoup plus rapidement par le liquide.

En ce qui concerne l'humus, il est indispensable de faire observer que, lorsque cet élément est sec, l'eau semble ne pas le mouiller. Le li-

____

(1) Celui-ci s'obtient facilement en prenant quelques centaines de grammes de terreau de jardinier que l'on jette dans une terrine ; on ajoute de l'eau, et on pétrit la masse de façon à la débarrasser des éléments lourds minéraux qu'elle renferme. La majeure partie de la matière organique surnage ; on la recueille et, après l'avoir bien divisée, on la laisse sécher à l'air jusqu'à ce qu'elle n'adhère plus aux doigts quand on en prend une poignée. On la tasse ensuite légèrement dans le tube.

quide glisse en quelque sorte à sa surface. Cela tient à ce que les particules humiques sont enduites, en très faible quantité le plus souvent, de matières résineuses qui les protègent contre l'action de l'eau. En outre, la tension superficielle de l'eau s'oppose à son passage dans ce milieu très sec : il faut parfois attendre fort longtemps avant que l'eau pénêtre la masse d'humus. Aussi, lorsqu'on veut réussir l'expérience décrite plus haut, est-il nécessaire de malaxer soigneusement d'abord l'humus sec avec une certaine quantité d'eau, dont il faudra tenir compte dans le cas d'une expérience quantitative.

L'expérience précédente, exécutée avec les quatre constituants de la terre arable, ne peut être transportée telle quelle dans la pratique, car les sols exclusivement crayeux, sableux, argileux ou humifères sont très rares.

Nous pouvons cependant énoncer quelques propositions générales telles que celles-ci. Un sol dans lequel domine l'argile est peu perméable à l'eau, mais, par contre, il retient bien ce liquide. Un sol pauvre, composé surtout d'éléments sableux, absorbe facilement l'eau, mais n'en garde que de faibles quantités. Enfin, chez un sol très sec, la pénétration de l'eau est d'autant plus difficile que l'humus est plus abondant.

2º **Pénétration de l'eau de bas en haut**. — Examinons maintenant le mouvement inverse :

Pour cela, prenons des tubes analogues à ceux qui viennent de nous servir à la démonstration de la faculté d'imbibition, et remplissons-les avec les mêmes éléments que précédemment en laissant toutefois de côté le tube à humus qui, dans le cas actuel, ne donnerait pas de résultats. Introduisons seulement une petite modification qui consiste à mélanger, avant de les mettre dans leurs tubes respectifs, le sable, la craie, l'argile avec le trentième environ de leur poids de sulfate de cuivre anhydre (ce sel est blanc). Faisons ensuite repasser la partie inférieure de ces 3 tubes dans un cristallisoir qui contiendra une mince couche d'eau. Nous ne tarderons pas à voir le liquide monter rapidement dans le sable, et nous en serons avertis par le bleuissement de la colonne sableuse, car le sulfate de cuivre anhydre devient bleu au contact de l'eau. Etant données les notions acquises dans le précédent chapitre, nous devons penser que l'ascension de l'eau sera d'autant plus rapide dans le sable que les grains de celui-ci seront plus gros ; d'autant plus lente, mais d'autant plus élevée, que les grains seront plus fins. L'ascension de l'eau dans la craie, traduite par le bleuissement de sa masse, est beaucoup plus lente que dans le sable ; elle est cependant plus rapide que l'ascension dans l'argile.

Cela tient à ce que les canaux capillaires de la craie pulvérisée, et surtout ceux de l'argile, sont infiniment plus étroits que ceux du sable passant au tamis de 1 millimètre. Mais, au bout d'un temps suffisamment long, la hauteur à laquelle le liquide s'élèvera sera beaucoup plus considérable que dans le sable. Cependant on ne saurait trop répéter que le frottement de l'eau sur les parois de tubes très étroits peut être tel que le liquide ne puisse pas s'élever au-dessus d'un certain niveau. On en conclut, au point de vue pratique, qu'une terre sableuse qui repose sur un sous-sol imperméable à la surface duquel s'étend une couche d'eau laissera monter assez facilement le liquide dans son épaisseur ; au contraire, une couche d'argile sous laquelle les eaux se sont infiltrées formera un obstacle presque insurmontable à l'ascension de l'eau dans une terre placée au-dessus de cette argile.

Mesure de la capacité d'imbibition. — Le côté théorique de cette question a été déjà exposé à la page 122 du chapitre précédent, lorsque nous avons étudié les capacités maximum et minimum de la terre pour l'eau. Examinons maintenant comment il convient d'opérer pour *mesurer* la quantité d'eau dont une terre peut se charger normalement.

Entre une terre exclusivement sableuse qui retiendrait, en général, peu d'eau et une terre exclusivement argileuse qui en fixerait beaucoup, il y a une foule d'intermédiaires. Il est nécessaire de connaître, pour les besoins de la culture, quelle est approximativement la dose d'eau que peut garder une terre donnée lorsqu'elle a été arrosée de quelque façon que ce soit, et a laissé s'écouler l'excès de liquide qui la gorgeait.

La mesure du pouvoir absorbant d'un sol pour l'eau a été pratiquée pour la première fois par Schübler de la façon suivante. On dispose sur un entonnoir muni d'un filtre de papier mouillé, égoutté, puis pesé, un poids connu de terre ; on verse de l'eau sur celle-ci, et on attend que le liquide excédant se soit complètement écoulé par la douille de l'entonnoir. On pèse ensuite le filtre et la terre humide. Le poids de cette terre humide, comparé à celui de la terre sèche initiale, donne la proportion d'eau que la terre a conservée. Employé vis-à-vis des échantillons les plus variés, ce procédé conduit à des chiffres beaucoup trop élevés : 100 grammes de terre arable ordinaire retiendraient ainsi de 60 à 80 grammes d'eau. Cette expérience fournit seulement la *capacité maximum* d'une terre pour l'eau.

Voici comment Schloesing a démontré l'incorrection de cette façon d'opérer. On prend un tube de verre de 3 à 4 centimètres de diamètre et de 40 centimètres de longueur que l'on bouche à l'une de ses extrémités par un morceau de toile solidement fixé sur ses bords. On immerge ce tube dans une grande éprouvette contenant de l'eau colorée par de la fuchsine ou du violet de Paris. Lorsque le niveau de l'eau est le même à l'extérieur et à l'intérieur, on verse doucement dans le tube du sable fin jusqu'aux deux tiers de sa hauteur; ce dont on peut se rendre compte en déterminant au préalable la capacité du tube. Le sable aura été auparavant tamisé au travers d'un tamis à mailles de 1 millimètre de côté, par exemple. En opérant ainsi, le sable se répartit dans le liquide en couches sensiblement homogènes ; ce qui n'aurait pas lieu si on remplissait d'abord le tube avec le sable et qu'on l'immergeât ensuite dans le liquide coloré. On sort ensuite le tube de l'éprouvette et on le laisse s'égoutter verticalement. Dès le début de l'égouttage, la partie supérieure du sable se décolore sensiblement, et, lorsque cet égouttage est terminé, le tube est divisé d'une manière très nette en deux régions : la région supérieure dans laquelle le sable est peu coloré, et la région inférieure dans laquelle le sable est à peu près aussi teinté qu'au moment où le tube a été retiré de l'éprouvette.

Nous savons, en effet, qu'il existe entre les éléments du sable de *véritables canaux capillaires*. Ces canaux, au moment où l'on sort le tube du liquide coloré, sont complètement remplis par ce liquide ; aussi la teinte du sable est-elle à ce moment uniforme. Mais, au fur et à mesure que le sable s'égoutte, les canaux se vident peu à peu à la partie supérieure; à leur partie inférieure, au contraire, ils restent pleins, et la hauteur de ces colonnes liquides *est égale à celle des colonnes d'eau au poids desquelles la capillarité peut faire équilibre*. Les grains sableux de la partie supérieure, dont les canaux sont vides, retiennent simplement par l'attraction de leur surface une mince pellicule liquide : d'où leur faible coloration dans le cas actuel.

L'exactitude de cette explication ressort du fait suivant. Si on prend des échantillons de sable bien homogènes, mais de plus en plus fins, et si on répète avec eux l'expérience précédente, on doit s'attendre à trouver, après égouttage, des régions inférieures colorées sur une hauteur d'autant plus grande que le sable employé sera plus fin et formera, par conséquent, des canaux capillaires plus étroits. C'est, en effet, ce que l'on constate. Or, étant donnée la façon de procéder de Schübler, la terre, ainsi que le fait remarquer avec raison Schlœsing, ne s'égoutte pas, ne se ressuie pas sur le filtre ; ses canaux capillaires demeurent sur toute leur hauteur gorgés de liquide, comme ils le sont dans la région inférieure des tubes dans les essais précédents. On obtient donc forcément, en opérant comme Schübler, des chiffres beaucoup trop élevés ; car, dans les conditions naturelles, la terre se ressuie toujours après la chute de l'eau de pluie ou d'arrosage, au moins dans ses couches supérieures. Que certains sols très compacts, très argileux, abandonnent leur eau avec une grande lenteur, la chose est évidente ; mais il ne faudrait pas croire qu'on soit alors en présence d'un taux d'humidité normale.

Le chiffre qu'on obtiendrait dans ces conditions correspondrait à une dose d'eau beaucoup trop élevée. Si on prend, pour taux *normal* d'humidité, la quantité d'eau retenue par les grains sableux de la partie supérieure des tubes après cessation de l'égouttage, on trouve que ce taux varie avec *la finesse des éléments*, et qu'il est d'autant plus élevé que les grains sont plus fins. En effet, ces éléments sableux sont entourés d'une couche d'eau dont *l'épaisseur doit être à peu près la même* quelle que soit la grosseur des éléments. Or ceux-ci ont, pour un même poids de matière, une surface d'autant plus grande qu'ils sont plus fins. Schlœsing a vérifié le fait expérimentalement en réalisant des mélanges formés de poids connus de divers sables quartzeux de dimensions inégales auxquels on ajoute de l'eau. Une fois l'homogénéité de ces mélanges bien réalisée, on les abandonne pendant vingt-quatre heures à eux-mêmes. Au bout de ce temps, on détermine le taux de l'humidité totale, puis, après un tamisage, le taux de l'humidité de chacun des lots composant le mélange. On trouve alors que le sable le plus fin renferme, sous un même poids, beaucoup plus d'eau que le sable le plus gros ; et, si le mélange artificiel est composé de poids égaux de deux sables à dimensions très inégales, on remarque que la moyenne arithmétique du taux de l'eau de chacun de ces deux sables est sensiblement égale au taux de l'eau du mélange initial.

On conclut donc de ce qui précède qu'une terre bien ressuyée présentera un taux d'humidité d'autant plus considérable, pour un poids donné, que les éléments de cette terre seront plus fins.

Imbibition de la terre végétale. — Voyons comment les choses se passent lorsqu'on pratique l'expérience précédente, non plus avec un sable d'une grosseur déterminée, mais avec de la terre végétale. Dans ce cas, il n'est pas possible d'employer de l'eau colorée ; la différence des teintes ne pourrait être perçue. Émiettons donc de la terre moyennement argileuse dans un tube de 40 centimètres de hauteur plongé dans l'eau ordinaire, et, après égouttage, étudions la répartition de l'eau par la *pesée d'échantillons pris à diverses hauteurs*. Nous trouverons alors que le tube peut être divisé en trois régions. Une région supérieure dans laquelle la quantité d'eau est constante et faible, une région moyenne dans laquelle la quantité d'eau est variable et augmente du haut vers le bas, enfin une région inférieure dans laquelle la quantité d'eau est constante, mais plus forte que celle de la région supérieure. En effet, les canaux capillaires qui existent dans la terre, disposée ainsi que nous venons de le faire, fonctionnent comme dans le cas du sable, et l'existence des deux régions, supérieure et inférieure, est explicable de la même façon que pour le sable. Mais, comme la terre n'a pas été tamisée, il est évident que les canaux capillaires qui sillonnent sa masse doivent être inégaux et demeurer pleins de liquide sur des hauteurs très variables. A cette inégalité de diamètre des canaux capillaires correspond précisément la région moyenne du tube, région dans laquelle la quantité d'eau retenue va en augmentant de haut en bas.

Lorsqu'il s'agissait du sable seul, nous avons admis que l'eau qui mouillait cette substance, après égouttage, se trouvait sur chaque grain, supposé sphérique, sous la forme d'une mince pellicule dont l'épaisseur était probablement indépendante du diamètre de la sphère. Dans le cas de la terre arable, les éléments minéraux ont des formes extrêmement variables, et s'il existe une pellicule d'eau qui adhère, après ressuyage, à la surface de chacun d'eux, on peut en outre concevoir que les éléments, parsemés le plus souvent de cavités, retiennent dans ces *pores* de très petites dimensions une certaine quantité de liquide qui ne s'écoule pas à la suite d'un égouttage, même prolongé. En réalité, les pores constituent des canaux capillaires très courts dans lesquels l'eau a chassé l'air ; ces canaux n'ont donc à soutenir que de très faibles colonnes liquides.

Si on compare les chiffres donnés par Schübler, obtenus au moyen de la méthode du filtre, avec ceux que Schlœsing a déterminés par la méthode des tubes après ressuyage, on a les résultats suivants :

Quantités d'eau retenues par 100 parties de sable
ou de terre.

	D'après la méthode de Schübler.	D'après la méthode de Schloesing.
Sable fin.....................	20	7,3
— grossier	16	3

	Terre délayée dans l'eau et jetée sur filtre.	Terre émiettée sur filtre et arrosée d'eau.	
1° Terre argileuse............	47,7	49,0	35,0
2° — argilo-calcaire meuble	43,5	51,7	30,0
3° — argilo-sableuse	45,7	54,7	37,5
4° — de forêt composée de sable très fin	57,7	61,8	42,0
5° Calcaire sableux	40	41	32

Le procédé du ressuyage fournit donc seul *la dose normale* d'eau que renferme un sol donné ; cette dose varie de 30 à 40 p. 100 du poids de la terre sèche.

Schlœsing ajoute que, si le ressuyage, pratiqué comme nous l'avons dit, se rapproche davantage des conditions naturelles, il en diffère cependant en ce sens que la terre employée a été nécessairement émiettée ; or la division en particules *possède une influence sur la quantité d'eau retenue par le sol.*

Comme conclusion, nous dirons que la détermination de la quantité d'eau contenue dans une terre donnée doit être faite par une expérience directe. Sur une terre lavée par les eaux de pluie et bien ressuyée, on prélèvera des échantillons à des profondeurs déterminées, on les séchera à l'étuve à une même température ; les chiffres ainsi obtenus représenteront la dose véritable d'humidité pour chaque couche examinée. Les terres qui retiennent le plus facilement l'eau, et dont le ressuyage est très difficile, sont les terres à éléments sableux très fins dont la division en particules n'est pas assurée par une quantité suffisante d'argile ou d'humus. Leurs éléments, très peu cohérents dans ce cas, se soudent, et il existe entre eux des canaux capillaires d'une telle finesse que ces canaux ne se vident qu'avec une extrême lenteur lorsque la terre est mouillée : témoin la terre n° 4 du tableau précédent.

Kopecky détermine la capacité *absolue* du sol pour l'eau à l'aide d'un procédé qui consiste à découper un prisme de terre de volume connu, à l'humecter complètement d'eau, comme peut l'être la couche supérieure d'une terre après une pluie prolongée, et à dessécher ce prisme en posant sa base sur une couche de terre de même nature, séchée à l'air et tassée dans une boîte. Quand la perte de poids est devenue constante, on pèse le prisme, et la quantité d'eau qu'il renferme à ce moment représente *la capacité absolue du sol pour l'eau*. La détermination du poids apparent et celle du poids spécifique permettent de calculer l'espace total existant entre les particules terreuses, c'est-à-dire la *porosité de la terre*. En retranchant du volume qui exprime la porosité le volume qui exprime la capacité pour l'eau, on obtient en volume l'espace laissé libre, aussi bien par le liquide que par les éléments terreux : c'est *la capacité du sol pour l'air* (d'après de Ville Chabrolle ; *An. Inst. agron.* (2), VII, 325 (1908).

III

HYGROSCOPICITÉ.

On appelle *hygroscopicité* la propriété que possède la terre végétale de condenser l'humidité de l'atmosphère. La tension de la vapeur d'eau contenue dans celle-ci est essentiellement variable. La terre attire la vapeur atmosphérique et la retient, en sorte que l'eau qui recouvre les particules terreuses possède une tension de vapeur différente de celle qui répondrait au cas où l'attraction de l'eau par la terre serait nulle. Cette hygroscopicité se rencontre d'ailleurs chez une foule de substances pulvérulentes. Elle dépend essentiellement de l'attraction qu'exercent les surfaces solides sur la vapeur d'eau ; par conséquent, deux terres ou deux sables de même nature dont les grains, sous le même poids, auront des dimensions très différentes, fixeront des quantités d'eau hygroscopiques qui varieront avec la finesse des éléments et seront directement proportionnelles à la surface de ces éléments. A cet égard, l'argile et l'humus retiennent beaucoup d'eau hygroscopique. D'après Loughridge, les silicates zéolithiques, la silice, les hydrates de fer et d'aluminium sont, parmi les constituants de la terre arable, les substances les plus hygroscopiques.

La température et l'état hygrométrique de l'air ambiant

jouent un rôle capital vis-à-vis de la quantité d'eau hygroscopique dont peut se charger une terre. Si la température s'élève, le taux d'eau hygroscopique diminue. Celui-ci s'accroît lorsque la tension de la vapeur d'eau augmente dans l'atmosphère.

Le seul procédé correct qui permettrait de déterminer exactement l'hygroscopicité d'une terre consisterait, d'après Schlœsing, à prendre des lots de cette terre à divers taux d'humidité sur lesquels on ferait circuler, à température déterminée, un courant d'air assez lent pour entraîner toute la vapeur d'eau que la terre pourrait lui abandonner. On pèserait ensuite l'eau ainsi dégagée et recueillie dans un appareil absorbant. On calculerait la tension de la vapeur d'eau dans l'air sorti de l'appareil, et *cette tension serait celle de l'eau déposée à la surface de la terre dans les conditions réalisées par l'expérience.*

Mais, au point de vue pratique seul, on peut s'en tenir approximativement aux déterminations qu'a faites Schübler. 5 grammes de terre sèche, étalés en couche mince sur une surface de 360 centimètres carrés, sont exposés dans une chambre dans laquelle on a répandu de l'eau, de façon que l'atmosphère en soit saturée. Chaque échantillon étant pesé de douze en douze heures, on trouve, exprimés en grammes, les chiffres suivants qui indiquent la quantité d'eau absorbée par 5 grammes de matière à une température de 15-18° :

Au bout de :	12 heures.	24 heures.	48 heures.	72 heures.
Sable siliceux............	0	0	0	0
— calcaire	$0^{gr},01$	$0^{gr},015$	$0^{gr},015$	$0^{gr},015$
Argile maigre..........	$0^{gr},105$	$0^{gr},130$	$0^{gr},140$	$0^{gr},140$
— grasse..........	$0^{gr},125$	$0^{gr},150$	$0^{gr},170$	$0^{gr},175$
Terre de jardin	$0^{gr},175$	$0^{gr},225$	$0^{gr},250$	$0^{gr},260$
Humus	$0^{gr},400$	$0^{gr},485$	$0^{gr},550$	$0^{gr},600$

(Schübler.)

Il résulte de l'inspection de ces nombres que l'hygroscopicité des sables siliceux et calcaire est très faible, que celle de l'argile est un peu plus grande, et que l'hygroscopicité de la terre semble n'atteindre un chiffre plus élevé que celui de ses constituants minéraux que lorsqu'elle renferme une quantité d'humus notable. L'humus possède, en effet, un pouvoir absorbant assez considérable vis-à-vis de la vapeur d'eau. Schlœsing fait remarquer à ce propos que l'air, dans les expériences de Schübler, n'était pas saturé de façon absolue puisqu'il devait évidemment se renouveler avec plus ou moins de facilité dans la chambre : aussi les conditions dans lesquelles Schübler s'est placé se rapprochent-elles en somme des conditions naturelles.

Si on s'adresse à une atmosphère *saturée*, telle que celle que l'on peut réaliser en faisant usage d'une cloche qui recouvre un vase plein d'eau, et si on expose sous cette cloche, d'une part du sable bien sec, et, d'autre part, un échantillon de ce même sable *calciné*, on trouve, d'après Schlœsing, les quantités suivantes d'eau condensée pour 100 parties de sable, au bout du nombre de jours inscrits au tableau ci-joint (température comprise entre 15° et 20°) :

	Début.	2 jours.	4 jours.	10 jours.	24 jours.	79 jours.
Sable naturel...	0	1,69	1,90	2,33	2,43	2,50
— calciné ..	0	0,50	0,59	0,70	0,80	0,90

Le taux de l'eau hygroscopique augmente donc constamment et pendant un temps fort long. Schlœsing explique ce résultat de la façon suivante. Lorsque l'atmosphère est saturée, pour un abaissement, même minime de température, une certaine quantité de vapeur d'eau se condense et, par conséquent, se dépose sur le sable. Si la température s'élève, il y a vaporisation de l'eau liquide. Mais, *si faible que soit l'attraction exercée sur elle par le sable, il s'en vaporise à la surface de celui-ci, pour une élévation donnée de température, moins qu'il ne s'en condense pour un même abaissement*. Aussi le sable absorbe-t-il de l'eau de façon continue. Cette absorption cesse au moment où la couche d'eau qui entoure les grains sableux n'est plus sensiblement retenue à leur surface.

Ainsi, lorsqu'une terre préalablement desséchée est mise au contact d'une atmosphère absolument saturée d'eau, l'équilibre final se produit avec une extrême lenteur. Mais par l'effet de ces condensations et de ces vaporisations successives que produisent les moindres variations de température, la terre, suivant plusieurs auteurs, se chargerait d'une quantité d'eau supérieure à l'eau d'hygroscopicité. Aussi les chiffres qu'on obtiendrait par la méthode précédente seraient-ils trop élevés. A. Mitscherlich emploie, pour déterminer l'hygroscopicité d'une terre, non pas un dispositif qui assure la saturation parfaite de l'atmosphère, mais un procédé dans lequel on fait usage d'eau qui contient en dissolution une substance capable d'en diminuer la tension de vapeur (acide sulfurique à 10 p. 100).

Influence de la température sur l'hygroscopicité de la terre végétale. — D'après Schlœsing, si on désigne par f la force élastique de la vapeur d'eau dans une terre (ou dans l'air qui sort de cette terre) et par F la force élastique maxima de la vapeur d'eau à la même température, l'expérience montre que le rapport $\frac{f}{F}$ s'élève lentement avec la température. Les expériences étaient faites dans un intervalle compris entre 9° et 35° sur des terres renfermant respectivement 0.82, 1.53, 2.14, 2.83, 4.64 d'eau p. 100 de terre sèche.

Comme ce rapport n'est pas absolument constant, Schlœsing a formulé la conclusion suivante : pour un même état hygrométrique de l'atmosphère, la terre prend *à peu près* une même dose d'humidité, indépendamment des variations de température comprises entre 9 et 35°.

Dessiccation absolue d'une substance. — A propos des propriétés hygroscopiques de la terre et de l'estimation, en général, de la dose d'eau que renferme une substance végétale, la terre en particulier, dose que l'on estime le plus souvent par une dessiccation à l'étuve à 110°, il n'est pas inutile de faire les remarques suivantes sur lesquelles Maquenne a insisté. Une substance végétale maintenue dans l'air ordinaire d'une étuve chauffée à 110°-120°, jusqu'à poids constant, retient toujours une certaine quantité d'humidité qui varie avec la température et l'état hygrométrique de l'atmosphère. Cette eau ne se dégage que si *on annule la tension de sa vapeur dans le milieu ambiant* : par exemple, en faisant l'opération dans le vide ou dans un courant d'air sec. Cette dessiccation *absolue* paraît être complète après un chauffage d'une heure à 120°, ou de deux heures à 100° dans un courant d'air sec. La matière ainsi traitée demeure inaltérée, et elle fournit une teneur en eau supérieure de 1 p. 100 environ à celle que les méthodes ordinaires auraient donnée en un temps beaucoup plus long.

La dessiccation absolue de la terre arable doit être pratiquée dans un courant d'air sec et sur une matière chauffée à 110°-120°. La plupart du temps, on se contente d'une dessiccation à l'étuve faite à cette même température en ayant soin de peser la capsule qui contient l'échantillon de terre (10 à 40 grammes suivant les cas) dans une boîte de verre circulaire dont le couvercle est rodé (boîte analogue aux pèse-filtres, mais d'un diamètre plus grand), de façon à éviter le contact de l'air. Ce procédé, plus expéditif que le précédent, suffit le plus souvent ; mais, d'après ce qui vient d'être dit, la teneur en eau ainsi obtenue est un peu trop faible.

A. Mitscherlich dispose la terre dans un vase clos en présence d'anhydride phosphorique. On chauffe le tout dans un bain-marie à 100° pendant quatre heures.

Ajoutons enfin une dernière remarque. Lorsqu'on chauffe une substance quelconque dans une étuve à air chaud, la température est généralement très mal définie, surtout lorsque l'étuve est quelque peu spacieuse. Il est indispensable, pour définir cette température, de faire usage de petits thermomètres ne comprenant qu'un nombre restreint de degrés (90 à 115° par exemple), et de placer le réservoir de ceux-ci au voisinage immédiat ou même à l'intérieur de la substance à sécher pour se rendre compte du degré exact de température auquel celle-ci est portée ; on réglera le chauffage de l'étuve en conséquence.

IV

APTITUDE DES TERRES A LA DESSICCATION.

C'est principalement à Schlœsing que nous sommes redevables, au point de vue pratique, d'une étude rationnelle sur ce point très important du mouvement de l'eau dans une terre humide. Exposons d'abord le procédé anciennement employé par Schübler. Cet auteur mesurait l'aptitude des terres à la dessiccation en prenant le rapport du poids de l'eau qu'elles perdent par évaporation dans des conditions déterminées, au poids d'eau maximum dont elles peuvent se charger. A cet effet, on étend sur un disque métallique, muni d'un petit rebord, de la terre végétale imbibée au maximum et égouttée sur filtre, d'après les procédés de mesure de l'imbibition précédemment décrits. On fait une première pesée, puis on expose le disque pendant quatre heures dans une pièce à température connue (18°). On pèse au bout de ce temps. On obtient ainsi un poids p d'eau évaporée. Le disque est ensuite porté à l'étuve, et on détermine après quelques heures le poids P d'eau totale contenue dans la terre. L'aptitude des terres à la dessiccation est représentée par l'expression $\frac{p}{P} \times 100$.

Schlœsing fait d'abord observer que, dans de semblables déterminations, le nombre p est à peu près invariable. En effet, l'expérience montre que les terres les plus diverses, préparées comme le faisait Schübler, c'est-à-dire imbibées d'eau au maximum (35 p. 100 environ de la terre sèche) et étalées en couche mince, perdent, dans les mêmes conditions extérieures, des quantités d'eau sensiblement égales. Ces terres ne commencent à présenter entre elles quelque différence que lorsque la quantité d'eau qu'elles contiennent s'abaisse au-dessous de 6 à 7 p. 100. Arrivée à ce terme, une terre très argileuse perdra moins d'eau qu'une terre sableuse. Ainsi, puisque p est sensiblement constant, l'aptitude d'une terre à la dessiccation serait, d'après Schübler, inversement proportionnelle au poids P d'eau que contient cette terre imbibée au maximum.

Influence de la finesse des éléments. — Schlœsing a bien mis en évidence le côté défectueux de l'expérience de Schübler. En effet, s'il ne s'agit que d'une simple évaporation dans le cas d'une terre exposée à l'air en couche mince, les choses n'en vont pas de même lorsque la terre se trouve sous une certaine épaisseur. L'évaporation ne peut avoir lieu qu'à la surface qui est en libre contact avec l'atmosphère, presque toujours non saturée de vapeur d'eau et sans cesse renouvelée. L'eau qui se trouve à l'intérieur de la masse terreuse doit se transporter jusqu'à la surface afin de s'y vaporiser, et alors la dessiccation se poursuivra. Il faut donc, dans la perte d'eau par la terre, faire la part de deux phénomènes concomitants : perte d'eau par la surface, et transport de l'eau intérieure vers celle-ci. Si on considère deux terres supposées contenir même dose d'eau, mais dont les éléments sont de grosseur inégale, la facilité avec laquelle l'eau circulera dans ces deux terres sera très différente.

Pour étudier le mécanisme de la dessiccation des terres, Schlœsing emploie des vases de porcelaine vernie de même diamètre et de même profondeur, d'une capacité légèrement supérieure à 1 litre. Ayant séparé par lévigation les éléments d'une terre, il remplit un premier vase avec le sable le plus grossier, un second avec du sable fin, un troisième avec du sable très fin. On fait en sorte que ces trois sables renferment à peu près le même taux d'humidité (15 p. 100), et on les dispose ensuite dans une pièce dont la température varie de 15 à 20°. Les vases sont pesés tous les deux jours pendant un mois environ ; à la fin de l'expérience, on extrait de chaque vase le sable par couches horizontales d'épaisseur connue dans lesquelles on dose l'humidité. On porte en abscisses les taux d'eau p. 100 de sable sec, et en ordonnées les hauteurs occupées par les couches de sable dans chaque vase.

On trouve, après vingt-sept jours d'expérience, que le premier lot de sable (gros sable) a perdu beaucoup plus d'eau que le second (sable fin), et, celui-ci, beaucoup plus que le troisième (sable très fin). Donc les éléments sableux opposent au transport de l'eau vers la surface un obstacle d'autant plus grand que ces éléments sont plus fins. La répartition de l'eau dans les différentes tranches horizontales du sable, étudiée après la détermination de la perte globale d'eau pendant vingt-sept jours, se traduit par les deux courbes ci-jointes (fig. 4).

La courbe n° 1 (gros sable contenant 15,9 p. 100 d'eau à l'état initial)
montre que l'humidité du sable a varié de 5,3 p. 100 à 4,25 depuis le
fond du vase jusqu'à une hauteur voisine de 4 centimètres au-dessous
de la surface ; il n'y a donc qu'une différence de 1 p. 100 entre les taux
d'humidité de régions relativement éloignées l'une de l'autre ; la courbe
est presque parallèle à l'axe des ordonnées, et l'on en conclut que
toutes les régions, comprises entre le fond du vase et une parallèle à
l'axe des abscisses menée à 4 centimètres au-dessous de la surface, se
sont desséchées d'une façon
presque identique ; par conséquent, la circulation de l'eau
s'est facilement effectuée dans ce
sable.

L'examen de la courbe n° 3
(sable très fin à 15,1 p. 100 d'eau
à l'état initial) montre, au contraire, que cette courbe est beaucoup plus inclinée que la précédente dans la région examinée
précédemment. Au fond du vase,
la terre s'est à peine desséchée ;
elle renferme presque la même
dose d'eau qu'au début. Donc le
mouvement de l'eau s'est effectué au travers de la masse du lot
n° 3 beaucoup plus difficilement
que dans le lot n° 1 composé de
sable grossier. On en conclut
que la finesse des éléments présente un obstacle très grand à
la circulation de l'eau au travers
de la terre.

King a construit des courbes
du même genre qu'il a obtenues
en étudiant la répartition de

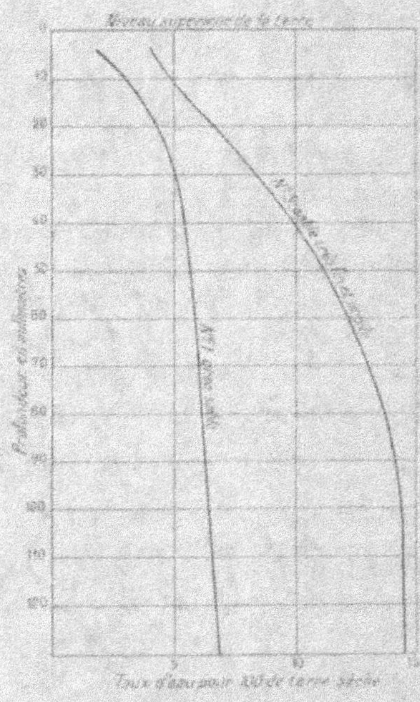

Fig. 4.

l'eau à différentes hauteurs dans des cylindres remplis de sable et de
terre argileuse. Ces deux matières étant d'abord saturées d'eau, on
les abandonne au ressuyage jusqu'à ce qu'il ne s'écoule plus de liquide
par la partie inférieure. Le sable contient un taux d'eau presque
constant, et très peu élevé, sur la majeure partie de sa hauteur ; la
terre argileuse, au contraire, est gorgée d'eau de façon presque
uniforme jusqu'à une distance peu éloignée de sa surface. Ceci est à
rapprocher des expériences d'imbibition exécutées dans les tubes
de Schlœsing (p. 147).

L'examen des deux courbes précédentes suggère également une
remarque importante. Au voisinage de la surface, le taux de l'humi-

dité s'abaisse dans de très notables proportions, quoique d'une façon variable avec la grosseur des grains. Aussi la dessiccation subit-elle un ralentissement du fait de cet abaissement. On voit alors apparaître à la surface de la terre une *croûte* peu perméable qui protège la masse sous-jacente des effets de l'évaporation. Cette croûte prend naissance dans les conditions suivantes. Si l'eau circule facilement dans l'épaisseur du sol, la surface de celui-ci, en contact direct avec l'atmosphère, demeure humide parce que l'eau qui s'évapore est constamment remplacée par l'eau qui monte de la profondeur ; mais, dès que cette montée de l'eau devient plus pénible, l'évaporation l'emporte, la surface se dessèche, et l'eau ne la traverse plus que très difficilement. Cette croûte protectrice empêche donc la terre de perdre de l'eau, et sa formation est facilitée par certaines circonstances extérieures. Si on suppose que l'air au contact de la terre soit à une température élevée et sans cesse renouvelé par l'action d'un vent continu, la croûte protectrice se formera alors même que la dose de l'eau contenue dans la terre est encore notable. Dans le cas où l'atmosphère est humide et tranquille, la croûte ne se formera pas, la terre fut-elle peu riche en eau. Il est bon de remarquer qu'une étendue donnée de terre présente toujours une surface beaucoup plus grande que la même étendue d'eau, en raison de l'état particulaire sous lequel se présente la terre, même lorsqu'elle n'a pas été travaillée. Une étendue donnée de terre offrira une surface d'autant plus grande qu'elle aura été plus divisée, plus ameublie par les instruments aratoires. Si on compare telle étendue de terre humide avec une égale surface d'eau, on trouve que la perte par évaporation que subit la terre humide est, toutes choses égales d'ailleurs, plus forte que celle que subit la même surface d'eau (Haberlandt). Donc, lorsque, par des façons répétées, on ameublit la surface d'une terre, on active l'évaporation de l'eau qu'elle renferme ; mais, ainsi que le montre l'expérience du morceau de sucre (p. 124), la couche de terre ainsi ameublie empêche l'eau des parties profondes d'arriver à la surface dont les canaux capillaires ont été détruits par le fait de l'ameublissement.

Influence du degré d'humidité du sol sur sa dessiccation. — Si on prend plusieurs échantillons d'une même terre, qu'on les additionne de quantités d'eau croissantes et qu'on les dispose dans des vases de porcelaine analogues à ceux de l'expérience précédente, on trouve, d'après Schlœsing, que les poids d'eau évaporée sont d'autant plus grands, pour un même intervalle de temps, que la terre est plus humide. La terre perd des quantités d'eau *proportionnelles au temps*, jusqu'à ce que son humidité moyenne tombe à 15 p. 100. Au-dessous de ce chiffre la dessiccation se ralentit beaucoup.

Influence de l'eau d'imbibition et de l'eau d'hygroscopicité sur la végétation. — Nous avons vu plus haut (p. 158) qu'une terre à éléments grossiers perd plus rapidement l'eau qui l'imbibe qu'une terre à éléments fins parce que, dans le premier cas, la circulation du liquide est beaucoup plus facile. On devrait en conclure que la terre à éléments grossiers ne pourra fournir de l'eau aux végétaux qu'elle porte que pendant un espace de temps plus court que lorsqu'il s'agit d'une terre à éléments fins. Mais Schlœsing fait remarquer que c'est le contraire qui a lieu : l'eau circule facilement dans la première terre, dans la seconde elle circule difficilement. Aussi c'est la première terre, à éléments grossiers, qui alimentera le mieux les plantes en eau. Sachs a, en effet, montré qu'un pied de tabac se fane dans un sol argileux à éléments fins lorsque l'humidité s'abaisse au-dessous de 8 p. 100, alors que, dans un sable à gros grains, cette même plante ne se fane que lorsque la dose d'eau descend au-dessous de 1,50 p. 100. La différence que l'on constate ici est due uniquement à la difficulté avec laquelle l'eau circule dans la terre à éléments fins. De plus, au point de vue de l'approvisionnement d'une terre en eau, il faut noter que, pour un même volume apparent, le poids de la terre est d'autant plus élevé que ses éléments sont plus gros. Les deux vases dont l'observation a fourni le tracé des courbes 1 et 3 (p. 158) renfermaient respectivement 1554 grammes et 1109 grammes de sable sous un volume à peu près équivalent. Il en résulte que, pour une même proportion centésimale d'eau, ce liquide est plus abondant dans le sable à gros éléments que dans celui dont les éléments sont fins (Schlœsing).

L'eau hygroscopique peut-elle servir à alimenter les végétaux ? — L'expérience montre que, dans le cas d'un sol donné, une plante se fane pour un taux d'eau beaucoup plus élevé généralement que celui qui répond à l'eau hygroscopique (Heinrich). On a cru cependant, pendant longtemps, que la condensation seule de l'humidité à la surface du sol suffisait à entretenir la végétation, alors même que les couches inférieures ne laisseraient pas monter de liquide vers la surface. Il n'en est rien. Une plante commence à se faner lorsque le sol contient environ le triple de la quantité d'eau qu'il peut fixer par hygroscopicité ; elle meurt lorsque le sol renferme à peu près la dose d'eau qu'il peut fixer par hygroscopicité (Mitscherlich). La plante est dite *morte* lorsqu'elle ne peut plus se relever quand on immerge ses racines dans l'eau. Voici, à cet égard, deux expériences exécutées par l'auteur précité qui précisent bien les faits :

NATURE DES SOLS.	SOL tourbeux.	SOL sablo-humifère.	SOL sableux.	SOL sablo-argileux.	SOL argileux.	OBSERVATIONS.
Eau hygroscopique dans 100 parties de terre sèche	18,8	2,01	1,05	1,54	2,37	—
Quantités d'eau contenues dans 100 parties du sol sec :						
Avoine............	64,99	6,58	4,11	4,67	5,70	La plante commence à se faner.
	26,02	2,51	1,37	2,10	2,71	Un peu avant la mort de la plante.
	23,60	2,16	0,93	»	2 36	Plante morte.
	50,10	5,52	2,91	«	»	La plante commence à se faner.
Moutarde blanche..	26,6	2,84	1,82	2,33	»	Un peu avant la mort de la plante.
	26,7	2,13	1,14	»	»	Plante morte.

Un sol donné retient donc énergiquement une certaine dose d'eau minimum qui ne peut lui être enlevée, ni par évaporation dans les conditions habituelles de température où celle-ci a lieu, ni par la succion qu'exercent les racines, laquelle est provoquée par les phénomènes de transpiration.

V

PERMÉABILITÉ DE LA TERRE
VIS-A-VIS DES GAZ DE L'ATMOSPHÈRE.

La présence de gaz dans la terre arable est une chose constante. Nous avons déjà donné un moyen d'estimer, dans une masse de terre déterminée, le volume total de ces gaz. Il s'agit maintenant de suivre leurs mouvements, comme nous avons suivi ceux de l'eau, et de voir quels sont les facteurs qui entrent en jeu pour faciliter ou retarder leur circulation. Il existe quelque analogie entre les mouvements des gaz dans le sol et ceux de l'eau ; les causes qui influent sur la perméabilité du sol vis-à-vis de l'eau sont bien souvent les mêmes que celles qui jouent un rôle lorsqu'il s'agit de la perméabilité du sol vis-à-vis des gaz.

Nous pouvons, en effet, dire avec Ammon que la perméabilité d'un sol pour l'air dépend de trois facteurs : grosseur des grains, état de tassement, teneur du sol en eau. Plus les grains sont fins, plus les frottements de l'air sont considérables : le passage des gaz est donc d'autant plus difficile que les grains sont plus fins, et, réciproquement, d'autant plus facile que la terre a été mieux travaillée. Pour une même terre, le tassement, au cas où cette opération mécanique aurait été très énergique, peut rendre la perméabilité de la terre vis-à-vis de l'air cent fois plus faible qu'avant toute manipulation. En règle générale, la perméabilité vis-à-vis des gaz diminue aussi avec la richesse en eau. On comprend, d'après ces données, quel est l'intérêt qui s'attache à la recherche de la perméabilité d'un sol pour l'air, car cette notion soulève la question de savoir quelle sera la quantité d'oxygène mise à la disposition des racines des plantes ; de plus, l'oxygène devra assurer le bon fonctionnement de tous les phénomènes oxydants, chimiques ou biologiques, qui aboutissent à la destruction de la matière organique avec formation de gaz carbonique. Le rôle de ce dernier, en tant que solubilisateur des éléments minéraux, a été examiné antérieurement, mais nous y reviendrons dans la suite pour d'autres raisons.

Parmi les nombreux procédés que l'on a proposés pour étudier pratiquement la circulation des gaz dans le sol, nous ne retiendrons que celui qu'ont employé Dehérain et Demoussy. La manière d'opérer de ces savants est un peu factice ; elle ne fournit que des résultats qualitatifs, mais elle donne néanmoins des renseignements intéressants sur la perméabilité des constituants du sol d'une part, de la terre végétale d'autre part. L'appareil de Dehérain et Demoussy est représenté par la figure ci-contre (fig. 5).

Dans une allonge A, on dispose un certain poids (150 grammes environ) de la matière sur laquelle portera l'expérience et dont on empêche l'entraînement au moyen d'un disque de toile métallique garnissant le fond de l'allonge. Celle-ci est fixée par un bouchon au-dessus d'une fiole conique B tubulée, dont la tubulure C porte un tube de verre horizontal sur lequel sont soudés deux tubes manométriques verticaux de 80 centimètres de hauteur DD' qui plongent dans une petite cuve à mercure. En E et E', se trouvent deux robinets de verre. Le tube horizontal communique finalement avec une trompe à eau F.

Si l'on veut opérer sur une substance humide, on peut, au préalable, donner à celle-ci le degré voulu d'humidité ; ou bien, s'il s'agit d'imiter l'action de la pluie, on pulvérisera au-dessus de la surface de la matière contenue dans l'allonge une certaine quantité d'eau à l'aide d'un pulvérisateur actionné par une soufflerie H. On peut également verser tout d'un coup à la surface de l'allonge une certaine quantité d'eau, ce qui reproduira les phénomènes qui accompagnent la chute d'une pluie violente ou la présence de l'eau d'inondation. Il est important de faire usage d'abord d'éléments ou de terres à l'état sec, puis d'opérer ensuite sur ces mêmes matières humides ou gorgées d'eau. Voyons maintenant quelles sont les indications que l'on peut tirer du jeu de cet appareil.

Fig. 3.

Supposons que l'on introduise dans l'allonge telle ou telle matière et qu'on fasse fonctionner la trompe à eau F. Si cette matière ne présente pas, par suite de sa structure ou de son degré d'humidité, de résistance appréciable au passage des gaz, la quantité d'air qui traverse la substance est égale à celle qu'entraîne la trompe et le mercure ne monte pas dans les tubes manométriques. Il y a donc, dans ce cas, perméabilité absolue. Mais si le passage de l'air est quelque peu difficile au travers de la substance, le mercure s'élèvera à une certaine hauteur dans les tubes manométriques. Si la résistance de la substance est absolue, le mercure pourra s'élever jusqu'à une hauteur voisine de 74 centimètres en moyenne. Supposons le vide obtenu dans l'appareil et le mercure montant dans les tubes D et D' à 74 centimètres. On ferme les robinets E et E' et on isole ainsi le manomètre D' du reste de l'appareil. Si la substance introduite en A conserve une imperméabilité absolue, le mercure du manomètre D demeurera fixe et sa hauteur sera la même que celle du manomètre témoin D'. Mais si la substance n'est pas imperméable, on verra, au bout d'un temps plus ou moins long, le mercure descendre dans le tube D.

Comment se comportent les divers constituants de la terre ?

Perméabilité des constituants de la terre. — Sable. — Lorsque celui-ci est sec, quel que soit son degré de finesse, il est toujours d'une perméabilité absolue. S'il est mouillé par une pulvérisation d'eau, la perméabilité est encore absolue ; si de l'eau est versée en excès à sa surface, le mercure s'élève d'abord dans les manomètres, mais il redescend rapidement. Ainsi le sable est un élément essentiellement perméable aux gaz. Il faut toutefois remarquer ici que la différence de pression qui existe entre l'air extérieur et l'atmosphère intérieure du flacon B est incomparablement plus grande que celle qui, normalement, peut régner entre l'air extérieur et l'atmosphère intérieure d'un sol. On ne doit donc pas attribuer au sable très fin et gorgé d'eau une perméabilité absolue, analogue à celle qu'indique l'expérience que nous venons de citer ; car, ainsi que nous l'avons dit antérieurement (p. 151), les sols composés de grains sableux extrêmement fins se ressuyent avec beaucoup de lenteur. Leurs canaux capillaires se vident très difficilement, et, par conséquent, leur imperméabilité aux gaz est presque absolue. De pareils sols sont dits *asphyxiants*.

Argile. — Si on dispose dans l'allonge A du kaolin mouillé et qu'on actionne la trompe F, la résistance au passage de l'air fait monter le mercure dans les manomètres ; cette résistance s'accroît lorsqu'on verse tout d'un coup une certaine quantité d'eau sur le kaolin ; cette eau s'infiltre avec difficulté, et si la quantité en est suffisante pour saturer l'argile et donner lieu à un commencement d'écoulement, celui-ci est extrêmement lent. Aussi observe-t-on l'ascension du mercure dans les manomètres jusqu'à 74 centimètres de hauteur. L'imperméabilité est donc absolue. Elle est, de plus, *durable*. Elle persiste souvent pendant plusieurs jours et ne cesse que lorsque la majeure partie de l'eau ajoutée s'est écoulée, ce qui demande parfois un temps très long.

Calcaire. — Le blanc de Meudon ou la craie pulvérisée, disposés dans l'allonge A, montrent une perméabilité parfaite tant qu'ils sont secs. Mais l'addition d'une petite quantité d'eau, et surtout d'un excès de ce liquide versé tout d'un coup, déterminent une imperméabilité voisine de celle de l'argile. Cependant l'écoulement du liquide est plus rapide qu'avec cette dernière, et, par conséquent, l'imperméabilité du calcaire, lorsqu'il est gorgé d'eau, dure moins longtemps que celle de l'argile.

Humus. — Si on emploie de l'humus, isolé par le procédé que nous avons indiqué à la page 145, on remarque que, sec ou humide, cet humus est très perméable aux gaz de l'atmosphère, bien qu'il puisse retenir parfois près de 40 p. 100 de son poids d'eau quand tout écoulement de ce liquide aura cessé dans le vase B.

Ainsi, des quatre éléments qui composent la terre arable, deux, le sable et l'humus, sont perméables à l'eau et aux gaz ; les deux autres sont peu ou pas perméables, en supposant, bien entendu, qu'aucune fissure ne vienne détruire la continuité de la masse. La dimension des grains joue donc un rôle capital dans la question de la circulation plus ou moins facile des fluides. Dans le cas d'une terre donnée, dont l'analyse physique (Voy. chapitre VI) aura révélé les quantités respectives de sable, d'argile, etc., on pourra prévoir *à priori* le degré de perméabilité suivant que, dans cette terre, domineront les éléments grossiers ou les éléments fins ; suivant qu'elle sera *légère* c'est-à-dire *sableuse*, ou *lourde* c'est-à-dire *argileuse*.

Perméabilité de la terre. — L'appareil que nous venons de décrire peut également servir à la détermination de la perméabilité des terres. Pour obtenir des résultats concordants avec une même terre, il est indispensable que les divers échantillons soient également tassés par des secousses répétées. Donnons rapidement quelques indications à ce sujet.

Une terre sèche est toujours perméable aux gaz ; lorsqu'elle reçoit de l'eau de pluie (par le jeu du petit vaporisateur), et que celle-ci s'enfonce dans l'épaisseur de la masse au fur et à mesure de sa chute, la perméabilité, bien qu'un peu moindre que dans le cas de la terre sèche, est néanmoins toujours assurée, car l'argile demeure coagulée par suite de la lenteur relative avec laquelle la pluie tombe. En règle générale, plus les espaces vides sont nombreux et plus grande est la perméabilité de la terre. Si les espaces vides sont égaux, la perméabilité est en raison inverse de la proportion d'argile (Garola). Mais si on verse tout d'un coup sur la terre mise dans l'allonge une grande quantité d'eau, en imitant ainsi ce qui se passe lors de la chute de pluies torrentielles, on voit le mercure monter dans les manomètres ; parfois même le vide est complet. Il est rare que cet état de choses persiste : lorsque la surface de la terre n'est plus noyée par l'eau, la perméabilité reparaît, mais lentement.

La *distribution de l'eau* dans le sol, dans les deux cas de l'eau de pluie et de l'eau d'inondation, est très différente. Ainsi que l'ont montré Dehérain et Demoussy, on arrive à cette conclusion, paradoxale en apparence, qu'une terre de constitution moyenne retient moins d'eau, pour un poids donné de matière, après de grandes pluies qui ont noyé sa surface que lorsqu'elle a reçu des pluies modérées capables cependant de la mouiller dans sa totalité. On peut expliquer la chose de la façon suivante. Une pluie modérée ne désagrège pas la surface du sol ; lorsqu'elle traverse la terre, l'eau dissout une dose suffisante de calcaire pour maintenir l'argile coagulée (p. 105) : aussi les espaces lacunaires du sol emmagasinent-ils de l'eau puisque aucune cause n'est intervenue qui puisse en rétrécir les dimensions. Au contraire, dans le cas de l'eau d'inondation, la pluie ne se charge pas d'une quantité suffisante de calcaire, l'argile entre en suspension, et elle détermine momentanément au moins, l'obstruction des canaux capillaires du sol. Les particules sableuses les plus fines, poussées de haut en bas par la violence du choc de la pluie, s'insinuent dans ces canaux: aussi la majeure partie de l'eau d'inondation reste-t-elle longtemps à la surface du sol sans pouvoir y pénétrer. Les espaces lacunaires ainsi obturés par l'argile colloïdale et le sable très fin ne laissent plus de place à l'eau : ce qui justifie la proposition précédente.

La terre végétale ne condense pas les gaz de l'atmosphère. — On admettait autrefois que la terre végétale, matière essentiellement poreuse, était capable d'absorber une certaine quantité des gaz de l'atmosphère, d'oxygène particulièrement, et de retenir ce gaz dont l'action se manifesterait ultérieurement par la production de certains phénomènes chimiques. L'énergie des combustions dans un grand nombre de sols, l'oxydation réputée directe de l'azote avec formation de nitrates, semblaient accréditer cette façon de voir. En d'autres termes, la terre ne serait-elle pas capable de se conduire comme la mousse de platine par exemple. Schlœsing a fait voir que cette prétendue propriété de condensation n'existait pas. Pour faire cette démonstration, on extrait à la trompe à mercure la totalité des gaz que renferme une masse déterminée de terre, on remplit ensuite avec de l'eau bouillie les espaces vides et on compare le volume de l'eau absorbée avec celui des gaz extraits ; ceux-ci ayant subi les corrections nécessaires de température et de pression. D'autres corrections doivent également être effectuées qui sont dues à ce que la terre employée présente, au début, un certain taux d'humidité et qu'elle a ainsi dissous, par suite de la présence de l'eau, un peu des gaz azote, oxygène, acide carbonique. Or Schlœsing arrive à ce résultat que le volume de l'eau introduite dans la terre végétale est rigoureusement égal à celui des gaz retirés, ramené à la température et à la pression observées dans la masse de terre initiale et déterminé au début de l'expérience.

Cohésion ou ténacité de la terre. — Le procédé employé par Schübler pour mesurer la cohésion d'une terre est fort imparfait. Cet auteur pétrissait avec de l'eau, soit différentes terres, soit les éléments de ces terres, et modelait la pâte ainsi obtenue en prismes de mêmes dimensions. Lorsque ces prismes étaient bien secs, il posait leurs deux extrémités sur des supports et suspendait au milieu du prisme un plateau de balance qu'il chargeait de poids jusqu'à rupture. Or les terres ainsi façonnées sont dans un état de tassement beaucoup plus grand qu'à l'état normal ; de plus, la formation de fissures pendant la dessiccation de certains échantillons ou la présence à l'intérieur des prismes de cailloux plus ou moins volumineux constituent autant de causes d'affaiblissement. Aussi les chiffres fournis par un pareil procédé sont-ils peu utilisables.

Adhérence. — Sur une certaine quantité de terre imbibée d'eau au maximum, Schübler disposait un disque de bois et l'appuyait de telle sorte que le contact fut parfait entre la terre et le disque. Celui-ci était fixé à l'un des plateaux d'une balance. On mettait dans l'autre plateau des poids jusqu'à ce que le disque se détachât de la terre. C'est l'argile, comme on peut bien le penser, qui donnait l'adhérence maximum. Mais deux expériences consécutives, faites avec la même substance, ne fournissent pas toujours des résultats identiques à cause d'une adhérence inégale dans les deux cas. Le travail dépensé dans le labour, car c'est à cette donnée que les expériences de Schübler s'adressent, se mesure directement sur place à l'aide de dynamomètres.

Retrait. — Lorsqu'une terre humide se dessèche, elle se rassemble sur elle-même ; on dit qu'elle subit alors un *retrait*. Celui-ci est plus ou moins notable suivant la nature des éléments qui composent la terre. Dans le cas des terres argileuses, ce retrait occasionne la formation de fentes sur la production nuisible desquelles nous reviendrons plus tard. La quantité dont se raccourcissent des prismes d'égale longueur, moulés comme ceux dont on faisait usage pour déterminer la cohésion, servait à Schübler à la détermination du retrait des différentes terres. Une pareille détermination est presque illusoire.

VI

RELATIONS ENTRE LA CHALEUR SOLAIRE ET LE SOL.

Émission de la chaleur solaire. — La quantité de chaleur qu'apporte le soleil sur chaque unité de surface dépend de la *durée de l'insolation*, de son *intensité* et de *l'inclinaison* de la surface considérée par rapport aux rayons qu'elle reçoit. L'intensité calorifique ou lumineuse reçue par une surface donnée varie proportionnellement au sinus de l'inclinaison des rayons solaires à la surface (*Loi de Lambert*). Elle est donc maximum lorsque l'angle sous lequel tombent les rayons est égal à 90° ; minimum, lorsque cet angle est nul, c'est-à-dire dans le cas d'une incidence rasante.

La quantité de chaleur, mesurée avec l'actinomètre, que reçoit à chaque instant une même surface de sol est extrêmement variable. Cependant la température de l'air varie peu et varie lentement, parce qu'elle dépend de la somme de chaleur antérieurement reçue. Si la quantité de chaleur venue exclusivement du soleil éprouve des oscillations très grandes d'un instant à l'autre, cela tient à la présence de la vapeur d'eau invisible, inégalement répandue dans l'air, et qui constitue l'élément absorbant principal de cette chaleur (Duclaux).

On estime à 67.000 calories environ la quantité de chaleur déversée annuellement par le soleil sur 1 centimètre carré de surface à Montpellier, et à 129.000 la quantité déversée à l'équateur sur cette même surface (Crova). Mais si on faisait le calcul précédent en ne comprenant dans ce calcul que des journées très ensoleillées — sans faire la part, nécessairement approximative, des jours couverts comme dans les évaluations ci-dessus — on trouverait des chiffres beaucoup plus élevés. En supposant le soleil vertical et le ciel très pur, Langley arrive au chiffre approximatif de 876.000 calories versées dans le cours d'une année sur un centimètre carré de surface.

L'intensité de l'insolation augmente avec l'altitude, à cause de la diminution de la quantité de la vapeur d'eau contenue dans l'atmosphère à mesure qu'on s'élève. On admet en moyenne que, sur 100 calories qu'apporte un faisceau de rayons solaires abordant normalement les limites de l'atmosphère, celle-ci, quand elle est pure, en retient 33 et n'en laisse arriver que 67 à la surface du sol.

L'absorption augmente avec l'obliquité des rayons solaires. Donc, pour une même localité, cette absorption varie avec la hauteur du soleil, c'est-à-dire avec l'heure de la journée (Duclaux).

Température du sol. — Le sol s'échauffe au contact des rayons solaires ; cet échauffement a une très grande importance vis-à-vis de la végétation. Dans les conditions habituelles, l'échauffement du sol n'est dû qu'à l'influence solaire ; car, s'il est vrai que les fermentations multiples dont le sol est le théâtre puissent dégager une certaine quantité de chaleur (accumulation de matières humiques sous le couvert des grands arbres), celle-ci est souvent peu notable et elle se produit dans un espace de temps généralement assez long : de sorte que cette chaleur se dissipe en grande partie par rayonnement et ne procure au sol qu'une élévation de température insignifiante. Il n'en est plus de même lorsqu'il s'agit de certaines fermentations dont l'action calorifique s'accumule dans un espace restreint : le sol peut alors s'échauffer de façon très notable. C'est l'effet bien connu que recherchent les maraîchers lorsqu'ils montent des couches de fumier qu'ils recouvrent ensuite d'un coffre de châssis. Suivant certains auteurs, la décomposition de l'engrais vert produirait une quantité de chaleur plus grande que celle du fumier de ferme à poids égal.

Occupons-nous seulement de la chaleur solaire comme source de la chaleur dont bénéficie la terre végétale. Lorsque le soleil envoie ses rayons sur le sol, celui-ci s'échauffe d'abord par sa surface ; puis, par suite des phénomènes de conductibilité, variables avec la nature du sol considéré ; cette chaleur pénètre peu à peu dans les couches sous-jacentes, et cette pénétration est d'autant plus profonde que la source calorifique fait sentir plus longtemps son action. Lorsque cette source disparaît pendant la nuit, la surface du sol perd de la chaleur par rayonnement, et un retour inverse de chaleur se produit des couches profondes vers la surface.

Il existe dans tous les sols une certaine couche dont la température demeure constante pendant toute l'année, et dont la profondeur varie avec la conductibilité propre du sol considéré.

Cette chaleur que retient la terre dépend, non seulement de sa conductibilité, mais aussi de son degré d'humectation et de sa couleur. Elle est également en relation directe avec l'intensité de l'action solaire : donc la durée du jour et l'inclinaison des rayons ont ici une influence capitale.

Relativement à l'échauffement des divers constituants des sols, on peut admettre, avec Wollny, que, lorsque la température s'élève (pendant l'insolation et la saison chaude), c'est le quartz qui s'échauffe le plus, puis le calcaire, l'argile et l'humus. Lorsque la température s'abaisse (pendant la saison froide et pendant la nuit), on observe des relations inverses : le quartz se refroidissant le plus vite et l'humus le plus lentement. Ces particularités sont imputables aux différences que présentent les éléments précités par rapport à leur capacité calorifique, leur conductibilité et la perte de chaleur par émission. La capacité calorifique du sable est moindre que celle de l'argile, car cette dernière retient mieux l'eau ; de plus, le sable est meilleur conducteur de la chaleur que l'argile : aussi les sols siliceux s'échauffent-ils davantage que les sols argileux. Réciproquement, pendant la saison froide ou pendant la nuit, la température du sable s'abaisse davantage que celle de l'argile, puisque le sable conduit mieux la chaleur et possède une capacité calorifique moindre que l'argile. Si l'humus s'échauffe lentement lorsque la température extérieure s'élève, cela tient à sa faible conductibilité et à sa forte teneur en eau ; d'où résulte une plus grande capacité calorifique. Inversement, lorsque la température s'abaisse, cet humus se refroidit plus lentement que les autres éléments des sols.

Wollny a également montré que le sol est, pendant l'été d'autant plus chaud, pendant l'hiver d'autant plus froid, que ses particules sont plus grosses. Cette circonstance est due à ce que le taux de l'humidité diminue et que la conductibilité pour la chaleur augmente en raison de l'accroissement du diamètre des particules terreuses.

La teneur en eau du sol influe d'une façon très notable sur l'élévation de sa température. Celle-ci est d'autant plus basse dans la saison chaude que la quantité d'eau que renferme la terre est plus forte, puisque la chaleur spécifique de l'eau est très supérieure à celle des éléments qu'elle imbibe (Voy. plus loin, p. 172), et qu'il faut, par conséquent, beaucoup de calorique pour l'échauffer.

D'après Masure, la température de la terre prise à la surface peut arriver, pendant le jour, à dépasser celle de l'air de 15° environ si cette terre est sèche. Lorsque celle-ci est à demi-saturation, la différence n'est plus que de 5° en faveur de la terre ; elle serait seulement de 1°.5 lorsque la terre est saturée d'eau. Pendant la nuit, les différences sont moins marquées ; la terre devient plus froide que l'air ambiant lorsqu'un ciel pur favorise le rayonnement et quel que soit son degré d'humidité.

Ainsi, une forte proportion de la chaleur émise par le soleil est utilisée à l'évaporation de l'eau sans élévation de la température.

Température du sol à différentes profondeurs. — Il est intéressant de suivre, pendant une période un peu longue, les variations de la température du sol à différentes profondeurs, au moins jusqu'à un niveau accessible aux racines des arbres. Nous donnons ci-joint le résumé des observations faites à cet égard par Flammarion, à Juvisy (Seine-et-Oise), pendant l'année 1908.

Moyenne des températures mensuelles :

	JANVIER.	FÉVRIER.	MARS.	AVRIL.	MAI.	JUIN.	JUILLET.	AOÛT.	SEPTEMBRE.	OCTOBRE.	NOVEMBRE.	DÉCEMBRE.
De l'air..	0°	4°4	4°6	8°3	15°3	18°0	18°5	16°9	14°8	11°7	5°1	2°1
À la surface du sol..	0°6	5°1	6°8	11°3	19°1	23°2	24°0	22°0	18°5	14°0	6°8	4°6
À 0 m. 25	1°6	4°7	5°8	9°8	15°8	19°4	20°9	20°5	18°3	15°2	8°2	5°6
À 0 m. 50	3°7	5°5	6°3	9°2	14°4	18°3	20°2	19°8	17°6	16°0	10°3	7°8
À 0 m. 75	5°0	5°5	6°4	8°7	12°5	16°1	18°4	18°3	16°6	15°4	10°6	8°2
À 1 mètre.	6°0	5°6	6°5	8°4	11°8	15°3	18°0	18°5	17°2	16°1	12°1	9°3
À 1 m. 50	7°9	7°0	7°6	9°3	12°1	14°4	17°5	18°8	18°2	18°1	15°0	11°9
Eaux à 13 m. 80.	10°8	10°7	10°8	11°1	11°5	11°6	11°8	11°8	11°6	11°6	11°3	11°1

Ce tableau montre que les variations de la température du sol à différentes profondeurs suivent celles de l'air. Pendant les mois de décembre, janvier, février, les températures croissent avec la profondeur du sol ; en mai, juin, juillet, le contraire a lieu.

L'examen des températures moyennes mensuelles, observées à diverses profondeurs (0^m,10, 0^m,25, 0^m,50) *à l'intérieur d'un sol gazonné et d'un sol dénudé*, montre que l'oscillation thermique annuelle offre les mêmes caractères généraux dans les deux cas ; les couches supérieures du sol couvert de végétation sont plus chaudes en hiver que celles d'un sol nu ; au contraire, elles sont plus froides en été. La végétation protège les couches sous-jacentes contre un échauffement trop brusque en été et un refroidissement trop rapide en hiver (Flammarion).

Couleur du sol. — La couleur du sol exerce une influence que l'on regarde souvent comme notable vis-à-vis de la faculté que possèdent les terres d'absorber les radiations solaires. Cette coloration est d'ailleurs très variable ; les substances renfermées dans le sol qui agissent d'une façon certaine à l'égard de l'absorption calorifique sont l'humus qui est noir, et l'oxyde ferrique qui est rouge. Les silicates contenant cet oxyde sont plus communs dans le sol que l'oxyde libre lui-même. On peut se rendre compte de l'action des substances colorées de la façon suivante. Si on prend deux échantillons de sable blanc et qu'on les expose au soleil, ils accuseront la même température. Si l'on saupoudre l'un d'eux avec du noir de fumée, on observera une différence de température de 7 à 8° en faveur de ce dernier échantillon.

Il semble résulter de ce fait que, dans les mêmes conditions d'exposition, sur un sol sableux très peu coloré la végétation sera plus tardive que sur un sol très coloré. Mais ceci n'est vrai que dans la saison chaude et pour une forte insolation. D'après Wollny, ces différences de température, dues à la différence de coloration, s'atténuent plus ou moins dans la saison froide lorsque l'insolation est faible. En réalité, la question de coloration d'un sol est secondaire vis-à-vis de l'absorption des rayons calorifiques ; la teneur en eau d'un sol possède à cet égard une influence beaucoup plus manifeste.

Chaleur spécifique. — L'échauffement ou le refroidissement du sol sont en relation étroite avec sa chaleur spécifique. Cependant la chaleur spécifique des éléments, supposés secs, qui constituent le sol, a une importance secondaire, car, dans les conditions habituelles, ces éléments sont plus ou moins humides ; ce qui tend à accroître leur chaleur spécifique propre. Il en résulte qu'un sol, de quelque nature qu'il soit, contenant beaucoup d'eau, exigera pour s'échauffer une quantité de chaleur notablement plus grande que lorsque ce même sol sera sec : qu'il s'agisse de cet assemblage complexe que l'on nomme terre arable ou bien de ses constituants séparés.

Nous rappelons que l'on nomme *chaleur spécifique* d'une substance le nombre de calories qu'il faut lui fournir pour élever d'un degré la température de 1 gramme de cette substance. L'unité de chaleur, ou la *calorie*, est la quantité de chaleur nécessaire pour échauffer de 1° un gramme d'eau pris à 15°. Les chiffres que l'on a donnés relativement à cette constante physique appliquée aux éléments de la terre sont assez divergents d'après les différents auteurs. On peut admettre les suivants (Lang) :

	Chaleur spécifique des éléments.
Sable..	0,196
Argile...	0,233
Calcaire	0,214
Tourbe..	0,477

D'après cela, il faut, pour élever de 1° la température d'un kilogramme de sable, d'argile ou de calcaire, une quantité de chaleur environ cinq fois moins considérable que pour élever de 1° la température d'un kilogramme d'eau. La tourbe, au contraire, possède une chaleur spécifique qui est presque la moitié de celle de l'eau. Elle s'échauffera donc plus lentement que les éléments minéraux proprement dits du sol. Si on rapporte la chaleur spécifique, non plus à l'unité de poids, mais à *l'unité de volume*, en multipliant les chaleurs spécifiques précédentes par les poids spécifiques correspondants des éléments, lesquels varient en sens inverse des chaleurs spécifiques, on trouve des nombres assez voisins les uns des autres :

La chaleur spécifique de *l'unité de volume* serait alors représentée par :

	Chaleur spécifique.		Poids spécifique.		Chaleur spécifique pour l'unité de volume.
Sable	0,196	×	2,50	=	0,490
Argile	0,233	×	2,36	=	0,549
Calcaire	0,214	×	2,60	=	0,556
Humus	0,477	×	1,23	=	0,586

Ce qui signifie qu'il faut à peu près une même quantité de chaleur pour échauffer d'un degré une couche d'égale épaisseur des 4 éléments précédents, *supposés secs et ne contenant pas d'air interposé*.

Mais, si l'on tient compte de l'air interposé, comme cela se présente dans les conditions naturelles, la chaleur spécifique, rapportée à l'unité de volume, se trouve fortement modifiée. C'est ce qu'a montré E. A. Mitscherlich de la façon suivante.

La chaleur spécifique d'un centimètre cube d'air est égale à 0,000306, c'est-à-dire qu'elle est négligeable dans le calcul actuel. Si on admet que le sable sec, occupant un volume apparent de 1 litre, renferme 41,5 p. 100 d'air (donc 58,5 de sable), sa chaleur spécifique pour *l'unité de volume* devient égale à :

$$\frac{58,5 \times 0,49 + 41,5 \times 0}{100} = 0,286.$$

L'humus qui renferme en moyenne 75,4 p. 100 d'air (donc 24,6 de matière) donnerait :

$$\frac{24,6 \times 0,586 + 75,4 \times 0}{100} = 0,144.$$

Si on tient compte, non pas seulement de l'air, mais aussi de l'eau que contiennent tous les sols en plus ou moins grande proportion, on arrive à des chiffres fort différents des précédents. La chaleur spécifique des éléments s'accroît alors en raison même de la grande capacité calorifique de l'eau. Ainsi, en prenant le sable comme exemple, si on suppose que le volume des espaces vides que nous avons admis égal à 41,5 soit composé par moitié d'eau et d'air, la chaleur spécifique, pour l'unité de volume, deviendra (la chaleur spécifique de l'eau étant égale à 1) :

$$\frac{58,5 \times 0,49 + 20,75 \times 0 + 20,75 \times 1}{100} = 0,494.$$

La chaleur spécifique des éléments constitutifs du sol et, par conséquent, celle du sol lui-même, se rapproche d'autant plus de celle de l'eau, c'est-à-dire de l'unité, que ces éléments ou que le sol lui-même contiendront une plus grande proportion de ce liquide.

A cet égard, un sol uniquement composé d'humus et saturé d'eau aura une chaleur spécifique voisine de 0,9.

Conductibilité du sol pour la chaleur. — La conductibilité pour la chaleur des éléments constituants du sol est faible ; elle dépend de la grosseur des grains, de leur structure et de leur teneur en eau. La grosseur des grains possède une influence très marquée. La conductibilité calorifique est beaucoup plus grande chez une roche compacte que chez cette même roche pulvérisée. Si la poussière de la roche est fortement comprimée, sa conductibilité augmente. Aussi, lorsqu'une terre a été bien ameublie à sa surface, emmagasine-t-elle plus de chaleur que la même terre non travaillée ou comprimée ; en effet, dans le premier cas, la chaleur que la surface de la terre absorbe se dissipe moins facilement dans les régions inférieures. La chose est facile à expliquer en remarquant que, dans une terre ameublie, les particules sont séparées les unes des autres par une couche d'air très mauvaise conductrice de la chaleur. Si on diminue le volume apparent occupé par la terre en la tassant ou la comprimant, on diminue par cela même e volume de l'air qui sépare les éléments de cette terre, et on rend celle-ci peu conductrice de la chaleur.

La teneur en eau d'une terre possède également une influence notable sur sa conductibilité. L'eau conduit mal la chaleur ; elle est néanmoins meilleure conductrice que l'air. Il suffit d'une faible humectation pour rendre la terre beaucoup plus conductrice que lorsque la terre est sèche. Entre le sable et le carbonate calcique secs, et ces mêmes substances complétement imbibées d'eau, mais ressuyées, la conductibilité varie presque du simple au double. Ce fait est facilement explicable ; l'eau remplace entre les particules solides un égal volume d'air ; celui-ci, très mauvais conducteur, est chassé par une substance qui conduit mieux la chaleur.

VII

ÉCHAUFFEMENT DU SOL
ET DE SES CONSTITUANTS AU CONTACT
DE L'EAU

Si on met au contact de l'eau une substance pulvérisée quelconque, bien desséchée et incapable de se dissoudre dans ce liquide ou de s'y combiner, il y a échauffement de la masse. Il semble donc qu'il doive, *à priori*, se produire un dégagement de chaleur lorsqu'une terre sèche se trouve en présence d'eau : on peut également considérer comme probable que tel des constituants de la terre dégagera, dans ces conditions, plus de chaleur que tel autre. Il est nécessaire d'avoir à ce sujet quelques données exactes, et de déterminer quelle peut être, dans les conditions naturelles, l'importance pratique de la chaleur dégagée pendant l'humectation. Toutefois, s'il est intéressant, au point de vue théorique, d'examiner le dégagement de chaleur qui se produit au contact de l'eau et de tel échantillon de terre *bien sèche*, il est évident que, dans la nature, un pareil cas ne se présente jamais : la terre, à quelque température qu'elle ait été soumise et quelque soit, par conséquent, son degré de siccité, renfermera toujours une certaine dose d'eau. Celle-ci ne se dégage que lorsque la terre est exposée à des températures beaucoup plus élevées que celles qu'elle supporte dans les conditions normales. Mais, à partir d'une certaine limite, cette élévation de température est incompatible avec la vie des microbes que le sol contient et avec l'existence des végétaux dont il alimente les racines. Il est d'ailleurs utile de faire remarquer en passant que la température de 110° à laquelle on soumet ordinairement une terre pour lui faire perdre son eau est purement conventionnelle. En effet, tels silicates hydratés ont, à ce moment, perdu partiellement une certaine dose d'eau de constitution ; le reste ne se dégageant qu'à une température beaucoup plus élevée capable d'altérer à son tour les éléments organiques que cette terre renferme. Cependant cette température de 110°, appliquée à la dessiccation, est celle dont on se sert habituellement pour définir une terre sèche.

On doit à Mitscherlich (1901) plusieurs déterminations de la chaleur dégagée par la terre mise au contact de l'eau. Ces déterminations résultent d'expériences faites en employant le calorimètre à glace de Bunsen. Les essais ont porté sur trois séries de terres contenant des doses d'humidité croissantes. Citons seulement quelques-uns des chiffres obtenus ; les calories dégagées se rapportent à un gramme de substance.

Une terre tourbeuse, pour une teneur primitive en eau de 0,16 p. 100 a dégagé 17 cal. 5 ; pour une teneur en eau de 10,54 : 3 cal. 84 ; une terre exclusivement argileuse, pour une teneur en eau égale à 0 a dégagé 15 cal. 10 ; pour une teneur en eau de 9,09 p. 100 : 3 cal. 04 ; pour une teneur en eau de 26,21 : 0 ; une terre sableuse, pour une teneur en eau égale à 0, a dégagé 0 cal. 81 ; pour une teneur en eau de 0,33 : 0 cal. 28. Ainsi la terre tourbeuse et la terre argileuse ont fourni des dégagements de chaleur notables, d'autant plus élevés que la terre était plus sèche et devenant nuls pour une certaine teneur en eau.

Récemment (1909), Müntz et Gaudechon ont repris cette étude d'une façon beaucoup plus complète ; ils ont examiné à cet égard, non seulement un grand nombre d'échantillons de terres, mais ils ont fait aussi porter leurs recherches sur les constituants de la terre isolés par les procédés habituels de l'analyse mécanique : on peut alors déterminer quels sont, parmi ces constituants, ceux auxquels sont imputables les effets thermiques, observés, et étudier le rapport qui doit exister entre les quantités de chaleur dégagées et le degré de finesse des éléments.

Les terres et leurs constituants ont été séchés à l'étuve à 110° jusqu'à poids invariable ; les quantités de chaleur dégagées ont été déterminées à l'aide du calorimètre de Berthelot sur des poids de matière variant de 10 à 30 grammes en présence de 250 grammes d'eau. La chaleur spécifique de la terre et de ses constituants a été prise égale à 0,2 ; les résultats sont exprimés en *grandes calories* et rapportés à un kilogramme de matière sèche.

On a passé au tamis de 1 millimètre de mailles tous les échantillons de terre, et on les a regardés comme représentant les terres en nature,

Leurs divers constituants ont été déterminés à l'aide de la méthode physico-chimique de Schlœsing (Voy. plus loin p. 195) et de la méthode mécanique préconisée par Kopecky (p. 207).

Effets thermiques obtenus avec diverses terres. — Les quantités de chaleur dégagées au contact de l'eau par les terres sèches les plus diverses sont extrêmement variables (de 1 Cal. à 12 Cal.). Les terres qui contiennent le plus d'argile, et surtout de matière organique, sont celles qui fournissent les effets thermiques les plus marqués. Si, à l'aide des méthodes physiques, on fractionne la terre en une série de lots à dimensions décroissantes, on observe que la chaleur dégagée croît avec la finesse des particules. Ce sont les limons argileux qui donnent le maximum d'effet thermique. En voici un exemple :

	Proportions centésimales des constituants de la terre examinée.	Calories dégagées par kilogramme de matière.
Sable grossier $>$ $0^{mm},1$....	11,3	0
Sable fin compris entre $0^{mm},05$ et $0^{mm},1$.........	16,52	$0^{Cal},26$
Limon sableux compris entre $0^{mm},01$ et $0^{mm},05$	44,89	$0^{Cal},64$
Limon argileux $<$ $0^{mm},01$.	27,29	$3^{Cal},10$
	100,00	

Les auteurs précités, pour contrôler la valeur de la méthode employée, ont calculé la quantité de chaleur que doit dégager un kilogramme de l'ensemble de la terre en tenant compte de la proportion des divers lots et des quantités de chaleur que dégage chacun d'eux en particulier. Dans le cas actuel, le calcul donne, pour un kilogramme de terre, un dégagement de 1 Cal. 16, alors que *la terre totale* fournit 1 Cal. 14.

Lorsque la proportion de matière organique est notable dans les éléments classés par degré de finesse, on doit en tenir compte et faire une correction relativement à l'effet thermique observé pour ne le rapporter qu'aux seuls éléments minéraux. Car, de tous les constituants du sol, c'est la matière organique qui dégage le plus de chaleur au contact de l'eau (20 Cal. en moyenne par kilogramme, suivant les auteurs).

Effets thermiques fournis par les éléments isolés. — Argile.
— Amenées par lévigation à des états de finesse comparables, les argiles, suivant leur provenance, dégagent au contact de l'eau des quantités de chaleur très variables (2 Cal. 9 ; 6 Cal. 8 ; 15 Cal. 2 pour trois argiles d'origine différente). Ces trois argiles, calcinées au rouge, perdaient respectivement 11.9, 10.4, 8.9 p. 100 de leur poids : sous cette forme nouvelle, leur chaleur d'humectation s'est réduite respectivement à 1 Cal. 5, 1 Cal. 8, 1 Cal. 1. Donc, on peut admettre, comme étant un fait d'ordre général, la perte d'aptitude d'une argile à dégager de la chaleur au contact de l'eau après une forte calcination qui l'a privée de son eau de constitution, bien qu'elle conserve encore un état de grande division. Il est probable que la condensation moléculaire qui s'accroît par l'effet de la calcination est la cause de la faiblesse du dégagement de chaleur obtenu quand on immerge dans l'eau les argiles calcinées.

Matière organique. — Que cette matière se présente, soit sous la forme de débris végétaux encore figurés, soit sous la forme d'acide humique ou d'humate de chaux extrait du terreau, elle dégage toujours une quantité de chaleur très notable au contact de l'eau, déduction faite des matières minérales qu'elle contient. Cette quantité de chaleur, plus élevée que dans le cas des argiles, varie de 20 à 26 Calories par kilogramme de matière sèche. La tourbe donne des chiffres analogues. Müntz et Gaudechon ont également obtenu des dégagements de chaleur notables avec la fécule de pomme de terre, l'amidon, le papier, la sciure de bois, les feuilles pulvérisées : toutes substances insolubles dans l'eau.

Carbonates et oxydes. — Les carbonates de calcium et de magnésium, préparés par précipitation, le blanc de Meudon, les oxydes de fer et d'aluminium dégagent, au contraire, une faible quantité de chaleur au contact de l'eau.

Origine des dégagements de chaleur observés. — Laissons de côté la matière organique qui, ainsi que nous l'avons dit, dégage les plus fortes quantités de chaleur. Si on examine, au microscope d'abord, à l'ultra-microscope ensuite, les fragments minéraux de la terre, et si on compare les résultats de ces observations avec les dégagements de chaleur obtenus, on remarque que les fragments à dimensions nettement reconnaissables, à formes plus ou moins géométriques, ne donnent lieu, au contact de l'eau, à aucun effet thermique ; les particules fines encore figurées, mais à dimensions linéaires difficiles à apprécier à cause de leur petitesse, produisent un effet thermique peu appréciable. Les *matériaux ultra-microscopiques* formés par l'argile colloïdale sont ceux, au contraire, qui fournissent seuls un dégagement notable de chaleur, et c'est sur eux qu'il faut reporter les effets thermiques que donnent les argiles mises au contact de l'eau.

Influence de la fixation antérieure de l'eau sur le dégagement de chaleur. — Nous avons dit précédemment que la quantité de chaleur dégagée au contact d'une terre décroissait à mesure que le degré d'humidité de cette terre augmentait.

Müntz et Gaudechon placent dans une atmosphère humide, à température peu variable, des lots d'une terre de finesse croissante. Ils déterminent les quantités de chaleur dégagées en mesurant en même temps l'augmentation de poids due à l'absorption de l'eau, jusqu'au moment où ce poids demeure invariable ; autrement dit, lorsque l'équilibre est établi entre l'humidité de la terre et celle de l'atmosphère. L'expérience montre que, dans le cas d'éléments grossiers, l'absorption d'une très faible quantité d'eau suffit pour rendre nul le dégagement de chaleur produit au contact de ces éléments et de l'eau. Si les éléments sont plus fins, l'effet thermique décroît rapidement avec l'augmentation croissante d'eau absorbée ; mais il n'y a pas de proportionnalité rigoureuse entre la chaleur dégagée et le degré de siccité. En général, plus une argile dégage de chaleur au contact de l'eau, plus elle est apte à en fixer dans une atmosphère humide.

En ce qui concerne la matière organique (humus, tourbe), on observe des faits analogues aux précédents : décroissance de l'effet thermique au contact de l'eau à mesure que le degré d'hydratation de ces substances augmente ; aptitude plus grande à la fixation de l'humidité ambiante correspondant à un plus grand effet thermique observé au contact de l'eau liquide. Il est bon de remarquer que l'état de division des matières organiques n'a aucune influence sur leur échauffement au contact de l'eau. Les effets de porosité interviennent seuls dans ce dégagement, à l'inverse de ce qui se passe chez les éléments minéraux pour lesquels le degré de finesse exerce une influence prépondérante, puisque les dégagements de chaleur observés sont imputables à des actions de surface.

Causes de l'échauffement des terres et de leurs constituants. — Afin de décider si l'échauffement produit au contact de l'eau et des matières examinées ci-dessus dépend d'une action purement physique d'affinité capillaire, ou d'un phénomène chimique d'hydratation, Müntz et Gaudechon ont déterminé la chaleur dégagée par des sables de différentes grosseurs, de l'argile, de la tourbe, mis au contact de l'eau d'une part, de la benzine d'autre part ; ce dernier liquide étant, *à priori*, très peu capable de fournir des combinaisons avec les matières ci-dessus désignées. En ce qui concerne les sables de diverses grosseurs, on observe toujours avec la benzine un dégagement de chaleur, mais inférieur à celui que donne l'eau. Ce dégagement, comme dans le cas de l'eau, croît encore avec le degré de finesse des éléments. Les différences thermiques sont beaucoup plus accentuées dans le cas de l'argile, et, plus encore, dans le cas de la tourbe où elles sont considérables. Ainsi une tourbe de l'Oise, dont un kilogramme dégageait au contact de l'eau 25 Cal. 1, n'a dégagé, en présence de la benzine que 0 Cal. 7. Donc, dans l'effet thermique total obtenu au contact de l'eau, une part, très minime, est due à une cause purement physique ; le reste est attribuable à des phénomènes d'hydratation. Ceux-ci peuvent être rendus tangibles en mettant l'argile, la tourbe (et d'autres corps tels que la fécule) en contact avec de l'alcool à 88° centésimaux, dont la densité est rigoureusement déterminée à l'état initial, et en reprenant au bout de quelques jours cette densité ; celle-ci s'est alors sensiblement abaissée. Cela prouve que les substances ci-dessus ont été capables de *deshydrater l'alcool* et, par conséquent, de s'unir à une partie de l'eau que cet alcool contenait.

La conclusion que l'on peut formuler est donc la suivante : le dégagement de chaleur des substances examinées mises en présence de l'eau *provient d'une combinaison chimique*.

Observés ainsi qu'il vient d'être dit, les dégagements de chaleur ne fournissent aucun renseignement pratique sur la valeur agricole des terres. Car, d'après les remarques mêmes de Müntz et Gaudechon, si une terre végétale de bonne qualité donne lieu, en général, au contact de l'eau à une élévation de température plus grande qu'une terre pauvre, une terre fortement argileuse, difficile à cultiver, une terre tourbeuse, de rendement très médiocre le plus souvent, dégagent plus de chaleur que des terres végétales proprement dites de valeur agricole supérieure. Mais si, à ce dernier point de vue, l'étude précédente ne présente qu'un intérêt purement théorique, il n'en est pas de même lorsqu'on envisage la question de la façon suivante.

Les terres passant constamment par des alternatives de sécheresse et d'humidité, il est probable que les phénomènes thermiques qui, pour un sol donné, accompagnent l'humectation, ont un retentissement sur la végétation. Müntz et Gaudechon calculent d'abord quel peut être l'échauffement d'une planche de terreau qui, après avoir été exposée au soleil, s'est desséchée, et dont la température est montée à 40°. Supposons que sur ce terreau (dont un kilogramme dégage 8 Calories par son contact avec l'eau) tombe une pluie de 2 millimètres à une température de 25°, et que cette pluie mouille environ 8 millimètres d'épaisseur de terreau. La chaleur dégagée par cette action de l'eau fera passer le terreau de 40° à 48° ; or cette dernière température peut avoir une influence nuisible sur la végétation.

Indépendamment de ce calcul, les auteurs, au moyen d'expériences directes faites sur le terreau ou la tourbe séchés au soleil, puis humectés d'eau, ont montré que les élévations de température constatées dépassaient parfois de 10° la température initiale de la substance sèche ; d'où la possibilité, maintes fois constatée, de phénomènes de brûlure sur les plantes, si on suppose, ce qui d'ailleurs est d'observation courante, qu'une terre ou un terreau de couleur foncée, exposés aux rayons solaires pendant une journée d'été, indi-

quent dans leurs couches superficielles sèches une température de 50°
environ. La chute d'une pluie pourra faire monter un thermomètre
placé dans la masse jusqu'à 60°. La chaleur ainsi absorbée par les
particules de la surface se propage, tout en diminuant faiblement
d'intensité, à une profondeur assez considérable.

VIII

TRAVAIL DES TERRES.

Nous terminerons ce chapitre en examinant rapidement
quelques points relatifs au *travail du sol* sur lesquels Dehérain
a particulièrement insisté. Cette étude, d'ordre pratique, découle d'une façon naturelle des notions que nous avons acquises
sur les propriétés physiques et mécaniques des sols.

L'eau et l'air doivent circuler continuellement dans l'épaisseur de la terre arable pour assurer le bon fonctionnement de
la vie végétale. Les espaces libres que laissent entre elles les
particules solides, aussi peu homogènes au point de vue de
leur forme extérieure que de leur composition intime, tendent,
au bout d'un certain temps, à diminuer à la suite du tassement que provoque la chute de l'eau de pluie. D'autre part,
il se produit des espaces lacunaires nouveaux du fait de la disparition par combustion des débris organiques que contiennent presque toutes les terres, au moins dans leurs couches
supérieures. Mais l'équilibre entre ces deux actions, dont l'une
rétrécit les espaces vides, et dont l'autre les agrandit, ne saurait exister ; les phénomènes qui engendrent le tassement l'em-
portant de beaucoup, quant à leurs effets, sur les phénomènes
de destruction de la matière organique qui donnent naissance
aux espaces lacunaires nouveaux. Il est donc indispensable,
et nous avons déjà insisté sur ce point, d'accroître d'une manière artificielle la capacité du sol pour l'air et pour l'eau en
éloignant les unes des autres, par un travail mécanique, les
particules dont il se compose. Instinctivement, d'ailleurs,
l'homme a toujours cherché à augmenter le volume du sol, à
détruire la croûte plus ou moins dure qui recouvre la surface
d'une pièce de terre à laquelle il voulait confier une graine.
Nombreuses sont les théories qui ont été émises sur la néces-

sité de ces opérations avant que l'on ait pu en donner une explication rationnelle ; mais, en dehors de toute notion scientifique, on savait que la terre *travaillée* était capable d'absorber
des quantités d'eaux pluviales beaucoup plus grandes, et dans
un espace de temps moindre, que la terre abandonnée à elle-
même.

En ameublissant le sol, on facilite le cheminement des racines,
on rend leur développement plus rapide ; les échanges gazeux se
font avec plus de régularité entre ces racines et l'atmosphère interne
dont on a accru le volume et renouvelé la composition. De plus,
lorsque l'eau de pluie vient à tomber, elle s'infiltre aisément dans les
espaces lacunaires nouveaux pour se mettre à la disposition des
poils absorbants. Réciproquement, lorsque la terre est tassée et que
l'eau séjourne à sa surface sans pouvoir y pénétrer, l'oxygène de
l'atmosphère intérieure disparaît peu à peu par suite de fermentations, et l'oxygène de l'air extérieur ne peut plus pénétrer qu'avec
une grande lenteur dans la masse de terre ainsi séparée de l'atmosphère par la couche d'eau interposée. Les racines subissent alors une
asphyxie lente et la plante meurt.

Nous parlerons ultérieurement (p. 292) de la composition normale de
l'atmosphère interne du sol à propos des phénomènes chimiques dont
celui-ci est le théâtre, et nous n'envisagerons, dans les lignes qui suivent,
que le travail du sol au point de vue purement physique.

Les labours d'automne, après la moisson, sont destinés à
briser la croûte dure qui couvre le sol, à ouvrir des tranchées
dans celui-ci, et à émietter la terre tassée dans ses couches superficielles. Il est facile de comprendre que les pluies qui sur-
viennent, soit à cette époque de l'année, soit plus tard en hiver
— au lieu de glisser à la surface du sol, si celui-ci est en pente,
ou de demeurer plus ou moins longtemps sur cette surface à
l'état de nappes si le sol est plat et de s'évaporer partiellement alors sans profit — s'infiltrent aisément au travers
d'une masse dont on a brisé la continuité et agrandi les espaces
interparticulaires. Entre une terre tassée et une terre ameublie
nous savons que la capacité pour l'eau peut varier du simple
au double, et même au-delà. L'eau pénètre ensuite plus profondément ; elle traverse en partie le sol et va se loger dans le
sous-sol. C'est donc un approvisionnement précieux de liquide
que l'on soustrait ainsi à l'évaporation et dont les racines

pourront profiter au printemps de l'année suivante lorsque cette eau suivra un mouvement inverse et remontera par capillarité vers la surface. Lorsque le labour a découpé des mottes volumineuses et que la gelée survient, l'eau, grâce à l'augmentation de volume qu'elle éprouve, les pulvérise, ou, du moins, les divise en menus fragments. Mais si, par suite d'une cause quelconque, cet émiettement n'a pas lieu, ou si le labour est effectué au printemps seulement, ces mottes persistent à l'état de masses compactes, et il en résulte pour la culture de graves inconvénients que Dehérain a mis en évidence de la manière suivante. Cet auteur dose, à l'aide d'un dispositif spécial, la quantité d'eau et de gaz renfermés dans un prisme de terre découpé dans une motte. Si la quantité d'eau contenue dans la motte est forte, le volume d'air que celle-ci renferme est faible, et réciproquement ; les quantités d'air et d'eau sont complémentaires et leur somme est représentée par un chiffre beaucoup plus petit, rapporté à 100 grammes de matière par exemple, que celui que l'on trouverait dans le cas de terres ameublies. Dans une motte de terre, les particules sont très rapprochées, et l'air n'y pénètre que dans la mesure où l'eau s'en dégage. En sorte que, une motte humide est peu aérée ; elle ne renferme de l'air qu'autant qu'elle se dessèche. On en conclut que les conditions favorables à la végétation sont difficilement réalisées, puisque ces mottes contiennent, ou bien trop d'eau et pas assez d'air, ou bien une quantité d'air suffisante mais une proportion d'humidité trop faible. Plus la terre est argileuse et plus les particules terreuses sont fortement soudées entre elles. Lorsque ces mottes se dessèchent et que la pluie ne vient pas les humecter de nouveau elles acquièrent une dureté considérable : aussi les semis que l'on entreprendrait dans un pareil milieu donneraient-ils des résultats très médiocres. C'est à l'aide de la herse ou de rouleaux de formes variées que l'on parvient à diviser ces mottes.

Nous avons insisté précédemment (p. 117) sur la différence notable qui existe, au point de vue de la capacité pour l'eau, entre les terres fortement tassées et celles qui sont bien ameublies. Si l'on veut avoir à cet égard des renseignements *pratiques* très nets, il faut se servir de la méthode des cadres et prélever directement sur le sol les échantillons de terre, tassés à la suite d'une culture, et de terre ameublie par les instruments aratoires ; car les expériences de laboratoire donnent des chiffres qui s'éloignent souvent beaucoup de la réalité, l'émiettement de la terre étant incomparablement plus accusé quand on opère sur un faible poids de matière que lorsqu'on s'adresse à une terre en place, même très bien travaillée par les instruments. Dehérain a étudié le mouvement de l'eau dans une terre convenablement ameublie et dans la même terre fortement tassée ; les échantillons étaient renfermés dans des cloches de cuivre, percées au fond, d'égal diamètre et d'égale profondeur, d'une capacité de 5 litres, cloches que l'on avait exposées à l'air libre depuis le mois de septembre jusqu'au mois de décembre. Ces cloches portaient des orifices latéraux permettant de faire, à l'aide d'une sonde, des prises d'essai au même moment, afin de connaître le taux d'humidité des différentes couches. L'eau pénètre aisément dans la terre meuble : peu de temps après le début de l'expérience, la répartition du liquide y est sensiblement homogène à toutes les hauteurs. Dans la terre tassée, l'infiltration est difficile, et ce n'est qu'au bout de deux mois que le taux d'humidité de la couche inférieure atteint et dépasse celui de la couche superficielle. L'expérience fut abandonnée au moment où l'eau commençait à s'écouler par l'orifice inférieur des cloches : d'ailleurs la terre meuble, par suite de la chute de l'eau de pluie, s'était tassée et les comparaisons n'avaient plus de valeur.

Dans une étude antérieure (p. 124), nous avons examiné quels étaient les effets du tassement de la terre sur l'ascension, dans son épaisseur, d'une couche d'eau située plus profondément. L'eau monte d'autant plus rapidement que le tassement est plus énergique, par suite de la finesse plus grande des tubes capillaires. Dans une terre dont la surface a été bien ameublie par le labour ou le sarclage, l'eau des couches inférieures atteint parfois difficilement cette surface. C'est là un inconvénient sérieux lorsque, par suite d'une sécheresse prolongée, la couche supérieure du sol perd peu à peu de l'eau par évaporation. Aussi est-il indispensable, à l'aide d'un *rouleau*, ou, s'il s'agit d'une faible étendue de terrain, par le piétinement, de rapprocher les unes des autres les particules terreuses, de les ressouder en quelque sorte, afin d'amener jusqu'à la surface l'eau des couches profondes. Par suite de ce tassement artificiel, les graines qui sont à une faible distance de cette surface peuvent bénéficier d'un apport d'eau capable de les faire germer ; tandis que, si le sol ameubli est abandonné dans cet état, la germination sera, ou incomplète, ou très lente.

Réciproquement, lorsque les plantes ont acquis un certain développement, grâce à cet apport d'humidité que le tassement artificiel a déterminé, si la sécheresse persiste, il est indispensable d'empêcher l'eau de se perdre par évaporation. A cet effet, on pratique une opération inverse de la précédente destinée à détruire la continuité du sol et à reformer de larges espaces vides au travers desquels l'eau ne pourra plus circuler qu'avec lenteur. On économisera ainsi l'humidité de la profondeur. L'opération destinée à détruire la continuité de la surface du sol se nomme *binage* ou *sarclage*. Non seulement elle agit dans le sens que nous venons de définir, mais elle a encore un autre but. Lorsque les plantes ont été semées en lignes suffisamment écartées, le binage détruit les mauvaises herbes dont la végétation, au moins chez quelques-uns d'entre elles, est assez rapide pour compromettre par son développement la culture de la plante principale (betteraves, pommes de terre). En outre, les plantes adventices enlèvent au sol une certaine proportion d'eau dont les végétaux, en vue desquels la culture a été entreprise, sont ainsi privés.

Lorsque la terre a été ameublie, puis abandonnée à elle-même pendant un certain temps, la chute de la pluie, surtout si celle-ci est abondante, rétrécit peu à peu les espaces libres que l'ameublissement avait créés. En supposant même que la dose de carbonate de calcium que dissout cette eau de pluie soit peu considérable et qu'il reste dans le sol assez de calcaire pour assurer la coagulation de l'argile et, par conséquent, le maintien de la terre à l'état particulaire, il n'est pas moins vrai que la chute de l'eau de pluie agit mécaniquement, comme nous l'avons vu antérieurement (p. 165) en chassant dans les espaces libres du sol ameubli des particules sableuses qui en diminuent peu à peu la capacité. Cette destruction de l'ameublissement est encore plus accusée dans les sols pauvres en calcaire : l'argile entre alors en suspension et concourt à obstruer les canaux que l'eau traversait d'abord avec facilité. Cet effet mécanique et chimique de l'eau de pluie se rencontre également chez la terre cultivée. Donc, toute terre, préalablement ameublie, puis cultivée ou non, mais subissant l'action des pluies pendant un certain temps, se tasse ; il en résulte que sa capacité pour l'eau, obtenue par les travaux mécaniques du labourage, diminue dans de larges proportions. Ainsi, lorsque le sol est en pente, l'eau ne s'infiltrera plus dans son épaisseur ; elle glissera à la surface et sera perdue pour la pièce de terre considérée. Cette destruction de l'ameublissement est encore plus accentuée chez les sols argileux : des flaques d'eau séjournent longtemps à leur surface, surtout si ces sols sont peu calcaires.

Il résulte de ce qui vient d'être dit que, lorsque les bons effets du binage, au point de vue de la rupture de la continuité du sol, disparaissent par suite du tassement produit par une chute d'eau de pluie, il est nécessaire de recommencer une opération semblable afin d'empêcher de nouveau l'évaporation continue du sol.

Il est donc indispensable d'ameublir le sol, au moins une fois dans le cours de l'année, lorsque la culture qu'il doit porter demande plusieurs mois avant de parvenir à maturité ; et, en règle générale, chaque fois que le sol doit recevoir, soit un semis, soit des plantes repiquées. De cette façon, on met à la disposition du végétal des espaces nombreux dans lesquels se logeront les eaux météoriques ou les eaux d'arrosage ; de plus, les racines pénètrent d'autant mieux dans le sol que celui-ci est plus poreux ; aussi les planches d'un jardin potager bien entretenu doivent-elles être ameublies plusieurs fois pendant le courant d'une année. Lorsque la pluie ou les arrosages artificiels ont tassé la terre entre les plantes d'une culture potagère, il est d'usage d'effectuer un binage qui, détruisant le tassement, crée des espaces libres nouveaux. On peut également rompre la continuité du sol et empêcher l'évaporation de l'eau en disposant sur la terre une couche de fumier très consommé (*paillis*) ou même de la paille. Cette pratique donne de très bons résultats pour le maintien de l'humidité. Elle est très employée sur les parterres de fleurs. La destruction des mauvaises herbes ne peut plus alors être faite par le binage ; on enlève les plantes adventices à la main.

Complétons ces quelques données relatives au travail du sol par l'exposé sommaire de la pratique de la *jachère*. Ce sujet se relie étroitement à celui que nous venons de traiter.

Jachère. — Dans l'ancienne agriculture, et même encore de nos jours dans quelques contrées, lorsque la terre avait porté des céréales pendant deux années consécutives, on labourait le sol et on l'abandonnait à lui-même la troisième année. Après l'avoir fumé, on procédait à un semis d'automne (blé, par exemple). Si, en raison de cette façon d'opérer, on se privait ainsi d'une récolte, on pouvait néanmoins tirer de cette pratique certains avantages dont nous résumerons rapidement les principaux d'après l'exposé qu'en a fait Dehérain dans son *Traité de chimie agricole*.

En premier lieu, la jachère permet *un bon travail du sol ;* car, lorsque les cultures succèdent les unes aux autres, on ne peut choisir le moment propice à l'exécution d'un labour soigné. Un sol, en effet, ne saurait être travaillé à une époque quelconque. Supposons qu'il soit très argileux et qu'il ait reçu une notable quantité d'eau : la charrue le découpera en mottes volumineuses qui risqueront de demeurer très longtemps sous cette forme. Sur un sol en jachère, on procède au labour à telle période de l'année que l'on juge convenable, et on recommence cette opération s'il en est besoin.

La jachère, en second lieu, permet de *nettoyer* le sol. Quand les céréales remplacent les céréales, la terre se couvre peu à peu de mauvaises herbes dont il est impossible de la débarrasser. Le labour de l'année de jachère est précisément destiné à détruire les plantes parasites qui disputent souvent sa nourriture à la culture principale à tel point que, au bout de quelques années, le rendement de celle-ci diminue dans d'énormes proportions. A l'heure actuelle, l'introduction dans l'assolement de cultures sarclées donne le moyen d'éviter la jachère.

Lorsqu'on prélève des échantillons de terre à différentes profondeurs sur des sols plantés et non plantés, on trouve toujours que l'approvisionnement de l'eau est beaucoup plus considérable sur les seconds que sur les premiers. Là où il y a absence de végétaux, l'évaporation du sol entre seule en jeu pour dépouiller la terre d'une partie de son humidité. Les plantes, comme l'on sait, évaporent une quantité de liquide considérable et dessèchent la terre jusqu'à une grande profondeur. La jachère présente donc cet avantage de permettre au sol d'emmagasiner des réserves d'eau importantes qui profiteront ultérieurement à la végétation.

Le travail du sol favorise également la nitrification. Une terre en jachère perd, par drainage, infiniment plus de nitrates qu'une terre cultivée (Voir chapitre XII).

Le travail soigné du sol dissémine les ferments nitrificateurs, facilite l'introduction de l'air et la pénétration de l'eau : toutes conditions qui accélèrent l'oxydation de l'azote organique (Voir chapitre XI, *Nitrification*, page 425). Un sol planté perd, par eaux de drainage, beaucoup moins d'azote nitrique en raison même de l'utilisation de cet azote par la plante. De plus, par suite de l'état plus grand de sécheresse d'un sol cultivé, la nitrification est fortement ralentie (page 454) : d'où perte moindre des nitrates chez le sol cultivé. Mais, à une époque où les fumiers étaient rares et les engrais chimiques inconnus, on avait intérêt à favoriser, par des labours répétés, cette nitrification, d'origine d'ailleurs ignorée. Il restait dans le sol, malgré les pluies, assez de nitrates pour subvenir aux exigences des récoltes à venir.

Nous connaissons aujourd'hui le mécanisme par lequel le sol en jachère s'enrichit en azote organique : l'association symbiotique de certaines algues avec certaines bactéries, ainsi que le travail des *Azotobacter* (page 418) fixent sur un sol, non cultivé et non fumé, des quantités d'azote atmosphérique qui ne sont pas négligeables.

La jachère a presque disparu là où l'on peut se procurer les engrais nécessaires, et où un assolement judicieux permet le nettoyage du sol. Il n'en est pas moins vrai que cette pratique, de pur empirisme, présentait des avantages réels.

Nous venons d'étudier les propriétés physiques des sols et de définir les relations de la terre arable avec l'eau, l'air, la chaleur solaire. Puisque chaque élément de la terre arable possède une caractéristique spéciale, nous devons chercher par quels procédés on peut isoler cet élément et en déterminer le poids. Tel est le but que l'on se propose d'atteindre lorsqu'on pratique l'*analyse physique* d'une terre. C'est ce mode particulier d'analyse qui fait l'objet du chapitre suivant.

CHAPITRE VI

ANALYSE PHYSIQUE ET MÉCANIQUE DES SOLS

But de l'analyse physique et mécanique des sols ; procédés généraux. — Prélèvement d'un échantillon de terre. — Procédé d'analyse physique de Schloesing. — Analyse mécanique. — Procédés par sédimentation. — Procédés par déplacement. — Utilité de l'analyse physique et mécanique des sols. — Analyse minéralogique.

But de l'analyse physique des sols. — Procédés généraux. — Les notions que nous avons acquises, en étudiant la texture des sols d'une part, et leurs propriétés physiques d'autre part, nous ont montré l'importance des quatre éléments fondamentaux constituant la terre arable. Cherchons donc un moyen de déterminer, avec autant de précision que possible, le poids de ces éléments contenus dans une masse donnée de terre. Cependant cette seule détermination pondérale ne nous fournirait que des renseignements très incomplets si nous laissions de côté la question de *dimension des éléments*. La masse principale de la terre arable est surtout composée de sable, en conservant à ce mot le sens que nous lui avons attribué antérieurement. Il paraît donc indispensable de tenter de classer *par ordre de grandeur* les divers éléments sableux, puisque c'est de la prédominance de telle ou telle grosseur de sable que dépendra *à priori* la perméabilité ou l'imperméabilité d'une terre donnée. Au point de vue de l'étude complète des propriétés physiques et de leur interprétation, ce classement des éléments rend les plus grands services. Nous verrons dans la suite que son importance est non moins grande en ce qui concerne les propriétés chimiques du sol et la valeur des matières minérales alimentaires que la plante doit y rencontrer. L'analyse physique et mécanique des sols a pour but d'effectuer les opérations dont nous venons de définir le caractère.

Ce sujet, si vaste, demanderait de longs développements. Mais nous n'avons pas l'intention, dans ce petit livre, de parler des problèmes analytiques très nombreux que soulève la connaissance approfondie de la terre arable ; la place nous manquerait. Toutefois ces questions d'analyse physique et mécanique des sols sont si intimement liées à l'étude de leur constitution et de leurs propriétés que nous sommes obligé d'esquisser ici quelques-uns des modes opératoires auxquels on a le plus souvent recours pour procéder aux déterminations relatives à la classification quantitative des éléments. Nous nous bornerons, en ce qui regarde l'analyse physique, à exposer le procédé de Schloesing dont les avantages pratiques sont incontestables sous le rapport de la rapidité d'exécution et de la valeur des renseignements que ce procédé est capable de fournir, quelles que soient les critiques formulées à son égard. Quant aux procédés employés dans l'analyse mécanique, on peut, à un point de vue général, les distinguer en deux classes : 1° procédés dans lesquels la terre, soumise à certaines manipulations préliminaires que nous indiquerons, est mise en suspension au sein d'une masse d'eau dans laquelle, après agitation, les grains sableux tombent avec des vitesses variables suivant leur grosseur et se rangent en couches qui se superposent par ordre de grandeur décroissante ; ces procédés peuvent être appelés *procédés par sédimentation* ; 2° procédés dans lesquels un poids connu de terre étant disposé dans une allonge de section et de hauteur déterminées, un courant d'eau de vitesse connue pénètre par le bas de l'allonge et entraîne tels éléments, tandis que les autres demeurent en place. Il est évident que, suivant la vitesse du courant liquide et la hauteur de l'allonge, les éléments sableux d'une certaine dimension seront soulevés et entraînés hors de l'allonge. On pourra les recueillir et les peser ; on pourra également les obliger à traverser une deuxième et même une troisième allonge où les plus gros d'entre eux se déposeront, tandis que les plus fins seront finalement expulsés avec l'eau qui sortira des allonges. Ce procédé par *soulèvement* classe assez bien les éléments ; il est d'une exécution facile, parce que l'appareil, une fois bien réglé, marche automatiquement ; mais il est quelque peu conventionnel. Il est nécessaire d'insister sur ce point, c'est que pour qu'un procédé soit bon ou, au moins, utilisable, il faut que deux analyses consécutives donnent à peu près le même résultat. Or, parmi le nombre considérable des méthodes imaginées, quelques-unes sont défectueuses à cet égard. Nous n'en indiquerons donc qu'un petit nombre qui répondent d'une manière satisfaisante au but proposé.

Dimensions relatives des éléments. — Lorsqu'on examine, même superficiellement, la plupart des sols arables, on s'aperçoit que leur masse est parsemée de pierres plus ou moins volumineuses ; il faut donc établir un *classement conventionnel* de ces masses solides en faisant passer la terre au travers de cribles et de tamis dont les mailles ou les orifices ont une dimension connue. En réalité, entre les fragments rocheux pouvant peser plusieurs centaines de grammes et les grains les plus fins de l'argile dont le diamètre est inférieur à 1 millième de millimètre, on trouve tous les intermédiaires possibles. Si tous les éléments étaient sphériques, il est évident que l'on pourrait les obliger à traverser différents tamis dont les mailles auraient le diamètre des sphères ; mais la plupart des éléments du sol ont une forme irrégulière, souvent allongée : de sorte que tel élément que nous supposerons prismatique, dont le petit côté aura 1 millimètre par exemple et la longueur 3 millimètres, traversera un tamis de 1 millimètre lorsqu'il se présentera dans sa longueur, mais restera sur ce tamis s'il se présente dans sa largeur. Par des secousses répétées, on pourra obliger cet élément à traverser le tamis ; mais s'il se trouve mélangé avec d'autres éléments à peu près sphériques de 1 millimètre de diamètre, il est clair que la masse tamisée sera peu homogène. On ne peut donc, en résumé, et malgré tous les soins que l'on prend, obtenir que des lots d'une homogénéité très relative.

I

PRÉLÈVEMENT D'UN ÉCHANTILLON DE TERRE.

Ce prélèvement est capital. Voici de quelle manière il est bon d'y procéder (1). Un échantillon que l'on soumettra à l'analyse doit représenter, autant que possible, la composition moyenne d'un terrain. Pour juger de l'homogénéité de celui-ci, on peut examiner les récoltes qu'il porte. Si les plantes sont de même hauteur, d'une couleur verte uniforme à l'époque de la plus grande activité de la végétation, il est probable que le terrain en question est homogène dans sa formation. Si la prise d'échantillon ne peut être effectuée qu'à un moment où il n'y a plus de végétation, on pourra consulter la *couleur* du terrain et se rendre compte si cette couleur est partout la même. On fera bien également de prendre en plusieurs points quelques poignées de terre, et, si celle-ci est humide, on évaluera à la main, avec un peu d'habitude, son degré de plasticité qui devra être partout le même. Si le terrain ne semble pas homogène, on le divisera en régions dont l'aspect général, soit du côté de la terre, soit du côté des récoltes, semblera à peu près uniforme.

Après avoir débarrassé la surface du sol des plantes et des débris végétaux apparents, on creuse à la bêche une cavité prismatique de 50 centimètres de côté environ, dont la profondeur variera suivant l'épaisseur du sol. Nous avons défini déjà ce que l'on doit entendre par *sol* et *sous-sol*. Dans la plupart des cas, la distinction est très aisée à faire. En effet, quand on examine la coupe verticale d'un terrain, on remarque que, sur une hauteur, variable suivant les terres, la coloration demeure à peu près homogène et souvent assez foncée. Puis, brusquement, parfois avec une transition moins nette, apparaît une couche terreuse moins foncée que celle qui

(1) Il est utile de consulter à cet égard la description des méthodes adoptées par le *Comité consultatif des stations agronomiques et des laboratoires agricoles* (1891). L'exposé que nous faisons ici en est un résumé auquel nous joignons quelques observations personnelles.

la surmonte et qui, dans un assez grand nombre de circonstances, est d'une formation géologique différente. La couche supérieure se nomme le *sol*, la couche sous-jacente le *sous-sol*. Assez souvent — et c'est là une mauvaise condition — le sol repose sur une roche dure, impénétrable ou à peu près, aux racines et aux instruments aratoires. L'épaisseur de la couche du sol proprement dit varie entre quelques centimètres et plusieurs décimètres ; plus elle est épaisse en principe et meilleure est la qualité du sol. Le sol, lorsqu'il est suffisamment profond, reçoit seul les labours et les engrais ; mais si sa profondeur est faible, la couche supérieure du sous-sol est également atteinte par la charrue ou enrichie par les engrais. De plus, en admettant même que la couche du sol soit suffisamment profonde (30 à 40 centimètres), beaucoup de racines pivotantes dépassent cette profondeur et vont visiter le sous-sol auquel elles empruntent des éléments nutritifs. Au point de vue physique, les qualités du sous-sol, ainsi que nous le verrons plus tard, retentissent singulièrement sur les qualités du sol. Il en résulte qu'il est indispensable de joindre à l'analyse mécanique et physique de la terre du sol les mêmes déterminations faites sur la terre du sous-sol ; le trou creusé dans la terre à échantillonner devra descendre à une profondeur d'autant plus grande que ce sous-sol sera situé plus profondément.

La cavité prismatique dont nous avons parlé plus haut étant achevée, on découpe à la bêche, sur le bord de la tranchée, un prisme droit que l'on sépare par un trait horizontal à la naissance du sous-sol, c'est-à-dire à l'endroit où la couleur du sol change. On opère de même sur plusieurs points du champ. Toutes ces prises d'échantillon seront bien mélangées ; on enlèvera à la main les pierres volumineuses dont on prendra le poids, et on comparera ce poids à celui de la terre totale prélevée. On agira de même vis-à-vis de la terre du sous-sol en prélevant celle-ci aux endroits mêmes où l'on aura enlevé la couche de terre du sol ; il faudra, en général, découper un prisme plus élevé dans la terre du sous-sol (jusqu'à 1 mètre et plus). En effet, les racines des légumineuses et celles des grands arbres s'enfoncent profondément. Après avoir rendu l'échantillon total (sol et sous-sol séparément) aussi homogène que possible en le remuant à la bêche sur une aire plane ou dans une brouette un peu grande, on procède à sa dessiccation à l'air libre, sur 2 ou 3 kilogrammes de matière.

Deux cas principaux se présentent : la terre est meuble, c'est-à-dire qu'elle peut facilement s'émietter sous la pression des doigts quand elle est sèche ; ou bien la terre est argileuse et compacte, et, en se desséchant, elle prend une consistance telle qu'elle ne peut être émiettée.

Dans le cas de terres meubles, la division se fait à la main. Le frottement des doigts contre les particules, plus ou moins agglomérées quand elles sont sèches, suffit pour les pulvériser ou pour détacher les éléments fins des cailloux auxquels ils adhèrent. Dans le cas des terres compactes, le frottement des doigts est impuissant à détruire la cohésion de masses, souvent volumineuses, composées surtout d'argile. Il faut alors, soit écraser la terre avec un maillet de bois sans toutefois briser les éléments rocheux, soit faire passer plusieurs fois sur la terre un rouleau de bois sur lequel il ne faudra pas exercer une trop forte pression.

Si ces derniers moyens étaient insuffisants, et si la terre, très argileuse, demeurait sous forme de grains volumineux, on délayerait cette terre dans l'eau après l'avoir préalablement humectée. On obtiendra alors, par pétrissage à la main, une bouillie fluide (1 kilogramme par exemple) que l'on versera sur un tamis (nous dirons tout à l'heure quelle doit être la grandeur des mailles de celui-ci). A l'aide d'un filet d'eau ordinaire, et en malaxant les particules les plus grosses, on entraînera facilement les parties fines au travers du tamis. Lorsque ces parties fines, noyées dans un excès d'eau, se seront rassemblées dans une terrine s'tuée au-dessous du tamis, on décantera le liquide une fois clarifié, après vingt-quatre heures, et on jettera dans ur e capsule la matière semi-fluide que l'on desséchera au bain-marie. La pâte obtenue sera rendue homogène par le pétrissage à la main : cette dernière opération est très importante. Il est bien entendu que la terre soumise à ce traitement par l'eau devra être pesée à un gramme près à l'état initial, avec son degré d'humidité actuel. On devra, par une dessiccation à étuve à 110°, déterminer sur un échantillon analogue la quantité totale de l'eau que cette terre renferme. Les cailloux et graviers, restés sur le tamis, seront séchés et pesés.

Le procédé de délayage de la terre dont nous venons de parler devrait, d'après Schlœsing (1903), être employé dans tous les cas. C'est, en effet, le seul moyen d'obtenir un échantillon parfaitement homogène ; le tamisage à sec ne donnant jamais de résultats constants. Cette homogénéité de la matière tamisée, puis séchée au bain-marie, s'obtient, ainsi que nous l'avons dit, en pétrissant la terre dès que celle-ci n'adhère plus aux doigts. On gardera la matière ainsi préparée dans des flacons bien bouchées afin de la préserver de la dessiccation.

On convient, dans la pratique de l'analyse physique, de passer les terres sèches au travers d'un tamis en toile de laiton à dix fils par centimètre. L'écartement qui existe entre chaque maille est, par conséquent, un peu inférieur à 1 millimètre. L'échantillon de terre que l'on tamise se sépare donc en deux parties : la *terre fine* qui passe et sur laquelle portent seules les opérations des analyses physique et chimique ; les *cailloux et graviers* qui demeurent sur le tamis et dont on doit examiner la nature minéralogique. Car si, par convention, on admet que ces cailloux et graviers n'ont qu'un rôle alimentaire très restreint vis-à-vis des végétaux, il ne faut pas perdre de vue que beaucoup d'entre eux doivent, dans la suite des temps, se diviser en fragments plus menus qui entreront, par conséquent, dans le lot appelé *terre fine* où, en raison de leurs plus faibles dimensions, ils seront facilement attaqués par les solvants naturels. En outre, ils jouent un rôle important au point de vue physique, puisque l'air et l'eau circulent aisément à leur surface.

Lorsque ces éléments grossiers auront été séparés, comme il vient d'être dit, des éléments fins, on en prendra le poids et on comparera celui-ci au poids de la terre fine. Il sera bon de verser de l'acide chlorhydrique étendu sur les cailloux ou graviers pour se rendre compte de la présence ou de l'absence du calcaire. On appelle parfois *cailloux* les éléments qui ne passent pas au travers des mailles de 5 millimètres, et *graviers* ceux qui traversent ce tamis, mais qui restent sur le tamis à mailles de 1 millimètre (Voir plus loin page 204).

Autres procédés d'échantillonnage du sol. — On prélève souvent des échantillons de terre avec une tarière d'acier, de 5 centimètres de diamètre intérieur, que l'on enfonce dans différents endroits de la pièce de terre jusqu'à une profondeur, déterminée par une expérience antérieure, consistant à examiner sur une tranchée quelle est l'épaisseur de la couche arable ou sol proprement dit. Tous ces *cylindres* de terre sont intimement mélangés. On procède ensuite à la dessiccation de la terre et à son tamisage comme plus haut.

II

PROCÉDÉ D'ANALYSE PHYSIQUE DE SCHLŒSING.

Ce que nous avons appelé *terre fine* constitue un mélange dans lequel peuvent exister les quatre éléments : sable, argile, calcaire, humus. Ces quatre éléments ne sont pas toujours présents dans une terre, ainsi que nous l'avons dit antérieurement. L'argile peut manquer ; de même, chez telle autre terre, le calcaire ou l'humus feront défaut. Le procédé que nous allons décrire conduit à une détermination rapide et satisfaisante de la proportion des éléments ci-dessus ; mais il ne classe le sable qu'en deux catégories et d'une façon un peu arbitraire.

On prend 10 grammes de terre fine (dont on connaît le degré d'humidité ou que l'on a séchée à 110°), on les place dans une capsule de porcelaine d'un diamètre de 10 centimètres environ. Sur cet échantillon on verse une quinzaine de centimètres cubes d'*eau distillée*, et l'on délaye cette terre en la frottant avec l'index, de façon à bien faire pénétrer l'eau dans toute la masse. On obtient ainsi un liquide trouble puisque, dans le cas où il y a de l'argile, celle-ci entre en suspension grâce à l'emploi de l'eau distillée. D'ailleurs les éléments sableux très ténus, même s'ils ne sont pas accompagnés d'argile, peuvent rester longtemps en suspension dans l'eau. On compte 10 *secondes* à partir du moment où l'on a cessé d'agiter, puis on décante doucement la liqueur trouble dans un vase à précipité. On recommence cette opération jusqu'à ce que l'eau distillée demeure claire après les 10 secondes d'attente. Il reste dans la capsule ce que l'on est convenu d'appeler le *sable grossier*. On sèche celui-ci à 110° et on le pèse. Il est indispensable de l'humecter ensuite avec de l'acide chlorhydrique et de voir s'il se produit une effervescence, indice de la présence du calcaire en grains relativement gros. Le dosage de ce calcaire pourra être facilement effectué par les méthodes chimiques usuelles. Remarquons, en outre, qu'une certaine quantité de matière organique adhère encore aux particules du sable grossier. Son dosage exact devra être effectué par combustion au moyen de l'oxyde de cuivre. Mais cette opération peut être négligée dans le cas présent ; elle a, en effet, un intérêt plus théorique que pratique. Toutefois, on peut avoir une idée approximative du poids de cette matière organique en incinérant le gros sable, débarrassé d'abord du calcaire, lavé et séché à 110°.

Le vase à précipité contient toute l'eau de décantation (200 à 300 cc. environ). Dans celle-ci, on trouve du *sable fin*, c'est-à-dire des fragments de quartz, de silicates variés, du *calcaire* en grains très menus, de l'*argile*, laquelle demeure en suspension, et de la *matière organique*. Cette dernière était partiellement à l'état de liberté dans l'échantillon primitif ; d'autre part, adhérant aux grains sableux, elle en a été détachée par le frottement de l'index. On additionne le liquide trouble d'acide azotique jusqu'à cessation d'effervescence et on laisse reposer. Peu à peu ce liquide s'éclaircit du fait de la coagulation de l'argile par l'addition d'acide (page 103), ou par suite de la présence du nitrate de calcium, s'il y a du calcaire dans l'échantillon analysé. Après un certain temps, on décante sur un filtre sur lequel on fait tomber ensuite, à l'aide du jet d'une pissette, la partie solide demeurée au fond du vase. On lave à l'eau distillée de façon à enlever complètement le nitrate de calcium. On reconnaît d'ailleurs que le lavage est achevé par ce fait que l'eau qui filtre, d'abord très limpide, devient peu à peu louche ou moment où, toute acidité ayant disparu et tout le sel de calcium étant expulsé, l'argile rentre en suspension. Dans ce liquide filtré on dose la chaux par les méthodes usuelles.

Sur le filtre restent le sable fin, l'argile, l'humus. On perce ce filtre avec un agitateur au-dessus d'un vase de verre et, au moyen du jet de la pissette, on le débarrasse complètement de son contenu. La liqueur est trouble ; on favorise la suspension de l'argile en agitant le vase et en y versant un peu d'ammoniaque qui dissout la matière humique. On abandonne au repos pendant vingt-quatre heures : le sable fin se dépose seul. Toutefois, ce n'est là qu'une convention, commandée par les besoins de l'analyse. En effet, le sable fin, retenu dans le réseau d'argile colloïdale, exigerait pour se déposer complètement un temps infiniment plus long (page 105). Après vingt-quatre heures, on décante le liquide trouble avec un siphon, on remet sur le résidu quelques centimètres cubes d'ammoniaque et 1 litre d'eau distillée, et on répète la décantation le lendemain. Il est bon, dans le cas d'une terre très argileuse, de répéter encore cette opération deux ou trois fois. Le sable fin déposé est ensuite recueilli dans une capsule, desséché à 110° et pesé.

Les liquides troubles de décantation sont réunis ; ils contiennent l'argile colloïdale et la matière humique dissoute dans l'ammoniaque. On coagule l'argile par l'addition, non pas d'un acide qui précipiterait l'acide humique par suite de sa séparation d'avec l'ammoniaque, mais d'une solution étendue de sel ammoniac ou de chlorure de potassium qui donne naissance à des flocons d'argile. Ceux-ci, une fois déposés, sont recueillis sur filtre et lavés. On replie le filtre plusieurs fois sur lui-même, après l'avoir étalé sur une plaque de verre, de façon à rassembler l'argile en un petit paquet. Celui-ci est mis dans une capsule tarée, séché, calciné et pesé ; on ajoute au poids obtenu le poids des cendres du filtre. Finalement, on coagule l'acide humique par l'addition d'un acide (nitrique ou chlorhydrique), et on recueille les flocons de matière noire sur un filtre taré que l'on sèche à 110°.

L'analyse physique, telle que nous venons de la pratiquer, permet donc d'estimer, dans la terre fine, le sable grossier, le sable fin, le calcaire fin, l'argile et l'humus. Elle rend de grands services lorsqu'on l'exécute avec soin ; mais il s'agit d'*interpréter* les chiffres qu'elle fournit. Nous traiterons de cette interprétation lorsque nous aurons parlé de l'analyse chimique de la terre arable (page 372). Cette dernière, en effet, *doit toujours être faite après l'analyse physique ;* c'est seulement en combinant les renseignements que donnent ces deux opérations que l'on peut se faire une idée exacte des qualités agricoles d'un sol donné.

Une remarque, destinée à compléter les notions qui précèdent, doit être faite ici. Les particules sableuses extraites du sol par simple lévigation sont, le plus souvent, recouvertes d'un enduit humo-argileux. Dumont (1910) a montré que, si l'on voulait obtenir des résultats corrects, il convenait de détruire ces enduits en décapant les grains sableux à l'aide d'une solution d'acide oxalique. L'auteur sépare les matières limoneuses et argileuses par centrifugation : cette méthode est une méthode mixte, qui tient à la fois de l'analyse physique et de l'analyse mécanique ; nous nous contentons simplement de la mentionner.

<h1 style="text-align:center">III</h1>

<h2 style="text-align:center">ANALYSE MÉCANIQUE.</h2>

Notions préliminaires sur ce mode d'analyse. — L'analyse physique, telle que nous venons de l'exposer, ne classe les éléments sableux qu'en deux catégories : *le gros sable* dont les grains ont un diamètre compris entre $0^{mm},9$ et $0^{mm},1$ environ, et *le sable fin* à éléments inférieurs à $0^{mm},1$ dont la proportion exacte ne peut être déterminée, comme nous l'avons dit, que d'une façon relative, puisqu'un repos de vingt-quatre heures ne suffit pas à dépouiller l'argile colloïdale en suspension de tous les éléments sableux extrêmement ténus qu'elle retient avec une grande énergie.

Le but que l'on se propose d'atteindre dans l'*analyse mécanique* des sols, c'est d'obtenir des renseignements plus précis sur la dimension des grains sableux, et de les classer en un certain nombre de lots de diamètres, sinon identiques, ce qui serait impossible, mais au moins voisins. Il est indispensable

de faire remarquer de suite que l'analyse mécanique est une
opération très délicate si on cherche à obtenir, dans deux
essais exécutés sur la même terre, des chiffres tout à fait comparables entre eux. De plus, ce sujet comporte les éléments
d'une confusion regrettable, parce que la dimension des mailles
des tamis dont il est fait usage varie avec les expérimentateurs ;
en outre, un même tamis n'est jamais absolument parfait
quant à l'homogénéité de ses mailles. L'emploi de tamis à
trous circulaires, de diamètre rigoureusement connu, serait
préférable à celui de tamis à mailles carrées. Les termes dont
on se sert pour nommer les particules de telle ou telle dimension diffèrent suivant les auteurs. Les mots de *sable grossier*,
sable fin, *limon*, *gravier grossier*, *gravier fin*, etc., n'ont aucune
valeur si la dimension des grains de la matière constituant
chacune de ces catégories n'est pas définie de façon précise,
soit par le diamètre moyen de chaque grain, soit par la vitesse
de chute au sein d'une colonne liquide de hauteur déterminée.

Les procédés que l'on a proposés pour effectuer *l'analyse mécanique
des sols* sont extrêmement nombreux, les uns d'une exécution simple
et relativement rapide, les autres plus compliqués et exigeant un
matériel spécial. Les agronomes américains ont, dans ces dernières
années, perfectionné beaucoup les procédés d'analyse mécanique
qui, bien interprétés, conduiront vraisemblablement à des conclusions
très intéressantes sur la valeur agricole des sols. Actuellement, il existe
encore des divergences parfois considérables entre les chiffres obtenus
par telle ou telle méthode, divergences qui proviennent de la difficulté
extrême de séparation des particules sableuses très fines, lesquelles
demeurent en suspension dans l'eau pendant un temps incompatible
avec les renseignements pratiques que l'on est obligé de fournir souvent
dans un bref délai. Bien qu'elle soit encore à cette heure aux prises
avec de nombreuses difficultés, l'analyse mécanique offre à l'étude théorique des sols un champ très étendu de recherches du plus grand
intérêt.

Il est indispensable de faire ressortir que l'emploi seul de tamis de
différentes grosseurs, même bien calibrés, sur lesquels on ferait successivement passer un échantillon donné de terre sèche, ne conduirait
qu'à de mauvais résultats ; car, ainsi que nous l'avons dit plus haut,
chaque grain sableux est pourvu d'un enduit qui lui adhère fortement
et que, ni l'action des acides, ni celle des alcalis, ne peuvent détacher
complètement. Ce n'est qu'au sein d'un liquide, *sans action chimique
sur la terre*, que l'assemblage est capable de se dissocier peu à peu.

L'analyse mécanique peut être, comme nous l'avons dit au début de ce chapitre, pratiquée de deux façons. 1° *Par sédimentation*. On laisse tomber au sein d'une certaine masse d'eau un poids connu de terre fine définie comme plus haut ; les éléments les plus gros tombent les premiers, les éléments les plus fins se précipitent successivement. Si, à l'aide d'un dispositif quelconque, on recueille au bout de temps déterminés les portions qui se sont déposées ou celles qui demeurent en suspension, on pourra définir une terre d'après les poids respectifs de ses éléments classés par ordre de grosseur. 2° *Par déplacement*. On soulève un poids de terre connu, contenu dans une allonge de diamètre connu, par un courant d'eau ascendant de vitesse déterminée qui entraîne certains éléments légers et laisse au fond de l'allonge les éléments plus lourds. Nous donnerons un aperçu des principales méthodes fondées sur ces deux principes.

A. Procédés par sédimentation. — Commençons d'abord par l'étude de quelques procédés par *sédimentation*.

Méthode de Schlœsing. — Il convient de mettre en tête de cet exposé de l'analyse mécanique par dépôt, comme formant la base même de la façon la plus correcte de procéder, les observations suivantes que Schlœsing a publiées à ce sujet (1903). La méthode indiquée ci-dessous conduit toujours à des résultats suffisamment comparables entre eux pour une même terre.

Schlœsing fait remarquer que, si l'on veut mettre en état de complète indépendance tous les éléments d'une terre liés entre eux par des ciments minéraux (argile) et organiques (humus), il suffit de détruire le calcaire par l'action de l'acide nitrique étendu, suivie d'un lavage avec ce même acide à 1/1000, et d'achever par un traitement consistant en une digestion de quelques heures avec de l'eau légèrement ammoniacale.

30 grammes de terre fine ayant subi cette préparation préalable sont délayés dans deux litres d'eau distillée contenus dans une éprouvette à pied. La hauteur du liquide atteignait 36 centimètres dans les essais de l'auteur. On rend la masse homogène par un violent barbotage d'air. Le volume de l'eau employé est assez grand pour que chaque grain soit indépendant de tous les autres et se com-

porte, vis-à-vis de l'eau et de la pesanteur, comme s'il était seul. On admet, de plus, que ces grains tombent verticalement d'autant moins vite qu'ils sont plus petits, et que ces diverses vitesses sont constantes. Au bout de quinze minutes de repos, par exemple, on sépare le liquide qui surmonte le dépôt à l'aide d'un large siphon dont la longue branche porte un tube de caoutchouc, ce qui permet d'en rétrécir le diamètre par pincement lorsqu'il n'y a plus dans le vase que quelques centimètres cubes de liquide au dessus du dépôt. Celui-ci est recueilli, séché et pesé.

Afin de démontrer que la chute de chaque grain est parfaitement libre au sein de l'eau, Schlœsing traite de la même manière un poids de terre dix fois moindre, soit 3 grammes, et il compare le poids des deux dépôts obtenus au bout du même temps. Or, on constate que ces deux poids sont dans le même rapport que les poids des terres employées. Une pareille expérience, répétée sur les terres les plus diverses, fournit toujours la même concordance. Pendant le temps de leur chute, les éléments sont donc indépendants les uns des autres ; car, si cette indépendance n'existait pas, plus les mélanges seraient denses, plus les mouvements des grains sableux seraient gênés ; leur chute serait donc retardée et les mélanges les plus chargés fourniraient des dépôts d'un plus faible poids que ceux qui seraient les moins chargés. Schlœsing démontre encore l'uniformité des mouvements de descente en donnant des hauteurs différentes H_1, H_2, H_3 aux liquides contenant des poids connus d'une même terre. Dans le cas d'une descente uniforme, on obtiendra des dépôts dont les poids seront proportionnels à ceux des terres si on leur laisse, pour se former, des temps proportionnels aux hauteurs H_1, H_2, H_3: c'est exactement ce que montre l'expérience suivante qui permet de conclure que les éléments du sol ont des vitesses uniformes.

	Terre très sableuse			Terre argileuse		Terre silico-argileuse		
Poids des terres......	20gr.	15gr.	10gr.	10gr.	10gr.	10gr.	10gr.	10gr.
Hauteur des liquides.....	0m,20	0m,15	0m,10	0m,362	0m,181	0m,36	0m,27	0m,18
Temps de repos en minutes..	24	18	12	20	10	20	15	10
Poids des dépôts........	14gr,794	11gr,066	7gr,359	6gr,822	6gr,821	6gr,720	6gr,764	6gr,780
Rapports entre ces poids.	20 :	14.96 :	9.95	10 :	10	10 :	10.07 :	10.00

Schlœsing énonce donc la proposition suivante : on peut classer en un certain nombre de lots, dans l'ordre de leur grandeur décroissante, les sables fins d'une terre végétale, en observant à la fois les temps que ces sables emploient à parcourir au sein de l'eau une hauteur déterminée et les poids des dépôts formés pendant les intervalles successifs de ces temps.

À l'aide d'un dispositif extrêmement ingénieux et fonctionnant automatiquement, l'auteur a pu isoler, au bout d'un nombre d'heures et de minutes déterminé, un certain nombre de lots sableux de grosseur décroissante. Mais il se hâte d'ajouter que les résultats ainsi obtenus ne sauraient être d'une précision absolue. Les vitesses de chute dépendent à la fois de la pesanteur et d'actions retardatrices qu'elles subissent de la part du liquide ambiant. « *Tous les sables des sols ayant à peu près même densité, on peut dire que l'action de la pesanteur est proportionnelle à leurs volumes, tandis que la résistance de l'eau dépend surtout de leurs surfaces et de leurs formes ; et comme, pour un même volume, formes et surfaces sont infiniment variées, il arrive que des grains qui devraient être réunis en raison de leurs volumes sont en réalité répartis dans des dépôts différents en raison de leurs formes ou de leurs surfaces. Le classement par les vitesses de chute présente donc des imperfections qui se répercutent dans les résultats de l'examen microscopique.* » Mais, si l'on multiplie les observations, on trouve, pour chaque catégorie, des limites de dimensions. Les chiffres suivants indiquent, en millièmes de millimètre, les dimensions de quelques dépôts sableux provenant de diverses terres :

90-70 ; 80-65 ; 50-70 ; 50-30 ; 35-20 ; 20-15 ; 15-5.

« *Au-dessous de 5 millièmes de millimètre, commence la série des sables argileux, qui aboutit aux sables invisibles et capables de rester en suspension indéfinie dans l'eau pure, qui constituent l'argile colloïdale* » (Comptes rendus 1903, CXXXVII-369).

Les observations qui précèdent montrent donc la possibilité *relative* de classement des divers éléments du sol. Il est impossible d'imaginer une méthode de séparation absolument irréprochable pour les raisons que vous avons développées plus haut et sur lesquelles E. A. Mistcherlich s'est particulièrement étendu.

Nous passerons très brièvement en revue les méthodes suivantes :

Méthode de Hall. — Moins précise que la précédente, cette méthode consiste à traiter par l'acide chlorhydrique étendu un poids connu de terre (10 grammes). On jette sur filtre le résidu insoluble, on le pèse après dessiccation et on le fait tomber dans une éprouvette de dimensions déterminées que l'on remplit d'eau distillée. On agite, on décante après vingt-quatre heures et on répète cette opération tant que le liquide est trouble. Les eaux troubles, évaporées, fournissent l'*argile*. Le dépôt sableux restant est soumis à une série de tamisages et de mises en suspension dans l'eau. Le temps nécessaire à l'obtention d'un dépôt dont les éléments possèdent une dimension déterminée doit être estimé par des essais préliminaires qui consistent à mesurer, sous le microscope, le diamètre des éléments en suspension, jusqu'à ce qu'on arrive au temps nécessaire pour obtenir, dans le dépôt, les éléments d'une dimension fixée.

Méthode de Wolf. — Dans cette méthode, modifiée par Knop, on détruit au préalable le colloïde argileux en faisant bouillir un poids connu de terre (50 grammes) avec de l'eau distillée. Ainsi traitée, la terre est tamisée successivement au travers de tamis à trous de 1, 0.5, 0.25 millimètres. Chacun des lots recueillis est séché et pesé. Le dernier lot qui a traversé le tamis le plus fin (sable fin et particules décantables) est mis en suspension avec de l'eau distillée dans une éprouvette. On agite le tout. Après des temps de repos déterminés, on siphonne le liquide trouble et on recommence cette opération jusqu'à limpidité parfaite du liquide siphonné. On recueille le dépôt, on le sèche, on le pèse. Quant aux eaux troubles, elles sont chauffées dans une capsule jusqu'à clarification.

Wagner a décrit une méthode analogue.

Méthode de Kühn. — Le principe de cette méthode est le suivant. Un poids connu de terre (30 grammes) est passé au tamis de 5 millimètres, puis traité par l'eau bouillante. Le magma refroidi est versé sur un tamis de 2 millimètres et la matière demeurée sur ce tamis est séparée, à l'aide de tamis à mailles convenables, en *gravier grossier* et *gravier fin*.

Les éléments qui ont traversé le tamis de 2 millimètres sont introduits dans un cylindre de verre, de dimensions déterminées, muni à sa partie inférieure d'une tubulure que l'on ferme par un bouchon de caoutchouc. Le traitement de la matière contenue dans ce cylindre s'effectue d'une façon analogue à celle de la méthode de Wolf : on ouvre la tubulure inférieure pour décanter le liquide au lieu de siphonner celui-ci.

Le cylindre de Knop ne diffère de celui de Kühn que par la présence de quatre tubulures latérales. Moore a apporté quelques modifications de détail aux manipulations indiquées par Knop.

Osborne sépare les éléments sableux en ne faisant usage que de tamis à mailles de dimensions bien définies.

Le lecteur désireux d'approfondir l'étude des méthodes de l'analyse mécanique des sols, dont nous n'avons esquissé ici que les traits essentiels, trouvera des indications précieuses à cet égard dans l'excellent ouvrage de Harvey W. Wiley : *Principles and Practice of agricultural analysis*, seconde édition, volume 1, Easton, 1906.

Dénomination des éléments sableux. — Voici, à titre de document, la dénomination des éléments sableux, ainsi que leurs dimensions correspondantes, d'après quelques auteurs :

D'après Wollny

Pierres et cailloux................	Plus grands que 10 millimètres.		
Gravier grossier	Compris entre	10	et 5
— moyen	—	5	et 2
— fin	—	2	et 1
Sable grossier	—	1	et 0.5
— moyen................	—	0.5	et 0.25
— fin	—	0.25	et 0.10
Limon grossier	—	0.10	et 0.05
— moyen	—	0.05	et 0.025
— fin................	—	0.025	et 0.005
Argile colloïdale................	—	0.005	et 0.001

D'après Kopecky

Graviers ou cailloux	Plus grands que 2 millimètres		
Sable grossier........................	Compris entre	1	et 2
— demi-fin	—	1	et 0.5
— fin........................	—	0.5	et 0.3
— très fin................	—	0.3	et 0.1
Poussière sableuse................	—	0.1	et 0.05
Poussière........................	—	0.05	et 0.01
Particules très fines, inférieures à......	0.01		

Valeurs comparées des méthodes ci-dessus décrites. — On a reproché à la méthode de Schlœsing de fournir une séparation mécanique des sables tout à fait insuffisante. Il est évident, ainsi que nous l'avons déjà dit, que cette méthode ne classe les sables qu'en deux catégories un peu arbitraires. Mais, le plus souvent, cette simple détermination donne des renseignements dont on peut se contenter et qui sont susceptibles d'une interprétation physique rationnelle. En outre, ce procédé est d'une exécution rapide et n'exige pas l'emploi d'appareils compliqués.

L'ébullition préalable de l'échantillon de terre avec de l'eau, préconisée par plusieurs auteurs, est une manipulation qui a été l'objet de nombreuses critiques. Le premier reproche qu'on peut lui adresser c'est de constituer un procédé mal défini de séparation et de précipitation de l'argile. Suivant la nature des terres, cette ébullition devra être plus ou moins prolongée d'après l'aptitude variable que présentera l'argile d'adhérer aux grains sableux. La précipitation de l'argile par l'ébullition avec l'eau est due à l'effet de la chaleur sur cette matière dont la nature change forcément par suite de l'élévation de température qu'elle subit : son degré d'hydratation n'est plus le même. On doit en dire autant de l'action de la chaleur sur les hydrates de fer et d'alumine et sur les silicates normalement hydratés (zéolithes).

En second lieu, la précipitation de l'argile par l'ébullition avec l'eau est imputable aux substances salines contenues dans le sol, substances dont la quantité doit probablement augmenter par le fait même de l'action plus énergique de l'eau bouillante : c'est là encore une cause d'altération assez profonde de la structure physico-chimique de l'échantillon soumis à une semblable manipulation. Osborne, pour ces raisons, rejette le traitement par l'eau bouillante. La coagulation de l'argile, l'altération de la structure des grains sableux, leur usure inégale traduite par l'aspect granuleux que prend alors la terre bouillie, la difficulté avec laquelle l'argile reprend ultérieurement l'état sous lequel elle peut demeurer longtemps en suspension dans l'eau distillée sans se déposer, justifient cette manière de voir.

B. Procédés par déplacement. — Les principales méthodes de déplacement des particules terreuses par un courant d'eau ascendant sont les suivantes. Il convient, pour obtenir avec un même appareil des résultats toujours comparables entre eux, d'employer un courant d'eau de vitesse constante. Mais si ces méthodes *per ascensum* offrent l'avantage d'être automatiques, elles ne sont capables d'effectuer un classement parfait des éléments que dans le cas, purement théorique, où les particules du sol seraient toutes sphériques et de même poids spécifique. En raison des différences de poids spécifique, faibles à la vérité quand il s'agit des éléments minéraux, et des variations de forme de ces éléments, l'inégalité de grosseur des particules recueillies pour une vitesse d'eau déterminée est la règle. De sorte que, en répétant sur chaque lot isolé une nouvelle analyse faite dans des conditions aussi voisines que possible de la première, on obtient un autre résultat absolu. Il ne peut donc être question, dans ce mode de classement, que de *grosseurs moyennes* des éléments. Décrivons très sommairement quelques-uns de ces procédés.

Procédé de Nobel. — Il consiste essentiellement à faire passer un courant d'eau, sous une pression déterminée, dans une série de quatre allonges dont le volume total est de quatre litres et dont les volumes respectifs sont comme les nombres 1, 8, 27, 64. La plus petite allonge communique avec le réservoir qui débite l'eau ; c'est elle qui reçoit l'échantillon à analyser. On conçoit que les éléments de diverses grosseurs se classent par ordre de grandeur à peu près égale sous l'influence du courant d'eau : les plus gros demeurant dans la première allonge (celle du plus faible volume) ; les autres, suivant leur degré de finesse, se déposant dans les trois allonges suivantes ou étant chassés au dehors dans un vase situé au delà de la quatrième allonge.

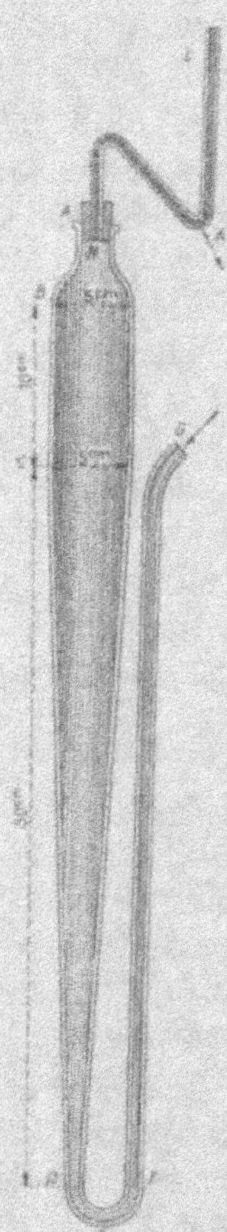

Beaucoup d'autres appareils, qui ne diffèrent que par la forme et le nombre des allonges, sont fondés sur un principe analogue. Ils ont tous les mêmes inconvénients : la classification des éléments y est arbitraire, et, en supposant le cas d'un courant d'eau constant, une même allonge peut renfermer des fragments dont la grosseur varie dans d'énormes proportions, puisque, lors même que tous ces fragments hétérogènes auraient la même densité, ils ne sont pas soulevés d'une façon identique par le courant d'eau.

Appareil de Schöne. — Dans l'appareil de Schöne, la terre est lavée par un courant d'eau de même vitesse en tous ses points, vitesse que l'on peut mesurer. Voici une description très sommaire de cet appareil, qui donne d'assez bons résultats (fig. 6). L'allonge de verre est cylindrique à sa partie supérieure sur une longueur de 10 centimètres avec un diamètre de 5 centimètres. Cette partie cylindrique se prolonge inférieurement en un cône très allongé d'une hauteur de 50 centimètres, et se termine par un tube de verre recourbé en demi-cercle, puis

Fig. 6.

vertical. Au-dessus de la partie supérieure cylindrique se trouve un rétrécissement terminé par un goulot. Celui-ci est fermé par un bouchon de caoutchouc qui reçoit un tube de 3 millimètres de diamètre intérieur, deux fois courbé sous un angle de 45°. Au point K est pratiquée une ouverture d'un diamètre de $1^{mm},5$. C'est par cette ouverture que s'écoulera l'eau entraînant avec elle les éléments

légers, que l'on reçoit dans un vase. La partie verticale du tube KL
a 1 mètre de longueur ; elle est divisée en centimètres. La matière que
l'on soumet à l'analyse mécanique est placée au fond de l'allonge ; elle
reçoit le courant d'eau que débite un réservoir communiquant avec
l'orifice G du tube vertical. La vitesse de l'eau dans la partie cylindrique de l'allonge, là où s'effectue en réalité la lévigation, est indiquée par la hauteur à laquelle s'élève le liquide dans le tube piézométrique KL. Pour une vitesse déterminée du courant, des grains d'une
certaine grosseur s'écouleront par l'orifice K. On exécute une série
d'expériences préliminaires pour fixer le diamètre des grains correspondant à une pression
déterminée du liquide.

**Appareil de Ko-
pecky.** — Cet appareil,
le dernier en date, est
un appareil Nobel mo-
difié. Il se compose de
trois allonges (fig. 7),
de diamètres très iné-
gaux : A (78 millimè-
tres), B (56 millimè-
tre), C (30 millimètres),
réunies entre elles par
des tubes de verre
munis de raccords en
caoutchouc. Le courant
d'eau arrive par le bas
de la plus petite allonge
et finalement se déver-
se dans un grand vase
à précipité : la vitesse

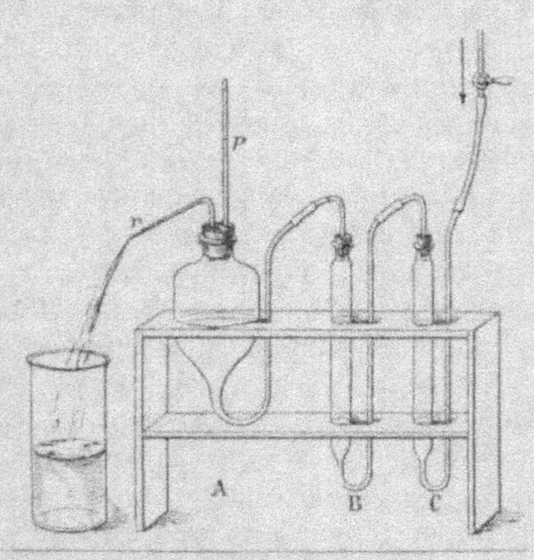

Fig. 7.

du courant est indiquée par le tube piézométrique p qui se trouve
au-dessus de l'allonge A ; cette vitesse est réglée de telle façon
que le débit soit de 1000 centimètres cubes en 202 secondes. Dans
chaque allonge, la vitesse du courant est respectivement : de $0^{mm},2$ par
seconde en A ; de 2 millimètres en B, de 7 millimètres en C. Le diamètre des particules terreuses retenues par chaque allonge va en dé-
croissant de C vers A ; d'après Kopecky, on trouvera en C des particules dont le diamètre est plus grand que $0^{mm},1$; en B, des particules
dont le diamètre est compris entre $0^{mm},05$ et $0^{mm},1$, en A des particules dont le diamètre est compris entre $0^{mm},01$ et $0^{mm},05$. Les
particules inférieures à $0^{mm},01$ sont recueillies dans le vase à précipité.

On opère sur 50 grammes de terre séchée à l'air, ayant traversé
un tamis à mailles de 2 millimètres. Cette terre, additionnée d'eau, est
soumise à une ébullition de une à deux heures. On remplit l'appareil

avec de l'eau, puis on débouche l'allonge C que l'on vide par siphonnement. Dans cette allonge on verse la terre avec l'eau, puis on fait passer le courant d'eau de façon que le niveau de celle-ci dans le tube p se fixe à un trait dont la position est déterminée pour la vitesse signalée plus haut. Lorsque l'eau qui s'écoule dans le vase à précipité est limpide, l'opération est terminée. On recueille les lots sableux déposés dans chaque allonge, on les sèche et on les pèse.

C'est ce procédé de lévigation que Müntz et Gaudechon ont employé dans leurs recherches sur les quantités de chaleur dégagées par le contact de l'eau avec les divers éléments du sol. Les méthodes de Schöne et de Kopecky donnent des résultats à peu près identiques.

Conclusions. — Nous ne pouvons nous étendre davantage sur les divers procédés imaginés pour exécuter l'analyse physique des terres. Aucun de ces procédés n'est parfait pour les raisons que nous avons déjà signalées. Il est bon de faire remarquer que beaucoup d'expérimentateurs, principalement en Amérique, emploient avec succès la force centrifuge pour accélérer le dépôt de certaines particules fines. Cette pratique tend à se répandre ; elle a déjà fourni des résultats encourageants.

On peut affirmer que l'analyse physique et mécanique a déjà rendu des services dont l'importance ne saurait être niée, et qu'elle est appelée par la suite à devenir pour l'agriculture une aide d'autant plus efficace que les méthodes actuellement en usage auront été plus soigneusement étudiées en vue d'un perfectionnement toujours désirable.

Il ne faut pas oublier que les éléments terreux sont d'autant plus attaquables par les agents de dissolution naturels qu'ils sont plus fins. L'expérience prouve que, si on fait digérer à froid dans l'acide chlorhydrique les éléments d'un sol classés par ordre de grandeur, on remarque que, pour des poids égaux de matière et des temps de contact égaux, l'acide dissout d'autant plus de substances utiles aux plantes que les éléments sont plus fins. Il y a décroissance très rapide de la solubilité lorsque les matériaux du sol augmentent de dimension. Il en résulte qu'il ne faut pas faire porter une analyse sur les grains plus gros que ceux qui traversent un tamis de 1 millimètre. Cette répartition de la matière alimentaire suivant la dimension des particules a été signalée, il y a déjà longtemps, par Loughridge (1873).

Analyse minéralogique. — Cette analyse est destinée à déterminer *la nature minéralogique* des grains, dits *sableux*, que l'analyse mécanique et physique a séparés à l'aide des procédés mentionnés plus haut. Elle présente une réelle importance, puisqu'une terre donnée est le reflet plus ou moins immédiat de la roche d'où elle émane.

L'analyse minéralogique, dont nous avons déjà dit quelques mots au chapitre II, page 19, a été souvent trop négligée ; les recherches modernes tendent à lui assigner une place importante à côté des analyses physique, mécanique et chimique du sol. Ce genre particulier d'analyse nécessite des connaissances minéralogiques et géologiques spéciales en ce qui concerne l'interprétation des résultats obtenus ; mais il suffit souvent de ne demander à ce mode d'investigation que des renseignements généraux : dans ce cas, elle peut être facilement faite par le chimiste qui s'occupe d'agronomie.

Nous serons d'ailleurs très bref sur ce point particulier, renvoyant le lecteur aux ouvrages spéciaux de minéralogie microscopique et, principalement, à celui de F. Steinriede (1) dans lequel cet auteur indique une marche systématique permettant la détermination de toutes les espèces minéralogiques qui se trouvent dans une terre. De nombreux tableaux facilitent l'emploi des méthodes décrites.

Les principales opérations, auxquelles on a recours dans l'analyse minéralogique consistent d'abord dans l'emploi de liquides de densités connues permettant de séparer les différents constituants d'un lot sableux déterminé en éléments de même densité. On procédera ensuite à la mesure des angles des cristaux, quand celle-ci sera possible, à celle de leur indice de réfraction, à leur examen microscopique en lumière ordinaire et en lumière polarisée (convergente et parallèle), à la détermination de leurs dimensions avec une échelle micrométrique.

Un œil exercé distingue, souvent assez aisément, par le simple examen microscopique, à quelle roche ou à quel minéral commun appartient tel fragment isolé dans l'analyse mécanique d'un sol donné : nature des angles, troncatures,

____

(1) *Anleitung zur mineralogischen Bodenanalyse*, Leipsig, 1889.

inclusions, macles, couleur, sont autant de données qui permettent d'identifier la particule examinée avec tel corps connu. L'examen polarimétrique achève fréquemment de fixer l'opinion à cet égard. Il est utile de faire usage de quelques réactifs chimiques sur le porte-objet même du microscope.

Dumont procède de la façon suivante : on élimine d'abord la matière humique contenue dans l'échantillon en immergeant celui-ci dans une solution de nitrate de calcium à 50 p. 100, sur laquelle viennent flotter les débris organiques. Les sables qui restent sont décapés à l'acide oxalique, lavés à l'acide nitrique faible et à l'eau distillée. Le résidu, plongé dans un liquide de densité supérieure à celle de l'argile, est centrifugé. Les sables qui demeurent au fond du tube sont introduits dans un nouveau tube avec un liquide de densité 2.8 (iodure de méthylène); la centrifugation sépare les éléments ferro-magnésiens les plus lourds. Les particules plus légères qui restent en suspension sont centrifugées au sein de liqueurs de moins en moins denses.

Tels sont les principaux procédés de l'analyse physique et tels sont les enseignements que l'on en peut tirer.

Nous connaissons maintenant la structure physique du sol et les propriétés qui en découlent. Aussi pouvons-nous aborder l'étude des réactions qui modifient continuellement, et jusque dans leurs moindres éléments, les substances elles-mêmes dont est composée la terre arable. Ces réactions, *d'ordre chimique et microbiologique*, font l'objet des chapitres qui suivent.

CHAPITRE VII

CONSTITUTION CHIMIQUE DE LA MATIÉRE MINÉRALE DES SOLS

Notions préliminaires. — Phénomènes chimiques et phénomènes microbiologiques. — Étude des dissolutions du sol. — Déplacement de ces dissolutions. — Nature des phénomènes chimiques qui produisent les dissolutions normales du sol. — Acide phosphorique, phosphates; dissolution continue de l'acide phosphorique dans le sol. — Rôle des plantes dans la dissolution des phosphates insolubles du sol. — Silice, chlore, acide sulfurique. — Potasse et ses divers états dans le sol. — Soude. — Chaux. — Magnésie. — Phénomènes de double décomposition. — Dialyse de la terre arable. — Différentes formes de la matière minérale définies d'après l'action de certains réactifs énergiques.

Notions préliminaires sur la constitution chimique de la matière minérale. — Nous avons examiné en détail, dans les trois chapitres précédents, la structure du sol au point de vue physique, et nous avons défini les propriétés qui découlent de cette structure. Des notions que nous avons acquises nous pouvons tirer les conclusions suivantes : la circulation de l'eau et celle de l'air dans le sol sont en relation étroite avec sa constitution particulaire et ses propriétés physiques.

Une nouvelle question se pose maintenant à nous.

L'analyse chimique des cendres d'une plante nous montre que ses tissus contiennent certains éléments fixes qui sont toujours les mêmes et dont les études synthétiques faites sur la végétation ont permis de reconnaître le rôle fondamental. C'est dans le sol que les racines puisent ces éléments *fixes* : acide phosphorique, potasse, chaux, magnésie, etc. Nous en avons déjà constaté la présence, et nous avons défini la forme sous laquelle on les rencontre le plus ordinairement (page 58). Le problème nouveau que nous allons aborder peut se résumer ainsi : les éléments minéraux du sol provenant de telle roche primitive ont été d'abord divisés en fragments plus ou moins menus sous l'action des phénomènes mécaniques et physiques que nous avons antérieurement décrits ; en même temps, les phénomènes chimiques d'hydratation, d'oxydation et de carbonatation ont agi sur ces fragments avec une énergie d'autant plus grande que leur volume était moindre et leur surface, par conséquent, plus considérable. Ces derniers phénomènes se continuent dans le sol d'une façon ininterrompue, sans jamais aboutir à un état d'équilibre absolument stable. Alors même que telle pièce de terre ne recevrait pas d'engrais — capables d'y introduire des matières étrangères et de provoquer un cycle nouveau de réactions — les éléments minéraux préexistants réagissent les uns sur les autres au contact de l'eau et donnent lieu à des phénomènes de double décomposition. Or, on sait que ces derniers ne sont jamais complets dans un sens déterminé et qu'ils donnent lieu à des *équilibres*, limités par la réaction inverse (Voir page 327). La *masse* des substances en présence, c'est-à-dire *leur concentration dans l'unité de volume*, joue un rôle fondamental dans les phénomènes de double décomposition.

De ce qui vient d'être dit résulte la conséquence suivante. L'analyse chimique de la terre arable, dont nous examinerons plus loin les méthodes générales, a pour but de doser, non seulement le stock intégral des substances utiles aux végétaux que renferme un poids de terre donné, mais, surtout, la quantité de ces substances qui s'y trouve actuellement sous une forme assimilable, c'est-à-dire *absorbable* par le végétal. Nous verrons cependant que, malgré les efforts tentés dans cette dernière voie depuis soixante ans, nous ne pouvons fournir qu'avec une extrême réserve une solution acceptable du problème ainsi posé. La multiplicité des méthodes analytiques, dans tel cas déterminé, témoigne par elle-même de l'impuissance où nous sommes de définir de façon exacte quel est le poids de matière alimentaire immédiatement utilisable contenu dans une parcelle de terre. Sans doute, tous les végétaux n'ont pas les mêmes besoins *quantitatifs* ; mais la raison principale de notre ignorance au sujet de la masse alimentaire disponible, et des tâtonnements inévitables qu'entraîne avec elle toute opération d'analyse chimique, provient surtout de l'imperfection de nos connaissances relativement aux réactions naturelles de double décomposition qui se passent dans le sol. Nous pouvons entrevoir, d'après cela, quelle doit être l'orientation à suivre si nous voulons étudier la *structure chimique intime* du sol.

Nous devons nous efforcer, avant tout, de saisir sur place la *forme* sous laquelle se rencontrent les éléments que les végétaux peuvent absorber facilement. Or, il est vraisemblable, *à priori*, que ceux-ci s'empareront d'autant plus aisément d'une substance indispensable que cette substance existera dans le sol sous un état de division plus grand ; il est même à prévoir que, si l'élément en question est dissous dans l'eau, c'est-à-dire au maximum de finesse, la plante pourra se l'approprier directement en vertu des lois de l'osmose.

La quantité d'eau que renferme un sol donné varie à chaque instant. Mais on peut affirmer que, la plupart du temps, cette eau est assez abondante pour dissoudre un certain nombre des principes que réclament les végétaux. Les solutions naturelles sont fort diluées ; mais, ainsi que nous le montrerons bientôt, elles se reforment d'une manière continue en vertu d'un phénomène d'équilibre, incessamment rompu, incessamment rétabli. Le premier problème qu'il convient d'aborder est donc celui de la composition des liquides qui circulent dans le sol.

Cependant, ce mode d'alimentation par les dissolutions n'est peut-être pas le seul auquel les plantes aient recours : les racines doivent très vraisemblablement agir *d'une façon directe* sur la matière minérale solide pour en extraire certains éléments indispensables.

Une remarque générale doit être faite ici. Nous n'observons actuellement que des sols que l'on pourrait appeler *dérivés*, puisque les sols primitifs étaient exempts de matière organique et que leur constitution physique devait certainement être fort éloignée de celle que nous leur connaissons aujourd'hui.

Phénomènes chimiques et phénomènes microbiologiques. — Le sol, en quelque endroit qu'on l'examine, n'est pas uniquement composé de matières minérales. A l'origine, il est certain que les matières organiques étaient totalement absentes. Mais, dès que la vie a fait son apparition à la surface du globe, la substance organique de la plante a pris naissance au dépens du carbone contenu dans le gaz carbonique aérien et aux dépens de l'azote, soit sous sa forme gazeuse élémentaire, soit sous une forme inorganique inconnue : le quatrième élément des sols, l'*humus*, apparaît alors.

En supposant qu'elle ne contînt aucun germe microscopique vivant, la terre arable serait encore le siège de modifications imputables à des agents physico-chimiques.

Mais les choses ne se passent jamais ainsi dans les conditions habituelles. Nous avons dit antérieurement (page 7) que les plus petites parcelles d'un sol quelconque renfermaient toujours des organismes vivants appartenant à des espèces très variées. Ces êtres vivants, de dimensions microscopiques, et dont le nombre est parfois énorme, produisent dans le sol, au moins pour la plupart d'entre eux, ainsi que l'ont montré les recherches faites à cet égard depuis trente-cinq ans, des actions chimiques très remarquables dont les végétaux profitent d'une manière directe. Mais ces êtres ne peuvent vivre qu'en présence de matières hydrocarbonées et azotées, d'origine organique, auxquelles ils empruntent leur nourriture. Non moins importants sont les êtres microscopiques qui, bien que dépourvus de chlorophylle, peuvent se développer aux dépens du gaz carbonique. La matière organique, l'humus, ne joue donc pas seulement un rôle chimique, au sens propre du mot, en déterminant les réactions multiples que nous étudierons dans le chapitre suivant, elle sert en outre de substratum, de milieu de culture en quelque sorte, aux très nombreux organismes disséminés dans le sol.

Deux sortes de phénomènes chimiques s'exercent dans la terre arable : on y observe, d'une part, des réactions qui se passent uniquement entre éléments minéraux et qui sont régies par les lois de la statique chimique, et, d'autre part, des réactions dont l'origine doit être cherchée dans le développement des êtres microscopiques intimement mélangés aux particules minérales et organiques. Quelle est la nature de ces dernières réactions? Elles comportent principalement :

1° Des *phénomènes oxydants*, d'où résulte le transport de l'oxygène sur la matière organique avec production d'eau, de gaz carbonique, d'acide nitrique. Aux organismes, dits *aérobies*, est dévolue cette fonction oxydante ; leur rôle consiste à détruire la matière organique complexe et à la ramener à l'état minéral ;

2° Des *phénomènes réducteurs*, inverses des précédents, et caractérisés par une soustraction d'oxygène aux corps avec lesquels les ferments dits *anaérobies* sont en contact. Ces phénomènes réducteurs, corrélatifs de l'absence plus ou moins complète de l'oxygène dans le milieu où se développe cette seconde catégorie d'êtres microscopiques, se traduisent par un dégagement de gaz carbonique, d'hydrogène, de méthane, d'azote libre.

Cette *chimie des êtres vivants dans le sol* sera examinée en détail dans le chapitre XI.

Mais il ne faut jamais perdre de vue ce fait que les deux catégories de phénomènes chimiques d'origine différente, dont nous venons d'esquisser la nature, s'enchevêtrent et se complètent réciproquement ; ils sont inséparables l'un de l'autre dans une terre normale.

La matière organique du sol pourrait, il est vrai, s'oxyder sans le concours d'organismes vivants, au simple contact de l'oxygène aérien ; cependant, ainsi que le prouvent un grand nombre d'expériences, cette oxydation serait d'une lenteur excessive. En outre, l'azote qui, sous une forme complexe, fait toujours partie intégrante de la molécule humique, se transformerait peut-être en ammoniaque par le seul jeu des forces chimiques, mais l'oxydation ultérieure de cette dernière, avec formation d'azote nitrique, paraît irréalisable en l'absence de certains germes vivants spécifiques ou, du moins, elle doit être extraordinairement lente. Aussi la plupart des végétaux, aptes seulement à s'emparer dans le sol de l'azote sous la forme nitrique particulièrement diffusible, ne pourraient-ils utiliser l'azote organique, tel qu'on le rencontre dans l'humus, à cause de son manque de diffusibilité et de l'état particulier de condensation qu'il affecte.

Ce vaste travail de simplification, qui est la résultante de phénomènes chimiques et microbiens, est indispensable à la préparation des matières diffusibles que réclament les plantes supérieures : lorsque les éléments utiles au végétal ont pris cette forme simple, celui-ci les absorbe et les transforme, au sein même de son protoplasme, en substances de complexité croissante. De telle sorte que, si on supposait un sol idéal, dans lequel seraient présents des phosphates minéraux, des sels de potassium, de calcium, de magnésium dissous, des nitrates dissous (toutes ces solutions étant de l'ordre du millième ou du dix millième), la chimie du sol serait simplifiée à tel point qu'elle n'existerait même plus ; la plante s'emparerait directement des substances en dissolution, et, pourvu que l'atmosphère ambiante lui fournisse de l'oxygène et du gaz carbonique, elle fleurirait, fructifierait et arriverait ainsi au terme de son existence. C'est, comme on le sait, ce qui se passe lorsqu'on réalise des cultures aseptiques dans l'eau : les plantes s'y développent aussi bien, et parfois mieux que dans la terre, d'une manière indépendante de la présence des microorganismes et vraisemblablement avec le concours, au sein du liquide, d'un nombre très restreint de réactions chimiques.

Plan des questions à étudier. — Nous n'avons pas à revenir, dans les pages qui vont suivre, sur les actions chimiques qu'on pourrait appeler *primordiales* que nous avons étudiées dans le chapitre II.

L'étude des dissolutions minérales telles qu'elles existent dans le sol, et la nature des phénomènes chimiques qui provoquent ces dissolutions sont les deux problèmes que nous allons aborder en premier lieu. Après un exposé sommaire des phénomènes de double décomposition qui régissent l'équilibre des différents éléments minéraux dans la terre arable, nous dirons quelques mots de la constitution intime des dissolutions en général. Nous terminerons par l'étude des différents états sous lesquels se rencontre la matière minérale dans le sol, états que l'on peut essayer de définir d'après le mode d'action de certains réactifs sur un échantillon de terre donné.

I

ÉTUDE DES DISSOLUTIONS DU SOL.

Dans l'exposé actuel, nous laisserons le plus souvent de côté tout ce qui est relatif à l'intervention des actions microbiennes. Nous n'examinerons que les réactions *purement chimiques* dont la terre arable est le siège. Mais, ainsi que nous l'avons dit plus haut, le chimisme des êtres microscopiques est lié si intimement au chimisme des éléments minéraux que nous devrons parfois, par anticipation, faire intervenir certains facteurs vivants dans les phénomènes dont nous allons nous occuper.

Nous avons signalé précédemment l'importance des dissolutions du sol; nous ajouterons que cette importance s'est accrue beaucoup dans ces dernières années, car la plupart des auteurs estiment, peut-être d'une façon un peu trop exclusive, que les plantes n'absorbent les substances minérales dont elles ont besoin que lorsque celles-ci sont dissoutes.

Nous entendons ici par le mot de *dissolution* le phénomène à la suite duquel une substance minérale donnée *disparaît entièrement* dans un liquide, tel que l'eau, pour former avec ce liquide un *milieu physique homogène*. Ces phénomènes de dissolution doivent *à priori* être très lents, car la plupart des éléments du sol sont fort peu solubles dans l'eau. D'après Dumont, ce qui tend, en outre, à retarder le contact de l'eau chargée de gaz carbonique avec les éléments, c'est que ceux-ci *ne sont pas libres* d'une façon absolue, mais plus ou moins cimentés entre eux et recouverts d'une sorte d'enduit argileux ou organique qui les protège. Pour que cet enduit disparaisse, il faut que les colloïdes qui enrobent les particules s'éloignent temporairement de celles-ci : c'est ce qui a lieu par l'effet des actions mécaniques ou physiques, ou de certaines réactions chimiques. Mais, par suite de l'intervention de ces dernières, ayant pour résultat de libérer momentanément les éléments minéraux, les colloïdes reprennent naissance, enduisent de nouveau les particules minérales et limitent ainsi l'action dissolvante de l'eau. On en conclut, conformément d'ailleurs à l'observation, qu'il doit exister dans le sol des espèces minérales d'une extrême petitesse dont la durée est, sinon indéfinie, du moins fort longue.

Présence dans le sol de substances solubles ou en dissolution. — Une terre quelconque renferme toujours des substances solubles dans l'eau. En effet, si nous faisons filtrer un certain volume de ce liquide au travers d'un échantillon de terre et si nous évaporons à sec la liqueur qui s'écoule, celle-ci abandonnera un dépôt plus ou moins abondant, plus ou moins coloré, contenant à la fois des matières fixes et des matières organiques. Les eaux qui ont lavé les sols en place (eaux de drainage), les eaux de rivière, les eaux de source se comportent de même : mais les dépôts obtenus par évaporation de volumes égaux de ces eaux varient en qualité et en quantité suivant les circonstances.

Nous nous occuperons plus tard de la composition des eaux de drainage ; n'envisageons ici que les points suivants. Quelles sont les substances que le lavage du sol a entraînées ? trouve-t-on en dissolution, sous des poids variables, toutes les substances dont on reconnaît la présence à l'état solide dans le sol ou que l'on rencontre dans les cendres végétales ? Il est des matières assez abondantes dans ces eaux de lavage ; il en est, au contraire, qui n'existent qu'en faibles proportions. Parmi les premières, on rencontre le plus souvent la chaux et l'acide nitrique combiné à la chaux ; puis viennent la soude, la magnésie, la silice, le chlore, l'acide sulfurique (ces deux dernières substances varient beaucoup en quantité d'un sol à un autre). Parmi les secondes, on trouve la potasse, l'acide phosphorique et l'ammoniaque ; ces deux derniers corps peuvent même n'apparaître qu'à l'état de traces. On conclut déjà de ce premier essai de classification grossière : 1° qu'il existe dans le sol certaines matières pouvant se dissoudre dans l'eau que l'on peut entraîner par un lavage convenable ; 2° que toutes ces matières font partie de la trame minérale des végétaux et que, presque toutes, elles y jouent un rôle physiologique capital ; 3° que certaines substances, souvent très abondantes dans le squelette solide du sol, ne se rencontrent dans ces eaux de lavage qu'en proportions très faibles ; 4° que ces dernières matières prises par l'eau en quantité presque infinitésimale semblent être *retenues* d'une façon particulière par quelque propriété spéciale du sol. Cette propriété particulière sera examinée ultérieurement (page 303), sous le nom de *pouvoir absorbant* ; elle est la résultante d'un ensemble de phénomènes physiques et chimiques et dépend, avant tout, de la nature de la terre considérée.

Toutefois, les liquides que nous venons d'examiner ne constituent pas les *véritables dissolutions* du sol. Car, par le fait du passage de l'eau distillée au travers de la terre, comme dans notre première expérience, ou par le fait de la chute des eaux de pluie, les liqueurs salines que contient le sol sont fatalement très diluées. Nous devons donc nous demander s'il n'est pas possible de connaître le *degré véritable de concentration* des liquides qui imbibent les particules terreuses. *A priori*, ces solutions devraient être évidemment plus riches en matières minérales que celles qui résultent du lavage artificiel ou naturel de la terre : peut-être même suffiraient-elles à alimenter directement les plantes.

Méthode de déplacement des véritables dissolutions du sol. — Schlœsing, le premier (1866), s'est proposé de résoudre le problème suivant : extraire d'un sol, sans les dénaturer, les dissolutions que ce sol renferme à un moment donné, quels que soient sa profondeur, son degré d'humidité et la composition de son atmosphère confinée. Ce déplacement peut s'effectuer le plus simplement avec de l'eau distillée. L'auteur précité s'en est assuré en procédant d'abord à l'essai suivant. 1200 grammes de sable lavé et séché sont humectés avec une dissolution de sel marin renfermant, dans 10 centimètres cubes, $0^{gr},10$ de sel. Le sable est disposé dans une allonge cylindrique, légèrement tassé, puis recouvert de coton mouillé destiné à répartir l'eau distillée que l'on versera à la surface de ce sable. Cette eau distillée est débitée à raison de 40 centimètres cubes par heure. On recueille la liqueur qui s'écoule par lots de 10 centimètres cubes, dans lesquels on dose le chlore. L'expérience montre que les trois quarts au moins de la dissolution s'écoulent sans changement de composition, car, dans les lots successivement recueillis, on trouve une proportion de chlore très sensiblement égale à celle contenue dans 10 centimètres cubes du liquide primitif. Ce déplacement de la liqueur salée semble se produire de la façon suivante. Supposons que le sable, imbibé de la dissolution saline, soit formé de couches horizontales très minces dans lesquelles l'eau distillée qu'on y verse descend en couches parallèles. La couche la plus superficielle se trouve mélangée d'un grand excès d'eau pure ; cette couche cède à la suivante un premier mélange d'eau et de solution saline; la seconde couche cède à la troisième un mélange un peu plus riche en sel ; une certaine couche, enfin, recevra de la couche qui la surmonte immédiatement une liqueur dont la composition sera très voisine de celle de la dissolution initiale de chlorure de sodium mise au contact du sable. La dissolution contenue dans les couches sous-jacentes se trouvera *simplement déplacée* ; elle sortira donc de l'allonge avec sa composition primitive. Ce déplacement, comme le fait remarquer Schlœsing, se produit même dans le sable complètement égoutté.

On peut imaginer plusieurs dispositifs qui permettent d'observer directement le déplacement d'un liquide. 1 kilogramme de sable est d'abord humecté avec 100 grammes d'eau. On verse ensuite à la partie supérieure du tube qui contient le sable humide de l'eau colorée (par du carmin ou du violet de méthyle). Cette dernière descend d'une façon uniforme, et, lorsqu'elle commence à s'écouler par le bas du tube, elle a déplacé environ 85 centimètres cubes d'eau incolore. Cette expérience peut être ainsi modifiée. On humecte d'une solution alcoolique de phtaléine du phénol les parois d'une petite éprouvette graduée destinée à recueillir le liquide qui s'écoule, et on verse sur le sable, mouillé comme plus haut, une solution de potasse très étendue (1 p. 100 environ). Tant qu'il ne s'écoule que de l'eau pure, la phtaléine demeure incolore ; mais, dès que la moindre trace d'alcali apparaît, la phtaléine prend une belle coloration rouge. On mesure alors le volume de liquide écoulé et on trouve sensiblement que les 85 centièmes de ce liquide sont incolores.

Dissolutions de la terre arable. — La possibilité du déplacement d'un liquide qui imbibe une masse sableuse étant ainsi démontrée, Schlœsing a appliqué le procédé précédent à l'obtention des dissolutions contenues dans la terre arable elle-même. Toutefois, celle-ci n'est plus composée, comme le sable, d'éléments lisses et à peu près uniformes après tamisage, mais elle comporte des particules poreuses, de grosseur variable, au milieu desquelles les liquides circuleront sans doute moins régulièrement. Si le déplacement des solutions normales du sol peut se produire comme dans le cas du sable, et par l'emploi du procédé ci-dessus indiqué, on en sera averti par ce fait que les liqueurs recueillies garderont une composition constante : l'expérience montre, en effet, que ce déplacement est possible. Mais si, d'après le poids de la terre avec son taux d'humidité initial, on calcule le volume total de la dissolution, on arrive à cette conclusion que l'on ne peut plus recueillir, comme plus haut, les trois quarts et même davantage de la dissolution intacte, mais seulement un tiers, un quart, ou un cinquième, suivant la hauteur de la terre et l'abondance de la dissolution. Pour obtenir 1 litre au moins de liquide, Schlœsing opère sur 35 à 40 kilogrammes de terre placés dans une grande cloche à douille renversée. Au moyen d'un dispositif automatique très ingénieux, chaque unité de surface reçoit exactement la même quantité d'eau distillée. Voici les chiffres qui donnent, en milligrammes, la quantité de substances contenues dans 1 litre de dissolution avec des échantillons variés de terres :

	Terre argilo-calcaire de Boulogne		Terre argilo-calcaire d'Isay		5 terres argilo-siliceuses de Neauphle-le-Château (Seine-et-Oise)
	Sans engrais depuis 10 ans et cultivée en tabac	fortement fumée ayant reçu des engrais de potasse	I	II	
Acide carbonique	117	199	480	1438	de 138 à 200
Acide nitrique	305	332	154	231	15 à 600
Chlore..............	7	6	6		12 à 46
Acide sulfurique	58	75	50	50	22 à 50
Acide phosphorique et fer...............	0.8	2.8	0	0	0.5 à 1.5
Silice...............	29	32	26	34	23 à 48
Ammoniaque.........	traces	traces	traces	traces	0 à 0.8
Chaux..............	264	227	301	694	130 à 311
Magnésie	13	20	21	47	15 à 33
Potasse.............	7	157	3	2.6	0 à 5
Soude..............	8.8	14	27	38	18 à 42
Matière organique....	37	90	64	87	24 à 50

L'inspection de ces chiffres suggère les remarques suivantes. Parmi les éléments dissous dans le sol, les uns sont d'une abondance relative : chaux, acide nitrique, soude ; quelques-uns sont en proportions très variables : chlore, acide sulfurique, silice ; d'autres sont peu abondants : magnésie, potasse (excepté dans le cas où le sol a été largement additionné de cette base comme engrais) ; d'autres enfin peuvent n'exister qu'à l'état de traces : ammoniaque, acide phosphorique. On en conclut, ainsi que nous l'avons déjà fait plus haut, que le sol doit *retenir* certains éléments, alors que d'autres sont facilement mobiles et déplaçables par l'eau pure. De plus, il semble que ces dissolutions normales soient d'une concentration tout à fait insuffisante lorsqu'il s'agit de nourrir les plantes qui enfoncent leurs racines dans un pareil sol. Aussi a-t-on souvent admis, et la chose paraît probable dans bien des cas, que les racines prennent directement les éléments dont elles ont besoin aux substances solides entre lesquelles elles s'insinuent.

Nous verrons bientôt cependant que les solutions normales du sol se reforment au fur et à mesure de leur absorption par les plantes.

II

NATURE DES PHÉNOMÈNES CHIMIQUES QUI PROVOQUENT LES DISSOLUTIONS NORMALES DU SOL.

L'eau, ainsi que nous l'avons maintes fois répété, est un très mauvais dissolvant des substances contenues dans les roches, si on la suppose absolument pure. Mais la présence du gaz carbonique exalte déjà son pouvoir de dissolution : de plus, elle se trouve dans le sol en contact avec quelques substances facilement solubles (chlorure de sodium, nitrates, etc.) qui modifient ce pouvoir d'une façon notable. Il faudrait donc, si on voulait entreprendre une étude rationnelle des actions chimiques qui ont lieu dans le sol, mettre, en présence d'échantillons de terres variées, des solutions carboniques de concentration connue et des liqueurs aqueuses renfermant une dose déterminée des sels que l'eau dissout facilement lors de son passage dans le sol. Cette étude a été faite en ce qui concerne l'action du gaz carbonique sur les carbonates de calcium et de magnésium ; nous en avons parlé antérieurement. Quant à la connaissance de l'action des liqueurs salines de titre connu, elle est peu avancée. Cependant, dans ces dernières années, Cameron, Bell et Robinson ont entrepris de très intéressantes recherches, d'ordre théorique, relatives aux équilibres qui se produisent entre les différents sels solubles incorporés à des sols à réaction alcaline (CO^3Ca). Mais l'exposé de ces recherches dépasserait le cadre d'un ouvrage élémentaire.

Il paraît évident *à priori* que l'on ne peut imiter que d'une façon très approximative les procédés qu'emploie la nature pour attaquer les fragments rocheux. Essayons cependant, dans ce qui va suivre, — afin de définir le mieux possible le degré d'altérabilité des minéraux du sol et, par conséquent, le pouvoir qu'ils possèdent de céder au végétal telle matière nutritive — de faire agir sur la terre arable des dissolvants *naturels*, et voyons ce qui se passe dans ces conditions.

Examinons d'abord *l'action de l'eau* vis-à-vis de quelques-uns des éléments que l'on rencontre de façon constante dans les cendres végétales. Nous verrons plus loin, dans le chapitre relatif à l'analyse chimique des sols, comment a été mis en œuvre ce procédé rationnel d'attaque de la terre par les solvants naturels.

A. Acide phosphorique ; phosphates. — Le phosphate tricalcique — qui n'est d'ailleurs pas le seul phosphate minéral existant dans le sol, mais qui est certainement le plus important — préparé par neutralisation de l'acide phosphorique par la chaux, est extrêmement peu soluble dans l'eau distillée privée de gaz carbonique par l'ébullition. Schlœsing estime à 0gr, 00074 la quantité de ce phosphate qu'un litre d'eau peut dissoudre. Mais il se dissout dans l'eau chargée de gaz carbonique en quantité d'autant plus grande que la proportion du gaz est plus forte. L'eau, chargée de gaz carbonique à la pression ordinaire, en dissout 0gr, 153 par litre, soit une partie de phosphate dans 6 563 parties d'eau (Joffre). D'après ce même auteur, l'*apatite*, c'est-à-dire le phosphate cristallisé, serait un peu moins soluble. Toutefois, on a publié des chiffres beaucoup plus élevés relativement à la solubilité de ce sel à la pression ordinaire dans l'eau pure. *L'état physique* du corps joue un rôle important dans ce cas. Un phosphate calciné ou cristallisé est beaucoup moins soluble qu'un phosphate amorphe récemment précipité. Schlœsing fait remarquer que les dissolutions que l'on rencontre ordinairement dans les sols ne contiennent pas plus de phosphate tricalcique que l'eau bouillie n'en serait capable de dissoudre. En effet, ainsi que nous l'avons déjà antérieurement signalé (page 59), le gaz carbonique renfermé dans ces dissolutions n'augmente pas la solubilité du phosphate lorsque ce gaz est associé à la quantité de bicarbonate calcique répondant à sa tension, comme la chose a lieu dans les sols qui ne sont pas absolument dépourvus de calcaire.

Parmi les solvants naturels du phosphate tricalcique, il faut citer le sel marin que l'on rencontre très fréquemment dans le sol, et le nitrate de sodium, ajouté comme engrais. 1 litre d'eau contenant 2 grammes de chlorure de sodium dissout 0gr, 0457 de phosphate tricalcique ; 1 litre d'eau contenant 3 grammes de nitrate sodique en dissout 0gr, 0330. Mais de pareilles concentrations salines n'existent jamais dans la terre arable ; la chose est au moins exceptionnelle. Nous donnons seulement ces chiffres afin de montrer que d'autres solvants que le gaz carbonique pur peuvent intervenir et exalter la solubilité du phosphate tricalcique. Signalons enfin ce fait que le phosphate tricalcique est légèrement dissocié par l'eau qui devient acide à son contact (Warington).

L'acide phosphorique se rencontre aussi dans le sol uni à d'autres bases que la chaux : le *phosphate magnésien* se comporte à peu près comme le phosphate tricalcique ; le *phosphate ferrique normal* $P^2O^5Fe^2O^3$ se dissoudrait dans 12 500 fois son poids d'eau chargée de gaz carbonique ; sa solubilité serait plus grande en présence des matières humiques. C'est là un point à retenir : d'ailleurs le phosphate tricalcique entre lui-même fréquemment en combinaison avec la matière organique qui agit sur lui à la façon d'un acide. Nous reviendrons sur ce cas particulier à propos de la constitution de la matière humique. Les phosphates d'aluminium et de fer sont moins solubles en présence de nitrate de sodium qu'en présence d'eau pure.

Il résulte de ce qui précède que les solutions que nous avons appelées *normales* du sol doivent être d'une extrême pauvreté en acide phosphorique, et il faut en conclure que, si les récoltes ne pouvaient se saisir que d'une quantité aussi faible de cet élément indispensable, elles n'arriveraient jamais à maturité. Il convient maintenant d'entrer dans le détail et d'examiner *quel est le titre* de ces dissolutions phosphoriques ; il faut également savoir quelle part les racines prennent dans ce phénomène de solubilisation. On nous pardonnera la longueur de l'exposé suivant étant données l'importance de la question et la valeur des travaux publiés sur ce sujet.

Dissolution continue de l'acide phosphorique dans le sol. — Schlœsing fils (1898-1899) s'est proposé de chercher si ces dissolutions très pauvres ne se renouvelaient pas au fur et à mesure de leur utilisation par les plantes, et si leur réapparition constante ne compenserait pas leur pauvreté. L'auteur emploie à l'extraction des dissolutions du sol le procédé de déplacement par l'eau antérieurement décrit (page 218), et il dose l'acide phosphorique ainsi extrait à l'état de phosphomolybdate d'ammonium en suivant les précautions d'usage ; ce procédé permet d'évaluer d'une façon très exacte des fractions de milligramme d'acide phosphorique.

L'analyse de semblables dissolutions met, tout d'abord, en évidence ce fait remarquable : dans une même terre, considérée à une même époque, *le titre de la dissolution en acide phosphorique, c'est-à-dire la quantité de cet acide contenue dans 1 litre de dissolution, est presque constant et indépendant de la teneur en eau du sol* ; le taux de l'humidité de celui-ci pouvant varier du simple au quadruple. De sorte que la quantité d'acide phosphorique dissoute dans un sol doit résulter d'un équilibre entre des actions chimiques très complexes, difficiles à préciser, mais qui sont telles que, si, par exemple, la proportion de cet acide diminue par suite de l'absorption végétale, le titre primitif (très variable d'une terre à l'autre) se rétablit ; inversement, si la solution a une tendance à se concentrer par suite de l'abaissement du taux de l'humidité du sol, une certaine proportion d'acide redevient insoluble. Cette constance du titre phosphorique est explicable par ce fait que la quantité d'acide dissous est très minime comparée au poids des phosphates qui l'entretient ($\frac{1}{2000}$ au plus). On conçoit donc que, si les solutions phosphoriques se renouvellent constamment dans le sol lorsqu'elles sont absorbées par les plantes, la présence de cet acide en dissolution deviendra un facteur dont il faudra tenir compte au point de vue de l'alimentation végétale.

Mais le procédé *par déplacement* constitue une manipulation longue et pénible, nécessitant l'emploi d'un poids de terre assez considérable. Schlœsing fils remplace ce procédé par le suivant, d'une exécution beaucoup plus rapide, procédé qui consiste, non plus à extraire les dissolutions elles-mêmes, mais à en préparer artificiellement d'autres qui soient de même titre. Voici quelques explications détaillées à ce sujet.

Il a été dit plus haut que, lorsque l'humidité d'une terre devient double ou quadruple, le titre de la dissolution phosphorique qui l'imprègne demeure constant. Or, la terre peut contenir, non plus le vingtième, le dixième ou le quart de son poids d'eau, mais 4 à 5 fois ce poids, et même davantage, *sans que son titre en acide phosphorique change*. D'où le procédé suivant d'extraction qui repose essentiellement sur l'agitation d'une quantité faible de terre avec de l'eau, en observant les précautions suivantes. Le matériel nécessaire à cette opération consiste en un flacon de 1500 centimètres cubes fermé par un bouchon de caoutchouc et contenant la terre et l'eau. On place ce flacon sur un appareil capable de le faire tourner d'une manière continue autour d'un axe qui lui est perpendiculaire ; lorsque l'expérience a duré un temps déterminé, on laisse reposer un peu le flacon, on décante le liquide clair sur un filtre et on y dose, comme il est dit plus haut, l'acide phosphorique. La terre était toujours de la terre *naturelle*, simplement passée au tamis à mailles de 4 à 5 millimètres. L'auteur précité étudie l'influence des divers facteurs sur le partage de l'acide phosphorique entre l'eau et la terre : influence des proportions relatives de ces deux substances, de l'usure des éléments par le frottement, de la vitesse et de la durée de la rotation, de la nature de l'eau. De cette étude préliminaire, il conclut que, dans les conditions de ses opérations, le poids de P^2O^5 dissous ne s'élève plus que très lentement à partir d'un certain poids de terre ; ce poids d'acide phosphorique tend vers une limite. Celle-ci n'est pas absolument fixe pour chaque terre, parce que l'usure des éléments est d'autant plus notable que le poids de terre employé est plus fort. Néanmoins, l'équilibre entre la terre et l'eau se trouve atteint d'une façon suffisante. C'est un poids de terre voisin de 300 grammes qui fournit le même titre en P^2O^5 que le procédé par déplacement.

Les conditions de réalisation d'une expérience correcte seront donc les suivantes, telles qu'elles résultent de l'observation des influences diverses étudiées ci-dessus. Le poids de terre étant de 300 grammes, le volume de l'eau, y compris celui qui constitue l'humidité de cette terre, sera de 1300 centimètres cubes, le volume du flacon de 1500 centimètres cubes, la vitesse de rotation de 2 tours par minute afin de restreindre le plus possible le phénomène de dissolution produit par l'usure des éléments les uns contre les autres, et, enfin, la durée de l'agitation de 10 heures. L'auteur, relativement à la nature de l'eau à employer, fait remarquer que la présence, dans ce liquide, du gaz carbonique ne facilite l'attaque des phosphates du sol que si ce gaz y existe sans avoir dissous de carbonate de calcium à l'état de bicarbonate; mais que cette influence dissolvante s'annule quand l'eau, renfermant du gaz carbonique, contient en même temps du bicarbonate de calcium à saturation (page 223). Comme beaucoup d'eaux naturelles se trouvent dans ce dernier cas, on pourra employer généralement l'eau ordinaire pour rechercher l'acide phosphorique soluble.

Ce second procédé, beaucoup plus rapide que le procédé par déplacement, a permis de constater ce fait, déjà mentionné plus haut, que, lorsqu'on met de l'eau en contact avec une terre de constitution quelconque, il se dissout une très petite quantité d'acide phosphorique dont la proportion par litre est indépendante du volume de l'eau et sensiblement égale à celle de l'acide phosphorique qui se rencontre dans les solutions naturelles qui imbibent cette même terre en place. Le titre de la dissolution ne change pas si on fait varier le poids d'eau de 1 à 100 pour un même poids de terre. Ce taux constant d'acide phosphorique dans la dissolution qui imprègne une terre donnée peut être regardé comme une caractéristique de cette terre. Lorsque les plantes en végétation l'absorbent, il reparaît peu à peu sous le même état de concentration ; ce renouvellement semble être tel qu'il peut fournir à une plante, pendant vingt-quatre à trente semaines que dure son évolution, de 10 à 30 kilogrammes d'acide phosphorique à l'hectare, c'est-à-dire la quantité approximativement nécessaire à l'obtention de bonnes récoltes. Ce mode d'absorption ne saurait exclure celui qui est admis par beaucoup d'auteurs, d'après lesquels, les phosphates solides du sol sont directement dissous au contact des racines à la faveur de l'acidité des sucs que celles-ci secrètent. *L'acide phosphorique dissous s'ajoute alors à l'acide phosphorique des phosphates solides.*

Pour appuyer cette manière de voir, Schlœsing fils s'est assuré directement que les plantes peuvent s'alimenter d'une façon complète ou, au moins, en majeure partie, avec de l'acide phosphorique dissous aux doses infimes que le sol contient. L'expérience a porté sur *le maïs, le sarrasin, le haricot, le blé*. Pour effectuer cette démonstration, on utilise le dispositif suivant : dans de grandes cloches de verre à douille renversée, d'une capacité de 20 à 40 litres, on introduit du sable quartzeux lequel reçoit, pendant dix heures par jour, 10 litres d'une solution faite à l'eau de Vanne de 0^{gr},200 de nitrate de potassium, 0^{gr},02 de sulfate de magnésium et d'une dose de phosphate de potassium dans laquelle la quantité de l'acide phosphorique variait, par litre, de 0 à 2 milligrammes. On introduit, en outre, dans chaque cloche une petite quantité d'oxyde de fer ; puis on recueille les eaux qui s'écoulent par la douille de la cloche et on y détermine l'acide phosphorique.

Voici le tableau d'une seule des expériences de l'auteur précité ; les autres essais ayant fourni des résultats de même ordre.

BLÉ DE MARS

(poids exprimés en milligrammes)

	I	II
P^2O^5 introduit dans la solution nutritive par litre	0.500	1.000
P^2O^5 contenu naturellement dans un litre d'eau de Vanne	0.066	0.066
P^2O^5 donné aux plantes par litre de dissolution	0.566	1.066
P^2O^5 par litre dans les liquides recueillis à la sortie des cloches : 25 avril-13 mai	0.28	0.65
14 mai-31 mai............	0.15	0.39
1er juin-16 juin	0.05	0.10
17 juin-30 juin............	0.03	0.11
1er juillet-16 juillet	0.03	0.13
17 juillet-1er août	0.07	0.36
2 août-16 août	0.07	0.59

	I		II	
	Poids de la récolte en grammes.	P^2O^5 en milligr.	Poids de la récolte en grammes.	P^2O^5 en milligr.
Récolte séchée à 40° : Paille....	47.755	105.3	52.210	137.8
Grains ...	5.300	58.3	10.250	107.6
	53.055	163.6	62.460	245.4

Les plantes ont donc utilisé l'acide phosphorique aux doses infimes auxquelles on le leur a fourni. On remarquera que le titre des liquides écoulés diminue d'abord, ce qui peut provenir, ou bien de la rétention par le sol d'une partie de P^2O^5, ou bien de l'absorption par les plantes de cet acide, ou de ces deux actions à la fois. Les dosages du 25 avril au 13 mai ont fourni $0^{mgr}.28$ et $0^{mgr}.65$ d'acide. Si la fixation par le sol avait été la cause unique d'appauvrissement des liquides sortants, le titre aurait dû, après le 13 mai, remonter peu à peu, vers $0^{mgr}.57$ dans le premier cas, vers $1^{mgr}.06$ dans le second. Or ce titre a continué à baisser : donc les racines ont absorbé l'acide phosphorique dissous jusqu'au moment où, l'activité de la végétation diminuant, le titre des liqueurs écoulées a augmenté. Le poids de la récolte n° II a dépassé celui de la récolte n° I puisque les plantes ont eu à leur disposition une quantité d'acide phosphorique d'autant plus élevée que le titre initial de cet acide était lui-même plus élevé. Dans les expériences témoins, où il n'a pas été fourni d'acide phosphorique aux plantes, la dose d'acide contenue naturellement dans l'eau employée a été trop faible pour entretenir la végétation : aussi ces plantes étaient-elles misérables, bien qu'elles se fussent emparées avec facilité de la majeure partie des traces d'acide existant dans l'eau d'arrosage.

Voici donc un point très important que nous pouvons considérer comme définitivement acquis : les solutions naturelles que contiennent les sols peuvent alimenter les plantes en acide phosphorique, lors même que cet acide n'y figure qu'à l'état de traces : en effet, au fur et à mesure de leur utilisation, ces solutions se renouvellent sans cesse. Nous allons rencontrer bientôt des faits analogues dans le cas de la potasse.

Rôle des plantes dans la dissolution des phosphates insolubles du sol. — Le rôle que jouent les dissolutions du sol n'est pas, comme nous l'avons fait pressentir déjà plus haut, un rôle alimentaire exclusif. Les racines interviennent d'une façon active pour solubiliser les phosphates insolubles, et, probablement, tous les autres éléments minéraux que réclame le végétal. C'est ce qui ressort nettement des expériences suivantes de Kossowitch (1903), lesquelles confirment, d'une manière générale, les conclusions formulées par Schlœsing fils et les complètent sur plusieurs points.

Kossowitch exécute trois séries comparatives d'essais. Dans la première série, le système radiculaire des plantes (*moutarde, pois, lin*) se développe dans un milieu solide (6 kilogrammes de sable enfermés dans un cylindre métallique de 40 centimètres de hauteur, mélangés à une quantité connue de poudre de phosphates naturels contenant 5 grammes d'acide phosphorique). Les plantes peuvent donc utiliser l'acide phosphorique qui passe de lui-même en dissolution sous l'influence de la liqueur nutritive, exempte de phosphates, mise à leur disposition et dont la composition est donnée plus loin. De plus, elles peuvent employer celui que dissolvent directement leurs racines. Dans la deuxième série, les plantes ne disposent que de l'acide phosphorique qui peut être dissous, *sans l'intervention des plantes*, par la solution nutritive filtrant à travers le sable mélangé de poudre de phosphates. Ce sable était continuellement humecté par cette solution nutritive (5 litres en vingt-quatre heures) laquelle renfermait par litre : $0^{gr}.02$ NO^3K, $0^{gr}.02$ $CaCl^26H^2O$, $0^{gr}.02$ SO^4Mg, $0^{gr}.01$ $FeCl^3$. Les vases de la seconde série étaient doubles. Ceux qui ne recevaient pas de plantes étaient disposés comme les vases de la première série et contenaient, par conséquent, sable et phosphates insolubles. La solution nutritive ci-dessus traversait le premier vase et le liquide qui s'en écoulait était dirigé sur le second vase à végétation, planté et disposé comme les vases de la première série, *mais sans phosphates*. Dans cette seconde série, les végétaux n'avaient donc à leur disposition, en fait d'acide phosphorique, que celui que la liqueur nutritive dissolvait en traversant le premier vase non planté.

La germination fut normale dans les deux séries ; mais, dès la fin de la première semaine, les plantes de la première série se développèrent beaucoup mieux que celles de la seconde qui restèrent chétives. On peut déjà conclure que l'utilisation directe par les végétaux de certains corps insolubles qu'ils peuvent rencontrer dans le sol doit jouer un rôle très important dans leur nutrition.

Dans la troisième série d'expériences, les plantes étaient alimentées *avec des solutions très étendues de phosphates*, afin de comparer leur développement avec celui des plantes de la première série, et, en partie, avec celui des plantes de la seconde (vérification des expériences de Schlœsing fils). Des vases, analogues aux précédents, étaient remplis de sable, sans phosphates insolubles, et recevaient la solution nutritive additionnée de $0^{gr}.0013$ P^2O^5 par litre. Trois autres vases, plantés de même, recevaient une solution contenant $0^{gr}.0326$ P^2O^5 par litre (25 fois davantage) ; un dernier vase recevait les sels nutritifs contenus dans une dissolution 10 fois plus étendue que celle des vases précédents, mais chaque litre lui apportait néanmoins $0^{gr}.0013$ P^2O^5.

Dans les solutions très étendues de P^2O^5, les récoltes ont été relativement élevées, plus faibles cependant que là où la solution phosphoque était 25 fois plus concentrée : ceci confirme les résultats obtenus par Schlœsing fils ; mais on voit, en même temps, que si, dans la deuxième série d'essais, la solution nutritive avait dissous l'acide phosphorique des phosphates insolubles en quantité très faible, mais suffisante cependant, les plantes des vases correspondants n'auraient pas végété d'une façon aussi misérable. Il en résulte que la solution nutritive n'enlève presque pas d'acide phosphorique en filtrant au travers du sable mélangé de poudre de phosphates : d'où impossibilité d'un développement normal chez les plantes de la seconde série. Celles de la première série ne se développent d'une façon satisfaisante que par suite de l'intervention de leur système radiculaire qui dissout directement les phosphates insolubles.

Au point de vue de la *distribution des racines* dans les trois séries, voici quelques remarques importantes. Les racines des plantes de la première série pénétraient à travers le sable et formaient un réseau jusqu'au fond du vase ; dans la troisième série, le réseau radiculaire n'atteignait que le milieu du vase ; dans la seconde série, le système radiculaire était peu développé, il était concentré surtout dans la partie supérieure.

Comment se produit cette *dissolution directe* des phosphates au contact des racines ? Kossowitch pense que le gaz carbonique que celles-ci sécrètent par respiration joue un rôle essentiel dans cette attaque ; mais, à cet égard, les sécrétions semblent ne pas avoir la même intensité chez les différents végétaux. On peut admettre également que certains acides organiques (oxalique, formique, citrique), sécrétés par les racines dans des conditions encore mal définies, ne sont pas étrangers à la dissolution des matières minérales qui se trouvent en contact intime avec les poils absorbants. Mais il convient de faire sur ce point des réserves formelles jusqu'à nouvel ordre.

Acide phosphorique soluble et fertilité du sol. — En étudiant, au moyen de la méthode de Schlœsing, le déplacement des liquides contenus dans la terre, Pouget et Chouchak (1910) trouvent qu'il existe une relation, souvent peu marquée, entre le rendement des récoltes et les proportions d'acide phosphorique soluble à l'eau que contiennent les diverses terres qu'ils ont examinées. La *concentration de l'eau du sol* en acide phosphorique ne semble donc pas être le seul facteur qu'il faille considérer. Il en est deux autres qui ont une grande importance : *la vitesse* de la dissolution de l'acide et l'*épuisement progressif du sol* occasionné par la végétation. Or, l'expérience montre que les quantités d'acide phosphorique dissoutes dans l'eau sont d'autant plus grandes que la durée du contact de l'eau avec la terre est plus courte : c'est là un phénomène comparable à celui de la *rétrogradation* des superphosphates. Au début du contact, certains phosphates se dissolvent rapidement ; mais, dans la suite, par l'effet de diverses réactions, les phosphates dissous se précipitent partiellement, et le titre primitif s'abaisse. Il en résulte que, la vitesse de dissolution étant très grande, ce facteur n'interviendra que fort peu dans la nutrition. Aussi, malgré l'absorption de l'acide phosphorique par la plante, la concentration de l'acide restera constante, à moins que celui-ci ne s'épuise. En étudiant les causes d'épuisement, Pouget et Chouchak arrivent à cette conclusion que l'acide phosphorique existe dans le sol *sous deux formes différentes*, dont l'une (forme organique de phospho-humates ou composés analogues) est beaucoup plus soluble que l'autre (forme minérale). Les premiers épuisements produits par l'eau enlèvent surtout la première forme, les derniers épuisements extraient la seconde. La première forme a une influence majeure sur les débuts de la végétation ; l'action de la seconde prédomine dans l'élaboration de la récolte finale.

Dans la plupart des terres examinées par les auteurs, les quantités d'acide phosphorique correspondant à la première forme sont faibles, et elles se trouvent épuisées bien avant que les plantes aient atteint leur développement complet. A partir de ce moment, la seconde forme intervient seule. Mais, lorsqu'il s'agit de sols très fertiles, la première forme est abondante ; elle suffit, et au delà, aux besoins de la végétation qui ne peut l'épuiser : aussi, dans ce cas, les rendements sont-ils proportionnels à la concentration de l'eau du sol en acide phosphorique. Les dissolutions du sol jouent un rôle d'autant plus important que leur concentration est plus forte.

Causes indirectes de la solubilisation des phosphates. — Parmi les agents les plus puissants qui solubilisent l'acide phosphorique, il faut compter les microorganismes du sol. Nous parlerons ultérieurement de l'activité microbienne en général ; mais, en ce qui concerne le sujet actuel, il est indispensable de compléter les données qui précèdent par les considérations suivantes.

Nous avons vu que, d'après Pouget et Chouchak, la forme essentiellement assimilable de l'acide phosphorique était une *forme organique*. Il doit en être ainsi suivant toute vraisemblance. En effet Stalström (1902) a montré que la matière organique du sol, lorsqu'elle est stérilisée, ne peut solubiliser le phosphate tricalcique, du moins lorsque cette matière n'a pas un caractère acide. La solubilisation des phosphates doit être mise en grande partie sur le compte des microorganismes du sol ; elle dépend de la nature de la matière organique et de celle des microbes qui l'attaquent. Kröber (1909) arrive aux mêmes conclusions. Tout récemment, Stoklasa (1911), en étudiant les produits phospho-organiques contenus dans la terre, a fait voir que ce sont là des substances issues de la vie microbienne (*phosphatides*). Certains microbes, grâce aux sécrétions acides qu'ils abandonnent (acides formique, acétique, butyrique) dissolvent les phosphates minéraux. Une partie de ces dissolutions sert de nourriture à de nouvelles générations de microbes qui les transforment en lécithines et nucléines ; une autre partie est utilisée par la plante. Il en résulte que, indépendamment de l'action très nette que possède le gaz carbonique sur les phosphates, il faut envisager, comme une source importante de dissolutions phosphatées, la présence dans le sol des acides élaborés par fermentation microbienne. L'accroissement du nombre des bactéries, imputable souvent à l'apport de fumures organiques, semble être en relation directe avec l'assimilabilité de l'acide phosphorique.

P. Silice, chlore, acide sulfurique. — Une certaine dose de *silice libre* existe dans toutes les dissolutions du sol (page 18). En effet, après l'évaporation à sec d'une eau ayant lavé la terre et la reprise du résidu par un acide étendu, il reste toujours un enduit amorphe, plus ou moins notable, qui ne disparaît que par un traitement à l'acide fluorhydrique. La forme qu'affecte la silice dans ces solutions est la forme colloïdale. Ce n'est probablement pas à l'état d'hydrate silicique défini que cette silice circule dans les eaux telluriques, mais à l'état de suspension. Peut-être, malgré son état physique particulier qui l'éloigne des corps dissous proprement dits, cette silice pseudo-dissoute se renouvelle-t-elle au fur et à mesure de son absorption par les plantes. Il existe, en effet, beaucoup de végétaux qui sont capables d'accumuler des doses considérables de cet élément, les graminées entre autres

On ne sait rien sur cette *sélection particulière* de la silice par certains végétaux, et il est assez difficile de concevoir comment une substance en pseudo-solution pénètre dans la plante.

Le chlore ou plutôt *les chlorures* circulent facilement dans les eaux du sol et ne sont pas retenus par le pouvoir absorbant (chlorures de sodium, de calcium). Ils traversent la terre sans subir de décomposition. Lorsque les eaux de pluie ne sont pas assez abondantes pour chasser par déplacement les chlorures des terrains salés, ces chlorures peuvent s'accumuler et nuire à la végétation qu'ils détruisent à la longue. Le chlorure de sodium est absorbé en solution très diluée par un certain nombre de plantes (végétaux vivant au bord de la mer, pommes de terre, betterave, etc.) ; le rôle qu'il joue au point de vue physiologique est inconnu.

Le chlorure de calcium n'est pas un produit naturel. Il prend naissance à la suite de phénomènes complexes dont nous parlerons à propos du *pouvoir absorbant*, lorsqu'un sol reçoit, par exemple, du chlorure de potassium sous forme d'engrais. La potasse seule est retenue, le chlore s'élimine sous forme de chlorure de calcium, lorsque, toutefois, ce sol contient du calcaire.

En résumé, le chlore est un élément très mobile que des lavages prolongés peuvent éliminer en presque totalité. Il ne semble exister dans aucune des molécules organiques qui composent les tissus végétaux.

L'acide sulfurique est également très mobile dans le sol. On le rencontre principalement sous forme de sulfate de calcium. Malgré sa faible solubilité (1 partie dans 400 d'eau), il peut être entraîné totalement par les eaux d'arrosage ou les eaux pluviales. La solubilité du gypse est plus grande en présence de certains sels (chlorures de sodium et de magnésium, sulfate de sodium, nitrate d'ammonium). Mais, à l'inverse du chlore, l'acide sulfurique joue vis-à-vis du végétal un rôle très important, puisque le soufre fait partie intégrante de certains noyaux définis que contient la molécule albuminoïde. De plus, une certaine quantité de soufre est momentanément immobilisée à l'état insoluble dans le sol sous forme organique, débris des végétations antérieures ; l'humus, en effet, contient toujours un peu de soufre. Ce n'est qu'à la suite d'un travail chimique, et principalement microbien, que la molécule organique du soufre s'oxyde et passe à l'état de sulfate.

Si le sulfate de calcium, et le sulfate de sodium, plus rare, sont très mobiles dans les eaux du sol, il n'en est pas de même du sulfate de potassium employé souvent comme engrais. Bien qu'un lavage prolongé puisse en enlever la majeure partie, il arrive également que le potassium, par le fait d'une double décomposition, se fixe sur les particules terreuses et que l'acide sulfurique, s'unissant à la chaux du calcaire, disparaisse par les lavages sous forme de sulfate de calcium.

En résumé, les éléments acides que nous venons d'étudier ont une mobilité très différente dans le sol. L'acide phosphorique est très peu mobile. Les chlorures et les sulfates sont très mobiles : leur élimination par les eaux de lavage a lieu sous forme de chlorures de sodium et de calcium et de sulfate de calcium.

C. Potasse. — Nous avons vu (page 221) que cette base n'existait qu'en très minime quantité dans les dissolutions du sol obtenues par déplacement. Cependant il est de nombreux végétaux qui en extraient du sol des proportions très fortes, alors même que l'on ne leur fournit pas d'engrais potassiques solubles. Schlœsing fils a mis en évidence, au sujet des dissolutions potassiques que contient la terre arable, des faits analogues à ceux que nous avons étudiés quelques pages plus haut relativement à l'acide phosphorique. Si ces dissolutions sont très pauvres, elles se renouvellent d'une manière continue à mesure qu'elles sont absorbées par les plantes. Celles-ci peuvent, en effet, s'emparer de la potasse dissoute dans une masse d'eau considérable : l'expérience a été faite sur le *maïs* d'une manière en tous points semblable à celle qui a donné des résultats si nets avec l'acide phosphorique. Cet épuisement des solutions naturelles du sol par les végétaux, ainsi que leur renouvellement incessant, ont été également étudiés dans ces dernières années par Milton Whitney.

Quels sont les éléments rocheux qui cèdent ainsi leur potasse à l'eau du sol ? Parmi la grande variété de minéraux potassiques que contient le sol, il en est qui abandonnent cette base avec facilité. Ssamojlov a montré que, si l'on fournit à l'*Aspergillus niger* tous les éléments minéraux qu'il réclame, moins la potasse, et si l'on introduit celle-ci dans la liqueur sous forme d'orthoclase, de microcline, de muscovite ou de biotite, ces minéraux étant finement pulvérisés, la mucédinée se développe beaucoup mieux au contact des deux derniers minéraux qu'en présence des deux premiers. Des expériences analogues, faites sur quelques plantes supérieures, permettent d'affirmer que la rapidité avec laquelle certains minéraux potassiques s'effritent et se kaolinisent possède une influence marquée sur la façon dont ces minéraux cèdent leur potasse aux végétaux. Cette base semble se dégager assez facilement des silicates zéolithiques.

Remarques sur les états de la potasse dans le sol. — La potasse jouant à l'égard des végétaux un rôle de premier ordre, il convient d'entrer dans quelques détails sur la façon dont se comportent les formes compliquées de cet alcali contenues dans le sol vis-à-vis de quantités d'eau croissantes. Nous étudierons plus tard les effets obtenus sur la terre végétale par l'emploi de réactifs plus ou moins énergiques, mais étrangers au sol normal.

Examinons donc l'action de *l'eau pure* sur un poids limité de terre, eau employée en grand excès par rapport à la quantité de ce liquide que pourraient fournir les pluies d'une année entière sous notre climat. Voici une expérience à ce sujet. Un grand vase de grès, percé de trous à sa partie inférieure, reçoit 50 kilogrammes de terre végétale (supposée sèche) laquelle contenait, à ce moment, 5 kilogrammes d'eau. Cette terre renfermait, par kilogramme de matière sèche, 8gr.92 de *potasse totale* calculée en K^2O. La terre occupait une surface de 1520 centimètres carrés, sur une hauteur de 50 centimètres environ. On a lessivé cette terre avec 50 litres d'eau ajoutés successivement, ce qui répond à une couche d'eau totale de 33 centimètres. La quantité de potasse dosée dans le liquide écoulé ne s'est élevée qu'à

0gr. 0029 par kilogramme de terre, soit $\dfrac{1}{3\,000}$ environ de la potasse

totale. Il résulte de cet essai que les eaux de pluie ne sont capables d'enlever normalement au sol que des quantités insignifiantes de potasse. Si on examine de plus près l'influence de l'eau en déterminant sa teneur en potasse dans les quantités de liquide successivement recueillies, on trouve que le départ de l'alcali croît avec la dose de l'eau, d'abord proportionnellement ; cette élimination diminue ensuite

progressivement. Ainsi, la dose totale de potasse que l'eau peut immé
diatement enlever à la terre paraît tendre vers une limite, en
supposant toutefois que les traitements soient exécutés dans un
court espace de temps. Voici, à cet égard, des chiffres qui se rapportent à la terre dont il vient d'être question. 200 grammes de cette
terre sont délayés dans un litre d'eau distillée ; après vingt-quatre
heures de contact, on décante et on répète le même traitement. Pour
une quantité d'eau *décuple* de celle de l'expérience précédente, il s'est
dissous $0^{gr}.0305$ K^2O par kilogramme de terre, soit à peu près dix fois
plus de potasse que dans le premier cas. La proportionnalité signalée
plus haut est donc ici évidente ; mais elle disparaît lorsqu'on fait
croître la dose de l'eau ajoutée. Si, en effet, on prend 100 grammes
de la même terre et qu'on les traite par un litre d'eau distillée, on
obtient, pour un kilogramme de terre sèche, $0^{gr}.0670$ K^2O, soit donc un
chiffre à peu près double du précédent, le rapport de l'eau à la terre
ayant doublé. L'addition de un litre d'eau au résidu ne fournit plus,
pour un kilogramme de terre sèche, que $0^{gr}.0490$ K^2O ; un nouveau
litre d'eau, seulement $0^{gr}.027$; soit en tout $0^{gr}.143$. Le calcul montre
qu'une quantité d'eau indéfinie, agissant dans un espace de temps
borné à quelques jours, tendrait à enlever à la terre une dose de
potasse inférieure à $0^{gr}.200$, soit seulement 1/45 de la potasse totale
($8^{gr}92$) contenue dans un kilogramme de cette terre. Or, il est à peine
besoin de faire remarquer que ce sont là des conditions de lavage que
l'on ne rencontre jamais dans les circonstances naturelles, ou qui, du
moins, exigeraient un très grand nombre d'années. Il en résulte
que, normalement, et au contact des quantités d'eau que reçoit
habituellement une terre en place, le titre des solutions de potasse est
extrêmement faible. La potasse est donc engagée dans la terre arable
presque en totalité dans des composés insolubles, soit minéraux
(silicates), soit organiques (humates) (Berthelot et André, 1887).

Il nous reste maintenant à examiner comment se comporte
la terre vis-à-vis de l'eau additionnée de gaz carbonique ou
de certaines substances neutres, voisines de celles que l'on
rencontre dans le sol.

**Action du gaz carbonique sur la solubilisation de la
potasse.** — Dans un litre d'eau contenant 100 grammes de la même
terre que celle qui a servi aux essais précédents, on fait passer pendant une heure et demie un courant de gaz carbonique, en agitant
fréquemment. Il s'est dissous, par kilogramme de terre, $0^{gr}.121$ K^2O,
soit un chiffre double de celui que donne l'eau pure. La même expérience, répétée sur le résidu, a fourni $0^{gr}.077$ K^2O, soit, en tout,
$0^{gr}.198$ K^2O. La quantité de potasse soluble augmente donc sous
l'influence du gaz carbonique ; elle est à peu près double de la
quantité que l'eau pure a extraite dans les mêmes conditions de

temps et de volume d'eau employé. C'est là un point qui mérite attention, puisque, dans les circonstances naturelles, l'eau du sol et les eaux de drainage sont toujours plus ou moins chargées de gaz carbonique.

Ajoutons encore quelques mots relatifs à l'action dissolvante qu'exercent certains composés neutres ou alcalins vis-à-vis des roches potassiques.

Les hydrates de carbone solubles, et le sucre de canne en particulier, en solution diluée, dissolvent une quantité de potasse supérieure à celle que prend l'eau pure ; la présence de certains amides dans l'eau, tels que l'acétamide, fournit un résultat analogue ; tandis que l'eau faiblement ammoniacale semble se comporter comme l'eau pure.

En résumé, la potasse est un *élément très peu soluble* sous la forme qu'elle revêt dans le sol. Nous répéterons ici ce que nous avons dit à propos de l'acide phosphorique : les solutions de cet alcali sont extrêmement diluées ; si elles se renouvellent d'une manière incessante, au fur et à mesure de leur utilisation par la plante, elles semblent pouvoir suffire en général à la nutrition végétale. Mais il ne faut pas oublier que l'analyse des cendres végétales dénote toujours une proportion de potasse supérieure à celle de l'acide phosphorique ; certaines plantes sont, à l'égard de cet alcali, très exigeantes : d'où la nécessité où l'on se trouve souvent d'introduire dans le sol des sels de potasse solubles sous forme d'engrais. Nous verrons d'ailleurs que ceux-ci, aux doses habituellement employées, tout en se diffusant assez bien dans le sol, sont retenus par lui en vertu de propriétés spéciales comprises sous le nom de *pouvoir absorbant*.

D. Soude. — Cette base est généralement moins abondante que la potasse dans les roches qui composent la terre arable. Cependant les eaux de lavage des terres en entraînent des quantités qui dépassent le plus souvent celles de la potasse. Cela tient à ce que les sols renferment fréquemment du sel marin, sel très diffusible ; de plus, lorsque ces sols reçoivent du nitrate de sodium, celui-ci, très mobile, n'est pas retenu et passe facilement dans les eaux de lavage. Il faut également ment remarquer que la soude, contrairement à la potasse, ne semble pas être indispensable au développement de la plupart des végétaux. Il existe même un grand nombre de plantes dans lesquelles la soude est absente, et l'on peut alors se demander si, lorsqu'elle est relativement riche en cette base, telle plante ne l'a pas absorbée en vertu d'une sorte de *phénomène de suppléance :* la soude étant capable de s'unir aux acides organiques aussi bien que la potasse. Il serait possible que, dans le cas de sols relativement pauvres en potasse, la soude intervînt en partie pour remplir le rôle secondaire que nous venons de mentionner. Mais son rôle physiologique est à peu près inconnu. La soude doit donc s'éliminer plus facilement d'un sol planté puisqu'elle est inutilisée par nombre de végétaux. En outre, cette base est moins bien retenue que la potasse par les propriétés absorbantes des terres. La soude qui entre dans la constitution de beaucoup de roches doit présenter à l'action de l'eau un degré de résistance voisin de celui que présente la potasse ; mais la circulation de la soude dans le sol a été peu étudiée et offre, d'ailleurs, moins d'intérêt.

E. Chaux. magnésie. — Ces deux bases, sous forme de silicates complexes, ainsi qu'à l'état de carbonates dans un grand nombre de terres arables, fournissent des dissolutions qui sont d'autant plus riches que les liquides du sol sont plus chargés de gaz carbonique.

La solubilité du carbonate de calcium dans l'eau pure a donné des chiffres qui varient suivant les auteurs. D'après Schlœsing, un litre d'eau à 16° dissoudrait $0^{gr},0131$ CO³Ca, soit 1 gramme dans 76 litres ou 76 000 grammes d'eau. Bineau a indiqué le chiffre de 50 000 grammes d'eau ; Hollemann 99 500 grammes d'eau vers 8°, et 80 040 grammes d'eau à 23°. Quoi qu'il en soit, le carbonate de calcium est très peu soluble dans l'eau pure seule, mais sa solubilité s'accroît fortement en présence du gaz carbonique, ainsi que le montre le tableau suivant :

Pression de CO³ en centimètres de mercure :	CO³Ca dissous dans un litre :	
0.05	$0^{gr},0746$	
0.08	$0^{gr},0850$	
0.33	$0^{gr},1372$	
1.38	$0^{gr},2231$	
5.00	$0^{gr},3600$	(Schlœsing).
25.30	$0^{gr},6634$	
55.30	$0^{gr},8855$	
72.90	$0^{gr},9720$	
1 atmosphère.	$1^{gr},0790$	(Engel).
2 atmosphères.	$1^{gr},4030$	

La solubilité du carbonate de calcium augmente en présence des sels ammoniacaux ; elle diminue au contact des sels alcalins.

Le carbonate de magnésium est peu soluble dans l'eau pure. Sa solubilité est cependant beaucoup plus considérable que celle du carbonate de calcium, elle est de $0^{gr}.97$ dans un litre d'eau. La présence du gaz carbonique augmente cette solubilité dans des proportions très notables ; sous la pression ordinaire, un litre d'eau chargé de ce gaz dissout 28 $^{gr}.45$ de carbonate neutre à 13°. Cette solubilité diminue beaucoup lorsque la température s'élève.

Il résulte de ces chiffres que les eaux qui circulent dans le sol contiennent toujours en dissolution des carbonates de calcium et de magnésium. Ces dissolutions sont d'autant plus chargées que la teneur de l'eau en gaz carbonique est plus élevée et que la température est plus basse. On s'explique ainsi pourquoi les eaux de lavage d'un sol calcaire renferment toujours une certaine dose de ces carbonates : lorsqu'on évapore leur dissolution, les carbonates se précipitent. C'est à ces dissolutions carboniques, de concentration variable avec la teneur du sol en gaz carbonique, que les végétaux empruntent la chaux et la magnésie dont ils ont besoin. Mais on ne connaît pas la raison pour laquelle la chaux est toujours plus abondante dans la plante totale que la magnésie, bien que cette dernière base, plus rare dans le sol, il est vrai, soit cependant beaucoup plus soluble dans l'eau chargée de gaz carbonique que la chaux. On ne peut également expliquer pourquoi certaines catégories de plantes accumulent des doses énormes de sels de calcium, tandis que d'autres, dans des terrains identiques, ne prennent que de faibles quantités de cette base. Il est possible que les végétaux qui absorbent beaucoup de chaux ne s'emparent de cette substance que comme *un moyen de défense* contre les acides qu'elles élaborent en quantité parfois très notable. On pourrait citer, à cet égard, plusieurs exemples probants.

Telle est la constitution de ce qu'on peut appeler *les dissolutions normales du sol*. Après avoir défini ce pouvoir dissolvant de l'eau, examinons en quelques lignes les phénomènes de *double décomposition* qui se passent le plus souvent au sein de la terre arable, soit lorsque les éléments naturels réagissent les uns sur les autres, soit lorsque ces éléments naturels entrent en contact avec les sels ajoutés comme engrais. C'est là un complément indispensable à l'étude des dissolutions proprement dites.

III

PHÉNOMÈNES DE DOUBLE DÉCOMPOSITION.

Ces phénomènes sont d'une extrême importance, puisque c'est grâce à leur activité que le sol ne demeure jamais immobile dans sa composition. Les métamorphoses produites par double décomposition interviennent d'une manière essentielle dans la formation des produits solubles utilisables par les plantes. Étudions quelques-unes de ces réactions.

A Phosphates. — Il faut citer, en premier lieu, la double décomposition très fréquente que subit le phosphate tricalcique au contact des éléments ferriques et alumineux du sol. Si on ajoute à un sol une certaine quantité de phosphate tricalcique, il semble que les solutions naturelles de ce sol devraient s'enrichir en acide phosphorique par suite de cette addition. Cependant nous savons, d'après les faits mis en lumière par Schlœsing fils, que chaque sol possède une sorte de *coefficient propre de solubilité* vis-à-vis de l'acide phosphorique et dont l'effet est tel que, si cet acide tend à disparaître par suite de l'absorption végétale, une nouvelle quantité d'acide réapparaît dont le taux est sensiblement égal à celui de la liqueur précédemment absorbée. Inversement, lorsque le taux de l'acide soluble augmente au-delà d'une certaine limite, une insolubilisation partielle se manifeste qui ramène la solution à son titre primitif. Il est très probable que cette constance dans la concentration est imputable précisément aux actions de double décomposition que subit l'acide phosphorique. Dehérain cite le cas de terres ayant reçu du noir animal comme engrais et dans lesquelles l'acide phosphorique ne manifestait plus ses réactions habituelles en tant que phosphate tricalcique. En effet, traitées par l'acide acétique qui dissout les phosphates de calcium et de magnésium et n'attaque pas les phosphates de fer et d'aluminium, ces terres ne donnaient plus les réactions de l'acide phosphorique. Il est évident que cet acide s'était uni, par double décomposition, à l'alumine et à l'oxyde ferrique. On ne peut pas incriminer ici l'action du bicarbonate de calcium dont la présence, comme nous l'avons dit antérieurement (p. 59), diminue notablement la solubilité du phosphate tricalcique dans l'eau chargée de gaz carbonique. Cette présence du bicarbonate de calcium n'aurait aucune influence vis-à-vis de l'acide acétique.

L'acide phosphorique, uni à l'alumine et à l'oxyde ferrique, est-il inerte vis-à-vis des végétaux ? Nous verrons bientôt qu'il est probable que les plantes prennent d'abord leur acide phosphorique aux phosphates alcalino-terreux (aux humophosphates d'après Pouget et

Chouchak), sans toutefois que les phosphates de fer et d'aluminium, moins attaquables, soient inutilisables sous cette forme. De plus, ainsi que Dehérain l'a fait remarquer, les carbonates alcalins (de potassium, d'ammonium) existant naturellement dans les sols ou introduits par l'emploi du fumier de ferme, sont capables, par un contact prolongé, d'attaquer ces derniers phosphates et de mobiliser de nouveau l'acide phosphorique. Il s'agit ici de *phénomènes d'équilibre* entre l'acide phosphorique et les différentes bases alcalino-terreuses ou alumino-ferriques : par suite du jeu de certaines réactions ou de la composition elle-même du sol, l'acide phosphorique prend une forme insoluble et semble inattaquable par les végétaux ; mais interviennent alors des éléments nouveaux (carbonates alcalins) qui solubilisent les phosphates qu'une première série de réactions avait immobilisés. Ajoutons également que les solutions, même très étendues, de carbonate de potassium dissolvent de notables quantités de phosphate tricalcique. En agitant dans un flacon une petite quantité de ce dernier sel avec une solution fortement diluée du carbonate alcalin, on peut facilement mettre en évidence dans le liquide filtré la présence de l'acide phosphorique, lequel s'est uni au potassium. Il est, par conséquent, possible que ce soit le carbonate de potassium qui constitue le solvant naturel du phosphate tricalcique et que, au moins dans certains cas, la formation des solutions phosphatées soit corrélative de la formation du carbonate de potassium lui-même. D'après certains auteurs, un des avantages du chaulage consisterait dans la solubilisation de l'acide phosphorique des phosphates de fer et d'aluminium par suite du déplacement de ces bases par la chaux. Il faut aussi noter qu'une addition de sulfate d'ammonium au sol, sous forme d'engrais, favorise la dissolution du phosphate tricalcique.

Les superphosphates, employés comme engrais, représentent, au moment de leur épandage, une forme de l'acide phosphorique très soluble dans l'eau. Dans les sols calcaires, leur *rétrogradation*, c'est-à-dire leur transformation en phosphate tricalcique, est rapide, mais il est probable qu'ils se transforment également, d'une façon partielle, en phosphates de fer et d'aluminium. Notons en passant qu'une solution étendue de phosphate monocalcique ne précipite pas au contact d'une solution de bicarbonate de calcium, mais que si l'on chauffe le liquide, vers 50° seulement, il se précipite du phosphate tricalcique.

Il résulte d'expériences récentes, dues à Müntz et Gaudechon (1912), que les superphosphates, donnés en tête d'un assolement triennal, même à dose massive, diminuent rapidement d'activité. Dès la seconde année, l'influence bienfaisante de cette forme de l'acide phosphorique s'atténue sensiblement : en sorte que, la troisième année « *les plantes n'établissent plus aucune distinction entre le phos-*

phore provenant des diverses formes d'engrais phosphatés et celui qui préexiste naturellement dans le sol. » Cette inertie relative du phosphore doit être mise sur le compte des transformations qu'il a subies dans le sol.

En résumé, les états que présente dans le sol l'acide phosphorique doivent être multiples puisque si, par suite des phénomènes de double décomposition et d'équilibre, il se produit telle forme sous laquelle l'acide phosphorique soit relativement stable, certaines réactions interviennent pour changer le sens de l'équilibre et rendre l'acide phosphorique plus soluble ou moins soluble que primitivement. Il faut aussi faire entrer en ligne de compte la disparition de cet acide par les végétaux qui l'absorbent. Nous chercherons bientôt comment on peut essayer de définir les formes de l'acide phosphorique dans le sol par l'emploi de solvants plus énergiques que l'eau.

B. Sels de potassium. — Les phénomènes de double décomposition auxquels participent les sels de potassium, dans un sol n'ayant pas reçu d'engrais, sont assez difficiles à définir. Nous verrons avec quelle énergie la terre retient la potasse, alors même qu'on l'additionne de sels potassiques solubles.

Les doubles décompositions deviennent évidentes dans le cas de l'emploi du nitrate de sodium comme engrais. L'acide nitrique de ce sel passe dans la plante, en partie sous la forme primitive, en partie sous la forme de nitrates de potassium et de calcium. Les eaux de lavage du sol contiennent des doses de sels de sodium (sulfate, chlorure) d'autant plus fortes que l'on a employé de plus fortes proportions de nitrate de sodium. Lorsqu'on incorpore du nitrate de potassium à un échantillon de terre arable et qu'après avoir laissé la masse au repos pendant une certain temps on vient ensuite à la laver pour en extraire les éléments solubles, on trouve surtout du nitrate de calcium dans les eaux de lavage. Il y a donc eu, dans ces deux cas, échange de bases : on ne saurait, en effet, admettre que la plante absorbât uniquement du nitrate de sodium en nature puisque, chez les végétaux qui emmagasinent volontiers de fortes doses de nitrates (betterave, bourrache, amaranthes, maïs), on peut extraire des sucs de ces plantes du nitrate de potassium principalement. Il faudrait supposer que la plante, après avoir pris le nitrate sodium, rejetât la soude sous une forme inconnue. C'est là un problème particulièrement délicat qui touche à l'excrétion par les racines de certaines substances solubles, problème que nous ne pouvons discuter ici.

Dans le cas du nitrate de potassium ajouté à un sol non planté, il y a véritablement double décomposition : ce qui met une fois de plus en relief cette propriété curieuse que nous examinerons ultérieurement, à savoir l'absorption *élective* qu'exercent sur le potassium certains éléments de la terre arable.

Tels sont, résumés très sommairement, les phénomènes de double décomposition les plus importants que l'on observe dans la terre arable. Ce qui complique toujours le jeu des doubles décompositions, c'est la présence de la matière humique. A propos de l'étude du pouvoir absorbant, nous verrons dans quel sens se produisent certaines réactions lorsque ce facteur organique entre en jeu.

Constitution des solutions étendues. — Pour comprendre l'activité particulière des solutions salines qui circulent dans le sol, et dont le degré de dilution est considérable, il faut se rappeler que la plupart de ces solutions sont des *électrolytes* qui, comme tels, sont dissociés en leurs *ions*. Cette dissociation est d'autant plus complète que la dilution est plus grande ; pour une dilution infinie, elle serait totale (voir notre *Chimie végétale*, pages 16 et 441). On sait que les réactions chimiques qui se passent de sel à sel, de base à acide, d'acide à sel, de base à sel, *ne sont que des réactions d'ions*. Seuls, les ions libres prennent part à une réaction chimique, et l'on en conclut que ces réactions seront d'autant plus complètes qu'elles auront lieu en présence d'un plus grand nombre d'ions libres : ce qui implique parfois l'existence d'un degré de dilution très prononcé. Il est facile de concevoir, d'après cela, la *mobilité* des éléments salins dissous dans les liquides du sol et le nombre considérable de phénomènes auxquels ils doivent donner naissance.

D'après Stoklasa (1911), les microorganismes du sol absorberaient les ions isolés, et, lorsqu'on exalte la vitalité de ces êtres ou quand on augmente leur nombre par inoculation, les substances nutritives du sol sont mobilisées et assimilées avec une plus grande facilité par les racines des plantes.

Celles-ci n'absorberaient donc que des solutions très fortement ionisées, ce qui faciliterait certainement le jeu des réactions intimes qui se passent dans toute cellule vivante.

IV

DIALYSE DE LA TERRE ARABLE.

Lorsqu'on lave à l'eau distillée une terre quelconque, le liquide qui s'écoule contient, comme nous le savons, des substances minérales. Mais ce liquide est toujours plus ou moins coloré en jaune. La matière *organique* accompagne donc la matière minérale jusque dans ses solutions les plus étendues. Peut-on séparer ces deux substances ? Les faits suivants vont nous éclairer sur ce point.

Grandeau (1872), en étudiant la fécondité remarquable *des terres noires de Russie*, pensait que celles-ci contenaient des combinaisons particulières de la matière organique avec l'acide phosphorique, la chaux, etc. Ces combinaisons sont très stables, l'eau seule n'agit pas sur elles. Si, après avoir détruit le calcaire par l'addition d'un acide, on épuise ces terres noires par de l'ammoniaque étendue, on obtient un liquide brun très foncé dans lequel sont masquées, vis-à-vis des agents qui servent d'ordinaire à en déceler la présence, les réactions des substances minérales que l'ammoniaque a dissoutes. Évaporée à sec, puis calcinée, cette liqueur fournit un résidu fixe, assez riche en acide phosphorique, chaux, magnésie, potasse, etc. On peut employer, dès le début, pour l'épuisement de la terre, une solution de carbonate d'ammonium qui joue à la fois le rôle d'acide et de base : il est donc probable, d'après cela, que ce carbonate, dont nous constaterons ultérieurement l'existence dans tous les sols, *est le véritable agent naturel de la dissolution des matières minérales* indispensables à la nutrition végétale.

Cette solution organique des éléments minéraux se comporte à la dialyse d'une façon remarquable. Si on la verse sur la membrane d'un dialyseur plongé dans l'eau distillée, elle cède à cette eau la majeure partie des substances minérales qu'elle renferme; mais le dialyseur

ne laisse pas passer de matière organique. Grandeau en conclut que
la matière organique du sol est le véhicule des aliments minéraux
utilisés par les plantes, et que la fertilité d'un sol est liée à la richesse
en matière minérale des substances solubles dans l'ammoniaque. Donc,
le dissolvant, sinon unique, au moins le plus important des phosphates,
des sels de chaux, de potasse, etc., serait un *dissolvant organique* ;
celui-ci ne pénétrerait pas dans la racine (dont la membrane extérieure doit être assimilée à celle du dialyseur) ; la plante ne prendrait
à la dissolution que les seuls éléments fixes.

Cette façon séduisante d'interpréter l'origine, la nature et le rôle
des dissolutions du sol, n'est pas exempte d'objections, et, en fait, bien
qu'on puisse dans une certaine mesure attribuer aux matières humiques
la faculté de dissoudre telles substances minérales utiles aux plantes,
ces matières humiques, dans l'état même où on les a extraites du sol
par l'ammoniaque, ne se trouvent évidemment plus sous la forme
naturelle qu'elles possèdent en réalité dans la terre arable.

Si, comme l'a pratiqué Pétermann, on dispose directement sur la
membrane d'un dialyseur, et sans qu'elles aient subi de préparations
préalables, des terres d'origine géologique très différente, il passe
dans l'eau distillée des substances minérales telles que PO^4H^2, CaO,
K^2O, etc. ; mais l'eau prend toujours une *teinte jaune*, preuve de la
présence de matière organique. Si on évapore à sec le liquide et qu'on
le calcine, il y a noircissement de la masse et dégagement d'une odeur
de brûlé. Il était tenu compte, dans ces expériences, de la petite quantité de matière organique qu'abandonnait à l'eau distillée la membrane
de parchemin du dialyseur.

Ainsi, la dialyse de la terre arable, prise dans son état naturel,
cède au milieu extérieur les matières minérales indispensables
aux végétaux, mais ces dernières sont accompagnées d'une
quantité variable, parfois assez notable, d'une substance organique. En présence de ce fait, certains auteurs ont formulé
la conclusion suivante. En même temps que la racine s'empare
des substances minérales du sol, elle absorbe concurremment
cette matière organique très diffusible qui s'échappe du dialyseur, et elle en assimile le carbone. Cette opinion est parfaitement acceptable à l'égard de certains végétaux supérieurs,
même lorsqu'ils sont pourvus de chlorophylle ; quant aux
végétaux dépourvus de chlorophylle, il faut évidemment
invoquer un semblable mode d'absorption du carbone (et de
l'azote qui l'accompagne) pour expliquer leur nutrition organique. Nous reviendrons sur ce point dans le chapitre suivant
(page 275), à propos du rôle que joue la matière organique

dans la nutrition végétale (Consulter aussi à cet égard notre *Chimie végétale*, page 104).

Nous retiendrons des faits qui viennent d'être exposés cette notion importante que, parmi les dissolvants *naturels* des substances minérales, on peut placer certaines matières organiques contenues dans le sol. Voici, à titre d'indication, et pour 100 grammes de terre, les quantités de matières organique et minérale ayant traversé le dialyseur au bout de dix jours (Pétermann).

	Terre calcaro-schisteuse.	Terre sablo-argileuse.
Matière organique	0^{gr},0660	0^{gr},1811
Chaux	0^{gr},0561	0^{gr},0444
Magnésie	0^{gr},0049	
Potasse	0^{gr},0215	0^{gr},0126
Silice	0^{gr},0156	0^{gr},0228
Acide phosphorique	0^{gr},0008	0^{gr},020
	0^{gr},1649	0^{gr},2629

V

DES DIFFÉRENTES FORMES DE LA MATIÈRE MINÉRALE DÉFINIES D'APRÈS L'ACTION DE CERTAINS RÉACTIFS ÉNERGIQUES.

Nous avons, dans les lignes qui précèdent, étudié les dissolutions *normales* du sol et montré quels étaient les agents qui produisaient ces dissolutions.

Afin d'estimer, soit la totalité des éléments de fertilité que contient une terre donnée, soit seulement, ce qui est beaucoup plus important, la fraction de ces éléments que l'on suppose exister sous une forme immédiatement assimilable pour le végétal, on a souvent mis en œuvre des réactifs infiniment plus énergiques que les dissolvants naturels : eau et gaz carbonique. Dans la plupart des méthodes usuelles de l'analyse chimique appliquée à la terre arable, il est fait précisément usage de certains réactifs violents (acides minéraux en particulier) que l'on emploie dans des conditions de temps, de température et de concentration déterminées.

Nous nous occuperons ultérieurement des procédés de cette analyse : mais, comme suite à la connaissance de la constitution des sols, d'une part, et comme introduction à l'étude des méthodes préconisées pour le dosage des éléments de fertilité, d'autre part, nous allons chercher quelles sont les indications que l'on peut tirer — à propos de la nature et de l'état de certains éléments minéraux — de l'action des réactifs dont nous venons de parler. Les travaux publiés sur cette matière sont extrêmement nombreux ; nous ne retiendrons que les faits suivants qui fixeront d'une manière suffisante l'opinion à ce sujet. Nous emploierons la *terre naturelle*, contenant à la fois des éléments minéraux dont le poids est presque toujours prépondérant, et des éléments organiques ; ceux-ci réagissent d'une manière profonde sur les premiers. La terre est supposée n'avoir jamais reçu d'engrais.

A. Phosphore et acide phosphorique. — L'acide phosphorique que l'on trouve dans les dissolutions très diluées du sol examinées plus haut, et qui semble être la source principale de leur alimentation phosphorée, n'est pas la seule forme du phosphore contenu dans la terre arable. A n'envisager les choses que de la façon la plus simple, on peut admettre que ces formes sont au nombre de deux. Étant donnée la présence presque constante de l'humus dans les terres les plus variées, on doit penser, *à priori*, que les débris végétaux qui constituent l'origine de cet humus renferment une partie au moins de leur phosphore sous une forme encore *organique*, c'est-à-dire incomplètement oxydée. C'est ce que montre l'expérience.

En effet, chauffons un poids connu de terre dans un tube traversé par un courant d'oxygène, et dirigeons les gaz de la combustion sur une longue colonne de carbonate de sodium sec, également chauffée au rouge. Après refroidissement, traitons le contenu du tube, terre et carbonate de sodium, par l'acide nitrique, filtrons et dosons l'acide phosphorique par les méthodes usuelles. Le chiffre que nous fournira ce dosage sera toujours supérieur à celui que l'on obtiendrait en traitant le même poids de terre, à chaud et par une digestion prolongée, par un acide concentré tel que l'acide nitrique. Cela nous montre qu'une *fraction* du phosphore total de la terre existe sous forme organique, insoluble dans les acides, même concentrés ; dans tous les cas, très lentement transformable à leur contact en acide phosphorique. L'incinération de la terre au contact de l'air provoque l'oxydation de la majeure partie de ce phosphore organique, mais on s'expose ainsi à des pertes assez sérieuses. En effet, le carbone, d'un part, la silice, d'une autre, décomposent les phosphates avec volatilisation du phosphore dans une proportion inconnue. Il en est de même, *à fortiori*, lorsqu'on incinère des plantes sèches.

Les sols riches en humus renferment une quantité souvent très notable de phosphore organique, ainsi qu'il ressort de nombreuses analyses. Schmœger (1893) a montré que ce phosphore était engagé dans une *nucléine*. Si, en effet, on chauffe à l'autoclave pendant une douzaine d'heures à la température de 140-150°, de l'humus avec un excès d'eau, on hydrolyse le principe phosphoré, lequel devient soluble dans l'acide chlorhydrique dilué et froid.

A côté de cette forme *organique*, on rencontre le phosphore à l'état d'acide phosphorique uni à la chaux, à la magnésie, au fer, à l'alumine ; soluble, dans tous les cas, dans les acides forts à chaud, et, souvent même, dans les acides dilués et froids lorsque le sol ne contient pas de phosphates cristallisés (apatite) moins aisément attaquables. Sous ce dernier état, les agents naturels dissolvent peu l'acide phosphorique, et les plantes ne semblent s'en saisir qu'avec difficulté.

Comme exemple des différentes formes de phosphore contenues dans la terre arable, citons le cas de l'échantillon suivant :

Acide phosphorique *total* obtenu par chauffage dans un
    courant d'oxygène en présence de carbonate de sodium . 2^{gr},02 (1).
Acide phosphorique dissous dans HCl étendu et froid .... 1^{gr},09
Acide phosphorique dissous dans HCl concentré et bouil-
    lant.. 1^{gr},83

(Berthelot et André, 1887.)

Dans la masse elle-même du phosphore organique, on pourrait établir plusieurs subdivisions. L'acide phosphorique peut y exister à l'état d'acide phosphoconjugué (humophosphates), et n'être mis en liberté, sous forme minérale, qu'à la suite d'une ébullition prolongée avec des acides ou des alcalis étendus. Mais un pareil traitement ne suffit pas, le plus souvent, pour oxyder complètement le phosphore organique : la combustion dans l'oxygène, telle que nous l'avons indiquée, permet seule d'atteindre le but avec sûreté.

Il existe donc au moins deux formes sous lesquelles on rencontre le phosphore dans le sol ; on peut définir ces formes par l'emploi des réactifs ci-dessus étudiés.

Le phosphore organique, si résistant aux réactifs acides, s'oxyde peu à peu sous l'influence d'agents microbiens. A mesure que le carbone de l'humus disparaît par oxydation, le phosphore prend la forme d'acide phosphorique, mais avec une lenteur d'autant plus grande que le sol est moins riche en chaux.

Acide phosphorique utile aux végétaux. — On peut, à l'aide d'une expérience très simple, définir quelle est, dans

____

(1) Dans un kilogramme de terre sèche.

un sol donné, la portion de l'acide phosphorique à l'état de
phosphates minéraux à laquelle les plantes s'adressent de
préférence. Schlœsing fils (1889) a trouvé, dans certains acides
employés sous des concentrations variables mais toujours très
faibles, un réactif qui permet de faire la part entre les phosphates aisément assimilables et ceux qui ne le sont que peu
ou pas.

A cet effet, on traite une petite quantité de terre (10 à 20 grammes)
par un litre d'eau distillée contenant un poids exactement connu d'acide
nitrique (calculé en N^2O^5). Le mélange est agité mécaniquement pendant dix heures ; on y dose ensuite l'acide phosphorique dissous, ainsi
que l'acidité finale de la liqueur, laquelle peut différer beaucoup de
l'acidité initiale par le fait de la dissolution de la chaux du carbonate
calcique contenu dans l'échantillon. Il est possible que cette acidité
finale soit d'abord négative. On remarque que, lorsque le titre de l'acide
nitrique croît peu à peu à partir de zéro, l'acide phosphorique dissous
croît d'abord assez rapidement : il demeure ensuite à un taux stationnaire, et continue à croître ultérieurement. De telle sorte que, si on
porte en abscisses la richesse du liquide en acide nitrique, et en ordonnées les quantités d'acide phosphorique dissoutes, la courbe est d'abord
fortement inclinée sur l'axe des abscisses, puis elle lui devient parallèle, pour se relever finalement. Ce *palier* sépare donc nettement l'acide
phosphorique du sol en deux parts : l'une soluble dans des liqueurs
d'acidité très faible (1 à 2 dix-millièmes d'acide nitrique), l'autre qui
ne se dissout que lorsque l'acidité atteint 1 millième. Si, de plus, on
dose le fer qui s'est dissous concurremment dans la liqueur acide, on
observe qu'il n'en existe que des traces dans la première partie de
l'expérience ; ce métal apparaît nettement au voisinage du palier et
augmente, au-delà, d'une façon sensible. On en conclut que les premières portions d'acide phosphorique dissoutes dans les liqueurs acides
très faibles doivent être unies aux bases alcalines ou alcalino-terreuses, potasse, chaux et magnésie, et que les phosphates qui font
partie des solutions naturelles et alimentent de préférence les plantes
sont les phosphates des bases précitées à l'exclusion, au moins partielle, des phosphates de fer et d'aluminium.

Voici, à titre de document, le tableau d'une des analyses :

Terre silico-argileuse (20 gr. de terre + 1040 gr. d'eau)
(chiffres exprimés en milligrammes).

N^2O^5 ajouté.	Acidité finale en N^2O^5.	P^2O^5 dissous dans 1 litre.	Fe^2O^3 dissous dans 1 litre.
0	— 25.0	0.38	»
25	— 11.9	0.52	»
50	— 3.5	1.07	»
100	+ 9.9	1.66	»
200	+ 69.3	1.89	»
300	+ 148.5	1.97	»
400	+ 245	1.79	»
500	+ 334	1.92	»
1.220	+ 1090	1.95	0.89
2.220	+ 1990	3.89	4.32

On voit tout le parti qu'il est possible de tirer d'un pareil procédé d'attaque du sol au moyen d'acides très dilués lorsqu'on veut connaître la composition des phosphates les plus assimilables par le végétal.

Rappelons que Pouget et Chouchak ont également admis, à la suite de leurs expériences sur le lavage des terres à l'eau, la présence de deux formes d'acide phosphorique. La première, celle que ces auteurs considèrent comme la forme dite *assimilable*, ferait partie d'un noyau organique (p. 230).

On peut, dans l'attaque des terres, utiliser des acides moins énergiques que les acides forts. Dans ce but, Dyer (1894) a proposé l'emploi de l'acide citrique, à la suite des considérations suivantes. Le suc des racines est acide, et cette acidité semble due à la présence de l'acide citrique. Une moyenne du titre acide du suc contenu dans les racines d'un grand nombre de végétaux a fourni le chiffre de 0,85 pour 100.

Dyer estime que l'attaque de la terre par une solution froide d'acide citrique à 1 p. 100 se trouve ainsi justifiée, puisqu'on fait usage d'un agent de dissolution, en quelque sorte naturel, si l'on admet que, par suite de leur contact intime avec les fragments rocheux, les racines dissolvent directement certains constituants de ces roches.

Les conclusions auxquelles est arrivé Dyer par l'emploi de l'acide citrique sont, dans leurs grandes lignes, les suivantes. Étant donnée la teneur totale d'un sol en acide phosphorique déterminée par l'emploi à chaud d'acides forts, ce sol fournira d'autant plus d'acide phosphorique aux plantes qu'une fraction plus importante de l'acide total passera dans la solution citrique.

L'acide acétique a été parfois rencontré en nature dans certains sols riches en humus où il provient probablement de quelque fermentation. Longtemps avant les recherches que nous venons d'exposer, Dehérain et Meyer (1879), puis Dehérain et Kayser (1880) regardaient déjà cet acide comme un dissolvant naturel de certains principes minéraux du sol et en préconisaient l'emploi (vingt-quatre heures de contact à froid, ou une heure à l'ébullition) pour définir le degré d'assimilabilité des phosphates. Ces auteurs ont remarqué que toute terre qui ne bénéficie pas de l'addition des superphosphates est une terre chez laquelle la majeure partie de l'acide phosphorique est soluble dans l'acide acétique, et, par conséquent, sous un état profitable aux plantes d'une manière prochaine. Au contraire, chaque fois qu'une terre ne renferme que des doses minimes ou nulles d'acide phosphorique soluble dans l'acide acétique, l'addition des superphosphates sera avantageuse, alors même que la quantité *totale* de l'acide phosphorique, déterminée par les acides forts, fournirait un chiffre élevé, de 1 gramme, par exemple, au kilogramme.

Les faits que nous venons d'exposer montrent donc comment on peut définir, à l'aide de réactifs appropriés, mais d'une manière seulement approchée, la nature des phosphates du sol et de leur degré d'assimilabilité.

B. Soufre et acide sulfurique. — Les états du soufre contenu dans le sol sont, comme ceux du phosphore, au nombre de deux. Le soufre *total*, comprenant à la fois le soufre des sulfates minéraux et le soufre organique de la matière humique, ne peut être estimé avec certitude que par combustion au contact de l'oxygène et du carbonate de sodium, comme il a été dit pour le phosphore. On change ainsi tout le soufre organique en acide sulfurique. Après refroidissement, on reprend le contenu du tube par l'eau aiguisée d'acide nitrique, et on dose dans la liqueur l'acide sulfurique par les méthodes usuelles. L'oxydation totale du soufre, obtenue en projetant dans un creuset chauffé au rouge un mélange de terre et de nitrate de potassium, fournit souvent des résultats analogues à ceux que donne la combustion dans un courant d'oxygène, mais l'emploi de ce dernier procédé est moins sûr.

Une partie du soufre organique contenu dans la terre s'y rencontre à l'état *de compos's sulfoconjugués* dont on peut manifester la présence presque constante en maintenant une ébullition prolongée de la terre avec un acide ou un alcali étendus. Il est difficile cependant de faire la part exacte qui revient à cette dernière forme, parce que, comme dans le cas du phosphore, les acides étendus, même à chaud, dissolvent parfois assez lentement les sulfates minéraux du sol ($CaSO^4$). Lorsqu'on prolonge l'ébullition pour assurer la dissolution complète de ces derniers, on risque alors de dédoubler les sulfoconjugués.

Le second état sous lequel on rencontre le soufre dans le sol est l'état minéral. Quelques sols renferment des sulfures (sulfure de fer, entre autres), lesquels sont attaqués assez difficilement par les acides dilués, mais le sont d'une façon plus complète par les acides concentrés. Quant au sulfate de calcium, il se dissout dans une quantité d'eau suffisante ; plus facilement si cette eau contient de l'acide chlorhydrique. Il faut, si on opère à froid, prolonger le contact assez longtemps et remuer le mélange fréquemment.

Voici, à cet égard, les résultats fournis pas un certain échantillon de terre. 50 grammes de celle-ci ont été traités par 5 fois leur poids d'acide chlorhydrique au centième pendant vingt-quatre heures à froid, puis pendant quatre heures à l'ébullition. Après filtration, lavage et précipitation par le chlorure de baryum, on a obtenu (en rapportant le dosage à un kilogramme de terre sèche) : soufre = $0^{gr}.182$. Ce chiffre répond vraisemblablement au soufre seul des sulfates préexistants. Un second échantillon de cette même terre, soumis à une ébullition de quinze heures avec l'acide nitrique a fourni (pour un kilogramme de terre) : soufre = $0^{gr}.212$. Ce chiffre, plus élevé que le précédent, répond à la fois au soufre des sulfates préexistants, à celui qui provient des sulfoconjugués, et à une partie du soufre organique que l'acide nitrique a oxydé. Mais cette oxydation a été, du moins dans le cas actuel, peu énergique, car un autre échantillon de cette même terre, traité par l'oxygène et le carbonate de sodium au rouge, a fourni (pour un kilogramme de terre) : soufre = $1^{gr}.411$. On voit quelle dose notable de soufre organique était contenue dans la terre examinée (Berthelot et André).

Toutes les terres se conduisent, à la grandeur près des chiffres obtenus, de la même manière que celle dont nou venons de citer l'analyse.

Il est donc possible, par l'application des méthodes précédentes, de définir d'une façon suffisamment exacte les diverses formes qu'affecte le soufre dans la terre arable.

Nous répéterons pour le soufre organique ce que nous avons dit à propos du phosphore : les processus d'oxydation microbienne agissent lentement pour transformer ce soufre organique en acide sulfurique.

C. Potasse. — Cette base, indispensable à l'organisme végétal, existe dans le sol sous des états multiples que nous avons antérieurement indiqués; elle est principalement unie à la silice dans des silicates complexes. Il n'est pas de réactif acide qui puisse en dissoudre la totalité, à quelque concentration et à quelque température qu'on l'emploie. Seul, l'acide fluorhydrique, capable d'éliminer la silice sous forme volatile de fluorure de silicium, permet d'estimer de façon rigoureuse la totalité de cet alcali.

Voyons quels sont les renseignements que peut néanmoins fournir l'action des acides forts, dilués ou non, froids ou chauds, sur un échantillon de terre dont on aura, au préalable, dosé la potasse totale par l'acide fluorhydrique comme terme de comparaison. Nous citons les essais suivants, à titre de renseignements, pour bien montrer l'incertitude manifeste à laquelle ils conduisent dans l'appréciation de la quantité de potasse utilisable par les végétaux.

Nous avons étudié plus haut l'action des solvants naturels, eau et gaz carbonique, sur la terre et montré la dose d'alcali que ces réactifs pouvaient extraire d'un sol donné (page 235 : *Remarques sur les états de la potasse dans le sol*). C'est sur cette même terre argilo-siliceuse qu'ont porté les expériences qui suivent. Nous rappelons qu'elle contient 8^{gr}.192 de potasse totale par kilogramme de terre sèche passée au tamis de 1 millimètre.

α. **Action de l'acide acétique**. — 50 grammes de terre, mélangés de 200 grammes d'eau additionnée de 4 grammes d'acide acétique, ont abandonné, au bout d'une heure et demie de contact à froid, 0^{gr}.200 K_2O par kilogramme de terre sèche ; le résidu, repris par la même quantité de liquide acide, a abandonné 0^{gr}.090 K_2O

après un contact de vingt-quatre heures à froid ; soit, en tout, 0gr.290 K^2O. Ce dernier chiffre est une fois et demi plus fort que celui qui représentait la solubilité de la potasse dans l'eau chargée de gaz carbonique dans les conditions de l'expérience citée plus haut (0gr.198). Ce pouvoir dissolvant de l'acide acétique peut être regardé comme analogue à un effet naturel, puisque, ainsi que nous l'avons déjà signalé, cet acide existe dans certains sols humifères ; mais la dose d'acide employée dans l'essai que nous venons de citer est certainement plus forte que celle que l'on doit rencontrer même dans les sols humiques les mieux pourvus de cet acide.

β. **Action de l'acide chlorhydrique étendu et froid**. — Même poids de terre que plus haut et même poids d'eau, contenant 4 grammes d'acide HCl. Après un contact d'une heure et demie à froid, la potasse dissoute s'élevait à 0gr.242 K^2O par kilogramme de terre sèche. Le résidu, repris par une quantité égale d'acide chlorhydrique a donné, après contact de vingt-quatre heures à froid, 0gr.114 K^2O ; repris de nouveau par un acide de même titre pendant trois jours à froid, le résidu a fourni 0gr.048 K^2O ; soit, au total, 0gr.404 K^2O, chiffre un peu supérieur à celui que l'acide acétique a fourni.

γ. **Action de l'acide nitrique étendu et froid**. — Même concentration que pour l'acide chlorhydrique ; au bout d'une heure et demie de contact : K^2O = 0gr.202 ; au bout de vingt-quatre heures, le résidu a fourni de nouveau 0gr.064 K^2O ; soit, en tout, 0gr.266 K^2O. Ainsi les acides acétique, chlorhydrique, nitrique donnent des résultats à peu près comparables dans les mêmes conditions de température et de dilution.

Il est évident que, dans ces essais, une partie des acides employés a d'abord neutralisé le carbonate de calcium, et que l'effet de l'acide *réel*, c'est-à-dire demeuré libre, sur la terre est imputable à un acide d'une concentration inférieure à celle du titre initial. Toutefois la terre dont il est ici question était peu riche en calcaire.

δ. **Action des acides plus concentrés à froid et à chaud**. — L'acide chlorhydrique à 1/10 (d'acide réel), employé à la température du bain marie bouillant, pendant deux heures, a dissous K^2O = 0gr.789, soit une dose triple de celle obtenue à froid. L'acide nitrique donne des chiffres analogues. Enfin, une ébullition de seize heures avec l'acide nitrique du commerce ($N^2O^3.4H^2O$) a fourni 1gr.026 K^2O par kilogramme de terre sèche ; soit 1/9 seulement de la quantité de potasse totale que contenait la terre. Cette dernière attaque répond aux prescriptions que l'on indique souvent comme devant fournir la potasse dite *utilisable* par les végétaux.

Les quelques chiffres que nous venons de rapporter montrent l'influence qu'exercent la dilution, la durée du contact et la température des acides sur la solubilisation de la potasse. Cette solubilisation ne donne, en réalité, aucun renseignement, ni sur les formes de la potasse dans le sol, ni sur leur degré d'assimilabilité. A froid, entre l'acide chlorhydrique qui agit seulement comme acide et l'acide nitrique qui peut oxyder certains principes organiques capables de retenir la potasse, il n'existe pas de différence essentielle. Lorsque la terre a été préalablement calcinée de façon à détruire toute matière organique, l'action de l'acide chlorhydrique dilué, soit à froid, soit à chaud, fournit le plus souvent une dose de potasse plus grande que celle que l'on obtient dans les mêmes conditions de température et de dilution sur la terre non calcinée. Mais la quantité de potasse ainsi solubilisée est toujours très inférieure à la dose totale de cet alcali déterminée au moyen de l'acide fluorhydrique.

On peut donc conclure de ce qui précède à l'impossibilité de définir, par l'emploi des acides forts, les formes que la potasse affecte dans le sol. L'usage de pareils réactifs, celui de l'acide nitrique en particulier, est encore recommandé par beaucoup d'auteurs, et utilisé, même dans les procédés d'analyse officiels, parce que l'on croit à tort que, parmi les nombreux silicates du sol, les silicates zéolithiques hydratés sont les seuls qui soient attaqués par les acides forts et, comme tels, capables de fournir à la plante la potasse qu'ils renferment. C'est grâce à cet arrêt dans l'attaque des silicates par les acides forts concentrés que l'on peut arriver à des résultats à peu près concordants dans plusieurs analyses faites sur le même échantillon. Cependant rien n'est moins justifié qu'une pareille interprétation ; il existe, en effet, de nombreuses terres qui cèdent beaucoup de potasse aux acides, mais, par contre, n'en cèdent que très peu aux plantes. On ne saurait d'ailleurs partager les silicates en silicates attaquables et silicates inattaquables : cette distinction ne représente guère que des degrés inégaux de la vitesse de dissociation progressive par les agents atmosphériques des divers silicates contenus dans les roches primitives (Berthelot et André).

Le *degré de finesse* des particules terreuses doit, *à priori*, jouer un rôle important dans la nutrition végétale. Supposons que telle substance, utile à la plante, soit répartie en proportions inégales entre les éléments grossiers du sol et les éléments fins ; il est alors permis de penser que, si cette substance prédomine dans les éléments fins, elle présentera par cela même une plus grande surface d'action aux agents naturels de dissolution et fournira avec plus de facilité à la plante l'aliment dont celle-ci a besoin. Réciproquement, si la substance en question prédomine dans les éléments grossiers, les chances de dissolution et, par conséquent, d'assimilation seront moindres.

C'est ce que Dumont (1904) a vérifié relativement à la potasse. Lorsqu'on veut savoir si une terre réclame ou non des engrais potassiques il est bon de doser la potasse totale (par l'acide fluorhydrique) contenue dans chacun des lots de cette terre que l'analyse physique aura isolés (sable grossier, sable fin, argile). On observera alors souvent le fait suivant. Deux terres contenant même quantité de potasse totale seront très inégalement influencées par l'apport d'engrais potassiques ; la première, par exemple, profitera peu ou ne profitera pas du tout de l'addition de pareils engrais, car l'analyse aura montré que, dans cette terre, la potasse est surtout localisée dans les éléments fins (sable fin et argile) ; la seconde, au contraire, dont la potasse prédomine dans les éléments grossiers, doit bénéficier de l'emploi desdits engrais. Cette remarque peut être étendue à toutes les substances nutritives. En voici un exemple tiré de la répartition de l'acide phosphorique dans une terre de l'Yonne (Rousseaux et Brioux (1909).

	Composition physique de la terre pour 1000 parties	Acide phosphorique	
		dans chacun de ces éléments pour 1 000 de terre initiale	pour 1000 parties de chacun des éléments physiques.
Sable grossier siliceux..	827	0gr,112	0,135
— fin siliceux.........	150	0gr,172	1,146
— fin calcaire	3.3	0gr,180	54,54
Argile	15.2	0gr,088	5,78
Humus	4.5	0gr,150	33,33
	1.000.0		

D. Chaux. — Dans le cas le plus général, cette base se trouve sous plusieurs états dans le sol. Le carbonate et l'humate de calcium sont facilement décomposés par les acides forts dilués : on peut, à l'aide de ces agents, dissoudre la totalité de la chaux et connaître ainsi de façon exacte la somme des deux états de cette base les plus utiles aux végétaux. Mais, et c'est là un point de la plus haute importance, on ne définit pas de cette manière le degré de *finesse* du calcaire. Or le calcaire fin est seul utile, et son activité est d'autant plus grande, à l'égard des réactions chimiques auxquelles il participe dans le sol, que son état de division est plus parfait. Nous reviendrons plus tard sur la façon dont on doit déterminer ce degré de division (page 365). Les acides dilués dissolvent également la chaux du phosphate tricalcique. En sorte que, pour déterminer la chaux qui appartient en propre au calcaire seul, il faut doser le volume de gaz carbonique que dégage, au contact d'un acide, un poids connu de terre. Quant à la chaux qui se trouve engagée dans les silicates complexes, elle résiste aux acides dilués. On peut la solubiliser quelque peu par l'emploi des acides concentrés, surtout à chaud. Mais la majeure partie de cette base demeure inaltérée. Pour l'estimer en totalité, il faut avoir recours à l'attaque des silicates au moyen de l'acide fluorhydrique.

Résumé. — La presque totalité des éléments minéraux d'un sol donné est extrêmement peu soluble dans les solvants naturels : eau et gaz carbonique. Si ces dissolutions ne se renouvelaient pas au fur et à mesure de leur absorption par les plantes, celles-ci devraient emprunter directement leur nourriture aux fragments rocheux autour desquels circulent leurs racines. Les réactions multiples de double décomposition dont le sol est le théâtre tendent à faire admettre que les dissolutions du sol se renouvellent avec une rapidité suffisante, au moins dans certains cas, pour fournir aux plantes les éléments minéraux qu'elles réclament.

L'emploi de solvants, autres que les solvants naturels, fournit, la plupart du temps, des renseignements très imparfaits sur la quantité de matière actuellement assimilable par le végétal : les résultats ainsi obtenus doivent toujours être interprétés avec prudence et contrôlés par une étude comparative directe faite sur le sol de la quantité de substance végétale produite.

Nous discuterons de nouveau, avec quelques détails, la portée des notions que nous venons d'acquérir lorsque nous parlerons de l'analyse chimique des sols à l'étude de laquelle le présent chapitre peut être regardé comme une introduction.

CHAPITRE VIII

CONSTITUTION CHIMIQUE
DE LA MATIÈRE ORGANIQUE DES SOLS.

Généralités sur la matière organique des sols. — Rapports entre le carbone et l'azote dans les différentes terres ; richesse en carbone et en azote de la terre arable. — Différentes variétés d'humus — Tourbe. — Propriétés chimiques générales de l'humus. — L'humus retient des matières minérales et de l'azote. — Rôle de l'humus vis-à-vis des végétaux. — Combinaisons de l'humus avec les éléments minéraux et avec l'ammoniaque. — Constitution chimique du noyau azoté de l'humus ; action des acides ; action des alcalis. — Actions chimiques naturelles qui simplifient l'azote complexe de l'humus. — Absorption et émission de l'ammoniaque par la terre arable. — Odeur propre de la terre. — Atmosphères confinées des sols. — Nature, dosage, variations des gaz renfermés dans les sols.

Généralités sur la matière organique des sols. — La matière minérale du sol arable est toujours intimement mélangée à une quantité variable de résidus organiques d'origine végétale et animale. Nous avons vu (page 97) comment on pouvait facilement démontrer la présence d'une substance combustible dans la terre. Cette substance contient, non seulement du carbone, de l'oxygène et de l'hydrogène, mais aussi de l'azote. Elle présente tous les degrés de décomposition intermédiaires entre les tissus de la plante vivante (feuilles, tiges) dont les débris jonchent le sol après sa mort ou restent dans la profondeur (racines), et les particules noires ou brunes, souvent extrêmement fines, qui enduisent les éléments rocheux les plus menus.

Entre les sols très fortement chargés de débris végétaux sous des états de décomposition plus ou moins avancée, tels que les tourbières, et les sols purement sableux, très pauvres en éléments organiques, il y a une infinité de stades de transition. Les transformations que subit un végétal mort avant d'atteindre cet état particulier où sa substance se mélangera intimement à la substance minérale du sol, sont la résultante d'actions complexes, d'ordre chimique et d'ordre microbiologique. Nous laisserons provisoirement de côté les phénomènes vivants qui interviennent dans ces transformations, et nous envisagerons, dans ce chapitre, la question au seul point de vue chimique.

Tout d'abord nous devons nous demander *quelle est la constitution* de cette matière et quel rôle chimique elle joue vis-à-vis des éléments minéraux. Nous ne reviendrons pas sur son rôle physique que nous avons antérieurement défini et étudié (page 107), et nous ne retiendrons de la chimie de l'humus, dans ce qui va suivre, que les seuls faits qui peuvent servir à la connaissance de la nutrition directe ou indirecte des végétaux supérieurs.

Il est évident *à priori* que la matière organique des sols ne peut pas être une substance homogène. Elle se présente à nous, en effet, sous des degrés de décomposition plus ou moins avancée, étant donnée l'intensité, variable selon les circonstances, de l'action des agents atmosphériques d'une part, des agents microbiens d'autre part, sur la substance végétale d'où elle émane. Cette matière organique a reçu des noms divers : on l'appelle le plus souvent *matière humique, matière noire, humus, acide humique.* Elle ne saurait être regardée comme une substance définie chimiquement : c'est un mélange de corps hydrocarbonés et de corps azotés, très difficiles à séparer les uns des autres. On ne trouve plus dans l'humus une proportion sensible de cellulose ou d'hydrates de carbone pouvant se transformer en glucose par les procédés ordinairement usités. De plus, les tentatives faites en vue d'isoler la matière organique seule, en partant d'un échantillon donné de terre, démontrent que cet humus entraîne toujours avec lui une certaine quantité d'éléments minéraux sans qu'on puisse savoir s'il s'agit d'*un entraînement mécanique* ou d'*une combinaison.* Il est d'ailleurs probable que les deux phénomènes ont lieu simultanément.

Dans le but de simplifier son étude et de rechercher quelque analogie entre cette substance et certains corps à fonction chimique définie, on a l'habitude d'insister sur les caractères acides de l'humus et de le regarder comme un acide capable de s'unir aux bases, chaux, potasse, magnésie, pour former des sels : d'où l'expression fréquemment employée *d'acide humique*. Mais, bien que l'humus possède des réactions acides incontestables, puisque, là où il est abondant, il décompose les carbonates mis à son contact et en dégage du gaz carbonique, il ne représente pas une espèce chimique définie. Les sels de l'acide humique ne cristallisent jamais, et la combinaison de cet acide avec une base, si elle dégage de la chaleur, appartient surtout à la catégorie *des combinaisons dites d'absorption* dont les deux caractères principaux sont : 1° de ne pas avoir lieu en proportions définies ; 2° de se passer entre une base cristalloïde à poids moléculaire relativement faible (chaux, potasse, etc.) et un corps ou un mélange de corps essentiellement colloïdaux à poids moléculaires très élevés.

Le caractère colloïdal de l'humus se traduit par la façon dont cette substance se comporte au contact de l'eau ; elle gonfle et peut occuper un volume considérable. Si l'on dessèche la masse humide, elle se ratatine et se transforme en une substance brune, cornée, amorphe, que l'on peut facilement réduire en poussière. Elle présente donc, à certains égards, quelques points communs avec l'argile. Dissous dans un alcali, tel que la potasse, l'humus se sépare de nouveau si on additionne le liquide d'un acide quelconque ; des flocons bruns, amorphes, prennent naissance, lesquels, à la couleur près, ressemblent à la silice gélatineuse que l'on précipiterait d'une solution de silicate de sodium dans laquelle on verserait un acide minéral. Le colloïde humique, en pseudo-solution dans l'eau, ne conduit pas l'électricité.

On étudie parfois, pour plus de simplicité, les propriétés du colloïde humique, non pas sur la substance complexe que l'on extrait du sol par l'action d'un alcali suivie d'une reprécipitation par un acide, mais sur un produit synthétique que l'on prépare aisément en traitant à chaud un hydrate de carbone (sucre ou glucose) par un acide concentré : sulfurique ou chlorhydrique. On obtient ainsi une masse noire, volumineuse, très légère après dessication à 110°, et qui se rapproche, par beaucoup de ses propriétés, de l'humus du sol. Comme elle est naturellement exempte de cendres et d'azote, les réactions qu'elle présente vis-à-vis des bases et des sels minéraux sont plus faciles à examiner que lorsqu'on s'adresse à l'humus véritable. Nous aurons l'occasion de prendre quelquefois cet humus artificiel comme sujet de recherches : mais cette matière n'est pas davantage susceptible de définition chimique, bien que sa composition centésimale, quand elle a été séchée à température constante de 110°, s'écarte peu d'un échantillon à l'autre (voir plus loin). De même que l'humus naturel, l'humus artificiel se conduit comme un colloïde.

Rôles multiples de la matière organique dans le sol.

— L'humus — c'est le nom sous lequel nous désignerons le plus souvent désormais la matière organique des sols —

joue un rôle considérable dans le milieu naturel où il se dépose et auquel il se mélange de façon intime. Étant donnée son origine, c'est une matière azotée. Plus il existe d'humus dans le sol et plus il y a d'azote ; l'humus est la source primordiale de l'azote des sols. Nous montrerons bientôt que cet azote affecte dans la molécule humique une forme très complexe, inassimilable par la plupart des végétaux dans son état actuel. Il ne peut être utilisé par la plante que lorsqu'il a subi une série de transformations chimiques et microbiologiques destinées à simplifier la structure de sa molécule initiale.

Si l'humus est une source d'azote, c'est également une source de carbone. Ce carbone de l'humus doit être regardé comme un aliment pour nombre d'organismes dénués de chlorophylle qui peuplent le sol ; peut-être même joue-t-il un rôle alimentaire vis-à-vis de certaines plantes supérieures. De plus — et c'est là un fait très important — lorsque l'azote humique prend successivement les formes ammoniacale et nitrique, le carbone s'oxyde, passe à l'état de gaz carbonique, et l'atmosphère interne des sols s'enrichit d'un dissolvant puissant des roches de toute nature qui forment la terre arable.

En sa qualité de matière colloïdale, l'humus retient de fortes proportions d'eau. Il contracte facilement des combinaisons d'*absorption* avec presque tous les éléments minéraux utiles aux plantes, et, tant que ces combinaisons subsistent, l'aliment minéral est retenu dans les couches supérieures du sol, là où se sont précisément déposés les débris végétaux générateurs de l'humus : aussi cet aliment minéral se trouve-t-il à la disposition des racines. Lorsque, par le fait de l'oxydation, le noyau carboné vient à disparaître, la substance minérale est mise en liberté et la plante peut l'absorber.

Les sels de potassium et d'ammonium, que l'on fournit au sol sous forme d'engrais, s'enfonceraient rapidement dans la profondeur sous l'influence des pluies si plusieurs facteurs n'intervenaient pas pour s'opposer à ce départ et ne fixaient pas temporairement les sels ainsi distribués : nous étudierons, à propos du *pouvoir absorbant*, le rôle que jouent à cet égard dans le sol certains silicates et certains colloïdes tels que l'humus.

Du rôle de certains animaux dans la production de l'humus. — Si les phénomènes purement chimiques et, surtout, si les manifestations microbiennes interviennent au premier plan dans la production de l'humus, il est indispensable de signaler également l'*influence qu'exerce la présence de quelques animaux* sur la décomposition des matières organiques du sol. Certains insectes, crustacés, mollusques, rhizopodes, lombrics, après avoir divisé mécaniquement la matière organique, en font ensuite leur nourriture. Dans leurs excréments la substance initiale a déjà subi des transformations profondes imputables à l'action des sucs digestifs ; ces transformations sont telles que la matière organique ainsi modifiée est beaucoup plus aisément oxydable ultérieurement. L'azote et les substances minérales d'un sol sont plus facilement solubles dans l'eau lorsque ce sol contient des lombrics que lorsque ceux-ci font défaut (Wollny). Dans les climats chauds, les transformations de cette nature sont infiniment plus énergiques que dans les climats tempérés. C'est à Darwin que l'on doit d'avoir signalé, pour la première fois, le rôle que jouent les lombrics en ce qui concerne la production de l'humus. D'après Kostytcheff, les matières excrémentitielles de ces animaux sont envahies peu à peu par certains champignons ou certaines bactéries qui, complétant le travail digestif antérieur, font peu à peu disparaître toute trace de structure des plantes qui ont servi primitivement à la nourriture de ces êtres. De plus, et indépendamment de leur travail chimique de digestion des matières organiques, les vers de terre, par leur action mécanique, modifient avantageusement les propriétés physiques du sol dans le sens d'une plus grande perméabilité à l'eau et aux gaz.

Ordre à suivre dans l'étude de l'humus. — L'ordre qu'il convient de suivre dans l'étude des propriétés et du rôle chimiques de l'humus découle de ce que nous venons de dire dans les lignes qui précèdent. Nous décrirons : 1° les rapports pondéraux qui existent entre le carbone et l'azote dans les diverses terres ; 2° les différentes variétés d'humus ; 3° les propriétés chimiques générales de l'humus ; 4° la constitution chimique du noyau azoté de l'humus ; 5° la composition des atmosphères confinées dans le sol et les variations du gaz carbonique et de l'oxygène. Les quatre premiers paragraphes se rapportent au rôle que l'on pourrait appeler *alimentaire* de l'humus ; le dernier a trait au rôle indirect que joue l'humus vis-à-vis de la végétation.

I

RAPPORTS PONDÉRAUX ENTRE LE CARBONE ET L'AZOTE DANS LA PLANTE, DANS L'HUMUS, DANS LA TERRE.

Exposé de quelques résultats. — Cherchons quel est le rapport qui existe entre le carbone et l'azote dans la plante d'abord, dans l'humus ensuite, ou mieux dans la terre arable elle-même. La comparaison de ce rapport, dans les deux cas, nous fournira des données importantes. Relativement aux plantes, ce rapport peut être connu très exactement par un dosage du carbone total et de l'azote organique (azote des albuminoïdes et substances congénères).

En ce qui concerne l'humus, le rapport du carbone à l'azote est également facile à déterminer ; il suffit de faire un dosage total de ces substances sur un poids connu de terre. Il n'existe, en effet, dans le sol, en fait de carbone, que du carbone *organique*. On aura soin, dans le dosage du carbone total, de retrancher celui qui provient des carbonates minéraux : c'est là une opération élémentaire. Le dosage de l'azote total de la terre par la méthode de la chaux sodée fournit à peu près exactement l'azote organique, car l'azote que renferme la terre sous forme *minérale* (nitrates, ammoniaque) est, presque toujours, une fraction si faible de l'azote total que cette fraction peut être négligée sans inconvénient (Voir chapitre X, page 349).

Donnons maintenant quelques chiffres relatifs au rapport du carbone à l'azote chez les plantes vivantes. Ce rapport diffère beaucoup suivant l'organe considéré et suivant son âge; car, si la teneur en carbone, rapportée à 100 parties de matière sèche (cendres déduites), fournit des chiffres qui varient peu (47 à 50), la teneur en azote éprouve au contraire de fortes oscillations. Celles-ci sont imputables *à la mi-*

gration de l'azote, lequel, au fur et à mesure des progrès de la végétation, abandonne en grande partie les racines, les tiges et les feuilles,
et va se concentrer dans les graines. C'est ce que montre le tableau
suivant, tiré d'analyses faites sur le blé en 1893 par Berthelot et
André.

BLÉ SEMÉ LE 15 MARS 1893.

Dans 100 parties de matière sèche (cendres déduites).

		Carbone	Azote	Rapport $\dfrac{\text{Carbone}}{\text{Azote}}$
Jeune plante (14 avril)............		48.89	3.48	14
Plante adulte (15 mai).	Racines.........	47.14	1.23	38.3
	Tiges et feuilles.	47.86	2.28	21.0
Début de la formation des épis (12 juin).	Racines.........	47.44	1.03	46
	Tiges............	47.67	0.81	58.8
	Feuilles........	48.91	2.41	20.3
	Épis............	48.20	1.99	24.2
Au voisinage de la récolte (6 juillet).	Racines.........	48.08	0.67	71.6
	Tiges............	48.08	0.77	62.4
	Feuilles........	50.18	1.41	35.6
	Épis............	47.54	2.17	21.9

Le rapport $\dfrac{\text{C}}{\text{N}}$ est d'autant plus élevé que la teneur en azote est plus
faible.

Ce rapport est, par contre, beaucoup plus petit, dans presque
toutes les terres. Citons, d'après Dehérain, les chiffres suivants :

Dans 1 kilogramme de matière :

	Carbone	Azote	Rapport $\dfrac{\text{Carbone}}{\text{Azote}}$
Terreau des maraichers....	99gr,4	10gr,50	9,4 (Boussingault).
Autre échantillon.........	66gr,4	5gr,28	12,2 —
Terre du Liebfrauenberg..	24gr,30	2gr,59	9,30 —
Herbage d'Argentan......	40gr,90	5gr,13	7,9 —
Terre de Grignon fumée régulièrement..........	15gr,20	2gr,00	7,6 (Dehérain).
Terre sans engrais	7gr,03	1gr,48	4,9 —
Prairie (Grignon).........	12gr,46	1gr,81	6,8 —
Cinq terres du Puy-de-Dôme.	54gr,00	5gr,20	10,3 (Truchot).
	18gr,00	1gr,90	9,4 —
	6gr,00	0gr,46	13,0 —
	27gr,00	1gr,26	21,4 —
	5gr,20	0gr,46	11,3 —

Les variations du rapport $\dfrac{\text{C}}{\text{N}}$ sont ici encore très fortes. Assez élevé dans les terres en bon état de culture ou dans certains sols naturels riches en matière organique, ce rapport diminue notablement lorsque la terre demeure longtemps sans engrais. Cela signifie que la teneur en carbone baisse beaucoup plus vite que la teneur en azote, parce que, dans le sol, surtout si celui-ci est quelque peu calcaire, la combustion du carbone, et par conséquent sa disparition, sont rapides, alors que l'azote ne disparaît du sol et n'est entraîné dans les eaux de drainage qu'autant qu'il est nitrifié. Or la nitrification, comme nous le verrons plus tard, ne porte jamais, dans l'espace d'une année et dans les conditions naturelles même les plus favorables, que sur une faible fraction de l'azote organique.

Érémacausis. — On donne le nom d'*érémacausis* (ἤρεμα, lentement, καῦσις, combustion) à cette *disparition* lente de la matière organique dans laquelle le carbone se volatilise sous forme de gaz carbonique et dans laquelle l'azote, ainsi que les matières minérales retenues par l'humus, prennent une forme diffusible et assimilable. L'érémacausis est la résultante de phénomènes d'ordre chimique et, surtout, d'ordre microbien : c'est par un processus essentiellement aérobie que disparaît alors le carbone et que l'azote passe à l'état d'ammoniaque, puis de nitrites et de nitrates, sans qu'il se produise une perte de cet azote à l'état libre, au moins dans la majorité des cas. Au contraire, lorsque la quantité d'oxygène qui arrive au contact de la matière organique est insuffisante, ou même nulle, on voit apparaître un dégagement gazeux beaucoup plus faible ; les gaz qui se dégagent sont l'acide carbonique, le formène, l'hydrogène, l'hydrogène sulfuré, l'hydrogène phosphoré, l'oxyde azoteux, l'azote libre : il s'agit ici de phénomènes d'anaérobiose. Wollny, auquel on doit une étude approfondie des matières humiques, insiste sur ce fait qu'il ne faut pas confondre *érémacausis* et *décomposition putride*, puisque, dans le premier cas, il y a volatilisation du carbone et anéantissement de la matière organique, alors que, dans le second, le dégagement gazeux est beaucoup moindre et que la majeure partie du carbone demeure engagée, soit dans des combinaisons ternaires (acides gras), soit dans des combinaisons quaternaires (acides aminés). Il reste alors un résidu solide, brun-noir, difficilement attaquable. En principe, une matière organique est d'autant moins décomposable que son degré d'altération est plus avancé. C'est à ce fait que l'on doit attribuer la persistance de la matière organique dans certains sols incultes qui ne reçoivent jamais d'engrais, et qui, malgré les causes de destruction multiples auxquelles sont soumis leurs éléments carbonés, renferment toujours un noyau carboné, parfois peu abondant, mais très fixe.

Richesse en carbone et en azote de la terre arable. — En réalité, les réserves de carbone et d'azote contenues dans la terre sont souvent considérables. Considérons la surface d'un hectare, et supposons que la couche active du sol, c'est-à-dire celle qui est visitée par les racines et leur fournit les aliments nécessaires, soit homogène et possède une profondeur moyenne de 40 centimètres. Le poids de cette masse de terre sera de 4 000 tonnes environ et elle contiendra (à 10 pour mille de carbone et à 1 pour mille d'azote, par exemple) 40 000 kilogrammes de carbone et 4 000 kilogrammes d'azote.

Quelques remarques sont ici nécessaires. En ce qui concerne l'azote particulièrement, il semble qu'un approvisionnement, tel que celui que nous venons d'indiquer, puisse très largement suffire à des récoltes, même exigeantes, et, cela, pendant un très grand nombre d'années. Or, il arrive fréquemment que ce stock d'azote est insuffisant, *au moins au point de vue de sa qualité.* C'est que, en effet, la plupart des plantes de la grande culture se développent rapidement ; elles réclament, dans l'espace de deux ou trois mois, des doses élevées d'azote sous une forme facilement assimilable, celle d'azote nitrique presque toujours. Or la nitrification de l'azote organique est un phénomène qui progresse lentement, en supposant même que soient réalisées les meilleures conditions de son bon fonctionnement. En sorte que cette transformation de l'azote organique du sol ne peut, dans nombre de cas, assurer aux plantes une quantité suffisante d'azote, à forme simple, dont elles ont un impérieux besoin dans un laps de temps relativement très court. Il en résulte que le cultivateur est dans la nécessité de répandre sur le sol, soit au printemps, soit à l'automne précédent suivant leur nature, des engrais dont l'azote, facilement assimilable, est destiné à subvenir aux exigences de certains végétaux.

Quant au carbone, sa disparition est souvent rapide, principalement dans les terres calcaires. A cette disparition correspond une diminution dans le pouvoir que possède le sol de retenir certaines matières fertilisantes : c'est donc en pure perte que l'on répandrait celles-ci sur le sol sous forme d'engrais chimiques si l'on ne restitrait de temps en temps à la terre le carbone qu'elle a perdu par combustion. Cet apport de carbone a lieu sous forme de fumier de ferme ou d'engrais verts, suivant la situation économique du lieu où la culture est pratiquée.

D'ailleurs ce rôle *indirect* du carbone dans la fertilité des terres n'est pas le seul qui mérite de fixer l'attention : il est possible, comme nous l'avons signalé déjà (page 245), que, dans cet assemblage si complexe qui constitue l'humus, il existe une forme de carbone organique *directement assimilable* par la plante : c'est ce que nous établirons plus bas.

II

DIFFÉRENTES VARIÉTÉS D'HUMUS

Les différences très grandes que nous avons constatées dans le rapport entre le carbone et l'azote chez les sols les plus divers nous amènent à conclure qu'il doit exister nécessairement un nombre considérable de variétés d'humus. Donnons sommairement quelques indications à ce sujet.

Il est évident que le taux d'humus que renferme ou que peut renfermer un sol dépend, avant tout, de la présence du facteur qui est l'origine même de l'humus, c'est-à-dire de la plus ou moins grande facilité avec laquelle les plantes se développent sur le sol considéré. A une terre qui reçoit peu d'eau correspond une végétation languissante, surtout si la moyenne annuelle de la température est élevée. Cette terre sera, par conséquent, pauvre en humus. Au contraire, dans les régions arrosées par une quantité suffisante d'eau de pluie ou d'irrigation la masse de la matière végétale produite sera beaucoup plus considérable, et l'humus qui en dérive pourra atteindre un poids très notable. En un mot, le taux de l'humus est en raison directe de la fertilité du sol. Nous ne parlons ici que des *terres arables*, c'est-à-dire des terres pourvues d'une dose suffisante de calcaire ; nous laisserons de côté, pour le moment, les terres tourbeuses.

L'érémacausis, la volatilisation lente du carbone de la matière organique à l'état de gaz carbonique, ou, ce qui revient au même, la disparition de l'humus, dépendent avant tout de trois facteurs principaux : l'air, l'humidité et la température.

Si l'un de ces facteurs vient à manquer, ou bien l'érémacausis n'a plus lieu, ou bien ce phénomène est plus ou moins retardé. Si l'air fait défaut, le dégagement gazeux est faible et le gaz carbonique est accompagné de méthane ou d'hydrogène ; la matière organique persiste, mais elle modifie peu à peu sa composition. On se trouve en présence de phénomènes de réduction ou de putréfaction. Si l'air pénètre bien la matière organique, et si la température est suffisamment élevée, mais si le climat est sec, l'humus se détruit rapidement. Si l'air est en quantité suffisante et si le taux de l'humidité est assez élevé, mais si la température extérieure est basse, la combustion de l'humus est lente. L'oxydation n'est donc portée à son maximum que lorsque les trois facteurs précédents sont réunis. Boussingault a montré, il y a longtemps, que, dans certaines régions tropicales, il ne se forme pas de couche d'humus ou que, du moins, celui-ci disparaît très rapidement, étant donnée l'élévation de la température dont l'action favorable s'ajoute à celle des deux autres facteurs indispensables, air et humidité.

Remarquons que les propriétés physiques du sol jouent un rôle important dans l'oxydation de l'humus, puisque l'air pénétrera d'autant mieux la terre que celle-ci sera plus perméable. Il résulte de ce qui précède que l'on peut accélérer l'érémacausis en exagérant l'intensité de l'un des trois facteurs de sa production. Le travail du sol, par exemple, détermine l'émiettement de la terre ; il favorise, par conséquent, les phénomènes d'oxydation et augmente les chances de contact de l'eau de pluie avec les particules terreuses. Les sols sans culture, mais qui restent couverts de végétation pendant un grand nombre d'années (forêts, prairies), s'enrichissent en humus, car les débris végétaux qui tombent à leur surface (feuilles), ou ceux qui demeurent dans leur intérieur (racines), séjournent sur place sans qu'aucun travail mécanique intervienne pour modifier les conditions d'aération propices à leur oxydation.

La *répartition* de la matière humique dans le sol n'est jamais uniforme. En règle générale, la quantité de cette matière diminue lorsque croît la profondeur. Nous reparlerons de cette distribution. *L'altérabilité* de la matière végétale varie également avec l'état physique de cette matière et avec la nature des organes de la plante qui l'ont produite. Une plante sèche est moins altérable qu'une plante fraîche ; d'après Wollny, la paille des légumineuses s'altère plus vite que celle des céréales. Les feuilles sèches, surtout celles qui sont résineuses, se décomposent très lentement. Mais c'est la *tourbe*, dont nous allons dire quelques mots, qui, de toutes les substances organiques issues des végétaux, présente la plus grande fixité.

Tourbe. — On désigne sous ce nom un produit spongieux, brun ou noir, qui provient de la décomposition lente sous une couche d'eau de certains végétaux aquatiques, principalement du genre *Sphagnum*. Elle prend naissance à l'air, dans les eaux limpides qui ne contiennent ni sulfate, ni carbonate de calcium, ni argile en suspension : toutes substances qui entravent le développement des *Sphagnum*. Lorsque ces végétaux, dont la base est immergée, meurent sur place, ils se décomposent dans des conditions d'aération très incomplète, et la majeure partie de leur carbone reste engagée sous la forme de cette masse spongieuse et noirâtre qui constitue la tourbe. Beaucoup d'autres végétaux autres que les *Sphagnum*, même des végétaux phanérogames, peuvent participer à la formation de la tourbe. La fixité de la tourbe tient à ce que les organismes inférieurs qui ont d'abord modifié la matière végétale initiale jusqu'à un premier stade d'humification ont accumulé dans la masse des quantités notables de substances acides (humus acide) qui entravent le développement des bactéries. Or celles-ci sont les agents les plus actifs de la destruction complète du noyau carboné de l'humus.

La *composition* de la tourbe varie avec le degré de dégradation auquel elle est parvenue. D'après Detmer, une tourbe prise à la surface et, par conséquent, de formation récente, renferme, en moyenne, dans 100 parties de matière sèche : carbone = 57.73, hydrogène = 5.41, oxygène = 36.06, azote = 0.80, cendres en plus = 2.72. Sa couleur est brune. A un niveau inférieur, la tourbe affecte une teinte noirâtre ; sa teneur en carbone et en azote augmente, tandis que sa teneur en oxygène diminue. Une tourbe de cette nature renferme, en moyenne : C = 62.02, H = 5.21, O = 30.67 ; N = 2.10 ; cendres en plus = 7.42. A une profondeur encore plus grande, la tourbe prend un aspect complètement noir, et sa composition moyenne est la suivante : C = 64.07, H = 5.04, O = 26.87, N = 4.05, cendres en plus = 9.16. La teneur en carbone augmente donc avec l'âge de la tourbe.

En réalité, il résulte de très nombreuses analyses que la composition de la tourbe varie suivant les localités et l'âge du dépôt ; sa teneur en carbone oscille entre 52 et 64 p. 100 ; sa teneur en azote, entre 0.8 et 5 p. 100. Lorsqu'on fait déduction des cendres et que l'on prend *le rapport atomique* entre l'hydrogène et l'oxygène, on trouve que ce rapport indique un excès d'hydrogène sur la quantité susceptible de fournir de l'eau avec l'oxygène. Le poids de cendres laissé par 100 parties de tourbe est extrêmement variable.

La composition de la tourbe diffère donc notablement de celle des tissus végétaux proprement dits. En effet, la composition centésimale moyenne de la partie organique d'une plante, cendres et azote déduits, répond à peu près aux nombres suivants : C = 50, H = 6, O = 44.

La composition *de la matière minérale* de la tourbe est très variable. En général, la tourbe renferme peu d'acide phosphorique : 0.04 à 0.15 p. 100 : sa teneur en potasse est d'autant plus élevée que le sol où se trouve la tourbière est plus imperméable, puisque, si les eaux filtraient, elles entraîneraient cette base.

III

PROPRIÉTÉS CHIMIQUES GÉNÉRALES
DE L'HUMUS.

Ces propriétés ont été étudiées par nombre d'auteurs, et elles ont été résumées de façon magistrale par Wollny, aux travaux duquel il est toujours bon d'avoir recours en pareil cas. L'humus peut être défini, au point de vue de ses propriétés chimiques, comme une matière hydrocarbonée qui retient avec une grande énergie de l'azote et des substances minérales. Il est évident que la présence de ces substances dans le noyau carboné de l'humus est une conséquence même de l'origine de celui-ci : les tissus végétaux renfermant pendant la vie de nombreux composés azotés et salins, on doit s'attendre à retrouver une partie, au moins, de ces composés dans les produits de l'altération de la matière végétale.

Noyau organique. — En fait, on doit considérer l'humus comme une sorte de matière albuminoïde. C'est en partant de cette conception que l'on est parvenu tout récemment à isoler de la matière noire du sol certaines substances à poids moléculaire peu élevé (acides aminés, entre autres), en utilisant des procédés de dédoublement analogues à ceux que l'on a mis en œuvre vis-à-vis des matières albuminoïdes proprement dites.

Mulder (1840) distinguait quatre matières humiques artificielles principales : *l'ulmine et l'acide ulmique*, que l'on peut préparer en faisant agir sur le sucre de canne des acides forts, mais dilués, à une température inférieure à celle de l'ébullition. Les flocons bruns qui se forment dans cette réaction seraient un mélange *d'ulmine*, insoluble dans les alcalis, et *d'acide ulmique* qui s'y dissoudrait. Si on traite le sucre par des acides concentrés, au contact de l'air, et que l'on prolonge l'ébullition, il se forme alors de *l'humine* et de *l'acide humique*, corps noirs ; le premier insoluble, le second soluble dans les alcalis. L'humine et l'acide humique sont plus riches en carbone et moins riches en hydrogène que l'ulmine et l'acide ulmique. Ces deux derniers corps se rencontreraient de préférence dans *l'humus brun*, les deux autres dans *l'humus noir*, lequel est un produit de décomposition plus avancée que l'humus brun. D'après Mulder, l'acide humique artificiel ou naturel est capable de s'unir à l'ammoniaque. D'ailleurs l'acide humique naturel contient toujours de l'azote sous une forme très stable, car les réactifs les plus énergiques n'enlèvent jamais qu'une partie de cet azote : il semble donc que l'un des constituants carbonés de l'humus soit un corps azoté.

Entre la composition de ces produits, soit artificiels, soit naturels, il existe quelques différences. En principe — et la plupart des expérimentateurs sont d'accord sur ce point — les acides humiques changent de composition lorsqu'on les traite d'une manière prolongée par les acides minéraux bouillants. Leur teneur en carbone augmente, leur teneur en hydrogène diminue.

L'acide humique du sucre renfermerait environ 64 p. 100 de carbone et 4,5 d'hydrogène, alors que l'acide humique de la terre contiendrait de 56 à 59 p. 100 de carbone, de 4,5 à 5,1 d'hydrogène et de 2 à 4 p. 100 d'azote.

Pour se rendre compte de la différence de composition entre les générateurs des matières humiques (cellulose et albuminoïdes) et ces matières elles-mêmes, il suffit de comparer les analyses centésimales de chacun de ces produits.

	Cellulose $C^6H^{10}O^5)^n$	Albumine (d'après la formule de Lieberkühn $C^{72}H^{112}N^{18}O^{22}S$)	Partie organique des racines de luzerne (cendres déduites)	Acide humique naturel (moyenne) (cendres déduites)
Carbone......	44.44	53.59	47.23	59.00
Hydrogène....	6.18	6.95	6.53	4.50
Oxygène......	49.38	21.84	44.18	33.50
Azote........	»	15.64	2.06	3.00
Soufre.......	»	1.98	»	»
	100.00	100.00	100.00	100.00

Comparé à la cellulose, l'acide humique est plus riche en carbone, plus pauvre en hydrogène et en oxygène. L'azote que contient cet acide provient des albuminoïdes des plantes. Entre la composition de la partie organique d'une plante (racines de luzerne, par exemple) et celle de l'acide humique naturel, on constate également cette différence essentielle d'une richesse plus grande en carbone de l'acide humique. Si la proportion de l'azote contenu dans l'acide humique est, en général, plus forte que la proportion de l'azote renfermé dans la plante, cela tient à ce qu'une partie du carbone de la matière végétale a disparu sous forme de gaz carbonique pendant l'humification et que l'azote, qui ne s'élimine pas à l'état élémentaire, reste combiné à la molécule carbonée.

Pris dans son ensemble, l'humus est peu soluble dans l'eau, mais il gonfle beaucoup au contact de ce liquide. Lorsqu'on traite par un alcali (potasse, ammoniaque) une terre riche en humus, ou la tourbe elle-même, une partie de la substance carbonée se dissout (*acide ulmique*, *acide humique*), une autre demeure insoluble (*ulmine*, *humine*). La solution alcaline, additionnée d'un acide quelconque, laisse précipiter des flocons brun-noirâtre d'acide ulmique ou d'acide humique.

L'humus renferme toujours des matières minérales et de l'azote. — L'acide humique se combine facilement aux bases telles que chaux, magnésie, oxyde de fer; mais ce ne sont là que des combinaisons d'absorption, non en proportions définies. Les humates alcalino-terreux, et notamment ce que l'on appelle l'*humate de chaux*, jouent un rôle fort important dans les sols. Sous cette forme, l'acide humique est particulièrement oxydable, et l'on sait avec quelle rapidité disparaît parfois la matière organique d'une terre lorsqu'on lui incorpore de la chaux vive ou du carbonate de calcium.

Il est un point capital qu'il ne faut pas oublier de mentionner dans l'histoire de l'humus. Lorsqu'on dissout, comme nous l'avons fait plus haut, la matière organique du sol dans un alcali et qu'on reprécipite la solution brune par un acide, les flocons ainsi obtenus *renferment toujours de l'azote* sous une forme complexe que nous essaierons de définir bientôt, ainsi que *des substances minérales*, dont les proportions varient avec la nature de la matière humique initiale, mais dans lesquelles on rencontre le plus souvent, de l'acide phosphorique, de la chaux, de la magnésie, de l'alumine, de la potasse, du soufre, du fer, de la silice. Ce fait est d'une extrême importance : car, on ne saurait trop le répéter, ces substances minérales ainsi *emprisonnées* dans le colloïde organique ne sont mises à la disposition des plantes que lorsque l'humus est détruit par oxydation et que son noyau carboné disparaît à l'état de gaz carbonique. Nous examinerons ultérieurement quelques-unes des propriétés de ces pseudo-combinaisons que contracte l'humus avec les substances minérales.

Quant à l'*azote*, il est fixé d'une manière si énergique au noyau carboné que, si l'on fait bouillir de l'humus avec une solution de soude ou de potasse, il ne s'éliminera qu'une partie de cet azote à l'état d'ammoniaque ; le reste demeure combiné à la molécule carbonée d'où il ne se dégagerait qu'à la suite d'un traitement très prolongé.

Au point de vue de son utilisation par les végétaux, cet azote semble se comporter comme les matières minérales dont il vient d'être question. Engagé dans le noyau carboné, il est vraisemblablement peu actif ou même inerte vis-à-vis de la plupart des plantes ; il ne devient actif que lorsqu'il est libéré. Or, comme il n'est pas probable que, dans les conditions habituelles, l'oxydation du carbone humique s'accompagne du dégagement de l'azote à l'état gazeux, on doit admettre que le noyau azoté de l'humus, après avoir éprouvé une série de transformations dont les agents actifs sont des êtres microscopiques, prend finalement la forme transitoire d'ammoniaque et, définitivement, celle d'acide nitrique, si toutefois certaines conditions de milieu se trouvent réalisées. Nous parlerons, dans le paragraphe suivant, de ces métamorphoses successives du complexe azoté ; nous en examinerons la structure et nous verrons plus tard quels sont les agents vivants qui transforment l'ammoniaque en acide nitrique.

Relativement à la multiplicité des matières qui gravitent autour du noyau carboné de l'humus, Eggertz (1889) a donné les analyses suivantes de 13 précipités obtenus en traitant une solution alcaline d'humus par un acide minéral.

Dans 100 parties :

Carbone	40.8 à 56.1
Hydrogène	4.3 à 6.6
Azote	2.6 à 6.4
Oxygène	25.0 à 38.0
Silice	0.4 à 10.4
Phosphore	0.15 à 7.6
Soufre	0.55 à 2.0
Alumine et oxyde ferrique	0.4 à 3.9

Variations du taux de l'azote et des matières minérales dans les divers humus. — D'après Wollny, l'azote s'accumule d'autant plus dans l'humus sous forme de composés difficilement altérables que l'un des facteurs de l'érémacausis fait défaut ; inversement, si tous ces facteurs agissent au maximum, l'azote disparaît rapidement sous forme ammoniacale, puis sous forme nitrique. Hilgard a montré que l'humus des régions arides est infiniment plus riche en azote que celui des régions humides. On voit donc ici l'influence du facteur *eau*. De même, lorsque la température est basse, l'azote s'accumule. Toutefois, c'est l'absence du facteur *air* qui produit dans les humus la plus grande richesse en azote.

Relativement au taux de la matière minérale contenue dans l'humus, on peut dire que celle-ci est d'autant plus abondante que la décomposition de l'humus est plus difficile. Toutes les causes qui entravent la mise en liberté de l'azote sous une forme diffusible (ammoniaque, acide nitrique) constituent également un obstacle à la mise en liberté des matières minérales. C'est ce qui explique pourquoi les taux du carbone, de l'azote et des cendres augmentent dans la tourbe à mesure que les prélèvements sont effectués dans une couche plus profonde ; on voit alors, parallèlement, diminuer les taux de l'hydrogène et de l'oxygène.

Ainsi que le fait remarquer Wollny, les variations de l'azote et des matières minérales dans les humus de la terre arable proprement dite sont difficiles à connaître, car ces humus sont mélangés intimement avec la terre, et les analyses n'ont alors qu'une valeur très restreinte. L'humus recouvre les particules terreuses d'une sorte de revêtement ; lorsqu'on étudie la répartition de l'azote de cet humus dans 100 parties des divers éléments constitutifs des sols, on constate, d'après Dumont, que ce sont les éléments les plus fins qui possèdent la plus grande richesse en azote.

Action de l'oxygène sur l'humus. — Berthelot et André (1892) ont examiné l'action de l'oxygène sur un acide humique artificiel dérivé du sucre (contenant $C = 66,41$ p. 100, $H = 4,57$, $O = 29,00$). A froid et à l'obscurité, cette action est insensible ou douteuse, même au bout d'un temps considérable ; mais, à la lumière, il n'en est plus de même. Si on introduit dans un grand flacon quelques grammes de cet acide humique légèrement mouillé d'eau et qu'on expose le tout à la lumière solaire, on voit la matière brune devenir peu à peu jaunâtre ; en même temps il se dégage du gaz carbonique, dont on peut contrôler la présence en aspirant l'air du flacon et en le faisant passer dans de l'eau de chaux.

On réussit, de même, avec l'humus naturel extrait du sol au moyen d'un alcali et reprécipité par un acide ; cet humus jaunit, en même temps qu'il dégage du gaz carbonique. L'humus naturel semble moins altérable que l'humus artificiel ; ce qui tient au degré plus parfait de division de celui-ci. Une pareille oxydation est attribuable, dans le cas actuel, à un phénomène purement chimique. Dans les conditions naturelles, certains microorganismes interviennent également : il y a donc là une double cause de destruction de la matière organique des sols. L'absorption de l'oxygène par la matière humique est plus rapide en présence d'un alcali tel que la potasse.

Nikitinsky (1902) a confirmé ces résultats : l'élévation de la température, l'insolation, l'humidité accélèrent beaucoup cette oxydation purement chimique. Mais, lorsqu'il y a présence de microorganismes, l'oxydation est incomparablement plus rapide.

Rôle de l'humus vis-à-vis des végétaux. — L'humus joue, vis-à-vis de la végétation, un rôle *indirect* et un rôle *direct*. Son rôle indirect ne saurait être nié, puisque l'oxydation de l'humus donne naissance au gaz carbonique dont les propriétés dissolvantes sur les matières minérales ont plus d'une fois attiré notre attention. On sait également que, lorsqu'un sol est couvert d'une épaisse couche de matière végétale en voie de décomposition (couverture de feuilles par exemple), les éléments minéraux éprouvent peu à peu une sorte d'effritement qui se complète ensuite d'une action de dissolution. En outre, le noyau azoté de cet humus et son noyau minéral sont mis en liberté sous des formes particulièrement propices à l'absorption végétale lorsque le carbone lui-même disparaît.

Il semble donc, d'après cela, qu'un sol riche en humus doive posséder un degré de fertilité plus grand, toutes choses égales d'ailleurs, qu'un sol dans lequel l'élément organique serait rare ou absent. Cependant l'accumulation de l'humus n'est profitable aux végétaux — et ce sont surtout ceux de la grande culture que nous avons en vue ici — qu'autant que la destruction de cet humus est possible, c'est-à-dire que les conditions favorables à l'*érémacausis* sont réalisées. S'il en était autrement, le sol qui contient cet humus serait infertile puisque le noyau carboné, difficilement oxydable en dehors des conditions que nous avons spécifiées plus haut, retiendrait énergiquement l'azote et les matières minérales utiles aux plantes, dont celles-ci ne pourraient pas profiter. On ne peut fixer *à priori* par un chiffre la dose optimum d'humus que doit contenir le sol, car cette dose dépend essentiellement *des qualités oxydantes* que possédera le sol. S'il n'est pas calcaire, l'humus y persistera longtemps sous sa forme première, s'il est trop compact, l'air le pénétrera mal et la matière organique demeurera telle quelle.

Cherchons maintenant quel est le rôle *direct* que l'humus peut jouer vis-à-vis de la végétation. Avant l'apparition des beaux travaux de Liebig (1840) sur la nutrition minérale de la plante, on admettait qu'un sol est d'autant plus fécond qu'il renferme plus de matière organique. Celle-ci, émanant de la vie de la plante, devait nécessairement faire retour directement à la plante. Liebig, on le sait, combattit victorieusement cette manière de voir, et montra que la nutrition végétale était purement *minérale*. L'humus est inutile en tant que matière carbonée ; son rôle ne commence que lorsqu'il se détruit et lorsqu'il restitue ainsi au milieu ambiant, sous forme inorganique, les corps simples qui entrent dans sa composition : le carbone à l'état de gaz carbonique, l'azote à l'état d'ammoniaque, l'hydrogène à l'état d'eau. Cependant, beaucoup d'observateurs, tout en admettant l'absolue justesse de ces vues, avaient remarqué que, là où l'humus fait défaut, la stérilité apparaît, alors même que le sol renferme des quantités suffisantes de matières fixes indispensables à la plante. D'où cette idée, formulée à diverses reprises, de la possibilité de l'absorption par le végétal d'une partie de la matière carbonée du sol. Nous avons vu plus haut (p. 244) le résultat des expériences de Grandeau et de celles de Petermann sur la dialyse des terres. Dumont (1897) a montré également que les humates solubles sont dialysables, et qu'une certaine proportion de matière organique accompagne toujours dans cette dialyse la matière minérale. Pour accélérer le passage des liquides au travers d'une membrane de papier parchemin, il est nécessaire de diminuer un peu la pression à l'intérieur du dialyseur.

Puisque la matière organique peut traverser la membrane d'un dialyseur, il est permis de penser qu'elle traversera de même les membranes d'une racine vivante. La chose n'est pas douteuse dans le cas des végétaux dépourvus de chlorophylle, les champignons en particulier, qui, la plupart du temps, vivent dans l'humus ou dans des sols très chargés de matière organique. Certaines molécules carbonées et azotées, contenues dans le complexe que nous avons appelé *humus*, doivent être regardées comme l'origine du carbone et de l'azote de ces végétaux. De plus, telles plantes supérieures qui ne contiennent pas de chlorophylle (Orobanches, *Monotropa*, *Neottia nidus avis*, etc.) doivent, comme les champignons, prendre leur nourriture au milieu organique complexe dans lequel elles enfoncent leurs racines. Il en est vraisemblablement de même de certains végétaux supérieurs qui vivent sur des débris de plantes mortes (saprophytisme) et dont les feuilles sont néanmoins vertes (Rhinanthées), ainsi que des plantes dans les feuilles desquelles la chlorophylle est peu abondante ou mal distribuée.

Frank a publié, en 1885, un très remarquable travail qui éclaire d'un jour nouveau cette question restée jusque-là fort obscure. Si on examine les racines d'un grand nombre de végétaux vivant dans l'humus ou dans des sols très chargés de matières organiques, ainsi que celles de beaucoup d'arbres de forêts qui croissent dans des sols dits *acides* où la nitrification de l'azote n'a pas lieu, on remarque que ces racines vivent *en symbiose* avec certains éléments mycéliens ou *mycorhizes*. Ces champignons, de nature spéciale, seraient en quelque sorte un trait d'union entre la plante dont les racines les portent et l'humus lui-même. Les matières nutritives que contient celui-ci, qu'elles soient carbonées, azotées ou minérales, seraient *digérées* par les mycorhizes et offertes ensuite à la racine hospitalière sous une forme propre à l'assimilation et à l'utilisation. La présence des mycorhizes coïnciderait avec la difficulté que rencontrerait la plante à soustraire au sol les éléments dont elle a besoin. Cette symbiose tend d'ailleurs à disparaître lorsqu'un sol s'appauvrit en matière organique.

Il paraît donc indubitable que, par l'intermédiaire de certains symbiotes, un grand nombre de végétaux pourvus de chlorophylle prennent directement dans les sols humifères la totalité probablement de leur azote et une partie, au moins, de leur carbone. Mais là où les mycorhizes manquent et où la teneur du sol en humus est beaucoup plus faible que dans les milieux dans lesquels les mycorhizes abondent, peut-il y avoir encore *absorption directe* de matières carbonées ? La démonstration de cette absorption est plus difficile à faire dans ce cas ; on ne possède guère ici que quelques preuves indirectes qui ont néanmoins leur valeur.

Indiquons sommairement les observations de Dehérain sur ce point spécial (1891). Dans un certain nombre de vases, l'auteur dispose des poids égaux des échantillons de terre suivants : 1° bonne terre ; 2° terre épuisée par la culture, peu riche en matière organique ; 3° cette même terre, additionnée d'engrais chimiques ; 4° cette même terre additionnée de matière noire du fumier (obtenue en dirigeant un courant de vapeur d'eau dans une masse de fumier); 5° cette même terre additionnée de matière noire du fumier et d'engrais chimiques. Voici, rapportés à la surface d'un hectare, les poids d'une récolte de chanvre qui s'était développée sur chacun de ces vases:

1° 1848 kilogrammes ; 2° 1 230 kilogrammes ; 3° 1 368 kilogrammes ; 4° 1 542 kilogrammes ; 5° 2 324 kilogrammes.

G. ANDRÉ. — *Chimie du sol.*   16

L'analyse des eaux de drainage de chaque vase montre, de plus, que c'est dans la cinquième expérience, c'est-à-dire là où il y a maximum de rendement, que l'utilisation de l'azote nitrique a été la meilleure.

Une culture de ray-grass a donné les rendements suivants dans les mêmes conditions :

1° 3 960 kilogrammes ; 2° 2 020 kilogrammes ; 3° 3 180 kilogrammes ; 4° 3 060 kilogrammes ; 5° 3 780 kilogrammes.

Le rendement de la cinquième expérience atteint presque celui de la première ; ce qui semble prouver que la terre épuisée n'a retrouvé sa fécondité initiale que lorsqu'elle a reçu, non seulement des engrais chimiques, mais, en outre, de la matière organique. L'analyse des eaux de drainage montre que la richesse de ces eaux en azote nitrique était minimum dans les essais 1 et 5, maximum dans l'essai 3. Donc les plantes ont utilisé d'autant mieux l'acide nitrique du sol que la composition de celui-ci se rapprochait davantage de celle d'une bonne terre.

Bien qu'il entre encore dans cette interprétation de l'absorption directe de l'humus par les plantes une grande part d'incertitude, on ne peut nier, en tous cas, que la présence en quantité suffisante de matières carbonées dans un sol ne favorise l'absorption des substances minérales qui, sans l'influence de ce facteur, seraient mal utilisées. La *digestion* de l'humus par la racine, en l'absence de mycorhizes, est d'ailleurs chose possible ; les excrétions radicales gazeuses (CO_2), peut-être même certaines sécrétions diastasiques, ne seraient pas étrangères à la transformation de l'humus au contact de la racine et à la *sélection osmotique* par cette racine de tel élément organique dont il reste, bien entendu, à trouver la nature et la composition. (Voy. sur ce sujet notre *Chimie végétale*, p. 102.)

Il ne faut cependant pas oublier que l'on peut obtenir, dans des milieux artificiels *rigoureusement dépourvus de matière organique*, des plantes aussi vigoureuses que dans les meilleurs sols.

Pseudo-combinaisons de l'humus avec les éléments minéraux. — Ce sujet se rattache directement à la notion du pouvoir que possèdent les sols de bonne qualité de retenir certains principes fertilisants et de les empêcher d'être enlevés par les eaux pluviales. Nous en reparlerons plus loin. Nous envisagerons seulement à cette place le point suivant : de quelle nature sont les combinaisons que contracte l'humus avec les éléments minéraux ? Nous ne retiendrons que les faits concernant les pseudo-combinaisons de l'humus avec deux éléments nutritifs essentiels : l'acide phosphorique et la potasse ; les combinaisons de l'humus avec la chaux jouant plutôt un rôle d'ordre physique.

De toutes les substances minérales qui demeurent attachées à l'humus, tant que la destruction de celui-ci n'est pas complète, c'est peut-être l'acide phosphorique qui est la plus importante. Nous avons vu antérieurement (p. 247) que l'on ne pouvait estimer la *dose totale* de phosphore contenu dans une terre donnée qu'en chauffant cette terre, mélangée au préalable avec du carbonate de sodium, dans un courant d'oxygène. Or, si le phosphore n'existait dans le sol qu'à l'état de phosphates minéraux libres, on parviendrait toujours à enlever ceux-ci en faisant digérer la terre pendant un temps suffisant avec des acides forts (chlorhydrique ou nitrique). On en conclut que la matière organique des sols contracte une sorte de combinaison intime avec l'acide phosphorique, combinaison très stable puisqu'elle n'est pas décomposée par les acides forts. Il est logique d'admettre que les éléments phospho-organiques faisant partie de certains tissus de la plante vivante (nucléines, lécithines) se retrouvent dans l'humus qui dérive de ces tissus sous la forme d'un *noyau organique phosphoré particulier*, lequel ne ressemble plus, sans doute, au noyau primitif. Quoiqu'il en soit, le phosphore n'est mis en liberté que lorsque la molécule organique de l'humus est complètement oxydée. Grandeau (1872) et Simon (1875) avaient déjà attiré l'attention sur l'existence de combinaisons de l'humus avec l'acide phosphorique. Dumont a montré ultérieurement que les solutions d'humates alcalins, exactement neutralisées et bouillies, dissolvent des quantités notables de phosphates de fer et d'aluminium par un contact de quelques jours. Ce fait est important à noter, puisque ces phosphates sont regardés avec raison comme peu utilisables par les plantes sous cette forme.

Si l'on traite un humate alcalin (celui de potassium par exemple), exempt de carbonate, par une solution de phosphate monocalcique, il se produit une sorte de combinaison : on peut imaginer que l'acide phosphorique y est engagé sous une forme spéciale, celle d'*humo-phosphate* (Dumont). Ces humo-phosphates sont faiblement solubles dans l'eau ; la quantité d'acide phosphorique qui s'y disssout est voisine de celle qu'a trouvée Schloesing fils dans les dissolutions des sols obtenues comme nous l'avons dit précédemment (p. 224). La présence des humo-phosphates dans le sol est chose vraisemblable ; car, d'après Dumont, les solutions de gaz carbonique qui entourent les particules terreuses mobilisent la potasse de celles-ci et dissolvent le phosphate tricalcique. La potasse, ainsi libérée à l'état de carbonate, attaque la matière humique, et l'humate alcalin réagit vis-à-vis du phosphate terreux pour donner naissance à un humo-phosphate.

Il est évident que l'on ne saurait regarder ces humo-phosphates comme des combinaisons définies ; ce sont des combinaisons *d'absorption*, dont la composition varie avec la nature de l'humus qui entre en jeu. On conçoit qu'il doive en être ainsi, puisque l'humus n'est qu'un mélange de substances organiques qui représentent des états successifs de la dégradation de la matière végétale. De l'avis de certains auteurs (A. Petit, 1911), cette fixation de l'acide phosphorique sur l'humus naturel (terreau, par exemple) serait imputable, moins à la matière organique elle-même, qu'aux matières minérales, telles que chaux, alumine, oxyde ferrique, que cette matière organique renferme.

Cependant, d'après Stoklasa, la matière organique des sols contiendrait de véritables *phosphatides* (lécithines, nucléo-protéides) que l'on pourrait facilement en extraire au moyen de l'éther et de l'alcool absolu. Aso (1903) avait déjà montré qu'une partie du phosphore trouvé dans les sols humifères s'y rencontre sous la forme organique de nucléines.

La matière humique artificielle, obtenue à l'aide des hydrates de carbone, décompose les phosphates alcalins que l'on met à son contact. Si on traite à froid une solution de phosphate bisodique par quelques grammes de cette matière humique, on observe, après agitation de la masse, que le magma, jeté sur filtre, laisse écouler un liquide fortement coloré contenant de l'humate de soude. L'acide humique a donc décomposé une partie du phosphate bisodique. Le résidu solide, lavé à l'eau et séché à 100°, renferme de l'acide humique, de la soude et une certaine quantité d'acide phosphorique : il y a donc eu fixation de ce dernier acide par la matière noire. On obtient un résultat analogue en employant le phosphate biammonique ; l'ammoniaque est fixée sur l'acide humique en proportion notable, et la dose d'acide phosphorique, retenue après lavage par le composé insoluble, est beaucoup plus grande que dans le cas du phosphate bisodique (Berthelot et André). On peut donc conclure de ces expériences que les engrais phosphatés, solubles ou non, contractent avec l'acide humique une combinaison d'absorption qui résiste à l'action de l'eau.

Citons encore les faits suivants relatifs aux pseudo-combinaisons que la matière humique forme avec les bases et, principalement, avec la potasse. Toutes les fois que l'on traite de la tourbe, ou même simplement de la terre quelque peu chargée de matière organique, par l'ammoniaque, et que l'on précipite par un acide le liquide brun filtré, on obtient des flocons amorphes qui, séchés et incinérés, renferment toujours une certaine quantité de potasse. Cette base est retenue avec une telle force dans cette pseudo-combinaison qu'elle résiste à des lavages, même prolongés.

On peut étudier d'une manière plus commode cette pseudo-combinaison en faisant usage de l'acide humique artificiel.

Berthelot et André ont montré que si l'on agite quelques grammes de cet acide avec une solution de potasse au dixième, et si, après quelques jours, on jette le magma sur un filtre et qu'on le lave jusqu'à disparition de l'alcalinité, l'acide humique a fixé jusqu'à 9 p. 100 de potassium, dont 1 p. 100 seulement peut lui être enlevé par l'action de l'eau chaude. L'acide acétique déplace à froid la totalité du métal; l'acide carbonique ne le déplace que d'une façon très incomplète. L'avidité de l'acide humique pour la potasse est telle que l'on peut, à son contact, dépouiller presque entièrement une solution aqueuse, même très étendue, de cet alcali. La soude et la chaux forment des pseudo-combinaisons du même genre.

Lorsqu'on traite de la tourbe, ou même de la terre végétale peu riche en humus, par une solution de potasse étendue et que l'on précipite par un acide le liquide brun filtré, les flocons que l'on obtient retiennent une dose d'azote notable, même après des lavages prolongés.

Lorsqu'on met l'acide humique artificiel au contact de solutions étendues d'ammoniaque, on réalise des combinaisons analogues à celles que fournit la potasse.

Ainsi, la potasse et l'ammoniaque entrent facilement en combinaison avec l'humus naturel ou artificiel.

En résumé, les composés minéraux que renferme l'humus naturel reconnaissent deux origines. Une certaine proportion d'éléments fixes, ayant fait partie constituante des végétaux pendant leur vie, se retrouve dans l'humus; le reste a été entraîné par l'eau pluviale : telle est la première origine des substances fixes de l'humus. La seconde doit être cherchée dans le pouvoir que possède la matière noire de fixer par absorption quelques-uns des sels circulant dans le sol à l'état de dissolutions très étendues, soit que ces sels proviennent des décompositions chimiques qui affectent les roches, soit qu'ils émanent des engrais. Cette seconde origine d'éléments fixes ne saurait être mise en doute à la suite des expériences réalisées sur l'acide humique artificiel que nous venons de mentionner.

Il est impossible actuellement d'estimer la part qui doit être faite, d'un côté aux éléments minéraux préexistants dans les végétaux primitifs qui ont servi à former l'humus et, de l'autre, aux éléments fixes qui, provenant du sol, se sont joints aux premiers. Quels sont les plus *mobiles* de ces éléments, ceux dont la plante qui se développe peut se saisir le plus facilement ? Cette question reste sans réponse. Au point de vue pratique, le seul ayant une valeur réelle, il nous suffit de savoir que l'humus emmagasine des matières nutritives dont la plupart servent à l'alimentation du végétal (PO^4H^3, K^2O, NH^3, etc.). Son rôle le plus remarquable consiste à fixer temporairement ces substances qui circulent dans le sol à l'état dissous, substances qui seront mises en liberté d'une façon graduelle, subordonnée à la facilité plus ou moins grande avec laquelle s'oxydera le noyau carboné. L'humus est, en outre, un facteur important du *pouvoir absorbant des sols* dont nous parlerons bientôt, mais dont il ne faudrait pas cependant exagérer l'influence comme fixateur des substances minérales dissoutes dans le sol. Nous verrons, en effet, qu'il existe une catégorie de silicates, *les zéolithes*, dont l'activité à cet égard est beaucoup plus grande.

IV

CONSTITUTION CHIMIQUE
DU NOYAU AZOTÉ DE L'HUMUS.

De toutes les substances que renferme l'humus naturel, l'azote est incontestablement la plus intéressante. Sous la forme complexe qu'il possède lorsqu'il est, en quelque sorte, noyé dans la molécule carbonée, l'azote est inactif vis-à-vis de la plupart des végétaux. Par une série de métamorphoses, d'ordre chimique et d'ordre microbiologique dont nous définirons ultérieurement les conditions, il se dégage peu à peu et passe successivement à l'état d'ammoniaque, d'acide nitreux et d'acide nitrique. Avant d'étudier les transformations qui amènent l'azote sous ces dernières formes essentiellement diffusibles, et qui trouveront leur place dans le chapitre relatif aux actions microbiennes, il convient de chercher quelle est la constitution probable du noyau azoté de l'humus. *L'azote s'y trouve à l'état amidé.*

Si nous désignons par R un radical alcoolique ou phénolique

quelconque (CH³, C²H⁵, C⁶H⁵, etc.), la formule la plus élémentaire d'un amide doit être écrite : R.CO.NH². L'amide peut être considéré comme un sel ammoniacal auquel on a soustrait les éléments de l'eau :

$$R.CO.ONH^4 = R.CONH^2 + H^2O.$$

Si donc nous parvenons à montrer que le noyau azoté de l'humus est un noyau amidé, nous comprendrons que ce noyau, inutilisable par la plante sous cet état de condensation, ne peut lui être profitable qu'autant qu'il aura subi, par voie chimique ou microbienne, une *hydratation* capable de le transformer en sel ammoniacal.

L'expérience suivante répond à cette question.

Traitons un poids connu de terre végétale par un acide, tel que l'acide chlorhydrique, sous divers états de concentration, pendant des temps variables, et à des températures variables. Cette opération étant achevée, filtrons et lavons le précipité sur filtre jusqu'à absence d'acidité. Le liquide filtré est additionné d'un lait de magnésie en excès et distillé : on recueille dans un acide titré l'ammoniaque qui se dégage. Le résidu de cette distillation est séché, puis calciné avec de la chaux sodée : on recueille ainsi une certaine quantité d'azote sous forme ammoniacale, que nous appellerons *azote amidé soluble*. Enfin, et comme contrôle, séchons le magma insoluble dans l'acide chlorhydrique, prenons-en le poids; puis, sur une portion, dosons l'azote total. La somme des poids de l'azote de l'ammoniaque dégagée par la magnésie, de l'azote amidé soluble et de l'azote du magma insoluble dans l'acide chlorhydrique, se trouve être très sensiblement égale à l'azote total contenu dans l'échantillon primitif. Il ne s'est donc pas perdu d'azote sous une forme inconnue dans les manipulations.

Examinons maintenant la grandeur des chiffres que fournit un pareil traitement.

Action hydrolysante des acides ; formation d'ammoniaque. — Voici un exemple des résultats obtenus avec une terre de *la Station de chimie végétale de Meudon* ; cette terre contenait 1ᵍʳ.744 d'azote total par kilogramme de matière sèche.

Trois séries d'expériences ont été exécutées en présence d'un poids connu de terre (200 gr. de terre en présence de 400 centimètres cubes de liquide environ); la première (I) avec de l'acide chlorhydrique dissous dans environ 110 fois son poids d'eau, la seconde (II) avec de l'acide dissous dans environ 25 fois son poids d'eau, la troisième (III) avec de l'acide dissous dans environ 14 fois son poids d'eau. Dans chaque série, la *concentration de l'acide étant constante*, on fait varier la température et la durée du contact ; les chiffres ci-dessous sont rapportés à un kilogramme de terre séchée à 110°.

Nous rappelons que l'azote ammoniacal inscrit dans le tableau ci-joint est celui qu'a dégagé, par distillation au contact de la magnésie, le liquide acide filtré, et que l'azote amidé soluble représente l'azote qui se dégage à l'état d'ammoniaque quand on calcine avec de la chaux sodée le résidu de la distillation précédente.

		Azote ammoniacal		Azote amidé soluble	
		dans 1 kilog. de terre	0/0 de l'azote total	dans 1 kilog. de terre	0/0 de l'azote total
		(A)		(B)	
Après un contact de :					
	α 18 heures à froid	$0^{gr}.0048$	0,27	$0^{gr}.0277$	1,58
I	β 5 jours à froid	$0^{gr}.0087$	0,50	$0^{gr}.0302$	1,73
	γ 2 heures à 100°	$0^{gr}.0488$	2,79	$0^{gr}.1236$	7,08
	α 18 heures à froid	$0^{gr}.0144$	0,82	$0^{gr}.0606$	3,47
II	β 5 jours à froid	$0^{gr}.0214$	1,22	$0^{gr}.0905$	5,18
	γ 2 heures à 100°	$0^{gr}.1010$	5,79	$0^{gr}.3569$	20,46
	α 18 heures à froid	$0^{gr}.0149$	0,85	$0^{gr}.0686$	3,93
III	β 5 jours à froid	$0^{gr}.0304$	1,74	$0^{gr}.0965$	5,53
	γ 2 heures à 100°	$0^{gr}.1241$	7,11	$0^{gr}.4303$	24,67

L'inspection de ces chiffres montre que, en ce qui concerne l'*azote ammoniacal*, 1° la dose de celui-ci augmente *avec la richesse en acide chlorhydrique* du liquide employé à l'attaque de la terre : ainsi les nombres de la première série (colonne A) sont plus petits que ceux de la deuxième série, lesquels, à leur tour, sont plus petits que ceux de la troisième série ; 2° la dose de l'azote ammoniacal croît, pour une même dose d'acide et une même température, *avec la durée du contact* de la terre avec la liqueur acide ; 3° la dose de l'azote ammoniacal, pour une même concentration de l'acide et pour une même durée du contact, *croît avec la température*.

Cette influence des trois facteurs, durée du contact, concentration de l'acide, température, mérite d'être notée. En effet, l'urée $CO(NH^2)^2$, amide bien caractérisé, qui, par fixation de 2 molécules d'eau, régénère le carbonate d'ammonium, se conduit de la même façon vis-à-vis des acides. A froid, et pour un même temps de contact, la dose d'urée qui se transforme en carbonate d'ammonium en présence de l'acide chlorhydrique, par exemple, est d'autant plus grande que l'acide est plus concentré. Tous les amides se comportent de même.

Le noyau azoté de l'humus se conduit donc bien comme un amide proprement dit. En même temps que la dose d'azote ammoniacal augmente sous l'influence des trois facteurs ci-dessus étudiés, la dose de l'azote que nous avons appelé *azote amidé soluble* (colonne B) augmente parallèlement sous l'influence des mêmes facteurs, sans qu'il y ait cependant proportionnalité entre la formation de l'ammoniaque et celle de l'azote amidé soluble (Berthelot et André, 1887).

Étant donnée la présence constante de l'azote dans l'humus, on peut se demander s'il serait possible de *séparer* la matière hydrocarbonée de l'humus de la matière carbo-azotée. Jusqu'ici, cette séparation n'a jamais été tentée avec succès. Dans le végétal vivant, les principes carbonés et non azotés sont, avant tout, des celluloses ou des matières sucrées ; les principes carbonés et azotés, surtout des albuminoïdes. On peut, lorsqu'on a dosé le carbone et l'azote totaux dans la matière sèche d'un végétal, déduire, grossièrement du moins, du chiffre de l'azote la quantité d'albuminoïdes qui existaient dans la plante. On pourrait appliquer le même calcul à l'humus et supposer que l'azote de celui-ci appartînt à une matière ayant encore la formule d'un albuminoïde. Cet albuminoïde *humique* serait ainsi associé, dans la matière organique des sols, à une certaine quantité d'acide humique (non azoté) voisin, par sa composition et ses propriétés, de l'acide humique artificiel. Nous signalons simplement ce rapprochement mais sans y insister davantage : on comprend les caractères aléatoires que présente une pareille spéculation.

L'eau seule peut agir sur la matière azotée du sol pour transformer en ammoniaque une fraction de cet azote complexe. Hébert (1889) a montré que, si on chauffe une terre humide au-dessus de 100°, il se produit toujours, *par une action purement chimique*, une certaine quantité d'ammoniaque provenant de la fixation de l'eau sur les composés amidés, et dont la proportion augmente avec la durée du chauffage.

Action hydrolysante des alcalis ; formation d'am-

moniaque. — On obtient, en faisant agir les alcalis sur la terre arable, une action hydrolysante analogue à celle que fournit l'acide chlorhydrique. A cet effet, on chauffe dans un ballon un poids connu de terre avec de la potasse diluée (1/10) pendant une douzaine d'heures. Un courant d'hydrogène entraîne, au fur et à mesure de sa formation, l'ammoniaque qui prend naissance dans cette hydrolyse ; on recueille ce gaz dans un acide titré. Le magma, d'où cette ammoniaque s'est dégagée, renferme encore une forte proportion d'azote (75 p. 100 environ) que la potasse a solubilisé et qu'il est facile d'estimer. Enfin une certaine quantité d'azote demeure insoluble dans le résidu. La somme de ces trois formes de l'azote est très sensiblement égale à l'azote total de l'échantillon primitif.

Ici encore nous retrouvons nettement *le caractère amidé* de l'azote contenu dans la terre arable. La dose de l'azote solubilisé par la potasse varie avec la durée du chauffage (Berthelot et André).

Si on traite *à froid* la terre par une solution concentrée de potasse, il se dégage de l'ammoniaque ; mais ce dégagement se produit avec une très grande lenteur, subordonnée à la lenteur elle-même de l'hydratation des amides.

Nous avions donc raison de dire en commençant que la matière organique azotée du sol se conduit comme un complexe dans le noyau duquel se rencontrent des amides très condensés, insolubles, que l'action des acides ou celle des alcalis hydrolyse peu à peu, et dont le terme azoté final de décomposition le plus simple semble être l'ammoniaque, sans que l'on puisse, à aucun moment de cette décomposition, constater un dégagement d'azote gazeux. Si, enfin, on dose concurremment le carbone qui se trouve dans chacun des produits du dédoublement effectué par la potasse et qu'on compare le chiffre que l'on obtient à celui de l'azote correspondant, on peut énoncer la loi suivante qui est générale dans tous les dédoublements : la fixation de l'eau qui s'opère sous l'influence des alcalis transforme le noyau organique insoluble de l'humus en composés solubles moins condensés ; les composés condensés étant à la fois les moins solubles, les plus pauvres en azote et les plus riches en carbone.

On constate des phénomènes analogues à ceux que nous venons de décrire avec toutes les terres. Si on compare entre eux les chiffres obtenus avec des humus de diverses origines : bonne terre arable, terreau commun, tourbe, terre de bruyère, que l'on soumet à un traitement alcalin identique (même concentration des réactifs, même température, même durée d'action) suivi d'un traitement identique à l'acide chlorhydrique, on arrive à cette conclusion que la proportion d'azote finalement solubilisé est à très peu près la même lorsque le cycle des réactions est achevé (environ 95 p. 100 de l'azote total). Ces divers humus ne diffèrent entre eux que par la façon dont ils se comportent dans les stades intermédiaires : tel humus sera plus sensible à l'action des alcalis que tel autre. Mais, au point de vue de la solubilisation finale de l'azote, il n'y a pas de différence (G. André).

Produits intermédiaires obtenus dans la décomposition de l'humus par les acides. — En traitant de la tourbe du Michigan par les acides chlorhydrique ou sulfurique, Jodidi (1910), à l'aide de réactions spécifiques connues, a pu caractériser, dans les produits de cette décomposition, la présence de l'ammoniaque, ainsi que celle d'*acides amidés*, d'*acides monoaminés* et d'*acides diaminés*. Dans ces deux dernières catégories d'acides, l'auteur a rencontré des corps analogues à l'acide aspartique, à la leucine, à l'histidine, à l'arginine, à la lysine. Robinson (1911) a isolé de deux échantillons de sols tourbeux, traités aux acides, deux acides aminés bien connus : la leucine et l'isoleucine.

Ces expériences, qui complètent d'une façon heureuse celles que nous avons détaillées plus haut, montrent très nettement que l'hydrolyse de la matière azotée contenue dans la terre végétale engendre des substances voisines, sinon identiques, à celles que fournissent les albuminoïdes proprement dits.

Actions chimiques naturelles qui simplifient l'azote complexe de l'humus. — Dans les conditions ordinaires, les agents principaux qui s'attaquent à la matière azotée de l'humus sont des êtres vivants. Nous verrons plus tard leur mode d'action. Mais il ne faut pas oublier que la *réaction du milieu* possède une importance capitale : il n'y a formation d'ammoniaque, au moins en quantités notables, et nitrification ultérieure de cette ammoniaque, que lorsque le sol contient du calcaire. La pratique du chaulage et celle du marnage ont pour but, soit de provoquer, si le sol est acide, soit d'accélérer si le sol est déjà tant soit peu calcaire, cette décomposition du noyau azoté complexe. On doit alors se demander si les réactifs calciques ainsi introduits dans le sol (chaux vive, carbonate de calcium) ne jouissent pas d'un pouvoir décomposant chimique propre, indépendamment de la présence des microorganismes qui changent l'azote amidé complexe en azote ammoniacal. En cas d'affirmative, on pourra conclure que les transformations que font subir ces agents à la matière azotée se rapprochent de celles des alcalis puissants (potasse) dont nous avons plus haut poursuivi l'étude. Or, c'est précisément ce qui arrive.

Boussingault a déterminé autrefois les quantités d'ammoniaque formées dans une terre chaulée, suivant les quantités de chaux ajoutées et suivant la durée du contact. Le procédé de dosage de l'ammoniaque employé par Boussingault n'est pas à l'abri de tout reproche ; aussi les chiffres ci-joints n'ont-ils de valeur qu'au point de vue comparatif.

Chaux employée par kilog. de terre:	Durée du contact	NH^3 formée
0	1 mois	$0^{gr},0050$
$0^{gr}.3$	6 jours	$0^{gr}.0120$
10 grammes	2 jours	$0^{gr}.0340$
10 —	1 mois	$0^{gr}.0760$
10 —	2 —	$0^{gr}.0790$

Il résulte de l'inspection de ces chiffres que, au bout d'un temps assez court, même si les doses employées sont faibles, la chaux détermine par son contact avec la terre végétale une formation notable d'ammoniaque. Mais lorsque l'excès de chaux est considérable, les phénomènes biologiques sont suspendus — la nitrification en particulier — tandis que le dégagement d'ammoniaque est très accusé. La nitrification reprend son cours lorsque la causticité de la chaux diminue par suite de sa combinaison avec l'acide carbonique. Cette action chimique de la chaux est encore plus profonde sur le fumier ou sur les engrais verts enfouis dans le sol. On peut avancer — et ceci est d'ailleurs conforme aux observations de la pratique — que la simplification de l'azote complexe contenu dans ces engrais est d'autant plus rapide que leur contact avec la chaux est plus intime. Si les conditions de la nitrification, que nous examinerons plus tard, sont réalisées, on en conclura que la transformation de l'azote organique en azote nitrique est fortement accélérée par le chaulage, lequel donne naissance à de l'ammoniaque. Une pareille rapidité dans la production de l'ammoniaque, puis de l'acide nitrique, n'est à redouter que dans le cas où la végétation ne pourrait pas profiter de cette solubilisation de l'azote : en effet, l'acide nitrique, ou plutôt le nitrate de calcium, serait entraîné par la pluie dans les profondeurs du sol et emporté ensuite par les eaux de drainage.

Bien qu'il agisse moins énergiquement que la chaux vive, le carbonate de calcium exerce cependant une influence très appréciable ; il possède même souvent cet avantage de *mobiliser* des quantités d'azote, moins considérables sans doute, mais qui, par cela même, sont peu exposées aux pertes par eaux de drainage.

En fait, il s'agit toujours, dans de semblables actions, d'une *hydrolyse* de la matière azotée ; cette hydrolyse est d'autant plus rapide et d'autant plus profonde qu'elle est produite par des agents plus énergiques et à une température plus élevée.

Absorption et émission d'ammoniaque par la terre arable. — Une conséquence se dégage des faits précédemment étudiés. Puisqu'il existe des réactions chimiques et microbiennes qui changent dans le sol l'azote complexe de l'humus en azote ammoniacal, qu'arrive-t-il si la nitrification n'a pas lieu ; l'ammoniaque se dégage-t-elle à l'état gazeux dans l'atmosphère ?

Lorsqu'on examine les rapports de l'ammoniaque avec le sol, deux actions sont possibles : l'ammoniaque atmosphérique (p. 83) est absorbée par le sol, elle peut nitrifier si les conditions du phénomène nitrificateur sont réalisées et concourir ainsi à l'alimentation azotée des plantes. En réalité, on peut faire absorber artificiellement à une terre des doses assez notables d'ammoniaque, soit en faisant passer sur cette terre un courant de ce gaz, soit en la mettant en vase clos au contact d'une atmosphère chargée d'ammoniaque. Mais, inversement, une terre ainsi saturée *par force* perd rapidement la majeure partie du gaz qu'elle a absorbé lorsqu'on l'expose de nouveau à l'air libre, ou lorsqu'on fait circuler à sa surface un courant d'air. Dans les conditions naturelles, les deux phénomènes ont lieu ; l'ammoniaque atmosphérique est absorbée par le sol suivant une proportion qui varie avec l'existence de plusieurs facteurs, dont le principal est la composition du sol. Réciproquement, si l'ammoniaque produite à l'intérieur du sol par les actions chimiques et microbiennes n'a pas nitrifié, elle passe, partiellement au moins, dans l'atmosphère. Or ce dernier phénomène semble être le plus fréquent, et, bien que, normalement, son intensité soit faible, il n'en est pas moins vrai que ce dégagement d'ammoniaque est susceptible de faire perdre au sol une certaine quantité d'azote. Une partie de l'ammoniaque atmosphérique tirerait donc son origine de l'ammoniaque qu'exhale le sol. En voici la démonstration :

Un kilogramme d'une terre qui n'avait pas reçu d'engrais depuis plusieurs années a été pris à la surface du sol sur l'un des carrés de culture de la Station de chimie végétale de Meudon, après une série de jours de pluie. Cet échantillon renfermait 171 grammes d'eau (perte à 100°) : on le plaça dans un flacon traversé par un courant d'air (6 litres à l'heure) qui barbotait ensuite dans une solution diluée d'acide sulfurique titré. La dose d'ammoniaque obtenue s'est élevée à $0^{mgr}.012$ (pour un kilogramme de terre supposée sèche), l'erreur du dosage étant dans ce cas de $0^{mgr}.006$ en plus ou en moins.

Un kilogramme de terre pris au même point, à $0^m.25$ de profondeur, renfermant 142 grammes d'eau, a été traité de même façon. On a trouvé : NH^3 dégagée $= 0^{mgr}.035$. Donc, en ce point, la couche superficielle, loin d'avoir emprunté de l'ammoniaque à l'atmosphère, lui avait, au contraire, cédé une certaine quantité de cet alcali libre contenu dans les couches plus profondes (Berthelot et André, 1887).

L'émission d'ammoniaque par le sol est donc un phénomène général qui dépend de plusieurs facteurs : température, degré d'humidité, d'alcalinité et de perméabilité du sol, richesse de celui-ci en azote total. Il est probable que, à l'air libre et dans les conditions naturelles, cette émission n'est pas toujours uniforme. Si la température du sol est plus basse que celle de l'air ambiant, le dégagement doit se ralentir ; peut-être même s'annule-t-il momentanément et est-il remplacé par le phénomène inverse de l'absorption de l'ammoniaque aérienne par le sol. Mais, lorsque la température du sol est plus élevée que celle de l'air, l'émission de l'ammoniaque recommence.

Il existe de faibles quantités d'ammoniaque dans le sol jusqu'à une profondeur assez grande. On peut doser cette ammoniaque à l'aide du procédé de Longi (p. 357) dont nous parlerons à propos de l'analyse chimique. A la fin de l'hiver, vers le mois d'avril, la quantité de cette base varie suivant la hauteur à laquelle on prélève l'échantillon et augmente avec la profondeur. Il est probable que la nitrification, peu intense à cette époque de l'année, n'a pas encore transformé en azote nitrique tout l'azote ammoniacal qui provient de la décomposition de la matière azotée à la surface du sol. Une petite portion de cette ammoniaque chemine dans les profondeurs et peut passer dans les eaux de drainage, ainsi que la chose a été bien souvent constatée ; une autre portion, beaucoup plus importante, est retenue par la matière humique dans les couches supérieures du sol. A la fin de la période chaude de l'année (octobre), la quantité d'ammoniaque que l'on rencontre dans les différentes couches du sol est beaucoup moins considérable qu'au début du printemps en raison de la nitrification de cette base au fur et à mesure de sa production. D'ailleurs, cette dose d'ammoniaque est toujours très faible, et, ainsi que nous le verrons à propos de la composition des eaux de drainage, la quantité d'alcali entraînée par ces eaux est négligeable par rapport à celle de l'acide nitrique (G. André, 1903).

Odeur propre de la terre. — Lorsque la terre est mouillée, principalement à la suite d'une pluie orageuse et par une température un peu élevée, elle laisse dégager une odeur aromatique.

Berthelot et André (1892) ont montré que le principe essentiel de cette odeur est dû à un composé organique neutre qui est entraîné par la vapeur d'eau à la façon des substances qui possèdent une faible tension. Si on chauffe de la terre légèrement humide dans un alambic, contenu lui-même dans un bain-marie maintenu vers 60°, il s'échappe un liquide aqueux doué d'une odeur aromatique assez vive. En rectifiant le liquide ainsi obtenu de façon à n'en isoler que les premières portions, l'odeur s'exalte dans le produit volatil, mais ne disparaît pas pour cela dans le résidu non évaporé. Ce produit aqueux volatil est alcalin, il contient de l'ammoniaque et réduit le nitrate d'argent ammoniacal ; il fournit, au contact du carbonate de potassium, un anneau résineux.

L'eau entraîne donc par sa distillation plusieurs substances. La matière aromatique est-elle unique? C'est ce qu'il est impossible d'affirmer. D'après Rullmann et Salzmann, cette odeur propre de la terre serait due à la présence d'un organisme microscopique : *Streptothrix odorifera* (*Actinomyces odorifer*), et il existerait une relation entre la constitution chimique des matières carbonées propres à son développement et l'apparition de l'odeur. Peut-être ce produit volatil renferme-t-il des *toxines* auxquelles on a fait jouer, dans ces dernières années, un rôle important dans les phénomènes d'intoxication du sol. Cet empoisonnement permettrait d'expliquer, suivant quelques auteurs, pourquoi certaines plantes refusent de végéter sur la même parcelle de terre pendant une période de temps un peu longue. Nous reviendrons plus tard sur ce point spécial (p. 486).

D'après Rohland, l'odeur que possèdent certaines argiles, et qui varie avec leur nature, doit être mise sur le compte de la présence dans ces substances de traces impondérables de matières organiques,

V

ATMOSPHÈRES CONFINÉES DES SOLS;
VARIATIONS DE LA COMPOSITION DES GAZ.

Nous avons, à plusieurs reprises, insisté sur la nécessité de la circulation dans le sol des gaz de l'air. *Le travail du sol* a principalement pour but d'assurer à la terre arable un approvisionnement suffisant d'oxygène, capable de satisfaire aux exigences respiratoires des racines. Or, par cela même qu'elles absorbent de l'oxygène, les racines émettent du gaz carbonique ; de plus, la présence de l'oxygène provoque la combustion plus ou moins rapide de la matière organique : que cette combustion soit d'ordre purement chimique ou qu'elle se fasse par l'intermédiaire de microorganismes.

Il en résulte que les gaz renfermés dans le sol doivent s'enrichir en acide carbonique, et que le taux de ce gaz sera d'autant plus élevé que les combustions internes seront plus intenses. C'est là un phénomène de haute importance.

La question qui se pose est donc celle de savoir quelle peut être la proportion du gaz carbonique que contient l'atmosphère intérieure du sol, et comment varie la composition de cette atmosphère chez les divers sols, suivant leur mode de culture, et suivant la quantité de matières organiques qu'ils renferment. *A priori*, il doit exister des échanges continuels entre cette atmosphère et l'air qui la surmonte ; car, s'il en était autrement, le gaz carbonique s'emmagasinerait dans des proportions telles que les racines ne pourraient plus respirer ; toute végétation serait suspendue. C'est, en réalité, ce que l'on observe parfois dans certains cas, ainsi que nous l'établirons plus loin.

Nous ne nous occuperons pas, dans ce qui va suivre, des *agents* qui produisent le dégagement du gaz carbonique dans le sol ; ces agents sont d'ordre chimique et, surtout, d'ordre physiologique. Nous examinerons seulement la *résultante* des phénomènes d'oxydation.

Nature, dosage et variations des gaz renfermés dans les sols. — Expériences de Boussingault et Lewy. —

C'est à Th. de Saussure que l'on doit les premières recherches relatives au rôle comburant que joue l'oxygène dans les sols. Ayant enfermé du terreau sous une cloche pleine d'air, le savant physiologiste constatait, au bout de quelques jours, que l'oxygène avait été partiellement remplacé par du gaz carbonique sans changement de volume : il y avait donc eu combustion du terreau.

Boussingault et Lewy entreprirent, en 1852, une étude d'ensemble sur la circulation et la composition des gaz du sol dans des conditions très variées. Résumons ces expériences dont les nombreux travaux ultérieurs, exécutés sur cette question, ont toujours confirmé les conclusions.

Le procédé d'extraction des gaz employé par les auteurs précités consiste essentiellement à *aspirer très lentement* l'air contenu dans le sol au moyen du dispositif suivant : un tube de verre de quelques millimètres de diamètre s'adapte par une de ses extrémités à une pomme d'arrosoir percée de trous sur toute sa surface et remplie de cailloux quartzeux en vue de combler son volume intérieur, sans toutefois entraver la circulation des gaz. On enterre cet appareil à une profondeur quelconque, vingt-quatre heures avant l'exécution d'une expérience, et on tasse fortement la terre autour du tube en forme de butte. Un aspirateur à eau extrait les gaz du sol ; ceux-ci, au sortir du tube qui supporte la pomme d'arrosoir, passent dans deux flacons laveurs à eau de baryte destinés à arrêter l'acide carbonique. Du poids du carbonate de baryum obtenu on déduit le poids du gaz carbonique contenu dans le volume gazeux égal à celui que l'aspirateur a débité, toutes corrections de pression et de température étant faites. Afin de connaître exactement la composition de l'atmosphère interne du sol, on interpose, avant les deux flacons à eau de baryte, un petit ballon muni de deux robinets, dans lequel on a fait le vide au préalable. On pourra ainsi, par une analyse eudiométrique, déterminer la proportion d'oxygène contenu dans le gaz de cette atmosphère intérieure.

Voici quelques-uns des résultats obtenus par Boussingault et Lewy.

Un sol sableux, léger, fut amendé avec du fumier à demi consommé, à raison de 600 quintaux à l'hectare. Six jours après, on disposa l'appareil au milieu du champ, la pomme d'arrosoir étant à une profondeur de 35 centimètres. Au bout de cinq heures d'expérience (volume de l'air ayant circulé = 5 232 centimètres cubes), on a trouvé : $CO^2 =$ 2.47 dans 100 parties d'air confiné. Une heure après ce premier dosage, comme la pluie commençait à tomber, on exécuta un deuxième dosage à cette même place. Au bout de douze heures, on a trouvé $CO_2 = 2.25$ dans 100 volumes d'air confiné. Quatre jours après, les pluies ayant été très fréquentes, on exécuta au même endroit un nouvel essai : après trois heures et demie d'expérience, on a obtenu $CO_2 = 9.74$.

La quantité d'oxygène contenu dans l'air atmosphérique étant, en volumes, de 20.90 sensiblement, le dosage de ce gaz dans les atmosphères confinées permettra de savoir si la somme $O + CO_2$ est égale, inférieure ou supérieure à ce chiffre. Si cette somme est égale à 20.9, il est vraisemblable que l'oxygène a simplement brûlé le carbone de l'humus, puisque le gaz carbonique renferme son propre volume d'oxygène ; si cette somme est plus grande que 20.9, l'excès de gaz carbonique sera dû à un dégagement imputable à une fermentation putride. Si cette somme est inférieure à 20.9, il faudra conclure qu'une certaine quantité d'hydrogène a brûlé en même temps que le carbone : Boussingault et Lewy ont trouvé que ce dernier cas était le plus fréquent.

Citons encore les chiffres suivants : l'air confiné à 35 centimètres de profondeur dans un champ de carottes contenait, en volumes, 1.03 CO_2 ; l'air confiné à 33 centimètres de profondeur dans une vigne, n'ayant pas reçu d'engrais depuis trois ans, contenait $CO_2 = 0.86$, l'air confiné dans une terre de forêt, par un temps pluvieux du mois de septembre, contenait, à 35 centimètres de profondeur, 0.83 CO_2 en volumes.

Toutes ces analyses montrent donc que l'air confiné dans la terre possède toujours une composition différente de celle de l'air atmosphérique ; on y rencontre des doses de gaz carbonique beaucoup plus élevées qui doivent être mises sur le compte de phénomènes spéciaux de combustion. Ceux-ci sont particulièrement évidents dans le cas où le sol a reçu depuis peu une fumure au fumier de ferme. On peut contrôler avec certitude ce fait en pratiquant des prises de gaz au sein d'un compost formé, par exemple, de terre végétale et de terreau bien arrosé. D'après Boussingault et Lewy, la moyenne du gaz carbonique renfermé dans des sols cultivés, n'ayant pas reçu de fumures depuis une année, fournirait le chiffre de 9 litres CO_2 par mètre cube d'air confiné, c'est-à-dire 22 à 23 fois autant qu'il existe de ce gaz dans l'air normal. Dans un sol récemment fumé, il a été trouvé 98 litres par mètre cube, soit environ 250 fois plus de ce gaz que dans l'air normal.

Influence de certains facteurs sur la production du gaz carbonique. — Le travail du sol, en renouvelant constamment les

surfaces d'aération, accélère la combustion de l'humus. Ebermayer
(1878) a trouvé que l'atmosphère interne d'un champ sans cesse
ameubli contient 4 ou 5 fois plus de gaz carbonique que le sol d'une
forêt, et, cependant, ce dernier sol porte une riche couverture de
matières organiques en décomposition.

Le taux du gaz carbonique qui circule dans le sol n'est pas toujours
proportionnel à celui des matières organiques qui y sont contenues.
D'après Wollny, cette proportionnalité n'existerait pas ; la quantité
d'acide carbonique contenu dans un sol croîtrait moins vite que sa
teneur en éléments organiques; elle pourrait même devenir constante
par suite du retard qu'un excès de ce gaz apporterait au travail de
certains microbes. Si le taux de la matière organique a quelque influence sur la formation du gaz carbonique, les conditions physiques
d'humidité et de température interviennent également pour accélérer
ou pour retarder les oxydations. Il existe dans ce cas, comme dans
le cas de tous les phénomènes qui sont sous la dépendance des êtres
vivants, un taux d'humidité et un degré de température optimum.
Wollny a montré, du reste, que la combustion de la matière organique des sols n'était pas exclusivement l'œuvre des microorganismes :
la terre stérilisée par la chaleur, ou soumise à l'influence d'un anes-
thésique, dégage encore du gaz carbonique ; toutefois ce dégagement
est notablement plus faible que chez la même terre prise à l'état normal. Après avoir recueilli et analysé les gaz confinés du sol pendant
les différents mois des années 1874 et 1875, l'auteur précité a formulé
la conclusion suivante : la proportion du gaz carbonique augmente
avec la température, mais en supposant toutefois la présence d'un
taux suffisant d'humidité. Fleck est arrivé, relativement à l'action
de la température sur l'oxydation de la matière organique, à des résultats analogues à ceux de Wollny : la quantité du gaz carbonique produit à l'intérieur des sols croît parallèlement avec l'élévation de la
température de janvier à août, puis décroît ensuite. Risler (1872-
1873) opérant à Calèves (Suisse) a donné, au sujet de l'influence de ce
facteur, les renseignements suivants :

	à 25 centimètres de profondeur	à 1 mètre de profondeur
Moyenne des taux p. 100 du gaz carbonique correspondant aux cinq températures : { Les plus basses :	0,37	0,57.
{ Les plus hautes :	0,65	1,74.

Mais, d'autre part, les terres sableuses qui se dessèchent rapidement, ou qui reposent sur un sous-sol perméable, cessent de produire
de l'acide carbonique lorsque, par suite d'une trop forte élévation
de la température, la quantité d'eau qu'elles renferment descend au-
dessous d'un certain minimum. Réciproquement, dans une terre argileuse gorgée d'eau, l'oxydation pourra être suspendue et des phénomènes réducteurs prendront alors naissance. En principe, les terres
dites *argileuses* sont d'autant moins perméables que la proportion du

colloïde y est plus élevé ; aussi les phénomènes d'oxydation dans de pareilles terres sont-ils le plus souvent très lents. D'après Wollny, la présence de certains sels solubles favorise l'oxydation de la matière organique, parce que ces sels servent de nourriture aux microorganismes. En effet, dans une terre lavée, les oxydations se ralentissent. Par contre, lorsque les dissolutions du sol sont trop concentrées, elles entravent l'action de ces mêmes microorganismes et le dégagement gazeux diminue. Les éléments azotés que contient la terre arable, surtout lorsqu'ils sont facilement décomposables, favorisent la formation du gaz carbonique ; le milieu dépourvu de calcaire, dans lequel se rencontre la molécule azotée des terres acides, oppose à l'oxydation microbienne un obstacle très grand.

Il résulte de ce qui précède que, parmi les facteurs qui ont la plus grande influence sur la production du gaz carbonique à l'intérieur des sols, il faut placer en première ligne la température et l'humidité, en admettant que la constitution physique du sol soit telle qu'elle lui assure un degré de perméabilité compatible avec une bonne circulation des gaz et de l'eau. Nous avons défini antérieurement quelles étaient les conditions qui réglaient cette circulation.

Nous verrons, à propos de l'étude spéciale des microorganismes oxydants, jusqu'à quelle limite doit s'exercer vraisemblablement leur action et quelle est la fraction du gaz carbonique qui, dans tel intervalle de température, est imputable à leur seule présence. Actuellement, nous ne considérons que le phénomène d'oxydation pris en bloc et indépendamment des causes qui le provoquent. L'oxydation de la matière organique doit donc varier dans une large mesure suivant les divers points du globe. Rapide dans les régions chaudes et humides, elle diminue quand la température moyenne s'abaisse ; c'est ce qui explique l'accumulation de l'humus dans les contrées froides ou aux grandes altitudes. En outre, dans ce dernier cas, la présence de l'eau, en quantité notable, est un obstacle à l'oxydation, parce que cette eau, s'évaporant plus difficilement, recouvre la masse organique et restreint beaucoup ses rapports avec l'oxygène aérien.

Il ne faut pas cependant perdre de vue que, si la température joue un rôle prépondérant, le taux d'humidité, ainsi que nous l'avons déjà dit plus haut, intervient également. Il peut donc arriver que, dans les régions tropicales par exemple, le maximum d'oxydation de la matière organique ne coïncide avec la plus grande élévation de température que si le sol contient une forte proportion d'eau, ou bien s'il reçoit des eaux météoriques.

Les renseignements fournis par les analyses physique et chimique d'un sol indiquent d'une manière satisfaisante le degré de perméabilité de ce sol, sa richesse en matière organique et les formes sous lesquelles se rencontre l'azote dans sa masse. A l'aide de ces indications, on pourra donc connaître approximativement avec quelle rapidité le carbone de l'humus, et celui des engrais organiques complexes, disparaîtront par oxydation.

Expériences de Schlœsing fils et de Mangin. — Afin d'éviter les critiques que la méthode de Boussingault et Lewy avait soulevées — creusement d'une cavité dans le sol, application du tube et rebouchage de la cavité, émiettement de la terre capable d'activer la combustion de l'humus — Schlœsing fils (1889) fait pénétrer dans le sol, à la profondeur désirée, un tube d'acier rigide de 10 millimètres de diamètre extérieur et de 1 à 2 millimètres de diamètre intérieur, dont l'extrémité inférieure est conique pour faciliter l'introduction. Cette partie conique est, après enfoncement du tube, en contact intime avec la terre et empêche toute communication entre les atmosphères externe et interne.

Au moment de sa pénétration dans le sol, on évite l'obstruction du tube en disposant dans son canal un fil d'acier. Lorsque le tube est en place, on relie son extrémité supérieure, par l'intermédiaire d'un tube capillaire en verre, avec une ampoule de 15 centimètres cubes de capacité pleine de mercure et communiquant avec un petit réservoir de ce liquide. En abaissant ce réservoir, l'ampoule se remplit des gaz venant du sol ; on la scelle ensuite à la lampe, et on analyse son contenu. Lorsqu'on prélève, par ce procédé, deux ou trois échantillons de gaz au même point, sans déplacer le tube d'acier, on trouve qu'ils ont même composition.

L'auteur, d'accord en cela avec Boussingault et Léwy, vérifie l'abondance de l'oxygène dans le sol proprement dit ; dans le sous-sol lui même, on rencontre le plus souvent une large provision de ce gaz. Voici quelques chiffres relatifs à des analyses faites dans des herbages, là où il semblerait plus probable de rencontrer des maxima de gaz carbonique et des minima d'oxygène.

	Profondeur (Mètres).	CO^2 0/0	O 0/0
Herbages du Calvados ; 8 juin ; temps chaud..	0,35	3,54	»
26 septembre ; temps frais	0,30	0,90	»
	0,55	1,35	»
Herbages du Calvados ; 26 septembre ; temps frais	0,20	0,65	»
	0,40	0,95	»
Autre endroit ; 8 juin ; temps chaud	0,30	8,72	14,33
	0,60	8,80	13,21
24 septembre ; temps frais, vent sensible ...	0,25	0,45	»
	0,50	1,40	»

D'une époque à l'autre, la composition de l'atmosphère d'un même sol peut subir des variations considérables, comme on le voit ici. Mais, si la teneur en gaz carbonique oscille en réalité entre 0.4 et 10 p. 100, celle de l'oxygène n'est jamais descendue au-dessous de 19. Cette teneur en gaz carbonique varie, dans un même endroit et à une même profondeur, avec l'époque de l'année où la prise du gaz est faite ; les mouvements de l'atmosphère extérieure, les changements de température, les oscillations barométriques influent sur la richesse du sol en ce gaz. *La déclivité du sol* intervient également : le gaz carbonique est en proportions plus grandes dans les points les plus bas d'une pièce de terre, comme s'il descendait en raison de son poids spécifique élevé.

Il résulte également des chiffres ci-dessus que la quantité de gaz carbonique est plus considérable à mesure que l'on pénètre plus profondément dans le sol ; cependant on observe parfois le phénomène inverse. Schlœsing fils l'explique de la manière suivante. Après une période de vents, accompagnée de variations barométriques capables de renouveler l'atmosphère interne jusqu'à une certaine profondeur, peuvent survenir de fortes chaleurs avec temps calme. Dans le sol, plus chaud et plus riche en matière organique facilement oxydable, la production du gaz carbonique augmente, surtout si ce sol est humide, et les échanges gazeux avec l'atmosphère extérieure sont restreints par suite du calme même de celle-ci. On conçoit donc que les couches supérieures du sol renferment alors une dose de gaz carbonique plus grande que les couches inférieures.

Mangin (1889-91) s'est placé à un autre point de vue dans ses recherches sur les atmosphères internes. Alors même que la dose d'oxygène inclus dans le sol paraîtrait suffisante pour subvenir à la respiration des racines, la présence de quantités notables de gaz carbonique n'aurait-elle pas, sur la vitalité de certaines plantes, une influence néfaste. A cet effet, l'auteur a étudié la façon dont se comportent les arbres de Paris sous le rapport de l'aération du sol dans lequel ils enfoncent leurs racines. Les prises de gaz ont été effectuées à l'aide d'une sonde creuse, munie d'un mandrin destiné à assurer la perméabilité du canal pendant l'introduction de la sonde à la profondeur voulue. Lorsqu'on retire le mandrin, celui-ci agit comme un piston et les gaz du sol remplissent le canal. Aussitôt après l'extraction du mandrin, on ferme un robinet situé à la partie supérieure de la sonde sur laquelle on visse une petite pompe. On ouvre le robinet ; on extrait par le jeu de la pompe un certain volume de gaz que l'on analyse par les procédés connus.

Mangin compare entre eux les gaz du sol récoltés en différents points d'un jardin public (Luxembourg), dans lequel on peut trouver tous les degrés d'aération, par suite de l'existence ou de l'absence de tassements produits par les pieds des promeneurs.

Dans les *massifs*, là où le sol est ameubli par les travaux du jardinage, l'aération est très satisfaisante : la moyenne du gaz carbonique, trouvée à 50 centimètres de profondeur, est de 0.7 p. 100 ; l'oxygène est donc abondant. Dans le sol des *pelouses* qui n'est que rarement remué, mais qui n'est pas tassé, on trouve, même dans la saison chaude, une proportion de gaz carbonique qui n'excède pas 2 p. 100, sauf dans un seul cas où elle atteignait 4.3 p. 100 ; ici encore l'aération est satisfaisante. Dans le sol des allées, sans cesse tassées par les promeneurs et dont une très faible surface seulement est remuée au pied des arbres pour l'établissement des cuvettes d'arrosement, l'aération est moins bonne, bien que la dose de CO_2 n'ait jamais dépassé 5 p. 100.

En réalité, malgré les difficultés du renouvellement de l'atmosphère interne à cause du tassement de la surface du sol, il existe dans l'épaisseur de la terre, même à une profondeur de 90 centimètres, une quantité d'oxygène qui suffit aux exigences des racines.

Une autre comparaison a été faite par Mangin relativement à la composition des atmosphères confinées sous le bitume des boulevards et au pied des arbres protégés du piétinement par des grilles de fonte. Les sols bitumés, et pourvus d'une grille au pied des arbres, présentent quelque avantage sur les sols tassés au point de vue de leur richesse en oxygène. Cependant, si le bitume empêche le tassement du sol, il s'oppose au renouvellement de l'air. Ce n'est que dans le sol sous-jacent à la grille que ce renouvellement peut s'effectuer, comme le montrent les chiffres obtenus dans l'analyse des gaz ; à 1 mètre de distance du bord de la grille, sous le bitume, on trouve fréquemment une teneur élevée en gaz carbonique, ainsi qu'il résulte des chiffres suivants :

	CO_2 trouvé dans 100 volumes de gaz	
	à l'endroit de la grille	à 1 mètre de la grille
29 juillet	1,03 (à 0m,50 de profondeur)	10,20 (à 0m,25 de profondeur).
	1,82 (à 0m,70 de profondeur)	9,09 (à 0m,70 de profondeur).

L'oxygène se rencontre donc en proportions assez faibles sous les sols bitumés, alors que la dose du gaz carbonique est très élevée. Un des inconvénients que présente le défaut d'aération des sols se traduit par le retard qu'éprouvent à éclore les bourgeons des arbres. Toutefois, lorsque le système radiculaire comprend un certain nombre de racines traçantes superficielles, l'arbre souffre moins : tel est le cas du *Marronnier d'Inde*. Il faut également incriminer, parmi les causes de la mortalité des arbres dans les villes, la présence dans le sol de gaz toxiques (gaz de l'éclairage).

On peut donc, *en résumé*, admettre que, dans un bon sol arable convenablement travaillé, l'aération est toujours suffisante à la profondeur à laquelle pénètrent les racines. Si, par suite d'un épandage de fumier dont la combustion sera favorisée par l'élévation de la température, le taux du gaz carbonique s'élève de façon notable, les échanges gazeux avec l'atmosphère extérieure rétabliront bientôt l'équilibre et l'oxygène ne fera jamais défaut à un pareil sol. Il n'en est plus de même lorsqu'il s'agit d'un sol non travaillé et tassé, surtout si ce tassement est permanent, comme dans le cas du sol des promenades ou des boulevards : aussi la vigueur de l'arbre et son existence même sont-elles subordonnées à la facilité plus ou moins grande avec laquelle l'oxygène, d'une part, peut pénétrer au voisinage du pied de l'arbre et l'acide carbonique, d'autre part, s'échapper dans l'atmosphère extérieure. Mais ce défaut d'aération n'est pas, dans la même mesure, préjudiciable à tous les arbres.

Combustion de la matière organique dans le sous-sol. — Le sous-sol contient presque toujours une certaine quantité de matière organique dont la combustion est beaucoup plus lente que celle du sol. Schlœsing, auquel nous devons quelques observations à cet égard, remplit deux flacons semblables, d'une capacité de 2 litres environ, l'un avec de la terre du sol, l'autre avec de la terre du sous-sol prise au même endroit ($0^m,60$ à $0^m,70$ de profondeur). Les goulots de ces deux flacons sont munis d'un tube deux fois recourbé plongeant dans le mercure. Celui-ci monte peu à peu dans le tube, indiquant ainsi la marche de l'absorption de l'oxygène et sa transformation en gaz carbonique qui se fixe sur le calcaire. Or, l'ascension est beaucoup plus rapide dans le tube du premier flacon que dans celui du second ; elle s'arrête après trois jours chez celui-là ; elle se prolonge pendant plus de trois mois chez celui-ci. En hiver, les différences (entre 4° et 8°) sont encore plus prononcées. La matière organique du sous-sol se consume donc bien plus lentement que celle du sol. Dans les conditions naturelles, on ne saurait mettre cette différence sur le compte d'une aération insuffisante, car nous savons que l'oxygène

se rencontre encore en proportions notables dans l'atmosphère
du sous-sol. C'est précisément par suite de la lenteur de la
combustion que cette atmosphère ne s'appauvrit pas beaucoup en oxygène, bien que les échanges gazeux avec l'extérieur
soient assez difficiles.

Schlœsing attribue à deux causes principales cette lenteur
relative que présente la combustion de la matière organique
du sous-sol. La majeure partie de la matière organique qui
arrive au sous-sol a déjà éprouvé dans le sol une combustion,
partielle ; ce n'est donc *qu'un résidu d'oxydation* qui pénètre
dans les couches plus profondes. De plus, le sous-sol n'est
jamais atteint par les instruments aratoires, il n'est jamais
remué ; il ne subit donc pas l'action directe de l'oxygène aérien

**Résumé de l'étude de la constitution chimique de la
matière organique du sol**. — La matière organique du sol
constituée par les débris des végétations antérieures, est dans
un perpétuel état de transformation. Si l'oxygène pénètre facilement dans l'épaisseur de la couche arable, le carbone
s'oxyde peu à peu et se dégage à l'état de gaz carbonique. Plus
la température est élevée, plus la circulation de l'air est facile
et plus rapidement disparaîtra le carbone de l'humus, en supposant que le sol renferme une dose suffisante de calcaire.
Dans les conditions habituelles, l'accumulation du gaz carbonique à l'intérieur du sol n'est pas un obstacle à la respiration
des racines, car, en vertu des échanges gazeux avec l'atmosphère extérieure, le renouvellement de l'oxygène s'effectue
d'une façon satisfaisante en général.

Lorsque le sol est *acide*, c'est-à-dire dépourvu de calcaire,
l'oxydation est fortement ralentie. Si la compacité du sol met
un obstacle à l'oxydation, le manque de calcaire et l'absence
d'organismes aérobies actifs concourent également à ralentir
beaucoup la destruction de la matière carbonée : témoin l'accumulation de cette matière dans les tourbières.

Le carbone de l'humus est toujours accompagné d'azote.
Celui-ci fait partie intégrante de la molécule carbonée : il
provient des albuminoïdes végétaux et semble appartenir lui-
même à plusieurs noyaux. Sous cet état, l'azote est inerte vis-

à-vis de la nutrition de la plupart des végétaux ; il ne prend une forme soluble et diffusible que lorsqu'il a subi une série de transformations imputables, dans les conditions naturelles, à des phénomènes chimiques et surtout microbiologiques, pour lesquels la présence du calcaire paraît être indispensable. Les expériences de laboratoire montrent que le noyau azoté complexe de l'humus renferme un certain nombre d'amides ; c'est par fixation d'eau sur ces amides que se réalise la production d'ammoniaque, terme ultime de la simplification de l'azote organique.

CHAPITRE IX

POUVOIR ABSORBANT DES SOLS
VIS-A-VIS DES MATIÈRES FERTILISANTES

Définition du pouvoir absorbant; nature des phénomènes qui entrent en jeu. — Premiers travaux relatifs au pouvoir absorbant. — Doubles décompositions d'ordre chimique. — Fixation de l'ammoniaque, de l'acide phosphorique, de la potasse. — Phénomènes d'absorption attribuables à la présence des colloïdes minéraux et organiques; phénomènes d'équilibre, loi d'action de masse. — Affinité capillaire; actions de surface; phénomènes d'adsorption.

Définition du pouvoir absorbant ; nature des phénomènes qui entrent en jeu. — Lorsqu'on étudie la composition des dissolutions du sol, ainsi que nous l'avons fait antérieurement (p. 221), et celle des eaux de drainage que nous exposerons plus loin, on constate immédiatement le fait suivant. Certaines substances fixes se rencontrent dans ces eaux en quantité relativement notable : telle *la chaux* sous forme de bicarbonate, de nitrate, de sulfate, de chlorure. D'autres, au contraire, sont peu abondantes : *potasse ;* d'autres, enfin, n'existent qu'à l'état de traces : *acide phosphorique, ammoniaque.* Si, de plus, on analyse les eaux de drainage de sols ayant reçu des engrais chimiques variés, solubles dans l'eau (sels d'ammonium ou de potassium, superphosphates, etc.), on observe des faits analogues. Les eaux qui ont traversé les terres ainsi enrichies sont parfois mieux pourvues de matières fixes que dans le premier cas, mais ces matières peuvent encore être rangées dans le même ordre sous le rapport de la quantité que l'on y rencontre. Il en résulte que le sol, ou du moins certains sols, *sont capables de retenir énergiquement la plupart des matières utiles à la plante.* C'est à cette propriété particulière

que l'on donne ordinairement le nom de *pouvoir absorbant*.
Quelques auteurs — et avec raison — ont proposé de remplacer
cette expression par celle de *pouvoir sélectif*, car il s'agit bien
ici en réalité d'*un choix* de substances.

Schlœsing donne, *à priori*, de ce choix l'explication suivante : la
potasse, l'ammoniaque, l'acide phosphorique sont des éléments pri-
mordiaux vis-à-vis de la nutrition de la plante ; aussi le sol est-il, par
le fait de la culture, plus ou moins complètement privé de ces substances. On comprend alors pourquoi il est toujours apte à les fixer
lorsqu'on les lui présente sous forme d'engrais. La soude ne pénètre
qu'en faibles proportions dans le végétal ; quant à la chaux, elle
abonde généralement dans les terres arables. Aussi un sol, largement
pourvu de ces deux dernières bases, n'a-t-il aucune tendance à en
absorber de nouvelles quantités.

Mais il est d'autres raisons, d'ordre physique et *surtout
chimique*, qui règlent ce pouvoir sélectif, ainsi que nous allons
l'établir.

L'intérêt qui s'attache à l'étude des phénomènes qui font
l'objet de ce chapitre est facile à saisir. Déterminer la nature
des facteurs qui entrent en jeu pour retenir les substances alimentaires ; modifier, s'il se peut, ces facteurs afin d'accroître
l'intensité du pouvoir absorbant et les faire apparaître dans
un sol qui en serait dépourvu : tels sont les problèmes dont
nous allons chercher la solution ; de cette solution dépendra
en grande partie la fécondité d'une terre.

Différentes modalités du pouvoir absorbant. — L'expression de *pouvoir absorbant*, qui date des premières consta-
tations faites sur la faculté que possède le sol de retenir telles
substances à l'exclusion de telles autres, semble indiquer
que, dans l'exercice de ce phénomène, les seules propriétés
physiques du sol interviennent. En effet, l'influence des surfaces, l'adhésion capillaire, jouent ici un rôle qui n'est pas
négligeable.

On sait que le charbon de bois absorbe certains gaz dissous dans
l'eau et fixe, par exemple, les gaz odorants (H_2S, NH_3), de telle façon
qu'une eau qui en contiendrait devient inodore après un contact ou
une agitation plus ou moins prolongés. Le noir animal et l'argile déco-

lorent beaucoup de liquides organiques dans lesquels le colorant est une substance colloïdale. Le charbon divisé absorbe, dans une dissolution où on le plonge, certains sels métalliques, tels que l'acétate de plomb : en général, un grand nombre de corps solides, surtout lorsqu'ils sont poreux, retiennent dans une dissolution quelque peu de la substance dissoute. De semblables phénomènes, d'ordre physique, peuvent être évidemment comptés au nombre des facteurs multiples qui interviennent pour retenir dans le sol les principes fertilisants. Cependant, nous montrerons que certaines actions purement chimiques doivent être prises en considération lorsqu'il s'agit d'expliquer le mécanisme par lequel telles substances solubles se fixent sur les éléments terreux.

En réalité, l'étude du pouvoir absorbant des sols est une question extrêmement complexe, étant donné le grand nombre de facteurs qui entrent en jeu et la nature, souvent indécise, des réactions physiques ou chimiques dont on constate les effets.

Si nous voulons nous faire une idée sommaire de la variété des phénomènes que nous allons examiner dans le courant de ce chapitre, il suffit d'exécuter quelques expériences très simples.

Constatation du pouvoir absorbant. — Que l'on prenne, par exemple, un tube de 15 à 20 millimètres de diamètre intérieur et de 30 centimètres de longueur, qu'on le remplisse d'une bonne terre arable tamisée au tamis de 1 millimètre et que l'on verse avec précaution sur cette terre une solution très étendue (1 à 2 grammes au litre) de phosphate de potassium, de façon qu'il ne s'écoule pas de liquide par la partie inférieure du tube. Après avoir abandonné l'expérience à elle-même pendant une heure ou deux, on versera de l'eau distillée dans le tube de manière à *déplacer* la solution phosphatée introduite. Un examen, même qualitatif, du liquide écoulé montrera que les deux constituants du sel ont été presque totalement retenus par la terre ; le liquide recueilli est, en effet, beaucoup plus pauvre en phosphate que le liquide initial.

Répétons la même expérience avec une solution de sulfate d'ammonium très étendue ($0^{gr},05$ au litre), et, après un contact suffisant avec la terre, déplaçons cette solution par l'eau distillée. Nous ne trouverons guère plus d'ammoniaque dans le liquide écoulé, mais nous y constaterons la présence d'une matière nouvelle, *le sulfate de calcium*. Ici l'absorption n'a pas porté sur les deux éléments du sel, comme dans le premier cas ; *la base seule a été retenue ;* l'acide, au moins en grande partie, ne l'a pas été. Une double décomposition entre le sel d'ammonium introduit et le calcaire contenu dans l'échantillon de terre employée a donc eu lieu, et l'un des produits de ce double échange, le sulfate de calcium, s'est échappé. Quoiqu'il en soit, ce qui rapproche l'un de l'autre ces deux essais *c'est qu'une action chimique véritable semble être entrée en jeu* dans les deux cas. Il apparaît comme vraisemblable que, dans la première expérience, la présence du calcaire est nécessaire pour donner naissance par double décomposition à du phosphate tricalcique insoluble ; mais on doit alors se demander pourquoi le carbonate de potassium, très soluble, ne s'est pas éliminé en presque totalité lors du passage de l'eau distillée, et pourquoi le carbonate d'ammonium, également très soluble, qui s'est formé dans la seconde expérience, ne s'est pas écoulé en même temps que le sulfate de calcium, incomparablement moins soluble.

Ces essais très simples nous indiquent qu'il y a intervention évidente de quelque facteur nouveau capable d'arrêter au passage les substances très solubles auxquelles les phénomènes de double décomposition ont donné naissance. Si, dans un milieu aussi inhomogène que la terre arable, il faut tenir compte de la présence de ceux des éléments minéraux capables de produire au contact des matières salines apportées par les engrais une réaction chimique véritable, c'est-à-dire une réaction chimique qui suit la loi des proportions définies, il est également indispensable d'envisager la possibilité — et nous dirons plus loin *la réalité* — de certaines actions qu'exercent les colloïdes de la terre arable vis-à-vis des sels dissous qui baignent ses particules. Ainsi que nous l'avons déjà établi (page 260), il ne s'agit plus ici de combinaisons en proportions définies, mais de combinaisons *d'absorption* dans lesquelles les lois ordinaires de la chimie se trouvent en défaut, mais dont l'existence est prouvée, entre autres choses, par le fait de la précipitation réciproque de certains colloïdes ou par celui de l'union avec la matière humique de bases alcalines libres ou combinées à l'acide carbonique (page 278). De plus, les solutions salines du sol, extrêmement étendues, sont fortement *ionisées* (page 243) ; elles possèdent donc une activité particulière qui peut se traduire par la fixation plus facile de l'ion positif (métallique) sur tel élément du sol à l'exclusion de l'ion négatif (radical acide).

Indépendamment de l'existence de réactions chimiques proprement dites et de combinaisons d'absorption provoquées par la présence des colloïdes, il faut faire également une part aux phénomènes d'*affinité capillaire*, analogues à ceux que l'on observe dans la fixation d'une matière colorante sur les fibres végétales. C'est en vertu de cette propriété spéciale que les substances organiques qui se rencontrent dans le sol, à des degrés de décomposition très variée, peuvent fixer certains sels.

L'expérience suivante, très classique, montre bien *l'adhérence* particulière que contractent certaines bases, avec la cellulose, par exemple. On prend une goutte d'une solution d'acétate de plomb de concentration moyenne (10 p. 100 environ), et on fait tomber cette goutte au centre d'un disque de papier à filtre. Lorsque la goutte a cessé de s'étaler, on place le disque sur un verre contenant une solution d'hydrogène sulfuré : tout le cercle humide se colore en noir par suite de la formation de sulfure de plomb. Si on dilue la solution plombique précédente de 10 volumes d'eau et que l'on répète la même expérience avec un nouveau disque de papier à filtre, on remarquera que le cercle humide ne se colorera pas en noir sur la totalité de sa surface. Seul un cercle concentrique au premier, et d'un diamètre d'autant plus petit que la solution sera plus étendue, subira l'action de l'hydrogène sulfuré. Dans la solution primitive à 10 p. 100, l'acide et la base étaient combinés de telle façon que la matière du papier à filtre ne présentait pas plus d'affinité pour l'un que pour l'autre : la solution était homogène, ainsi qu'en témoigne l'uniformité de coloration obtenue par l'acide sulfhydrique. Dans la solution très diluée, *le sel est hydrolysé*; le papier à filtre a fixé l'hydrate de plomb par absorption au point même où la goutte est tombée, et l'eau seule s'est diffusée bien au delà de l'endroit où cette fixation a eu lieu.

On peut donc concevoir que la faculté que possède la terre arable de retenir certaines substances est attribuable : 1º à des *phénomènes d'ordre chimique*, parmi lesquels la double décomposition saline joue le rôle principal ; 2º à des *phénomènes d'absorption* entre cristalloïdes et colloïdes minéraux et organiques ; 3º à des phénomènes dans lesquels interviennent des actions de surface (attraction capillaire). Si ces trois ordres de phénomènes doivent marcher de pair pour assurer le fonctionnement du pouvoir absorbant dans une terre qui renferme à la fois du calcaire, des silicates colloïdaux, de la silice et de l'hydrate ferrique colloïdal, de l'humus colloïdal — conditions qui se trouvent réalisées dans les bonnes terres arables

— il est évident, par contre, que l'absence totale ou relative de l'une des substances précédentes annulera ou abaissera la faculté que possèdera le sol de retenir les matières fertilisantes. D'où l'utilité, reconnue empiriquement, d'introduire dans ces sols moins bien partagés les éléments actifs du pouvoir absorbant, tels que : marnes argileuses dans les sols légers, engrais verts dans les sols argileux.

Division du sujet. — D'après ce qui précède, il est naturel d'examiner le mécanisme du pouvoir absorbant en étudiant séparément chacun des facteurs probables qui entrent en jeu dans le phénomène. Nous employons à dessein le mot de *probables*. On ne saurait trop le répéter, le phénomène en question, fort complexe, passe par une succession de phases souvent difficiles à définir. Nous adopterons l'ordre suivant.

I. *Premiers travaux relatifs au pouvoir absorbant*, dans lesquels apparaissent les multiples influences qui entrent en jeu. II. *Doubles décompositions d'ordre purement chimique.* III. *Phénomènes d'absorption attribuables à la présence des colloïdes minéraux et organiques.* IV. *Affinité capillaire ; actions de surface ; phénomènes d'adsorption.* V. *Résumé et conclusions pratiques.*

I

PREMIERS TRAVAUX RELATIFS AU POUVOIR ABSORBANT DES SOLS.

Ces travaux sont bien résumés dans un mémoire publié en 1859 par Brüstlein, élève de Boussingault, auquel nous empruntons la plupart des détails qui suivent.

Expériences de Way; rôle des silicates du sol; travaux de Liebig. — Un agronome italien, Gazzeri (1819), paraît être le premier qui ait observé l'action qu'exerce la terre argileuse sur le purin. La combinaison *insoluble* qui prend naissance lorsqu'on agite ensemble ces deux matières, est décomposée par les plantes qui y trouvent une source de substances alimentaires. Longtemps après, Huxtable et Thompson (1848) remarquent que le purin filtré sur de la terre fournit un liquide incolore et inodore, et que la terre possède cette curieuse faculté de retenir à l'état insoluble l'alcali d'une dissolution ammoniacale, même lorsque l'ammoniaque n'est pas libre, mais se trouve engagée en combinaison avec les acides sulfurique, nitrique, ou chlorhydrique.

Way (1850) recherche la cause et les conditions de cette absorption. Il trouve que celle-ci n'est pas limitée à l'ammoniaque, mais que toutes les bases alcalines ou terreuses, potasse, soude, chaux, magnésie, indispensables au développement de la plante, se comportent de même : que ces bases soient libres ou combinées à un acide.

Cette absorption est-elle toujours du même ordre de grandeur pour une même base ? En ce qui concerne l'ammoniaque, Way montre qu'une même terre absorbe des quantités d'alcali identiques ; mais que l'absorption dépend essentiellement *de la nature* des terres et varie, par kilogramme de substance, entre 1^{gr}.57 et 3^{gr}.921. Il remarque, de plus, que ces chiffres n'ont rien d'absolu ; ils varient avec le degré de concentration de la liqueur employée et les proportions dans lesquelles cette liqueur est prise par rapport à la terre. L'absorption est rapide, aussi complète après une demi-heure qu'après quinze heures de contact. Les sels ammoniacaux sont décomposés ; la base seule est fixée, tandis que l'acide s'élimine à l'état de sel calcaire dans le liquide décanté. La cause elle-même du phénomène parut obscure à Way. Quel rôle jouent la chaux, l'alumine, les matières organiques dans ce phénomène ? Il semblait à l'auteur précité que ces matières n'étaient pas indispensables, car l'absorption n'augmentait pas lorsqu'on additionnait de calcaire une argile qui en était presque dépourvue. En outre, la calcination de l'argile n'abolit pas complètement la faculté absorbante, pas plus que le traitement préalable de la terre par l'acide chlorhydrique.

Étant donnée la rapidité de l'absorption, Way estima qu'il devait se former une combinaison chimique : dans ce cas, si on remplace l'ammoniaque par la potasse, l'absorption se fera dans le rapport des poids équivalents de ces deux bases. Or, si le poids de la potasse absorbée est plus grand que celui de l'ammoniaque, le chiffre théorique n'est cependant pas atteint. Les sels de chaux en dissolution filtrent tels quels au travers de la terre ; mais l'eau de chaux, suivant la proportion employée, abandonne une quantité de base qui varie, par kilogramme de terre, de 2^{gr}.34 à 14^{gr}.68. L'absorption de cette base est très faible lorsqu'elle est employée sous forme de bicarbonate. Les sels de sodium et de magnésium se conduisent comme les sels alcalins, sans donner lieu à une absorption aussi prononcée. Quant à l'acide phosphorique, qui forme avec la chaux un sel insoluble, il est retenu par le sol.

Way conclut de ces essais que les matières minérales et les sels ammoniacaux peuvent être distribués au sol sous une forme quelconque, puisque la terre végétale les ramène à un état spécial sous lequel ces substances sont présentées aux plantes. L'épandage des engrais devra être aussi uniforme que possible, car, en raison même de leur insolubilité, les substances fertilisantes ne sauraient se diffuser. Étant donnée cette insolubilité, on pourra fournir au sol de fortes fumures; en effet, une bonne terre peut retenir 60 fois autant de principes fertilisants que l'on en introduit ordinairement par les engrais.

Nous avons cité, d'après Brüstlein, les principales conclusions du travail de Way. Nous retrouverons dans la suite plusieurs des notions que cet expérimentateur a mises en évidence, et nous en vérifierons souvent la justesse.

Le point le plus curieux des expériences tentées par Way pour expliquer le mécanisme du pouvoir absorbant se rapporte à la préparation d'un silicate double artificiel analogue à celui que l'auteur supposait exister dans le sol et auquel il attribuait les propriétés absorbantes. En précipitant un sel d'alumine par le silicate de sodium, Way obtenait un silicate double d'aluminium et de sodium à plusieurs molécules d'eau, dans lequel la soude peut être déplacée en totalité par la chaux, celle-ci pouvant être à son tour déplacée par la potasse, et celle-ci, enfin, par l'ammoniaque. Ce déplacement réciproque des bases dans les silicates colloïdaux complexes constitue, comme nous le verrons plus loin, l'un des caractères les plus nets du pouvoir absorbant.

Henneberg et Stohmann, puis Liebig, confirmèrent les recherches de Way. Liebig, en particulier, montra, conformément aux vues de ce dernier auteur, que les diverses bases ne sont pas fixées par la terre arable dans les mêmes proportions. Le purin abandonne plus de potasse que de soude dans son passage au travers de la terre; celle-ci retient la totalité de l'ammoniaque. Quelques années après, Vœlcker arrivait à des conclusions analogues. Si on met au contact de terres de nature très variée des solutions de potasse et de soude à l'état de chlorure, on trouve toujours que les terres retiennent plus de potasse que de soude.

Comme les eaux de drainage sont très pauvres en principes fertilisants, puisque le sol fixe ces principes et les rend insolubles, Liebig estime que les racines doivent posséder une force spéciale qui leur permet de choisir et d'assimiler les matières qui leur sont indispensables mais qu'elles ne trouvent pas en dissolution. Les plantes aquatiques (*Lemma minor*), dont les racines nagent dans l'eau, seraient, d'après Liebig, soumises à d'autres lois et pourraient prendre leurs aliments directement à une dissolution.

En réalité, le mécanisme de l'absorption est le même dans les deux cas; nous avons vu précédemment qu'il circulait dans le sol de véritables dissolutions salines, très étendues sans doute, mais pouvant se reformer d'une manière continue au fur et à mesure de leur disparition.

Expériences de Brüstlein sur la fixation de l'ammoniaque. — Brüstlein se borne à l'étude de l'absorption de l'ammoniaque en raison de la facilité du dosage de cette base. Il utilise trois terres dont les caractères physiques sont très différents. La première, prise à Bechelbronn, est une argile ténue, compacte, assez riche en calcaire ; la seconde (provenant du Mittelhausbergen) peu plastique, très homogène, riche en calcaire ; la troisième est une terre du potager du Liebfrauenberg, formée de sable quartzeux, très riche en débris organiques, restes d'anciennes et fortes fumures. 50 grammes de ces diverses terres sont introduits dans un flacon avec 100 grammes de dissolution ammoniacale. On bouche le flacon et on l'agite. Après repos, on prélève 50 centimètres cubes du liquide éclairci et on y dose l'ammoniaque ; on aura, par différence, la quantité de base fixée par la terre. Voici la moyenne fournie par un grand nombre d'expériences.

	NH³ dans 100 cc. de la dissolution	Concentration relative de NH³	NH³ absorbée par 50gr. de terre	NH³ p. 100 de NH³ fournie
Terre de Bechelbronn	0gr,355	1	0gr,056	15,7
—	0gr,117	$\frac{1}{3}$	0gr,032	27,3
—	0gr,029	$\frac{1}{12}$	0gr,014	48,2
Terre du Mittelhausbergen	0gr,355	1	0gr,024	6,7
—	0gr,117	$\frac{1}{3}$	0gr,017	14,5
—	0gr,029	$\frac{1}{12}$	0gr,008	27,6
Terre du Liebfrauenberg	0gr,355	1	0gr,035	10,0
—	0gr,0117	$\frac{1}{3}$	0gr,026	22,2
—	0gr,059	$\frac{1}{5}$	0gr,019	32,1
—	0gr,029	$\frac{1}{12}$	0gr,011	37,9

Ainsi que le fait remarquer Brüstlein, ces nombres n'ont rien d'absolu ; ils sont principalement modifiés par la force de la dissolution et varient avec le temps du contact ; car, si on prolonge l'expérience, la terre fixe une nouvelle quantité d'ammoniaque.

Il ne semble donc pas que l'on soit ici en présence d'une combinaison chimique en proportions définies. Cependant les mêmes essais répétés avec un sel ammoniacal conduiraient à faire admettre peut-être l'existence d'une véritable combinaison, car l'absorption pour une même terre est plus régulière dans des conditions identiques. Conformément aux expériences de Way, la base seule est fixée et l'acide reste dissous à l'état de sel de calcium. Si la concentration du sel ammoniacal varie, la quantité d'ammoniaque fixée change ; un contact prolongé augmente l'absorption, mais dans une plus faible mesure que s'il s'agit de l'ammoniaque libre.

Brüstlein est ainsi amené à rejeter l'idée d'une combinaison chimique proprement dite. Il estime que l'humus pourrait bien jouer un rôle actif dans l'absorption de l'ammoniaque. En effet, du terreau, retiré d'un chêne creux, fixait cette base et donnait un mélange inodore ; la tourbe se comportait de même. L'indifférence chimique du corps absorbant est démontrée par ce fait que le noir animal lui-même est également capable de fixer l'ammoniaque.

Les trois substances que nous venons de mentionner, si elles absorbent l'alcali libre en quantités plus grandes que la terre végétale, sont, à l'inverse de celle-ci, incapables de fixer l'ammoniaque engagée dans une combinaison saline. Aussi Brüstlein pensa-t-il que cette inertie était due à l'absence du carbonate de calcium. En effet, la terre de Bechelbronn, traitée par l'acide chlorhydrique, puis lavée et séchée, conserve la propriété de fixer l'ammoniaque libre, mais ne l'absorbe plus lorsque cet alcali est engagé dans une combinaison saline. On rend à la terre sa propriété fixatrice en la mélangeant avec du calcaire, ce que l'on réalise pour le mieux en faisant bouillir cette terre décalcifiée avec une solution de bicarbonate de calcium : le calcaire se précipite alors sur les grains sableux dans un grand état de division. Préparé ainsi, le nouvel échantillon fixe l'ammoniaque d'une solution de chlorure d'ammonium et le liquide renferme, après contact, du chlorure de calcium. Le noir animal lavé aux acides, puis calciné et mélangé de calcaire, se conduit comme la terre qui a recouvré son carbonate de calcium. Ainsi, d'après Brüstlein, le pouvoir absorbant de la terre arable vis-à-vis de l'ammoniaque est sous la dépendance presque exclusive de la constitution physique des éléments minéraux et même des substances organiques que cette terre renferme. La présence dans le sol d'un carbonate (calcaire ou magnésien) est indispensable pour la fixation de l'ammoniaque engagée dans une combinaison saline. La formation corrélative d'un sel calcique soluble montre qu'il y a eu, dans ce cas, double décomposition.

Les conclusions de ces premiers travaux sont fort intéressantes ; elles résument très bien les points principaux de l'histoire du pouvoir absorbant. Nous voyons, en effet, que, dans le mécanisme du phénomène, il entre en jeu, d'après Way, des facteurs minéraux, tels que certains *silicates* à la présence desquels on doit attribuer une grande part dans les phénomènes d'absorption de l'ammoniaque libre et des bases en général. Le carbonate de calcium (ou celui de magnésium) intervient pour décomposer les sels ammoniacaux dont l'acide passe à l'état de sel de calcium ; la base étant fixée, soit par les silicates, soit par l'humus (Way-Brüstlein).

En vue de n'exposer ici que les faits principaux et les mieux observés qui caractérisent le pouvoir absorbant, nous devons, dès maintenant, énoncer les trois propositions suivantes dont nous établirons la réalité dans les pages qui vont suivre.

1° Le calcaire intervient lorsqu'il s'agit d'insolubiliser l'acide phosphorique : de plus, au contact des sels d'ammonium ou de potassium ajoutés comme engrais, il provoque une double décomposition avec formation des carbonates correspondants.

2° Ces carbonates alcalins se conduisent comme les bases libres elles-mêmes : pour qu'ils soient retenus par la terre arable, il faut qu'ils rencontrent des absorbants à caractère acide, tels que l'humus, ou qu'ils soient fixés par les silicates colloïdaux dont ils saturent les oxhydriles OH libres.

3° On constate dans le sol des phénomènes d'absorption qui sont indépendants de la présence du calcaire. Le métal d'un sel soluble peut, par contact avec un silicate zéolithique, déplacer un autre métal contenu dans ce silicate. En d'autres termes il y a échange de bases entre le sel soluble et le silicate zéolithique insoluble.

II

DOUBLES DÉCOMPOSITIONS D'ORDRE CHIMIQUE.

Fixation de l'acide phosphorique. — Supposons d'abord le cas d'un sol n'ayant jamais reçu d'engrais phosphatés. Dans un pareil sol, les liquides qui circulent sont très pauvres en acide phosphorique ; leur concentration doit être, au plus, égale à celle qui correspond à la solubilité du phosphate tricalcique dans l'eau contenant, naturellement, une proportion variable de gaz carbonique. Mais diverses causes tendent à réduire encore cette solubilité. Si la terre est calcaire, l'eau, chargée de gaz carbonique, dissout beaucoup moins d'acide phosphorique que l'eau pure (p. 59). De plus, les phénomènes d'*adsorption*, c'est-à-dire d'adhérence des corps dissous autour des particules solides, soustraient aux liquides normaux du sol une certaine dose d'acide phosphorique (Voy. plus loin, p. 330).

On comprend donc pourquoi la terre arable retient très bien l'acide phosphorique et s'oppose à son départ dans les eaux souterraines.

Supposons maintenant que le sol reçoive du superphosphate de chaux, c'est-à-dire du phosphate monocalcique très soluble dans l'eau. Si le sol en question est calcaire, l'insolubilisation de ce phosphate sous l'état bicalcique, puis tricalcique, est rapide.

Il s'agit donc ici d'un phénomène chimique de neutralisation d'un acide polybasique par un excès de base. Toutefois, après une addition de superphosphates, on voit apparaître dans les eaux de drainage de minimes quantités d'acide phosphorique dont la présence était douteuse avant cette addition. Ce fait est imputable évidemment à une diminution du pouvoir absorbant dont les divers facteurs, saturés d'acide phosphorique à un moment donné, en laissent alors échapper l'excédent. Mais, lorsque la végétation s'empare du phosphore au fur et à mesure des besoins de la plante, le taux de l'acide phosphorique des eaux de drainage diminue souvent au point de devenir négligeable.

Si le sol sur lequel on a répandu le superphosphate est acide
(sols riches en humus, dépourvus de calcaire ; sols granitiques),
le phosphate monocalcique rencontre des oxydes de fer et
d'aluminium et des silicates colloïdaux qui le retiennent énergiquement par insolubilisation. Celle-ci exige parfois un certain
temps avant de se produire, et l'on sait que les graines, semées
dans de pareils sols peu après l'épandage d'un superphosphate, risquent de rencontrer une solution fortement acide
qui peut entraver ou même annuler leur évolution. Cette insolubilisation, si lente qu'elle soit, se produit toujours, à moins
que le sol ne reçoive une quantité d'eau suffisante, capable de
soustraire assez rapidement une partie au moins du sel soluble
à toute neutralisation chimique. Le fait a, d'ailleurs, été constaté bien des fois.

Ainsi, en raison du contact du phosphate monocalcique avec les
éléments ferriques et alumineux, il se produit des phosphates ferrique
et aluminique, insolubles dans l'eau chargée de gaz carbonique, très
difficilement utilisables par la végétation sous cette forme nouvelle,
si, à un moment donné, on n'additionne pas le sol d'une dose suffisante
de calcaire capable de les transformer, par double décomposition,
en phosphate tricalcique. Donc, par le fait de l'existence de ces diverses réactions, l'acide phosphorique n'a qu'une très faible tendance
à descendre dans la profondeur du sol. Dyer a comparé deux terres
calcaires dont l'une avait reçu pendant cinquante ans des superphosphates, et il a examiné la répartition du phosphore suivant la profondeur. En tenant compte de la quantité de cette substance enlevée par
les récoltes, on pouvait calculer quel était l'excédent que l'on aurait
dû trouver dans celle des deux terres qui avait reçu les superphosphates. Or, plus des 4/5 de l'acide phosphorique que l'on devait rencontrer dans le sol au bout de cinquante ans étaient localisés dans
une couche de terre superficielle de 23 centimètres ; les couches
sous-jacentes ne s'étaient pas enrichies.

Fixation de l'ammoniaque. — Nous avons dit plus haut
(p. 305) que, lorsqu'on mettait au contact d'une terre calcaire
une dissolution très étendue d'un sel ammoniacal quelconque,
il se produisait une élimination de chaux, laquelle s'unit à l'acide
combiné préalablement à l'ammoniaque. Ici l'explication est
simple : on sait, en effet, qu'une solution froide et diluée de
sulfate d'ammoniaque, par exemple, est décomposée par le
carbonate de calcium avec formation de sulfate de calcium

et de carbonate d'ammonium. Ce dernier, ou plutôt l'ammoniaque seule, est fixé par l'humus ou par les silicates colloïdaux dont le rôle est de première importance à l'égard de l'absorption, ainsi que nous le verrons plus loin. Il paraît difficile d'admettre toute autre hypothèse dans le cas actuel ; la présence d'un sel soluble de calcium, après double décomposition, indique bien le sens de la réaction. De plus, le poids de l'humus contenu le plus souvent dans un bon sol arable est plus que suffisant pour retenir la quantité d'ammoniaque répondant à 300 ou 400 kilogrammes de sulfate, dose d'engrais employée ordinairement sur la surface d'un hectare. On comprend donc que tant que *la saturation* de l'humus ou celle des silicates n'est pas atteinte, l'ammoniaque, dégagée de sa combinaison initiale, ne passera pas dans les eaux de lavage du sol : c'est bien ce que l'on observe dans les conditions naturelles ; l'ammoniaque est rare ou même absente dans ces eaux.

Fixation de la potasse. — Arrivons maintenant à l'absorption des *sels de potassium*. Celle-ci est réelle, puisque les eaux de lavage du sol sont pauvres en potasse, un peu plus chargées cependant de cette base que d'ammoniaque. L'expérience montre, en outre, que l'application des engrais potassiques (chlorure ou sulfate de potassium) augmente notablement la teneur des eaux de drainage en potasse. Mais, même dans ce dernier cas, on ne constate guère *au maximum* qu'une perte s'élevant à une dizaine de kilogrammes de cette base par an et par hectare. Les sels de potassium sont donc bien retenus par le sol.

Lorsque l'on répand directement sur la terre du carbonate de potassium (cendres végétales), on comprend que l'humus intervienne en partie pour s'unir à ce sel très alcalin. L'humus, à moins qu'il ne soit saturé de chaux, possède en effet des propriétés acides ; il décompose le carbonate de potassium et le gaz carbonique est mis en liberté. Les silicates colloïdaux s'emparent également d'une certaine quantité de ce sel, soit par absorption, soit par combinaison chimique proprement dite. Nous reviendrons sur ce point. En réalité, le carbonate de potassium se comporte comme la potasse libre.

Cependant, il semble qu'il faille chercher une autre explication de la fixation de la potasse lorsqu'on répand sur le sol du sulfate ou du chlorure de potassium. Dans ce cas, comparable à celui de l'épandage du sulfate d'ammonium, une double décomposition intervient-elle entre le calcaire et le sel potassique ? Cherchons d'abord si la double décomposition a lieu dans le sens suivant :

$$CO^3Ca + 2KCl = K^2CO^3 + CaCl^2;$$

Nous verrons ensuite s'il n'est pas possible d'imaginer un autre mode de fixation de la potasse par le sol.

Lorsqu'on arrose avec une solution très étendue de chlorure de potassium une colonne de terre arable, on constate, si la durée du contact a été suffisante, que le liquide qui s'écoule au bas de la colonne contient, comme dans le cas de l'emploi d'un sel ammoniacal, un sel de calcium soluble ; c'est le chlorure dans l'exemple actuel. Quant à la potasse, elle est retenue d'autant mieux que la solution initiale est plus diluée et qu'elle demeure plus longtemps au contact de la terre. En fait, si on fait bouillir pendant quelques heures une solution de chlorure de potassium avec du carbonate de calcium, il y a formation d'une très petite quantité de carbonate de potassium qui communique au liquide une réaction alcaline. Le même phénomène s'observe quand on opère à froid, au bout d'un temps suffisamment long.

La réaction : $K^2CO^3 + CaCl^2 = CO^3Ca + 2KCl$, qui est réputée pratiquement totale dans le sens de cette équation, pourrait donc cependant donner lieu à un phénomène d'équilibre.

La production des carbonates alcalins au sein de la terre arable semble d'ailleurs favorisée par la présence d'un excès de gaz carbonique libre, ainsi qu'il résulte de l'expérience suivante, due à de Mondésir (1888).

En étudiant la formation des carbonates de soude naturels, cet auteur a été amené à faire l'essai suivant. Un kilogramme d'une terre très riche en humus et en calcaire a été délayé dans 4 litres d'une dissolution à 1 p. 100 de chlorure de sodium. Cette terre a transformé en chlorure de calcium environ 15 p. 100 du sel marin. *« Après des lavages qui ont enlevé la presque totalité des sels, la terre, remise dans l'eau pure, a été traitée par l'acide carbonique et ce traitement a été répété 4 fois. Les dissolutions ont donné par évaporation, après dépôt du carbonate de chaux, une quantité de carbonate de soude correspondante à la transformation du chlorure de sodium. »* L'auteur, en remplaçant dans une opération le sel marin par le chlorure de potassium, et, dans une autre, le bicarbonate calcique par le sulfate de calcium, a obtenu, avec le même kilogramme de terre, d'une part 12 grammes de bicarbonate de potassium et, de l'autre, 13 grammes de sulfate de sodium pesé à l'état anhydre.

Il apparaît donc que la double décomposition entre un sel de potassium soluble et le calcaire peut avoir lieu au sein de la terre arable dans les conditions naturelles : les agents de la fixation du carbonate alcalin formé étant, comme nous l'avons dit, l'humus et les silicates colloïdaux dont les oxhydriles libres sont capables de fixer les bases.

Lorsque le pouvoir absorbant est satisfait, c'est-à-dire lorsque la terre atteint un certain degré de saturation vis-à-vis de la potasse, degré variable avec la nature de cette terre, la double décomposition entre les sels de potassium solubles et le calcaire semble n'avoir plus lieu. C'est ce qui arrive, d'après Dumont, lorsqu'on traite au préalable une terre par du carbonate de potassium : le dédoublement des engrais potassiques ne se produit plus, quelle que soit la dose de calcaire que renferme le sol, tant que l'absorption demeure satisfaite.

Quoiqu'il en soit, si on envisage la question *au point de vue pratique*, on trouve que, si la potasse et l'ammoniaque sont fixées par la terre arable, ces bases le sont d'une manière différente suivant qu'on les fournit au sol sous forme de carbonate ou sous forme de sulfate. Cette différence de fixation a été observée, il y a déjà longtemps, à propos de recherches propres à éclairer la théorie du plâtrage.

On sait que, de tous les avantages reconnus dans l'action du plâtre, le plus réel et le seul qui soit hors de doute consiste dans une solubilisation de la potasse. Cette base se mobilise et descend dans la profondeur du sol où les racines des légumineuses, parfois si longues, peuvent l'absorber. C'est vraisemblablement *à l'état de sulfate* que la potasse chemine ainsi dans les couches profondes.

Pour étudier l'absorption comparée des carbonates et des sulfates, on fait réagir de 50 à 200 grammes de kaolin ou de terre végétale sur des solutions diluées de carbonate et de sulfate de potassium. Le volume de la solution saline est mesuré ; on laisse celle-ci en contact avec la terre pendant quelques heures, puis on filtre, et on dose la potasse ou l'ammoniaque dans le liquide filtré. On connaît ainsi, par différence, ce que l'argile ou la terre ont absorbé. L'expérience montre que, dans le cas de ces deux bases, le carbonate est toujours plus fortement retenu que le sulfate. La moyenne générale des différences obtenues est la suivante :

Quantité de base retenue.

Sur 100 parties de potasse introduites dans une matière absorbante à l'état de :
- Carbonate............ 74
- Sulfate 32

Sur 100 parties d'ammoniaque introduites dans une matière absorbante à l'état de :
- Carbonate............ 80
- Sulfate 31.5

(Dehérain.)

III

PHÉNOMÈNES D'ABSORPTION ATTRIBUABLES A LA PRÉSENCE DES COLLOIDES MINÉRAUX ET ORGANIQUES.

Nous avons vu, quelques pages plus haut, que Way avait déjà pressenti le rôle important des silicates dans l'absorption des matières fertilisantes. L'examen attentif de cette question va nous montrer que certaines classes de silicates (*les zéolithes*) se prêtent avec une grande facilité au remplacement réciproque des bases les unes par les autres.

Déplacement des bases dans un silicate zéolithique. — Eichhorn (1858) a mis nettement en relief la nature de ce remplacement. Il prit de la *chabasie* (silicate double d'aluminium et de calcium hydraté) dont la composition centésimale était la suivante : $SiO^2 = 47,4$; $Al^2O^3 = 20,7$; $CaO = 10,4$; $K^2O = 0,7$; $Na^2O = 0,4$; $H^2O = 20,4$.

On peut traduire cette composition par la formule suivante de constitution (en ne tenant pas compte de la potasse et de la soude) : $Si^4Al^2CaO^{18}H^{12} = 4SiO^2.Al^2O^3.CaO. 6H^2O,$

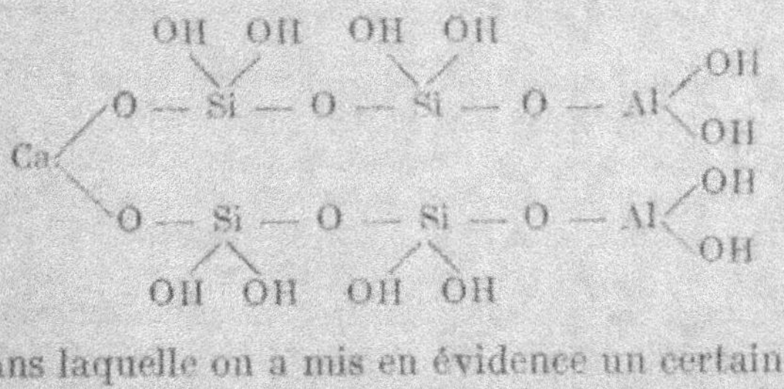

$$\begin{matrix} & & OH & OH & & OH & OH & & & OH \\ & & | & | & & | & | & & & / \\ & O - Si & - & O & - & Si & - & O - Al & \\ & / & & & & & & & \backslash \\ & & & & & & & & & OH \\ Ca & & & & & & & & & \\ & \backslash & & & & & & & & OH \\ & O - Si & - & O & - & Si & - & O - Al & / \\ & & | & | & & | & | & & & \backslash \\ & & OH & OH & & OH & OH & & & OH \end{matrix}$$

formule dans laquelle on a mis en évidence un certain nombre d'oxhydriles (OH), les uns attachés à l'aluminium, les autres au silicium. Il est facile, à l'aide de cette formule (ou de toute autre analogue), de saisir la raison pour laquelle un pareil silicate hydraté fixe, soit des radicaux basiques, soit des radicaux acides, suivant que ces radicaux prennent la place d'un oxhydrile uni à l'aluminium ou au silicium.

Un échantillon de ce minéral pulvérisé fut traité pendant dix jours par une solution de sel marin à 1 p. 100 ; un autre échantillon pendant vingt et un jours par une solution de carbonate de sodium à 4 p. 100 ; un autre, pendant vingt et un jours, par une solution de chlorure de potassium à 1 p. 100. La soude et la potasse déplacèrent une partie de la chaux, et celle-ci apparut en dissolution à l'état de chlorure de calcium. La chaux de la chabasie est également déplaçable par l'ammoniaque, et la nouvelle substance ainsi formée ne perd pas d'ammoniaque à 110°, alors que le silicate primitif commence déjà à s'altérer à cette température.

Il résulte de ces expériences, *faites en l'absence de calcaire*, que les bases peuvent se substituer les unes aux autres dans certains silicates hydratés. Ceux-ci sont, en principe, facilement attaqués par les acides forts et semblent être les seuls qui possèdent cette curieuse propriété d'échanger quelques-uns de leurs constituants basiques contre d'autres bases mise en leur présence sous forme de solutions salines.

Les phénomènes de déplacement des bases dans le sol sont corrélatifs de la présence des silicates hydratés. — Parmi les travaux les plus importants relatifs à cet échange de bases, non plus vis-à-vis d'un minéral déterminé, mais au contact de la terre elle-même, nous citerons les suivants :

Absorption de la potasse en dissolution. — Peters (1859) traite 250 grammes de terre par une liqueur aqueuse renfermant, dans un volume de 250 centimètres cubes, des sels variés de potassium sous les concentrations de 1/5, 1/10, 1/20, 1/40, 1/80 d'équivalent $\left(\dfrac{K^2O}{2} \right)$.

Après agitation et contact de vingt-quatre heures, on décante, et on dose la potasse dans le liquide décanté. Les divers sels de potassium se comportent, au point de vue de leur absorption, de façon différente. La durée du contact et la température n'ont qu'une faible influence sur le phénomène ; la quantité absolue de la potasse absorbée croît avec la concentration de la liqueur. Cependant la terre emprunte à une solution diluée une dose de cet alcali proportionnellement plus élevée que celle qu'elle soustrait à des solutions plus concentrées. Quelle que soit la dilution des liqueurs, la terre, dans les conditions où Peters s'est placé, ne retient jamais la totalité de la base dissoute. Lorsqu'on examine la composition du liquide décanté, on y trouve, non seulement de la chaux, mais de la magnésie, de la soude et de la silice. Or, si la terre a été traitée au préalable par de l'acide chlorhydrique chaud, puis bien lavée, elle perd en grande partie sa capacité d'absorption pour la potasse : on voit ici encore le rôle des silicates hydratés, solubles dans les acides forts, dont la destruction diminue le pouvoir que possède normalement la terre de fixer certaines bases.

En ce qui concerne les acides contenus dans les sels dont la base est absorbée, ils ne sont retenus par la terre qu'autant qu'ils peuvent former avec la chaux ou la magnésie des composés insolubles (acide phosphorique). Il résulte donc de ces expériences qu'il y a un *remplacement* effectif de certaines bases par d'autres.

Remarques sur les équilibres. — Rumpler (1901) a fait, à propos des travaux de Eichhorn et de Peters, quelques remarques intéressantes. Il peut sembler inexplicable qu'un silicate, insoluble comme la *chabasie*, échange ses bases lorsqu'on le met en présence de certains sels. Or, il n'existe pas en réalité de substances absolument insolubles dans l'eau, et les remplacements, tels que ceux que nous avons cités à propos de la chabasie, sont assez fréquents. La solubilité du phosphate tricalcique, par exemple, est très faible ; elle s'accroît au contact des sels ammoniacaux et alcalins : il y a échange de bases. Le phosphate trimagnésien, très peu soluble, se transforme, au contact du sel ammoniac et de l'ammoniaque, en phosphate ammoniaco-magnésien. Les expériences de Peters montrent qu'il se produit *un équilibre chimique* entre les diverses substances en présence. Cet équilibre dépend des proportions dans lesquelles se trouvent les différentes bases, dans le sol d'une part, dans les solutions salines ajoutées, d'autre part ; ainsi que du rapport entre la quantité totale des bases contenues dans le sol et la quantité totale des bases contenues dans la solution. C'est là une application de la *Loi d'action de masse* (p. 327).

On peut, d'après Rumpler, imaginer cet équilibre de la façon suivante. Représentons-nous un silicate dans lequel, parmi les bases susceptibles d'échange, il n'y ait que de la chaux et de la potasse et dans lequel le rapport pondéral entre la première et la seconde de ces bases soit 99 : 1. Si on met ce

silicate au contact d'une liqueur qui ne contiendra que de la
chaux et de la potasse (sous forme de nitrates par exemple),
mais dans laquelle le rapport de ces bases sera précisément
l'inverse du rapport précédent, 1 : 99, la potasse se combinera
au silicate, et la chaux que renfermait celui-ci sera déplacée ;
elle entrera en solution jusqu'à l'établissement d'un état d'équilibre entre les différents facteurs de la réaction. Si on ajoute
alors au mélange une certaine quantité de nitrate de potassium, l'équilibre précédent est détruit ; le silicate perd une
nouvelle quantité de chaux qui passe en solution, tandis
qu'une nouvelle quantité de potasse se combine au silicate.

Ces remplacements et ces équilibres apparaissent nettement
dans les expériences de Peters. Rumpler a calculé que, dans
l'échantillon de terre employé par ce dernier auteur, le rapport
de la potasse à la somme des autres bases était égal à 1 : 6,46
En agitant avec cette terre des solutions de chlorure de potassium aux titres précédemment indiqués, le rapport de la potasse aux autres bases prend successivement les valeurs suivantes :

$$\text{Rapport : } \frac{\text{Potasse}}{\text{Somme des autres bases}}$$

Pour une solution de KCl à 1/80 d'équivalent.....	1 : 1,83
—	1/40 —	1 : 0,70
—	1/20 —	1 : 0,41
—	1/10 —	1 : 0,20
—	1/5 —	1 : 0,17

Pour la même terre, le rapport de remplacement change
donc avec la concentration de la solution mise à son contact.

**Déplacement des bases par le gaz carbonique. Échange
de bases.** — Les remplacements de bases chez les silicates sont
également très visibles dans les expériences suivantes dues à Lemberg
(1876), que nous empruntons à l'ouvrage de Ramann (*Bodenkunde*,
1911, p. 54). Lemberg traite, pendant trois semaines, par l'eau
chargée de gaz carbonique, un silicate hydraté dont la composition,
abstraction faite de l'eau, est la suivante :

(1)		
	Silice	= 46,6 p. 100,
	Alumine	= 29,3 —
	Potasse	= 22,7 —
	Soude	= 1,4 —

Après l'action du gaz carbonique, la composition du silicate est modifiée de la façon suivante :

(2)   Silice   = 54,0 p. 100.
                    Alumine = 39,6   —
                    Potasse = 5,3   —

La majeure partie de la potasse s'est donc dissoute sous l'influence du gaz carbonique employé en excès. Si l'on met ce silicate ainsi modifié au contact d'une lessive de potasse, sa composition devient :

(3)   Silice   = 46,6 p. 100.
                    Alumine = 35,6   —
                    Potasse = 17,7   —

Le silicate a donc repris presque tout l'alcali que lui avait fait perdre le traitement par l'acide carbonique ; mais, traité par l'eau, il perd de nouveau une partie de sa potasse. Il est évident, d'après cela, que les variations de la composition du silicate primitif dépendent de la masse de l'eau employée, d'une part, de celle de la potasse, d'autre part.

Le silicate primitif (1), traité par le chlorure d'ammonium, échange la presque totalité de sa potasse contre l'ammoniaque ; il présente alors la composition suivante :

(4)   Silice   = 56,1 p. 100.
                    Alumine   = 34,6   —
                    Potasse   = 0,9   —
                    Ammoniaque (NH^3) = 8,3   —

Il en résulte que 8,3 d'ammoniaque ont remplacé 22,7 — 0,9 = 21,8 de potasse ; $NH^3 = 17$ a donc remplacé $\dfrac{K^2O}{2} = 47,1$: en effet, 8,3 d'ammoniaque NH^3 correspondent à 23,14 $\dfrac{K^2O}{2}$ chiffre voisin de 21,8. Il y a donc équilibre entre l'eau, les constituants du sol et les diverses substances salines dissoutes qui se trouvent au contact de celui-ci : ces déplacements n'ont lieu que lorsqu'on met en présence du silicate un grand excès de solution.

Des conclusions analogues à celles que l'on peut tirer des expériences de Peters ont été formulées par Pillitz (1875). D'après cet auteur, chaque terre possède, sous le rapport de l'absorption de la potasse, de l'ammoniaque, de l'acide phosphorique, *un point de saturation défini*, au-dessus duquel il n'y a plus d'absorption. Une concentration minimum de la solution employée est nécessaire pour saturer une terre donnée ; l'absorption des bases, telles que potasse et ammoniaque, a lieu en proportions équivalentes. En ce qui concerne l'ammoniaque, cette base est absorbée indépendamment de la présence du calcaire. Mais, contrairement aux vues de Peters, Pillitz montre que la concentration de la solution ne change pas la grandeur de l'absorption. Lorsqu'on fait agir une solution de phosphate de potassium sur la terre, celle-ci absorbe les deux éléments du sel, acide et base, dans les mêmes proportions où ils existent dans le sel.

Le reproche que l'on a adressé à ces dernières expériences c'est d'avoir été faites avec des solutions trop concentrées, non comparables à celles qui répondent aux concentrations physiologiques (Knop).

Cependant Kellner a confirmé la plupart des faits énoncés par Pillitz, entre autres celui qui a trait à l'absorption *équivalente* de la potásse et de l'ammoniaque. Il montre que, si la richesse d'un sol en matières humiques et en silicates zéolithiques augmente le pouvoir absorbant, il existe aussi un autre facteur qui entre en jeu : c'est la grandeur de la surface offerte par ces matières aux substances destinées à être absorbées.

Conformément aux données de Peters, Kellner, en employant des solutions de sel ammoniac, a pu déplacer la potasse fixée par absorption sur une terre. Ce déplacement fournit une quantité de potasse un peu supérieure à celle que la terre avait empruntée aux solutions : en effet, le sel ammoniac déplace, en outre, une petite dose de la potasse contenue primitivement dans la terre.

Parmi les faits intéressants observés par Kellner il faut citer le suivant. La potasse, la chaux et la magnésie ne contribuent à la nutrition d'une plante qu'autant que ces bases existent dans le sol sous forme dissoute, ou sous forme de combinaisons d'absorption facilement déplaçables. Cette proposition a été vérifiée directement par l'expérience.

Expériences de Van Bemmelen, rôle des hydrogels.

— Complétons les données qui précèdent par quelques remarques dues à van Bemmelen. Parmi les bases que contiennent les silicates zéolithiques, la chaux et la soude se déplacent, au contact d'un sel dissous, avec plus de facilité que la magnésie et, surtout, que la potasse. On comprend donc pourquoi la chaux et la soude se rencontrent en proportions notables dans les eaux de drainage, indépendamment de la solubilité propre du bicarbonate de calcium dans les liquides du sol. Si on additionne une terre de nitrate de potassium, c'est du nitrate de sodium qui passera dans les eaux de drainage, accompagné de nitrate de calcium. Le faible déplacement de la potasse dans les zéolithes explique la rareté relative de cette base dans les eaux souterraines.

Les *hydrogels*, surtout celui de l'acide silicique, sont capables *d'absorber* les alcalis et les terres alcalines, sans qu'il y ait combinaison, au sens propre qu'on attribue à ce mot en chimie. Les hydrogels peuvent également retenir certains acides. Graham a montré, il y a longtemps, qu'un hydrogel mis en présence d'un liquide autre que l'eau (alcool, glycérine, etc.) pouvait échanger l'eau qu'il contient contre le nouveau liquide ; il se forme alors un *alcoogel*, un *glycérogel*. Là, encore, il n'y a pas de combinaison chimique.

Un hydrogel absorbe d'autant mieux, en général, une substance donnée, que le corps solide en suspension dans l'hydrogel et la substance au contact de laquelle il se trouve peuvent, dans d'autres circonstances, entrer en combinaison chimique.

Voici quelques types de ces *combinaisons d'absorption* étudiées par Van Bemmelen. L'hydrogel silicique, mis au contact d'une solution de carbonate de potassium, prend une partie de la potasse de ce sel ; le reste de cette base demeure à l'état de bicarbonate. Au contact du phosphate bisodique PO^4Na^2H, l'hydrogel silicique s'empare d'un atome de sodium et laisse du phosphate monosodique PO^4NaH^2. Lorsque l'hydrogel silicique se trouve en présence d'un mélange de carbonate de calcium et de chlorure de potassium, il est probable que la réaction suivante a lieu. Une partie de la chaux est prise par l'hydrogel avec production de bicarbonate de calcium soluble ; ce dernier sel fait ensuite la double décomposition avec le chlorure de potassium, et le carbonate de potassium résultant échange son potassium contre le calcium de l'hydrogel : d'où formation d'un hydrogel de silicate de potassium. La potasse est donc absorbée, et il reste en solution du chlorure et du bicarbonate de calcium. Lorsqu'un hydrogel se transforme peu à peu sous l'influence du temps et perd ses qualités colloïdales, il n'est plus apte à former de combinaisons d'absorption.

Ainsi, un colloïde minéral qui affecte la forme de *gel* est susceptible d'absorber, ou des bases, ou des acides, soit directement, soit à la suite d'une série de doubles décompositions qui mettent en liberté ces bases ou ces acides. L'hydrogel silicique est également capable de fixer certains sels alcalins (chlorures, sulfates, nitrates) ; ces sels se partagent entre l'eau du gel et l'eau de la dissolution. Toutefois, il ne faudrait pas exagérer l'importance du rôle que peut jouer la silice à l'état de *gel* ; la silice semble, en effet, être peu abondante dans le sol sous cette forme.

Pouvoir absorbant des colloïdes humiques. — A côté des colloïdes minéraux, on trouve toujours dans le sol des colloïdes humiques. Nous avons étudié antérieurement quelques-unes des réactions auxquelles se prêtent ces substances, particulièrement vis-à-vis des bases libres. Nous répéterons ici que les pseudo-combinaisons qui se forment dans les conditions que nous avons spécifiées ne rentrent pas dans la loi des proportions définies, et que les matières humiques sont des agrégats très complexes qui échappent à toute formule fixe. D'après van Bemmelen, beaucoup de matières humiques dissoutes possèdent les propriétés des hydrogels. Lorsqu'on traite par l'eau ou l'alcool les souches de certaines fougères, on obtient une liqueur brun-rouge. Celle-ci est en grande partie coagulée par de petites quantités des acides sulfurique, chlorhydrique, oxalique, ainsi que par certaines solutions salines (sulfate de potassium, chlorure d'ammonium). Si on fait agir la potasse sur de la tourbe ou du terreau, on obtient un liquide brun très foncé qui, soumis à une dialyse prolongée, fournit une liqueur neutre. L'humate alcalin ainsi préparé coagule facilement en présence des acides forts et de certains sels. Les flocons, séparés par filtration et séchés, renferment toujours une certaine dose d'azote et de substances fixes. Parmi celles-ci, on rencontre des matières que l'humus contenait originairement ; de plus, une petite quantité du sel qui a servi à produire la coagulation est assez énergiquement retenue.

Les complexes humiques jouent un certain rôle dans le pouvoir absorbant, mais leur activité est bornée aux seules bases libres ou aux carbonates alcalins dissous dans les liquides du sol. Toutefois, d'après nombre d'auteurs, l'humus acide (tourbe) est capable de décomposer plusieurs sels à acide faible et de s'emparer de leurs bases. La quantité de base absorbée est d'autant plus grande que les acides minéraux auxquels sont combinées ces bases sont plus faibles (acide carbonique, acide phosphorique). Quant aux acides sulfurique et chlorhydrique,

ils sont très difficilement déplacés. Cependant on a émis l'opinion que
l'acidité du sol, nuisible aux végétaux, ne devait pas être mise sur le
compte de l'acide humique libre, mais bien sur celui des acides minéraux que l'acide humique met en liberté. Quoi qu'il en soit, les phéno
mènes d'absorption auxquels donne lieu la présence de l'humus sont
d'une importance secondaire quand on les compare à ceux qu'exercent
les silicates zéolithiques.

Dans les combinaisons que nous avons décrites sous le nom
de *combinaisons d'absorption*, il est difficile de faire une part
exacte entre le phénomène de l'*absorption* proprement dite,
c'est-à-dire de la combinaison de deux substances en proportions non définies, mais qui sont en réalité unies en vertu d'une
affinité chimique particulière, et le phénomène de l'*adsorption*,
qui est d'*ordre physique*, et dans lequel n'entrent en jeu que des
actions de surface (Voy. plus loin, p. 330).

Phénomènes d'équilibre; loi d'action de masse. —
Nous avons fait bien souvent allusion, dans les pages qui précèdent, aux phénomènes d'équilibre chimique : donnons à cet
égard quelques explications très simples et très classiques destinées à montrer leur extrême importance, et prenons pour
cela un des exemples les plus nets.

Mettons en présence une molécule d'alcool ordinaire et une molécule
d'acide acétique; abandonnons le mélange à lui-même et déterminons,
de temps à autre, la *concentration* en acide de ce mélange. Nous constaterons que cette concentration va chaque jour en diminuant, pour
atteindre finalement une valeur fixe, *la température restant constante*.
L'acide et l'alcool ont réagi pour engendrer un corps neutre, l'éther
acétique, avec élimination d'une molécule d'eau :

$$(1) \quad CH^3CO^2H + C^2H^5OH = CH^3CO^2C^2H^5 + H^2O.$$

Mais *la réaction n'est pas complète* : elle s'arrête à un certain moment, alors qu'il subsiste encore de l'acide et de l'alcool libres en présence.

Inversement, prenons une molécule d'eau et une molécule d'éther
acétique; l'eau décomposera progressivement l'éther (saponification) :

$$CH^3CO^2C^2H^5 + H^2O = CH^3CO^2H + C^2H^5OH.$$

Ici encore, la réaction s'arrêtera, et *la composition du mélange, à la
limite, sera exactement la même que celle qui figure dans l'équation* (1).

Cette dernière réaction est donc possible *dans les deux sens* ; elle est dite *réversible*, et le mélange, quand toute réaction est terminée, constitue un *système chimique en équilibre* que l'on écrit ainsi :

$$CH^3CO^2H + C^2H^5OH \rightleftarrows CH^3CO^2C^2H^5 + H^2O.$$

Dans un pareil système, ajoutons une petite quantité d'acide acétique : l'équilibre est rompu. Une nouvelle portion d'acide agit sur l'alcool resté libre jusqu'à établissement d'un nouvel état d'équilibre. Il en serait de même si, au lieu d'ajouter de l'acide, nous avions ajouté de l'alcool, de l'éther ou de l'eau. Tous les corps qui interviennent dans l'équation ci-dessus sont des *facteurs de l'équilibre*. De même, un système en équilibre *dont on modifie la température ou la pression* éprouve une modification chimique qui l'amène à un nouvel état d'équilibre : la pression et la température sont donc aussi des *facteurs de l'équilibre*.

Tout système chimique en équilibre satisfait à une loi très importante : *la loi d'action de masse ou de concentration.*

Reprenons l'exemple précédent dans lequel nous avons le système : acide, alcool, éther, eau ; définissons l'état du système en équilibre, à une certaine température, *par la concentration de chacun des corps en présence,* c'est-à-dire *par le nombre de molécules contenues dans l'unité de volume.*

Soient c, c_1, c_2, c_3, les concentrations moléculaires de l'acide, de l'alcool, de l'éther, de l'eau. La loi d'action de masse nous enseigne que *le rapport du produit des concentrations des corps contenus dans le premier membre de l'équation chimique* (1), *définissant la réaction qui a conduit à l'équilibre, au produit des concentrations des corps contenus dans le second membre de cette même équation est constant pour une même température* :

$$\frac{c \times c_1}{c_2 \times c_3} = K$$

K est donc fonction de la température seulement.

Ainsi, si nous laissons la température constante, et si nous ajoutons, par exemple, de l'alcool au mélange en équilibre, le système sera modifié ; il atteindra, après quelque temps, un état d'équilibre différent du premier, et les nouvelles concentrations c', c'_1, c'_2, c'_3 qui définissent ce nouvel état d'équilibre satisfont toujours à la relation :

$$\frac{c' \times c'_1}{c'_2 \times c'_3} = K = \frac{c \times c_1}{c_2 \times c_3}$$

Lorsque, dans la réaction chimique qui conduit à un certain état d'équilibre, la formule moléculaire d'un corps est affectée d'un *coefficient*, la concentration correspondante, dans l'expression de la loi d'action de masse, doit être affectée d'un exposant égal à ce coefficient.

Par exemple, l'iode et l'hydrogène, chauffés ensemble en tube scellé, réagissent en donnant de l'acide iodhydrique, jusqu'à établissement d'un certain état d'équilibre :

$$H + I \rightleftarrows HI$$

Si nous voulons appliquer la loi d'action de masse, nous devons d'abord, dans l'équation correspondante, représenter tous les corps *par leur formule moléculaire*.

$$(2) \quad H^2 + I^2 \rightleftarrows 2HI$$
$$c \qquad c_1 \qquad c_2$$

et nous aurons, en vertu de la loi d'action de masse, la relation :

$$\frac{c \times c_1}{c_2^2} = K$$

La concentration c_2 de l'acide iodhydrique doit être affectée de l'exposant 2, égal au coefficient de HI dans l'équation (2).

Quand l'un des corps du système en équilibre est *solide*, sa concentration n'intervient pas dans l'expression de la loi d'action de masse. Soit, par exemple, l'action de l'eau sur le fer :

$$4H^2O + 3Fe \rightleftarrows Fe^3O^4 + 4H^2$$

Cette réaction est *réversible* ; elle donne naissance à un état d'équilibre. Considérons donc le système gazeux en équilibre à une certaine température et appliquons-lui la loi d'action de masse : soient c_1, c_2, c_3, c_4, les concentrations de la vapeur d'eau, de la vapeur de fer, de la vapeur Fe^3O^4, de l'hydrogène ; nous aurons :

$$\frac{c_1^4 \times c_2^3}{c_3 \times c_4^4} = K$$

Or, il n'y a pas à tenir compte des tensions de vapeur du fer et de l'oxyde Fe^3O^4 ; l'équation se réduit simplement à :

$$\frac{c_1^4}{c_4^4} = K \quad \text{ou} \quad \frac{c_1}{c_4} = K$$

Considérons maintenant un système de sels dissous dans l'eau et en équilibre :

$$AB + A_1B_1 = AB_1 + A_1B$$

dont c_1, c_2, c_3, c_4 sont les concentrations respectives. A l'équilibre, nous aurons :

$$\frac{c_1 \times c_2}{c_3 \times c_4} = K$$

Mais un assez grand nombre de sels sont *ionisés* en solution aqueuse ; dans ce cas, il faudra, pour appliquer la loi d'action de masse, intro-duire la concentration en ne tenant compte *que de la portion du ou des sels non ionisés*, c'est-à-dire de la fraction du ou des sels existant effec-tivement dans la solution.

Remarquons que la loi d'action de masse ne s'applique généralement qu'à des systèmes dans lesquels les substances qui réagissent sont à l'état dilué, comme les gaz et les corps en solution étendue. Les sys-tèmes qui engendrent les éthers à partir d'un acide et d'un alcool (équation 1) satisfont cependant encore à la loi, bien que ces systèmes contiennent des corps réagissant sous de fortes concentrations.

La loi d'action de masse intervient continuellement pour régler le sens des phénomènes de double décomposition qui ont lieu dans le sol, ainsi que nous l'avons constaté bien des fois au cours de ce chapitre.

En effet, reprenons l'équation :

$$CO^3Ca + 2KCl = K^2CO^3 + CaCl$$

et transportons-la dans le milieu où nous devons l'étudier ici, c'est-à-dire dans la terre arable. Si faible que soit la quantité de carbonate de potassium qui prend naissance, celui-ci, aus-sitôt formé, est absorbé par les colloïdes humique et argileux ; il sort, par conséquent, du champ de la réaction. Une nou-velle quantité de ce sel se produit, et ainsi de suite, jusqu'à *transformation totale* du chlorure en carbonate de potassium. Un engrais potassique, tel que le chlorure, pourra donc, dans un sol tant soit peu calcaire, passer presque intégra-lement à l'état de carbonate.

<h2 style="text-align:center">IV</h2>

<h1 style="text-align:center">AFFINITÉ CAPILLAIRE. ACTIONS DE SURFACE.
PHÉNOMÈNES D'ADSORPTION.</h1>

Le pouvoir absorbant des sols a été quelquefois mis sur le compte de phénomènes purement physiques, analogues à ceux de la teinture. On sait, en effet, que telles matières colo-rantes adhèrent d'une façon remarquable à certains tissus (coton, chanvre, lin, laine) sans qu'il soit possible de faire intervenir dans cette adhésion la notion de combinaison chimique. C'est par les expressions *d'attraction de surface* ou *d'affinité capillaire* que l'on a désigné souvent les faits bien connus que nous venons de rappeler. Un semblable phénomène se produit certainement dans le sol au contact des éléments de la terre arable avec les solutions qui les entourent. Lorsqu'une pareille solution se trouve en présence des particules terreuses, il y a d'abord *adsorption* du sel, c'est-à-dire adhérence de celui-ci sur le grain solide ; et, par conséquent, le titre primitif de la solution saline s'appauvrit. Parfois le phénomène s'arrête là ; il ne se complète pas d'une action chimique, et, si on lave à l'eau pure les grains imprégnés de sel, celui-ci est totalement entraîné : c'est ce qui a lieu lorsqu'une solution de nitrate de sodium ou de sel marin se trouve en présence de grains uniquement sableux : ces substances ne sont retenues à la surface des grains que par une *attraction de surface* et le sel peut s'y concentrer, mais il n'y a pas de réaction chimique. Encore cette adsorption est-elle très faible. Au contraire, s'il y a échange de bases entre la solution saline et les éléments du sol, ainsi qu'il arrive en présence des silicates colloïdaux, une réaction chimique succède au phénomène d'adsorption, et nous rentrons dans le cas des déplacements examinés plus haut. Les actions de surface ou d'adhésion capillaire précèdent donc toujours la réaction chimique, si celle-ci doit avoir lieu ; plus cette adhésion est puissante, plus elle a de chances de provoquer et de favoriser par un contact prolongé la réaction chimique, lorsque cette réaction est possible.

Parmi les phénomènes remarquables de *teinture* que l'on observe dans le sol, il faut citer celui qui a trait à l'adhérence de la matière organique aux grains sableux. Sans doute, une certaine quantité d'humus se trouve libre dans le sol et peut être assez facilement extraite par lévigation : l'humus, plus léger, flotte à la surface de l'eau dont on imbibe un échantillon de terre que l'on frotte avec le doigt, comme il a été dit à propos de l'exécution de l'analyse physique par le procédé de Schlœsing (p. 195). Mais si on examine attentivement les grains sableux, on y découvre toujours des traces d'humus qui sont collées à la surface de ces grains. Ceux-ci, desséchés à 100°, puis soumis à l'action d'une faible chaleur, noircissent ; ils se décolorent si l'on chauffe plus fort. La matière organique est donc appliquée sur les grains comme une matière colorante qui imprégnerait une étoffe. Cette adhérence n'est vaincue que lorsqu'on fait agir sur le sable, ainsi teint, un réactif capable de dissoudre l'humus, tel qu'une base (potasse ou ammoniaque). On provoque, de même, la disparition de certaines matières colorantes appliquées sur une étoffe par l'emploi de solvants appropriés. Cette adhérence intime de l'humus à la matière minérale rend compte de ce fait, que les eaux qui ont lavé la terre (eaux de drainage) sont en général très peu colorées en brun, alors même qu'elles ont traversé une couche épaisse de terre riche en humus.

Nous verrons ultérieurement que la plupart des espèces microbiennes aérobies qui habitent le sol vivent de préférence à la surface ou à une faible profondeur. Certaines de ces espèces s'attaquent à la matière organique complexe et lui font subir une série de transformations qui l'amènent à des états de plus en plus simples. L'eau de pluie entraîne ceux de ces éléments qui se sont solubilisés et qui résultent de cette dégradation ; elle tend à les faire descendre d'autant plus bas qu'ils sont plus diffusibles. Alors intervient le phénomène de teinture ou d'adhésion capillaire ; les grains sableux *adsorbent* la matière organique qui n'a subi qu'un commencement d'altération et la retiennent. Comme le pouvoir adhésif est réparti sur une surface immense qui croît avec la petitesse des grains, on conçoit que cette matière organique ne s'enfonce jamais à une très grande profondeur et reste cantonnée dans les couches superficielles du sol : on sait, en effet, que l'humus est, en règle générale, toujours localisé dans ces couches. Si la simplification de la matière organique par le travail microbien donne naissance à des substances cristalloïdes, par conséquent très diffusibles, celles-ci, sous l'influence des pluies, s'enfoncent de plus en plus profondément. Elles ne sont pas retenues par l'attraction capillaire — ou du moins elle le sont très peu ; — on les retrouve finalement dans les eaux de drainage : tels sont les nitrates et les sulfates provenant de l'oxydation de l'azote et du soufre contenus primitivement dans l'humus. Ainsi, tant que la matière organique est sous forme colloïdale, c'est-à-dire voisine de celle qu'elle affectait chez le végétal, elle est très peu diffusible et demeure soudée aux particules sableuses aussi longtemps que se prolonge son état de condensation moléculaire.

Les phénomènes de teinture (attraction capillaire) ne jouent qu'un rôle secondaire dans le pouvoir absorbant des sols vis-à-vis des matières salines.

V

RÉSUMÉ ET CONCLUSIONS PRATIQUES.

On peut résumer de la façon suivante les causes qui provoquent, chez les terres arables, mais à des degrés différents, la faculté de retenir les substances fertilisantes.

1º Lorsqu'un sol contient du calcaire — ce qui est le cas habituel des terres dites *arables* — ce calcaire intervient comme élément basique capable de déplacer l'ammoniaque et, partiellement, la potasse de leurs combinaisons avec les acides sulfurique et chlorhydrique. Il neutralise également les acidités libres de l'acide phosphorique dans le phosphate monocalcique.

L'ammoniaque et la potasse, ou les carbonates de ces bases, mises ainsi en liberté, s'unissent à l'humus, et, de préférence, aux silicates colloïdaux. L'intimité d'une semblable union, dans le cas de l'ammoniaque, est telle que, d'après Pfeiffer et Einecke, les plantes profitent mal de cette forme de l'azote qu'elles ne peuvent dégager de sa combinaison.

2º Le phénomène le plus général qui entre en jeu dans l'exercice du pouvoir absorbant est celui qui concerne les déplacements réciproques de bases *entre les silicates colloïdaux et les sels ajoutés sous forme d'engrais*. A la suite de ces déplacements, telle base contenue dans le silicate est mise en liberté et remplacée par la base que renferme le sel ajouté. L'action de masse intervient pour régler l'intensité du déplacement : celui-ci pourra être presque total si, comme il arrive dans les expériences de laboratoire, l'équilibre, qui tend à s'établir d'abord au contact de la solution saline et du silicate, est rompu par suite de l'addition d'un grand excès de cette solution saline. Dans ce cas, le remplacement a lieu équivalent par équivalent, comme lorsqu'il s'agit d'une double décomposition chimique entre deux sels dans laquelle l'une des deux bases est capable de former avec l'un des deux acides un composé insoluble. Mais, pratiquement, le déplacement total de la

19.

base d'un silicate n'est jamais atteint, car la masse chimique
des solutions salines ajoutées sous forme d'engrais est incomparablement plus petite que la masse des silicates colloïdaux
contenus dans presque toutes les terres : les substitutions de
bases ne peuvent donc être que partielles.

Peut-on affirmer que ces déplacements de bases dans les silicates
colloïdaux soient toujours imputables *à des réactions chimiques?*
On ne saurait trop répéter, encore une fois, qu'une réserve très grande
s'impose à cet égard, et que l'interprétation de ce phénomène ne doit
être faite qu'avec beaucoup de prudence. En réalité, — et il convient
de bien insister sur ce point — on n'obtient jamais le déplacement
de la totalité de la potasse, par exemple, dans un silicate zéolithique,
même à la suite d'une agitation prolongée avec une solution saline ; on
ne peut pas davantage priver une solution de potasse de la totalité
de son alcali en la remuant avec de la terre, quels que soient la durée
du contact et l'état de concentration des solutions employées. Rüm-
pler, en agitant plusieurs échantillons de terre avec de l'eau de chaux
ou des solutions de chlorure de calcium, a obtenu des résultats qui
montrent que la quantité de potasse déplacée dans les deux cas est
la même. D'après cet auteur, la potasse ainsi dissoute se trouverait dans
le sol sous une forme bien déterminée, appartenant à un silicate zéolithique. Remarquons que, dans toutes les expériences où l'on met en
contact la terre avec une dissolution saline, l'alumine des silicates
n'entre pas en réaction, en ce sens qu'elle n'est jamais déplacée : ceci
confirme l'interprétation que nous avons donnée de la structure des
silicates en général (page 50). On doit considérer les silicates renfermant de l'alumine, non pas comme des sels doubles d'aluminium et
de potassium, ou d'aluminium et de calcium, etc., etc., mais comm
des alumino-silicates de potassium ou de calcium, etc ; l'acide commun
à tous ces sels étant *l'acide aluminosilicique.*

Si l'on admet pour un silicate hydraté, tel que l'argile, soit la formule de constitution de Glinka (page 71), soit la suivante proposée
par Maquenne:

$$Al^2O^3.\ 2SiO^2.\ 2H^2O = O\left\langle \begin{matrix} Si - O - O - Al\langle{}^{OH}_{OH} \\ \parallel \\ Si - O - O - Al\langle{}^{OH}_{OH} \end{matrix} \right.$$

on peut penser, que cette substance possède à la fois des propriétés
basiques et des propriétés acides, et que ces dernières dominent à
cause du voisinage du groupe Si^2O^5.

Pukall (1910) a indiqué pour l'argile la formule suivante :

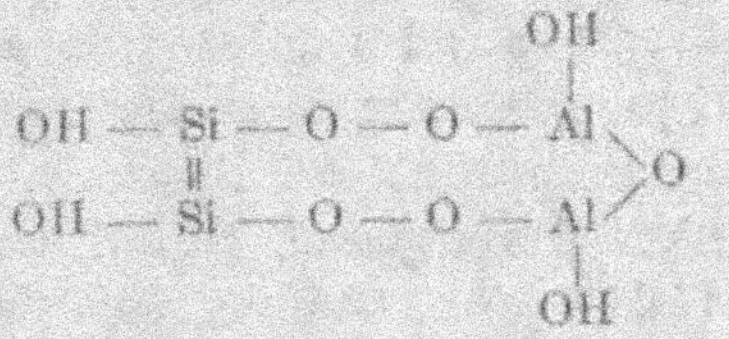

$$OH - Si - O - O - Al \underset{OH}{\overset{OH}{|}} \Big\rangle O$$

Ces schémas rendent certainement compte de plusieurs particularités que présentent les phénomènes d'absorption, mais la disposition de leurs groupements est encore très hypothétique.

D'après ces formules, l'argile devrait pouvoir contracter avec les bases et avec les acides des combinaisons que l'eau dissocierait aisément. Or l'argile, si elle est douée de propriétés *adsorbantes* notables, fixe au contraire assez mal les bases, en supposant toutefois qu'elle soit pure et ne constitue qu'un silicate d'aluminium hydraté. En fait, elle renferme toujours de la potasse déplaçable, comme on le sait, par la chaux, dont le calcium remplacerait deux ou plusieurs atomes d'hydrogène des groupes (OH). En généralisant ce raisonnement, on peut imaginer que les silicates zéolithiques renferment un grand nombre d'oxhydriles, et que leur pouvoir absorbant vis-à-vis des bases est précisément dû à leur caractère polybasique.

3° Tous les phénomènes qui caractérisent le pouvoir absorbant, et dont la plupart affectent une allure chimique, sont toujours précédés de phénomènes purement physiques, attribuables à des actions capillaires ou à des attractions de surface : parfois ces attractions ne se complètent pas d'une combinaison chimique et il y a simplement *adsorption* de la substance saline ; parfois aussi, à la suite d'un contact prolongé, une réaction se manifeste qui rentre dans l'une des deux catégories précédentes.

On voit donc combien sont nombreux et complexes les facteurs du pouvoir absorbant. Aussi ne doit-on regarder les notions développées dans ce chapitre que comme des *aperçus théoriques*, capables de faire comprendre le sens de certaines réactions, réalisables dans le laboratoire, où l'on s'efforce de n'introduire qu'un nombre restreint de variables dans un phénomène qui en comporte une infinité.

Au point de vue pratique, on peut affirmer qu'un sol *qui renferme une forte proportion de silicates colloïdaux, et qui est riche en humus, possède un pouvoir absorbant considérable ; les matières fertilisantes qu'on lui confiera demeureront dans les couches supérieures du sol, là où les racines peuvent s'en emparer.*

On conçoit qu'à la suite d'un épandage trop copieux d'engrais solubles le pouvoir absorbant soit satisfait, et que, si la végétation n'absorbe pas les substances ainsi fixées, le sol atteigne en quelque sorte *son point de saturation* vis-à-vis des matières qu'il aura empruntées à l'engrais. Tant que cet état de saturation n'est pas dépassé, ce qui d'ailleurs est exceptionnel, le sol résiste bien, comme nous l'avons vu, aux lavages qu'occasionne la chute de l'eau de pluie. Cependant la chaux, la magnésie, la soude, l'acide sulfurique, sont des substances qu'il retient mal en général; le chlore et l'acide nitrique des substances qu'il ne retient pas du tout.

D'après les notions relatives à l'action de masse, il est clair que l'addition répétée de certains sels solubles favorisera, par déplacement réciproque, l'élimination de certaines bases. On sait, en effet, que l'emploi des engrais potassiques et ammoniacaux détermine une perte correspondante de chaux dans les eaux de drainage, perte d'autant plus élevée que les engrais distribués auront été plus abondants.

On voit aussi que certains sels, peu ou pas utiles aux végétaux, comme le chlorure de sodium, provoqueront par leur contact avec certains silicates le déplacement de bases utiles, telles que la potasse, contenues dans ceux-ci. La potasse se trouvera donc à la disposition des racines sous une forme soluble, préférable à celle qu'elle affectait dans le minéral avant qu'elle en fut chassée par l'intervention de la soude. Les bons effets obtenus parfois par l'addition du sel marin, employé seul ou mélangé à d'autres engrais, sont imputables au déplacement de la potasse dans les silicates colloïdaux. Il va sans dire qu'un excès de chlorure de sodium occasionnerait la mort des plantes, et que cette façon de mobiliser la potasse présenterait de très graves inconvénients, d'autant plus que nombre de végétaux sont particulièrement sensibles à l'action malfaisante du sel marin. Si la constitution chimique d'une terre joue un rôle capital vis-à-vis du pouvoir absorbant, il faut également tenir compte *de la structure physique* de cette terre. Les terres légères, sableuses ou calcaires, facilement perméables, possèdent un faible pouvoir absorbant : aussi convient-il de ne leur fournir d'engrais qu'à une époque où les végétaux qu'elles portent pourront les utiliser.

CHAPITRE X

ANALYSE CHIMIQUE DE LA TERRE ARABLE

But de l'analyse chimique. Éléments assimilables. — Difficultés que l'on rencontre lorsqu'on veut définir et déterminer le degré d'assimilabilité d'un élément. — Réaction du sol. — Détermination de l'eau. — Détermination de la matière organique totale et du carbone en particulier. — Détermination de l'azote organique, de l'azote nitrique, de l'azote ammoniacal. — Détermination de la totalité des éléments minéraux. — Substances minérales à caractère acide. — Substances minérales à caractère basique. — Analyse rationnelle des terres par l'eau chargée de gaz carbonique. — Interprétation des analyses physique et chimique des sols.

But de l'analyse chimique. — Dans le présent chapitre, nous allons chercher quels sont les procédés susceptibles de nous renseigner sur la fertilité d'un sol, et de nous permettre de déterminer la somme des substances utiles à la plante que ce sol renferme.

Il ne faut pas se méprendre sur le but que nous allons poursuivre ; il ne s'agit pas, en effet, d'exposer ici, avec tous les détails propres à leur exécution, les méthodes analytiques qui ont pour objet de reconnaître et de doser avec rigueur tel ou tel élément de fertilité : nous renvoyons à cet égard le lecteur aux nombreux traités d'Analyse chimique appliquée à l'agriculture publiés tant en France qu'à l'étranger. Nous ne parlerons, dans les pages qui suivent, que de l'action sur la terre arable des réactifs capables de déceler et de doser la *fraction utile* pour la plante d'un élément déterminé, indispensable à son existence, et, cela, sans entrer dans le détail des manipulations souvent assez compliquées qui permettent d'atteindre le résultat cherché. L'exposé actuel sera, avant tout, *une étude critique des procédés employés le plus généralement dans l'analyse chimique des sols.*

Éléments assimilables.— Le problème que se propose
de résoudre l'analyse chimique est double. Il est nécessaire,
tout d'abord, de reconnaître la présence dans un sol donné des
éléments réputés indispensables au développement de la plante,
et d'en estimer le poids total. Cette première partie du problème est d'une exécution parfois longue, mais toujours
facile. On reprochera immédiatement à ce mode d'analyse de
fournir des renseignements peu instructifs, étant donné que
les méthodes utilisées pour atteindre le but consistent surtout
dans l'emploi de réactifs énergiques, agissant à une température souvent élevée et dans un court espace de temps :
ces méthodes paraissent donc, *à priori*, fort éloignées de celles
que la plante met en œuvre pour s'emparer des éléments
indispensables à son existence.

Cependant, la connaissance de l'approvisionnement *total* des
substances nutritives contenues dans le sol peut être fort utile. On
sera parfois amené, d'après l'examen des chiffres obtenus, et avant
toute addition d'engrais, soit à modifier l'état physique du sol par des
procédés mécaniques appropriés, soit à incorporer à ce sol certains
amendements destinés à vaincre l'inertie de telle substance. Cette
méthode d'analyse *globale* des substances minérales appliquée à la
terre arable n'est autre, en réalité, que celle que l'on pratique dans
l'analyse des roches. Or, comme une terre quelconque n'est qu'un
amas de fragments rocheux, il est avantageux, dans bien des cas, de
pouvoir comparer son analyse avec celle des roches environnantes,
afin de saisir soit les analogies, soit les différences de composition.

La seconde partie du problème est, par contre, d'une exécution très pénible : il s'agit de savoir quelle est, à un moment
donné, *la fraction* de ces éléments indispensables sur la présence de laquelle on pourra compter en vue d'une culture
déterminée. Il n'est pas téméraire de dire que tel doit être
l'objet presque exclusif de l'analyse rationnelle d'une terre.
Mais il convient d'ajouter immédiatement que, malgré les
efforts considérables qui ont été tentés dans cette direction
depuis plus de soixante ans, et malgré l'ingéniosité des procédés
préconisés à cet égard, ce second problème est particulièrement
difficile à aborder, et les moyens que nous mettons en œuvre
pour le résoudre sont, le plus souvent, d'une imperfection no-
toire.

Difficultés que l'on rencontre lorsqu'on veut définir et déterminer le degré d'assimilabilité d'un élément. — Lorsqu'il s'agit d'apprécier la fraction assimilable des matières minérales que renferme un sol donné, on a fait, presque toujours jusqu'ici, usage de réactifs énergiques. Les acides forts, en particulier, sont d'un emploi très courant dans ce genre de recherches : acides chlorhydrique, sulfurique, nitrique concentrés, ou dilués suivant certaines conventions. Remarquons de suite combien il est, *à priori*, peu rationnel d'employer de pareils agents dont aucun ne se rencontre normalement dans le sol.

On peut cependant aller au devant de cette objection. En effet, si un réactif, tel que ceux que nous venons de citer, employé dans des conditions fixes de concentration et de température, est capable d'extraire d'un échantillon de terre une quantité d'acide phosphorique, par exemple, précisément égale ou voisine de celle qu'une récolte déterminée aura enlevée du sol, ce réactif pourra donner des renseignements intéressants chaque fois qu'il s'agira d'estimer *la fraction* d'acide phosphorique utilisable actuellement par la plante que l'on désire cultiver. L'emploi de l'analyse chimique, combiné avec l'observation directe sur le champ de culture, constitue, en effet, la pratique la plus recommandable. Aussi de semblables procédés approximatifs ont-ils, sans doute, quelque valeur. Mais il faut savoir les manier avec prudence, car si le réactif en question répond au but vis-à-vis de telle plante, il échouera très probablement lorsqu'on l'appliquera à une autre plante dont les besoins ne seront pas les mêmes que ceux de la première.

Réactifs rationnels. — Nous avons montré, dans plusieurs passages du chapitre VII relatif à la constitution chimique de la matière minérale des sols, l'influence qu'exerce, sur la dissolution d'une substance donnée contenue dans un échantillon de terre, la concentration d'un même acide, la durée de son action et l'élévation de sa température. Nous avons constaté quelle était la variabilité des chiffres obtenus suivant l'intensité de ces facteurs. Aussi faut-il se demander s'il est possible d'imaginer des méthodes d'attaque plus rationnelles, capables de renseigner sur la richesse actuelle d'un sol en matières fertilisantes assimilables. En d'autres termes, peut-on imiter le mécanisme naturel qui donne naissance dans le sol aux matériaux solubles ?

A priori, on devrait répondre par la négative. En effet, les solutions du sol s'élaborent presque toujours en présence de faibles quantités d'eau. Une terre, en dehors des périodes prolongées de pluies, contient le cinquième ou le quart au plus de son poids d'eau. En outre, les réactifs artificiels que nous employons pour dissoudre telle ou telle matière saline entourent complétement les éléments de l'échantillon de terre que l'on met à leur contact, ils les baignent dans toutes leurs parties ; tandis que les racines d'une plante, quel que soit leur degré de finesse, n'entrent jamais en relation avec toutes les particules de la motte de terre dans laquelle elles s'insinuent.

Ces réserves étant faites, il faut convenir que l'emploi de réactifs, tels que ceux qui agissent normalement dans le sol, semble seul rationnel. C'est ainsi que l'eau et le gaz carbonique apparaissent de suite comme les agents principaux, sinon exclusifs, de l'analyse *naturelle* de la terre arable : c'est donc à ces agents qu'il conviendrait de s'adresser. Nous avons vu le parti que Schloesing fils avait tiré de leur action pour fixer la composition et la concentration des dissolutions du sol (page 224). Un grand nombre d'expériences ont déjà été tentées dans ce sens, expériences dans lesquelles on a déterminé quelles étaient les proportions d'acide phosphorique, de potasse, de chaux, etc., que l'eau carbonique pouvait déplacer. Une étude méthodique et très intéressante a été faite dans cet ordre d'idées par E.A. Mitherlich en 1907 : nous en parlerons plus loin.

Cependant, lorsqu'on veut procéder de cette façon, il faut, malgré tout, faire encore quelques conventions. Quoiqu'il en soit, il est à souhaiter que l'on abandonne la plupart des procédés qui reposent sur l'emploi de réactifs énergiques, absolument étrangers au sol, procédés appliqués presque toujours d'une façon uniforme et routinière à l'analyse de n'importe quelles terres. Nous devons reconnaître d'ailleurs que, depuis quelques années, un grand nombre d'analystes ont fait les efforts les plus louables pour débarrasser la science agricole de quelques-unes de ces méthodes surannées.

Nous diviserons l'étude actuelle de la façon suivante :

I. *Réaction du sol* ; II. *Détermination de l'eau ; perte par calcination* ; III. *Détermination de la matière organique totale et du carbone en particulier* ; IV. *Détermination de l'azote organique, nitrique et ammoniacal* ; V. *Détermination de la totalité des éléments minéraux* ; VI. *Détermination des substances minérales à caractère acide* (PO^4H^3, Cl, SO^4H^2, SiO^2) ; VII. *Détermination des substances minérales à caractère basique* (CaO, MgO, K^2O) ; *analyse rationnelle des terres par l'eau carbonique* ; VIII. *Interprétation des analyses physique et chimique des sols.*

(Nous rappellerons que les méthodes d'échantillonnage de la

terre arable ont été indiquées à propos de l'analyse physique
(page 191.)

I

RÉACTION DU SOL.

Lorsqu'un sol renferme un excès d'humus et manque de
calcaire, ou n'en contient qu'une proportion insuffisante, il
rentre dans la catégorie des *terres acides*. Cette acidité peut
être souvent constatée à l'aide d'un papier sensible de tournesol bleu. Il suffit de broyer avec un peu d'eau une trentaine
de grammes de terre et de laisser ensuite reposer quelques instants pour constater que le papier sensible, trempé dans le liquide qui surmonte le magma terreux, prend une teinte lie-
de-vin ou même rouge. Lorsqu'un sol est calcaire, c'est-à-dire
donne lieu à une effervescence bien nette au contact d'un
acide, le sol possède une réaction généralement neutre, et un
papier sensible de tournesol, soit rouge, soit bleu, ne change
pas de teinte à son contact.

La détermination qualitative de l'acidité ou de l'alcalinité
d'une terre présente une importance de premier ordre. Toute
terre acide sera impropre à la grande culture tant qu'elle
n'aura pas été chaulée ou marnée. L'examen de la flore spontanée permet souvent de juger de la réaction du sol : les
bruyères, les *fougères*, les *ajoncs*, les *genêts*, entre autres végétaux, s'installent sur les terres acides.

Pour mesurer l'acidité ou l'alcalinité d'une terre, on peut employer
le procédé suivant, dû à Pagnoul. Cet auteur définit la réaction de la
terre en comparant la quantité d'ammoniaque libre qui se dégage
lorsqu'on chauffe, d'abord seule, puis avec 5 grammes de la terre à
examiner, une liqueur composée de la façon suivante : à 50 centimètres
cubes d'eau, on ajoute une quantité connue, et toujours la même,
d'ammoniaque libre et d'un sel ammoniacal quelconque. On commence par distiller *à blanc* un volume connu du réactif, et on recueille
le liquide qui distille dans de l'acide sulfurique titré, employé en excès
afin qu'il n'y ait pas de perte d'ammoniaque par évaporation. Un titrage exécuté avec une solution de soude, de force connue, donne la
quantité d'acide sulfurique restée libre et, par différence, celle qui a

été neutralisée par l'ammoniaque. On fait une opération identique en prenant le même volume du réactif initial auquel on mélange 5 grammes de terre. Si la quantité d'ammoniaque qui s'est dégagée dans cette seconde opération est moindre que dans l'opération faite à blanc, cela signifie qu'une partie de l'ammoniaque a été retenue par une substance acide que contenait la terre. Si, au contraire, il y a plus d'ammoniaque que dans l'opération faite à blanc, il faut penser qu'une certaine quantité du sel ammoniacal a été décomposée par la terre : or le calcaire seul peut avoir agi sur ce sel pour en déplacer l'ammoniaque à l'état de carbonate volatil. On en conclut que la terre en question est *basique*, c'est-à-dire renferme du carbonate de calcium. On pourrait même, à la rigueur, déduire de ce dosage le poids du calcaire contenu dans l'échantillon analysé. Il est bon, afin que les résultats soient valables, de faire en sorte que le volume du liquide qui distille soit toujours le même.

Cette opération est très simple à réaliser et elle est toujours instructive. Notons en passant que, dans l'essai *à blanc* indiqué plus haut, on recueille toujours un peu plus d'ammoniaque qu'il n'en existe à l'état libre dans la liqueur employée : cela tient à l'alcalinité du verre du ballon dans lequel on fait la distillation.

Citons encore les procédés de titrage suivants :

A. Albert (1909) emploie une méthode analogue à la précédente. 20 à 50 grammes de terre, bien répartis dans 200 centimètres cubes d'eau, sont additionnés d'un volume connu d'eau de baryte titrée, puis de 10 grammes de chlorure d'ammonium. On distille et on recueille l'ammoniaque dégagée dans l'acide sulfurique titré. On obtiendra d'autant moins d'ammoniaque à la distillation qu'il restera moins de baryte libre : plus une terre sera acide et plus elle neutralisera de baryte. On peut ainsi connaître le degré d'acidité du sol. Ce procédé est sujet à une critique. L'ébullition d'une terre quelconque, avec une base puissante telle que la baryte, même en solution étendue, dégage de petites quantités d'ammoniaque provenant du dédoublement de la matière organique azotée de la terre (page 285).

Süchting, pour déterminer le degré d'acidité d'une terre, évalue la quantité de carbonate de calcium que peut décomposer cette terre. Dans un ballon, on dispose de 10 à 50 grammes de matière avec un excès de calcaire dont le poids est connu ; on remplit la moitié du ballon avec de l'eau distillée et on le fait traverser par un courant d'hydrogène de façon à éliminer le gaz carbonique produit. On introduit ensuite de l'acide chlorhydrique dans le ballon et on chasse le gaz carbonique que l'on recueille dans des tubes absorbants. La différence entre la quantité du calcaire, dosé dans cette seconde opération, et la quantité du calcaire introduit primitivement, indique la proportion de carbonate de calcium décomposé par les acides naturels du sol, et, par conséquent, le degré d'acidité de celui-ci.

Von Sigmond (1907) désigne sous le nom de *basicité d'un sol* la quantité d'acide, exprimée en milligrammes d'anhydride azotique Az^2O^5, nécessaire pour titrer 25 grammes de terre.

Veitch (1902) recommande un procédé de titrage par l'eau de chaux dont voici seulement le principe. On ajoute des volumes croissants, mais bien mesurés, de ce réactif à une série de lots de terre de même poids, et on cherche par tâtonnement pour quel volume d'eau de chaux apparaît la coloration rose à la phtaléine après un contact de plusieurs heures. On peut de la sorte reserrer le dosage entre des limites très étroites et connaître le degré d'acidité de la terre ; on estimera ainsi quelle est la quantité de calcaire qu'il sera nécessaire d'ajouter à un sol donné pour le rendre alcalin.

Le même auteur distingue *deux sortes d'acidités du sol*. La première est *l'acidité active*, due à la présence de composés organiques ou inorganiques à réaction nettement acide. Ce degré d'acidité peut être évalué à l'aide du procédé ci-dessus indiqué. La seconde est *l'acidité inactive*, que les indicateurs usuels ne mettent pas en évidence et qui est imputable à la présence dans le sol de silicates hydrat s ou colloïdaux (zéolithes) capables de s'unir à des bases alcalines ou alcalino-terreuses dissoutes. Le sol ne devient alcalin que lorsque l'affinité de ces bases est satisfaite par suite de leur union avec les silicates en question.

La détermination de l'acidité du sol ou de sa basicité peut être effectuée d'une façon plus simple par *l'opération de la calcimétrie* dont nous parlerons plus loin.

II

DÉTERMINATION DE L'EAU.

Lorsqu'une terre humide demeure quelque temps au contact de l'atmosphère en couche mince, elle perd plus ou moins rapidement la majeure partie de l'eau qui était interposée entre ses particules ; elle atteint, mais souvent au bout de plusieurs jours, un poids à peu près constant qui n'est influencé que par les variations de l'état hygrométrique et de la température de l'air ambiant. Les oscillations de poids, sous l'influence de ces facteurs, dépendent de la nature des constituants de la terre. Nous avons étudié avec les détails nécessaires cette hygroscopicité de la terre végétale (p. 152). En principe, la terre est dite *sèche* lorsqu'on la conserve à froid pendant un certain temps sous un dessiccateur à acide sulfurique.

Dessiccation de la terre. — D'après Van Bemmelen, on doit prendre comme terme de comparaison *la terre séchée à une tempéra-*

ture de 15° environ sur l'acide sulfurique jusqu'à poids constant ; l'eau qui reste encore dans la terre ainsi traitée est de *l'eau fortement com-biné*. Il va sans dire que l'échantillon doit être pesé dans un vase clos afin d'éviter une réabsorption d'humidité pendant l'opération. C'est la terre ainsi préparée que l'on doit soumettre aux différentes manipulations de l'analyse chimique. Quelques auteurs préfèrent employer la terre séchée simplement à l'air, en couche mince, quitte à déterminer sur un échantillon spécial la quantité d'eau hygroscopique dont elle est chargée.

Lorsqu'on veut connaître le degré d'humidité d'un sol en place, il est indispensable, après avoir prélevé le ou les échantillons en divers points du champ et à des profondeurs variées, d'introduire ces échantillons dans des vases bien fermés avant de les porter au laboratoire. On ne devra pas utiliser la terre de la surface dont les variations, sous le rapport de l'humidité, sont trop directement influencées par les conditions extérieures de température et d'agitation de l'air. On creusera le sol sur 5 à 6 centimètres de profondeur, et c'est seulement à ce niveau que l'on prendra l'échantillon.

La dessiccation d'une terre à une température plus élevée (100 à 110°), surtout si l'on maintient longtemps cette température, risque toujours d'altérer quelque peu la matière. En effet, l'eau *fortement combinée* est unie en grande partie aux colloïdes du sol (humus, zéolithes) ; une très petite portion appartient aux silicates cristallisés (Van Bemmelen). On pourra, en principe, sécher la terre à une température d'autant plus élevée qu'elle sera plus pauvre en humus, et, réciproquement, il faudra s'abstenir de chauffer au-dessus de 100° un échantillon riche en matière organique. En effet, dès la température de 100°, la matière organique azotée s'altère ; une certaine quantité d'ammoniaque prend naissance et se dégage d'autant plus aisément que la terre contient plus de calcaire. En outre, la constitution minérale de cette terre se modifie puisque les silicates zéolithiques perdent déjà de l'eau à cette température. Il faut également noter, ainsi que nous l'avons dit antérieurement, que, la plupart du temps, une grande incertitude règne sur la température véritable de l'étuve où l'on procède à la dessiccation. Entre les différents points de cet appareil, il y a souvent des différences notables. En supposant même que la température de la terre dans l'étuve soit rigoureusement de 100° par exemple, la dose d'eau perdue dans ces conditions est toujours un peu moindre que si l'on effectuait la dessiccation, à cette même température, au sein d'un courant d'un gaz inerte sec (page 155). On néglige fréquemment l'erreur, assez faible, qui résulte d'une dessiccation faite dans l'étuve seule, pourvu que l'on connaisse d'une façon aussi précise que possible la température à laquelle la terre a été, en réalité, chauffée.

La dessiccation de la terre est effectuée le plus souvent entre 100 et 120° ; quelques auteurs poussent cette dessiccation à 140°. Mais à cette température, au moins chez certains sols, il y a commencement de décomposition, et, si on opère au contact de l'air, il se dégage déjà de petites quantités de gaz carbonique.

Quant à la méthode électrique destinée à déterminer la teneur en eau du sol, proposée par Whitney et Briggs, elle présente des difficultés d'exécution et un degré d'incertitude tels qu'elle ne saurait être employée d'une façon courante.

Perte par calcination. — En vue de chasser, non seulement la totalité de l'eau, mais d'éliminer également toute matière combustible, on porte la terre, séchée d'abord à 100°, à la température du rouge sombre. La perte ainsi obtenue est la résultante de nombreux phénomènes que nous nous contenterons seulement d'indiquer ici : 1° cette perte comprend une certaine quantité d'eau unie aux silicates zéolithiques et comparable à ces molécules d'eau de cristallisation que renferment nombre de sels hydratés, eau qui ne se dégage qu'à une température parfois assez élevée (au-dessus de 200°) ; 2° la terre calcinée au contact de l'air perd de l'eau qui provient de la combustion de l'hydrogène des matières organiques ; 3° il se dégage du gaz carbonique issu de l'oxydation de carbone ; 4° les carbonates alcalino-terreux (calcium et magnésium) abandonnent, suivant l'élévation plus ou moins grande de la température, une partie de leur gaz carbonique ; 5° les matières organiques azotées sont détruites ; 6° les humates sont changés en carbonates, les sulfures en sulfates, les complexes phosphorés en phosphates.

III

DÉTERMINATION DE LA MATIÈRE ORGANIQUE TOTALE ET DU CARBONE EN PARTICULIER.

A. Dissolution de l'humus. — Il est indispensable, dans la plupart des cas, de connaître la teneur d'un échantillon de terre donné en matière organique. Avant de décrire quelques-uns des procédés employés pour cette détermination, nous ferons les remarques suivantes. De même qu'il existe dans le sol une fraction, très difficile à définir comme nous le verrons, de l'acide phosphorique, de la potasse, de l'azote, immédiatement utilisable par les végétaux, de même il n'y a dans le sol qu'une fraction de la matière organique que l'on pourrait appeler *active*, c'est-à-dire capable de s'oxyder rapidement au contact de l'air et de certains ferments, en donnant du gaz carbonique. Le reste constitue un stock qui résiste souvent pendant très longtemps aux agents naturels d'oxydation. Or les méthodes employées pour le dosage de l'humus en bloc, ou pour celui du carbone total, sont impuissantes à fournir des indications sur la valeur de cette fraction très oxydable. Néanmoins, comme ce que l'on est convenu d'appeler la *matière noire du sol* joue, vis-à-vis des végétaux, un rôle multiple, direct ou indirect très important (p. 275), toute méthode qui permettra d'estimer le plus exactement possible le poids total de cette matière pourra rendre de réels services.

Le dosage du carbone par *voie sèche* (Voy. plus loin) est la méthode de choix ; mais ce dosage est d'une exécution assez longue et demande beaucoup de soins. Aussi préfère-t-on souvent extraire l'humus par un dissolvant approprié et en prendre le poids.

L'humus est soluble dans les alcalis, potasse et ammoniaque ; c'est à ce dernier agent que l'on s'adresse généralement. Si la terre est calcaire, on traite un poids connu de cette terre, de 10 à 20 grammes suivant sa coloration, par l'acide chlorhydrique étendu afin d'éliminer ce calcaire; on lave ensuite à l'eau distillée jusqu'à disparition d'acidité. L'échantillon étant alors disposé sur un entonnoir dont la douille est obturée par un tampon d'amiante, on l'arrose avec de l'eau ammoniacale (on étend de son volume d'eau l'ammoniaque liquide pure du commerce), et on reçoit dans une capsule tarée la liqueur brune qui s'écoule. Le traitement par l'eau ammoniacale doit être continué tant que le liquide qui passe possède une coloration brune. On évapore à sec la solution ammoniacale, on pèse la capsule, puis on la chauffe jusqu'à disparition de toute matière organique ; et, après refroidissement, on la pèse de nouveau. La différence des deux pesées donne le poids de l'humus. L'incinération est indispensable, car l'ammoniaque dissout toujours des matières fixes (Grandeau).

Si l'humus est acide (terres dépourvues de calcaire), on se dispensera de traiter au préalable l'échantillon par un acide. Il suffit, dans ce dernier cas, d'employer un poids relativement faible de substance (2 à 3 grammes).

En supposant que l'humus, cendres déduites, contienne en moyenne 58 p. 100 de carbone, il suffit, ainsi que l'a indiqué Wolff, de multiplier la teneur en carbone organique total de la terre par le coefficient, 1.724 pour avoir sa richesse en humus.

Il convient d'ajouter que ce procédé de dissolution de l'humus par l'ammoniaque, tel qu'il vient d'être indiqué, est loin de fournir toujours la totalité de la matière noire.

On a proposé de distinguer l'humus facilement oxydable de l'humus peu oxydable en traitant l'échantillon de terre par une solution chaude de carbonate de sodium à moitié saturée : l'humus ainsi dissous constituerait la portion de la matière organique du sol la plus oxydable ; il suffirait de le reprécipiter de la liqueur par un acide. L'humus, dit *insoluble*, serait ensuite enlevé au moyen d'une dissolution de potasse caustique et précipité par un acide. Cette distinction, ou plutôt le procédé qui sert à l'établir, semble quelque peu arbitraire.

Raulin a donné un procédé de dosage de la matière humique reposant sur l'oxydation de cette matière au moyen du bioxyde de manganèse par voie humide.

B. Dosage du carbone total. — Comme il est presque impossible de distinguer entre elles les diverses formes de la matière organique du sol, et que les procédés de dosage de l'humus par dissolution sont assez imparfaits, il est préférable, en vue de déterminer le poids total de l'humus contenu dans un sol donné, d'avoir recours au dosage du carbone total. Du chiffre obtenu, il est facile de passer à l'humus en supposant, comme nous l'avons dit un peu plus haut, que cet humus renferme 58 p. 100 de carbone.

On peut doser le carbone total soit *par voie sèche*, soit *par voie humide*.

Voie sèche. — Nous ne décrirons pas le procédé en détail ; il est, de tous points, identique à celui que l'on emploie dans le dosage du carbone d'une substance organique définie. L'échantillon de terre (5 à 10 grammes) étant disposé dans une nacelle, on le sèche à la température ordinaire sous le dessiccateur à acide sulfurique pendant plusieurs jours. La nacelle est ensuite introduite dans un tube à combustion contenant une colonne d'oxyde de cuivre de 40 centimètres de longueur, ou mieux de chromate de plomb, précédée d'un colonne de cuivre métallique en grains de 20 centimètres de longueur. On effectue l'opération dans un courant d'oxygène, et l'on absorbe le gaz carbonique dégagé pendant la combustion dans des tubes à potasse appropriés. Lorsque le contenu de la nacelle ne présente plus de teinte noirâtre, l'opération est terminée. Le poids du gaz carbonique obtenu est généralement un peu supérieur à celui qui correspond à la dose de carbone contenue sous forme d'humus dans l'échantillon examiné. En effet, si la terre soumise à l'analyse contient des carbonates (de calcium et de magnésium), une certaine quantité de l'acide carbonique de ceux-ci se dégage par suite de la température à laquelle la nacelle est portée, et, cela, dans une proportion qui ne peut être estimée *à priori*, car elle dépend essentiellement du degré de chaleur et de la durée de l'opération. Aussi, lorsque le dosage est achevé, on doit faire tomber le contenu de la nacelle dans un petit ballon contenant un peu d'eau et dont le col est fermé par un bon bouchon de caoutchouc à trois trous. Le premier de ces trous est traversé par un tube en relation avec un petit réfrigérant ascendant, suivi lui-même de deux tubes à ponce sulfurique destinés à arrêter la vapeur d'eau, puis d'un tube de Liebig à potasse liquide et d'un tube en U contenant de la chaux sodée. Le second trou du bouchon porte un tube terminé par un entonnoir à robinet, rempli d'acide chlorhydrique étendu. Par le troisième trou du bouchon passe un tube qui plonge jusqu'au fond du ballon et qui est en relation avec un flacon de Mariotte débitant bulle à bulle de l'air dépouillé de gaz carbonique. L'appareil étant monté, on fait circuler l'air afin de s'assurer du bon fonctionnement de toutes les pièces ; puis on ouvre le robinet du tube à entonnoir : l'acide chlorhydrique se répand dans le ballon et attaque les carbonates que n'a pas décomposés la chaleur. On chauffe le ballon doucement jusqu'à l'ébullition de façon à dégager la totalité du gaz carbonique dissous dans l'eau. On supprime le feu, et on laisse circuler le courant d'air pendant quelques minutes. Le petit réfrigérant qui suit immédiatement le ballon est destiné à faire refluer dans celui-ci l'eau qui distille peu à peu ; les tubes à ponce sulfurique arrêtent la vapeur d'eau. La pesée des deux derniers tubes (potasse liquide, chaux sodée) donne le poids du gaz carbonique des carbonates que contenait encore la terre après l'opération de la combustion. Si, d'autre part, on fait la même expérience avec un échantillon de la même terre, simplement séché sur l'acide sulfurique comme l'échantillon qui a servi à la combustion, on a *la totalité* du gaz carbonique contenu dans les carbonates de la terre. La différence entre les deux dosages de gaz carbonique est exprimée en carbone $(CO^2 \times \frac{3}{11} = C)$, et ce poids de carbone est retranché de celui qu'a fourni la combustion. On peut donc connaître très exactement le carbone seul de la matière humique.

Le procédé *de dosage des carbonates* de la terre, que nous venons d'exposer, donne des résultats très corrects et doit être employé chaque fois que l'on veut connaître le poids *total* de ces carbonates (chaux et magnésie), *sans faire de distinction entre la grosseur de leurs grains.* Ce procédé a l'inconvénient d'être un peu long. En vue d'un dosage rapide, on se sert le plus souvent d'appareils appelés *calcimètres* (Voir plus loin). On pourrait également utiliser ces petits ballons en verre mince, munis de deux petites allonges, dont l'une est garnie de ponce sulfurique et l'autre remplie d'acide chlorhydrique dilué, ballons dont on fait usage pour doser la quantité de carbonate de calcium que renferme un calcaire naturel (appareil Bobierre).

Relativement au dosage de l'acide carbonique des carbonates dans certaines terres riches en matières humiques, on a conseillé de ne pas chauffer le ballon dans lequel se produit l'action de l'acide, car la matière humique pourrait subir une décomposition partielle qui, donnant par elle-même naissance à une certaine dose de gaz carbonique, fausserait les résultats. Il suffit alors de faire passer plus longtemps le courant d'air dans l'appareil, afin de déplacer à froid la totalité du gaz carbonique contenu dans le ballon après décomposition des carbonates par l'acide chlorhydrique.

B. **Voie humide**. — Les procédés de dosage du carbone par voie humide reposent essentiellement sur ce fait que l'acide chromique additionné d'acide sulfurique, ou, ce qui revient au même, un mélange de bichromate de potassium et d'acide sulfurique concentré, dégagent à chaud de l'oxygène : celui-ci brûle les matières carbonées qui sont à son contact. Ces procédés par voie humide ne présentent aucun avantage sur ceux de la voie sèche. Souvent même, la combustion du carbone est incomplète ; dans tous les cas, elle est assez difficile à réaliser et le critérium de la fin de l'opération n'existe pas. Cependant ces procédés sont applicables dans certains cas où ceux de la voie sèche ne le sont plus : par exemple, s'il s'agit d'une terre très humide, ou très riche en humus, que l'on désire ne pas débarrasser de son eau d'imbibition.

On utilise également un pareil dispositif lorsqu'il s'agit de doser le carbone dans certains liquides ayant servi à la culture des microorganismes.

Au lieu d'employer l'acide chromique comme oxydant, on peut faire usage de permanganate de potassium en solution alcaline : pendant le premier stade de l'opération, le carbone de l'humus se change partiellement en gaz carbonique qui se fixe sur l'alcali, et partiellement en oxalate. Dans le second stade, on ajoute de l'acide sulfurique dilué qui dégage le gaz carbonique du carbonate et décompose l'oxalate au contact de l'excès de permanganate (Warington et Peake). Ce procédé comporte les mêmes incertitudes que le procédé à l'acide chromique.

IV

DÉTERMINATION DE L'AZOTE ORGANIQUE,
DE L'AZOTE NITRIQUE,
DE L'AZOTE AMMONIACAL.

L'azote jouant vis-à-vis des plantes un rôle capital, il est nécessaire de doser cette substance avec précision. Les méthodes exactes ne manquent pas qui permettent d'arriver au but.

Mais ici, comme pour tous les éléments indispensables à la végétation, se pose encore la question de savoir *quelle est la fraction de l'azote total* d'un sol qui est immédiatement assimilable par la plante. Nous avons étudié antérieurement la nature de l'azote organique des sols, et nous avons vu que cet azote affectait des formes multiples dont on constate l'existence avec certitude par l'emploi des acides ou des bases, mais qu'il est impossible de définir actuellement et de séparer les unes des autres. On admet que la forme *nitrique* de l'azote est la source principale, sinon exclusive, de l'azote utilisable par la plupart des végétaux de la grande culture. Or, ainsi que nous le dirons dans la suite, la transformation de l'azote organique en azote nitrique dépend de plusieurs facteurs, au nombre desquels il faut placer la présence du calcaire. On en conclut déjà que le dosage de l'azote doit marcher de pair avec celui du calcaire, puisqu'un sol, même très riche en azote, peut ne pas nitrifier si l'élément basique lui fait défaut.

Il existe un grand nombre de végétaux qui se développent dans des sols non calcaires renfermant parfois beaucoup d'azote organique : on ne sait pas actuellement sous quelle forme ces végétaux profitent de l'azote organique, ou quelle est, dans le complexe azoté de l'humus, la fraction d'azote à laquelle ils s'adressent de préférence.

Quoi qu'il en soit, le dosage de l'azote total est l'un des plus importants que l'on ait à exécuter dans l'analyse chimique. Il fournit des renseignements très intéressants sur la quantité et, souvent, sur la nature des engrais ou amendements qu'il convient de donner au sol, soit pour augmenter le poids de cet élément s'il est trop peu abondant en vue d'une culture donnée, soit pour modifier ses qualités s'il fait partie d'un sol peu ou pas calcaire.

L'azote existe dans le sol sous trois formes : *azote organique, azote nitrique, azote ammoniacal.* Sous le nom d'*azote organique,* il faut comprendre l'ensemble des noyaux complexes issus, en première ligne, de la métamorphose de l'azote albuminoïde, d'origine végétale ou animale. Nous décrirons séparément le dosage de l'azote sous ces trois formes, sans nous appesantir sur la façon dont on pratique chacun de ces dosages : nous renvoyons le lecteur aux traités spéciaux sur la matière.

α. **Azote organique.** — Disons de suite que, si on veut connaître *le poids total* de l'azote contenu sous les trois formes précédemment indiquées, il n'existe qu'une seule manière d'opérer correctement : c'est d'employer le procédé bien connu de Dumas qui consiste à brûler la matière organique par l'oxyde de cuivre et à diriger les gaz sur une colonne de cuivre métallique destinée à décomposer les oxydes gazeux de l'azote. On recueille l'azote sur le mercure et on en mesure le volume. Schlœsing a décrit une modification de la méthode de Dumas qui permet de doser, dans une même opération, le carbone et l'azote totaux d'une terre ou d'une substance organique quelconque. On mesure le volume total des gaz carbonique et azote, et on les sépare par les procédés connus.

Le procédé de Schlœsing est excellent ; on en trouvera la description dans l'ouvrage de cet auteur intitulé : « *Contribution à l'étude de la chimie agricole* (Encyclopédie chimique de Frémy, Paris, 1885, p. 237). Mais ce procédé est malheureusement d'une exécution longue et difficile et ne saurait entrer dans la pratique courante de l'analyse des sols. Il permet d'opérer sur un poids de terre notablement supérieur à celui que l'on est obligé de prendre lorsqu'on utilise la méthode de Dumas proprement dite, d'où un avantage appréciable.

Müntz a modifié un peu cette méthode de dosage : le seul reproche qu'on puisse faire à cette modification c'est de nécessiter également le montage d'un appareil compliqué. Toutefois, dans des recherches très exactes, c'est à la méthode de Müntz qu'il faudrait avoir recours (A. Müntz, *Méthodes analytiques appliquées aux substances agricoles;* Encyclopédie chimique de Frémy. Paris 1885, p. 159).

Le dosage de l'azote total s'exécute d'une façon particulièrement commode par le procédé dit *à la chaux sodée*, ou par le procédé de Kjeldahl. Lorsque l'opération est bien conduite, les résultats en sont excellents. On sait que le procédé à la chaux sodée repose sur ce fait que les alcalis, chauffés au rouge naissant avec une substance azotée, en dégagent l'azote à l'état d'ammoniaque, pourvu que cet azote se trouve dans la substance en question, soit sous forme de sel ammoniacal, soit

sous forme amidée NH², soit sous forme imidée NH. L'azote
tertiaire, ou l'azote lié à l'oxygène, ne se transforment qu'incomplètement en ammoniaque dans ces conditions. Or, dans
la terre arable, l'azote dit *organique* est contenu dans
des noyaux comparables à ceux des albuminoïdes, ainsi que
nous l'avons montré précédemment ; il pourra donc être
transformé en ammoniaque au contact des alcalis. Ce qui démontre la justesse de cette manière de voir, c'est que le procédé à la chaux sodée fournit des résultats presque identiques
à ceux que donne la méthode de Dumas ou celle de Schlœsing.
On peut donc l'employer en toute sécurité.

Il est nécessaire de faire usage d'un tube de verre un peu
long (80 centimètres) si on veut opérer sur 30 grammes de
terre ; et il est bon, pendant toute la durée du dosage, de faire
passer dans ce tube un courant d'hydrogène. Ce gaz agit comme
réducteur et balaye d'une façon complète l'ammoniaque qui
se dégage. On reçoit celle-ci dans de l'acide sulfurique titré.
Nous passerons sous silence les détails de cette analyse bien
connue de tous les chimistes.

Le seul reproche que l'on puisse faire à cette méthode c'est de ne
pas donner l'azote total, mais seulement l'azote organique et ammoniacal. En effet, les nitrates que contiennent la plupart des terres
arables ne sont réduits, même au rouge au contact de la soude, que
d'une façon très incomplète ; mais l'erreur en moins que l'on commet
ainsi est peu importante pour deux raisons. L'expérience montre
que si un nitrate pur, chauffé seul avec de la chaux sodée, ne dégage
que peu d'azote sous la forme ammoniacale, ce nitrate en dégagera
davantage s'il est mélangé avec une matière carbonée, telle que le
sucre par exemple. Or, dans la terre, il y a toujours du carbone ; aussi,
pendant le chauffage, une certaine quantité de l'azote des nitrates
passe-t-elle à l'état d'azote ammoniacal ; cependant on n'obtient
jamais la totalité de l'azote nitrique par ce procédé. En second lieu,
le rapport entre l'azote nitrique et l'azote total du sol (en négligeant
l'azote ammoniacal qui existe, comme nous allons le dire, en quantité
infime) est presque toujours très petit, même chez les meilleures
terres arables ; il est de 1 à 2 p. 100 dans les cas les plus favorables à
la nitrification naturelle. Les nitrates n'augmentent dans une large
proportion que si on favorise artificiellement le phénomène nitrificateur, ainsi qu'il arrive dans certaines expériences de laboratoire
dans lesquelles on maintient constante la température de la terre
(30 à 35 degrés) et la dose d'humidité, en prenant soin d'agiter de

temps en temps la masse pour l'aérer de façon convenable. Or, aucune de ces conditions ne se trouve réalisée d'une manière aussi parfaite dans la nature. On peut donc admettre qu'il n'y a jamais qu'une très petite fraction de l'azote du sol qui existe à l'état nitrique. Il en résulte que l'erreur que l'on commet dans le dosage par la chaux sodée est presque négligeable, puisqu'une partie de l'acide nitrique passe à l'état d'ammoniaque. Suivant certains auteurs, la totalité même de l'azote nitrique serait réduite à l'état d'ammoniaque dans ces conditions.

On a d'ailleurs perfectionné le procédé en mélangeant la chaux sodée avec des réducteurs convenables qui permettent d'obtenir la totalité de l'azote. Parmi les réducteurs employés, nous citerons l'acétate de sodium, ou bien un mélange de 6 parties de chaux sodée, 7 parties d'hyposulfite de sodium et un peu de soufre.

Le procédé de Kjeldahl repose sur la destruction de la matière organique azotée par l'acide sulfurique concentré au voisinage de la température d'ébullition de cet acide. Tout l'azote passe à l'état de sulfate d'ammonium. Il suffit ensuite d'étendre avec de l'eau le liquide refroidi et de le faire bouillir avec un excès de soude caustique pour en dégager l'ammoniaque que l'on recevra dans un acide titré.

Les différentes phases de la réaction sont vraisemblablement les suivantes. L'acide sulfurique deshydrate la matière organique, et l'eau produite dans ces conditions se fixe sur l'azote complexe, à la façon d'une hydrolyse, pour changer cet azote en azote ammoniacal. De plus, le gaz sulfureux qui prend naissance par l'action du charbon sur l'acide sulfurique favorise le phénomène de réduction. Afin que l'azote d'une matière organique passe ainsi à l'état ammoniacal, il est nécessaire, comme dans l'action de la chaux sodée, que cet azote soit compris dans la molécule sous la forme amidogène NH^2, ou imidogène NH : ce qui est le cas de la terre arable.

Si, la plupart du temps, le simple chauffage avec l'acide sulfurique suffit pour transformer l'azote organique en azote ammoniacal, sous les réserves que nous avons faites sur la nature du noyau azoté, il est cependant des cas où cette transformation est incomplète. En ce qui concerne la terre arable, que nous avons seule ici en vue, il convient d'opérer comme suit. 10 grammes de terre sont introduits dans un ballon de verre d'Iéna d'une capacité de 150 centimètres cubes environ avec 30 grammes d'acide sulfurique bien pur, mélangé de 1 ou 2 grammes d'anhydride phosphorique. On ajoute ensuite 1 gramme environ de mercure et on chauffe, doucement d'abord, puis progressivement jusqu'à ébullition du liquide. La masse charbonne au début ; peu à peu elle se décolore presque totalement, et l'on arrête l'opération une heure après que le liquide a pris une teinte jaune clair. Le résidu sableux est blanc ou légèrement gris. L'addition de mercure a pour but de créer un milieu réducteur par suite du dégagement du gaz sulfureux ; toutefois, son action, très réelle et très efficace, est assez mal connue ; car, au lieu de mercure, on peut employer l'oxyde de ce métal : la transformation se fait aussi complètement. De violents soubresauts accompagnent souvent le chauffage ; il est bon, en principe, de chauffer le ballon avec une petite couronne de gaz qui ne porte pas l'action de la chaleur directement sur le fond. Il va sans dire que, si la terre à analyser est très calcaire, il faut verser l'acide sulfurique avec beaucoup de précaution au début.

Lorsque la liqueur est refroidie, on l'étend d'eau ; on l'additionne, d'après les conseils de Maquenne, d'hypophosphite de sodium pur afin de détruire les composés ammonio-mercuriques qui ont pris naissance dans la réaction et qui ne dégageraient pas à l'état d'ammoniaque, au contact de la soude ajoutée ultérieurement, tout l'azote qu'ils renferment. L'addition de l'hypophosphite produit presque immédiatement dans toute la liqueur une émulsion noire due à la diffusion du mercure métallique colloïdal. Il suffit de chauffer pendant une demi-heure au bain-marie pour rassembler ce mercure. On décante le liquide dans un ballon d'un litre, on lave à plusieurs reprises, et on ajoute au liquide décanté de la soude caustique. On fait bouillir, après avoir réuni le ballon à un réfrigérant de Schlœsing, et on reçoit l'ammoniaque dans un acide titré. Les résultats obtenus sont excellents. Cette méthode vaut celle de la chaux sodée au point de vue de l'exactitude ; elle a sur celle-ci l'avantage d'être beaucoup plus rapide, beaucoup moins coûteuse et d'une exécution des plus facile. Lorsque l'on veut obtenir des résultats très exacts, il est indispensable de distiller *à blanc* un poids d'acide sulfurique et de soude égal à celui qui a servi à l'expérience : ces réactifs, *même réputés purs*, fournissent toujours un peu d'ammoniaque.

Relativement à la présence des nitrates dans la terre, nous ferons ici les mêmes remarques que celles que nous avons présentées plus haut au sujet de la méthode à la chaux sodée. L'acide nitrique est partiellement chassé dans le procédé Kjeldahl et partiellement réduit. On a modifié la méthode de Kjeldahl, comme on a modifié celle à la chaux sodée, afin d'obtenir en même temps l'azote nitrique. A cet effet, on ajoute au mélange d'acide sulfurique et d'anhydride phosphorique, soit quelques grammes d'acide benzoïque, soit plutôt un peu d'acide phénolsulfurique et quelques grammes de poudre de zinc. L'azote des phénols nitrés qui prennent naissance dans la réaction est réduit par le zinc à l'état d'ammoniaque. Cette modification, importante dans l'analyse des engrais complexes azotés qui peuvent renfermer des nitrates, ne présente pas d'avantages sur la méthode plus simple que nous avons décrite quand il s'agit uniquement des terres arables. Les réducteurs proposés pour transformer l'azote nitrique en azote ammoniacal sont d'ailleurs nombreux.

β. **Azote nitrique.** — Le dosage de l'azote nitrique peut paraître superflu : en effet, si on suppose que le sol à examiner soit capable de nitrifier, il existe de grandes variations dans les proportions de l'acide nitrique qu'il contient suivant les saisons, le degré de sécheresse ou d'humidité de la terre, la présence ou l'absence de végétaux et l'âge de ceux-ci. Cependant une détermination d'azote nitrique n'est jamais inutile : on peut ainsi se convaincre de la présence de cette forme de l'azote, éminemment utilisable par la plupart des plantes de la grande culture. Le procédé le plus simple et le meilleur, à notre avis, est celui de Schlœsing.

L'azote nitrique n'étant pas retenu par le pouvoir absorbant, il suffit de laver un poids connu de terre (100 à 1000 grammes suivant la quantité présumée de nitrates) avec de l'eau distillée additionnée d'une faible quantité de chlorure de calcium pur afin que le liquide qui s'écoule demeure limpide. Ce lavage peut être pratiqué sur un entonnoir muni d'un filtre sans plis, ou mieux sur un entonnoir de Büchner dont le fond, garni de petits trous, est couvert d'un disque de papier à filtre. On évapore ensuite le liquide de lavage au bain-marie après l'avoir additionné de quelques gouttes de potasse. Lorsque la masse est réduite à une dizaine de centimètres cubes, on la filtre; on lave le filtre avec un peu d'eau et on évapore dans une petite capsule jusqu'à ce que la liqueur n'occupe plus qu'un volume de 4 à 5 centimètres cubes. On fait agir sur ce liquide, à chaud, un mélange de chlorure ferreux et d'acide chlorhydrique, suivant les précautions connues, et l'on recueille sur le mercure l'oxyde azotique qui se dégage d'après la réaction :

$$NO^3K + 3FeCl^2 + 4HCl = NO + 3FeCl^3 + KCl + 2H^2O$$

On lit le volume du gaz ; de ce volume corrigé on déduit la quantité d'acide nitrique contenu dans le poids de terre soumis à l'expérience.

γ. **Azote ammoniacal.** — Cette forme de l'azote est de beaucoup la plus difficile à connaître exactement. Le dosage correct de cet alcali présenterait quelque intérêt parce qu'il est démontré que les plantes utilisent très bien l'azote ammoniacal et qu'il est possible que, dans les conditions ordinaires, la plante emprunte au sol à la fois de l'azote nitrique et de l'azote ammoniacal.

On peut affirmer que, presque toujours, une terre normale ne renferme que des traces d'azote ammoniacal. En effet, ainsi que nous le verrons dans l'étude de la nitrification, la transformation de l'azote organique en azote nitrique admet, comme stade intermédiaire, la production d'ammoniaque : mais celle-ci n'a qu'une existence de courte durée ; et, lorsque les conditions de la nitrification se trouvent réalisées, sa transformation en acide nitrique est rapide. Dans quelques circonstances, sans doute, l'ammoniaque peut apparaître dans la terre en quantités que l'on peut qualifier d'anormales. L'épandage excessif d'un sel ammoniacal dans une saison où la nitrification est suspendue, comme à la fin de l'automne ou en hiver ; la submersion d'un sol par suite de pluies abondantes ou d'inondation qui favorisent les phénomènes de réduction des nitrates ; l'addition d'amendements calcaires, principalement de chaux vive, sont autant de causes qui maintiennent ou provoquent la présence de l'ammoniaque dans le sol. Mais, si de pareilles conditions sont parfois réalisées, elles sont, en général, éphémères.

La difficulté du dosage de l'ammoniaque provient de ce fait que cet alcali est fixé par le pouvoir absorbant et qu'il faut détruire celui-ci pour libérer la base. Or, nous avons vu (p. 282) que les réactifs acides ou alcalins (acides ou bases étendus) décomposent la matière azotée avec mise en liberté d'ammoniaque ; celle-ci passe à l'état de sel si le réactif employé pour détruire le pouvoir absorbant est un acide ; elle se dégage à l'état libre si la terre est mise au contact d'une base forte, même diluée. En sorte que *c'est le réactif qui engendre, sinon la totalité de l'ammoniaque que l'on dose, au moins une bonne partie de cette base*, et, cela, dans une mesure qu'il est impossible d'apprécier.

Schlœsing a proposé de détruire le pouvoir absorbant par l'emploi de l'acide chlorhydrique étendu et froid jusqu'à décomposition des carbonates et apparition d'une réaction nettement acide. C'est ce liquide acide décanté, suivant certaines précautions qu'il serait trop long d'indiquer ici, que l'on distille avec de la magnésie fraîchement calcinée. Il est bien évident qu'il faut employer de l'eau et des réactifs absolument exempts d'ammoniaque. Toutefois, bien que le contact de l'acide avec la terre ne dure que peu de temps, il est probable que, dans quelques échantillons riches en humus, l'action de l'acide se fait sentir en produisant une certaine dose d'ammoniaque.

Nous conseillons, mais avec quelques réserves cependant, d'avoir recours au procédé suivant qui ménage les amides, et au moyen duquel on ne dégage que l'azote ammoniacal. Longi (1886) a montré que, si on chauffait à 40° pendant quatre heures dans le vide, en présence d'un certain volume d'eau et de magnésie calcinée, un mélange d'amides bien définis (urée, oxamide, etc.) et d'un sel ammoniacal dont le poids est connu, il se dégageait une quantité d'ammoniaque répondant exactement à celle que contient le sel ammoniacal, mais pas davantage : les amides restent inaltérés. Si on suppose que les amides du sol se comportent, à cet égard, comme des amides bien définis, on peut faire usage de ce procédé vis-à-vis de la terre arable.

On introduira donc dans un ballon d'un litre, un peu résistant, une centaine de grammes de terre avec 3 ou 4 grammes de magnésie et 250 centimètres cubes d'eau. Le bouchon de caoutchouc qui ferme le ballon sera percé de deux trous : Le premier livrant passage à un tube très effilé pour permettre la rentrée d'un très petit volume d'air destiné à éviter les soubresauts, le second livrant passage à un tube de verre recourbé qui communiquera avec un tube à boules de Will et Warentrapp contenant un acide dilué. On fait le vide par l'extrémité du tube à boules, et on chauffe le ballon vers 40°. Au bout de quatre heures, la réaction est terminée. Il ne reste plus qu'à transvaser le liquide acide dans un ballon, à l'alcaliniser avec de la magnésie, à distiller et à recueillir dans un acide titré l'ammoniaque dégagée. Le titre de l'acide sera bien connu, mais devra être faible, car la dose d'ammoniaque ainsi obtenue est presque toujours fort petite.

Telles sont, très sommairement exposées, les principales méthodes analytiques permettant de doser les éléments du sol qui s'éliminent par la calcination, *eau, carbone, azote*. La détermination de ces éléments est indispensable dans le cas d'une analyse complète, et les chiffres obtenus sont susceptibles d'une interprétation très nette; à la condition, ainsi que nous l'avons déjà dit, d'y joindre le dosage du calcaire. Cette dernière substance est seule capable de réagir, suivant la quantité que le sol en renferme, dans un sens favorable: 1° sur le carbone de l'humus, avec lequel elle se combine en formant un ciment susceptible d'agglomérer les particules sableuses; 2° sur l'azote organique, pour la nitrification duquel sa présence ne saurait manquer.

V

DÉTERMINATION DE LA TOTALITÉ
DES ÉLÉMENTS MINÉRAUX.

Il est toujours utile de connaître *la totalité des éléments minéraux* que contient une terre donnée. Cette analyse sera exécutée comme s'il s'agissait de l'analyse d'une roche. Après calcination de la terre, on porphyrise celle-ci, et on en traite un poids connu par l'acide fluorhydrique additionné d'un peu d'acide sulfurique, ou bien par un mélange de fluorure d'ammonium et d'acide sulfurique. La réaction doit être effectuée dans une capsule de platine.

Ce traitement a pour effet, comme l'on sait, d'éliminer la silice sous forme de fluorure de silicium gazeux, et d'amener à l'état de sulfates toutes les bases. A l'aide des procédés connus, on sépare les bases lourdes et terreuses en traitant d'abord le mélange des sulfates par le nitrate de baryum en excès qui élimine l'acide sulfurique, puis, après filtration, par l'ammoniaque et le carbonate d'ammonium qui, à l'ébullition, précipitent toutes les bases (ainsi qu'une partie de la magnésie) ; la soude et la potasse restent dissoutes. Lorsqu'on a évaporé à sec le liquide filtré, on le soumet à l'action de l'eau régale afin de détruire les sels ammoniacaux ; on évapore de nouveau à sec et on ajoute au résidu un peu d'acide oxalique. On calcine légèrement et on insolubilise ainsi la magnésie. Il ne reste que la potasse et la soude que l'on sépare par les méthodes habituelles. Le traitement fluorhydrique a donc pour but *le dosage total de la potasse et de la soude, c'est-à-dire des alcalis.*

Pour doser les autres éléments du sol, on pèse un poids connu de terre calcinée et porphyrisée, et on le mélange intimement dans un creuset de platine avec 3 ou 4 fois son poids de carbonate de sodium sec (ou d'un mélange à parties égales de carbonates de potassium et de sodium) et l'on chauffe, doucement d'abord, tant que la masse se boursoufle, puis plus fortement jusqu'à fusion complète. On sépare ensuite les divers éléments à l'aide des méthodes connues. Sauf les alcalis, on peut, par ce procédé, doser avec une grande exactitude la totalité des substances qui ont une importance particulière vis-à-vis de la structure du sol ou de la nutrition végétale : SiO^2, Al^2O^3, CaO, MgO, PO^4H^3, Fe^2O^3.

Beaucoup d'auteurs conseillent, lorsqu'il s'agit de l'analyse des matières silicatées (roches, terre arable), l'emploi de la méthode de la *voie moyenne* imaginée par H. Sainte-Claire Deville.

Le lecteur trouvera une description détaillée de ce procédé dans le *Traité d'analyse des matières agricoles* de Grandeau; 3ᵉ édition tome I, p. 106, Paris 1897.

Ainsi que nous l'avons déjà fait remarquer antérieurement, le dosage complet des éléments minéraux que renferme une terre ne nous renseigne pas sur la quantité de matériaux actuellement ou prochainement assimilables par les plantes, mais il nous donne une idée *des réserves totales* que contient le sol et peut indiquer, dans une certaine mesure, la nature des engrais que ce sol réclame pour telle culture.

Nous allons maintenant décrire, d'une manière succincte, les procédés les plus usités permettant de déterminer sur un échantillon de terre le poids des éléments dont peut disposer la plante à plus ou moins longue échéance.

Nous avons, au début de ce chapitre, montré quelles étaient les difficultés que l'on rencontrait dans ce genre d'étude : il est nécessaire, à cet égard, de se reporter à ce que nous avons dit (page 246) relativement à la constitution minérale des sols et à l'action de certains réactifs sur la solubilisation des substances indispensables à la nutrition végétale. Presque toutes les méthodes d'analyse chimique des terres arables, en usage à l'heure actuelle, ne sont que des méthodes de convention ; quelques-unes n'ont de valeur que parce que les chiffres qu'elles fournissent concordent assez bien avec les observations faites directement sur les rendements obtenus avec une culture déterminée sur un sol déterminé. Une plante prend lentement dans le sol les éléments dont elle a besoin, et elle fait un choix parmi ces éléments. Or une analyse chimique de terre doit être rapide; elle ne peut, pratiquement, demander un grand nombre de jours. Il y a donc antithèse entre les deux façons d'opérer : celle qu'emploie la nature et celle que nous mettons en œuvre dans le laboratoire. C'est pour cette raison que, jusqu'à nouvel ordre, *les procédés rationnels de dissolution* dans lesquels on fait agir l'eau et le gaz carbonique, dans des conditions bien définies de temps et de température, ne peuvent entrer dans la pratique courante, malgré les avantages incontestables que présentent de pareils procédés. Les expérimentateurs, et ils sont nombreux, qui emploient les acides énergiques à l'attaque de la terre et dosent ensuite dans le liquide les principaux éléments de fertilité se proposent seulement d'indiquer *la quantité d'éléments fertilisants qu'un échantillon de terre donné peut fournir aux plantes pendant un grand nombre d'années.* Mais, très souvent, les résultats d'une pareille analyse contredisent ceux de la pratique agricole ; car il est des terres qui cèdent assez facilement de la potasse, par exemple, aux acides et en cèdent peu aux plantes.

C'est presque toujours l'acide nitrique, pur et chaud, que l'on utilise dans l'attaque des terres ; parfois l'eau régale ou l'acide chlorhydrique. Aubin et Alla ont préconisé l'emploi de l'acide sulfurique pur et bouillant pendant trois heures. La matière organique est détruite dans ces conditions, l'argile complètement attaquée, et le calcaire intégralement transformé en sulfate de calcium. Ces auteurs admettent que les éléments siliceux seront peu attaqués au début et que cette attaque ne se poursuivra guère après trois heures de contact.

De pareils procédés de dosage qui ont, le plus souvent, demandé beaucoup d'études préliminaires, nous laissent parfois dans une incertitude très grande au sujet de la nature des engrais à fournir à un sol déterminé ; ils ne nous indiquent jamais *la dose actuelle d'éléments assimilables.*

VI

SUBSTANCES MINÉRALES A CARACTÈRE ACIDE.

Nous laissons de côté, dans cette étude du dosage des éléments à caractère acide, tout ce qui concerne la silice. Celle-ci est tellement abondante dans presque tous les sols, et la forme sous laquelle elle peut s'introduire dans le végétal est si mal connue, que son étude, au point de vue analytique, est ici superflue.

Acide phosphorique. — *Le Comité consultatif des Stations agronomiques et des Laboratoires agricoles* (1891) prescrit la dissolution des phosphates du sol au moyen du procédé suivant ; non sans faire remarquer que cette méthode est incapable de renseigner sur l'état dans lequel se trouvent ces phosphates et sur leur degré d'assimilabilité.

20 grammes de terre, calcinée au moufle, sont placés dans une capsule. On humecte avec de l'eau, et on ajoute, par petites quantités et aussi longtemps qu'il se produit une effervescence, de l'acide nitrique à 36° Baumé. On réajoute ensuite 20 centimètres cubes d'acide, et on chauffe au bain de sable pendant cinq heures en agitant la masse de temps en temps et en évitant la dessiccation. On reprend par l'eau chaude, on filtre, on évapore le liquide filtré et on chauffe le résidu vers 120° pour insolubiliser la silice. On humecte ensuite avec de l'eau aiguisée d'acide nitrique, on filtre, on lave et on dose l'acide phosphorique en le séparant à l'état de phospho-molybdate d'ammonium que l'on transforme ensuite en phosphate ammoniaco-magnésien. Cette méthode fournit certainement presque tout le phosphore des phosphates, mais une partie seulement du phosphore organique. Elle peut convenir dans certains cas, et renseigne au moins *sur la richesse globale* d'un sol en acide phosphorique. On admet souvent que la richesse *moyenne* de la plupart des sols en cette substance oscille aux environs de 1 p. 1000 : en deçà de

ce chiffre, on a coutume d'avoir recours aux engrais phosphatés. La méthode ci-dessus permet d'être fixé à cet égard, mais elle est peu instructive en ce qui concerne la quantité d'acide phosphorique disponible *actuellement* pour le végétal. On peut en dire autant de toutes les méthodes où il est fait usage d'acides forts, ainsi que nous l'avons fait remarquer précédemment. Beaucoup d'auteurs, surtout à l'étranger, font usage de l'acide chlorhydrique pur de densité 1.115, non seulement pour le dosage de l'acide phosphorique, mais aussi pour celui de la potasse, de la chaux et de la magnésie. Il semble que l'effet *dissolvant* sur les éléments d'une terre donnée soit maximum lorsqu'on emploie un acide d'une pareille concentration. A la température de 100°, l'acide de densité 1.115 garde une composition à peu près constante, et sa teneur en acide réel (HCl) est de 22.9 p. 100. Au bout de 5 jours de contact à 100°, l'acide ne dissout plus rien ; si l'on prolonge l'expérience, la solubilité des éléments diminue (Loughridge, Hilgard).

Si l'on passe maintenant à l'examen des méthodes plus rationnelles d'attaque, on trouve encore, suivant les auteurs, des divergences notables quant à l'emploi du solvant acide.

Fraps (1910) appelle *acide phosphorique actif* celui qui est enlevé à 200 grammes de terre par une digestion de 5 heures à 40° avec de l'acide nitrique (2 000 centimètres cubes d'acide $\frac{N}{5}$). D'après cet auteur, la quantité d'acide phosphorique extraite du sol par les récoltes est en relation étroite avec la quantité d'acide phosphorique actif qui se trouve dans le sol. Ce procédé n'est qu'une application de la remarque de Schlœsing fils (page 248) suivant laquelle l'acide nitrique de concentration très faible ne dissout que les phosphates alcalino-terreux dont l'assimilation par les plantes est vraisemblablement la plus facile.

La méthode de Dyer, dont nous avons déjà parlé, réunit beaucoup de suffrages en raison du principe théorique sur lequel elle repose. Nous rappelons que, dans cette méthode, il est fait usage d'acide citrique à 1 p. 100. 200 grammes de terre sont placés dans un flacon avec 2 000 centimètres cubes d'eau contenant 20 grammes d'acide citrique ; il convient d'ajouter un excès d'acide correspondant au carbonate de calcium que renferme la terre. Le contact doit durer sept jours à froid, et la masse doit être fréquemment agitée. Mais, afin que les résultats soient comparables, il est indispensable de suivre exactement les indications de Dyer ; car, si on abaisse la durée du contact, ou si l'on change la concentration, on n'obtient plus les mêmes chiffres. Nous avons signalé antérieurement les relations intéressantes qui existent entre l'acide phosphorique assimilé par les plantes et la quantité de cet acide qui passe dans le liquide citrique (page 250). Cependant Hall et Plymen (1902) ont montré que, si l'emploi de l'acide citrique fournit le plus souvent ce

G. ANDRÉ. — *Chimie du sol.*   21

bons renseignements, il ne faudrait pas se hâter d'en généraliser l'adoption pour toutes les terres, car l'attaque des phosphates par ce réactif varie avec la nature des combinaisons phosphatées que contient le sol. D'après Hall et Amos (1906), la première extraction n'enlève pas tout l'acide phosphorique susceptible de se dissoudre dans le solvant (acide citrique à 1 p. 100, ou eau chargée de gaz carbonique) ; la réaction est réversible, et il se fait un équilibre entre l'acide phosphorique dissous et les bases du sol. Engels (1912) recommande l'usage d'une solution d'acide citrique à 2 p. 100 comme étant mieux appropriée au dosage des éléments nutritifs (PO^4H^3, CaO, K^2O).

Le citrate d'ammonium, en solution faible, a été utilisé quelquefois dans le même but.

Kudaschew (1905) a préconisé l'emploi d'une solution à 5 p. 100 d'acide oxalique, à la suite d'expériences faites sur les terres noires de Russie, expériences qui lui ont montré que les sols les plus fertiles étaient ceux qui contenaient la plus forte proportion d'acide phosphorique soluble dans l'acide oxalique.

Signalons encore une tentative originale de dosage de l'acide phosphorique assimilable qui consiste à employer, comme dissolvant, une liqueur complexe contenant des sels minéraux et des acides organiques au même titre où se trouvent ces diverses substances dans le suc d'une plante, d'une betterave, par exemple (Plot).

Il résulte de ce très court exposé que la seule méthode qui semble, actuellement ,fournir des renseignements valables sur la dose d'acide phosphorique assimilable contenue dans une terre donnée est la méthode à l'acide citrique, avec les réserves que nous avons indiquées. Mais rappelons, encore une fois, que Dehérain et quelques-uns de ses collaborateurs avaient, il y a plus de trente ans, signalé tout le parti que l'on pouvait tirer de l'emploi de l'acide acétique pour définir la fraction de l'acide phosphorique du sol immédiatement profitable aux végétaux (p. 251).

Acide sulfurique. — Le soufre est une substance indispensable à la construction du noyau albuminoïde ; aussi est-il bon de savoir effectuer son dosage. Nous avons vu que le soufre existait dans le sol sous des formes multiples (p. 251). Sous la forme *organique* qui dérive des tissus végétaux non encore décomposés, il est inutilisable par la plante tant qu'il ne se présente pas à l'état complètement oxydé d'acide sulfurique. La seule forme utile est la forme minérale. Or les sulfates minéraux (et celui de calcium en particulier, souvent abondant dans le sol) sont très mobiles.

L'extraction faite par un volume d'eau convenable pourrait renseigner d'une manière suffisante sur la quantité d'acide sulfurique, ou plutôt de sulfates, qui se trouve dans un sol ; mais il vaut mieux laver un poids connu de terre avec de l'acide chlorhydrique à 1 p. 100, à froid, dans lequel le sulfate de calcium est plus soluble que dans l'eau seule. L'acide chlorhydrique peut être employé sans inconvénient à cette extraction ; il ne possède pas de propriétés oxydantes, et l'on est à peu près certain que les seuls sulfates qu'il entraîne préexistent dans le sol comme tels et ne proviennent pas de quelque transformation des composés organiques sulfurés. Si la terre est riche en humus, la solution chlorhydrique prendra une forte coloration brune, et il ne serait pas correct d'y précipiter directement l'acide sulfurique par un sel de baryum. Dans ce cas, le dosage de l'acide sulfurique présente quelque incertitude, car, si après avoir évaporé à sec la liqueur, on détruit à chaud la matière organique, soit par l'acide nitrique, soit par un mélange de carbonate de sodium et de nitrate de potassium, on oxyde forcément le soufre organique qui se trouvait dans l'humus ; d'où un dosage trop élevé.

VII

SUBSTANCES MINÉRALES A CARACTÈRE BASIQUE.

(CaO, MgO, K^2O)

De ces trois substances, chaux, magnésie, potasse, les deux premières sont d'un dosage facile et instructif. L'estimation de la potasse, au point de vue spécial où nous nous plaçons, est, au contraire, très incertaine.

Chaux. — Le dosage *total* de cet élément ne peut être effectué qu'en faisant usage de l'acide fluorhydrique. Cependant le traitement de la terre à l'acide nitrique, exécuté comme il a été dit plus haut à propos de l'acide phosphorique, c'est-à-dire par chauffage de cinq heures au bain de sable en évitant la dessiccation, permet d'obtenir la totalité de la chaux qui existe dans l'échantillon sous forme de carbonate, de sulfate, de phosphate, de nitrate (et d'humate, si la terre n'a pas été calcinée au préalable). L'attaque de certains silicates, facilement décomposables, peut être notable dans ces conditions.

A l'aide des procédés connus, on séparera la chaux des autres éléments dissous en même temps. Quant à la quantité de matière à soumettre à l'analyse, elle varie de 2 à 40 grammes suivant les divers sols. Mais il faut se souvenir que la *forme* de la chaux la plus utile est celle de *carbonate*; il est superflu de revenir sur les rôles physique et chimique que joue cette matière dans le sol. Il en résulte qu'il convient, le plus souvent, quand il s'agit de la chaux, de ne doser dans un échantillon de terre donné que le carbonate de calcium. Cependant il est bon de remarquer que beaucoup de silicates contenant de la chaux, que les acides étendus décomposent avec facilité, cèdent cette base à nombre de végétaux. La plupart des terres dites *fortes* contiennent la majeure partie de leur chaux sous forme de silicates.

Lorsqu'il s'agit de doser le calcaire seul, on doit établir certaines distinctions. *Le calcaire véritablement actif est le calcaire fin.* Il ne faut pas se contenter de doser le calcaire total. Il est nécessaire de chercher quelle est la fraction de cette substance qui présente un état de division assez grand pour être facilement dissoute par le gaz carbonique et entrer en jeu dans les réactions chimiques qui modifient si heureusement les propriétés physiques du sol sous le rapport de la perméabilité, s'il s'agit d'un sol compact, ou sous le rapport de la neutralisation des substances humiques s'il est question d'un sol acide.

L'estimation *approximative* du calcaire *total* peut être faite à l'aide d'un acide dilué (acide chlorhydrique à 1/10, par exemple) employé à froid. On aura soin d'agiter fréquemment le mélange. Le chiffre ainsi obtenu, donnant la quantité de chaux dissoute, sera généralement trop fort puisqu'il comprendra la chaux du carbonate, celle du phosphate, celle du sulfate et celle de l'humate. Mais, dans les cas où il n'est pas besoin d'une grande précision, ce dosage suffit si, toutefois, la quantité de chaux sous forme de carbonate est prépondérante, ainsi qu'il arrive dans les sols tant soit peu calcaires. Il est certain que si le calcaire entre dans la proportion de 5 p. 100 dans une terre, le poids de la chaux combinée à l'humate, au phosphate, au sulfate, est généralement très faible par rapport à celui qui est combiné à l'acide carbonique. On pourrait d'ailleurs retrancher du poids de la chaux totale le poids de la chaux unie aux autres acides.

Le dosage de l'*acide carbonique total*, effectué comme nous l'avons dit à la page 348, peut servir de mesure au dosage du calcaire d'une manière assez approchée. Seule, la présence du carbonate de magnésium serait susceptible de vicier l'analyse ; il serait facile de retrancher du poids du gaz carbonique total la fraction combinée à la magnésie en faisant, d'autre part, un dosage spécial de cette base. Or, le carbonate de magnésium est, la plupart du temps, en faible proportion par rapport au carbonate de calcium ; on ne commettrait donc pas d'erreur grossière en rapportant au calcium seul la totalité du gaz carbonique obtenu dans le dosage. De plus, au point de vue des réactions qu'il exerce dans le sol, le carbonate de magnésium joue le même rôle que le carbonate de calcium.

On peut également doser le gaz carbonique du calcaire en faisant agir un acide sur un poids de terre déterminé, et en recueillant les gaz sur le mercure. A l'aide d'un dispositif bien connu, on fait d'abord, avec une trompe à mercure, le vide dans le ballon qui contient la terre, on y introduit ensuite une certaine quantité d'acide chlorhydrique, et, au moyen du jeu de la trompe aidé de l'action de la chaleur, on extrait la totalité du gaz dégagé.

On dose fréquemment le calcaire, ou les carbonates totaux contenus dans un échantillon donné, au moyen du *calcimètre de Bernard*. A l'aide de cet appareil, on chasse dans un tube gradué le gaz carbonique dégagé d'un poids connu de terre traité à froid par l'acide chlorhydrique. Une opération exécutée avec un poids connu de carbonate de calcium pur permet de graduer l'appareil. Les indications que fournit ce procédé sont satisfaisantes.

Calcaire actif. — Mais il est, le plus souvent, beaucoup plus important de ne doser dans la terre que le *calcaire actif*, c'est-à-dire le calcaire disséminé en grains très fins. On peut réaliser ce dosage à l'aide du procédé de P. de Mondésir, particulièrement recommandable par la simplicité des manipulations. Ce procédé s'applique aux terres peu calcaires que l'on présume devoir être chaulées ou marnées avec avantage.

P. de Mondésir attaque la terre par un acide peu énergique (acide tartrique étendu) et pendant un temps assez court, de façon que, seul le calcaire très fin, et seulement la surface des grains les plus gros, entrent en dissolution. Le volume du gaz carbonique qui se dégage est mesuré par sa tension. On trouvera dans le livre de Grandeau (*Traité d'analyse des matières agricoles* ; tome I, p. 185 et suiv. Paris, 1897) la description du flacon (d'une capacité de 500-600 centimètres cubes) dans lequel la réaction doit être effectuée. Le gaz carbonique qui prend naissance par le contact de l'acide tartrique dilué sur le carbonate de calcium exerce dans le flacon clos une pression sur une petite poche de caoutchouc pleine d'eau, communiquant avec un tube de verre qui sert de manomètre. On gradue l'appareil par une suite d'opérations préliminaires qui consistent à faire une série d'essais avec des poids connus de carbonate de calcium pur en présence de la même quantité de liquide et d'un excès d'acide tartrique. On lit sur le manomètre la hauteur à laquelle s'élève l'eau.

On a également proposé d'estimer le calcaire *actif* en faisant digérer un poids connu de terre pendant trois heures au bain-marie avec une solution à 10 p. 100 de chlorure d'ammonium. On filtre au bout de ce temps, et on dose, dans le liquide filtré, la quantité de chlorure de calcium qui s'est formée par double décomposition : on en déduit le poids du calcaire entré en réaction.

Cependant, dans ce procédé, la chaux du sulfate, et une partie de celle que renferment certains silicates calciques, facilement décomposables, entrent également en dissolution.

Il faut remarquer, en terminant, qu'il n'existe pas de relations entre la teneur d'un sol en gaz carbonique dégageable sous l'influence des acides, sa teneur en chaux et la quantité de cette base que peuvent prendre les végétaux. Lorsque l'attaque aux acides indique la présence d'une notable quantité de gaz carbonique, on peut, en général, affirmer que le sol renferme une dose notable de chaux ; mais, lorsqu'on n'obtient qu'un faible dégagement gazeux, il ne s'en suit pas que ce sol contienne peu de chaux.

Magnésie. — Le dosage de cette substance sera exécuté comme celui de la chaux, en attaquant la terre par un acide dilué. On peut admettre que, par un contact suffisamment prolongé, le carbonate de magnésium se dissout dans ces conditions. Il n'existe pas de procédé permettant de doser la magnésie *active*.

Si on traitait la terre par l'acide nitrique pur à chaud, on risquerait de dissoudre une notable quantité de magnésie combinée à la silice, ainsi que la chose a lieu avec les micaschistes. La magnésie possède une importance considérable vis-à-vis de la nutrition de la plante ; on sait qu'elle se concentre de préférence dans les graines où sa présence est constante et son poids, presque toujours, supérieur à celui de la chaux.

Comme la magnésie se rencontre le plus souvent en faible quantité dans la plupart des sols, il est nécessaire de prendre un poids de terre un peu notable pour effectuer le dosage de cette base, et de remarquer que le dosage de la magnésie, en présence de beaucoup de chaux, présente quelques difficultés.

Potasse. — La potasse est l'élément le plus difficile à doser sous sa forme assimilable ; on ne possède à cet égard que des renseignements peu précis. Cette base est, la plupart du temps, assez abondante dans le sol. Les terres siliceuses, celles qui sont issues de la décomposition des roches primitives, en renferment fréquemment de 5 à 15 p. 1000. Or, à moins de traiter l'échantillon de terre par l'acide fluorhydrique qui, seul, solubilise la totalité de la potasse en volatilisant la silice à l'état de fluorure, il n'existe pas de réactifs acides qui soient capables de la dissoudre complètement. La quantité de potasse qui entre en dissolution, lorsqu'on fait usage des acides forts, dépend de la concentration de l'acide, de la durée de la réaction, de l'élévation de la température. Nous avons montré précédemment (p. 253) les incertitudes inévitables que présente, dans le cas actuel, l'emploi des acides en général. Cette critique s'adresse, par conséquent, au procédé officiel français, d'après lequel l'attaque de la terre doit être faite à l'acide nitrique chaud, pendant une durée de cinq heures.

Parmi les procédés de dosage les plus recommandables, qui semblent se rapprocher quelque peu des conditions naturelles dans lesquelles cet alcali se solubilise, il faut citer les suivants.

Dyer a appliqué à ce dosage la méthode à l'acide citrique qui lui avait fourni de bons résultats pour l'acide phosphorique (p. 361). Il semble que l'on puisse interpréter les chiffres obtenus dans le même sens : la potasse qu'enlève l'acide citrique à un échantillon de terre serait sous une forme immédiatement disponible par les plantes.

Dans le but de dissoudre la potasse assimilable retenue sur les particules terreuses par le pouvoir absorbant, Schlœsing a proposé de traiter un poids de 100 grammes de terre, mélangé de 600 à 800 centimètres d'eau, par de petites quantités d'acide nitrique jusqu'à cessation d'effervescence, c'est-à-dire jusqu'à destruction du calcaire. On laisse digérer pendant six heures à froid, après avoir ajouté 5 grammes du même acide. Il est évident que ce procédé, moins brutal que celui qui consiste à faire un traitement à chaud en présence d'un excès d'acide fort, solubilise une quantité d'alcali très inférieure à celle que l'on obtient dans ce dernier cas. Mais il subsiste toujours un doute sur *la nature de la potasse ainsi libérée*, dont la totalité n'apparaît pas forcément comme devant être immédiatement assimilable.

Nous avons signalé antérieurement (p. 235) les résultats que l'on obtient en traitant la terre par l'eau chargée de gaz carbonique. La quantité de potasse dissoute dans ces conditions est toujours supérieure à celle que fournit l'eau pure ; ce qui peut s'expliquer en admettant que l'acide carbonique agit comme un acide faible, qu'il décompose partiellement les silicates zéolithiques, et détruit les combinaisons d'absorption que la potasse a contractées, soit avec ces silicates, soit avec la matière organique. Un semblable traitement des terres en vue de l'analyse paraît, *à priori*, très rationnel et, dans le paragraphe suivant, nous verrons ce qu'il est permis d'en attendre.

Beaucoup d'expérimentateurs ont, à diverses reprises, essayé précisément de définir la quantité de potasse assimilable en faisant usage d'eau carbonique. Voici, pour ne prendre qu'un exemple récent appuyé sur des essais culturaux, comment Bieler-Chatelan (1910) propose d'opérer. On traite un échantillon de terre donné : 1° par l'acide chlorhydrique concentré et froid avec contact de quarante-huit heures ; 2° par l'eau saturée de gaz carbonique à la température et à la pression ordinaires, soit *par agitation* (30 grammes de terre additionnés de 500 centimètres cubes d'eau carbonique remués pendant dix heures), soit *par déplacement ou lessivage continu* : 100 grammes de terre sont tassés dans une allonge verticale ; on y verse de l'eau carbonique par petites portions jusqu'à obtenir, dans le flacon situé sous l'allonge, un volume de liquide clair proportionnel à la quantité d'eau qui tombe pendant la période de végétation annuelle à Lausanne, localité où ont été faites les expériences. On dose, à l'aide des procédés connus, la potasse dans ces diverses solutions.

D'autre part, les résultats fournis par ces analyses sont comparés avec les chiffres exprimant l'influence de l'engrais potassique sur les rendements en fourrages secs à l'hectare. Les conclusions auxquelles Bieler-Chatelan est arrivé sont les suivantes. Il n'y a pas proportionnalité (ainsi qu'on devait s'y attendre) entre les doses de potasse soluble dans l'acide chlorhydrique et les chiffres qui expriment l'effet de la fumure potassique. Ainsi, telle terre sur laquelle ce genre d'engrais a produit une action manifeste se trouve être plus riche en potasse soluble dans l'acide chlorhydrique que telle autre où l'effet de l'engrais a été négatif. Au contraire, *plus la dose de potasse soluble à l'eau carbonique augmente, moins l'effet de l'engrais potassique est sensible.* Il en résulte que le traitement des terres par l'eau carbonique donne une mesure de la potasse assimilable d'un sol qui répond aux données des essais culturaux.

Les terres plus ou moins calcaires livrent, proportionnellement, un peu moins de potasse à l'eau carbonique que les terres non calcaires.

Analyse rationnelle des terres par l'eau chargée de gaz carbonique. — Il est inutile d'insister de nouveau sur les avantages que présente l'emploi de l'eau carbonique au point de vue de l'appréciation exacte des éléments de fertilité actuellement assimilables par la plante.

Très supérieure aux procédés dans lesquels on traite un échantillon de terre par des réactifs énergiques, absolument étrangers au sol, la méthode qui consiste à employer l'eau carbonique n'est cependant pas à l'abri de toute critique. Si l'on veut obtenir des résultats comparables, il est nécessaire d'employer une eau carbonique de titre connu, agissant à une température connue. Alors qu'il est facile de rendre constants ces deux facteurs lorsqu'il s'agit d'un essai de laboratoire, il se trouve que, dans la nature, les deux facteurs en question sont essentiellement variables. Dans l'opération analytique, on accélère visiblement le phénomène de dissolution, puisque, la plupart du temps, on agite l'échantillon de terre avec le réactif : chaque particule terreuse arrive donc, à un moment donné, en contact avec le solvant. De pareils contacts sont moins intimes dans le sol, et, toutes choses égales d'ailleurs, les dissolutions s'effectueront en un temps beaucoup plus long. Il ne faut pas songer à faire usage d'eau *saturée* de gaz carbonique, si ce n'est en vase clos : car, pendant les transvasements, une semblable dissolution perd toujours du gaz.

Quoi qu'il en soit, cette méthode qui a été souvent mise en œuvre, plutôt comme terme de comparaison que comme procédé d'analyse proprement dit, mérite, à notre avis, de fixer sérieusement l'attention. Elle est susceptible d'entrer dans la pratique courante à la condition d'en bien préciser tous les détails. Nous ne mentionnerons sur ce point spécial que le mode opératoire de König, et surtout celui, beaucoup mieux étudié, de Mitscherlich.

König procède de la façon suivante. 1500 grammes de terre séchée à l'air sont mis au contact de 6000 centimètres cubes d'eau saturée au quart de gaz carbonique. Le flacon dans lequel a lieu la réaction doit être bien clos ; on l'agite d'une façon régulière pendant trois jours. On siphonne, au bout de ce temps, 4000 centimètres cubes de liquide clair (répondant à 1000 grammes de terre) ; on abandonne au repos pendant vingt-quatre heures et on filtre en couvrant l'entonnoir. Si le liquide n'est pas limpide, on l'évapore à $\frac{1}{10}$ de son volume initial; on filtre pour séparer l'argile et on complète avec les eaux de lavage à 500 centimètres cubes. Avec certaines terres il est bon de recommencer plusieurs fois le traitement. On dose ensuite les substances dissoutes à l'aide des procédés ordinaires.

E. A. Mistcherlich a publié, en 1907, un travail d'ensemble sur ce même sujet. Cet auteur applique le procédé de l'acide carbonique à l'analyse de terres de constitution variée, et étudie d'une façon systématique l'influence des divers facteurs de l'expérience. Nous allons indiquer très brièvement quelques-uns des points essentiels de ce travail en priant le lecteur de se reporter au mémoire original pour les détails concernant la grandeur des chiffres obtenus et les corrections à introduire du fait des méthodes analytiques employées (*Landw. Jahrbücher*, t. XXXVI, p. 309 ; 1907).

La solubilité des éléments du sol est fonction de la quantité d'eau que celui-ci renferme ; plus la pluie est abondante et plus grandes sont les chances de dissolution. La température joue également un rôle important. De plus, comme on opère en présence d'un excès de gaz carbonique, l'action de masse intervient, de telle façon que ce gaz peut chasser de leurs combinaisons des traces d'acides forts, l'acide phosphorique par exemple. Il est donc indispensable, si on veut obtenir des résultats comparables avec les divers échantillons de terre que l'on se propose d'analyser, de maintenir constants les quatre facteurs : durée du contact, température, titre du gaz carbonique, quantité d'eau employée.

A cet effet, Mitscherlich introduit l'échantillon de terre dans un flacon de 2500 centimètres cubes contenant 2000 centimètres cubes d'eau et un peu de chloroforme pour éviter toute fermentation. Le flacon est placé dans un thermostat chauffé à 30°, et son contenu est sans cesse remué au moyen d'un agitateur en argent. L'auteur s'est arrêté à une durée d'action de onze heures et demie. Un courant de gaz carbonique barbote d'une manière régulière au sein de la masse. Le poids de terre employé varie de 80 à 200 grammes (terre séchée à l'air, rapportée à la terre séchée à l'étuve). Après expérience, on siphonne directement le liquide au moyen d'un tube de terre poreuse.

Dans des fractions bien déterminées du liquide siphonné, on dose l'azote par la méthode de Kjeldahl, l'acide phosphorique par la méthode au phospho-molybdate, la chaux et la potasse par les procédés usuels. Tous les réactifs sont soigneusement vérifiés quant à leur pureté, et on a fixé par des expériences nombreuses le degré de précision que l'on pouvait atteindre dans chaque dosage en particulier.

Voici quelques remarques relatives à l'influence des quatre facteurs énumérés plus haut sur la marche de l'opération. Le rapport du poids de la terre mise en œuvre dans l'analyse à celui de l'eau varie de $\frac{5}{25}$ à 1

$\frac{1}{10}$ suivant que ce poids de terre est de 80 ou de 200 grammes (le poids d'eau étant de 2000 grammes) ; or, *dans les conditions naturelles*, 1 partie de terre se trouve en contact avec la moitié de son poids d'eau au maximum. Après dix heures d'agitation, comme il a été dit plus haut, on obtient un poids à peu près constant de matière dissoute. En réalité, la concentration devrait augmenter sans cesse jusqu'à ce que la liqueur fut saturée ; ce qui n'est pas le cas ici. On a donc affaire à des solutions chez lesquelles on ne perçoit plus guère, au bout d'un certain temps, de changements de concentration parce que la durée du contact de l'eau et de la terre ne peut être pratiquement prolongée au-delà de certaines limites. La potasse, la chaux, l'acide phosphorique se dissolvent en quantités d'autant plus grandes que la richesse du liquide en gaz carbonique est elle-même plus grande. Mais ceci ne semble pas toujours vrai pour l'azote.

Lorsqu'il s'agit d'un sol riche en humus, toutes conditions étant égales, la température n'influence pas sensiblement la solubilité de la chaux et celle de l'acide phosphorique ; le maximum de solubilité de ces deux substances se trouve être aux environs de 18°. Quant à la solubilité de la potasse, elle est proportionnelle à la température ; celle de l'azote augmente beaucoup au-delà de 18°.

En ce qui concerne l'influence de la quantité d'eau, l'auteur a opéré avec les concentrations suivantes : $\dfrac{\text{Sol}}{\text{Eau}} = \dfrac{1}{5},\ \dfrac{1}{10},\ \dfrac{1}{15},\ \dfrac{1}{20},\ \dfrac{1}{25},\ \dfrac{1}{30},$ et il a trouvé que, lorsque la quantité d'eau augmente, la quantité de sels dissous augmente également (les autres facteurs étant constants : $T = 30°$; eau saturée de gaz carbonique ; durée onze heures et demie). Les expériences de Mitscherlich fixent d'une manière très nette les conditions de réussite d'une opération et montrent tous les avantages d'un procédé réalisant, aussi bien que possible, le mécanisme naturel de formation des solutions nutritives.

Afin de donner une idée de la grandeur des chiffres obtenus dans de semblables essais, prenons la moyenne d'une des expériences de l'auteur précité se rapportant à une terre de jardin riche en humus. 100 grammes de cette terre, additionnés de dix fois leur poids d'eau, ont été agités, pendant onze heures et demie, au sein d'un courant de gaz carbonique, à une température de 30°. La quantité des éléments dissous a été la suivante :

$K = 0^{gr},0107\ (K^2O = 0^{gr},0128)\ ;\ Ca = 0^{gr},1441\ (CaO = 0^{gr},2017)\ ;$
$P^2O^5 = 0^{gr},0093.$

Cherchons, d'après ces chiffres, quelle serait la richesse en éléments fertilisants de la masse de terre contenue dans 1 hectare, en supposant que la couche arable ait une épaisseur de 40 centimètres et pèse 4,000 tonnes. Nous trouverons ainsi :

$K^2O = 512$ kilogrammes; $CaO = 8068$ kilogrammes; $P^2O^5 = 372$ kilogrammes.

Si les végétaux, même les plus exigeants de la grande culture, rencontraient dans un sol de pareilles quantités d'éléments nutritifs *à l'état soluble*, il n'y aurait pas lieu de leur distribuer d'engrais. Cette méthode d'analyse à l'acide carbonique fournit donc encore des chiffres le plus souvent trop forts, mais, cependant, infiniment plus rapprochés de la réalité que ceux que l'on obtient par tout autre procédé. En fait, on conçoit, sans qu'il soit besoin d'insister, que, dans la méthode de Mitscherlich, le rapport du poids de l'eau à celui de la terre est beaucoup plus élevé que dans les conditions naturelles; d'autre part, cette eau est toujours saturée de gaz carbonique, alors que, en général, cette saturation n'est jamais atteinte normalement.

On en conclut immédiatement que, dans tout sol dont le taux d'humidité pourrait être maintenu constant, qui posséderait une dose élevée d'humus et chez lequel un degré convenable d'aération faciliterait les combustions, les phénomènes de dissolution seraient très actifs. Ce sol pourrait donc subvenir aux besoins de récoltes très exigeantes, alors même que sa richesse en éléments fertilisants totaux serait médiocre.

VIII

INTERPRÉTATION DES ANALYSES PHYSIQUE ET CHIMIQUE DES SOLS.

Quel que soit le procédé employé pour exécuter l'analyse physique ou l'analyse chimique d'un sol, nous nous trouvons finalement en présence d'un certain nombre de chiffres qu'il s'agit d'interpréter. Ces chiffres doivent nous donner des renseignements précis sur les points suivants : quel est le degré de compacité ou de perméabilité de la terre examinée ; quelles sont les améliorations que nous devons lui faire subir pour diminuer cette compacité et augmenter la perméabilité, ou réciproquement ; quelles sont les chances de réussite que nous pouvons espérer. Voilà les éclaircissements que nous sommes en droit d'exiger d'une analyse physique. L'analyse chimique, d'autre part, doit nous indiquer, non seulement la *quantité totale* des éléments de fertilité que la plante est susceptible de rencontrer dans le cube de terre qu'elle explore, mais surtout *le degré d'assimilabilité* de ces éléments, c'est-à-dire la fraction actuellement utilisable pour une récolte donnée. On doit pouvoir se rendre compte, en consultant les chiffres d'une analyse chimique, s'il est utile ou non d'apporter des matières fertilisantes supplémentaires au sol, et quelle est la quantité de ces matières qu'il faut lui confier en vue d'une culture déterminée. L'analyse physique nous dira *sous quelle forme* il est préférable d'incorporer au sol la substance qui manque, parce que cette analyse aura fait connaître le degré de perméabilité du sol considéré et, par conséquent, son degré d'aération, ainsi que la faculté qu'il possède de retenir une dose plus ou moins grande d'humidité. Or, beaucoup d'engrais ne deviennent assimilables (engrais azotés complexes, par exemple) que lorsqu'ils ont subi une décomposition profonde pour la réalisation de laquelle la présence d'une forte proportion d'oxygène est indispensable.

Difficultés des interprétations analytiques. — Si l'interprétation des analyses physique et chimique pouvait toujours être formulée d'une façon aussi catégorique, elle rendrait d'immenses services à l'agriculture, et le problème de l'amélioration de beaucoup de sols serait alors résolu. Malheureusement, il en est rarement ainsi, et il est nécessaire de faire à cet égard de nombreuses réserves, surtout lorsqu'il s'agit des chiffres fournis par l'analyse chimique : ces réserves s'imposent à la suite des considérations que nous avons développées dans le présent chapitre.

A défaut de méthodes analytiques capables de fournir des renseignements précis relativement au degré de fertilité véritable d'une terre, il semblerait que l'*expérimentation directe sur le sol* fût la seule façon rationnelle de procéder : sur une terre donnée on ne devrait, en principe, cultiver que la plante qui s'y développe le mieux, et dont on évaluerait les exigences par l'analyse de ses cendres. On substituerait ainsi l'analyse de la plante à celle du sol. Cependant les très nombreuses recherches faites dans ce sens démontrent que la même plante n'a jamais en tous lieux — et même dans un endroit déterminé — une composition minérale uniforme. Celle-ci varie essentiellement avec la composition du sol qui la porte, indiquant par exemple un excès de chaux, de potasse ou d'azote là où le sol est plus riche en chaux en potasse ou en azote. En outre — et ceci est capital — *la question de climat* joue un rôle prépondérant vis-à-vis de la composition minérale des végétaux. Sous tel climat, c'est-à-dire sous telles influences extérieures d'éclairement, d'humidité, de température, l'analyse d'une plante donnée fournira des chiffres qui présenteront de notables différences avec ceux que cette même analyse indiquerait pour la même plante se développant sous un autre climat.

La quantité d'eau que reçoit le sol varie d'une année à l'autre dans des limites étendues, non seulement sur les différents points du globe qui portent la même plante, mais aussi sur le même point ; ce facteur, essentiel dans les phénomènes de dissolution des éléments minéraux, produit une répercussion inévitable sur la lenteur ou la rapidité du développement de la plante, donc sur sa richesse en substances fixes et en azote. C'est ce qui résulte, en particulier, des expériences de Wilms et von Seelhorst (1899) relatives aux oscillations que présente la composition des céréales (grains et paille) sous l'influence des engrais mis en présence de quantités d'eau variables. Le régime des eaux occasionne, vis-à-vis du poids de la matière sèche de ces plantes, de telles perturbations que l'on ne peut tirer de l'analyse des cendres aucune conclusion valable sur la richesse du sol en éléments fertilisants.

La composition d'une plante déterminée n'est donc jamais uniforme. Si l'analyse du sol par la plante est parfois capable de nous renseigner sur la composition du sol qui la nourrit, il faut tenir grand compte, en outre, des influences extérieures.

Malgré ses imperfections, l'expérimentation directe sur le sol présente de très nombreux avantages, et nous indiquerons, à la fin de ce chapitre, ce qu'il convient de faire à cet égard.

Ces réserves étant formulées, proposons-nous maintenant de montrer en quelques lignes quels renseignements précieux peut fournir l'interprétation prudente des chiffres donnés par les analyses physique et chimique d'une terre. Mais si l'on veut que ces renseignements aient une valeur, il est indispensable d'observer les règles ci-jointes qui se rapportent à l'échantillonnage d'une terre et ne sont que la répétition abrégée de celles que nous avons indiquées à propos de l'analyse physique des sols (p. 191).

Prise d'échantillons. — Les échantillons de la pièce de terre seront prélevés avec le plus grand soin, et sur autant de points qu'il sera nécessaire si l'homogénéité de la terre paraît douteuse. On fixera la profondeur du sol proprement dit, afin de connaître le cube de terre dont les racines peuvent disposer.

Les analyses physique et chimique ne portant que sur la terre fine (le plus souvent celle qui passe au tamis de 1 millimètre), il est indispensable de calculer *le rapport de cette terre fine à la terre totale*. En effet, dans le cas où la terre fine ne constituerait, par exemple, que la moitié de la terre totale, on serait exposé, si l'on ne faisait pas la correction, à attribuer à la terre totale une richesse qu'elle ne possèderait pas en réalité. C'est là un point fort important sur lequel a insisté Risler. Le sous-sol sera examiné quant à sa structure physique, et il sera bon d'en prendre plusieurs échantillons sur une profondeur de quelques décimètres. Bien que sa couleur diffère fréquemment de celle du sol, il arrive souvent que le sous-sol renferme un stock très appréciable de substances fertilisantes. Un bulletin d'analyse devra toujours comporter une étude géologique sommaire de la région ; il mentionnera l'inclinaison du sol par rapport à l'horizon et la direction de cette inclinaison ; il indiquera enfin la température moyenne du lieu et le régime des eaux.

A. Interprétation de l'analyse physique. — Cette interprétation a été tentée par beaucoup d'auteurs, très souvent dans des cas particuliers. Désirant nous en tenir sur ce point à des généralités, nous nous contenterons de résumer ici les règles formulées à cet égard par Lagatu et Sicard, règles qui nous paraissent à la fois simples et pratiques (1).

Qu'il soit question de l'analyse physique ou de l'analyse chimique d'une terre, *il s'agit de comparer ces analyses à celles d'une terre type*. A cet effet, on prélèvera des échantillons de terres variées qui, *d'après l'observation seule, faite en dehors de toute considération scientifique, possèdent des qualités déterminées, soit au point de vue physique, soit au point de vue du rendement* ; on les analysera et *on notera ainsi un très grand nombre de coïncidences entre tel ensemble de résultats analytiques et telles qualités agricoles.*

Le type le plus parfait d'une terre arable est la terre dite *franche*, sur les propriétés de laquelle il y a unanimité. Au point de vue physique, cette terre est perméable à l'eau et aux gaz ; elle se laisse travailler aisément, ne se réunit pas en mottes compactes et ne se fendille pas après la sécheresse ; elle ne se délaie pas à la suite de pluies abondantes, ne se soulève pas par la gelée, et n'est pas emportée par le vent. Elle repose sur un sous-sol perméable.

(1) *Guide pratique et élémentaire pour l'analyse des terres et son utilisation agricole* par H. Lagatu et L. Sicard. 1901, pages 175 et suivantes.

Or l'analyse physique d'une pareille terre, faite sur la terre fine passant au tamis de 10 mailles par centimètre, fournit *les chiffres moyens suivants.*

Dans 1000 parties :

Sable grossier....................................	600 à 700 parties.
Sable fin	200 à 300 —
Argile	60 à 100 —
Humus	0,1 à 30 —
Calcaire (réparti à peu près également entre le sable fin et le sable grossier).....................	50 à 150 —

Il faut remarquer de suite qu'une terre peut très bien convenir à telle plante et, cependant, présenter à l'analyse un chiffre plus élevé de sable fin, c'est-à-dire être plus compacte, alors que telle autre plante ne prospérera que dans un sol plus riche en éléments grossiers, c'est-à-dire plus léger. Le tableau précédent ne constitue donc qu'une moyenne de chiffres avantageux, tirés de nombreuses comparaisons entre l'analyse et les rendements culturaux satisfaisants.

Lagatu et Sicard font observer qu'il importe, avant tout, de connaître, pour un sol donné, quel est son degré de compacité ou de perméabilité ; il est inutile de reprendre ici la définition de ces termes ; nous en avons maintes fois indiqué la portée.

L'*imperméabilité* d'une terre reconnaît deux origines. Les particules terreuses peuvent être contiguës parce que les intervalles qui existent entre elles sont très petits ; ou bien les intervalles entre les particules sont remplis par une substance qui se conduit comme un ciment. Compacité et imperméabilité sont donc déterminées par des causes analogues.

Une terre est composée de cailloux et de graviers d'une part, de terre fine d'autre part. « *Dans presque tous les cas, la proportion de terre fine est plus que suffisante pour remplir complètement tous les intervalles que laissent entre eux les cailloux et les graviers. Dès lors, c'est seulement la terre fine qui commande la compacité ou la perméabilité ; c'est elle seule, en effet, qui présente, soit aux solides, soit aux fluides, la résistance à vaincre ; car les éléments grossiers, s'ils étaient seuls, ne seraient liés par aucune cohésion et laisseraient entre eux de larges intervalles traversés par les fluides avec une extrême facilité.*

Il en résulte qu'il est possible de déduire le degré de compacité ou de perméabilité d'une terre de la seule analyse physique de la terre fine.

Le *rôle* de chacun des constituants de cette terre peut être ainsi défini : *Le sable grossier est un élément de division, c'est-à-dire de perméabilité ; le sable fin, un élément de compacité et d'imperméabilité ; l'argile, un élément de plasticité si l'eau est en faible quantité ; l'humus, un élément d'agglutination des particules sableuses s'il s'agit d'une terre légère, un élément de division et d'aération s'il s'agit de terres argileuses.*

Quant au calcaire, son rôle consiste à modifier les propriétés plastiques de l'argile : il devra être d'autant plus abondant que la dose d'argile sera plus élevée. Une terre très peu calcaire et fortement argileuse se délaie sous l'influence de l'eau de pluie, qui demeure longtemps à la surface si celle-ci est horizontale, ou ruisselle, sans pénétrer, si cette surface est inclinée.

Le rôle de chacun de ces éléments étant établi, nous sommes maintenant en mesure d'interpréter les chiffres du tableau de la page précédente, relatifs à la composition moyenne d'une terre franche.

Nous avons vu que cette terre doit renfermer de 600 à 700 parties de *sable grossier*. Si ce chiffre paraît élevé, il faut remarquer que les racines exigent la présence dans le sol de fragments suffisamment volumineux qui, laissant entre eux des espaces vides, n'entravent pas leur développement, et qui permettent à l'eau et à l'air de circuler librement. Lorsque la dose du sable grossier atteint 800 p. 1000, l'argile étant inférieure à 100, le sol retient mal les liquides : on entre dans le domaine des terres dites *légères*. Celles-ci deviennent très légères lorsque le chiffre du sable grossier atteint 900 p. 1000.

Le *sable fin* exerce sur la structure du sol une influence qui varie avec la proportion d'argile qui l'accompagne. Si l'argile n'existe qu'en faible quantité, ou si elle est absente, le sable fin est entraîné par les eaux météoriques; il entre en contact intime avec les éléments grossiers et obstrue tous les espaces libres qui assuraient la circulation des liquides et des gaz. Alors même que l'on modifierait un pareil sol par des travaux de labourage et qu'on lui rendrait ainsi un certain degré de perméabilité, ces améliorations ne seraient que passagères; car, à la suite d'une nouvelle chute d'eau, ce sol retournerait à son état primitif; il retrouverait le même degré d'imperméabilité *reconnaissant une cause d'ordre mécanique*. C'est là, d'ailleurs, un cas qui se rencontre rarement. Lorsque, au contraire, le sable fin est accompagné d'argile, la division particulaire subsiste, et l'eau circule dans les interstices du sol ; 50 à 70 p. 1000 d'argile suffisent à cet égard. Si la proportion d'argile s'élève à 150 p. 1000, la terre prend un certain degré de cohésion, lequel s'accentue encore avec l'augmentation de cette substance. La terre devient une *terre forte*.

Si la proportion de sable fin atteint 500 p. 1000, et si l'argile reste à 150, la terre est dite *asphyxiante* ; les racines la pénètrent mal et n'y rencontrent plus une dose suffisante d'air. Le travail mécanique de pareilles terres est très pénible et leur culture très difficile. Dans les couches non atteintes par les instruments aratoires, l'eau séjourne indéfiniment.

Telle est la signification générale que l'on doit attribuer aux chiffres du tableau et les renseignements que l'on peut en tirer.

Toutefois, Lagatu et Sicard font remarquer que cette interprétation n'a pas une précision absolue en raison même des conventions adoptées pour séparer le sable grossier, le sable fin et l'argile. En effet, nous avons vu antérieurement que l'argile, telle qu'elle est définie dans l'analyse physique, est, en réalité, composée de deux éléments : la majeure partie comprend du sable très fin, dont le dépôt complet ne se produirait qu'en un laps de temps incompatible avec les exigences d'une analyse. Quant à la véritable *argile colloïdale*, elle n'existe qu'en proportions très faibles. Le lot dénommé *argile* est donc, en réalité, un lot d'origine assez conventionnelle.

B. Interprétation de l'analyse chimique. — Cette interprétation est assez facile en ce qui concerne l'azote, la chaux et l'acide phosphorique ; elle est plus difficile quand il s'agit de la potasse. Elle exige toujours beaucoup de prudence et comporte certaines restrictions. A un point de vue général, on a souvent coutume de regarder, comme possédant une richesse satisfaisante, une terre qui contiendrait par kilogramme de matière sèche : azote = 1, acide phosphorique = 1, calcaire = 10 à 50, potasse = 2 ; ces déterminations ayant été effectuées à l'aide de l'acide nitrique pur employé à chaud. Lagatu et Sicard font remarquer que ce taux de matières alimentaires ne représente pas *une richesse moyenne*, car beaucoup de sols ne sont pas aussi bien partagés, au moins quant à l'une de ces substances. D'après ces auteurs, *la richesse satisfaisante exprimée par les chiffres ci-dessus* est celle qui permet d'emblée la culture intensive sans amélioration foncière importante : c'est là ce qui résulte d'un grand nombre de comparaisons. On peut traduire la chose en disant que : entre la composition d'une terre et son degré de fertilité, il existe une relation évidente. Si une terre présente la richesse précédente pour tous les éléments, sauf pour un seul, il ne faut pas en conclure qu'elle est inapte à la culture intensive : elle ne s'y prêtera qu'au prix d'une amélioration foncière dont l'importance pourra dépasser les opérations de la culture usuelle. Il arrive parfois que cette amélioration foncière est peu coûteuse ; mais, en général, les résultats que l'on est en droit d'en attendre sont lents à se produire.

Si nous entrons maintenant pendant quelques instants dans le détail de l'interprétation de l'analyse chimique, il nous est facile de tirer certaines conclusions intéressantes des discussions que nous avons soulevées dans le présent chapitre.

Variations du taux des éléments de fertilité. — A. Azote ; Calcaire. — Il faudra, dans le bulletin d'analyse, consulter avant tout les chiffres qui donnent le taux du carbonate de calcium total et celui du calcaire fin. Ces chiffres, très importants, n'ont cependant qu'une valeur relative si on les examine isolément. On devra les mettre en regard de celui qui représente l'azote total. En effet, l'alcalinité du sol est indispensable à l'évolution des phénomènes de combustion, et à la nitrification en particulier. Une faible dose de calcaire (5 à 10 p. 1000) peut suffire à certaines cultures au cas où l'azote n'atteindrait qu'un taux de 0,5 p. 1000 par exemple. Mais, si l'humus est abondant et, par conséquent, l'azote organique, il faut que le taux du calcaire soit beaucoup plus élevé pour saturer la substance humique, et il est nécessaire que ce calcaire se trouve encore en excès lorsque cette saturation sera obtenue.

Une dose de calcaire s'élevant à 20,50 et même 100 p. 1000 communique au sol une activité chimique très grande, si la dose de l'azote total est comprise entre 1,5 et 2 p. 1000. L'introduction répétée de fumier de ferme ou d'engrais verts ne peut fournir de résultats culturaux satisfaisants que lorsque la proportion du calcaire atteint un chiffre suffisant. Nous avons indiqué précédemment (page 341) de quelle façon on pouvait déterminer le degré d'acidité d'un sol ; il est indispensable que cette acidité ne s'établisse jamais, car un sol acide serait incapable de fournir des récoltes rémunératrices, de céréales par exemple. Ce n'est donc pas le chiffre *absolu* de l'azote qu'il importe d'envisager ; il faut savoir si cet azote se trouve dans les conditions où il peut nitrifier et le mettre en état de subir cette transformation. Or l'azote n'est capable de prendre la forme nitrique qu'en présence d'un excès de calcaire. A un sol riche en humus doit correspondre une dose de calcaire d'autant plus forte que le taux de cet humus est lui-même plus élevé.

Réciproquement, lorsque, dans un bulletin d'analyse, nous trouvons un taux de calcaire élevé (100 p. 1000 par exemple) et un taux d'azote assez faible (0,5 p. 1000), l'emploi du fumier de ferme ou celui des engrais verts seront avantageux. Cependant il ne faut pas oublier qu'un excès de calcaire produit une combustion très rapide de l'humus. Il existe donc une sorte d'équilibre entre l'azote et le calcaire ; le bulletin d'analyse

nous montre quel est le sens des réactions entre ces deux éléments, et il nous guide au sujet des modifications que nous
devons faire subir au sol lorsque chaux ou azote (c'est-à-dire
humus) prédominent.

Si ce bulletin ne signale que des traces de calcaire avec excès d'humus, le chaulage ou le marnage s'imposent. Quand à côté de traces de
calcaire, nous trouvons un faible taux d'azote, ainsi qu'il arrive dans
les terrains granitiques, l'addition d'azote soluble (nitrates, sels ammoniacaux) peut rendre de grands services. Nous supposons, pour le
moment, que les autres éléments de fertilité (potasse, acide phosphorique) se rencontrent en proportions suffisantes.

Il ne faut pas perdre de vue que le calcaire ajouté artificiellement
au sol, dans le cas où les terres manquent de cet élément, se dissout
de façon continue et est entraîné dans les eaux de drainage sous forme
de bicarbonate calcique. Lorsque, de plus, le sol réclame des engrais,
tels que sulfate d'ammonium, sulfate ou chlorure de potassium, un
poids de chaux correspondant au poids des acides sulfurique ou
chlorhydrique s'élimine également. En sorte qu'il est nécessaire de
veiller à la décalcification du sol, et de réintroduire, en temps opportun,
une dose de calcaire égale à celle qui disparaît ainsi ; car on
doit redouter de voir réapparaître l'acidité du sol avec tous ses
inconvénients.

Il est nécessaire, toutefois, de remarquer que les conclusions que
nous venons de formuler relativement aux rapports qui doivent exister entre l'azote et le calcaire ne sont sensiblement vraies que si la
terre est suffisamment perméable. Dans le cas des terres fortes, et
surtout dans celui des terres très argileuses, un excès de chaux est
encore plus indispensable pour coaguler l'argile et pour communiquer
au sol un degré de perméabilité compatible avec la nitrification.

On voit donc, et c'est là un point essentiel, que l'interprétation de
l'analyse chimique est subordonnée à celle de l'analyse physique
d'une terre. Ainsi que le fait remarquer avec justesse la notice des
Méthodes du comité consultatif des stations agronomiques, il est difficile de préciser la limite à laquelle le sol ne contient plus assez de
calcaire pour jouir de toutes ses propriétés, puisque cette limite
varie avec les proportions des autres éléments.

On peut admettre, *en résumé*, que, lorsqu'on suppose la richesse en calcaire suffisante et le degré de perméabilité convenable chez un sol donné, il est possible, *au point de vue de
leur teneur en azote*, de classer les terres de la façon suivante :

1° *Terres très riches* contenant 2 p. 1000 d'azote et au-dessus.
De pareils sols ne réclament pas d'engrais azotés et peuvent

alimenter des récoltes, même exigeantes, pendant un grand nombre d'années ;

2° *Terres riches*, contenant de 1,5 à 2 p. 1000 ; mêmes conclusions ;

3° *Terres moyennement riches*, contenant de 0,8 à 1,2 p. 1000 d'azote. De pareilles terres ont souvent besoin d'engrais azotés, solubles ou non, suivant leur structure physique. En effet, si on admet qu'une terre renferme 1 p. 1000 d'azote, que son épaisseur soit de 40 centimètres et que le centième de cet azote prenne, dans le cours d'une année, la forme nitrique, les plantes ne pourraient disposer que de 40 kilogrammes d'azote soluble, et de 80 kilogrammes si le cinquantième de cet azote organique nitrifiait. En réalité, on ne connaît que très imparfaitement la fraction de l'azote organique qui devient soluble dans le cours d'une année ; les chiffres précédents représentent à peu près les doses extrêmes. Or, la végétation active de certaines plantes, celle des céréales en particulier, est de courte durée. Un poids de 40 et même de 80 kilogrammes d'azote nitrique est souvent insuffisant pour assurer à ces plantes un développement capable de fournir de grands rendements. De plus, la plante ne prend jamais au sol la totalité de l'azote nitrique que celui-ci contient : d'où la nécessité fréquente d'introduire des engrais azotés solubles supplémentaires, en supposant, bien entendu, que les autres éléments de fertilité existent en proportions convenables.

4° *Terres pauvres*, contenant de 0,5 à 0,8 p. 1000 d'azote ;

5° *Terres très pauvres*, contenant moins de 0,5 p. 1000 d'azote. Dans ces deux derniers cas, l'addition de fumier ou celle d'engrais azotés solubles, suivant la constitution physique de la terre, s'imposent d'une manière absolue.

B. Acide phosphorique. — On adopte fréquemment la nomenclature suivante pour exprimer la richesse relative des terres en acide phosphorique.

Terres très riches, contenant plus de 2 p. 1000 ; *terres riches*, contenant de 1 à 2 p. 1000 ; *terres moyennement riches*, contenant de 0,5 à 1 p. 1000 ; *terres pauvres*, contenant de 0,1 à 0,5 p. 1000 ; *terres très pauvres*, contenant moins de 0,1 p. 1000.

On peut affirmer que, si une terre contient 2 p. 1000 d'acide phosphorique, et au-dessus, les autres éléments figurant en quantités convenables, l'addition de phosphates est absolument inutile ; cette terre pouvant fournir pendant de longues années de bonnes récoltes. En effet, les besoins des plantes, même les plus exigeantes en cette substance, sont toujours inférieurs à leurs besoins en azote. Une exportation de 50 kilogrammes d'acide phosphorique par an et par hectare, du fait de la culture, constitue un chiffre élevé. Inversement, on peut affirmer qu'une terre renfermant moins de 0,7 à 0,6 p. 1000 d'acide phosphorique bénéficiera de l'emploi des engrais phosphatés.

Mais, lorsqu'il s'agit de terres renfermant de 0,8 à 1,5 p. 1000 d'acide phosphorique, il y a souvent incertitude sur l'utilité de ces engrais. C'est dans ce cas que l'usage de réactifs, tels que l'acide citrique ou l'acide acétique, sous les concentrations indiquées plus haut (p. 250 et 361), rend de réels services. On pourra formuler alors une opinion reposant sur le dosage de la fraction d'acide phosphorique que solubiliseront les réactifs précédents en observant les règles que nous avons données à cet égard : 400 à 500 kilogrammes d'acide soluble à l'hectare représentent une richesse alimentaire plus que suffisante dans la plupart des cas.

Enfin l'emploi de l'eau carbonique, si cette méthode de dosage se généralisait, fournirait des indications encore plus précieuses.

C. Potasse. — L'interprétation du chiffre qui indique la teneur en potasse d'une terre est plus malaisée que celle des éléments qui précèdent. Ainsi que nous l'avons déjà fait observer, cela tient à ce que les réactifs usuels, tels que les acides forts, ne dissolvent le plus souvent qu'une fraction assez faible de cet alcali. D'ailleurs, la plupart des terres qualifiées de terres arables renferment de fortes doses de potasse. Le chiffre de 1 à 2 p. 1000 de potasse soluble à l'acide nitrique est souvent regardé comme représentant une richesse satisfaisante ; il suffirait alors de ne faire au sol de restitution qu'à l'aide de fumier de ferme. Au-dessous de ce chiffre, l'emploi de sels potassiques serait avantageux. Cette conclusion est, il faut en convenir, assez fragile. L'emploi de l'acide citrique, comme dans le cas du dosage de l'acide phosphorique assimilable, peut encore ici rendre service. Mais rien ne vaut, en pareil cas, l'expérimentation directe sur le sol. En effet, les besoins des plantes en potasse varient dans des limites extrêmement étendues : les plantes-racines et les tubercules sont très exigeants en cet alcali.

Conclusions : réserves à apporter dans les interprétations. — On doit conclure de cette discussion que l'interprétation judicieuse d'un bulletin d'analyse est capable de rendre de précieux services : les deux analyses, physique et chimique, se complètent, et l'on peut avancer que la première est, peut-être, la plus importante. Car c'est elle qui nous indique immédiatement les améliorations foncières que nous devons faire subir au sol pour le mettre en état de nourrir telle ou telle culture ; c'est elle qui nous guide au sujet de la nature des engrais que l'on doit enfouir dans le sol et qui nous montre, parfois du premier coup, que tel sol sera toujours inapte à porter telle plante, parce que, quelle que soit sa richesse en éléments de fertilité, sa constitution physique est mauvaise et non susceptible d'être améliorée d'une manière pratique et économique. Quant à l'analyse chimique, elle possède incontestablement une réelle valeur en ce qui concerne l'estimation du taux de la chaux, de l'azote et de l'acide phosphorique.

Mais il est bon de ne pas attribuer à un bulletin d'analyse une importance trop grande. Il faut, en effet, toujours faire entrer en ligne de compte, ainsi que nous le disions plus haut, *la notion de climat*. Ce facteur, dont les termes sont si nombreux et parfois si difficiles à définir, joue, dans la question qui nous occupe, un rôle de premier ordre. Une expérimentation directe sur le sol permettra, dans un lieu déterminé, de connaître quel est le poids de récolte que peut fournir une plante donnée. Encore est-il indispensable d'établir à cet égard une moyenne portant sur un certain nombre d'années, de manière à éliminer, autant que possible, l'influence si variable des facteurs *température* et *humidité*. Si, alors, on compare le poids de ces récoltes avec celui de récoltes obtenues dans d'autres localités, assez voisines de celle où l'on opère et dont le rendement est plus élevé, on doit en conclure qu'il manque quelque chose au sol : l'analyse comparative des terres des deux localités fournira, le plus souvent, des indications assez nettes ; et l'on sera amené à introduire dans le sol telle substance fertilisante qui fait partiellement défaut. Il arrive maintes fois que l'addition d'une pareille substance n'élève pas le taux des cendres de la plante en cette substance, mais qu'elle favorise l'absorption d'un autre élément indispensable et, par cela même, accroisse le poids de la matière sèche du végétal.

Terminons par quelques indications relatives à *l'installation des champs d'expérience.*

Une pratique, très recommandable en ce qui concerne les cultures à établir sur un sol déterminé, consiste à suivre le développement d'une plante sur une étendue restreinte de terrain. On divisera une pièce de terre en un certain nombre de parcelles, de 100 mètres carrés environ de surface. Sur chacune d'elles on sèmera la graine destinée à fournir le végétal que l'on se propose de cultiver. La première parcelle n'aura au préalable, reçu aucun engrais ; à la seconde on distribuera de l'azote minéral sous une certaine dose ; à la troisième on donnera de l'azote organique (fumier) ; à la quatrième, de la potasse ; à la cinquième des phosphates, etc. On notera, dans chaque cas, toutes les particularités que présentera le développement de la plante, ainsi que l'époque de sa floraison et de sa maturation. La comparaison du poids des récoltes permettra de se rendre compte de la nature de l'élément fertilisant qui fera défaut, et, par conséquent, de celui qu'il convient d'ajouter dans la région où l'on opère. C'est là ce que l'on pourrait appeler *l'analyse rationnelle du sol par la plante.* Il est évident que de semblables essais n'ont de valeur que vis-à-vis d'un végétal déterminé. Parfois il sera nécessaire d'introduire dans le sol, non par une, mais deux matières fertilisantes.

Dans le cas où les récoltes des différentes parcelles seraient également médiocres, il faudrait en conclure que la constitution physique du sol est mauvaise, du moins en ce qui regarde la plante choisie, et que ce sol ne peut se prêter à sa culture que sous la condition d'une amélioration foncière.

Il va sans dire que ce procédé d'analyse culturale n'exclut pas l'exécution préalable des analyses physique et chimique du sol. Il arrivera fréquemment qu'une analyse chimique bien conduite indiquera, d'avance et sans ambiguïté, la nature et la forme sous lesquelles il conviendra d'introduire dans ce sol tel élément de fertilité.

CHAPITRE XI

PROPRIÉTÉS BIOLOGIQUES DU SOL

Généralités sur les êtres vivants qui habitent le sol. — Présence et rôle des microorganismes dans le sol. — Distribution des microbes dans le sol. — Oxydations produites par voie chimique et par voie microbienne. — Phénomènes de combustion qui portent sur le carbone et l'hydrogène. — Phénomènes d'hydrolyse de la matière azotée complexe, production d'ammoniaque. — Phénomènes de fixation de l'azote gazeux ; applications pratiques. — Phénomènes d'oxydation qui transforment l'ammoniaque en acides nitreux et nitrique : nitrification. Historique ; travaux de Boussingault. — Conditions de la nitrification ; la nitrification est corrélative de la présence d'un être vivant ; travaux de Schloesing et Müntz ; travaux de Winogradsky. — Nutrition carbonée des microbes nitrificateurs. — Nitrification intensive. — Phénomènes de réduction des nitrates et de certaines substances azotées. — Poisons du sol.

I

GÉNÉRALITÉS SUR LES ÊTRES VIVANTS QUI HABITENT LE SOL.

Présence et rôle des microbes dans le sol. — On peut dire que la terre végétale est le réservoir commun de presque tous les microorganismes connus. Les uns croissent et prospèrent avec facilité dans ce milieu parce que celui-ci contient tels aliments appropriés à leur développement ; les autres y demeurent à l'état latent, à l'état de vie ralentie, parce que la composition des aliments qu'ils y trouvent ou celle de l'atmosphère ambiante ne leur conviennent pas ou leur conviennent mal. Lorsque ces deux facteurs éprouvent un changement dans un sens favorable à l'évolution de ces microorganismes, on les voit alors pulluler.

Parmi l'infinie variété des êtres microscopiques qui peuplent le sol, il en est un grand nombre qui présentent un intérêt de premier ordre pour l'agriculture.

En étudiant les phénomènes de combustion de la matière organique dans le sol qui aboutissent à la formation ultime du gaz carbonique et de l'eau (p. 295), nous avons fait remarquer que ces combustions peuvent, sans doute, s'exercer par le jeu de réactions purement chimiques, ainsi que la chose a lieu, par exemple, dans l'oxydation à l'air de l'oxyde ferreux ou de l'acide oxalique en dissolution. Ces réactions, purement chimiques, sont faciles à réaliser en stérilisant une masse de terre, soit par la chaleur, soit par contact avec des antiseptiques appropriés. Wollny a montré, dans une série très intéressante de recherches, quelle était l'influence comparée de divers antiseptiques sur le dégagement du gaz carbonique produit par des terres riches en humus, chauffées à 30°, avec ou sans antiseptiques. Une dose de thymol égale à 1 p. 100 du poids de la terre a, dans une des expériences, réduit à 1/13 le dégagement du gaz carbonique ; une dose de 0,18 p. 100 de chlorure mercurique, à 1/20 ; enfin, l'application d'une température de 115° a réduit ce dégagement à 1/85 environ. Ce processus d'oxydation, dû au seul jeu des forces chimiques, est donc extrêmement lent, et la matière organique du sol subsisterait presque indéfiniment et s'accumulerait en quantités considérables si certaines catégories de microorganismes n'intervenaient pas d'une façon active pour porter l'oxygène sur le carbone et l'hydrogène des substances ayant appartenu au monde organisé.

Les microorganismes du sol sont donc les agents les plus énergiques de destruction de la matière carbonée et azotée ; leur rôle consiste à séparer d'abord les uns des autres les noyaux complexes de cette matière, et à attaquer ensuite les groupements plus simples. Les termes ultimes de ces transformations sont l'eau, le gaz carbonique, l'ammoniaque, l'acide nitrique, l'azote. Le concours des microorganismes du sol n'est cependant pas indispensable aux plantes. Un végétal quelconque, supérieur ou inférieur, peut se développer dans une solution nutritive stérile ou même dans une masse solide privée de microorganismes.

Nous allons, dans ce qui va suivre, nous limiter strictement aux interventions microbiennes qui sont de quelque utilité pour l'agriculture, en laissant de côté ce qui a trait à la biologie proprement dite des infiniments petits auxquels sont imputables les phénomènes qu'il nous reste à décrire.

Microbes aérobies et anaérobies. — A un point de vue élémentaire, le sol est le théâtre de deux sortes d'actions microbiennes.

Aux organismes aérobies, il appartient d'être des agents purement oxydants, essentiellement bienfaisants, puisqu'ils fournissent aux végétaux, d'une manière directe ou non, les matières premières de leurs aliments : acide carbonique, eau, acide nitrique. Quelques-uns fixent simplement de l'eau sur telle substance organique (urée, par exemple).

Aux organismes anaérobies est dévolu un autre rôle : ceux-ci se développent au sein d'une atmosphère peu ou pas oxygénée ; ils s'attaquent à certaines substances organiques qu'ils dédoublent avec formation d'un produit plus simple que le produit initial et plus riche en hydrogène que lui ; en même temps se dégagent des gaz, parmi lesquels l'acide carbonique s'observe d'une façon constante. L'hydrogène ou le méthane accompagnent souvent ce dernier ; dans certains cas, on voit également apparaître l'azote et l'oxyde azoteux. Mais il est essentiel de remarquer que le dégagement de gaz carbonique que provoquent, en l'absence de l'oxygène, les organismes anaérobies travaillant au contact de certaines substances, n'est pas une propriété générale de la cellule. Ce dégagement ne dépend que de la *nature* des aliments dont cette cellule dispose.

Les phénomènes qui sont la conséquence de la vie microbienne sont compris sous la désignation générale de *phénomènes de fermentation* : le microbe agit par les *sécrétions diastasiques* qu'il élabore.

Un certain nombre d'espèces anaérobies habitent le sol ; elles y jouent, ainsi que nous le dirons dans la suite, un rôle parfois néfaste lorsque, par suite de circonstances temporaires ou définitives, elles trouvent des conditions favorables à leur existence.

Certaines fermentations dont profite l'agriculture, telle que la fermentation du fumier de ferme, sont le siège de deux phénomènes à la fois. Si la fermentation anaérobie modifie la masse organique dans un sens favorable à la simplification de la matière complexe initiale, elle est parfois l'origine d'une perte d'azote à l'état gazeux assez difficile à expliquer et dont la cause paraît obscure.

L'influence du milieu est capitale lorsqu'il s'agit de fermentations. Non seulement la présence ou l'absence de l'oxygène favorisent, entravent ou annulent le développement de certaines espèces, mais l'alcalinité ou l'acidité de ce milieu règlent l'intensité des transformations chimiques dans un sens déterminé en permettant ou en empêchant l'évolution de telle classe d'infiniment petits. C'est ainsi que l'humus des tourbières persiste et s'accumule, même au contact de l'oxygène de l'air, parce que les seules espèces microbiennes qui peuvent s'adapter à un milieu acide ont un pouvoir oxydant très faible. Le microbe nitrique y demeure inerte. Si on modifie la réaction de la masse acide par addition d'une base (chaux, calcaire), certains microbes aérobies, jusque là incapables d'agir dans un pareil milieu, prennent le dessus et détruisent alors avec facilité la matière organique. Le ferment nitrique, aidé dans son travail par d'autres espèces aérobies, porte alors l'oxygène sur l'ammoniaque avec production d'acide nitrique.

Il faut également ajouter que, si tel microorganisme ne se développe que dans un milieu acide, et tel autre dans un milieu alcalin, *la question de concentration de l'acide ou de l'alcali* joue un rôle très important ; un excès de l'un ou de l'autre pouvant compromettre ou anéantir l'existence du microbe, parfois même modifier ses propriétés physiologiques. Cependant certaines bactéries sont indifférentes à la réaction du milieu.

La présence ou l'absence d'oxygène produisent fréquemment, chez certains microorganismes, des modifications profondes dans leurs propriétés biologiques et morphologiques : on sait que la levure de bière, par exemple, immergée dans un liquide sucré, à l'abri de l'air, transforme le sucre en alcool et acide carbonique, mais que sa prolifération est ralentie. Si la levure n'est pas immergée, si elle vit en surface, elle prolifère en détruisant le sucre : elle donne encore naissance à du gaz carbonique, mais elle ne fournit que de faibles quantités d'alcool.

Le changement de réaction du milieu, s'il est graduel, peut faire perdre à certains microorganismes la faculté de se développer sur le substratum où ils vivaient habituellement ; les actions chimiques dont ils sont les agents diffèrent notablement dans les deux cas.

Notons enfin que, s'il y a des microbes aérobies et anaérobies *obligatoires ou stricts*, il existe de nombreux microorganismes qui présentent, suivant les conditions de milieu, une aérobiose ou une anaérobiose *facultatives*.

Parmi les agents extérieurs capables d'influencer le développement des êtres microscopiques, il faut citer : 1° *la lumière*, dont l'action est très complexe, et qui détruit une foule de microorganismes en présence de l'oxygène ; 2° *la chaleur* : nous nous bornerons à dire, à propos de ce facteur, que, en règle générale, la multiplication des microorganismes ne commence qu'à une certaine température, supérieure à 0°, bien que certaines espèces puissent se développer au-dessous de ce point. La multiplication s'accélère avec l'élévation de la température et atteint un maximum, puis elle décroît jusqu'à la mort du microorganisme. La température qui provoque l'anéantissement de la vitalité varie beaucoup avec l'espèce. Il y a probablement dans le sol des microbes qui peuvent résister à une température de 100°, au moins pendant quelques minutes ; d'où la difficulté que l'on rencontre si on veut stériliser une masse de terre un peu notable. Beaucoup de microbes du sol peuvent subir l'action de températures extrêmement basses, inférieures à — 100°, et même davantage, sans cesser d'exister : leur vie est alors suspendue.

La température optimum d'activité de la plupart des espèces microbiennes habitant la terre arable est comprise entre 30 et 40°.

Distribution des microbes dans le sol.

— Étant donnée l'importance du rôle que jouent dans le sol les microorganismes, il est indispensable de connaître, approximativement au moins, leur position dans les différentes couches terreuses, et même leur nombre approché dans un volume donné de terre.

Voici, à cet égard, quelques renseignements fournis par Duclaux. Les microorganismes se comportent comme des colloïdes ; ils adhèrent facilement aux substances solides qui les entourent. Conformément à l'observation, les couches supérieures du sol seront donc les plus chargées d'infiniment petits, de même que ces couches sont les plus chargées de matières organiques en général. Si on examine *la distribution qualitative* des êtres microscopiques dans le sol, on remarque que les couches superficielles renferment toujours la matière organique la plus colloïdale, la plus voisine de l'état qu'elle affectait lorsqu'elle faisait partie des êtres vivants (plantes ou animaux), et, par conséquent, la moins diffusible. Cette matière superficielle est peuplée des microbes qui doivent la transformer, et dont les conditions d'alimentation présentent le plus d'exigences. On peut attribuer à ce groupe de microorganismes une distribution figurée par la courbe AA' (sur l'axe Ox on porte des longueurs proportionnelles au nombre des microbes ; l'axe Oy indique la profondeur du sol). Cette courbe ne sera pas forcément

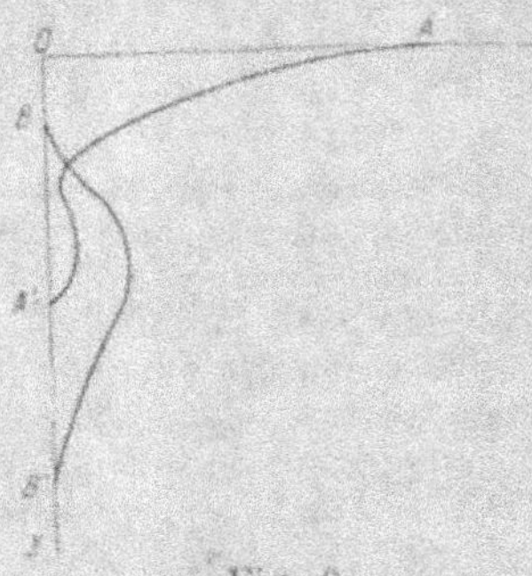

Fig. 8.

régulière ; ses irrégularités seront imputables à des changements dans la constitution du sol (fig. 8).

Quant aux êtres microscopiques qui utilisent pour leur nourriture les résidus organiques que les microbes de la surface ont détachés des molécules initiales complexes, ceux-là se trouvent à une plus grande profondeur. En effet, ces résidus organiques sont plus diffusibles que les noyaux primitifs ; ils s'enfonceront donc dans le sol, et c'est précisément à l'endroit où ils pénètrent que se rencontreront les microbes de la seconde catégorie

dont la distribution peut être figurée par la courbe BB'.

On comprend facilement les difficultés presque insurmontables que présentent la recherche du nombre des microorganismes du sol et leur isolement. Chacun d'eux a son aliment préféré ; les uns sont des aérobies et les autres des anaérobies. On ne peut donc arriver à ce sujet qu'à des résultats fort incomplets. Voici cependant quelques indications très sommaires sur ce point spécial.

Koch, puis Fraenkel (1887) ont montré que le nombre des infiniment petits qui peuplent la terre décroît à mesure que l'on s'enfonce davantage dans le sol. Cette décroissance n'est pas toujours absolument régulière. Il peut arriver que, à un mètre de profondeur, on n'observe plus de microorganismes dans un sol qui n'a pas été remué. Parfois on les trouve à des profondeurs assez grandes : Fraenkel, dans un sol des environs de Potsdam, en a rencontré jusqu'à 4 mètres. Suivant l'époque de l'année, telle couche, stérile à un moment donné, peut contenir quelques mois plus tard des microorganismes. Le *nombre* de ceux-ci est extrêmement variable à la surface du sol, là où ils pullulent de préférence. Fraenkel, dans le sol dont il vient d'être question, en a compté par centimètre cube, 150 000 le 27 mai 1886, 300 000 le 24 août, 130 000 le 2 octobre, 55 000 le 3 novembre. Dans ces chiffres ne sont pas compris les microbes nitrificateurs dont le mode de culture était encore ignoré à l'époque des expériences de Frænkel.

En fait, le nombre des microorganismes que contient le sol varie dans des proportions considérables ; il n'est pas rare de trouver à la surface de terres cultivées plusieurs millions de germes dans 1 gramme de terre. Une conséquence importante découle de la présence de cette flore microbienne. L'intensité respiratoire des microorganismes est énorme ; elle varie avec la capacité du sol pour l'air et l'eau, le nombre des êtres vivants et leur degré de vitalité, la nature des substances organiques auxquelles ils s'attaquent, la quantité et la nature des fumures organiques, la nature des plantes cultivées. Le travail mécanique du sol entre également en jeu.

Stoklasa (1911) a fourni à ce sujet des comparaisons très intéressantes. Cet auteur a trouvé les chiffres suivants relativement : 1° au nombre de microorganismes contenus dans 1 gramme de terre à diverses profondeurs ; 2° à la quantité de gaz carbonique dégagé par 1 kilogramme de terre à 25 p. 100 d'eau (échantillons pris au même niveau) ; la terre était balayée pendant vingt-quatre heures par un courant d'air pur à 20°.

(α = terre de prairie non travaillée et non fumée ; β = cette même terre, travaillée depuis deux ans, fumée aux engrais chimiques et plantée en trèfle l'année de l'expérience ; γ = cette même terre, travaillée tous les ans, fumée au fumier de ferme et aux engrais chimiques, plantée en betteraves l'année de l'expérience).

Profondeur à laquelle ont été prélevés les échantillons de terre	Nombre de microorganismes dans 1 gramme de terre			Poids de CO_2 dégagé par kilog. de terre en 24 heures (en milligrammes)		
	α	β	γ	α	β	γ
10 à 20 centim.	230.000	1.800.000	4.700.000	16.5	38.6	47.5
20 à 30 —	256.000	2.350.000	3.529.000	19.4	38.8	49.7
30 à 50 —	208.000	1.600.000	2.100.000	9.8	20.2	28.5
50 à 80 —	14.000	540.000	184.000	3.3	6.3	6.6
80 à 100 —	5.000	72.000	95.000	2.1	2.7	2.3

On voit par les chiffres de ce tableau que l'intensité respiratoire des microorganismes est en rapport direct avec leur nombre.

Il est bon de faire remarquer que la rareté des microorganismes ou leur absence, dans les couches profondes, peuvent souvent n'être qu'apparentes ; certaines couches du sol ne semblent stériles que parce que les microbes qui les peuplent refusent de se développer sur les substratums qu'on leur offre. Cependant, il est possible aussi que la stérilité des couches profondes soit réelle, puisque le sol agit comme un filtre ; de plus, la question de température entre probablement en jeu : certaines espèces se développent mal, ou même pas du tout, quand la température s'abaisse au-dessous d'une certaine limite.

Le microbe nitrique, un de ceux qui nous intéressent le plus, a été rencontré par Warington jusqu'à une profondeur de 46 centimètres, et même, dans une observation, jusqu'à 91 centimètres. Cet auteur, dans une série de recherches ultérieures (1887), en a découvert à 1^m,50 et 1^m,80. Bien que le microbe nitrique vive d'une façon très particulière et que son alimentation carbonée soit purement minérale, ainsi que nous le verrons plus loin, il pullule surtout à la surface du sol ; d'abord parce qu'il est aérobie, et, en outre, parce qu'il trouve en cet endroit une plus grande abondance de substances azotées. Cependant le sol acide de certaines prairies, celui de beaucoup de forêts, celui des tourbières, ne renferment pas de microbes nitriques ou, tout au moins, ceux-ci y sont-ils très peu abondants.

Au point de vue des *espèces* rencontrées dans le sol arable, on peut dire, d'une façon générale, que le nombre des bactéries l'emporte sur celui des mucédinées. Celles-ci, au contraire, dominent exclusivement dans les terres acides, là où le microbe nitrique ne se développe pas. Inversement, les bactéries y sont rares.

Oxydations produites simultanément par voie chimique et par voie microbienne. — Avant d'entrer dans la description des phénomènes biochimiques qui dépendent de l'action des microorganismes, il convient d'éclaircir le point suivant.

Nous avons dit que les phénomènes de combustion qui sont la source du gaz carbonique contenu dans le sol avaient, en réalité, une origine double. *La combustion d'ordre purement chimique* est très peu active, mais il est probable *à priori* qu'elle doit croître avec la température. *La combustion d'ordre microbien* est incomparablement plus intense ; cette combustion s'accélère également quand la température monte. Mais il est évident que, au-delà d'une certaine élévation de température, ce phénomène vivant doit se ralentir pour cesser tout à fait quand cette élévation devient incompatible avec la vie microbienne.

Debérain et Demoussy (1896) ont essayé de définir la part qui revient à ces deux ordres de combustion. Voici quelques-uns des résultats auxquels sont arrivés ces auteurs.

Lorsqu'on chauffe à 120°, pendant une heure dans des tubes de faible volume (50 centimètres cubes environ), 25 grammes de terre franche et 5 grammes d'eau, on fait périr tous les êtres vivants. L'analyse des gaz, effectuée après ce chauffage, montre que le volume d'acide carbonique qui a pris naissance est supérieur à celui de l'oxygène initial inclus dans le tube : il y a donc eu *oxydation de la matière organique de la terre et dédoublement simultané d'une certaine quantité de cette matière* ; ce dédoublement ayant fourni l'excès du gaz carbonique constaté. Mais cette modification est, en somme, peu profonde ; elle porte seulement, dans une des expériences, sur 1,2 p. 100 du carbone total de l'échantillon de terre.

Si, après avoir extrait les gaz du tube, on y réintroduit de l'air et que l'on recommence plusieurs fois l'opération du chauffage, suivie d'une évacuation et d'une analyse des gaz, on remarque que l'oxydation se poursuit, mais qu'elle décroît en intensité à mesure que les opérations se multiplient. Il n'y a donc qu'une faible fraction de la matière organique qui, sous l'influence de la chaleur, se détruit assez facilement ; le reste est beaucoup moins oxydable. Cette altération de l'humus comporte en fait, trois phases concomitantes : 1° la majeure partie de l'oxygène libre brûle une portion du carbone de la terre en fournissant du gaz carbonique ; 2° une petite fraction de la matière carbonée donne, par dédoublement, un certain dégagement d'acide carbonique ; 3° il y a fixation du restant de l'oxygène libre sur les matières hydrocarbonées avec formation d'eau.

Quelle est maintenant l'intensité du phénomène comburant à la température ordinaire, mais en l'absence de microorganismes ? Pour la déterminer, les auteurs emploient un tube de verre, fermé à l'une de ses extrémités, et portant au voisinage de l'autre un renflement. Après avoir disposé dans ce tube la terre humide, on loge dans le renflement une bourre de coton et on scelle le tube que l'on chauffe à 120°. On extrait ensuite les gaz formés et on laisse rentrer de l'air, lequel se filtre sur la bourre et ne risque pas d'ensemencer le contenu du tube. On abandonne celui-ci à la température ordinaire pendant quelques jours, puis on analyse les gaz demeurés au contact de la terre. L'oxydation s'est poursuivie, mais la dose de gaz carbonique obtenue n'est guère que le dixième de celle que fournissait le chauffage à 120°. Si on répète la même expérience (à la température ordinaire), mais sur de la terre non chauffée, on aura la résultante des deux actions chimique et microbienne.

La quantité de carbone qui s'oxyde varie beaucoup avec l'état physique de la terre, suivant qu'elle est étalée en couche mince dans le tube, suivant qu'elle est comprimée par des secousses répétées, suivant qu'elle est mélangée avec de l'eau et pétrie en boulettes pour imiter la structure en mottes compactes, suivant qu'elle est tassée en la faisant traverser par une grande quantité d'eau attirée par une trompe. Voici le tableau d'une expérience qui montre la variabilité du degré d'oxydation dans les diverses conditions énumérées (50 grammes de terre et 10 grammes d'eau dans des tubes de 100 centimètres cubes de capacité) :

	Durée de l'expérience en jours :	CO_2 recueilli
Terre étalée	4	$16^{cc},03$
—	3	$11^{cc},7$
Terre comprimée par secousses.	3	$12^{cc},0$
Terre en boulettes	4	$5^{cc},9$
—	8	$12^{cc},9$
Terre tassée par écoulement d'eau. . .	4	$2^{cc},1$
—	8	$3^{cc},7$

L'oxydation est donc beaucoup plus énergique lorsque l'air pénètre aisément la masse. A la température ordinaire, comme à 120°, cette oxydation décroît sans cesse. Dehérain et Demoussy se sont assurés du fait en enlevant chaque fois le gaz après quatre jours de contact à 22°, et le remplaçant par de l'air. Au bout de trente-cinq jours, 50 grammes d'une terre de jardin à 20 p. 100 d'eau n'avaient fourni que $58^{cc},3$ de gaz carbonique.

Remarquons que la *proportion d'humidité la plus favorable à l'oxydation*, quelle que soit la cause de celle-ci, varie d'une terre à l'autre ; dans les diverses terres examinées ici, elle a varié de 17 à 25 p. 100.

Ainsi que nous l'avons déjà constaté bien des fois, l'oxydation de l'humus est donc imputable à une action chimique, toujours faible à la température ordinaire, et à une action microbienne beaucoup plus intense. Mais, dans les deux cas, l'élévation de la température accélère le phénomène.

Il y a lieu de chercher maintenant jusqu'à quelle température les microorganismes sont capables de brûler le carbone. A la température où ils seront détruits, la proportion de gaz carbonique, qui croissait jusque-là, doit subir une diminution suffisante pour qu'il soit possible de faire la part de chacune des deux actions aux températures où elles entrent en jeu l'une et l'autre.

A cet effet, un certain nombre de tubes, disposés comme plus haut, sont remplis de terre de jardin riche en humus ; un des tubes est laissé à la température ordinaire (22°), un autre est chauffé à 44°, un autre à 55°, etc. La courbe ci-jointe (fig. 9) montre que, pour une terre de jardin, le dégagement du gaz carbonique s'est fortement accru à partir d'une température voisine de 45°. A 65°, le dégagement a atteint son maximum. On peut affirmer qu'à cette température l'activité microbienne s'exerçait encore, car il existe des ferments qui, dans le fumier par exemple, peuvent vivre jusqu'à 75°. Au-delà de 65°, il y a diminution brusque du dégagement gazeux ; puis, vers 80°, ce dégagement reprend et il devient considérable à 110°. Par conséquent, le dégagement du gaz carbonique résultant de la combustion de l'humus augmente progressivement jusqu'à une température compatible avec la vie (65° à 70° environ) ; la diminution du dégagement gazeux, au-delà de cette température, indique nettement que la vitalité des ferments est abolie et que la seule action chimique entre alors en jeu.

Ordre à suivre dans l'étude des phénomènes biologiques du sol. — Nous allons maintenant passer en revue les principaux phénomènes qui, dans le sol, sont sous la dépendance de l'activité des microorganismes.

Au point de vue du bénéfice que peut en retirer la plante, laquelle exige, pour se nourrir, la présence dans le sol de composés très simples, on peut classer les phénomènes microbiologiques en cinq catégories :

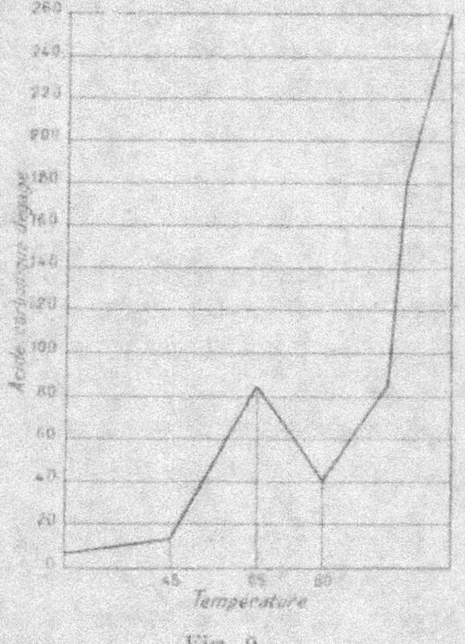

Fig. 9.

1° Phénomènes de combustion complète et de dédoublement qui transforment le carbone et l'hydrogène en gaz carbonique et eau, ou de combustion incomplète, avec production de substances ternaires peu compliquées et dégagement de gaz carbonique, d'hydrogène, de méthane ; 2° phénomènes d'hydrolyse de la matière azotée complexe avec production d'ammoniaque ; 3° phénomènes de fixation de l'azote gazeux sur la matière organique ; 4° phénomènes d'oxydation transformant l'ammoniaque en acides nitreux et nitrique ; 5° phénomènes de réduction des nitrates.

Cette dernière catégorie de réactions biologiques détache de la molécule azotée une certaine quantité d'azote qui, reprenant l'état gazeux, semble perdue pour la nutrition de la très grande majorité des végétaux. Mais l'équilibre se retrouve, par suite de l'entrée en jeu des microorganismes fixateurs d'azote libre.

Nous ne nous arrêterons pas ici, sauf dans quelques cas spéciaux, sur la morphologie et la physiologie des microorganismes du sol ; ce sujet ayant été traité, avec toute l'autorité nécessaire, dans un volume de cette Encyclopédie (1). Nous n'envisagerons les résultats obtenus qu'au seul point de vue chimique.

I

PHÉNOMÈNES DE COMBUSTION ET DE DÉDOUBLEMENT QUI PORTENT SUR LE CARBONE ET L'HYDROGÈNE.

Alimentation des microorganismes. — Lorsque certains organes de la plante, tels que les feuilles, tombent à l'automne sur le sol, ainsi qu'il arrive chez la plupart des végétaux vivaces, ou lorsque la plante totale meurt sur place (plantes annuelles), les tissus organisés deviennent rapidement la proie d'un nombre considérable d'êtres microscopiques. Il en est de même des fumures organiques, et du fumier de ferme en particulier, qui apporte avec lui, au moment de son enfouissement, une infinité d'espèces microscopiques. L'érémacausis, c'est-à-dire la disparition lente du carbone à l'état de gaz carbonique, de l'hydrogène à l'état d'eau et de l'azote à l'état d'ammoniaque, est un phénomène essentiellement microbien. Les éléments incombustibles de la plante qui faisaient partie, dans les tissus vivants, de combinaisons organiques plus ou moins complexes, reprennent l'état minéral. Mais cette disparition intégrale de la trame organique se fait toujours par stades successifs, et la formation de la matière, si difficile à définir au point de vue chimique, que nous avons appelée l'*humus*, est précisément l'un des termes de passage entre la plante qui a cessé de vivre et la gazéification totale

(1) *Microbiologie agricole*, par E. Kayser, 2e édition. Paris, 1910.

de ses éléments combustibles. L'*humification* est le résultat de l'activité d'un grand nombre de mucorinées et de microbes aérobies habitant le sol. Elle est favorisée, comme nous l'avons dit plus haut, par une élévation de la température, par un certain degré d'humidité et par la réaction du milieu, puisque l'humus *acide*, peuplé d'êtres microscopiques différents de ceux que l'on rencontre dans les sols arables ordinaires plus ou moins calcaires, résiste pendant très longtemps à l'oxydation.

Mucorinées et bactéries trouvent un milieu convenable à leur alimentation dans l'humus. C'est avec le carbone, l'hydrogène, l'oxygène et l'azote contenus dans cet humus qu'elles fabriquent les éléments ternaires et quaternaires de leur propre organisme. Il est impossible, à l'heure actuelle, de définir la ou les matières qui, dans ce complexe, constituent l'aliment préféré de telles ou telles espèces microscopiques ; il est certain que la plupart de ces espèces peuvent être cultivées sur les milieux artificiels que nous utilisons dans les laboratoires et dont la composition, relativement simple, diffère beaucoup de celle du milieu humique.

Quoi qu'il en soit, les infiniment petits rencontrent dans la matière organique du sol, d'une part les substances avec lesquelles ils édifient leurs tissus et, d'autre part, l'énergie nécessaire à l'entretien de leur existence. Par suite des phénomènes de désassimilation dont ces êtres sont le siège, ils restituent au milieu ambiant de l'acide carbonique, de l'eau, de l'ammoniaque, de l'azote ; cette désassimilation est pour eux, comme pour les êtres supérieurs, source de chaleur et d'énergie.

Les anaérobies concourent également à la simplification de la matière organique, mais les transformations qu'ils lui font subir aboutissent à des termes plus condensés, renfermant encore une certaine dose d'énergie ; tels sont, parmi les corps les plus communs et les moins compliqués, les acides butyrique, lactique, acétique, etc. Les phénomènes anaérobies de la putréfaction proprement dite engendrent de nombreux acides aminés. Parmi les gaz qui se dégagent, on trouve encore l'acide carbonique, mélangé le plus souvent d'hydrogène, de méthane et d'acide sulfhydrique. Il appartient aux organismes aérobies de détruire ultérieurement, d'une façon complète, ces substances acides ternaires ou quaternaires, et de les faire rentrer par oxydation dans le monde minéral sous forme d'eau, de gaz carbonique, d'azote ou d'ammoniaque.

Dans le sol, microbes aérobies et anaérobies travaillent d'une manière concomitante ; on observe même fréquemment une sorte de *symbiose* entre eux ; les premiers, en soutirant l'oxygène de l'atmosphère ambiante, protègent ainsi le développement des seconds. Toutefois, lorsque, par suite de circonstances accidentelles, les espèces anaérobies dominent, l'atmosphère interne du sol est temporairement ou définitivement privée d'oxygène, et la respiration des racines ne pouvant plus s'exercer, la plante meurt asphyxiée.

Il ne faut pas oublier que beaucoup d'espèces microbiennes dites anaérobies, sont *anaérobies facultatives*, c'est-à-dire peuvent, à un moment donné, vivre comme les aérobies au contact de l'oxygène de l'air ; c'est seulement la *nature de l'aliment* qui entre ici en jeu, ainsi que nous l'avons déjà remarqué plus haut.

Donc, c'est par l'intervention des microorganismes que la matière végétale reprend l'état minéral, et c'est presque exclusivement aux combustions microbiennes qu'il faut attribuer la présence, dans l'atmosphère des sols, d'une dose plus ou moins grande de gaz carbonique (p. 292).

Les espèces microscopiques les plus communes du sol qui produisent ces phénomènes de destruction sont des *hyphomycètes* ou *champignons*, des *levures* et des *bactéries*.

Les *hyphomycètes* comprennent principalement les genres *Mucor* (surtout *M. mucedo*), *Aspergillus*, *Penicillium* ; les levures, le genre *Torula*. Les bactéries sont infiniment plus variées. Citons, parmi les plus communes : *Micrococcus ureæ*, *Bacillus butyricus* (*Amylobacter*), *B. subtilis*, *B. mycoïdes*, *B. prodigiosus*, *B. mesentericus vulgatus*, *B. denitrificans*, *Bacterium coli commune*, *B. termo*, *Bacterium vulgare* (*Proteus*), bactéries de la nitrification, etc.

A propos des phénomènes biologiques que nous décrirons dans la suite, nous rappellerons le nom des agents qui les provoquent.

Matières non azotées, rencontrées dans le sol, provenant de l'activité microbienne. — Parmi les matières non azotées rencontrées dans le sol, et dont l'origine doit être imputée en grande partie à la présence des microorganismes, le gaz carbonique occupe certainement la première place au point de vue de l'importance. Il est inutile de revenir sur les variations de ce gaz dans l'atmosphère interne des sols ; nous les avons étudiées antérieurement. Sa présence est constante ; il est, en effet, le produit de la respiration directe de tous les aérobies qui habitent la terre ; quant aux anaérobies ils émettent ce gaz par dédoublement de certaines matières ternaires avec dégagement simultané d'hydrogène ou de méthane.

Remarquons ici que l'on peut observer parfois une production notable de gaz carbonique, indépendante de la vie microbienne : c'est ce qui a lieu lorsque l'humus acide se trouve au contact du calcaire, même à 0° (Süchting, 1909). La respiration des racines engendre également de fortes proportions de ce gaz.

Parmi les autres substances non azotées rencontrées dans le sol, dont l'origine doit être cherchée dans l'activité des microorganismes, il faut citer les acides formique, acétique, propionique, butyrique, ainsi que l'alcool (Müntz, 1884).

La présence de *ferments butyriques* dans la terre arable peut être facilement mise en évidence à l'aide de l'expérience suivante, due à Dehérain et Maquenne (1884). Dans un ballon de deux litres, on introduit 60 grammes de terre de jardin, 60 grammes de sucre, 30 grammes de carbonate de calcium et des traces de phosphate d'ammonium. On remplit complètement le ballon avec de l'eau, on le munit d'un tube à dégagement, et on le chauffe vers 35°. Au bout d'une quinzaine d'heures, des bulles gazeuses se dégagent ; puis après deux ou trois jours, la fermentation se ralentit. Elle reprend si on ajoute de nouveau une certaine quantité de calcaire afin de saturer l'acide qui a pris naissance. Les gaz qui se dégagent consistent en acide carbonique et hydrogène ; le produit fixe nouveau est l'acide butyrique que le calcaire neutralise au fur et à mesure de sa formation. D'après les auteurs précités, il est probable que le ferment butyrique proprement dit est ici en moindre proportion que le *B. amylobacter.*

Kröber (1909) a obtenu à la fois de l'acide acétique et de l'acide butyrique en ensemençant une solution de sucre avec un mélange de bactéries du sol.

Cette formation d'acides dans le sol peut être regardée comme une cause secondaire de dégagement du gaz carbonique, par suite de la neutralisation de ces acides par le carbonate de calcium. *Les acides en question sont des dissolvants énergiques des phosphates.* Tant qu'ils persistent à l'état de sels, ils peuvent également concourir à la nutrition d'organismes aérobies qui, après les avoir assimilés, les détruisent par combustion totale en fournissant de l'eau et de l'acide carbonique.

Destruction de corps ternaires. — La fermentation de la cellulose est, pratiquement, l'une des plus importantes. Cet hydrate de carbone est détruit le plus souvent par des espèces anaérobies. Deux réactions se produisent alors : dans la première, il y a fixation d'une molécule d'eau sur la cellulose ; dans la seconde, l'hydrate de carbone soluble qui a pris ainsi naissance (glucose ?) est transformé en un mélange de gaz carbonique et de méthane.

L'équation, toute théorique d'ailleurs, de cette fermentation serait la suivante :

$$C^6H^{10}O^5 + H^2O = C^6H^{12}O^6 = 3CO^2 + 3CH^4.$$

Une semblable fermentation devrait avoir lieu continuellement dans le sol où les débris cellulosiques des végétaux abondent. Mais, normalement, la terre arable contient beaucoup d'oxygène et ne constitue un milieu réducteur que dans des cas exceptionnels. De plus, on ne trouve, parmi les gaz *normaux* du sol, ni méthane, ni hydrogène. De sorte que, si cette fermentation cellulosique s'exerce dans le sol, elle doit être très lente ; la cellulose subissant d'abord une humification qui la rend beaucoup plus résistante. Aussi a-t-on admis parfois que la fermentation de la cellulose se faisait dans le sens suivant :

$$2C^6H^{10}O^5 = 5CO^2 + 5CH^4 + C^2$$

En réalité, le *carbone* ne serait pas mis en liberté à l'état de corps simple, mais les molécules cellulosiques restantes s'enrichiraient en carbone, et l'on pourrait ainsi se rendre compte du mécanisme de la formation de la matière humique par fixation de carbone sur les substances ternaires végétales avec élimination d'eau.

Pour expliquer la disparition du méthane dans le sol, il faudrait admettre les transformations suivantes, d'ordre purement chimique :

$$CH^4 + CaSO^4 = CaCO^3 + H^2S + H^2O \text{ (Hoppe-Seyler)}.$$

Ou bien :

$$CH^4 + 4Fe^2O^3 = CO^2 + 2H^2O + 8FeO$$

L'oxyde ferreux se réoxyderait dans la suite. Il existe dans le sol un microorganisme (*Bacillus methanicus*) qui utilise pour sa nutrition le carbone du méthane. La disparition de l'hydrogène devrait, d'après certains auteurs, être mise également sur le compte de la présence de microorganismes spécifiques.

Dans la fermentation du fumier de ferme en tas, il se produit à la partie supérieure, là où l'oxygène de l'air peut pénétrer la masse, une *fermentation aérobie* avec formation exclusive de gaz carbonique. Au milieu du tas, où l'accès de l'oxygène est difficile, la température s'élève beaucoup moins que dans le premier cas. Elle ne dépasse guère 35 à 40° ; elle peut atteindre 75° au voisinage de la surface. A cette élévation de température plus faible correspond une *fermentation anaérobie*, caractérisée par une production de gaz carbonique et de méthane (Reiset-Dehérain). Lorsqu'on la provoque dans un vase clos, la fermentation du fumier, à 52°, fournit presque exclusivement du gaz carbonique et du méthane, avec formation prépondérante de ce dernier gaz. Vers la fin de l'expérience, le rapport entre les volumes de ces deux gaz se rapproche de l'unité. Au début de la fermentation, on constate l'apparition d'un peu d'hydrogène (Schlœsing).

À 72°5, la fermentation aérobie s'exerce encore ; à 52°, la fermentation anaérobie est intense, mais elle cesse à 56°, c'est-à-dire à une température où la première a encore lieu. À 58°, Schlœsing fils a obtenu, tantôt du gaz des marais (fumier de vache), tantôt de l'hydrogène (fumier de cheval). En aucun cas il ne se dégage d'azote libre ; quelques auteurs ont signalé la présence, en petites quantités, des acides acétique et butyrique.

La fermentation aérobie porte sur les pentosanes; la fermentation anaérobie sur la cellulose. On voit, au fur et à mesure que le fumier se consomme sur le tas, suinter sur ses parois des gouttes noires qui sont le résultat d'une humification analogue, peut-être, à celle qui se produit dans le sol ; mais cette humification est beaucoup plus rapide chez le fumier. Ces gouttes noires ont été souvent regardées comme provenant de la dissolution de la vasculose de la paille dans les liquides ammoniacaux.

En milieu acide, un grand nombre de mucédinées (aérobies) peuvent détruire la cellulose. Notons enfin que certains microbes dénitrifiants attaquent la cellulose ; une partie du carbone de cette substance passe à l'état de gaz carbonique, une autre s'unit avec la base du nitrate pour former un bicarbonate; il se dégage en même temps de l'azote libre. Nous reviendrons ultérieurement sur ce phénomène à propos de la réduction des nitrates.

Quant aux processus biologiques qui aboutissent à la destruction des composés *pectiques*, si communs dans les végétaux, ils sont mal connus.

En résumé, tous les aérobies et les anaérobies du sol fournissent, en s'attaquant à la matière organique supposée privée d'azote, de l'eau et du gaz carbonique; les anaérobies donnent, de plus, naissance à de l'hydrogène et à du méthane ; ils forment, en outre, des produits plus condensés dont les principaux sont les premiers termes de la série des acides gras saturés.

II

PHÉNOMÈNES D'HYDROLYSE DE LA MATIÈRE AZOTÉE COMPLEXE, PRODUCTION D'AMMONIAQUE.

Nous venons d'établir, dans leurs grandes lignes, les transformations biologiques que subit le carbone de l'humus ; occupons-nous des métamorphoses de l'azote.

La production de l'ammoniaque dans le sol est un phénomène général. — Lorsque nous avons étudié la constitution de l'humus, nous avons insisté sur ce fait que la matière organique du sol renfermait toujours un ou plusieurs noyaux azotés. Ceux-ci peuvent persister très longtemps sous leur forme primitive, ainsi que la chose a lieu dans la tourbe, par exemple. Leur simplification est extrêmement lente ; l'acidité naturelle du milieu s'opposant en grande partie au développement de la plupart des espèces microbiennes qui concourent le plus activement à leur destruction.

L'action d'agents chimiques énergiques (acides forts, bases fortes) nous a permis antérieurement (p. 282) de résoudre la presque totalité de l'azote contenu dans les complexes azotés en un corps de constitution très simple, *l'ammoniaque*. Un processus analogue se passe dans la terre arable ; on y rencontre une foule de microorganismes producteurs d'ammoniaque.

Examinons uniquement ici la formation de l'ammoniaque.

Une expérience très simple permet de se rendre compte de la facilité avec laquelle certains microorganismes du sol produisent de grandes quantités de cette base. A cet effet, on prend un kilogramme d'une bonne terre de jardin que l'on mélange intimement avec 100 grammes de matière végétale pulvérisée (poudre de feuilles sèches par exemple) ; on dispose ce mélange dans un pot à fleur et on l'arrose de temps en temps. Si l'expérience est faite en été, on ne tarde pas, après trois ou quatre jours, à percevoir une odeur ammoniacale très nette qui s'échappe du vase. Cet essai échoue complètement si on prend des matières stérilisées au préalable. Il faut donc en conclure que la terre végétale contient des microorganismes capables de détruire, avec production d'ammoniaque, une partie des composés azotés apportés par la poudre végétale. Nous allons voir que c'est là d'ailleurs une fonction banale à laquelle prennent part les espèces microbiennes les plus variées.

Ce travail de simplification doit évidemment comprendre plusieurs séries de réactions. On observe, en effet, dans les phénomènes de putréfaction, d'abord l'apparition des acides aminés, tels que *leucine*, *tyrosine*, etc., accompagnés d'*indol* et de *scatol*. Les noyaux de ces substances résistent assez bien pendant un certain temps, mais ils disparaissent ensuite avec production d'ammoniaque.

Dans un sol qui n'a pas reçu d'engrais, tels que le fumier de fermé, et dont la partie combustible consiste seulement en humus, il ne semble pas se produire normalement, à cause de la présence constante de l'oxygène, de phénomènes putréfactifs proprement dits. L'azote de l'humus se transforme directement en ammoniaque. Toutefois — et c'est là un fait très important — la décomposition dans le sol d'un engrais, tel que le fumier, doit être accompagnée de la production de certaines substances, dont les unes n'ont qu'une existence temporaire, car elles sont détruites à leur tour par le jeu des actions microbiennes, mais dont les autres ont peut-être une durée assez longue pour nuire dans certains cas à la végétation. Ce problème *de la toxicité de la terre arable et de la fatigue des sols*, dont nous dirons quelques mots plus loin, envisagé comme une conséquence de la présence de certains produits vénéneux, est loin d'être résolu.

Les agents vivants qui donnent naissance à l'ammoniaque se rencontrent dans tous les sols ; ils s'attaquent aussi bien à l'azote de l'humus qu'à celui que renferment les engrais organiques proprement dits.

Ferments du sol qui agissent sur l'azote complexe. — Müntz (1890) a démontré la présence de ces ferments en employant d'abord des terres acides dans lesquelles il n'y a pas de nitrification. Ces terres, mélangées de râpures de corne, de sang desséché, etc., transforment l'azote organique de ces substances en ammoniaque. La même expérience, réalisée avec des terres compactes qui nitrifient en général très difficilement, a fourni un résultat identique : ce ne sont donc pas les ferments nitrificateurs qui agissent sur l'azote organique. Nous verrons ultérieurement que le ferment nitrique ne résiste pas à une température de 70° ; or une terre, préalablement chauffée à 90°, et dans laquelle, par conséquent, l'action du ferment nitrique est anéantie, transforme encore en ammoniaque l'azote des substances organiques. A 120°, cette transformation cesse : les ferments producteurs d'ammoniaque sont donc plus résistants que ceux qui oxydent cette ammoniaque. Si on réensemence avec une parcelle de terreau la terre chauffée à 120°, la fermentation ammoniacale recommence.

Cette fermentation est une fonction essentiellement banale à laquelle concourent un grand nombre d'espèces microbiennes qui habitent le sol. Müntz et Coudon (1893) en ont isolé quelques-unes qui sont capables de transformer en ammoniaque l'azote organique d'un bouillon de culture. Ladureau(1885) a montré que la torulacée qui produit cette fermentation se rencontre, non seulement dans la terre, mais aussi dans l'atmosphère, les eaux de pluie, les eaux souterraines. D'après Marchal (1893), une foule de bactéries, de levûres, de moisissures qui habitent les couches supérieures du sol, participent à cette *ammonisation* de l'azote organique. Dans les terres arables, l'action des bactéries prédomine à cause de la présence du calcaire ; dans les terres acides ce sont surtout les moisissures qui interviennent. En ce qui concerne les premières, l'auteur précité accorde une importance spéciale à la présence du *Bacillus mycoïdes*. Ce bacille est un oxydant énergique qui fixe l'oxygène sur le complexe organique et produit, aux dépens du carbone, du gaz carbonique ; aux dépens du soufre, de l'acide sulfurique ; aux dépens de l'azote, de l'ammoniaque. Il agit avec la même énergie sur l'albumine, la caséine, le gluten. Mais si ce bacille se trouve dans des milieux privés d'air où se rencontrent des substances réductibles (nitrates), il se comporte comme un anaérobie : il réduit les nitrates en nitrites ; ceux-ci finalement se changent en ammoniaque. Le *Bacillus mycoïdes* engendre, par conséquent, de l'ammoniaque par deux processus opposés : soit par oxydation, soit par réduction.

A côté de ce bacille, se placerait l'action des bactéries suivantes : *Proteus vulgaris*, *Bacterium coli commune*, *B. fluorescens*, *B. liquefaciens*, *B. mesentericus vulgatus*, *Bacillus .btilis*, etc. Ce dernier bacille peut également, par suite d'un phénomène de réduction, engendrer de l'ammoniaque aux dépens des nitrates (Mlle Fichtenholz, 1899).

Parmi les mucédinées les plus communes qui possèdent la fonction ammonisante, il faut citer le *Mucor racemosus*, les *Aspergillus*, ainsi qu'une espèce nouvelle, décrite par Müntz et Coudon, le *Fusarium Müntzii*. Ces premiers essais ont été confirmés ultérieurement par un grand nombre d'expérimentateurs (Rémy, 1902, Löhnis et Parr, 1906).

Il est bien évident que cette ammonisation, comme tout phénomène biologique, dépend d'un certain nombre de facteurs, tels que la température et l'humidité. Si les microorganismes aérobies sont des agents puissants de la fermentation ammoniacale, il existe aussi beaucoup d'anaérobies qui produisent le même résultat.

La rapidité de la décomposition des engrais verts dans le sol dépend essentiellement de l'âge de la plante enfouie et, par conséquent, de la nature de ses tissus. Les plantes jeunes renferment beaucoup de substances amidées dont la décomposition, avec production d'ammoniaque, est relativement rapide. Lorsque la plante est plus âgée et que ses tissus renferment surtout des albuminoïdes, l'ammonisation est plus lente. C'est pour cette raison que l'on enterre les engrais verts à l'époque de la floraison du végétal, si le sol est léger et s'il est perméable à l'air ; si, de plus, il est suffisamment riche en calcaire, les conditions d'une décomposition et d'une ammonisation rapides seront réalisées. Lorsque l'enfouissement a lieu à l'automne, l'ammoniaque formée persiste dans le sol pendant l'hiver, car la température est trop basse, à cette période de l'année, pour que cette base s'oxyde et se change en acide nitrique. Mais, dès le printemps suivant, cette oxydation commence, et l'ammoniaque se transforme en acide nitrique que les végétaux semés à ce moment pourront utiliser (Dehérain).

Parmi les agents artificiels susceptibles de favoriser dans le sol la dégradation de la matière azotée avec production d'ammoniaque, il faut citer la fleur de soufre. Cette substance semble également accélérer la nitrification (Boullanger et Dujardin, 1912).

Fermentation ammoniacale du fumier de ferme. — Cette fermentation est l'une des plus intéressantes à connaître au point de vue de la pratique agricole. Le fumier de ferme est un mélange de litières et d'excréments. Les litières ont une composition très variée : ce sont, le plus souvent, des pailles de céréales, des fanes de légumineuses ou de pommes de terre, de la tourbe, de la terre, etc. Les litières servent de mode de couchage aux animaux dont elles retiennent mécaniquement les excréments solides et surtout liquides.

L'urine des herbivores contient de l'urée, de l'acide hippurique et un peu d'acide urique. Les deux premières substances prédominent dans la composition des matériaux azotés de l'urine. Assez concentrée dans l'espèce chevaline, l'urine est beaucoup plus abondante mais moins riche en substances azotées, à volume égal, chez les espèces bovine et porcine. L'urine de l'homme et celle des carnivores est acide ; celle des herbivores alcaline, par suite de la présence de bicarbonate de potassium. L'ammoniaque, ou plutôt les sels ammoniacaux préformés, ne se rencontrent dans une urine normale qu'en quantité très faible. Sous l'influence de la fermentation ammoniacale, les urines qui sont naturellement acides, comme celles de l'homme et des carnivores, deviennent fortement alcalines. Les ferments qui transforment l'urée en carbonate d'ammonium, par simple fixation de deux molécules d'eau sur une molécule d'urée, sont assez nombreux. On les trouve dans le sol, dans l'air, dans les eaux polluées. Le *Micrococcus ureæ* rencontré par Pasteur dans l'urine, et étudié par Van Tieghem, est le premier ferment de l'urée qui ait été découvert. Les bactéries des genres *Urococcus*, *Urobacillus* sont aussi très répandues.

Tous ces microorganismes sont aérobies ; ils peuvent vivre néanmoins en présence d'une faible quantité d'oxygène ; ils hydrolysent également l'acide hippurique. Une molécule de cet acide fixe une molécule d'eau et se dédouble en une molécule d'acide benzoïque et une molécule de glycocolle $CH^2(NH^2)CO^2H$. Ce dernier acide aminé est, à son tour, oxydé avec formation d'ammoniaque.

Cette fermentation ammoniacale banale est d'autant plus intense que la température est plus élevée ; elle communique à l'azote urinaire une forme essentiellement volatile ; aussi la perte par dégagement de l'ammoniaque dans l'air est-elle parfois très notable. Lorsqu'il s'agit de récolter le fumier à l'étable, on réduit, autant que possible, cette perte en enlevant fréquemment les litières salies, imbibées d'excréments solides et liquides, et en les mettant en tas. L'arrosement souvent répété du tas avec le purin, qui suinte peu à peu de la masse, entretient une fermentation qui ne doit pas être trop énergique et ne pas dégager trop de chaleur ; ce qui occasionnerait souvent des pertes d'ammoniaque très importantes. Dans les conditions d'une fermentation bien régulière, le gaz carbonique, produit en excès, est un excellent fixateur de l'ammoniaque.

Lorsqu'on distribue le fumier sur une terre, l'ammoniaque, ou plutôt le carbonate qu'il contient, est apte à nitrifier immédiatement. Si les conditions de la nitrification ne sont pas réalisées, la base est fixée par le pouvoir absorbant; elle peut d'ailleurs être utilisée directement par les végétaux, au même titre que l'azote nitrique. Toutefois, il faut redouter sa causticité et prendre certaines précautions lorsqu'on répand, par exemple, du purin sur le sol.

Les excréments solides subissent également la fermentation ammoniacale, mais avec une lenteur incomparablement plus grande que les urines. A cet égard, les excréments des espèces bovine et porcine, très aqueux, se décomposent hors du sol et dans le sol bien moins vite que les excréments plus secs de l'espèce chevaline. La chaleur dégagée dans ces transformations varie en raison inverse du degré d'hydratation des matières : c'est là une notion très importante lorsqu'il s'agit de distribuer les fumiers sur tel ou tel sol. Si le sol est compact et mal aéré, les fumiers de bœuf ou de porc fournissent de médiocres résultats : leur emploi doit être réservé aux terres légères et calcaires, c'est-à-dire aux terres dans lesquelles la circulation de l'air et celle de l'eau sont faciles.

Mais quelle que soit la rapidité des phénomènes microbiens qui minéralisent la masse du fumier de ferme exposée dans les conditions les plus favorables à cette transformation, il ne faut pas oublier que l'ammonisation totale de l'azote de ce fumier est chose très lente. Les excréments solides, nous l'avons dit, résistent beaucoup plus que les excréments liquides : quant à l'azote des litières, il est encore plus réfractaire. On sait quelle est l'importance de ces notions lorsqu'il s'agit d'estimer, même approximativement, la dose d'azote assimilable qu'apporte au sol un poids déterminé de fumier.

Nous verrons, à propos des phénomènes de dénitrification, dans quelles conditions le fumier de ferme peut perdre une certaine quantité d'azote à l'état gazeux.

Transformations de l'azote aminé. — Nous savons, à la suite des expériences que nous avons exposées antérieurement (p. 285 et 286), que le noyau azoté de l'humus est un noyau ou un mélange de noyaux amidés : le rôle des réactifs puissants (acides forts, alcalis) que nous avons employés pour simplifier ces molécules complexes se réduit, ainsi que nous l'avons montré, à une hydrolyse ou hydratation : d'où production d'ammoniaque. De même, le rôle des microbes ammonisants se réduit à une hydrolyse ; ceci est particulièrement net dans la transformation de l'urée en carbonate d'ammonium. D'autre part, les phénomènes de putréfaction proprement dits qui s'emparent d'une matière albuminoïde fournissent, en l'absence de l'air, des dérivés azotés plus complexes que l'ammoniaque, renfermant encore dans leurs molécules une certaine dose de carbone : acides aminés, indol, scatol, méthylamine, etc. La destruction complète de ces noyaux azotés ne peut aboutir à une production d'ammoniaque que lorsque le carbone et l'hydrogène qu'ils contiennent subissent une oxydation. On en conclut que, si l'hydratation d'un amide peut avoir lieu en l'absence d'oxygène et conduire à une production d'ammoniaque, il est indispensable qu'un noyau aminé, tel que $RN\,H^2$, éprouve une oxydation capable de changer le carbone et l'hydrogène du racidal (R) en gaz carbonique et eau. En prenant comme type de cette transformation la monométhylamine, on aurait :

$$CH^3NH^2 + O^6 = CO^2 + H^2O + NH^3.$$

Une réaction de cette nature doit avoir lieu dans le sol ; l'humus, en effet, peut contenir des noyaux aminés, c'est-à-dire des noyaux qui ne fournissent, en dernier lieu, leur azote sous forme ammoniacale que lorsqu'ils ont subi une oxydation. De plus, la fermentation anaérobie du fumier de ferme donne naissance à des acides aminés et à des amines dont la destruction n'est assurée qu'à la suite de phénomènes d'aérobiose. Ce processus d'ammonisation par oxydation est fort important puisqu'il tend, finalement, à minéraliser l'azote des substances azotées les plus complexes.

Munro (1886) a montré que, dans le sol, l'éthylamine se transforme en ammoniaque, puis en acides nitreux et nitrique. En reprenant l'examen de cette question, Demoussy (1898) a vérifié que la terre végétale contenait des ferments capables de transformer en ammoniaque l'azote des amines. A cet effet, on introduit 0gr,01 de sulfate de monométhylamine dans des ballons de culture contenant 100 grammes d'eau, 1 gramme de carbonate de calcium et 0gr,01 de phosphate de potassium. Après stérilisation à l'autoclave, on ensemence ce liquide avec un peu de terre de jardin et on chauffe à 30°. Au bout de quatre jours, le réactif de Nessler indique la présence de l'ammoniaque ; au bout de huit jours, la méthylamine a disparu et l'azote a pris uniquement la forme ammoniacale. Peu à peu, l'ammoniaque elle-même disparaît ; elle est remplacée par l'acide nitreux, puis par l'acide nitrique. Cette transformation de l'azote aminé en azote ammoniacal *n'a pas lieu dans le vide* ; elle est d'autant plus lente que l'accès de l'air est plus ménagé.

Si on opère sur une amine plus complexe, la triméthylamine par exemple, il faut attendre davantage pour constater l'apparition de l'ammoniaque. Le dix-huitième jour après l'ensemencement, la transformation n'est pas encore totale ; celle-ci n'est complète qu'au bout d'un temps plus long. La présence de l'oxygène est ici encore indispensable. On peut mettre ce retard à l'ammonisation sur le compte de la complexité de la molécule, d'une part, et sur sa toxicité plus grande vis-à-vis des microbes du sol, d'autre part. L'aniline, la pyridine, la quinoléine s'oxydent encore plus lentement, et l'on ne doit employer, pour réussir l'expérience, que de très faibles doses de ces corps toxiques.

Il est donc bien démontré, par les faits qui précèdent, que l'ammonisation de ces molécules azotées complexes est un phénomène d'oxydation, et que la série des transformations d'ordre biologique qui amène l'azote à l'état d'ammoniaque est d'autant plus lente que la molécule initiale est plus condensée.

Il semblerait, d'après ce que nous venons de dire dans ce paragraphe, que l'ammoniaque qui se forme d'une manière nécessaire par suite du jeu d'un grand nombre d'espèces microbiennes doive abonder dans le sol. Ceci serait donc en contradiction avec ce que nous avons écrit plus haut (pages 289 et 355) sur la rareté de l'ammoniaque dans les conditions normales, au sein de la terre arable. Mais, ainsi que nous l'avons d'ailleurs fait remarquer antérieurement, et ainsi que nous l'établirons mieux encore dans la suite, tout s'explique si l'on songe que l'ammoniaque, stade nécessaire de la simplification de l'azote complexe, n'a qu'une existence temporaire, et que certains phénomènes oxydants spécifiques, d'ordre biologique, interviennent à leur tour pour changer cette base en acides nitreux et nitrique, infiniment plus diffusibles dans le sol ; car les sels de ces acides ne sont pas retenus par le pouvoir absorbant. Or cette transformation nitrique est parfois tellement rapide, lorsque certaines conditions extérieures sont réalisées, que le taux de l'ammoniaque du sol ne s'élève jamais.

III

PHÉNOMÈNES DE FIXATION
DE L'AZOTE GAZEUX.

Cycle de l'azote. — Les phénomènes d'ammonisation que nous venons d'étudier s'adressent à la matière azotée complexe renfermée dans l'humus, dont l'origine doit être cherchée dans les albuminoïdes qui faisaient partie des tissus de la plante vivante. Cette plante avait elle-même puisé l'azote indispensable à son développement dans les nitrates du sol : en sorte que le cycle de l'azote, en supposant que celui-ci une fois entré en combinaison ne se dégage jamais à l'état de liberté, se manifeste de la façon suivante. La plante morte abandonne à la surface du sol, ou dans sa profondeur, ses tissus chargés d'albuminoïdes. L'azote de ceux-ci, à la suite du travail de certains microbes, reparaît sous forme ammoniacale ; l'ammoniaque est ensuite oxydée avec formation d'acide nitrique, ou plutôt de nitrates, capables de nourrir de nouvelles plantes.

Cependant il existe des causes de destruction de l'azote combiné, et les processus de la dénitrification que nous étudierons plus loin reportent dans l'atmosphère une certaine quantité d'azote libre pris aux nitrates. Sans doute, les phénomènes électriques dont l'atmosphère est le siège restituent au sol d'une façon continue, principalement par les eaux pluviales, une proportion d'azote combiné qui n'est pas négligeable. Toutefois cet apport, relativement faible sous nos climats, serait loin d'expliquer, par exemple, comment les terres en jachère s'enrichissent peu à peu en azote. On ne pourrait également comprendre pourquoi la quantité d'azote contenue dans la plupart des récoltes est, d'après Boussingault, supérieure à celle des engrais distribués au sol, et pourquoi le sol des forêts demeure indéfiniment fertile, malgré l'exportation, à chaque coupe, d'une quantité d'azote assez notable. Il doit donc exister *des causes de restitution* capables de compenser, et au-delà, les pertes d'azote combiné produites par certaines fermentations.

Cette question de l'enrichissement du sol par absorption de l'azote gazeux de l'air est restée pendant longtemps très obscure. La fixation de ce gaz était même niée d'une façon absolue par la plupart des expérimentateurs à la suite de la publication de la seconde série des recherches entreprises sur ce sujet par Boussingault (1852), bien que Georges Ville eût obtenu, à la même époque, des résultats absolument opposés.

C'est en l'année 1885 que Berthelot a montré pour la première fois, de façon irréfutable, que l'azote de l'air se fixait sur le sol, et que cette fixation n'était pas sous la dépendance d'un phénomène purement chimique, mais qu'elle était corrélative de la présence d'êtres vivants. A partir de ce moment, les travaux confirmatifs de cette manière de voir abondent.

Réactions biologiques qui font entrer l'azote gazeux en combinaison. — On peut admettre que l'on connaît, à l'heure actuelle, *trois catégories de réactions qui font entrer l'azote libre minéral dans la molécule organique :* 1° *fixation de l'azote sur la matière carbonée du sol par l'intermédiaire de microorganismes variés,* dépourvus de chlorophylle, agissant seuls ou en symbiose avec d'autres espèces ; 2° *fixation de l'azote sur certaines catégories de végétaux supérieurs* (légumineuses) par l'intermédiaire d'un champignon spécifique qui infecte les poils radicaux de la plante ; 3° *fixation de l'azote par certaines algues vertes qui vivent en symbiose avec certaines bactéries.*

Quelle que soit la nature du phénomène qui *organise* ainsi l'azote élémentaire, la chose présente une importance considérable, tant au point de vue théorique qu'au point de vue pratique. Au point de vue théorique, parce qu'il est remarquable de voir un gaz, tel que l'azote, doué d'affinités chimiques peu énergiques, entrer en réaction avec la matière carbonée et donner naissance, par un mécanisme absolument inconnu actuellement, aux substances les plus compliquées que nous connaissions, c'est-à-dire aux albuminoïdes ; au point de vue pratique, parce que l'azote est indispensable à la vie végétale, et que les causes de déperdition d'azote combiné sont notables ;

pertes par combustion vive, pertes par dénitrification dans lesquelles l'azote se redégage à l'état gazeux, pertes de nitrates dans les eaux de drainage. A côté de cette déperdition fatale de l'azote combiné, se place donc une série de phénomènes biologiques *compensateurs* qui font rentrer l'azote minéral dans le cycle de la vie, de la même manière que le gaz carbonique, produit de déchet ultime de toute combustion, reprend en quelque sorte une forme vivante lorsqu'il a traversé la cellule chlorophyllienne.

Des trois modes de fixation de l'azote gazeux que nous venons d'énumérer, nous laisserons de côté les deux derniers dont nous avons fait une étude suffisamment détaillée dans notre *Chimie végétale* (p. 180 et suivantes). Nous ne retiendrons ici que les faits relatifs à la fixation de l'azote sur le sol par l'intermédiaire de certains microorganismes dépourvus de chlorophylle.

Les raisons pour lesquelles nous traitons à cette place la fixation de l'azote sont les suivantes : ce phénomène aboutit à une production d'azote albuminoïde dont s'enrichit le sol. Or, la plupart des plantes ne prennent leur azote au sol que lorsque celui-ci a été transformé, d'abord en ammoniaque, puis en acide nitrique. Les mêmes agents qui s'attaquent à l'azote complexe de l'humus, et le métamorphosent en azote ammoniacal, interviennent lorsqu'il s'agit d'ammoniser l'azote albuminoïde qui est le résultat de la fixation de l'azote gazeux sur la matière carbonée. Nous avons donc intérêt, avant de traiter cette grande question de la nitrification, c'est-à-dire de l'oxydation microbienne de l'ammoniaque, à connaître *toutes les sources d'azote complexe* dont le sol est le réservoir et dont le végétal peut disposer.

Recherches de Berthelot (1885). — Les sols que Berthelot a mis en œuvre, pour démontrer la fixation de l'azote gazeux, sont des sols stériles, très pauvres originairement en azote combiné, et ne contenant, vers la fin des expériences, que de 1 à 3 grammes de matière organique par kilogramme. Voici, sommairement indiqués, le dispositif expérimental et les résultats obtenus. Quatre sols ont été mis en observation: deux sables argileux jaunes, extraits récemment des profondeurs de la terre, pauvres en azote ; un kaolin brut lavé contenant 4,8 p. 100 de potasse ; une argile blanche en contenant 6 p. 100.

Cinq séries d'expériences ont été exécutées avec ces divers échantillons : 1° conservation des vases porteurs des échantillons (un kilogramme environ) dans une chambre close ; donc, exclusion de l'apport d'eau pluviale et des poussières ou autres matières organiques amenées par une atmosphère illimitée et incessamment renouvelée ; 2° séjour des vases au-dessus d'une prairie, ces vases étant sous un abri vitré ; 3° séjour des vases au haut d'une tour de 29 mètres, avec apport des eaux météoriques et des poussières de l'air; ces vases étant soumis à l'influence de l'électrisation de l'atmosphère ; 4° échantillons disposés dans des flacons clos de 6 litres, avec exclusion, par conséquent, de tout apport extérieur ; 5° échantillons disposés dans des flacons clos, stérilisés ensuite par l'application d'une température de 100°, et communiquant avec l'extérieur par un tube ouvert muni d'une bourre de coton : la vitalité des microorganismes est abolie.

Voici seulement quelques chiffres relatifs à l'azote fixé dans ces différentes conditions. Le sable argileux n° 1, exposé simplement à l'air dans une chambre close, contenait au début, par kilogramme, $0^{gr}.0709$ d'azote. Après cinq mois, azote $= 0^{gr}.0933$; après treize mois et demi $= 0^{gr}.1109$; après dix-sept mois $= 0^{gr}.1179$. Le gain a donc été de $0.1179 — 0.0709 = 0^{gr}.0470$, soit 66 p. 100 de l'azote initial. Le phénomène semble se ralentir lorsque la température s'abaisse. Quant à l'azote nitrique, il ne représente que 1/5 de l'azote fixé. Un tel accroissement ne saurait être illimité ; il est subordonné à la quantité de matière organique contenue dans le sol, quantité très faible dans l'échantillon mis en expérience.

Un échantillon de sable, analogue au précédent, exposé dans une prairie, a donné lieu à une fixation d'azote du même ordre de grandeur. Au haut de la tour, la fixation de l'azote a fourni des chiffres très voisins des précédents ; il faut remarquer ici que, si on dose en même temps les apports azotés de l'eau de pluie, on trouve des nombres incomparablement plus petits que ceux qui représentent l'azote fixé. Il est même certain que la perte imputable au drainage du sable a été supérieure au gain provenant des eaux météoriques.

En flacons clos, la fixation de l'azote s'est effectuée progressivement comme dans les autres séries ; la nitrification a été très faible, sinon nulle : ce qui montre que ce phénomène ne joue aucun rôle dans la fixation de l'azote. Comme la dose de matière organique était peu notable, l'oxygène des flacons n'a pas été consommé en totalité, même au bout de plusieurs mois. A l'obscurité, il semble que le phénomène fixateur soit moins intense qu'à la lumière.

Enfin, dans la cinquième série d'essais, là où l'échantillon mis en vase clos avait été stérilisé, il n'y a pas eu de fixation d'azote. Celui-ci a même légèrement diminué. Cette diminution est probablement due à quelque réaction produite, au moment de la stérilisation, par la vapeur d'eau contenue dans le sable sur la matière organique de celui-ci : il y a eu départ de traces d'ammoniaque.

En résumé, la fixation de l'azote gazeux doit être mise sur le compte de certains organismes vivants ; cette aptitude est indépendante de la nitrification et ne saurait être attribuée à la condensation de l'ammoniaque atmosphérique. Elle est presque suspendue à 0°, elle disparaît à 100°, et s'exerce en vase clos aussi bien qu'à l'air libre, à la lumière comme à l'obscurité. Telles sont les premières expériences à la suite desquelles il a été permis d'affirmer la réalité de la fixation de l'azote gazeux par le sol. Dans une série de recherches ultérieures, Berthelot montra que cette propriété de fixer l'azote gazeux s'étendait à un grand nombre de terres.

Il est superflu de faire remarquer l'importance d'un premier ordre d'une pareille découverte. Une multitude de travaux confirmatifs vinrent appuyer ultérieurement les conclusions de Berthelot. Mais le but principal qu'il s'agissait maintenant d'atteindre c'était de rechercher dans le sol, puis de cultiver la ou les espèces microbiennes fixatrices, et de voir si cette propriété remarquable était l'apanage d'un grand nombre de microbes ou de mucédinées, ou bien si elle n'appartenait qu'à un nombre restreint d'espèces spécifiques.

Microbes fixateurs d'azote libre. — Quelques années après ce premier travail, Berthelot (1893) tenta de préciser le rôle de certains microorganismes, isolés du sol par les méthodes ordinaires de la bactériologie. Certaines algues non vertes, des genres *Alternaria* et *Gymnoascus*, cultivées sur kaolin, donnèrent lieu à une fixation d'azote ; il en fut de même d'une culture pure d'*Aspergillus*. Boussingault, longtemps auparavant, avait conclu de quelques essais qu'il avait exécutés dans ce sens que les plantes inférieures, telles que les mucédinées, ne fixent pas plus l'azote gazeux que ne le font les plantes supérieures. Cependant, dès cette époque, et par conséquent antérieurement aux travaux de Berthelot, plusieurs expérimentateurs avaient continué à admettre que certaines mucédinées jouaient un rôle actif dans la fixation de l'azote gazeux. Ce rôle a été précisé dans ces dernières années, ainsi que nous le dirons plus loin.

Toujours est-il que les conclusions de ces premiers résultats d'isolement furent fortement contestées, jusqu'au jour où Winogradsky (1893) isola du sol une curieuse bactérie, apte à fixer l'azote, et dont les particularités biologiques méritent d'être citées, non seulement parce que cet exemple est le premier cas bien constaté de la présence d'une espèce microbienne spécifique vis-à-vis de la fixation

de l'azote, mais, de plus, parce que la bactérie en question, anaérobie, *vit en symbiose* avec certains microorganismes aérobies du
sol d'espèce banale.

On peut avancer que les fixateurs d'azote *appartiennent à
trois catégories de microorganismes* : des bactéries anaérobies,
des bactéries aérobies, des champignons. La symbiose de quelques-uns de ces microorganismes entre eux est fréquente.
Dans un même sol, les trois catégories d'êtres microscopiques
peuvent parfois fonctionner ensemble.

**Expériences de Winogradsky. Fixation de l'azote
par microbes anaérobies**. — Cet auteur ensemence une
trace de terre sur le liquide suivant, absolument dépourvu
d'azote : eau = 1.000 centimètres cubes ; phosphate bipotassique = 1 gramme ; sulfate de magnésium = 0^{gr}.5, mélange
de chlorure de sodium et de sulfate ferreux = 0^{gr}.01 à 0^{gr}.02.
100 centimètres cubes de cette liqueur sont additionnés de
2 à 4 grammes de glucose et d'un peu de calcaire ; les vases sont
traversés par un courant d'air filtré. Après un certain nombre
de cultures, on ne rencontre, dans le milieu, que les trois organismes suivants : 1° un *Clostridium* (voisin des ferments butyriques) qui domine ; 2° un très fin bacille à longs filaments
sinueux ; 3° un gros bacille, large de 2 μ, à longs filaments se
transformant en chaînettes d'articles asporogènes arrondis.
Le calcaire se dissout ; une fermentation butyrique se déclare
qui consomme tout ou partie du glucose. Le début de la fermentation est souvent capricieux ; mais, là où avait eu lieu la
fermentation butyrique, on pouvait constater une fixation
non douteuse d'azote libre.

Afin d'assurer aux débuts de la fermentation une allure
plus régulière, Winogradsky ajoute, dès le commencement,
dans les vases de culture une très faible quantité d'azote nitrique ou ammoniacal dont nous verrons bientôt l'utilité. Ces
traces d'azote combiné n'ont pas d'influence sur la fixation de
l'azote gazeux ; elles servent seulement à amorcer la réaction.
Dans ces circonstances, celle-ci débute régulièrement ; pour
1 gramme de glucose détruit dans la culture, il y a fixation de

0^{gr},0025 à 0^{gr},0030 d'azote. Cette fixation est moindre s'il y a aération insuffisante, ou lorsque, la quantité d'azote combiné, ajoutée au début, est trop forte.

L'isolement des espèces présentes donne lieu à des remarques très intéressantes. Sur milieu solide aérobie, le gros bacille (bacille α) et le fin bacille (bacille β) se développent bien ; mais le *Clostridium* refuse de se développer. Le bacille α est aérobie, le bacille β anaérobie facultatif. De leurs cultures aucun gaz ne se dégage et aucune odeur butyrique ne se manifeste : leur rôle, dans la fixation de l'azote gazeux, paraît être d'ordre secondaire. Le *Clostridium* ne peut être cultivé sur milieu solide *que dans le vide*, là où les bacilles α et β sont incapables de vivre ; sa culture provoque un dégagement gazeux.

Lorsqu'on ensemence le *Clostridium* seul sur le liquide sucré primitif, il ne produit pas de fermentation bien nette ; il semble que la présence des bacilles α et β soit indispensable à son développement ; c'est, en effet, ce qui a lieu. Si on reconstitue dans le milieu sucré primitif l'association de ces trois espèces (α, β, *Clostridium*), une fermentation régulière se déclare, et l'on doit en conclure qu'un microbe anaérobie, tel que le *Clostridium*, peut vivre normalement dans un milieu sucré s'il est protégé de l'action de l'oxygène par des microbes aérobies.

Ce qui prouve que les bacilles α et β n'ont pas d'action spécifique, c'est que l'on peut les remplacer par une mucédinée quelconque (*Aspergillus* ou *Penicillium*) : la fermentation butyrique, avec fixation d'azote, marche avec une régularité aussi grande qu'en présence des bacilles α et β.

Nous comprenons maintenant pourquoi il était nécessaire d'introduire, dès le début, dans les liquides de culture, une trace d'azote combiné : en effet, ces espèces favorisantes (bacilles α et β, ou *Aspergillus*, ou *Penicillium*) doivent précéder dans son développement l'espèce anaérobie puisqu'elles ont pour but d'exclure l'oxygène de l'atmosphère ambiante. Or le *Clostridium* est seul apte à fournir au milieu l'azote combiné ; les aérobies α et β en sont incapables. Il est donc indispensable de donner d'abord à ces derniers une nourriture appropriée et de mettre, par conséquent, à leur disposition des traces d'azote combiné. Une fois le développement du *Clostridium* assuré, celui-ci fournira aux espèces favorisantes l'azote dont elles auront besoin.

Il résulte de l'examen de ce curieux cas de *symbiose* que l'on peut se passer des espèces aérobies, quelles qu'elles soient, en faisant la culture du *Clostridium* dans un milieu traversé uniquement par un courant d'azote pur. Pour cela, on introduira une trace de terre dans un flacon de culture où barbotera jour et nuit de l'azote pur ; avec cette première culture on ensemencera un second flacon, et ainsi de suite. Après 4 ou 5 passages dans un semblable milieu, on chauffera vers 80° pendant un quart d'heure les spores bien mûres, afin de détruire les germes étrangers.

Le *Clostridium* est un ferment butyrique vrai ; Winogradsky n'ayant pu l'identifier avec aucun des ferments butyriques actuellement connus a proposé de le nommer *Clostridium pastorianum*. Dans les liquides de culture, il fournit des acides butyrique et acétique ; le premier de ces acides domine toujours. Les gaz qui se dégagent consistent en un mélange d'acide carbonique et d'hydrogène.

Il semble que la propriété de fixer l'azote gazeux appartienne à un petit nombre seulement des espèces microbiennes qui habitent la terre arable ; en effet, contrairement à l'opinion de Berthelot, Winogradsky n'a rencontré cette propriété que chez l'organisme dont nous venons de décrire les particularités biologiques. En fait, depuis ces premières recherches et ainsi que nous allons le voir, plusieurs expérimentateurs ont mis en évidence dans le sol la présence de nombreuses bactéries fixatrices d'azote.

Quant à l'explication à fournir au sujet de la fixation de l'azote par le *Clostridium* et de la nature des substances qui se forment dans la réaction, Winogradsky admet que la rencontre de l'azote gazeux et de l'hydrogène naissant, au sein du protoplasme vivant, fournirait de l'ammoniaque.

Fixation de l'azote gazeux pendant l'humification.

— Parmi les causes les plus actives de fixation de l'azote, il faut citer *l'humification des feuilles mortes* (Henry, 1897). D'après les nouveaux essais de cet auteur (1902-1903), le gain d'azote qu'éprouve le sol des forêts, par suite de la fixation de ce gaz sur les feuilles mortes, l'emporte de beaucoup sur les pertes par l'exportation du bois.

La couverture de feuilles mortes (chêne, hêtre, charme, tremble, pins) mélangée à la terre peut fixer, par an et par hectare, surtout sur un substratum humide, une vingtaine de kilogrammes d'azote.

Des feuilles mortes, placées en forêt sur du sable siliceux pur, constituant un substratum très pauvre et très sec, ou bien ne l'enrichissent pas, ou bien ne donnent lieu qu'à un gain insignifiant : mais il n'y a pas de perte d'azote à l'état gazeux. Montemartini (1906) a confirmé ces expériences, sans pouvoir rapporter cette fixation à une espèce microbienne déterminée.

Microorganismes anaérobies divers qui fixent l'azote. — Il existe plusieurs anaérobies, voisins du *Clostridium* de Winogradsky, qui sont capables de fixer l'azote gazeux. D'ailleurs ce *Clostridium* est très répandu dans presque tous les sols ; les dépôts de feuilles mortes en renferment (Haselhoff et Bredemann, 1906). Il est probable que les enrichissements d'azote obtenus par Henry sont imputables à la présence de microbes de ce genre.

H. Pringsheim (1906) a décrit un *Clostridium* (*C. Americanum*) qui, cultivé sur un milieu exempt d'azote, assimile ce gaz en flacons ouverts, alors que le *Clostridium* de Winogradsky exige le concours de microorganismes aérobies qui le mettent à l'abri de l'oxygène. Le *C. Americanum* fournirait les acides lactique, butyrique et acétique, ainsi que les gaz hydrogène et carbonique. Cette bactérie fixatrice d'azote, comme la plupart des microorganismes fixateurs, trouve dans les cultures artificielles contenant glucose, sucre de canne, mannite, des sources d'énergie incomparablement plus efficaces que celles qu'elle peut rencontrer dans le sol. La cellulose, également, serait pour ces bactéries une source d'énergie (Pringsheim) ; mais ces fixateurs d'azote peuvent travailler économiquement dans le sol grâce à la symbiose qu'ils contractent avec les organismes autotrophes qui leur assurent une quantité suffisante de matériaux carbonés (Krainsky, 1910).

D'après Bredemann (1908), les espèces décrites sous les noms de *Granulobacter*, *Clostridium*, etc., doivent être rapportées au *Bacillus amylobacter* dont elles ne sont que des variétés.

Microorganismes aérobies qui fixent l'azote. — Il est bon de rappeler d'abord que Mazé (1897-1898) est parvenu, le premier, à cultiver à l'état de pureté le microbe des nodosités radicales des légumineuses dans un liquide artificiel, et que ce microbe s'est montré apte à fixer l'azote en dehors de toute symbiose avec la plante hospitalière.

C'est principalement aux travaux de Beijerinck que nous sommes redevables de la connaissance d'espèces aérobies fixatrices d'azote sur la terre arable, dont la principale est l'*Azotobacter chroococcum*. D'après cet auteur (1903), ce microbe, diplocoque de 3 à 5 μ de diamètre, est très répandu dans le terreau de jardin et les terres fertiles. Il n'existe pas dans les terres acides, mais on le trouve dans l'eau de mer (Keding, 1909) ; dans l'eau de mer, aussi bien que dans l'eau douce, il vivrait en symbiose avec certaines algues. On le cultive aisément en lui fournissant des sources de carbone qu'il assimile avec facilité (mannite à 2 p. 100 ; propionates de calcium, de sodium, de potassium à 0,5 p. 100) et qui n'entrent que peu ou pas en fermentation butyrique. Ce microbe *oligonitrophile* ne forme pas de spores. On en obtient de belles cultures en ensemençant 0^{gr}.1 à 0^{gr}.2 de terreau sur le liquide suivant : eau de conduite 100 centimètres cubes, mannite 2 grammes, phosphate bipotassique 0^{gr}.02. Si on ajoute à ce liquide des quantités un peu considérables d'azote combiné, le développement du microorganisme est moins bon. A côté de cet *Azotobacter*, l'auteur a rencontré une seconde espèce, l'*A. agilis*, qu'il qualifie de *mésoaérophile*.

D'après Beijerinck et Van Delden (1903), la fixation de l'azote dans les cultures d'*Azotobacter chroococcum* reposerait sur une symbiose de ce microbe, d'une part avec des bactéries sporogènes du genre *Granulobacter*, et, d'autre part, avec des bactéries sans spores dont les auteurs ont examiné deux formes : l'une est l'*Aerobacter aerogenes*, l'autre le *Bacillus radiobacter*, espèce très polymorphe. Toutes les espèces du genre *Granulobacter* posséderaient déjà d'elles-mêmes le pouvoir de fixer l'azote libre ; mais la symbiose avec l'*Azotobacter* exalterait singulièrement cette propriété. Les cultures grossières donnent une fixation d'azote d'environ 7 milligrammes par gramme de substance sucrée détruite. Le premier produit de l'assimilation de l'azote existe dans le liquide de culture *à l'état libre*, c'est-à-dire en dehors des bactéries qui le forment. Cependant cette assertion a été contestée récemment : il n'existerait dans les liquides de culture que très peu d'azote soluble. Au contraire, la matière sèche de l'*Azotobacter* contiendrait jusqu'à 80 p. 100 d'albuminoïdes (Gerlach et Vogel). De plus, l'*Azotobacter* serait une des rares bactéries capables d'engendrer directement de l'ammoniaque aux dépens des nitrates et des nitrites, mais sans dégagement d'azote libre.

D'après Gerlach et Vogel, ainsi que d'après von Freudenreich, la symbiose de l'*Azotobacter* avec les espèces susmentionnées n'est pas indispensable pour que ce microbe puisse assimiler l'azote libre. Ce fait a été confirmé ultérieurement par Beijerinck lui-même (1908). Si on fournit à l'*Azotobacter* du malate de calcium comme source de carbone, il peut fixer $1^{mgr}.5$ d'azote libre par gramme de malate oxydé. L'aptitude à la fixation de l'azote varie avec l'âge du microbe ; le microbe jeune est, à cet égard, plus actif que l'adulte.

Les bactéries fixatrices d'azote sont surtout actives en milieu alcalin, très peu actives en milieu neutre ; il se peut, toutefois, que, dans beaucoup de sols, se rencontrent des bactéries plus actives en milieu alcalin, alors que, dans d'autres sols, ces bactéries agissent mieux en milieu neutre (Fraps, 1904).

L'*Azotobacter* se développe très bien dans les sols chaulés, et sa diffusion dépend du degré de basicité du sol, c'est-à-dire de sa teneur en calcaire. Indépendamment de la chaux du calcaire, l'*Azotobacter* peut utiliser la chaux engagée dans le phosphate bicalcique, ou en combinaison avec les acides lactique et citrique ; mais il n'utilise pas la chaux du phosphate tricalcique, ni celle du chlorure ou du sulfate de calcium. Il emploie pour sa nutrition phosphorée les phosphates de sodium ou de potassium, ainsi que le phosphate bicalcique ; le phosphate tricalcique et les phosphates d'aluminium et de fer sont sans action (Christensen, 1907). Les limites de température entre lesquelles il manifeste son activité sont $+ 5°$ et $+ 50°$, avec un optimum situé aux environs de 28°. Ce microbe est peu sensible à la dessiccation. L'aération et l'ameublissement du sol exercent une action particulièrement favorable à son développement.

D'après Stoklasa, les cultures d'*Azotobacter* renferment 10 p. 100 environ de leur poids d'azote sous forme de nucléoprotéides et de lécithines. La mannite, employée comme source de carbone, se transforme en alcool, acide lactique et acide acétique ; parfois on rencontre de l'acide butyrique. Les gaz qui se dégagent consistent en acide carbonique accompagné d'une petite quantité d'hydrogène. En cultures pures, ce microbe ne donnerait ni acides, ni alcool (Krzemieniewski, 1908).

Parmi les hydrates de carbone capables d'alimenter l'*Azotobacter*, il faut mentionner l'arabinose et le xylose ; les *furfuroïdes* du sol, c'est-à-dire les substances capables de dégager du furfurol au contact des acides dilués et chauds, auraient, sur le développement de ce microbe, une très grande influence (Stoklasa, 1908). Si l'humus naturel joue un rôle important dans la nutrition de l'*Azotobacter*, il n'en serait pas de même de l'humus artificiel qui, d'après Warmbold (1906), demeurerait sans emploi.

Il est de toute nécessité que les fixateurs d'azote trouvent dans l'humus naturel du sol les matières carbonées indispensables à leur alimentation ; cependant l'humus, ainsi que nous l'avons dit antérieurement, ne donne pas d'hydrates de carbone solubles par saccharification. Les débris cellulosiques des végétaux (fragments de racines, de tiges, de feuilles), non encore humifiés, constituent certainement un milieu nutritif favorable aux fixateurs d'azote. De plus, la symbiose de certaines algues vertes avec les bactéries fixatrices fournit à celles-ci le carbone dont elles ont besoin.

Lorsque l'humus naturel a été chauffé avec des acides étendus, capables de lui faire perdre une forte proportion d'azote qui passe à l'état soluble, cet humus est inutilisable comme le serait l'humus artificiel. D'ailleurs les divers humus naturels ne se comportent pas de même vis-à-vis de l'*Azotobacter* (Krzemieniewski).

D'après Rémy et Rösing (1911), l'*Azotobacter* ne se développe bien dans les solutions de mannite que si l'on ajoute à celles-ci de l'extrait de terre. Les acides humiques du sol déterminent une fixation d'azote notable, mais *ils n'agissent qu'en raison du fer* qu'ils contiennent. Par eux-mêmes, ils sont inertes. *Le fer possède une influence excitatrice*, et l'addition de sels ferriques suffit à elle seule pour déterminer dans les solutions de mannite un abondant développement d'*Azotobacter* et une forte accumulation d'azote. Cependant, d'après Kaserer (1911), la présence du fer n'exercerait qu'une faible influence s'il n'existait pas d'autres substances, entre autres l'alumine et la silice sous forme soluble.

D'après Löhnis et Westermann (1909), les bactéries fixatrices d'azote pourraient se ramener à 4 types principaux :

1° L'*Azotobacter chroococcum*, caractérisé par la couleur brune ou noirâtre des colonies qu'il forme sur milieux solides ; 2° l'*Azotobacter Beijerinckii* (Lipman) caractérisé par une coloration jaunâtre et auquel on pourrait joindre l'*Azotobacter vinelandii* (Lipman) ; 3° l'*Azotobacter agilis*, espèce fluorescente, très mobile ; 4° l'*Azotobacter vitreum*, forme sphérique, dénuée de mouvement. A ces quatre espèces, on doit en ajouter une cinquième : le *Bacillus danicus* aérobie.

En principe, presque tous les hydrates de carbone, solubles ou non, glucose, saccharose, amidon, ainsi que la mannite (Koch), constituent pour ces fixateurs d'azote une alimentation carbonée supérieure à celle que leur fournissent les sels d'acides organiques.

En ce qui concerne l'azote fixé dans le corps du microbe, cet azote n'est pas directement assimilable par les végétaux supérieurs, mais l'expérience montre qu'il est très aisément nitrifiable.

Quant au *Bacillus radiobacter*, il se comporte comme un dénitrifiant. Si dans un milieu de culture approprié, contenant des nitrates, on introduit simultanément l'*Azotobacter* et le *Radiobacter*, ce dernier réduit l'azote nitrique en azote libre lequel est alors assimilé par l'*Azotobacter* (Stoklasa, Stranak).

Nous n'avons mentionné à dessein, dans cette courte étude, que les microorganismes qui fixent l'azote de façon indiscutable. Il a été décrit un certain nombre d'autres espèces ou de variétés des microbes précédents chez lesquels cette aptitude est minime ou douteuse ; nous passerons ces faits sous silence.

Applications pratiques. — C'est dans les couches supérieures de la terre arable que le développement des fixateurs d'azote est le plus marqué, en raison de l'ameublissement et, par conséquent, de l'aération dont ces couches bénéficient par suite du travail à la bêche ou à la charrue. De plus, les algues vertes, si communes à la surface de beaucoup de sols, fournissent aisément aux fixateurs d'azote le carbone dont ils ont besoin sous forme d'hydrates de carbone facilement assimilables. A cette source de carbone il faut ajouter la présence de l'humus et des débris végétaux, plus abondants à la surface que dans les profondeurs. Le rôle améliorant de la jachère se trouve par cela même expliqué. On enterre, par une série de labours, la couche superficielle du sol qui s'est enrichie en azote ; une nouvelle couche est exposée à l'air, elle se couvre peu à peu d'algues vertes qui, à leur tour, fournissent du carbone à une nouvelle génération de fixateurs d'azote. Ceux-ci, d'ailleurs, se rencontrent parfois à de grandes profondeurs.

Déhérain a montré (1897) que si on dispose sur une aire plane de la terre végétale chez laquelle on maintient une dose à peu près constante d'humidité (20 p. 100), et si on remue fréquemment cette terre, on accélère énormément la nitrification de l'azote organique. Mais, chose remarquable, on favorise aussi la fixation de l'azote gazeux, à tel point que la quantité d'azote organique diminue beaucoup moins que ne s'accroît la quantité de l'azote nitrique ; *l'azote total augmente* donc dans de fortes proportions (un quart environ chez certaines terres au bout de quinze mois). L'auteur précité fait remarquer que le travail des ferments ne présente une grande efficacité que lorsqu'il est continu : la fixation et la nitrification de notables quantités d'azote ne s'observent que dans les terres que l'on soustrait aux oscillations brusques de la température et de l'humidité. Or si, dans les conditions naturelles, la constance du premier de ces facteurs est irréalisable, on peut, au contraire, à l'aide des irrigations, maintenir un sol dans un état d'humidité suffisante et accroître ainsi dans de fortes proportions sa fertilité. D'après les essais ci-dessus, il semble que ce soit l'azote récemment fixé qui nitrifie le plus rapidement. On a donc grand intérêt à introduire dans le sol les éléments carbonés nécessaires à cette fixation, fumier de ferme, engrais verts, qui valent, non seulement par l'azote qu'ils apportent, mais encore par leur matière carbonée, origine du carbone indispensable aux fixateurs d'azote.

Il est difficile d'exprimer par des chiffres exacts la quantité d'azote gazeux qui peut se fixer dans le cours d'une année sur la surface d'un hectare abandonné à la jachère ; les variables dont dépend cette fixation sont trop nombreuses : température, humidité, alcalinité du sol, richesse en éléments minéraux favorables, degré d'aération, teneur en humus, etc. Les nombres fournis à cet égard oscillent entre 10 et 50 kilogrammes ; on conçoit, d'après ce que nous venons de dire, pourquoi cet écart est si grand. Mais, quoi qu'il en soit, l'enrichissement est réel dans tous les cas, et l'opinion d'après laquelle un sol bien pourvu de matière organique gagne continuellement de l'azote — opinion très souvent émise avant que l'on connût la cause de ce gain — est amplement justifiée.

Peut-on, *artificiellement*, agir sur le sol et l'ensemencer de cultures de bactéries fixatrices, ainsi que la chose a été réalisée, avec plus ou moins de succès, à l'aide de la *nitragine*, en ce qui concerne la culture des légumineuses ? On a proposé parfois d'ajouter au sol des solutions sucrées afin de fournir aux fixateurs d'azote un hydrate de carbone facilement assimilable. Mais les calculs faits sur ce point montrent que le prix de la quantité de sucre qu'il faudrait employer serait très supérieur à celui de l'azote que l'on introduirait sous forme de nitrates ou de sulfate d'ammonium. En outre, on ne peut incorporer impunément à un sol des hydrates de carbone solubles : ceux-ci nuiraient à la végétation des plantes supérieures et favoriseraient le développement de mucédinées et de bactéries réductrices, capables de produire des phénomènes de dénitrification. L'opération ainsi conduite serait donc doublement mauvaise.

Mucédinées qui fixent l'azote. — Nous avons rappelé plus haut (page 414) que Berthelot avait montré que l'*Aspergillus niger* donnait lieu à une fixation d'azote. Cette fixation, obtenue par l'intermédiaire de diverses mucédinées, est souvent très faible ; parfois, cependant, elle fournit des quantités d'azote non négligeables : c'est ce qui a été établi nettement par Puriewitsch (1895) pour la mucédinée précédente chez laquelle la quantité d'azote fixé est proportionnelle au poids de saccharose mis à sa disposition dans le liquide de culture. D'après Saida (1902), le *Mucor stolonifer* serait également un fixateur d'azote ; d'après Fröhlich (1909), il en serait de même avec *Microsporium commune*, *Hormodendron cladosporoïdes*, *Cladosporium herbarum*, hyphomycètes qui vivent sur les débris de plantes mortes. Heinze (1909) considère ce mode de fixation comme étant le plus souvent douteux ; mais les mucédinées qui se développent si fréquemment sur le sol seraient capables, comme les algues, de fournir à l'*Azotobacter* les hydrates de carbone que celui-ci réclame. Il semble donc que ce rôle de fixateur d'azote par les mucédinées, encore très discuté par beaucoup d'expérimentateurs, réclame de nouvelles recherches.

En résumé, si la fixation de l'azote gazeux par les mucédinées paraît être douteuse, cette fixation ne saurait être niée quand les diverses espèces d'*Azotobacter* et de *Clostridium* entrent en jeu. Ce sont vraisemblablement les *Azotobacter* qui vivent en symbiose avec les algues vertes répandues à la surface du sol. Celles-ci, en *culture pure*, ne fixent pas l'azote gazeux (Kossowitsch, 1894) (Voy. notre *Chimie végétale*, p. 201). D'autre part, le bacille des nodosités radicales des légumineuses (*B. radicicola*) travaille avec activité à fixer l'azote dans le corps de cette catégorie de végétaux supérieurs, et l'on sait qu'un sol qui a nourri une ou plusieurs récoltes de légumineuses éprouve toujours un enrichissement plus ou moins notable en azote, bien qu'il y ait eu, à chaque récolte, exportation de matière végétale et, par conséquent, d'azote. Ce gain d'azote qu'éprouve le sol par suite du développement des organismes fixateurs est évidemment compensé par une série de processus inverses. La dénitrification, ainsi que certains phénomènes de putréfaction d'une part, les combustions vives d'autre part, restituent d'une manière continue à l'at-

mosphère une quantité d'azote gazeux non négligeable. Dans
quelle mesure s'établit l'équilibre entre les causes de fixation
et les causes de libération de l'azote, c'est ce qu'il est impossible d'apprécier d'une façon même approximative.

Nous terminerons ce paragraphe en mentionnant, pour mémoire,
une opinion émise par Bonnema (1903) *sur la fixation non microbienne
de l'azote* dans le sol. L'azote libre s'oxyde au contact d'une solution
alcaline d'hydrate ferrique ; dans le sol, cet azote serait vraisemblablement transformé en acide nitreux par un catalyseur qui ne
serait autre que l'hydrate ferrique lui-même. Celui-ci, après avoir
ainsi perdu une partie de son oxygène, fournirait de l'hydrate
ferreux. Les microbes du genre *Azotobacter* s'empareraient de l'acide
nitreux et l'oxygène inclus dans le sol réoxyderait l'hydrate ferreux
en le transformant de nouveau en hydrate ferrique. De telle sorte
que le premier stade de la fixation de l'azote serait purement minéral. F. Sestini a réfuté cette manière de voir qui ne repose sur aucun
argument sérieux.

IV

PHÉNOMÈNES D'OXYDATION
TRANSFORMANT L'AMMONIAQUE EN ACIDES
NITREUX ET NITRIQUE. NITRIFICATION.

Les végétaux, tant supérieurs qu'inférieurs, pourraient utiliser l'azote ammoniacal à la formation de leurs albuminoïdes ;
un grand nombre de plantes qui se développent sur les sols
acides se servent même de l'azote organique complexe du
substratum, cet azote étant probablement digéré par les mycorhizes avant de pénétrer dans la plante. Cependant l'expérience montre que l'azote ammoniacal et l'azote organique,
lorsqu'ils font partie d'un sol tant soit peu calcaire, subissent
une oxydation remarquable : *il apparaît alors de l'acide nitrique*, lequel est neutralisé par le carbonate de calcium.
Or, une foule de végétaux supérieurs et inférieurs s'emparent
avec avidité des nitrates avec lesquels ils édifient la molécule
albuminoïde. Cette transformation de l'azote ammoniacal
en azote nitrique constitue le *phénomène de la nitrification*. Toutes les fois que certaines conditions de milieu sont

réalisées, cette transformation a lieu ; elle est, en quelque sorte, fatale.

La nitrification est un phénomène d'ordre biologique, comme la fixation de l'azote gazeux ; elle dépend de la présence dans le sol de certains microorganismes spécifiques aérobies qui oxydent l'ammoniaque. Nous verrons, dans la suite, que le *microbe nitreux*, le premier de ces microorganismes qui entre en jeu dans cette oxydation, ne porte l'oxygène que sur l'ammoniaque, la matière azotée complexe étant incapable de nitrifier directement sans passer d'abord par le terme *ammoniaque*. L'acide nitreux est oxydé à son tour *par le microbe nitrique*, différent du microbe nitreux, avec production d'acide nitrique. En somme, *la nitrification n'est pas une cause d'enrichissement des sols en azote*, ainsi qu'on l'avait pensé autrefois ; c'est seulement *une transformation de l'azote ammoniacal en azote oxydé*, ce dernier étant beaucoup plus diffusible puisqu'il n'est pas retenu dans le sol par le pouvoir absorbant.

L'étude du phénomène nitrificateur est une étude particulièrement intéressante : au point de vue théorique d'abord, étant donné le mode très particulier de nutrition des microbes qui entrent en jeu ; au point de vue pratique ensuite, parce que l'acide nitrique est très diffusible dans les sols et constitue, pour tous les végétaux de la grande culture, une source excellente d'azote assimilable. De plus, la nitrification est un des phénomènes qui contribuent de la manière la plus efficace à l'épuration des eaux polluées. Les circonstances qui provoquent ou accélèrent la nitrification ont, sur la fertilité des sols, une influence aussi grande que celles qui favorisent la circulation de l'air ou qui assurent à la terre arable un degré convenable d'humidité.

Le phénomène nitrificateur est connu depuis fort longtemps. On sait que, dans certains pays chauds, *le nitre* (le plus souvent un mélange de nitrates de calcium et de potassium) s'effleurit à la surface du sol et s'y maintient tant qu'il n'est pas dissous par l'eau de la pluie. Certaines terres des pays tropicaux accumulent des quantités énormes de nitre, capables de demeurer presque indéfiniment en place, grâce à l'absence ou la rareté des pluies.

Causes de la nitrification. Historique. — L'acide nitrique qui circule dans les eaux ou celui qui se trouve au sein de la terre reconnaissent une double origine. Les décharges électriques de l'atmosphère, surtout en temps d'orage, combinent l'azote et l'oxygène aériens. Au contact de la vapeur d'eau cette combinaison fournit de l'acide nitrique : d'où présence de cet acide dans les eaux pluviales et apport sur le sol de quantités variables de ce principe fertilisant (p. 85). *C'est là l'origine minérale de l'azote nitrique.*

La seconde source de nitrates doit être cherchée, ainsi que nous le disions plus haut, dans la présence de certains microorganismes spécifiques très communs dans la terre arable, les eaux courantes, les poussières de l'atmosphère. Mais le rôle capital que jouent ces microorganismes dans l'oxydation de l'ammoniaque n'a été découvert qu'en 1877. Jusquelà, la formation des nitrates avait été mise sur le compte de phénomènes purement chimiques.

Dans ce qui va suivre nous adopterons l'ordre historique ; nous montrerons succinctement par quelles phases a passé l'étude du phémène nitrificateur dont l'agent vivant est demeuré si longtemps inaperçu, jusqu'au jour où les idées de Pasteur, qui expliquaient d'une façon si lumineuse les processus de la fermentation en général, furent transportées dans le domaine de la chimie du sol. Les travaux qui ont précédé immédiatement la découverte du ferment nitrique sont très intéressants à examiner de près ; nous en ferons ressortir les points essentiels.

On avait supposé d'abord que l'oxygène et l'azote sont capables, sous l'influence des corps poreux, d'entrer en combinaison ; on expliquait ainsi la présence du nitre dans le sol où, vraisemblablement, les meilleures conditions de porosité sont réalisées, ainsi que l'efflorescence du salpêtre sur les murs de cave, les décombres, les tas de matières organiques en décomposition. Il semble que ce soit Glauber (1604-1668) qui ait, le premier, insisté sur le rôle des corps poreux et montré que les *pierres* se salpêtrent d'autant mieux que l'air les pénètre plus facilement. A cette influence de la porosité se substitue plus tard une autre manière de voir : c'est l'azote de la matière organique elle-même qui s'oxyde aux dépens de l'oxygène atmosphérique. Aussi s'efforcait-on d'exposer autant que possible cette matière organique à l'influence oxydante de l'air. Les expériences bien connues de Kuhlmann (1838) et de Schönbein (1857) — dans lesquelles on voit se produire de l'acide nitrique lorsqu'on fait passer un mélange d'oxygène et de gaz ammoniac sur la mousse de platine chauffée à 300° — paraissaient indiquer que l'oxydation de l'ammoniaque devait être le point capital dans la production de l'acide nitrique.

D'autre part, il est remarquable de voir le rôle que l'on faisait jouer, pour l'obtention du salpêtre, aux substances animales ou végétales en décomposition, et, cela, dans un temps où la science chimique n'existait pour ainsi dire pas. A cet égard, l'*Instruction pour l'établissement des nitrières*, publiée en 1777 par les Régisseurs généraux des poudres et salpêtres, est très curieuse à consulter. On y remarque avec quelle précision les salpêtriers recommandent de mélanger de la terre avec des matières animales, ou végétales, et de faire en sorte que l'air circule le plus aisément possible au sein de la masse que l'on aura soin, pour atteindre ce but, de remuer de temps en temps. L'influence de l'humidité n'avait pas échappé davantage aux fabricants de nitre : la matière en nitrification doit être arrosée souvent, soit avec de l'eau, soit, mieux, avec de l'urine ; mais les arrosages doivent être plus fréquents qu'abondants. Suivant la nature des terres et des matières qui leur sont mélangées, la nitrification était plus ou moins rapide et le rendement en nitre plus ou moins élevé.

Il est bon de remarquer que ces prescriptions, purement empiriques, sont celles que nous suivons encore lorsque nous voulons favoriser la nitrification d'une terre arable : les façons fréquentes auxquelles on soumet le sol favorisent l'arrivée et le renouvellement de l'air dans la masse qui doit renfermer une certaine dose d'humidité.

A une époque assez rapprochée de nous, on a voulu voir dans la nitrification un phénomène d'oxydation chimique provoqué par la présence de l'oxyde ferrique dont une partie de l'oxygène se porterait sur l'ammoniaque avec formation d'acide nitrique (Voir plus haut, p. 425). Cette conception du phénomène nitrificateur a encore été soutenue de nos jours ; il ne faudrait pas affirmer qu'elle fût radicalement fausse. Mais, si tant est qu'il se produise des nitrates par ce mécanisme, il ne doit s'en former que de faibles doses. De plus, beaucoup d'expérimentateurs ont opéré dans des conditions qui ne sont pas à l'abri de toute critique, et aucun essai quantitatif sérieux n'est venu démontrer la réalité de cette genèse de l'acide nitrique. Tout récemment, Mooser (1901) a encore invoqué la possibilité de l'oxydation de l'ammoniaque par voie chimique. Cet auteur estime que le chauffage de la terre destiné à anéantir le phénomène nitrificateur ne démontre pas que cet anéantissement soit imputable à la mort des microbes : l'application de la chaleur influencerait le pouvoir catalytique (?) du sol par suite d'une modification de surface.

Travaux de Boussingault. — Si l'essence même du phénomène de la nitrification a été ignorée de Boussingault, il convient cependant de retracer ici sommairement quelques expériences fort intéressantes de l'illustre agronome relatives à ce phénomène, dans lesquelles il est démontré, entre autres choses, que l'azote de l'air n'intervient pas directement dans la nitrification.

Boussingault compare le sol arable, fumé et amendé, à une véritable nitrière : c'est surtout aux dépens de l'azote des matières organiques que se forme l'azote nitrique. Toute terre, quel que soit son degré de fertilité, est capable de nitrifier si elle renferme du calcaire. Mais la question, qui s'était posée bien des fois, et sur laquelle Boussingault se propose de revenir, est celle de l'intervention possible de l'azote de l'air dans le phénomène. En effet, dans la terre végétale, la nitrification est d'abord assez active ; elle se ralentit ensuite : ce qui semble montrer que le contact de l'air doit être suffisamment prolongé pour que la matière organique devienne apte à nitrifier. Voici les expériences que Boussingault institua à ce sujet.

Un certain poids de terre végétale sèche fut mélangé à trois fois son poids de sable quartzeux, lavé, calciné et humecté d'eau distillée. Ce mélange fut introduit dans de grands ballons ayant à peu près une capacité de cent litres. Le sable était destiné à rendre la terre plus perméable, et la dose d'eau ajoutée n'imbibait pas complètement la masse, circonstance reconnue favorable à la nitrification. On introduisit dans l'un des appareils une certaine quantité de cellulose afin de juger si, par le fait de la combustion lente d'une proportion de carbone plus forte que celle qui était contenue dans la terre, on n'exagérerait pas l'oxydation de l'azote. Les ballons, fermés avec des bouchons de caoutchouc, furent déposés dans un cellier. L'azote total, avant et après l'expérience, fut dosé par la méthode de Dumas ; le carbone par combustion ; l'acide nitrique à l'aide du procédé de la teinture normale d'indigo. La lenteur de la nitrification est, dans ces conditions, très grande, et, comme le dispositif adopté ne permettait pas d'agiter la masse, l'auteur résolut de laisser la terre en contact avec cette atmosphère limitée pendant un temps considérable. Les ballons, clos en 1860, furent ouverts en 1871.

A la fin de l'expérience, Boussingault constata que l'atmosphère confinée des ballons était loin d'être épuisée en oxygène. Mais dans certains essais, pour lesquels on avait fait usage à dessein de ballons de dimensions plus réduites afin que l'oxygène inclus fut complètement employé à l'oxydation de la matière organique, la nitrification n'avait fourni que des chiffres moitié plus faibles que ceux des grands ballons. Dans ceux-ci — chose très importante, spécialement visée dans ces expériences — l'azote gazeux ne parut pas avoir contribué à la nitrification. Car, au bout de onze ans, si la terre s'était salpêtrée, l'azote total ne pesait pas plus, et même pas tout à fait autant qu'en 1860. Donc, dans les conditions où cette expérience avait été exécutée, *la nitrification avait eu lieu aux dépens de l'azote des substances organiques de l'humus qui existent dans tous les sols fertiles : l'azote libre de l'atmosphère confinée n'était pas intervenu.* Voici, à titre de document, le bilan de deux expériences :

Première expérience : terre végétale = 100 grammes, sable = 300 grammes.

Deuxième expérience : terre végétale = 100 grammes, sable = 300 grammes, cellulose = 5 grammes, contenant 2^{gr}.222 de carbone.

		Azote total	Acide nitrique	Azote contenu dans l'acide	Carbone
	En 1860......	0^{gr}.4722	0^{gr}.0029	0^{gr}.00075	3^{gr}.663
I	En 1871......	0^{gr}.4520	0^{gr}.6178	0^{gr}.15000	3^{gr}.067
	Différence ..	— 0^{gr}.0202	+ 0^{gr}.6149	+ 0^{gr}.15925	— 0^{gr}.596
	En 1860......	0^{gr}.4722	0^{gr}.0029	0^{gr}.00075	5^{gr}.885
II	En 1871......	0^{gr}.4640	0^{gr}.5620	0^{gr}.14570	3^{gr}.358
	Différence ..	— 0^{gr}.0082	+ 0^{gr}.5591	+ 0^{gr}.14495	— 2^{gr}.527

En même temps, Boussingault voulant se rendre compte des effets que produit, non seulement la terre végétale, mais aussi ses éléments principaux sur la nitrification des matières organiques azotées employées comme engrais, institua les essais suivants. On mélangeait un poids connu de paille, de tourteaux de colza, d'os en poudre, d'os torréfiés, de râpure de corne, de sang desséché, etc., dans lequel la proportion d'azote était bien connue, soit avec du sable, soit avec de la craie, soit avec de la terre végétale. Un échantillon de terre, non additionné d'engrais, servait de terme de comparaison. Tous ces mélanges étaient disposées dans des flacons d'une capacité de dix litres et humectés avec une quantité d'eau très inférieure à celle qui aurait été nécessaire pour produire le maximum d'imbibition. Les flacons étaient fermés à l'aide d'un bouchon traversé par un tube de verre destiné à faire communiquer entre elles les atmosphères intérieure et extérieure. Au bout de trois ans, on humecta de nouveau la terre et, deux ans après (cinq ans depuis le début) on procéda à l'examen du contenu des flacons. Les engrais susmentionnés avaient été répartis : 1° dans du sable de Fontainebleau lavé et calciné; 2° dans de la craie de Meudon lavée et séchée à l'étuve ; 3° dans de la terre argilo-siliceuse très peu calcaire. On a dosé, dans chaque mélange, à la fin de l'expérience, les nitrates et l'ammoniaque. Voici quels ont été les résultats obtenus.

Dans le sable et la craie, il ne s'était formé que des traces d'acide nitrique, ou même pas du tout, et des traces d'ammoniaque ; seules, les substances *mélangées à la terre végétale* avaient nitrifié. La terre végétale, non additionnée d'engrais, avait également nitrifié. On en conclut que : c'est dans la terre végétale, *déjà spontanément nitrifiable*, que les matières organiques azotées ont développé le plus d'acide nitrique et le moins d'ammoniaque. Une quantité d'azote de 30,50 et même 90 p. 100 de l'azote initial des engrais ajoutés s'était transformée en acide nitrique; donc, *c'est bien à l'influence de la terre végétale prise en bloc qu'est due l'oxydation de l'azote des matières organiques* ; les constituants principaux de la terre, sable et calcaire, ne provoquent pas cette oxydation.

Ces expériences, très bien conduites d'ailleurs, ne donnaient aucune indication sur la cause même du phénomène. Elles mettaient en évidence ce fait que l'azote atmosphérique n'entre pas directement en jeu dans la nitrification, et que le mélange complexe qui constitue la terre arable semble posséder seul la propriété mystérieuse de produire l'oxydation de l'azote organique, à l'exclusion de ses principaux constituants minéraux.

Conditions de la nitrification. — L'ensemble des recherches faites par un grand nombre d'auteurs, et par Boussingault en particulier, démontrait que, pour que la nitrification se réalisât, le concours d'un certain nombre d'agents était indispensable. C'est à Schloesing (1873) que l'on doit une étude très soignée *des conditions de la nitrification* ; cette étude a précédé de quelques années la découverte de l'être vivant, producteur de l'acide nitrique ; elle est très importante, et nous allons la présenter comme une préface nécessaire à la connaissance intime du phénomène nitrificateur.

Il y a cinq conditions de la nitrification : 1° présence d'une matière organique azotée (prise évidemment dans son état naturel, car, à l'époque où ce travail a été exécuté, il n'était pas question de stérilisation) ; 2° présence de l'oxygène ; 3° présence d'une base capable de saturer l'acide nitrique ; 4° présence d'une certaine dose d'humidité ; 5° température comprise entre certaines limites.

1° *Présence d'une matière organique azotée.* — Lorsqu'on mélange à des poids égaux de sable des quantités croissantes de terreau, les quantités d'acide nitrique formées sont proportionnelles au poids de la matière organique employée. La variabilité de la nitrification d'une terre à l'autre dépend, en grande partie, de *la nature de la matière organique* qui nitrifie et de son degré de décomposition.

2° *Présence de l'oxygène.* — On prend des poids égaux d'une même terre que l'on dispose dans une série d'allonges dans lesquelles on fait circuler des mélanges d'azote et d'oxygène en proportions variables ; voici les résultats obtenus par l'auteur précité :

Mélanges gazeux	Oxygène....	1,5	6	11	16	21
contenant p. 100	Azote........	98,5	94	89	84	79

Acide nitrique formé dans un kilogramme de terre à 15 p. 100 d'eau
au bout de 4 mois (en milligrammes) :

45,7   93,7   131,5   162,6   246,6

L'activité de la nitrification est donc en relation directe avec la dose d'oxygène qui compose l'atmosphère des allonges. Le cas où cette atmosphère serait suroxygénée n'a pas été examiné, puisque ce cas est en dehors des conditions naturelles.

Schlœsing a réalisé une expérience dans laquelle il ne fit circuler *que de l'azote pur*. Non seulement il ne s'est pas formé de nitrates, mais ceux qui préexistaient ont été détruits. Nous reviendrons ultérieurement sur ce phénomène réducteur important.

3° *Présence d'une base.* — Boussingault avait, il y a longtemps, insisté déjà sur ce fait que les matières azotées doivent, pour nitrifier, se trouver en contact avec des carbonates alcalins, calcaires ou magnésiens. Schlœsing a montré que, lorsqu'elle est engagée en combinaison avec le gaz carbonique en excès, la chaux se trouve sous le meilleur état pour la nitrification. Afin de faire varier les proportions de bicarbonate, l'auteur fait passer, dans différents lots de terre, de l'air plus ou moins riche en acide carbonique : le taux du bicarbonate dissous varie dans le même sens que cet acide. Il suffit qu'il en existe de très faibles quantités au-delà desquelles le phénomène nitrificateur n'augmente plus.

Taux de CO_2 p. 100 dans le mélange des allonges.........		0	1,3	3,5	9
Acide nitrique dans un kilogramme de terre (en millig.).	au début.	174	174	174	174
	à la fin (2 mois).	360	422	421	425
Gain d'acide nitrique.........		+ 186	+ 248	+ 247	+ 251

4° *Présence d'une certaine dose d'humidité.* — La quantité d'acide nitrique formé croît avec la dose d'humidité de la terre ; le phénomène possède son intensité la plus grande

lorsque la terre est imbibée d'eau au maximum, mais bien
ressuyée :

Taux de l'eau p. 100 de la terre.   9,3   14,6   16   20
Acide nitrique formé dans un kilogramme de
   terre pendant 1 mois d'été (en millig.). . . .   157   172   397   478

  5° *Température*. — La nitrification est nulle à 5°, elle
cesse à 57° ; elle est maximum vers 37°.

Schlœsing montre, en outre, que l'addition à la terre de
certains sels, tels que sulfates, chlorures, nitrates, n'a aucune
influence sur le phénomène nitrificateur, alors même que l'on
exagérerait à dessein leurs proportions. L'émiettement du sol
exerce une influence favorable, et la nitrification reprend une
nouvelle activité chaque fois que le sol est remué.

Telles sont les conditions indispensables à l'exercice du phénomène de la nitrification. Etudions maintenant la *cause* de
ce phénomène.

**La nitrification est corrélative de la présence d'un
être vivant. Travaux de Schlœsing et Müntz.** — C'est à
Schlœsing et Müntz (1877) que nous sommes redevables de cette
notion : *la nitrification est corrélative de la présence d'un être vivant.* Cet être vivant est un microorganisme aérobie que ces
savants n'ont pas isolé à l'état de pureté absolue, puisqu'à cette
époque les études bactériologiques étaient encore peu avan-
cées, surtout en ce qui concerne le sol, mais dont ils ont démontré la réalité par une série d'expériences très remarquables
et étudié les propriétés les plus caractéristiques. Voici l'exposé
de ces recherches :

Pasteur, en 1862, avait fait remarquer que l'action de l'oxygène
de l'air sur la matière organique est singulièrement bornée chaque
fois que cette action s'exerce en l'absence de microorganismes. Beaucoup d'êtres inférieurs ont, au contraire, le pouvoir de fixer l'oxygène
sur les matières organiques complexes dont les éléments sont ainsi
transformés en eau, gaz carbonique, azote, ammoniaque, acide nitrique.
A l'époque même où Schlœsing et Müntz firent leurs premières expériences, la question de l'épuration des eaux d'égout par
le sol était l'objet d'études approfondies. Les savants précités se

G. ANDRÉ. — *Chimie du sol.* 25

demandèrent si la combustion de la matière azotée n'avait lieu que dans la terre végétale seule (ainsi qu'il ressortait des travaux de Boussingault), ou bien si cette combustion pouvait s'opérer dans des sols exclusivement sableux, dépourvus de matière organique.

Dans un tube de 1 mètre de longueur, fermé à sa partie inférieure par une toile métallique, on introduit 5 kilogrammes de sable quartzeux calciné au rouge et mélangé avec 100 grammes de calcaire pulvérisé. Ce sable est arrosé chaque jour avec une dose constante d'eau d'égout, calculée de telle sorte que la descente s'effectue en huit jours. Afin de réaliser toutes les conditions de la nitrification, on fait circuler dans le tube un courant d'air lent, introduit par refoulement de haut en bas. Pendant les vingt premiers jours, la nitrification n'eut pas lieu ; l'eau qui s'écoulait était simplement filtrée et contenait un taux invariable d'ammoniaque. Au bout de ce temps, l'acide nitrique fit son apparition, et l'ammoniaque, ainsi que l'azote organique, disparurent peu à peu. Schlœsing et Müntz font remarquer que, s'il s'était agi d'un simple phénomène de combustion, on ne comprendrait pas pourquoi cette combustion aurait exigé un temps aussi long. Mais, au contraire, ce retard se conçoit très bien si l'on admet *la présence d'un agent organisé* dont le développement et l'activité comburante ont demandé un certain temps avant de se manifester. Voici comment les auteurs se sont assurés de la présence de cet être organisé dans l'eau d'égout employée.

Quelques années auparavant, Müntz avait montré que les organismes vivants, en général, sont anesthésiés par les vapeurs de chloroforme et que leurs fonctions sont suspendues. A la partie supérieure du grand tube, on place un petit récipient contenant du chloroforme dont les vapeurs sont entraînées par le courant d'air et se répandent peu à peu dans toute la colonne. Dix jours après cette manipulation, les eaux qui filtraient ne renfermaient plus d'acide nitrique, alors que l'ammoniaque et l'azote organique y réapparaissaient. La preuve de la présence d'un être vivant capable de brûler l'azote ammoniacal était donc faite.

Schlœsing et Müntz appliquèrent le même traitement à la terre végétale. Deux allonges remplies de terre sont traversées par un courant d'air ; dans la seconde, on dispose un récipient à chloroforme. Au bout de deux mois, le taux de l'acide nitrique n'avait pas varié dans celle-ci; dans la première, la nitrification avait suivi son cours normal. Si on pratique la même expérience, mais en chauffant préalablement à 100° l'une des allonges, et si on fait ensuite passer au travers des deux appareils de l'air flambé, afin de ne pas introduire de germes venant de l'extérieur, on remarque que la nitrification reste stationnaire dans l'allonge chauffée et qu'elle se poursuit dans celle qui contient de la terre naturelle.

La *porosité* de la masse ne semble pas jouer un rôle aussi important que celui qu'on lui attribuait autrefois. En effet, si on dispose dans des allonges du gravier ou des cailloux polis, corps non poreux, et

qu'on les arrose avec de l'eau d'égout, celle-ci nitrifie très bien. Si on
fait barboter un courant d'air dans de l'eau d'égout disposée dans un
flacon avec un peu de craie, cette eau nitrifie et l'ammoniaque dispa-
rait. De la terre végétale ou du terreau, mis en suspension dans l'eau,
continuent à nitrifier quand on fait traverser le mélange par un courant d'air.

Premiers essais d'isolement du microbe nitrificateur. —
Schlœsing et Müntz ensemencèrent une trace de terreau, soit dans
de l'eau d'égout stérilisée, soit dans des liquides minéraux artificiels
contenant un sel ammoniacal et une matière organique. On fait
passer dans ces liquides un courant d'air, ou bien on les dispose sur
une faible épaisseur, à l'abri des poussières, et on les maintient à une
température convenable. Dans ces conditions, l'azote ammoniacal
s'oxyde peu à peu. A 70°, l'action du ferment est anéantie ; il en est
de même lorsqu'on supprime l'accès de l'oxygène. Les auteurs ont
rencontré ce ferment principalement dans la terre végétale, les eaux
d'égout et toutes les eaux qui renferment des matières organiques ;
les eaux courantes en renferment également. On l'a trouvé ultérieurement dans les eaux marines.

Si le microbe nitrificateur n'a pas été isolé à l'état de pureté à la
suite de ces premiers essais, on ne saurait néanmoins douter de sa
présence et de la faculté remarquable qu'il possède d'oxyder l'ammoniaque.

Mais les infiniments petits qui oxydent la matière organique en
général sont très nombreux, et il y avait lieu de se demander si la
nitrification était une fonction banale d'oxydation pouvant être réalisée par une mucédinée quelconque aérobie, ou bien si l'oxydation
de l'ammoniaque n'était réservée qu'à des microorganismes spécifiques. Schlœsing et Müntz montrèrent que les mucédinées des genres
Mucor mucedo, *M. racemosus*, *Aspergillus niger*, *Penicillium glaucum*,
Mycoderma vini, *Mycoderma aceti*, mises dans les conditions les plus
favorables à la nitrification, n'avaient aucune action sur l'oxydation
de l'ammoniaque. Ces mucédinées, loin de produire des nitrates, les
détruisent et transforment l'azote nitrique en azote organique. Si on
abandonne l'expérience à elle-même pendant un certain temps, il
peut même se produire un dégagement d'azote gazeux. La fonction
nitrifiante apparaît donc comme une fonction *spécifique* dont ne sont
doués que certains microorganismes particuliers.

Particularités du phénomène nitrificateur. — A
peine ces très intéressantes recherches étaient-elles publiées
que beaucoup d'expérimentateurs se hâtèrent d'en vérifier
la justesse et de poursuivre l'étude approfondie de l'oxydation de l'ammoniaque. Warington (1879) confirme la nécessité d'un ensemencement, ainsi que celle de la présence d'une

base. Il remarque que, dans les solutions artificielles concentrées, la période d'incubation est plus longue que dans les solutions diluées ; de plus, il se produit, tantôt de l'acide nitrique, quand les liqueurs sont froides, étendues et placées à l'obscurité, tantôt de l'acide nitreux, lorsque les liqueurs sont plus concentrées, exposées à la lumière et soumises à une élévation de température. D'ailleurs, la formation de l'acide nitreux avait été déjà regardée par Schlœsing et Müntz comme la conséquence d'une nitrification entravée. Cependant, dans les essais de Warington, la formation de l'acide nitreux ne paraissait pas dépendre d'un manque d'oxygène : les nitrites semblaient précéder les nitrates ; parfois il ne se formait que de l'acide nitreux. Une solution de nitrite de potassium, inoxydable à l'air seul, se change en nitrate si on l'additionne de quelques gouttes d'un liquide en pleine nitrification. Enfin, Warington démontra que jamais la totalité de l'azote de l'ammoniaque n'était capable de nitrifier, car une partie de cet azote sert de nourriture aux microbes eux-mêmes et passe à l'état d'azote organique.

Toutes ces expériences confirment donc les travaux de Schlœsing et Müntz.

Irrégularités constatées dans les premiers essais de culture. — Parmi les faits d'une explication difficile observés par Warington pendant la nitrification des solutions ammoniacales, il faut citer avant tout le suivant. Puisque la nitrification est l'œuvre d'un être vivant, celui-ci doit trouver dans le milieu où il se développe une matière carbonée aux dépens de laquelle il puisse vivre, ainsi que la chose a lieu chez tous les êtres dépourvus de chlorophylle. Or, Warington avait fourni de nombreux exemples dans lesquels il montrait que la nitrification pouvait se produire dans des milieux extrêmement pauvres en substances carbonées. Peu après, Munro (1886) insistait sur ce point : que les moindres traces de carbone, telles que celles qui sont apportées par les poussières de l'air, suffisaient pour déterminer la transformation en acide nitrique de quantités relativement grandes d'ammoniaque.

Herœus (1886), vers la même époque, à la suite d'une étude des espèces microscopiques qui habitent les eaux de source, avait observé que les bactéries douées de la propriété d'oxyder l'ammoniaque, que l'on rencontre dans un liquide additionné de terre, ne se développent qu'à la surface et semblent n'avoir à leur disposition que très peu de matières carbonées. Cet auteur préleva à la surface de ces liquides une petite quantité des êtres qui s'y étaient développés et il les ensemença dans deux milieux : le premier contenant du phosphate de potassium, du sulfate de magnésium, du chlorure de calcium, du carbonate d'ammonium et du sucre ; le second contenant les mêmes substances, moins le sucre. L'oxydation de l'ammoniaque fut beaucoup plus intense dans le second que dans le premier de ces milieux. Herœus remarque qu'il est difficile de comprendre comment un être dépourvu de chlorophylle peut vivre dans un milieu exempt de carbone organique. Beaucoup d'autres expérimentateurs avaient, presqu'en même temps, fait une constatation analogue (Warington, Hueppe, P. et G. Frankland). Hueppe (1888) et Löw ont cherché à expliquer cette synthèse de matière carbonée à l'aide de formules très hypothétiques qu'il est inutile de transcrire ici.

Un second fait, à propos duquel nous avons déjà dit quelques mots plus haut, ne recevait pas davantage d'explication. Warington, Munro, P. et G. Frankland avaient très souvent remarqué que, dans leurs liquides de culture, il se formait tantôt des nitrites et tantôt des nitrates. Parfois ces derniers étaient réduits à l'état de nitrites. Ce phénomène réducteur pouvait être imputé à la présence de microbes variés peuplant le sol et les eaux. La présence d'une matière organique, capable de fermenter facilement, semblait être la cause essentielle de cette réduction. Mais, ce qui paraissait étrange, c'était la formation presque constante de nitrites dans les solutions artificielles, alors que, dans le sol, cette formation est rare, à moins que l'on ne soit en présence d'un milieu nettement réducteur, comme dans le cas des sols submergés, ou que la terre n'ait reçu de très fortes doses d'un sel ammoniacal.

Munro, le premier, émit l'idée que l'acide nitreux était peut-être produit par un organisme spécial, différent de celui qui change l'azote ammoniacal en azote nitrique.

Travaux de Winogradsky. — S'il est évident, d'après ce qui précède, que la nitrification est un phénomène biologique, il subsiste néanmoins encore beaucoup d'incertitudes sur le mode d'oxydation de l'azote organique. Cette oxydation, avec formation de nitrates, est-elle l'œuvre d'un seul ou de plusieurs microorganismes ? Comment se nourrissent ces microorganismes qui semblent se développer d'autant mieux que le milieu où on les cultive est plus pauvre en carbone ?

C'est à Winogradsky (1890-92) que l'on doit une réponse satisfaisante à ces deux questions fondamentales. A cause de l'intérêt considérable qui s'attache au travail de cet auteur, nous donnerons ici quelques éclaircissements spéciaux.

Commençons par l'étude de l'oxydation de l'azote ; celle de la nutrition carbonée des microbes sera exposée plus loin.

Après un grand nombre d'essais infructueux qui lui montrèrent la difficulté d'obtenir une nitrification régulière sur des milieux contenant une matière organique, le savant bactériologiste russe ensemença une goutte d'un liquide en pleine nitrification *sur une solution purement minérale* contenant, dans 1000 centimètres cubes d'eau : 1 gramme de sulfate d'ammonium et 1 gramme de phosphate de potassium. Chaque matras reçoit 100 centimètres cubes de cette solution à laquelle on ajoute 0gr,5 à 1 gramme de carbonate de magnésium, Dès le quatrième jour, la réaction à la diphénylamine est très nette (cette réaction indique aussi bien la présence des nitrites que celle des nitrates). Après plusieurs mois, alors que le peuplement du milieu était devenu constant, l'auteur isola du liquide cinq espèces se développant sur gélatine : aucune n'était capable d'oxyder l'azote ammoniacal. Ce procédé d'isolement sur gélatine était donc impropre à mettre en évidence le microorganisme nitrificateur, lorsque l'observation suivante révéla à la fois sa présence et fit soupçonner son mode spécial de nutrition carbonée. Au fond des matras de culture, alors que la nitrification était intense (au cinquième ou sixième jour), la couche de carbonate magnésien se troublait, et ce trouble était dû à des organismes ovales, fusiformes, se mouvant avec rapidité dans la liqueur. Cette coïncidence, entre l'apparition de ces organismes et une nitrification intense, était la règle ; quant aux organismes mobiles, ils semblaient, à un moment donné, disparaître du liquide, car le voile supérieur qui recouvrait la culture n'en contenait pas. Chez les cultures anciennes, le dépôt de carbonate devenait grisâtre et gélatineux ; si on imprimait un mouvement aux vases, ce carbonate demeurait d'abord comme emprisonné ; puis la masse se désagrégeait et des flocons se dispersaient au sein du liquide. Examinés au microscope, ces flocons donnèrent le résultat suivant : les grumeaux transparents du sel étaient recouverts d'une bactérie ovale, semblable à celle qui nageait dans la solution au moment où celle-ci se troublait. L'addition d'un peu d'acide acétique dissolvait le carbonate, les flocons perdaient leur blancheur, ils devenaient transparents tout en gardant leur forme et se montraient sous l'aspect d'une *zooglée*, peu compacte, présentant des lacunes : celles-ci marquaient la place où le carbonate magnésien avait été dissous par l'acide acétique.

Cet ensemble donnait l'impression, non pas d'un mélange accidentel du microbe avec le carbonate, *mais d'une association de la bactérie avec le sel*, englobé par elle dans une matière gélatineuse que cette bactérie aurait sécrétée. On comprend maintenant le retard, ou même parfois, l'absence de nitrification dans les expériences du début. En effet, on prélevait une goutte de liquide *à la surface* de la liqueur en voie de nitrification, là où la bactérie ovale n'existait que rarement. Pour pratiquer un ensemencement à coup sûr, il faut donc introduire la pipette *jusqu'au fond du matras*, dans la couche même du carbonate.

Il résulte de cette première série de minutieuses recherches qu'il est déjà au moins très vraisemblable que le microbe nitrificateur se contente d'une nourriture purement minérale : cette conclusion se confirmera encore mieux dans la suite. Afin d'épurer la culture et d'isoler de ce milieu uniquement le microbe nitrificateur, Winogradsky eut recours à un procédé très ingénieux qui vaut la peine d'être cité. A cet effet, on utilise précisément la faculté que possède ce microbe de ne pas se développer sur gélatine. Quelques gouttes de liquide, prélevées au fond d'un matras comme il vient d'être dit, sont jetées dans de l'eau distillée stérilisée. On reprend de nouveau les grumeaux avec une pipette et on les fait tomber sur de la gélatine contenue dans une boîte Pétri. A l'endroit même où ces gouttes tombent, il reste, après l'absorption du liquide par la gélatine, quelques parcelles de carbonate de magnésium ; au bout de quelques jours, on examine au microscope le résidu laissé par ces gouttes. Ceux d'entre ces résidus qui ne montrent pas de colonies sont introduits de nouveau dans le liquide minéral stérilisé : on obtient de la sorte des cultures pures, qui nitrifient très régulièrement, mais dont le début est parfois assez lent, car le microbe a dû souffrir de son contact prolongé avec la gélatine.

L'emploi d'un milieu de culture *strictement minéral* s'imposait donc. Winogradsky dialyse une solution de silicate de sodium mélangée d'acide chlorhydrique ; la solution de silice qui reste sur le dialyseur est concentrée, puis versée dans des boîtes Pétri et gélatinisée par l'addition d'une liqueur minérale renfermant, pour 100 centimètres cubes d'eau : 0gr.04 de sulfate d'ammonium, 0gr.05 de sulfate de magnésium, 0gr.1 de phosphate de potassium, 0gr.5 à 0gr.9 de carbonate de sodium et des traces de chlorure de calcium. On pourra désormais isoler du premier coup le microbe nitrificateur en introduisant directement une parcelle de terre végétale dans la gelée de silice. Ce procédé, très recommandable, est celui que l'on suit le plus ordinairement aujourd'hui.

Pouvoir nitrificateur. — Le microbe ainsi isolé se présente sous la forme d'une ellipse dont le grand diamètre a une longueur de 1,1 à 1,8 μ, et le petit une longueur de 0,9 à 1 μ. Winogradsky lui donna d'abord le nom générique de *Nitromonas*. Il compara son pouvoir nitrificateur à celui que Schlœsing avait obtenu dans ses études sur la nitrification de l'ammoniaque (pour 200 grammes de diverses terres, 3 à 4 milligrammes d'azote étaient nitrifiés par jour), et trouva des chiffres un peu supérieurs (6 à 7 milligrammes).

Formation exclusive d'acide nitreux. — En examinant de plus près *la nature du composé oxygéné de l'azote* qui avait pris naissance dans ses cultures, Winogradsky y constata *la présence presque exclusive de nitrites*. Un pareil fait avait déjà été signalé antérieurement, ainsi que nous l'avons dit plus haut : cette formation exclusive de nitrites avait été mise sur le compte d'une nitrification entravée, soit par abaissement de température, soit par trop grande alcalinité du milieu, soit par aération insuffisante, soit par suite de la présence de phénomènes réducteurs. Mais, dans les expériences actuelles, on ne pouvait incriminer que l'insuffisance de l'aération. Or, si on dispose le liquide de culture dans des matras plus larges, et en couches plus minces, de façon à favoriser l'oxydation, on n'arrive qu'à une production plus intense d'acide nitreux : l'acide nitrique n'apparaît pas.

☛ Reprenant l'idée primitive de Munro, d'après laquelle la nitrification pourrait dépendre du concours de deux microorganismes distincts, l'un produisant de l'acide nitreux, l'autre de l'acide nitrique, Winogradsky se procura des échantillons des terres les plus variées et, au lieu de procéder à l'isolement immédiat des organismes spéciaux par des passages successifs sur des liquides contenant un sel ammoniacal, il résolut de laisser se développer librement tous les êtres capables de vivre dans le milieu de culture purement minéral jusqu'ici utilisé. La période d'incubation varia entre trois et vingt jours, suivant l'échantillon de terre employé. L'acide nitreux prenait d'abord naissance ; peu à peu il diminuait, et l'on voyait apparaître l'acide nitrique. Les organismes nitrificateurs, transportés directement de leur milieu naturel dans un milieu facilement nitrifiable (contenant un sel ammoniacal), fournissent donc *d'abord de l'acide nitreux*, et l'acide nitrique ne se montre que lorsque l'ammoniaque a totalement disparu. On en conclut que la production de l'acide nitreux constitue *un stade intermédiaire* entre l'ammoniaque initiale et le terme d'oxydation ultime, l'acide nitrique. Si on veut que l'acide nitreux d'abord formé s'oxyde plus rapidement, on devra ajouter au liquide des doses croissantes d'un sel ammoniacal, non pas à mesure que l'azote ammoniacal disparaît de la liqueur, mais à mesure que disparaît l'azote nitreux. On peut même accélérer cette transformation à tel point que l'azote nitreux ne se rencontre plus, et que l'oxydation paraisse fournir d'emblée de l'azote nitrique. Il en résulte que, dans un milieu liquide, il est possible de produire de l'azote nitrique, ainsi que cela se passe dans les milieux naturels.

Ferment nitrique. — *L'oxydation de l'ammoniaque est donc le résultat de l'activité de deux microorganismes distincts.* En effet, Winogradsky a établi de la façon la plus nette que le ferment nitreux, isolé par cultures successives au début de ses recherches, était incapable de fournir autre chose que de l'acide nitreux. Au bout de plusieurs semaines, les cultures ne renfermaient que de l'acide nitreux. Ce ferment nitreux, appelé par Winogradsky *Nitrosomonas* (ferments de l'ancien monde) et *Nitrosococcus* (ferments du nouveau monde) a été rencontré dans toutes les terres où il a été cherché. Sa fonction biologique est toujours spécifique ; au point de vue morphologique, il subit des variations importantes, d'où les deux noms que leur a attribués l'auteur.

La formation d'acide nitrique, par oxydation de l'acide nitreux, est également *une fonction spécifique* dévolue à un microorganisme spécial. Si on prend des terres dans lesquelles on a constaté une énergique nitrification, et qu'on en ensemence une trace sur des milieux ne contenant pas d'ammoniaque, *mais uniquement du nitrite de potassium*, on aboutit, plus ou moins rapidement, mais toujours, à la transformation du nitrite en nitrate. Aussi Winogradsky conclut-il que, pour qu'il y ait production de nitrates, il faut tenir à l'écart le ferment nitreux. On réalise une culture pure du ferment nitrique (*Nitromonas, Nitrobacter*) en introduisant une parcelle de terre en voie de nitrification dans une liqueur ne renfermant que du nitrite de potassium. On épurera le ferment en ensemençant quelques gouttes de cette liqueur dans un nouveau milieu à nitrite, et ainsi de suite.

La fonction de ce dernier microorganisme est spécifique ; car si, avec une culture épurée de ce microbe, on ensemence une liqueur ammoniacale, il ne se produit ni nitrite, ni nitrate. Le microbe nitrique est incapable d'oxyder l'azote ammoniacal. C'est un ferment d'une extrême petitesse ; son diamètre moyen est de $0,5\,\mu$. On peut également l'isoler à l'état de pureté sur silice gélifiée.

Nitrification dans la terre arable. — Que se passe-t-il dans le milieu naturel où a lieu la nitrification, c'est-à-dire dans la terre arable ? Winogradsky stérilise un certain nombre d'échantillons de terre, qui reçoivent un peu de sulfate d'ammonium et sont humectés d'une dose d'eau suffisante. Dans un premier échantillon, on introduit du ferment nitreux pur, dans un second du ferment nitrique pur, dans un troisième les deux ferments ensemble. Un échantillon de terre témoin, non stérilisé, permet de suivre les progrès d'une nitrification naturelle.

Voici ce que l'on constate : 1° la terre normale ne donne que des nitrates, les nitrites n'y ont qu'une existence tout à fait passagère. Même en présence de quantités notables d'un sel ammoniacal, l'oxydation des nitrites par le ferment nitrique n'est pas entravée ; il en résulte que, dans le sol, le phénomène nitrificateur diffère absolument de celui qui a lieu dans une solution artificielle où la présence de l'ammoniaque en excès annihile l'oxydation des nitrites par le ferment nitrique ; 2° le ferment nitreux ne fournit, dans la terre préparée comme il a été dit plus haut, que de l'acide nitreux, et celui-ci ne s'oxyde jamais ; 3° le ferment nitrique seul n'oxyde pas l'ammoniaque ; 4° l'introduction des deux ferments fournit de l'acide nitrique, et les choses se passent comme dans l'échantillon de terre témoin.

Le remplacement dans le liquide de culture du sulfate d'ammonium par du phosphate, particulièrement propice à la vie microbienne, n'exerce pas d'influence favorable sur la fermentation nitreuse ; peut-être la transformation des nitrites en nitrates est-elle alors accélérée (Marcille, 1896).

Énergie comparée des ferments nitreux et nitrique. — Nous avons vu que, dans les milieux liquides, il se produisait surtout des nitrites ; dès le début des études précises entreprises sur la nitrification ce fait paraissait général. Munro avait supposé que l'acide nitreux était peut-être le résultat de l'activité d'un organisme spécial, ou bien que, en présence de carbone organique, le microbe nitrificateur lui-même portait de préférence l'oxygène sur le carbone plutôt que sur l'acide nitreux.

Voici, d'après Winogradsky, comment on peut expliquer cette apparition constante des nitrites dans les liquides de culture. Lorsque deux microbes sont en présence, le plus énergique entrave et annule même le développement de l'autre. Or, d'après les mesures de ce savant, la vitalité du microbe nitreux est incomparablement plus grande que celle du microbe nitrique. Dans des conditions identiques, le premier oxyde beaucoup plus vite une certaine dose d'azote ammoniacal que le second n'oxyde la même dose d'azote nitreux. Si donc, dans une liqueur contenant un sel ammoniacal, on ensemence ensemble les deux ferments, le microbe nitreux est le seul qui rencontre, dès le début, les conditions favorables à son développement, et lorsque le ferment nitrique peut commencer son travail, au moment où il se trouve en présence des nitrites qui viennent de prendre naissance, le ferment nitreux est si abondant qu'il s'empare de tout l'oxygène dissous dans le liquide et anéantit ainsi peu à peu la fonction oxydante du ferment nitrique. Au bout de quelques passages sur des solutions ammoniacales, le ferment nitrique, de plus en plus affaibli, finit par disparaître. Cependant Winogradsky a parfois observé une persistance de ce dernier ferment (dans une terre provenant de Quito par exemple) ; ce qui prouve que la vitalité du microbe nitrique peut être, dans certains cas, égale et supérieure même à celle du microbe nitreux.

Pourquoi, dans la terre arable, l'apparition de l'acide nitreux, est-elle suivie si rapidement de celle de l'acide nitrique? La terre est un milieu poreux, et la surface qu'elle présente à l'oxygène ambiant est beaucoup plus grande que celle d'un liquide qui n'est en contact direct avec l'air que par sa partie supérieure. Aussi le développement du ferment nitreux ne peut-il entraver celui du ferment nitrique. Il n'y a donc pas accumulation de nitrites dans le sol, à moins que ne se trouvent réalisées des conditions d'aération défavorables, telles que celles qui résultent de la submersion. La production des nitrites s'observe également dans le cas où le sol reçoit des doses exagérées, ou trop souvent répétées, de sels ammoniacaux. Il faut également remarquer que, dans le sol, la transformation de l'azote organique en azote ammoniacal est lente, et que, normalement, il n'y a jamais excès d'ammoniaque. Celle-ci est oxydée par le ferment nitreux au fur et à mesure de sa formation, et la vitalité de ce dernier ferment est proportionnée aux faibles doses d'ammoniaque qu'il rencontre. Le ferment nitrique peut donc agir concurremment et oxyder l'azote nitreux.

Il est même possible, ainsi que l'a montré Demoussy (1899), d'obtenir directement de l'acide nitrique dans les milieux liquides. Pour cela, il convient de préparer un milieu contenant les deux ferments nitreux et nitrique, dans lequel ce dernier soit très actif. On ensemence avec une trace de terre des solutions de nitrite de potassium, contenant un peu de phosphate de potassium et de carbonate de calcium. La transformation de 20 milligrammes d'azote nitreux en azote nitrique demanda, dans ces conditions, quinze jours. Une quantité égale de nitrite fut alors ajoutée ; son oxydation s'accomplit en quatre jours, puis en trois : ce qui prouve que le microbe nitrique était particulièrement vigoureux dans ce milieu. On introduisit alors 20 milligrammes d'azote sous forme de sulfate d'ammonium : au bout de deux semaines, la réaction de l'ammoniaque était nulle, et, à aucun moment, on ne put déceler dans la liqueur la présence des nitrites. Une nouvelle dose d'ammoniaque fut oxydée en quatre, puis en trois jours, et, cela, sans apparition d'azote nitreux.

L'absence de l'acide nitreux dans les conditions naturelles de la nitrification, opposée à la présence constante de cet acide dans les expériences artificielles, a fait, plus récemment, l'objet d'un travail intéressant de la part de Boullanger et Massol (1904). Les milieux naturels liquides qui nitrifient ne contiennent pas, en général, d'après ces auteurs, 200 milligrammes d'ammoniaque par litre, dose qui s'oppose à la multiplication du ferment nitrique. Cette dose n'est atteinte ou dépassée que dans quelques eaux résiduaires très impures. Dès le début, le ferment nitrique peut donc se développer à côté du ferment nitreux. Lorsque la *symbiose* entre les deux microbes est bien établie, la production de l'acide nitrique ne cesse pas, alors même que le taux de l'ammoniaque s'élèverait, sans toutefois atteindre des quantités énormes qui ne se rencontrent jamais dans la pratique.

Cycle complet de l'oxydation de l'azote. — Les ferments nitreux et nitrique ne peuvent-ils, dans aucun cas, oxyder directement la molécule azotée complexe telle que le sol la contient ; est-il nécessaire que cette molécule azotée subisse d'abord la fermentation ammoniacale ?

Omélianksy (1899) a résolu le problème d'une façon très satisfaisante de la façon suivante. Si on met des ferments nitreux et nitrique bien purs en présence d'urée, d'asparagine, de bouillon, de blanc d'œuf, etc., ces substances restent intactes : l'azote organique, quelle que soit la forme qu'il affecte, n'est oxydé par aucun de ces deux ferments, isolés ou associés. D'autre part, l'auteur prend du bouillon étendu qu'il ensemence : 1º avec du *Bacillus racemosus*, accompagné des ferments nitreux et nitrique ; 2º avec du *B. racemosus* accompagné de ferment nitreux ; 3º avec du *B. racemosus* accompagné de ferment nitrique ; 4º avec les ferments nitreux et nitrique seuls. Dans le premier cas, on perçoit rapidement une odeur putride, puis ammoniacale. Au bout de trois semaines, apparaît l'acide nitreux ; au bout de deux mois, il n'y a plus que de l'acide nitrique. Dans le second cas, les choses se passent comme dans le premier, mais l'acide nitreux persiste indéfiniment sans qu'il y ait production, à aucun moment, d'acide nitrique. Dans le troisième cas, il se fait seulement de l'ammoniaque, mais celle-ci ne s'oxyde pas ; dans le quatrième cas, le bouillon ne subit aucune transformation.

Il en résulte que, lorsque l'azote organique se change en azote nitrique, ainsi que cela a lieu dans tous les bons sols arables, *le concours de trois sortes de microorganismes est indispensable* : 1° l'*azote organique* subit une fermentation qui le transforme en ammoniaque, cette transformation étant le résultat de la présence d'espèces banales (p. 404) qui n'ont rien de spécifique ; 2° l'*azote ammoniacal* est oxydé en azote nitreux par un microbe spécial qui, d'un endroit à un autre, peut présenter des différences morphologiques, mais dont la fonction est absolument spécifique et qui ne peut aller plus loin que le stade nitreux ; 3° l'*azote nitreux* est, à son tour, oxydé en acide nitrique par un microbe spécifique, bien distinct du précédent, incapable à lui seul d'oxyder l'azote ammoniacal.

Telles sont les différentes phases par lesquelles passe le phénomène nitrificateur dont nous connaissons maintenant le mécanisme, grâce aux travaux de Winogradsky. Il est juste d'ajouter que, à l'époque même où celui-ci publiait ses recherches définitives (1891), Warington arrivait, de son côté, et d'une manière tout à fait indépendante, à des conclusions analogues.

Nous exposerons plus loin la suite des travaux exécutés sur la nitrification et nous indiquerons certaines particularités relatives à la nutrition des ferments que nous venons d'étudier. Mais, auparavant, il convient de parler du mode suivant lequel les microbes nitrifiants prennent leur carbone au monde extérieur.

Nutrition carbonée des microbes nitrificateurs. — Ce mode de nutrition est des plus remarquable. Nous avons vu plus haut (p. 437) que certains expérimentateurs, Heraeus entre autres, avaient été frappés de ce fait, que la nitrification est généralement d'autant plus active qu'il y a moins de matière carbonée dans les liquides de culture ou dans les eaux en voie de nitrification. La chose semblait surprenante puisque les microbes nitrificateurs sont dépourvus de chlorophylle. Afin d'établir d'une manière indiscutable cette propriété, unique alors en son genre, Winogradsky mit le plus grand soin à préparer des milieux rigoureusement exempts de matières organiques, et des sels minéraux absolument purs, et à garantir les cultures de toute trace de poussières atmosphériques. Il remarqua alors que le ferment nitreux, organisme incolore, peut, aussi bien à la lumière qu'à l'obscurité, se développer dans un milieu absolument exempt de carbone organique. Ce fait fut mis hors de doute par des dosages de carbone exécutés sur les liquides au sein desquels la nitrosomonade s'était développée.

Ces dosages, sur lesquels nous n'insisterons pas, se pratiquent en brûlant le carbone qui s'est fixé sur les liquides de culture à l'aide d'un mélange de bichromate de potassium et d'acide sulfurique (page 349). Voici quelques chiffres. Une solution dans laquelle il s'était formé 928 milligrammes d'azote oxydé a fourni $10^{mgr}.2$ de carbone ; une autre qui renfermait 604 milligrammes d'azote oxydé a fourni $7^{mgr}.1$ de carbone. Ce carbone ne représente certainement pas le carbone total assimilé, car, pendant la durée des cultures, il s'en est perdu une certaine quantité par oxydation (respiration).

Ainsi, l'organisme nitrificateur fournit le premier exemple d'un microbe incolore, susceptible de synthèse carbonée. Winogradsky suppose qu'il s'agit ici de la synthèse d'un amide quelconque aux dépens du gaz carbonique et de l'ammoniaque.

L'assimilation du carbone ne s'opère que dans la mesure où progresse l'oxydation de l'azote ; les maxima et minima d'assimilation carbonée coïncident avec les maxima et minima d'oxydation de l'azote. Quatre expériences ont fourni les résultats suivants (en milligrammes) :

Azote oxydé	722	506,1	928,3	815,4
Carbone	19,7	15,2	26,4	21,4
Rapport $\dfrac{\text{azote}}{\text{carbone}}$	36,6	33,3	35,2	36

La lenteur avec laquelle s'accroît le ferment nitrique s'explique en considérant la disproportion qui existe entre son action oxydante et son pouvoir assimilateur : l'assimilation de 1 milligramme de carbone n'a lieu que s'il y a, en moyenne, formation de $35^{mgr}.1$ d'azote oxydé. D'après Coleman (1908), le rapport entre l'azote oxydé et le carbone assimilé semble être plus grand pour le microbe nitrique que pour le microbe nitreux.

Les soins à apporter dans la purification des substances minérales qui servent à démontrer la fixation du carbone et dans celle des gaz qui sont au contact des liquides de culture doivent être des plus minutieux. Elfving (1891) a montré, en effet, que certains champignons (*Briarœa*) sont capables d'utiliser comme source de carbone les vapeurs d'acide acétique, assez communes dans les laboratoires.

Expériences de Godlewski. — Il est donc bien établi que la nitrosomonade assimile dans les liqueurs où elle se développe le carbone des carbonates minéraux. Cependant Godlewski (1893) émit l'idée que ce carbone ne pouvait être emprunté *qu'à l'acide carbonique aérien ou à celui des bicarbonates facilement dissociables*. Cet auteur montra (en 1896) qu'une solution ammoniacale ensemencée de *nitrosomonades* ne fournit pas d'acide nitreux quand on fait traverser le ballon de culture par de l'air bien exempt de gaz carbonique, alors même que la solution nutritive renferme du carbonate magnésien.

Afin de rendre cette démonstration plus rigoureuse, Godlewski s'est servi d'appareils qui ne comportaient que des pièces en verre, et de la fabrication desquels on excluait le liège dont l'oxydation pouvait fournir des traces d'acide carbonique. Les conclusions auxquelles aboutirent les recherches ainsi entreprises furent les suivantes : il n'y a pas oxydation de l'ammoniaque en l'absence du gaz carbonique ; si ce dernier, au contraire, se trouve au contact des liquides de culture, la nitrification est régulière. *Il en résulte que le gaz carbonique libre est la seule source à laquelle la nitrosomonade emprunte du carbone*. Mais la dose initiale de ce gaz peut être extrêmement faible, car, à mesure que s'oxyde l'ammoniaque, il se produit de l'acide nitreux. Celui-ci décompose le carbonate de magnésium et dégage du gaz carbonique, lequel peut d'ailleurs rester fixé sur le carbonate magnésien et fournir un bicarbonate aisément dissociable. Ces conclusions ont été confirmées par Gaertner (1898).

Il est néanmoins difficile de comprendre qu'un microbe qui fixe aussi aisément l'oxygène sur l'ammoniaque possède en même temps un pouvoir réducteur assez énergique pour décomposer le gaz carbonique.

Il faut également remarquer que, d'après Godlewski, une fraction, généralement assez faible, de l'azote ammoniacal se dégage à l'état libre pendant la nitrification en milieux artificiels. Dans des expériences déjà anciennes, Schlœsing avait montré que la quantité d'azote libre qui apparait dans la nitrification de l'ammoniaque, au sein d'une terre bien aérée, est presque négligeable. En fait, une petite fraction, soit de l'ammoniaque préexistante, soit de l'acide nitrique formé, est employée à la production d'une certaine quantité d'azote organique.

Il semble, d'après ce qui précède, que la présence de la matière organique soit un obstacle au développement des ferments nitrificateurs, et cependant la nitrification, parfois si intense dans les sols, a toujours lieu en présence de l'humus. Nous examinerons bientôt d'une façon particulière ce point très important.

Quelques données nouvelles sur les ferments nitrificateurs. — Les travaux si remarquables de Winogradsky ont été repris par de nombreux expérimentateurs ; ils demeurent entiers dans leurs conclusions fondamentales. Toutefois certains faits intéressants et nouveaux ont été mis au jour depuis vingt ans, qui réclament une description sommaire.

La difficulté, très grande d'abord, de l'isolement des bactéries nitrifiantes à l'état de pureté avait porté certains auteurs à supposer que le carbone organique pouvait leur être de quelque secours. Burri et Stützer (1896) pensaient avoir isolé un microbe nitrique capable de se développer sur gélatine. Stützer et Hartleb, tout en confirmant en grande partie les travaux de Winogradsky, croyaient que le microbe nitrique pouvait se transformer en champignon. Mais ce dernier auteur (1896), en soumettant ses propres essais à un nouveau contrôle, remarqua qu'à côté du microbe nitrique se rencontrent très fréquemment des organismes, voisins morphologiquement, mais incapables d'oxyder l'azote nitreux. Ceux-ci se développent bien sur gélatine ou sur bouillon nutritif, alors que le véritable microbe nitrique ne s'y développe pas : aucun organisme nitrificateur ne peut vivre sur gélatine. L'emploi de cultures impures est ici la source des erreurs. Cette opinion a été confirmée peu après par Fraenkel, Krüger et Rullmann.

D'après Omeliansky (1899), si l'on peut employer avec succès la silice gélifiée contenant un sel ammoniacal pour isoler le microbe nitreux, et la gélose nitritée pour isoler le microbe nitrique, il vaut, mieux encore, isoler le microbe nitreux sur plaques de gypse. A une solution contenant par litre 0^{gr}.5 de sulfate de magnésium, 2 grammes de sulfate d'ammonium, 2 grammes de sel marin, 0^{gr}.4 de sulfate ferreux, 2 grammes de phosphate bipotassique, on mélange du carbonate magnésien et on en imbibe des plaques de gypse ; ou bien, on gâche ensemble du plâtre avec 10 p. 100 de carbonate de magnésium et de l'eau. Après la prise de la substance, on mouille la plaque avec la solution précédente. Perotti (1905) emploie des cubes de carbonate magnésien qu'il humecte avec une solution appropriée.

Une remarque importante d'Omeliansky doit être faite ici : cet auteur a montré (1902) que le microbe nitreux ne semble pas sécréter de *diastase oxydante* à laquelle on pourrait imputer l'oxydation de l'ammoniaque, et que *sa présence effective* est indispensable à la marche régulière du phénomène nitrificateur. Si, dans les solutions nutritives, on remplace le sel ferreux par un sel maganeux, il n'en résulte aucune amélioration.

Influence d'une addition de matière organique sur la nitrification. — Examinons s'il n'y a pas lieu, vis-à-vis des microbes nitrificateurs, *de faire une sorte de classement* *entre les matières organiques.* — L'absence complète de toute substance organique n'est pas une condition absolument indispensable à la bonne marche de la nitrification. Winogradsky et Omeliansky (1899) ont eux-mêmes montré que, si la présence de peptone en certaines proportions gêne et même abolit la fonction spécifique du microbe nitrique, il n'en est pas ainsi pour tous les corps carbonés. En présence d'un ensemencement massif, la peptone peut favoriser la fermentation nitrique aux doses de $0^{gr}.025$ à $0^{gr}.2$ p. 100. Le glucose, à la dose de $0^{gr}.025$ p. 100, agit favorablement, mais une dose de $0^{gr}.03$ p. 100 semble être la limite de cette action favorable. L'urée, à la dose de $0^{gr}.05$ à $0^{gr}.04$ p. 100, active la fermentation s'il y a ensemencement massif ; elle la ralentit à des doses supérieures à $0^{gr}.5$. L'asparagine à la dose de $0^{gr}.05$ p. 100 est défavorable ; il en est de même de la glycérine. Des substances organiques plus complexes, telles que l'infusion de foin, de feuilles sèches, peuvent être utiles en deçà de certaines proportions, nuisibles au-delà. L'urine, à une concentration de 2 p. 100, possède une action retardatrice imputable à l'ammoniaque qui se forme pendant la stérilisation. Warington avait déjà fait voir que la présence de cet alcali entrave la transformation des nitrites en nitrates. Si l'acétate de sodium à 2 p. 100 retarde la transformation de l'acide nitreux en acide nitrique, le butyrate, au contraire, a peu d'effet à cet égard. Le microbe nitreux est plus sensible que le microbe nitrique vis-à-vis des substances azotées telles que la peptone et l'asparagine. Plus la molécule d'un corps donné est complexe, plus elle est décomposable et assimilable par le plus grand nombre des espèces microbiennes, plus facilement elle retarde la croissance et paralyse le travail des microbes nitrificateurs. Warington avait montré, longtemps auparavant (1891), qu'une addition de $0^{gr}.25$ p. 100 d'acétate de calcium à une culture en voie de nitrification favorisait le phénomène.

Ajoutons que Stützer (1901) a confirmé la plupart des vues de Winogradsky et Omeliansky relativement au retard ou à l'arrêt que subit la fermentation nitrique en présence de certaines substances organiques. Il faut également remarquer que telle substance carbonée peut être nuisible quand elle se trouve dans un liquide artificiel de culture où n'existent, en fait d'êtres vivants, que les microbes nitreux ou nitrique, alors que, dans le sol, milieu naturel, cette substance n'a pas d'influence. Wimmer (1904), ainsi que Coleman, ont fait voir que l'action nocive du sucre de canne ou celle des sels d'acides organiques était bien moindre dans le sol que dans les solutions articielles. De très fortes doses d'engrais organiques (fumier), introduites dans une terre arable, peuvent suspendre la nitrification et occasionner des phénomènes de réduction avec départ d'azote libre. Mais l'humus naturel, même lorsqu'il est abondant, n'entrave pas la nitrification: il accélère la marche du phénomène puisqu'il constitue la source primordiale de l'azote des sols. Nous allons revenir sur ce point.

D'après Karpinski et Niklewski (1908), l'extrait de terre et les humate sont particulièrement favorables à la nitrification ; telle est aussi l'opinion de Bazarewski (1909).

Influence de l'humus sur la nitrification. — Voyons enfin ce que donne, au regard de la nitrification, la matière organique du sol. Cette matière possède une constitution très éloignée de celle de ses générateurs (cellulose, albuminoïdes des végétaux). Il était évident, *à priori*, que sa présence habituelle mais en quantités variables dans la terre ne pouvait nuire à l'évolution du phénomène nitrificateur. D'après Müntz et Lainé (1906), la forme même qu'affecte le carbone dans l'humus n'est pas une entrave à la nitrification. Voici les résultats que ces auteurs ont obtenus en ajoutant à plusieurs terres suffisamment calcaires, et très inégalement riches en carbone, une dose de 1 p. 1000 de sulfate d'ammonium :

		Terre de jardin	Terreau consommé	Terre silico-calcaire	Terre argileuse	Terre argilo-calcaire
Teneur p. 100 des terres en carbone....		3,8	17,6	1,5	1.0	1,5
Azote nitrifié par kilogr. de terre en	2 jours.	$0^{gr}.036$	$0^{gr}.117$	$0^{gr}.000$	$0^{gr}.069$	$0^{gr}.005$
	7 jours.	$0^{gr}.090$	$0^{gr}.269$	$0^{gr}.037$	$0^{gr}.040$	$0^{gr}.020$
Azote nitrifié par kilogr. de terre additionnée de 2 p. 100 de $SO^4(NH^4)^2$ en	7 jours.	$0^{gr}.282$	$0^{gr}.411$	$0^{gr}.007$	$0^{gr}.064$	$0^{gr}.064$

On voit, d'après ces chiffres, que la nitrification se produit d'autant mieux que la matière carbonée du sol est plus abondante : l'abondance de l'humus favorise donc la nitrification, mais elle n'est pas indispensable pour une nitrification active. En effet, si, dans l'essai précédent, on développe une nitrification continue par addition de sulfate d'ammonium, jusqu'à établissement d'un régime normal, on trouve, au bout de 32 jours :

Azote nitrifié par kilo-
gramme de terre ..... $0^{gr}.743$ $1^{gr}.346$ $0^{gr}.653$ $0^{gr}.906$ $0^{gr}.871$

Il est clair que les terres les plus pauvres en humus produisent des nitrates avec une activité qui ne diffère pas beaucoup de celle des terres plus riches ; parfois même la nitrification des terres pauvres dépasse celle de ces dernières. *La différence n'existe que dans la période initiale* de l'alimentation en matière nitrifiable ; cette différence s'atténue dans la suite. Dans l'opinion de Müntz et Lainé, le rôle de la matière organique apparaît comme un rôle de début. L'expérience montre que, d'une manière générale, une terre est d'autant plus chargée d'organismes actifs, et plus apte à nitrifier, qu'elle renferme plus d'humus.

Les résultats que nous venons de citer mettent bien la question au point. Il semblait, en effet, ainsi que nous l'avons établi plus haut, qu'il y eut antagonisme entre la présence du carbone organique et le développement des ferments nitrificateurs. Cependant les phénomènes observés au sein des liquides de culture ne doivent pas être interprétés de la même façon que ceux qui se passent dans les milieux naturels de la nitrification. La *forme du carbone* diffère essentiellement dans les deux cas. Dans les milieux artificiels, l'addition d'une substance carbonée diffusible exerce, ainsi que nous l'avons vu, une action défavorable ou mortelle sur les organismes nitrificateurs lorsqu'on dépasse une concentration, même très faible ; le carbone, tel qu'il existe dans la molécule colloïdale de l'humus, ne possède plus ce pouvoir toxique.

Les observations abondent dans lesquelles il est démontré que l'humus, loin d'être une entrave à la nitrification, la favorise au contraire (en présence de calcaire). Les faits contraires, signalés par Pichard à un certain moment, semblent exceptionnels. D'après Buhlert et Fickendey (1906), le pouvoir nitrificateur d'un sol serait à peu près proportionnel à sa teneur en humus. L'excès d'humus ne devient nuisible que lorsque la dose de calcaire que contient un sol est insuffisante pour en saturer l'acidité, ou lorsque l'oxygène y circule mal ; il se produit alors du gaz carbonique qui peut rester confiné, et l'atmosphère devient réductrice. Un phénomène de ce genre se réalise dans les terres très compactes additionnées d'une trop forte quantité de matières organiques.

Toutefois il ne faut pas exagérer l'influence de l'aération ; Schlœsing, ainsi que nous l'avons vu antérieurement, ayant obtenu la production de doses d'azote nitrique très voisines en présence d'atmosphères contenant : 10, 11, 16, 21 p. 100 d'oxygène.

Si l'humus n'est pas une entrave à la nitrification, ainsi que nous venons de l'établir, il paraîtrait cependant que l'ammonisation de son azote organique est généralement assez lente, beaucoup plus lente, par exemple, que celle de l'azote d'une matière organique intacte n'ayant pas encore subi les phénomènes de l'humification. C'est ainsi que l'azote des tourteaux nitrifie beaucoup plus rapidement que l'azote humique (Pichard).

Quelques mots maintenant sur la façon dont se comporte, vis-à-vis de la nitrification, un milieu riche en matières organiques et en azote.

La nitrification du *fumier de ferme* en tas est chose anormale ; cette nitrification ne pourrait avoir lieu qu'à la surface du tas, là où l'aération est suffisante, et lorsque la fermentation aérobie, qui dégage beaucoup de chaleur, est achevée. A l'intérieur de la masse, l'atmosphère est dépourvue d'oxygène. Il a été cité des exemples de nitrification du fumier en tas ; mais la quantité de nitrates formée est généralement très faible, sauf dans quelques cas où il y avait eu addition de chaux (Maercker). La réaction fortement ammoniacale que présente le fumier bien arrosé de purin s'oppose, entre autres causes, à l'établissement de la nitrification. Toutefois, d'après Niklewski, le ferment nitreux peut coexister dans le fumier à côté des ferments dénitrifiants.

Influence de la présence des nitrites et des nitrates sur le développement des microbes de la nitrification.
— Boullanger et Massol (1903) ont indiqué la température de 45° comme étant fatale aux microbes nitreux après cinq minutes ; les ferments nitriques résistent jusqu'à 55°. La température optimum de culture pour les deux espèces de ferments est de 37° environ. En milieu liquide, le ferment nitreux cesse d'agir lorsque la concentration en sulfate d'ammonium atteint 5 p. 100. Le développement de ce ferment se ralentit

lorsqu'il y a production de 8 à 10 grammes de nitrite de magnésium au litre ; il s'arrête si la proportion atteint 13 à 15 grammes. La présence des nitrites de potassium ou de sodium dans les milieux où l'on ensemence le ferment nitreux est nuisible, même à faibles doses (1 à 7 grammes au litre) ; la présence des nitrates de calcium ou de magnésium n'entrave l'action des microorganismes que lorsque la concentration atteint 1 p. 100 au moins. La transformation des nitrites en nitrates par le ferment nitrique devient d'autant plus difficile que la concentration du milieu en nitrites est plus forte. Si cette concentration atteint 2 p. 100, la nitrification est suspendue.

La présence des nitrates de potassium, de sodium, de magnésium, dans les liquides où l'on ensemence le ferment nitrique, n'entrave pas son développement tant que la proportion de ces sels est inférieure à 20 à 25 grammes par litre ; le nitrate de calcium ralentit la nitrification à la dose de 12 grammes par litre.

Nitrification dans les milieux naturels. Applications. — Nous allons indiquer, dans ce qui va suivre, quelques particularités que présente la nitrification dans son milieu naturel, c'est-à-dire dans la terre arable.

1° **Rôle de l'eau.** — De tous les facteurs qui influent sur la nitrification, il n'en est pas de plus important que l'eau. La dose d'humidité optimum que doit renfermer un sol, chez lequel on suppose réunies toutes les conditions indispensables à la nitrification, varie essentiellement avec la structure physique de ce sol. Si les éléments de la terre sont grossiers, si la circulation de l'eau s'effectue aisément, une dose relativement faible de ce liquide assurera une nitrification parfaite. Si les éléments sont, au contraire, très fins, une teneur en eau très supérieure à la précédente sera indispensable à la bonne marche du phénomène. C'est ce que Schlœsing fils (1897) a mis en évidence dans une expérience très frappante.

L'observation journalière indique que la nitrification est moins active, en général, dans les terres fortes à éléments très fins que dans les terres à éléments grossiers : il semble, en effet, que la perméabilité du sol pour l'air soit moindre dans le premier cas, et qu'il faille mettre ce retard à la nitrification sur le compte d'un manque d'oxygène. Schlœsing fils montre que, très souvent, ce n'est pas l'air qui manque à ces terres fortes, mais bien l'eau. La chose a même lieu lorsque ces terres fortes présentent des taux d'humidité égaux, voire supérieurs, à ceux des terres légères dans lesquelles les combustions sont très actives. A l'état normal, lorsque l'eau ne se trouve pas dans la terre en proportions excessives, elle ne remplit pas les interstices existant entre les éléments solides (terre ressuyée). Elle revêt seulement les particules terreuses d'une couche mince. Pour un même taux d'humidité du sol, l'épaisseur de ces couches sera d'autant moindre que la finesse des particules sera plus grande, puisque la surface de celles-ci ira toujours en s'accroissant. Supposons qu'un sol, contenant 10 p. 100 d'eau, renferme une forte proportion d'argile, matière dont les grains sont extrêmement fins; la couche aqueuse qui revêt chaque grain peut être tellement mince qu'elle apporte une entrave à la vie microbienne.

L'auteur précité compose des mélanges de sable quartzeux, dont le diamètre moyen est de $\frac{1}{3}$ de millimètre, d'argile très grasse, dont les éléments ont un diamètre moyen inférieur à 1μ, de blanc de Meudon et d'eau, tenant en dissolution du sulfate d'ammonium. Le mélange est ensemencé de microbes nitrificateurs par l'addition d'un peu de terreau, et ces sols artificiels sont introduits dans de grands flacons où l'accès de l'air est facile. Le tableau ci-joint donne la composition de cinq sols artificiels et la quantité d'azote nitrifiée en 73 jours pour cent de l'azote ammoniacal ajouté (température 25-27°):

		I	II	III	IV	V
	Sable	100	90	80	75	70
Composition des	Argile	0	10	20	25	30
sols.	Craie	0,5	0,5	0,5	0,5	0,5
	Eau	10	10	10	10	10
Azote nitrifié		83	94	89	56	20

On voit que, dans les lots IV et V, là où la dose d'argile atteint 25 et 30 p. 100, la nitrification est fortement ralentie, alors que dans les lots I, II, III qui représentent des terres légères, le phénomène est normal. Le manque d'air ne saurait être incriminé dans le premier cas, puisque ces lots étaient très divisés et non tassés. On répond d'ailleurs à cette objection de la façon suivante. Si on augmente la dose de l'eau, l'aération doit diminuer ; or, ainsi qu'il résulte de l'examen des chiffres du tableau ci-dessous, la nitrification devient au contraire plus active : ce n'est donc pas l'air qui manque aux sols compacts, c'est l'eau.

Sable	70	70	70	70
Argile	30	30	30	30
Craie	0,5	0,5	0,5	0,5
Eau	10,6	11,5	13,2	14
Azote nitrifié	80	100	100	100

Il faut en conclure que, dans les terres fortes, la dose de l'eau capable d'entretenir régulièrement le phénomène nitrificateur doit être plus élevée que dans les terres légères.

La continuité d'action d'un phénomène biologique exige la constance des facteurs qui le provoquent. Les alternatives de sécheresse et d'humidité auxquelles est soumise la terre arable, dans les circonstances naturelles, entravent ou favorisent la nitrification : c'est là un fait facile à observer lorsqu'il s'agit, par exemple, de la nitrification des sels ammoniacaux. Si l'humidité pouvait toujours être maintenue à un taux favorable, les sols arables, alors même qu'ils seraient enrichis de doses notables de sels ammoniacaux, seraient capables d'oxyder très régulièrement cette ammoniaque. Mais, lorsque la terre se dessèche facilement, l'oxydation de l'ammoniaque est suspendue. C'est peut-être pour cette raison que l'on a regardé parfois le sulfate d'ammonium comme un engrais toxique. Les racines des plantes supportent plus facilement le contact d'une solution relativement concentrée de nitrates que celui d'une solution d'un sel ammoniacal à la même concentration. Toutefois, dans les conditions favorables, l'azote ammoniacal, à poids égal, nitrifie toujours plus rapidement que l'azote organique.

D'après Dehérain, il arrive souvent que, dans l'espace de vingt-quatre heures, plus d'un centième de la quantité de l'azote ammoniacal introduit est capable de nitrifier ; tandis qu'avec la matière azotée de l'humus, dans le même temps, l'oxydation ne porte que sur le millième seulement de l'azote. Lorsqu'on ajoute à une terre des doses croissantes de sulfate d'ammonium, la nitrification s'arrête à un moment donné ; presque toujours la quantité d'azote nitrique formée est d'autant plus faible que la dose de sulfate ajoutée est plus forte. Enfin, Müntz et Gaudechon (1912) ont constaté qu'il existe *un fonctionnement optimum* des ferments nitrificateurs à une époque qui, sous le climat de Paris, s'étend du 28 mars au 25 avril, époque que l'on désigne souvent par l'expression de *réveil de la terre*. Dans les expériences faites à cet égard par les auteurs précités, ce maximum s'est manifesté en dehors de toute action possible de la température, car celle-ci était demeurée constante, aussi bien chez la terre qui servait de semence et que l'on avait maintenue vers 0°, que chez les terres ou terreaux additionnés de sulfate d'ammonium et ensemencés, qui étaient maintenus à 26°.

2° Influence, sur la nitrification, de la nature de l'azote organique. — On remarque fréquemment que la nitrification, après avoir fourni une marche ascendante régulière, subit des temps d'arrêt qui ne sont imputables à aucune des circonstances extérieures indispensables à l'exercice du phénomène. Ces arrêts ou ces retards doivent probablement être mis sur le compte *d'une résistance spéciale* que présente la matière organique azotée aux différentes transformations par lesquelles elle doit passer avant que son azote prenne la forme ammoniacale.

C'est ce que montre l'expérience suivante, due à Dehérain (1887), exécutée sur une terre bien émiettée et maintenue à un degré d'humidité particulièrement favorable.

	Azote nitrifié en 1 jour par tonne de terre
Du 17 mai au 13 juin 1887	2^{gr}.4
— 13 juin au 6 juillet	1^{gr}.4
— 6 juillet au 26 juillet	1^{gr}.9
— 27 juillet au 29 août	1^{gr}.5
— 29 août au 11 octobre	0^{gr}.6
— 11 octobre au 22 novembre	0^{gr}.2

On sait que, toutes choses égales d'ailleurs, l'activité de la nitrification croît avec la température. D'après cela, le maximum de production des nitrates aurait dû, dans l'essai précédent, coïncider avec les très fortes chaleurs du mois de juillet de l'année envisagée, puisque la trituration du sol et les arrosages ont été effectués de la même façon à toutes les époques. Il peut même arriver que le maximum de nitrification soit reporté, chez certaines terres, à un moment où la température est relativement basse. On en conclut que le seul facteur dont on puisse incriminer l'influence, dans le cas actuel, n'est autre *que la nature de l'azote de l'humus*. Les irrégularités constatées ne proviennent que d'une transformation inégale de l'azote complexe. La vitalité des microbes transformateurs, aussi bien celle des microbes producteurs d'ammoniaque que celle des microorganismes nitrificateurs, pourrait également entrer en jeu. *La dose absolue d'azote organique* que renferme un sol n'a pas d'influence ; souvent, en effet, on verra une terre plus pauvre en azote qu'une autre nitrifier mieux que cette dernière. Cependant les sols épuisés par la culture contiennent, presque toujours, des matières azotées difficilement nitrifiables.

Cette résistance de la matière azotée apparaît bien dans l'expérience suivante, due à Marcille (1896). Trois terres renferment respectivement 2^{gr}.74, 0^{gr}.5, 1^{gr}.2 d'azote organique par kilogramme. Elles

G. ANDRÉ. — *Chimie du sol.*   26

sont étalées en couche mince, convenablement humectées (15 à 18 p. 100 d'eau), et soumises de temps en temps à la trituration. Voici quelle fut la teneur de ces terres en azote nitrique, à différentes époques, dans 100 grammes de matière :

	A l'origine 12 novembre 1895	12 décembre	15 janvier 1896	24 mars
I	3^{mgr}.3	26^{mgr}.0	53^{mgr}.7	81^{mgr}.2
II	4^{mgr}.4	15^{mgr}.6	31^{mgr}.2	37^{mgr}.5
III	8^{mgr}.0	8^{mgr}.0	9^{mgr}.0	10^{mgr}.0

Ainsi, le 24 mars, l'échantillon I contenait 23 fois plus d'azote nitrique que le 12 novembre; l'échantillon II 8,5 fois plus, l'échantillon III 1,25 fois plus. Étant données ces différences énormes, il y avait lieu de chercher si celles-ci devaient être mises sur le compte de l'énergie inégale des ferments du sol. A cet effet, de petits ballons contenant du sulfate d'ammonium en solution stérilisée furent ensemencés avec une trace de chacun des trois échantillons. Au bout de 35 jours, on dosa dans chacun d'eux l'azote nitrique : le premier, ensemencé avec l'échantillon I, contenait 38 milligrammes d'azote nitrique, le second 15.2, le troisième 19. Ces résultats ne se laissaient pas prévoir ; l'échantillon III, dont les microbes nitrifient mieux que ceux de l'échantillon II, ayant donné lieu, d'après le tableau précédent, à une nitrification naturelle très peu active. La résistance à la nitrification réside donc dans une cause qui ne dépend pas des ferments eux-mêmes. On ne saurait accuser la pauvreté des échantillons précédents en acide phosphorique, car I en renfermait 0^{gr}.58 au kilogramme, II en renfermait 2^{gr}.8 et III en renfermait 1^{gr}.2. Il en résulte que cette résistance doit être cherchée *dans la nature même de la matière azotée complexe*. L'échantillon III qui, dans les conditions naturelles, nitrifie très peu, semble contenir une matière azotée difficilement attaquable. La justesse de cette hypothèse peut se vérifier ainsi : en effet, si on chauffe à 120° une certaine quantité de cette dernière terre et si on la réensemence après chauffage, elle produit, dans un même espace de temps, plus d'acide nitrique qu'elle n'en fournissait avant chauffage. La nature de la matière azotée entre donc ici seule en jeu.

La résistance à la nitrification de certaines terres tourbeuses, additionnées de chaux, est imputable à la nature de l'humus plutôt qu'à la constitution physique de la masse. Dumont (1901) a montré que le sulfate d'ammonium était capable de nitrifier dans un pareil milieu ; l'inertie de l'azote organique doit donc être rapportée à un défaut d'ammonisation.

3° **Influence de certains sels sur la nitrification.** — Warington a montré qu'une addition de carbonate de sodium au sol exerce une influence défavorable sur la nitrification ; le bicarbonate se conduit d'une façon inverse, sa causticité étant presque nulle. Le carbonate d'ammonium, en faible quantité, nitrifie bien ; mais si la dose en est exagérée, on ne voit apparaître que des nitrites et pas de nitrates. Une dose un peu forte de ce sel s'oppose même à la production de l'acide nitreux. C'est pour cette raison qu'il faut diluer le purin avant de l'épandre directement sur le sol.

D'après Dumont et Crochetelle (1893), le carbonate de potassium active la nitrification des terres riches en humus, pourvu que la quantité de ce sel ne dépasse pas 2 à 3 p. 1000 ; à plus fortes doses, ce sel est nuisible. Le chlorure de sodium n'entrave la nitrification que lorsqu'il atteint une dose élevée, soit 0.5 p. 100 d'après Dehérain : le chlorure de potassium est moins toxique, mais son influence sur la nitrification est faible. A la dose de 7 à 8 p. 1000, le sulfate de potassium favorise la nitrification (Dumont et Crochetelle). Pichard (1884) avait déjà reconnu cette action bienfaisante, ainsi que celle des sulfates de sodium et de calcium, à la dose de 5 p. 1000. Cependant quelques auteurs attribuent au plâtre une action douteuse sur la nitrification.

Nitrification intensive. — Ainsi qu'il résulte de l'exposé que nous venons de faire, le phénomène nitrificateur est d'une constance remarquable. Les microbes nitreux et nitrique se rencontrent partout, et, lorsque les conditions que nous avons établies plus haut (p. 431) sont réalisées, l'azote ammoniacal se change en azote oxydé. Mais l'intensité du phénomène varie lorsque l'intensité des facteurs qui en règlent l'existence varie elle-même. Les oscillations, considérables parfois, que subit a dose de l'humidité dans le sol, les changements brusques ou progressifs de la température, la nature de l'azote organique sont les trois facteurs qui ont le plus d'influence sur la variabilité de la nitrification.

Müntz et Lainé (1905) ont cherché à accélérer dans des proportions très notables le phénomène nitrificateur, en opérant sur des solutions de sels ammoniacaux que l'on faisait couler sur des supports solides et inertes étalés au contact de l'air. Les escarbilles concassées, employées avec succès dans les champs d'épuration, constituent un milieu très oxydant. Mais, d'après les auteurs précités, le noir animal en grains favorise encore mieux l'oxydation, surtout lorsqu'on opère avec des solutions de sulfate d'ammonium relativement concentrés ($7^{gr}.5$ dans 1 litre). Sous un volume de 10 décimètres cubes, le noir peut produire, par jour, une quantité d'acide nitrique de $8^{gr}.1$ exprimée en NO^3K. La concentration du sulfate donnée ci-dessus semble correspondre au maximum d'effet ; une liqueur plus concentrée (10 grammes) nitrifie moins bien. On a pu employer jusqu'à 960 centimètres cubes de solution ammoniacale par jour pour 10 décimètres cubes de noir. En opérant à 30°, si l'on établissait sur la surface d'un hectare une couche de noir en grains de 2 mètres de hauteur, ensemencée au préalable d'organismes nitrificateurs, le tout étant clos et abrité, il serait possible, en arrosant méthodiquement la masse avec la liqueur sulfatée précédente, d'obtenir un poids de 16.000 kilogrammes de nitrate de potassium par jour, soit près de 6 millions de kilogrammes de nitre au bout d'une année. Le liquide ainsi chargé de nitre est fort dilué (8 à 9 grammes au litre) ; mais on pourrait y introduire une quantité de sel ammoniacal égale à celle qui était contenue à l'origine, et refaire passer sur le lit oxydant la liqueur contenant en même temps du nitre et du sel ammoniacal. On recommencerait ainsi un certain nombre de fois jusqu'à ce que la proportion de nitre formée s'opposât à la nitrification.

Les auteurs ont essayé de transporter cette nitrification intensive dans la terre arable. Celle-ci, maintenue à un degré d'humidité favorable et constant, et sa température oscillant entre 15 et 22°, était remuée de temps en temps pour simuler un labour. Voici quelques-uns des résultats obtenus. Un mélange à parties égales de terre franche et de terreau, additionné de 2 p. 100 de sulfate d'ammonium, a fourni, en vingt-quatre heures et par kilogramme de matière, 0^{gr}.350 de nitrates, soit 350 grammes par mètre cube. Une nitrière d'un hectare, avec une couche de 50 centimètres d'épaisseur, donnerait, par jour, 1750 kilogrammes de salpêtre ou 650 000 kilogrammes par an environ. Un terreau bien consommé, additionné de 1 p. 1000 de sulfate d'ammonium, a produit, par kilogramme et par jour, 0^{gr}.630 de salpêtre, soit 3250 kilogramme pour 1 hectare avec une couche de 50 centimètres ; ou 1.200.000 kilogrammes dans l'espace d'une année. Si on remplace le sulfate à mesure qu'il nitrifie, on peut ainsi charger graduellement les terres de telle façon que, dans certains cas, de meubles et légères qu'elles étaient d'abord, ces terres devenaient pâteuses et plastiques comme une argile. Parfois la nitrification s'arrêtait par suite de la saturation du calcaire ; elle reprenait lorsqu'on ajoutait de nouveau calcaire. On parvient ainsi à une teneur variant de 27 à 33 grammes de salpêtre par kilogramme, suivant la terre employée. Connaissant la quantité d'eau qui imprègne le mélange, on peut estimer la concentration de cette eau en nitre ; elle varie, suivant les cas, de 55 grammes à 157 grammes de nitre par litre. Il est donc possible de fabriquer des quantités de salpêtre incomparablement supérieures à celles que produisaient les anciennes nitrières.

Müntz et Lainé, continuant leurs recherches (1906), ont montré que la tourbe, additionnée de calcaire, peut fournir, après ensemencement par des organismes vivaces et addition de sulfate d'ammonium aux mêmes doses que ci-dessus, l'énorme quantité de 48.800 tonnes de nitre par an et par hectare, soit 8 fois plus que le noir animal de l'expérience précédente. Les tourbes légères et spongieuses, de décomposition peu avancée, sont les meilleures comme support. La nitrification étant capable de continuer dans des solutions très chargées de nitrates, on peut, comme il a été dit plus haut, additionner les liqueurs nitratées d'une nouvelle dose de sel ammoniacal et reverser à plusieurs reprises sur le lit oxydant. On a obtenu ainsi :

	1er passage	2e	3e	4e	5e
Nitrate par litre (calculé en NO³K)...........	8gr.5	17gr.4	25gr.4	32gr.9	41gr.7

La tourbe, employée comme support des organismes nitrificateurs, permet donc la production intensive du salpêtre. Mais la *tourbe elle-même peut-elle fournir la matière nitrifiable ?* Sa distillation sèche ne donne guère, dans les eaux qui passent, qu'une fraction assez faible de l'azote sous forme d'ammoniaque. Cependant, si on distille la tourbe dans un courant de vapeur surchauffée, les 4/5 au moins de son azote peuvent être recueillis à l'état d'ammoniaque. Il serait donc possible d'extraire ,ainsi de la tourbe, sous forme d'ammoniaque, l'azote organique inerte qu'elle contient, et l'on aurait, de cette façon, la matière première d'une nitrification intensive.

Nitrification comparée dans le sol et dans les lits bactériens. — Le milieu *terre* est incomparablement plus apte à nitrifier l'azote organique qu'on lui confie que les milieux artificiels, tels que les lits bactériens employés à l'épuration des eaux d'égout. Aussi ne peut-on comparer entre eux ces deux modes d'épuration. C'est ce qui résulte des expériences récentes de Müntz et Lainé (1911) sur les pertes d'azote subies au cours de l'épandage de l'eau d'égout, sur les lits bactériens d'une part, sur une bonne terre arable d'autre part.

Ces auteurs montrent que 16 p. 100 seulement de l'azote apporté par les eaux polluées s'éliminent à *l'état gazeux* quand on répand ces eaux sur la terre, le reste de l'azote nitrifie régulièrement ; alors que cet épandage, pratiqué sur les lits bactériens, conduit à une perte d'azote gazeux de 60 p. 100 environ. Les deux modes d'épuration sont donc fort différents. Sur les lits bactériens, l'action des organismes

banaux de la combustion de la matière organique est prédominante, et
le phénomène nitrificateur est relégué au second plan. Dans le sol,
c'est le contraire qui a lieu ; la nitrification prend le dessus, et l'action
qu'exercent sur les composés azotés les organismes vulgaires de la
destruction de la matière organique est très réduite.

Nitrification dans les milieux acides. — Il est enfin
une question fort importante qui touche directement à la nutrition végétale, et dont il convient de dire ici quelques mots :
celle de la présence ou de l'absence des nitrates dans les terrains acides.

Nous avons maintes fois insisté sur la nécessité de la présence d'une base (carbonate alcalin ou alcalino-terreux) dans
le sol, ou dans les milieux artificiels, afin que la nitrification
puisse s'y établir. Lorsque la base ou son carbonate sont saturés, à la suite de la neutralisation de l'acide nitrique, la nitrification s'arrête et ne reprend que si on additionne le milieu
d'une nouvelle dose de base. En fait, la présence des nitrates
dans les sols dits *acides*, tels que tourbières, terres de forêts,
de landes, de bruyère, a été niée par beaucoup d'auteurs.

Ebermayer a examiné à cet égard un nombre considérable
d'échantillons de sols forestiers de la Bavière, et n'y a rencontré
que des traces de nitrates ; souvent même ces sels étaient totalement absents. Faut-il en conclure que la nitrification est
impossible dans de pareils sols en raison même de l'absence de
carbonates, ou bien peut-on supposer qu'il se forme très peu
d'azote nitrique et que celui-ci est immédiatement absorbé
par les végétaux qui croissent en forêt ou sur les tourbières,
ainsi que la chose a été soutenue parfois ? Quelques auteurs
estiment que les nitrates qui se formeraient dans ces milieux
acides y seraient facilement réduits, à l'état de nitrites d'abord,
à l'état d'ammoniaque ensuite ; et que cette dernière forme
de l'azote serait utilisée directement par les plantes. Il paraît
plus probable que les mycorhizes, dont sont garnies les racines
d'une foule de plantes humicoles, interviennent directement
pour digérer en quelque sorte l'azote organique qui se trouve
à leur contact et présenter ainsi au végétal une forme diffusible de l'azote qu'il reste encore à définir, mais dont elles
peuvent certainement profiter. Quoiqu'il en soit, la possibilité

de la nitrification dans ces milieux acides est une question non encore résolue d'une façon tout à fait satisfaisante, bien que, ainsi que nous l'avons dit un peu plus haut (p. 458), Dumont rapporte cette inertie de l'azote des tourbières à un défaut d'ammonisation. Les microbes nitrificateurs existent dans les sols acides, puisqu'il suffit de les chauler ou de les marner pour y voir apparaître des nitrates, le plus souvent au bout d'un temps assez court. Plusieurs observations prouvent d'ailleurs que certains sols acides renferment effectivement des nitrates. S'agit-il dans ce cas de la présence des bactéries ordinaires de la nitrification, ou bien a-t-on affaire à des espèces nouvelles ? Leur culture n'a donné jusqu'ici aucun résultat probant.

Voici quelques renseignements sur ce point. Chuard (1892) remarque que, à la partie supérieure des tourbières, on rencontre une couche de substance meuble, légère, nommée *terreau de tourbe*. Sorti de son gisement, ce terreau ne renferme que de l'azote organique et de l'azote ammoniacal (?) ; mais les nitrates s'accumulent dans sa masse en proportions d'autant plus élevées que ce terreau est extrait depuis plus longtemps de son lieu d'origine et exposé à l'air. Or ce milieu, très riche en carbone organique, manque de base salifiable. La culture de la nitrobactérie n'a donné lieu, après ensemencements successifs, qu'à une nitrification très peu intense.

D'après Migula (1900), les sols des forêts renferment des microbes nitrificateurs. Dans les couches supérieures de ces sols, encore couvertes de feuilles en décomposition, il n'y a pas de nitrification, car l'excès de matière organique serait une entrave à l'exercice du phénomène. Mais celui-ci s'exerce, au contraire, dans les couches profondes (10 à 20 centimètres). On trouve des zones dont l'intensité nitrifiante est variable, et dont les positions sont différentes de celles qu'elles occupent dans une terre arable. Il est remarquable de voir la production d'acide nitreux se manifester incomparablement plus vite que celle de l'acide nitrique dans les milieux de culture ensemencés de terres de forêt. L'auteur estime que, en raison de la lente décomposition des matières organiques, la formation des nitrites et celle des nitrates sont bornées à un court espace de temps, puisque l'activité des bactéries de la putréfaction renaît à l'automne au moment de la chute des feuilles, alors que celle des bactéries nitrifiantes cesse. Il en résulte que le sol des forêts ne contient de nitrates que pendant un laps de temps assez court durant lequel les arbres pourraient s'en emparer.

Weiss (1909) a également rencontré des nitrates dans le sol des forêts du Danemark, presque dénué de calcaire. Ces nitrates étaient plus abondants pendant les mois froids de l'année, moins abondants pendant les mois chauds. Cette différence est-elle imputable à un arrêt de la nitrification par défaut d'eau dans les mois chauds, ou à une absorption de ces nitrates par les arbres ? On voit que cette question de la nitrification dans les milieux naturels acides demande encore de nombreux éclaircissements.

Résumé de l'étude de la nitrification. — Ce phénomène, d'une importance considérable, est bien connu à l'heure actuelle dans ses causes principales. Il possède, sur la fertilité des sols, une influence de premier ordre. Rappelons encore une fois les conditions naturelles qui provoquent la nitrification, étant entendu que les microbes, agents du phénomène, existent partout ; supposons également la température favorable. Le sol doit être calcaire, mais quelques millièmes suffisent pour obtenir une nitrification régulière ; il doit également être humide. Ainsi que nous l'avons établi plus haut, la dose d'eau nécessaire varie essentiellement avec la nature physique du sol, c'est-à-dire avec l'épaisseur de la couche aqueuse qui revêt les éléments terreux. Une terre de moyenne consistance, se rapprochant des terres franches, devra contenir 20 p. 100 d'eau environ. Plus elle est compacte, et plus la dose d'eau doit être considérable, sans toutefois dépasser un certain degré ; car nous savons que les quantités d'eau et d'air renfermées dans un sol sont complémentaires.

La *forme de la matière organique* n'est pas indifférente. L'humus naturel nitrifie toujours, mais parfois avec une grande lenteur, surtout lorsqu'il s'agit de terres épuisées par la culture ; ce qui prouve, une fois de plus, que ce que nous appelons *humus* est une substance très hétérogène. L'azote de la matière organique non encore humifiée (engrais verts, fumier d'étable, tourteaux) nitrifie en général plus rapidement que l'humus lui-même. Mais, si on ajoute de trop fortes doses de carbone organique, un phénomène antagoniste de celui de la nitrification prend naissance : non seulement les nitrates ne se forment plus, mais ceux qui préexistaient se réduisent en fournissant des produits moins oxydés, ou même de l'ammoniaque, et enfin de l'azote libre. Cette dénitrification sera, dans un instant, l'objet d'une étude attentive ; car, là où elle s'installe, elle compromet la nutrition azotée du végétal.

Pour favoriser la nitrification naturelle, il est nécessaire, autant que la chose est possible, de maintenir le sol suffisamment humide et de lui donner des façons fréquentes. Celles-ci ont toujours été reconnues comme particulièrement favorables au maintien de la fertilité des terres. Le travail du sol diffuse les microorganismes de toute nature, aussi bien ceux qui oxydent l'ammoniaque que ceux qui en provoquent la formation. De plus, le sol s'aère, les mottes volumineuses sont détruites, et l'on évite ainsi la formation de milieux compacts. L'emploi de fumures organiques, de quelque origine qu'elles soient, ne saurait être profitable sans un travail mécanique soigné du sol.

V

PHÉNOMÈNES DE RÉDUCTION DES NITRATES.

Nous avons défini, dans les pages qui précèdent, les phénomènes qui président à l'oxydation de l'azote complexe, et montré par quel mécanisme cette forme de l'azote se changeait en azote nitrique. Cherchons maintenant quelles sont les causes qui interviennent pour produire, dans les conditions naturelles, la désoxydation des nitrates.

Causes de la destruction de l'azote combiné. — Ces causes sont de deux ordres. Toutes les *combustions vives* de matières végétales (plantes, houille), ou animales, dégagent en grande partie à l'état libre l'azote combiné que renfermaient ces matières. En second lieu, *certains microorganismes* interviennent pour désoxyder peu à peu l'azote nitrique et lui faire parcourir tous les termes de réduction : azote nitreux, oxyde azotique, oxyde azoteux, ammoniaque, jusqu'à destruction totale de toute combinaison et dégagement d'azote élémentaire. Ce sont ces actions destructives de la matière azotée, engendrées par plusieurs microbes spécifiques, dont nous allons nous occuper. Cette étude est fort importante : en effet, certaines formes d'azote combiné — les nitrates en premier lieu, source d'azote à laquelle puisent tant de végétaux — peuvent disparaître dans diverses circonstances par suite des réductions que ces nitrates éprouvent du fait de l'intervention de quelques microorganismes communs dans le sol. Mais, parmi les nombreux agents microbiens auxquels sont imputables ces réactions, les uns n'amènent l'acide nitrique que jusqu'à l'état d'acide nitreux ; les autres, poussant plus loin la désoxydation, éliminent complètement l'oxygène de la molécule : d'où formation, soit d'ammoniaque, soit d'azote gazeux.

Malgré le nombre et la valeur de quelques-uns des travaux effectués sur la dénitrification, ce phénomène est loin d'être encore aussi bien connu que celui de la nitrification.

Il convient d'abord de dire quelques mots de la destruction par putréfaction des matières organiques azotées *qui ne contiennent pas d'azote oxydé.*

Nature des gaz dégagés dans la putréfaction des matières organiques azotées en l'absence des nitrates ou des nitrites. — Que se passe-t-il, au point de vue du dégagement des gaz, lorsque des substances telles que la viande, l'albumine, le fumier de ferme, etc., entrent en putréfaction au contact de l'air ?

Reiset (1856) a étudié le dégagement gazeux qui se produit dans la décomposition du fumier peu ou très consommé, et dans celle de la viande, en introduisant plusieurs kilogrammes de ces matières sous une cloche, et en fournissant à la masse un volume connu de gaz oxygène. La conclusion de l'auteur est que la matière organique en voie de putréfaction absorbe des quantités considérables d'oxygène et dégage du gaz carbonique : la durée de l'expérience fut, dans quelques essais, de 33 jours. L'azote des sels ammoniacaux, des nitrates (?), des matières azotées fixes qui peuvent prendre naissance pendant cette putréfaction ne représente pas tout l'azote contenu primitivement dans ces matières ; il y aurait toujours *un dégagement très notable d'azote à l'état gazeux.*

Remarquons qu'il ne doit exister de nitrates à aucun moment dans les milieux organiques dont nous venons de parler, et que les expériences de Reiset tendraient à faire croire que toutes les putréfactions qui ont lieu en présence de l'oxygène en excès occasionnent des pertes, parfois considérables, d'azote libre. Il ne paraît cependant pas en être ainsi le plus souvent, et on doit admettre, avec Schlœsing (1889), que le dégagement de l'azote gazeux est, dans de pareilles conditions, infiniment faible.

Ce dernier auteur a opéré sur des poids de substance beaucoup moins élevés (une dizaine de grammes en moyenne) que ceux qu'avait employés Reiset. Dans un ballon clos, muni d'un tube barométrique, et contenant la substance à étudier (viande, chair de poisson, fromage, crottin, etc.), on fait d'abord le vide ; on y introduit ensuite un volume d'air rigoureusement mesuré. Au fur et à mesure de la disparition de l'oxygène, on réintroduit des quantités connues de ce gaz et, finalement, après douze ou quatorze mois, on évacue les gaz de l'appareil dans un voluménomètre.

Schlœsing a trouvé que, si on compare le volume de l'azote dégagé au poids de l'azote ammoniacal produit, on remarque que les pertes d'azote à l'état gazeux sont très faibles ; ce qui, d'après l'auteur, pourrait s'expliquer par ce fait que ses expériences ont duré un temps beaucoup plus considérable que celles de Reiset : il serait possible que l'azote gazeux ne se dégageât qu'au début seulement. Voici quelques chiffres qui montrent la faiblesse du dégagement de l'azote à l'état libre comparé à la production de l'azote ammoniacal.

	Azote			
Matières soumises à la fermentation	contenu dans les matières à l'état initial	dégagé à l'état de gaz	apparu à l'état de NH^3	Azote gazeux dégagé p. 100 de l'azote ammoniacal formé :
Haricots	$0^{gr}.4120$	$3^{mgr}.8$	$191^{mgr}.6$	2
Fromage	$0^{gr}.2185$	$4^{mgr}.9$	$169^{mgr}.8$	2,9
Poisson	$0^{gr}.2810$	$3^{mgr}.1$	$235^{mgr}.8$	1,3
Crottin et urine .	$0^{gr}.1090$	$2^{mgr}.3$	$284^{mgr}.0$	0,8

A la même époque, Schlœsing a également montré que, pendant la fermentation forménique du fumier, à 52°, *il ne se produisait pas traces d'azote gazeux.*

Abandonné pendant quelques heures au contact de l'air pour lui permettre de s'ensemencer spontanément, un liquide essentiellement putrescible, comme le sang, enfermé ensuite dans un vase clos muni d'un tube à dégagement et maintenu à une température de 40 à 45°, n'a fourni, au bout de quatre mois environ, terme au delà duquel tout dégagement avait cessé, *que du gaz carbonique, sans traces de gaz combustibles, ni d'azote*. La magma liquide contenait de l'ammoniaque, des acides gras volatils et des principes azotés fixes (Berthelot et André, 1892).

Kellner et Yoshii (1888) ont fait voir que, dans la putréfaction des graines et dans celle du lait, amorcées avec de l'urine en décomposition il n'apparaissait pas d'azote libre et il ne se formait pas d'azote nitrique. Un mélange d'urine putréfiée, d'asparagine et de graines de *Soja* ne perd pas d'azote à l'état gazeux.

Il semble donc que, au moins dans la plupart des cas, la putréfaction en présence ou en l'absence d'oxygène d'une matière azotée ne contenant ni nitrates ni nitrites et ne pouvant pas en produire, ne s'accompagne pas d'une perte d'azote gazeux. Il se dégage seulement du gaz carbonique; parfois ce gaz est accompagné de méthane et d'hydrogène. Nous allons voir, dans la suite, que cette conclusion paraît presque toujours justifiée, et que les dégagements d'azote libre que l'on observe dans la nature sont liés à la présence d'un composé oxygéné de l'azote. Toutefois, et dans des conditions insuffisamment définies, il peut se produire un dégagement d'azote gazeux dans divers milieux en putréfaction ne renfermant pas d'azote nitrique (Gibson, 1895).

Réduction des nitrates (1). — Cette réduction a été étudiée pour la première fois d'une façon suivie par Gayon et Dupetit (1882-1885); mais, dès l'année 1875, Meusel en avait indiqué l'origine microbienne.

Schlœsing, ainsi que nous l'avons signalé plus haut (p. 432), avait remarqué, dans ses études sur la nitrification, que si l'on enferme dans une allonge quelques kilogrammes de terre riche en nitrates, on observe que l'oxygène de l'air inclus dans le vase est rapidement absorbé ; non seulement les nitrates disparaissent, mais la matière organique elle-même de la terre fournit une certaine dose d'azote gazeux.

Les premières recherches de Gayon et Dupetit portèrent sur certains microorganismes, capables d'amener les nitrates à l'état de nitrites sans désoxydation ultérieure de ceux-ci. Si on abandonne à l'air libre du bouillon tenant en dissolution un peu de nitrate de potassium, le liquide se trouble, se peuple d'organismes microscopiques, et on constate la pré-

(1) Un historique assez complet, relatif à la réduction des nitrates, a été donné par Bagros (*Sur le mécanisme de la dénitrification par les bactéries dénitrifiantes indirectes*. Thèse de doctorat de l'Université de Paris (1910).

sence de nitrite de potassium. Gayon et Dupetit isolèrent de ce milieu quatre espèces de microbes, anaérobies, susceptibles de produire une semblable réduction. Ils remarquèrent également que le *microbe du choléra des poules*, la *bactéridie charbonneuse* et le *vibrion septique* produisent le même phénomène, mais que la dose de nitrite formée est beaucoup moindre que celle que l'on obtient avec les espèces précédentes. Ces expériences établissaient nettement l'*ubiquité des êtres capables de réduire l'azote nitrique.*

Peu après, ces auteurs isolèrent de l'eau d'égout nitratée deux microbes nouveaux : le *Bacterium denitrificans* α et le *B. denitrificans* β, le premier plus actif que le second. Ces deux microbes sont très avides d'oxygène ; ils empruntent ce gaz, soit à l'air libre, soit au nitrate ; ils sont donc, suivant les cas et avec la même facilité, aérobies ou anaérobies. Le *B. denitrificans* α (le plus actif des deux) se développe mieux et détruit plus de nitrates dans un bouillon de viande que dans l'eau d'égout. Chose remarquable, l'acide salicylique, l'aniline, le phénol, qui sont, au regard de la plupart des microorganismes, des antiseptiques, n'empêchent pas le développement du *B. denitrificans*. Suivant la richesse du milieu, cette bactérie fournit, soit un dégagement d'azote libre seul, soit, en même temps, un départ de gaz carbonique. Avec un milieu riche en matières organiques, l'azote est mélangé d'acide carbonique ; mais, lorsque ce dernier gaz ne se trouve pas dans les conditions nécessaires à sa saturation, il ne se dégage que de l'azote.

L'équation suivante rend compte de la réaction réductrice produite par le *B. denitrificans* :

$$4NO^3K + 5C = N^4 + 2K^2CO^3 + 3CO^2$$

le carbone étant emprunté à la matière organique du bouillon. Corrélativement, on remarque une production d'ammoniaque. La totalité de l'oxygène de l'acide nitrique se porte sur le carbone de la matière organique du bouillon ; parfois, l'analyse permet de constater le dégagement d'un léger excès d'azote gazeux qui provient de l'azote du substratum organique.

Le microbe α, ensemencé dans un liquide artificiel nitraté contenant de l'acide citrique et de l'asparagine additionnés de matières minérales, fournit un dégagement d'oxyde azoteux N^2O à côté de l'azote et du gaz carbonique. Donc, suivant la composition du milieu nutritif, l'azote du nitrate se dégage à l'état libre, ou bien est mélangé d'oxyde azoteux.

Les destructeurs anaérobies des matières hydrocarbonées, tels que le *Bacillus amylobacter*, très commun dans le sol, dégagent de l'hydrogène et du gaz carbonique avec formation d'acide butyrique. Dehérain et Maquenne (1883) avaient attribué à ce microbe, dont nous avons déjà parlé plus haut (page 399), le pouvoir de réduire les nitrates avec production d'oxyde azoteux et d'azote ; ils pensaient que l'hydrogène dégagé était, dans ce cas, l'agent de la réduction. Gayon et Dupetit montrent que le *B. amylobacter*, lorsqu'il est *en culture pure*, n'attaque pas le nitrate de potassium en présence du sucre et qu'il n'en réduit que des traces en présence d'amidon ou de glucose, bien qu'il se fasse un abondant dégagement d'hydrogène. L'expérience de Dehérain et Maquenne montrait bien, en réalité, le fait de la réduction des nitrates, mais comme ces auteurs avaient opéré avec de la terre brute, le ou les véritables agents réducteurs des nitrates leur avaient échappé. Dans une de leurs expériences, le volume de l'oxyde azoteux dégagé représentait 1/12 environ du volume des gaz totaux recueillis.

Donc, la dénitrification n'est pas l'apanage de tous les microbes réducteurs ; elle n'a lieu qu'en présence de certains êtres à fonctions spécifiques.

Importance pratique des phénomènes de dénitrification. — Gayon et Dupetit ont établi l'importance pratique de ces phénomènes. Si l'on prend du terreau de jardin que l'on mélange avec son poids de pierre ponce calcinée, et que l'on fasse tomber goutte à goutte à la surface de ce terreau de l'eau d'égout nitratée à 100 milligrammes au litre et stérilisée — en opérant au sein d'une atmosphère d'azote — on remarque que la solution s'appauvrit en acide nitrique. Ceci démontre, dans le terreau et dans la terre végétale, la présence d'organismes dénitrifiants. Le *B. dénitrificans* α, ensemencé sur un échantillon de terre stérilisée et enrichie de nitrate, réduit ce sel, et cette réduction s'exagère à la suite d'une addition d'eau sucrée. Si l'échantillon est riche en humus, il est inutile d'ajouter des substances hydrocarbonées. La terre se dépouille ainsi de tout l'azote du nitrate ; de plus, elle perd une certaine quantité de l'azote constitutif de sa matière organique.

Gayon et Dupetit font observer que cette réduction des nitrates soit que ceux-ci proviennent d'une nitrification naturelle, soit qu'ils aient été ajoutés au sol sous forme d'engrais, n'est guère à redouter dans les conditions ordinaires d'une bonne culture, puisque le sol est alors soumis au labour qui permet à l'air de circuler facilement autour des particules terreuses. Mais si l'atmosphère des sols devient réductrice, par suite de la présence d'une couche d'eau à leur surface ou seulement d'un trop grand degré d'humidité, les phénomènes de réduction des nitrates peuvent s'y manifester.

Ces premières expériences nous montrent donc la réalité de la réduction des nitrates par voie microbienne. On comprend maintenant l'importance du phénomène et la nécessité de mieux définir la nature et le mode d'action des organismes qui provoquent cette réduction. En somme, la question qui se pose est celle-ci : quels sont les microorganismes qui réduisent seulement les nitrates en nitrites ; quels sont ceux qui, poussant plus loin la désoxydation, libèrent l'azote à l'état gazeux ? Si le premier phénomène caractérisait seul la dénitrification, il ne serait guère à craindre, car les nitrites pourraient, dans des conditions favorables, reproduire des nitrates, et l'azote combiné ne serait pas perdu. Mais, lorsque la réduction dépasse le terme *nitrite* ou le terme *ammoniaque*, l'azote est perdu pour la végétation.

Un certain nombre de travaux qui suivirent de près la publication de ceux de Gayon et Dupetit portèrent sur les conditions dans lesquelles se produit le dégagement d'azote libre, plutôt que sur la nature des espèces microscopiques qui provoquent une pareille transformation.

Conditions diverses dans lesquelles on constate la disparition des nitrates. — Beaucoup d'auteurs pensaient alors que la réduction des nitrates était imputable *à la présence de la matière organique elle-même*, soit de celle que renferment les milieux naturels, soit de celle des bouillons de culture.

Kellner et Yoshii (1888), après avoir montré, comme nous l'avons dit plus haut, l'absence d'azote gazeux dans les putréfactions qui prennent naissance au sein des matières azotées exemptes de nitrates et de nitrites, remarquèrent que les pertes d'azote libre n'ont lieu que lorsqu'il y a oxydation de l'ammoniaque par l'oxygène de l'air l'acide nitreux formé agissant sur les composés organiques azotés. La nitrification normale s'accompagnerait donc toujours d'une perte d'azote gazeux. Ce dernier fait avait d'ailleurs été déjà constaté par Warington, lorsque ce savant répétait les premières expériences de Schlœsing et Müntz.

D'après Tacke (1889), et en confirmation des faits avancés par Kellner et Yoshii, la putréfaction de la farine, de la viande, de l'herbe, amorcée avec un peu de terre ou de fromage pourri, ne fournit pas d'azote gazeux en la présence ou en l'absence d'oxygène. Si à ce milieu on ajoute un nitrate, l'azote gazeux apparaît, ainsi que ses oxydes inférieurs. Le libre accès de l'oxygène diminue, mais ne supprime pas cette réduction.

Leone (1891) ayant eu l'occasion d'étudier la nitrification et la dénitrification dans les eaux potables, avait remarqué qu'en ajoutant de la gélatine ou autres substances organiques à une eau en voie de nitrification, il se produisait de l'azote nitreux, puis de l'ammoniaque. Lorsque la substance additionnelle est consommée, l'ammoniaque et l'acide nitreux disparaissent, et l'on voit réapparaître l'acide nitrique. Si on introduit, dans 10 kilogrammes de terre en voie de nitrification, 300 grammes d'engrais frais, la nitrification s'arrête; il se produit de l'acide nitreux, puis de l'ammoniaque. Au bout de trente-cinq jours, l'ammoniaque à son tour disparaît peu à peu; elle est remplacée par l'acide nitreux. Après trois mois, la terre ne renferme plus que de l'azote nitrique. Leone pensait que cette dénitrification était imputable au développement rapide de certains germes qui trouvent dans la présence d'un excès de matière organique un milieu favorable à leur accroissement : ces germes ont besoin d'oxygène, et ce gaz ne suffit plus aux exigences de la nitrification.

Nous reviendrons plus loin sur les phénomènes produits par l'apport dans le sol d'une dose d'engrais organique exagérée.

Nouvelles tentatives d'isolement de microorganismes réducteurs. — Cependant Frankland (1889) s'occupa d'isoler de l'air et de l'eau potable une série de microorganismes capables de réduire l'acide nitrique. Les espèces les plus réductrices furent rencontrées dans l'eau (*Bacillus racemosus*, *B. violaceus*, *B. vermicularis*, *B. aquatilis*). Ces espèces provoquaient la formation d'acide nitreux accompagné d'un peu d'ammoniaque, ce dernier gaz provenant sans doute de l'azote de la peptone employée dans le milieu de culture. En tous cas, là où l'on observait la réduction partielle ou totale du nitrate en nitrite, la somme de l'azote nitreux et de l'azote nitrique dans la solution en fermentation était identique à l'azote nitrique du liquide initial. Il existe donc, comme l'ont montré Gayon et Dupetit, des espèces réductrices qui ne poussent pas la désoxydation au delà du terme nitreux.

L'ubiquité des ferments dénitrificateurs est donc certaine, et leur pouvoir réducteur, s'il ne se manifeste pas toujours, peut être mis en évidence en modifiant quelque peu les conditions de milieu. En effet, Bréal (1892) remarque que les nitrates, existant dans presque toutes les eaux naturelles, se rencontrent, par cela même, à la surface d'une foule de substances solides mouillées par ces eaux. Par exemple, sur la surface de la paille on trouve des nitrates ; si on immerge cette paille dans l'eau, les nitrates disparaissent. Vient-on à ajouter au liquide une petite quantité d'un nitrate, celui-ci disparaît à son tour. Un peu de terre végétale, humectée avec de l'eau ayant séjourné sur la paille, peut perdre tout l'acide nitrique qu'elle contenait primitivement ; il se dégagerait même, dans ces conditions, de l'azote à l'état gazeux. Un grand nombre d'autres substances végétales produisent une pareille réduction. Mais le ferment réducteur ne trouve pas dans les terres labourées un milieu propice à son développement, car ces terres ne sont pas généralement assez humides pour que les débris végétaux qu'elles contiennent demeurent imbibés d'eau : dans les sols compacts, au contraire, qui restent longtemps humides, cette réduction a toujours lieu.

Il est facile, d'après Bréal, de communiquer à un sol des propriétés réductrices en exagérant sa compacité par le tassement que peut y produire un écoulement d'eau prolongé. A cet effet, on dispose dans un long tube de verre, étiré à sa partie inférieure, une centaine de grammes de terre et on verse à la partie supérieure du tube 150 centimètres cubes d'eau. Lorsque celle-ci s'est écoulée, on la verse de nouveau dans le tube, et on recommence ainsi un certain nombre de fois. On constate que cette eau, riche en nitrates après le premier versement, se dépouille peu à peu de ces sels au bout de quelques semaines. Ceci démontre que le tassement produit par le passage de l'eau a suffi pour créer un milieu réducteur par privation d'oxygène. C'est là une remarque très importante qui permet d'expliquer la dénitrification dans les sols submergés.

Quelques années après, Burri et Stützer (1896) étudièrent les phénomènes de dénitrification que provoque dans le sol un apport exagéré de fumier. Ces auteurs isolèrent des fèces du cheval deux microbes. Ensemencés séparément dans du bouillon nitraté, ces microbes ne donnent lieu à aucune réaction ; si on les ensemence ensemble, une fermentation se déclare. L'un de ces microorganismes est le *Bacterium coli commune*, l'autre est une espèce nouvelle : Burri et Stützer la nomment B. *dénitrificans I* ; ce microbe est aérobie. Dans cette action symbiotique, le *B. coli* transformerait le nitrate en nitrite, le *B. dénitrificans* décomposerait ensuite complètement le nitrite avec dégagement d'azote gazeux. Ces mêmes auteurs ont isolé des macérations de paille un microbe, le *B. dénitrificans II*, qui, tout seul, est capable de décomposer les nitrates et les nitrites avec production d'azote libre. L'association des deux bacilles précédents, d'une part, le *B. dénitrificans II*, d'autre part, provoquent également bien la fermentation d'un bouillon nitraté ; mais si la quantité de nitrate offerte est trop forte, l'alcalinité du milieu s'accroît au point d'arrêter toute réaction.

Si les espèces associées se rencontrent dans un milieu dépourvu d'oxygène, elles ne dégagent pas d'azote gazeux, il se produit seulement de l'acide nitreux ; en présence d'un faible accès d'oxygène, il se produit de l'azote gazeux. Le *B. denitrificans II* n'exerce son action réductrice qu'en l'absence de l'air ; en présence de ce gaz, la fermentation est suspendue ou, au moins, entravée. Il en résulte que, dans un sol bien aéré, ce dernier microorganisme est peu à redouter, alors que les deux espèces associées peuvent détruire les nitrates.

Ampola et Garino (1897) ont trouvé dans les excréments du bœuf un bacille, le *B. denitrificans agilis*, capable de décomposer les nitrates avec formation d'azote et de gaz carbonique. Les matières fécales des herbivores sont d'ailleurs très chargées de microbes réducteurs ; nous ne pouvons insister ici sur les variétés qui y ont été découvertes. Voici seulement, à titre d'indication, l'une des équations proposées pour expliquer le phénomène dénitrificateur. Ampola et Ulpiani (1898), en étudiant la disparition du sucre dans les cultures anaérobies de deux bactéries dénitrifiantes isolées par eux, l'une de la terre, l'autre de l'air, ont été amenés à formuler ce processus de la façon suivante :

$$5C^6H^{12}O^6 + 24\,KNO^3 = 24\,KHCO^3 + 6\,CO^2 + 18\,H^2O + 12\,N^2$$

La *nature de la matière carbonée* offerte aux microorganismes réducteurs est de première importance.

Aussi, en 1897, Jensen, afin d'expliquer certains côtés obscurs de ce phénomène, tenta de montrer qu'il existe une relation entre l'action des bactéries dénitrifiantes et la quantité de carbone organique dont ces bactéries disposent. D'après cet auteur, il faudrait classer les aliments carbonés favorisant la dénitrification en deux groupes : ceux qui sont directement assimilables, tels que les acides butyrique, lactique, citrique, et ceux qui ne peuvent être utilisés que lorsqu'ils ont été décomposés par les bactéries de la putréfaction, tels que glycérine, glucose, amidon. Les bactéries dénitrifiantes ne sont douées de quelque activité que lorsqu'elles rencontrent, à côté des nitrates, une provision suffisante de composés carbonés directement assimilables.

Nous verrons bientôt l'application de ce fait aux phénomènes de dénitrification dans les sols que l'on enrichit artificiellement d'un excès de matière organique.

D'après Weissemberg (1897), certaines bactéries qu'il nomme *dénitrifiantes vraies* ont le pouvoir, lorsqu'elles manquent d'oxygène, d'emprunter ce gaz aux nitrates. L'apport d'une quantité suffisante d'oxygène suspend la dénitrification ; la suppression de ce gaz entraîne la reprise du travail des bactéries dénitrifiantes. L'azote du nitrate se dégage à l'état gazeux, et la base, mise en liberté, rend le milieu tellement alcalin que le microbe refuse de se développer. En ce qui concerne les bactéries qui ne détruisent les nitrates que lorsqu'elles vivent en symbiose, leur mode d'opérer est différent. L'une d'elles réduit le nitrate en nitrite, l'autre décompose ce dernier sel dont elle dégage l'azote à l'état libre.

Les expériences qui précèdent, intéressantes à plusieurs points de vue, ne rendent pas compte des réactions successives qui amènent les nitrates à l'état d'azote gazeux ; elles ne donnent aucun renseignement sur le sort de l'azote organique des milieux où se produit la dénitrification. Celles qu'avaient publiées, dès 1892, Giltay et Aberson, ouvraient cependant une voie nouvelle. Ces auteurs prennent, comme milieu de culture, deux liquides contenant — outre les sels minéraux indispensables au développement des microorganismes additionnés de 2 grammes de salpêtre — le premier un gramme d'asparagine au litre, le second un gramme de glucose, de manière à disposer, dans ce dernier cas, d'une liqueur exempte d'azote autre que celui du nitrate. Le bacille, isolé par les auteurs de l'air et du sol, et cultivé sur les deux milieux précédents, avait beaucoup de ressemblance avec le *B. denitrificans* de Gayon et Dupetit. Dans les deux liqueurs, on constata la disparition des nitrates et celle des nitrites, avec dégagement d'azote. Dans la première, qui contenait de l'asparagine, une certaine dose d'ammoniaque, prenait naissance, et le volume de l'azote dégagé était supérieur à celui que pouvait fournir l'azote du nitrate ajouté au début. Ceci montre qu'une partie de l'azote de l'asparagine avait participé à la réaction. Dans la seconde liqueur, qui renfermait du glucose, il ne s'était pas formé d'ammoniaque, et l'azote dégagé répondait au volume de celui que contenait le nitrate ajouté. Les expériences ultérieures de Grimbert ont élucidé les diverses phases de ce phénomène.

Ferments dénitrifiants vrais. Ferments dénitrifiants indirects. — Avec les expériences de Grimbert (1898-1899) se dissipent bien des obscurités qui planaient sur les phénomènes que nous étudions ici. Cependant les conclusions si nettes formulées par cet auteur semblent avoir été méconnues ou mal interprétées par la plupart des savants qui se sont occupés de ce sujet dans la suite. Nous entrerons ici dans quelques détails pour montrer l'importance des faits nouveaux mis en lumière dans le travail auquel nous faisons allusion, travail que nous exposerons d'après le résumé qu'en a donné Bagros (*loc. cit.*).

Grimbert étudie l'action dénitrifiante de deux bactéries très répandues le *Bacterium coli commune* et le *Bacille d'Eberth* (*Bacillus typhosus*). Les nitrates ne peuvent être attaqués que *lorsque le milieu renferme des principes amidés*, tels que ceux que contient le bouillon de viande. *C'est par suite de la réaction secondaire qu'exerce l'acide nitreux sur les amides que se produit le dégagement d'azote libre*. Il faut dire *acide nitreux* et non pas *nitrites*; ceux-ci ne peuvent agir par euxmêmes en milieu neutre ou alcalin.

L'auteur cultive les deux microbes précédents sur différents substrata : 1° sur l'eau peptonée à 1 p. 100, contenant 1 p. 100 de nitrate. On observe alors une réduction partielle du nitrate en nitrite, mais sans dégagement gazeux ; 2° sur du bouillon de bœuf peptoné et nitraté à 1 p. 100, auquel cas il se produit un abondant dégagement gazeux. Ainsi, lorsqu'on substitue un milieu à un autre, il y a un changement profond dans les fonctions biologiques des deux microorganismes mis en œuvre. Grimbert étudie alors *la nature des gaz* dégagés, la proportion de nitrate détruit, le rapport entre le poids du nitrate détruit et le volume d'azote dégagé, la proportion des nitrites qui restent à la fin et, en dernier lieu, le volume de l'azote amidé fourni par un volume de bouillon égal à celui que l'on a employé dans les expériences.

Le *Bacillus pyocyaneus*, dénitrifiant énergique, fut, en outre, ensemencé dans une solution de peptone nitratée, afin de comparer son action à celle des deux microbes précédents, et de saisir la différence qui existe entre ces deux derniers et les ferments dénitrifiants vrais. Grimbert trouve que le bacille pyocyanique ne dégage que de l'azote pur, sans gaz carbonique, alors que les deux autres dégagent à la fois ces deux gaz. Avec le bacille pyocyanique, il se produit cependant du gaz carbonique, mais, la base du nitrate étant mise en liberté, ce gaz est absorbé par elle, et le milieu devient très alcalin ; tandis qu'avec les deux autres microbes il demeure neutre. Dans le cas du bacille pyocyanique, *le volume de l'azote dégagé est égal à celui que contient le nitrate détruit ;* il est plus de sept fois supérieur à celui que pourraient fournir les principes amidés du bouillon. Avec le *B. coli* et le *B. typhosus*, la réaction du liquide de culture reste neutre ; le volume de l'azote recueilli est le double de celui qui répond à l'azote du nitrate et la moitié seulement de celui qui serait dégagé par l'hypobromite (azote amidé). Grimbert admet que la moitié de cet azote dégagé provient des nitrates, et que l'autre moitié ne peut provenir que des principes amidés du bouillon : ces principes sont décomposés au contact des produits de réduction du nitrate par les bactéries, c'est-à-dire par l'acide nitreux.

Il résulte de ces expériences que le *B. coli* et le *B. d'Eberth* n'attaquent pas les nitrates par le jeu du même mécanisme que celui qu'emploie le *B. pyocyanique*. La réduction des nitrates par ceux-là est imputable aux principes amidés : il faut donc en conclure que si l'on fournit à la solution de peptone l'azote amidé qui lui manque, on obtiendra un dégagement d'azote. C'est ce que l'expérience vérifie. On utilise, à cet effet, un milieu constitué par une solution de peptone à 1 p. 100, contenant 1 p. 100 de nitrate et additionné de 1 p. 100 d'extrait de viande. Cultivé sur ce substratum, le *B. coli* dégage un volume d'azote bien supérieur à celui qui proviendrait du nitrate détruit. L'extrait de viande fournit au milieu les composés amidés indispensables à la décomposition du nitrate. De nouveaux essais confirment ce dernier fait : si on emploie des quantités croissantes d'extrait de viande, la proportion du nitrate détruit augmente parallèlement aux poids d'extrait ajouté au milieu.

Grimbert propose donc de *diviser les bactéries dénitrifiantes en deux catégories :* la première comprend les microbes qui, tels que le *B. pyocyaneus*, attaquent *directement* le nitrate en utilisant l'oxygène de ce sel pour brûler le carbone ; le gaz carbonique qui prend naissance se fixe sur la base du nitrate devenu libre. La seconde catégorie (*B. coli*) comprend les microbes qui réduisent le nitrate en nitrite ; cette réduction se complète *d'une action secondaire* entre le nitrite et les composés amidés que contient le milieu de culture. Ce phénomène secondaire paraît résulter de la réaction qui s'établit entre l'acide nitreux formé par les bactéries et les corps amidés, conformément à l'expression suivante, où l'urée a été prise comme type d'amide :

$$CO(NH^2)^2 + 2NO^2H = 2N^2 + CO^2 + 3H^2O.$$

Grimbert estime que cette décomposition se produit grâce à l'intervention d'un acide formé aux dépens de certaines substances du bouillon. Cet acide saturerait la base au fur et à mesure que celle-ci deviendrait libre ; ce qui entraînerait la neutralité du milieu.

Les ferments dénitrifiants vrais sont donc ceux qui, comme le *B. pyocyanique*, dégagent l'azote des nitrates au contact d'une solution de peptone à 1 p. 100 ; *les ferments dénitrifiants indirects* ne donnent lieu à un dégagement d'azote qu'en présence des acides amidés du bouillon.

Quelques faits nouveaux relatifs à la dénitrification. — Indiquons maintenant très rapidement les conclusions de quelques-uns des travaux postérieurs à celui de Grimbert, en passant sous silence ceux qui, tout en décrivant des espèces dénitrificatrices nouvelles, n'apportent aucune contribution spéciale relativement au mécanisme intime de la réaction.

Schneidewind fait intervenir, comme condition fondamentale de la décomposition des nitrates par les microbes du fumier ou de la paille, la présence de certaines sources de carbone ; cellulose, amidon, mannite, acides butyrique, citrique, lactique, etc. Pour Marpmann (1899), le gaz hydrogène issu de certaines fermentations bactériennes serait l'agent réducteur des nitrates ; il se formerait des nitrites et des sels ammoniacaux, lesquels, réagissant sur les amides et les amines provenant des albuminoïdes du milieu de culture, fourniraient de l'azote libre. Il n'y aurait donc là qu'une série de réactions *d'ordre purement chimique*, capables d'amener l'azote nitreux et l'azote ammoniacal à l'état d'azote gazeux, réactions ne pouvant s'effectuer qu'en milieu acide. Cette façon de voir est contraire aux faits découverts par Grimbert en ce qui concerne les dénitrifiants directs. Wolf (1899) pense que le premier stade de réduction conduit à la formation de nitrites, lesquels sont décomposés ultérieurement par le gaz carbonique provenant de la combustion du carbone : la dénitrification n'aurait lieu que s'il y a abondant dégagement de gaz carbonique.

Weissemberg (1902) revient sur la division des bactéries dénitrifiantes en bactéries directes et indirectes, établie quatre ans auparavant par Grimbert, comme nous venons de le voir. Cet auteur estime que, s'il y a réaction secondaire des nitrites sur les amides contenus dans le liquide de culture, il faut que celui-ci devienne acide. Or Grimbert avait déjà remarqué que, si l'intervention d'un acide est nécessaire, cette intervention peut avoir lieu sans que le milieu cesse de rester neutre ou alcalin.

Grimbert et Bagros (1909) ont précisé le mécanisme de l'action des bactéries dénitrifiantes indirectes (*B. coli*) de la façon suivante. Si on cultive le colibacille dans une solution de peptone à 1 p. 100 contenant 1 p. 100 de nitrate de potassium, il ne se dégage pas d'azote ; le nitrate se change seulement en nitrite, ainsi que nous l'avons vu plus haut. Lorsqu'à la solution précédente on ajoute des aliments carbonés tels que glucose, glycérine, saccharose, acides lactique, tartrique (ces derniers neutralisés par la soude), on retrouve, après trente-deux jours, la quantité de nitrate originelle, bien qu'il y ait eu fermentation active dans certains milieux. La présence d'hydrates de carbone ou de sels organiques ne suffit donc pas, au moins en présence du colibacille, à la décomposition des nitrates. Par conséquent, contrairement à l'opinion de Wolf, la dénitrification ne dépend pas de la fermentation des hydrates de carbone.

Si la solution de peptone nitratée est additionnée de glycocolle, d'urée, d'asparagine, de leucine, de tyrosine, puis ensemencée avec le colibacille, il ne se produit pas de dégagement gazeux, et, au bout de trente jours, le nitrate n'est pas détruit. Il en résulte que la seule présence de matériaux amidés ou aminés ne suffit pas pour provoquer la dénitrification. Mais si on ajoute à *la fois* à la solution de peptone nitratée un hydrate de carbone et un acide aminé, il se produit immédiatement une active dénitrification, à la condition que l'aliment carboné soit attaqué par le colibacille. Pendant l'expérience, la réaction demeure neutre ou légèrement alcaline.

On peut synthétiser ces derniers résultats ainsi qu'il suit. La destruction d'un nitrate par les bactéries dénitrifiantes indirectes exige la réalisation des conditions suivantes : 1° la réduction du nitrate en nitrite ; 2° le milieu de culture doit contenir à la fois des substances amidées ou aminées et des aliments carbonés susceptibles d'être attaqués par le microbe en fournissant des acides. Dans ce cas, la bactérie attaquant l'aliment carboné donne naissance à un acide qui réagit sur le nitrite et *provoque la réaction de l'acide nitreux libre sur le corps aminé ;* il se dégage alors de l'azote et du gaz carbonique.

L'acide se combine à l'alcali du nitrate, et le liquide reste neutre.

Les faits qui viennent d'être exposés expliquent les résultats que Grimbert avait obtenus antérieurement en substituant le bouillon de viande à la peptone, et il est permis de penser qu'ils peuvent s'appliquer à un grand nombre de bactéries dénitrifiantes indirectes.

Le mécanisme de l'action des bactéries indirectes a été de nouveau étudié avec soin par Bagros (1910), dont les travaux confirment de façon remarquable ceux de Grimbert : la dénitrification par le colibacille n'a lieu que lorsque le milieu renferme à la fois *des corps ternaires susceptibles de fermenter* sous l'action du microbe (glucose, lactose, acide lactique, corps à fonction alcool), et des acides aminés (glycocolle, urée, alanine, gélatine, etc.). La présence simultanée de ces deux catégories de substances est indispensable à l'exercice du phénomène. On observe parfois le dégagement d'une petite quantité d'oxyde azotique, mais jamais celui d'oxyde azoteux ni d'hydrogène. Le gaz carbonique seul est incapable de déplacer l'acide nitreux.

Franzen et Löhmann (1910) ont donné, à la même époque, une classification des bactéries dénitrifiantes en trois groupes. Dans le premier, ils placent les microorganismes qui fournissent des nitrites et, pour une faible part, des produits plus avancés de réduction (*Bacillus prodigiosus, Bacterium coli, B. typhi murium*). Dans le second, on trouve des microorganismes qui donnent d'abord des nitrites, mais qui réduisent ensuite rapidement ces sels (*B. pyocyaneus*). Dans le troisième, on doit admettre les microorganismes qui n'attaquent pas les nitrites. Mais les auteurs précités semblent ignorer les résultats obtenus par Grimbert sur le mécanisme de la dénitrification.

D'après Pelz (1910), on pourrait classer les dénitrificateurs en *dénitrificateurs énergiques* (*Vibrion cholérique, Bacille typhique des souris, Bacillus aerogenes*) ; *dénitrificateurs moyens* (*B. typhosus, B. coli*) ; *dénitrificateurs faibles* (streptocoque, staphylocoque). Mazé (1911) a trouvé que les microbes que Winogradsky n'avait pu séparer, en milieu liquide, des bactéries nitrifiantes (page 438) sont des dénitrifiants énergiques : les uns produisent seulement de l'acide nitreux, les autres fournissent des composés oxygénés gazeux de l'azote : ce sont des *dénitrifiants aérobies*.

Passons maintenant à l'examen de la dénitrification observée dans les milieux naturels, et voyons quelles conséquences agricoles on en peut tirer.

La dénitrification dans le sol. — Le sol contient une foule de bactéries dénitrifiantes ; la plupart de celles qui ont été mises en œuvre dans les expériences qui précèdent se rencontrent dans la terre. Après avoir étudié le mécanisme de la réduction des nitrates, qui ne pouvait être nettement défini que par l'emploi de cultures pures et de milieux de composition strictement connue, il convient maintenant d'ajouter quelques mots sur les phénomènes tels qu'ils se passent dans les conditions habituelles de la pratique agricole. Il y a un fait remarquable, facile à expliquer cependant au moyen des données que nous venons d'acquérir, c'est celui d'une dénitrification intense dans le sol en présence d'un excès de matière organique.

Lorsqu'on eut découvert la présence constante de bactéries dénitrifiantes dans la terre, un agronome allemand, Wagner (1896), montra que l'efficacité du fumier de ferme n'était pas en rapport avec sa teneur en azote, et il supposa que les nitrates, formés par l'oxydation de l'ammoniaque ou des matières azotées du fumier, étaient réduits par certains ferments qu'apportaient les excréments du bétail et, conséquemment, perdus pour la végétation. Wagner mélangeait, à des échantillons variés de terre, des matières animales telles que crottin, bouses, fumier frais, etc. ; il abandonnait à elles-mêmes, comme terme de comparaison, des terres semblables non additionnées, et incorporait un poids connu de nitrate de sodium à ces deux catégories de sols. Après quelques jours, toutes ces terres sont soumises au lavage ; or, si l'on retrouve intégralement les nitrates dans les seconds échantillons, on constate que ces nitrates ont disparu en grande partie dans les premiers. Les conclusions que Wagner tira de ces expériences furent défavorables à l'emploi du fumier de ferme pour lequel il proposait l'emploi d'un traitement chimique préalable, afin d'assurer dans sa masse la destruction des organismes réducteurs que celle-ci renfermait et qui étaient la cause de la disparition des nitrates dans le sol.

L'emploi des fumures au fumier de ferme étant presque universellement reconnu comme fort avantageux dans un très grand nombre de cultures, et la réalisation des idées de Wagner pouvant amener une révolution dans la pratique agricole, Dehérain s'empara de la question et n'eut pas de peine à démontrer que l'*excès seul de matière organique* incorporée au sol devait être incriminé dans les essais de l'agronome allemand. Voici quelques explications à cet égard.

Si on stérilise une solution de nitrate de potassium à 1 p. 100 et qu'on l'additionne de $0^{gr}.5$ de paille, la réaction des nitrites apparaît après quelques jours. Au bout d'un mois, il n'existe presque plus d'azote nitrique et la perte de l'azote à l'état gazeux est considérable. L'addition de fumier frais ou de crottin, au lieu de paille, fournit le même résultat ; ceci confirme les conclusions de Wagner : la paille et le fumier *frais* contiennent des ferments réducteurs. Mais si l'on emploie du fumier *consommé*, la perte ne se produit plus, ou, du moins, elle est très faible. Avec une goutte du liquide dans lequel le fumier a occasionné une énergique réduction, on peut ensemencer des ballons contenant, pour 300 grammes d'eau, 1 gramme de nitrate de potassium et 2 grammes d'amidon. Au bout de quinze jours, les nitrates ont disparu. Cette réduction n'a lieu, dans ce dernier cas, que lorsque le liquide renferme de l'amidon ; le nitrate, s'il était seul, ne serait pas réduit. Ce phénomène s'atténue beaucoup si on fait passer dans les ballons de culture un rapide courant d'air ; inversement, la réduction est très rapide quand on maintient le liquide à l'abri de l'oxygène.

Comment se comporte la terre arable elle-même ? Lorsqu'on ensemence avec des terres variées des liqueurs renfermant un centième de nitrate de potassium et un peu d'amidon, on observe toujours la disparition des nitrates. La terre renferme donc des ferments réducteurs comme nous le savons déjà ; mais on exalte leur activité par addition d'amidon. Or, malgré leur présence constante dans le sol, ces ferments n'ont, dans les conditions ordinaires, que peu d'influence, puisque la nitrification — ainsi qu'il est d'observation journalière — se passe d'une façon régulière. Mais ces ferments réducteurs deviennent dangereux lorsqu'ils sont en présence de certaines matières carbonées pouvant facilement fermenter.

Si, maintenant, on fait l'expérience avec des mélanges de terre arable et de fumier, voici ce que l'on constate. A 2 kilogrammes de terre on incorpore de 200 à 400 grammes de crottin et une quantité bien connue de nitrate de potassium. Après quelques jours, on lave les échantillons pour y doser les nitrates, et l'on remarque que, si dans les essais maintenus à la température ordinaire la perte d'azote à l'état gazeux est peu marquée, cette perte est, au contraire, très notable lorsque l'essai a été porté à une température de 30°. Les idées émises par Wagner sont donc justes ; mais, ainsi que le fait observer Dehérain, les doses de 200 et 400 grammes d'engrais pour 2 kilogrammes de terre équivaudraient, dans la pratique agricole, à l'emploi, par hectare, de 400.000 et 800.000 kilogrammes de fumier de ferme. Cette dose est excessive ; elle est dix et vingt fois plus forte que la dose employée, même dans le cas d'une fumure énergique. Si on mélange à un poids connu d'une bonne terre arable une quantité de fumier même double de celle que l'on distribue ordinairement, non seulement les nitrates ne sont pas réduits, mais la nitrification se poursuit d'une façon régulière. Donc, les bactéries dénitrifiantes n'exercent leur action funeste qu'en présence de quantités énormes de matière organique que l'on n'utilise jamais dans la pratique agricole. De plus, si l'amidon, comme il a été dit plus haut, constitue un aliment de choix pour les bactéries de la dénitrification, cet hydrate de carbone n'existe pas dans les excréments des animaux : l'amidon est toujours digéré. On a pensé que les *pentosanes*, et notamment la *xylane*, qui se rencontrent communément dans le fumier non consommé, pouvaient fournir aux microorganismes réducteurs un aliment hydrocarboné semblable à l'amidon des expériences précédentes. Mais les fermentations qui s'établissent dans la masse du fumier mis en tas détruisent la presque totalité de la xylane : aussi le *fumier fait*, tel qu'il est le plus souvent répandu sur le sol, ne présente-t-il aucun des inconvénients attribués au *fumier frais*.

A l'époque même où ces travaux étaient exécutés, Warington (1897) arrivait à une conclusion analogue : la dénitrification produite par les microorganismes réducteurs véhiculés par les excréments doit être mise sur le compte d'un apport exagéré de matière carbonée. Il est très vraisemblable qu'un pareil apport doit ralentir l'oxydation régulière de l'azote ammoniacal, voire même l'arrêter. Il en résulte qu'un milieu, habituellement favorable à la nitrification, peut, temporairement, être transformé en un milieu réducteur, puisque l'oxygène est enlevé aux nitrates préexistants.

Mais l'emploi *d'un fumier consommé*, introduisant dans le sol une matière beaucoup plus lentement fermentescible, ne saurait, conformément à l'expérience, présenter les mêmes inconvénients. De plus, Déhérain a fait remarquer que la destruction préalable des microorganismes dans la masse du fumier avant son épandage ne présenterait aucun avantage, puisque l'apport de matière organique serait toujours le même et que les microbes dénitrificateurs habitent communément le sol.

En résumé, les conclusions formulées par Wagner sont vraies lorsqu'il s'agit de l'incorporation à une terre arable de masses considérables de matière carbonée. Mais la quantité de celles que l'on répand le plus souvent est incapable d'amener une dénitrification : les phénomènes oxydants d'une nitrification régulière sont alors chose normale.

La différence entre la façon dont certains microbes dénitrifiants évoluent dans un liquide de culture ou dans un sol très humide, d'une part, et, d'autre part, dans une terre modérément humide et bien aérée, provient surtout de la dose variable d'oxygène contenue dans ces deux sortes de milieux ; faible ou nulle dans le premier cas, abondante dans le second cas, elle favorise ou entrave la dénitrification (Koch et Pettit, 1910).

Des notions qui précèdent on peut tirer la conclusion suivante, relative à *l'emploi simultané du fumier et des nitrates* que réclament certaines cultures.

D'après Ampola et Ulpiani (1903), si l'on veut éviter les

pertes d'azote, on doit, pendant la période régulière de la nitrification dans le sol, ne pas fournir à ce sol d'engrais frais ou riches en paille. Si la culture envisagée exige une application de nitrates, il ne faudra faire cette application qu'après décomposition complète du fumier dans la terre. Dans les sols tourbeux, les nitrates sont rapidement détruits avec formation d'ammoniaque et d'azote libre.

En outre, on ne saurait trop insister sur ce point, c'est que si la *quantité* de matière organique ajoutée à un sol en voie de nitrification peut amener un arrêt, et même une rétrogradation dans la nitrification, *la qualité de cette matière*, c'est-à-dire ses facultés nutritives vis-à-vis des microorganismes réducteurs, joue aussi un rôle très important.

Humidité des terres et dénitrification. — Si l'activité des ferments dénitrifiants est exaltée dans un sol très humide, par suite de la pauvreté de l'atmosphère en oxygène ou même de l'absence de ce gaz, il est, par contre, une condition opposée qui favorise également la dénitrification.

Giustiniani (1901) a fourni sur ce point quelques données dont voici les conclusions. Si on compose des milieux sableux artificiels que l'on divise en deux séries, et auxquels on incorpore, dans la première série, du sulfate d'ammonium, et, dans la seconde, du nitrate de sodium (ces deux sels étant pris sous des poids renfermant même quantité d'azote) ; si, ensuite, on ensemence tous ces milieux avec un peu de terre, voici ce que l'on observe à la température ordinaire en faisant varier le taux de l'humidité de 0 à 16 p. 100. L'énergie de la nitrification du sulfate d'ammonium est directement proportionnelle à la dose de l'humidité. La dénitrification du nitrate de sodium, bien que très faible, n'est sensible que lorsque le taux de l'humidité descend au-dessous d'un certain chiffre. Lorsqu'on expérimente avec la terre arable dans les mêmes conditions que celles qui viennent d'être indiquées, la dénitrification est manifeste quand le taux de l'humidité est inférieur à 6 p. 100. Un pareil taux ne suffit pas à l'entretien des ferments nitrificateurs. Mais ceux-ci reprennent rapidement le dessus lorsque l'humidité monte à 10 p. 100 ; avec 16 p. 100 leur action atteint son maximum. En ce qui concerne les ferments dénitrificateurs, la faible proportion de 4, et parfois de 2 p. 100 d'eau, représente la limite qui permet à ceux-ci de manifester leur activité, laquelle n'est pas alors entravée par celle des ferments travaillant en sens contraire. Lorsque le taux de l'humidité est nul, toute vie microbienne est suspendue ; si ce taux est faible, voisin des limites que nous avons signalées, la dénitrification est proportionnelle à la richesse du milieu en matière organique : c'est ce qui résulte de l'observation faite sur deux terres, inégalement chargées d'humus, l'une à 4,2 p. 1000 et l'autre à 18,03 p. 1000 de carbone organique. Le maximum d'activité des ferments dénitrifiants a lieu à une température assez basse, incompatible avec le développement normal des ferments nitrificateurs.

Il résulte de ce qui précède que l'intensité des phénomènes de réduction des nitrates dans le sol dépend de trois facteurs dont le sens vient d'être défini : *humidité, température, proportion de matière organique. Dans les milieux liquides,* l'optimum d'activité des ferments dénitrificateurs est situé aux environs de 40-42° ; cette température élevée est déjà défavorable à la nitrification.

Eaux d'égout et dénitrification. — Si les phénomènes de dénitrification dans le sol ont une grande importance pratique, et s'ils peuvent être évités en partie d'après les indications que nous avons données plus haut, ces mêmes phénomènes sont très intéressants à étudier lorsqu'il s'agit de l'épuration des eaux d'égout. Il est évident, *à priori*, que cette masse fluide de matière organique qui constitue les eaux résiduelles, forcément peuplée des microorganismes les plus variés, doit être le siège de fermentations de toute nature. Au cours de leur épuration par les lits bactériens, les eaux d'égout laissent échapper une très notable quantité d'azote gazeux, ainsi qu'il ressort d'un travail récent de Müntz et Lainé (1911).

Cette perte s'élève de 50 à 60 p. 100 ; elle peut même atteindre 70 p. 100, et on constate une corrélation entre la proportion de matière organique présente et la déperdition de l'azote. Quand la matière organique fait défaut et que la totalité de l'azote se trouve sous la forme ammoniacale, la perte d'azote est nulle ou insensible. Si, donc, il n'existait dans la masse que des microbes nitrificateurs, ceux-ci ne donneraient pas lieu à un dégagement d'azote libre : ce qui montre bien que ces microbes ne sont pas les seuls à produire l'épuration.

Lorsque l'eau d'égout a passé sur les lits bactériens, elle fournit, en moyenne, pour 100 parties d'azote préexistant : azote nitrifié 30 à 35, azote gazeux 55 à 60. Au point de vue de la destruction de la matière azotée, ce sont les agents vulgaires de la combustion qui agissent de la façon la plus efficace.

Malgré l'aération des lits bactériens, il y a réduction sensible des nitrates formés ; il se produit donc une perte d'azote, mais cette perte est cependant bien inférieure à celle qui résulte de la combustion directe des matières organiques et de l'ammoniaque elle-même. Plus la matière carbonée est abondante, plus la réduction est énergique. L'azote des nitrates ne donne naissance, ni à de la matière organique azotée, ni à de l'ammoniaque. Les microorganismes se bornent à emprunter l'oxygène à l'acide nitrique, sans en utiliser l'azote ; la réduction est complète, car il ne se produit pas de nitrites. Mais, à l'abri de l'air, il se forme d'abord des nitrites, surtout à basse température. On voit donc combien est complexe le phénomène de la transformation de l'azote organique d'une eau d'égout, et combien doit être considérable le nombre des agents microscopiques doués de fonctions variées qui interviennent dans ce processus : les conditions extérieures d'aération et de température règlent en partie le sens des réactions.

VI

POISONS DU SOL

Possibilité de l'intoxication du sol. — L'étude biologique du sol que nous venons d'exposer sommairement nous amène à conclure que la plupart des microorganismes qui habitent la terre arable travaillent le plus souvent dans un sens favorable à la végétation. Dans les conditions normales d'un bon sol aéré et convenablement labouré, tels microbes brûlent la matière carbonée et restituent au milieu ambiant de l'eau et du gaz carbonique, tels autres simplifient la molécule azotée d'origine albuminoïde pour en libérer de l'azote ammoniacal, tels autres oxydent ce dernier et produisent des nitrates. Les microbes malfaisants, si l'on peut appeler ainsi les dénitrificateurs, n'évoluent que dans des circonstances où le sol arable se trouve, d'une façon temporaire ou définitive, soumis à des influences qui contrarient ou annulent l'activité des êtres de la première catégorie. On peut souvent lutter contre ces influences néfastes en assainissant le sol, en l'aérant par de bons labours, en provoquant l'écoulement des eaux superflues, en lui fournissant certains agents chimiques tels que la chaux : bref, en favorisant dans la plus large mesure possible les phénomènes d'oxydation.

Un autre question se pose maintenant à nous. Ne pourrait-il pas arriver, à la longue, qu'un végétal, bien que disposant d'une quantité suffisante de matières nutritives, subisse une déchéance par suite de la présence de substances fixes ou volatiles qu'il excréterait autour de lui, même en très faibles quantités, ou de matières vénéneuses qui proviendraient du sol dans lequel il se développe, tels que, par exemple, certains produits de putréfaction qui prendraient naissance dans la terre aux dépens des très nombreux matériaux organiques que celle-ci renferme. *A priori*, rien ne s'oppose à cette manière de voir. Il peut y avoir intoxication de la plante par suite de l'existence, parfois passagère, d'une matière qui souille les dissolutions que cette plante emprunte au sol : ce serait là ce que l'on pourrait appeler une *intoxication externe*. Mais le fait est admissible aussi d'une *auto-intoxication* du végétal provenant de certains produits plus ou moins volatils que celui-ci émettrait constamment dans la terre et dont la présence, au bout d'un temps variable, retentirait sur sa vitalité de façon à déterminer l'arrêt de sa croissance.

Il ne s'agit pas ici des désordres que provoquerait chez la plante l'existence dans le sol de parasites animaux ou végétaux capables de s'opposer à son développement, ou de la présence de corps évidemment toxiques, tels que sels de zinc, de plomb ou de mercure, répandus, soit par hasard dans tel endroit, soit intentionnellement pour détruire des parasites dangereux. Il ne s'agit pas davantage de la présence, dans un lieu déterminé, d'un engrais soluble, profitable ordinairement à la végétation, mais dont la concentration momentanée pourrait nuire à l'évolution de la plante tant qu'une dilution convenable n'aurait pas amené le sel à un état tel qu'il puisse être absorbé sans danger par la racine. Des raisons d'ordre osmotique interviennent alors pour plasmolyser la cellule et amener la mort. A cet égard, on sait combien est nuisible l'action du sel marin apporté par l'eau de mer ; la plupart des végétaux ne résistent pas à la salure. Cet excès de sel ne disparaît que sous l'influence de pluies prolongées ; et si, pour une cause ou une autre, le sel marin envahit de nouveau le sol, soit par suite d'un apport en surface, soit par l'effet d'actions capillaires qui le font remonter de la profondeur, toute culture devient impossible. Les sels magnésiens solubles, même en très léger excès, sont également toxiques. Les terres acides (tourbières) ne sont capables de porter que des plantes de peu de valeur au point de vue alimentaire ; l'excès d'acidité produisant des effets analogues à ceux que l'on observe en présence de certains sels. L'oxydation du sulfure de fer, assez commun dans beaucoup de tourbières, engendre de l'acide sulfurique dont la concentration, même à faible dose, est un obstacle absolu au développement de la plupart des plantes.

Revenons aux substances toxiques qui ne proviennent pas d'un apport sur le sol de sels minéraux et qui appartiennent vraisemblablement à la série des *ptomaïnes* et des *toxines* d'origine cellulaire ou microbienne.

Il est bon, à ce propos, de faire les réflexions suivantes. On doit penser que la plante se comporte comme l'animal dans l'organisme duquel, même à l'état normal, il y a production constante de substances toxiques dont on trouve, dans l'urine principalement, de faibles traces, mais dont la quantité s'exagère au cours de divers états pathologiques. La respiration animale s'accompagne toujours de l'émission de produits toxiques volatils auxquels il faudrait rapporter certains phénomènes d'ordre nerveux constatés chez des animaux enfermés dans un espace clos, saturé de vapeur d'eau, sans qu'il soit possible d'imputer les troubles observés à la présence du gaz carbonique. Nombre d'observations montrent que la respiration végétale a, sous ce rapport, d'étroites analogies avec la respiration des animaux. Berthelot (1889) a remarqué que si l'on enfermait de la terre humide sous une cloche, cette terre exhalait des traces d'ammoniaque et de composés azotés volatils, lesquels se dissolvent dans l'eau qui ruisselle sur les parois de la cloche. Lorsque cette terre porte des plantes, le même phénomène a lieu.

Fatigue du sol. — *L'intoxication du sol*, ou *la fatigue du sol*, comme on dit le plus souvent, est d'observation très ancienne. On sait que certaines plantes, les légumineuses en particulier, refusent de prospérer indéfiniment sur la même parcelle de terre. Tel végétal ne devra reparaître sur la parcelle qui l'a porté qu'au bout d'un temps au moins égal à celui où il est demeuré en place ; et cela, quelles que soient les façons que l'on ait données au sol pour l'aérer et quelle que soit la nature des engrais employés. Cependant cette intoxication du sol par la plante est difficile à comprendre, et beaucoup d'auteurs en ont nié la réalité : en effet, pourquoi ces toxines seraient-elles nuisibles vis-à-vis de la seule plante qui les a produites et non vis-à-vis d'autres plantes, capables de se développer normalement sur le sol même où les premières languissent en raison de l'intoxication qu'elles subissent ? On peut parfois incriminer l'épuisement de la terre en substances nutritives, et la prétendue fatigue du sol, dans le cas de la culture du trèfle notamment, doit être rapportée, d'après Kossowitch (1906), à un manque d'acide phosphorique et, plus rarement, de potasse. Certains sols trop riches en azote s'opposeraient également à cette culture.

Mais si cette pauvreté relative du sol en éléments minéraux joue un rôle évident, là où elle a été dûment constatée, il est bien des cas où ce facteur ne saurait entrer seul en ligne de compte. Toutefois, on obtient, dans certains cas, de bons résultats en réinoculant simplement le sol avec une culture de la bactérie adaptée à l'espèce de légumineuse cultivée.

Malgré tout, il existe des plantes qui sont capables de végéter très longtemps sur le même sol : les expériences fameuses de Lawes et Gilbert sur la culture du blé le démontrent suffisamment. Il est superflu de faire remarquer que le sol des forêts porte indéfiniment la même végétation : on a émis l'hypothèse que les micorhizes qui garnissent les racines de la plupart des arbres les protègent contre toute infection.

Ce problème de l'intoxication du sol est l'objet actuel de nombreuses recherches, surtout de la part des agronomes américains, parmi lesquels il faut citer principalement Milton Whitney. Sans doute, cette intoxication est souvent une réalité; mais à force de vouloir chercher la raison du phénomène dans la présence, parfois hypothétique, de matières vénéneuses, on est arrivé, trop fréquemment, à négliger l'influence de certains facteurs étrangers à la question. On a prétendu, par exemple, que, sous le couvert des grands arbres, aucune végétation n'était possible en raison de la présence de substances toxiques excrétées par ces arbres. Or cette absence de végétation, d'observation courante, n'est nullement un fait absolu. Lorsque la frondaison de l'arbre est abondante et que la lumière solaire pénètre difficilement jusqu'à terre, il n'y a rien qui doive surprendre quand on constate la rareté ou le manque de végétation de plantes à faibles dimensions. De plus, la *qualité lumineuse* des rayons de la lumière blanche, modifiée par son passage au travers des surfaces vertes de l'arbre, doit être prise en considération. Les conifères (pins, sapins, etc.) laissent tomber chaque année sur le sol une quantité considérable d'aiguilles mortes, enduites de résine, et dont l'humification est, par cela même, extrêmement lente. Il existe donc sous les arbres de cette espèce un feutrage épais d'une matière difficilement putrescible qui s'oppose au développement des petits végétaux, si communs et si variés, que l'on rencontre sous les arbres d'essence différente.

L'exagération des influences toxiques a porté certains auteurs à défendre cette idée, que l'emploi des engrais était destiné, moins à nourrir les plantes, qu'à détruire dans le sol les matières vénéneuses produites par elles. Une pareille opinion nous semble difficile à soutenir, et les preuves expérimentales que l'on a fournies parfois à cet égard sont assez fragiles. Le sujet mérite néanmoins une étude approfondie ; nous en reparlerons plus loin.

On sait que l'addition à certains sols de sels de fer, ou mieux de manganèse, produit une augmentation notable de récolte. Que ces sels métalliques jouent le rôle de *coferments* dans la constitution de certaines diastases dont ils renforcent ou provoquent l'action, la chose ne saurait être niée, depuis les travaux de G. Bertrand notamment. Mais on peut aussi se demander si ces sels — auxquels on pourrait ajouter les sels de zinc et l'acide borique, capables à l'état de traces de stimuler la végétation — n'interviendraient pas d'une façon plus ou moins directe en qualité *d'antitoxiques*.

Quoiqu'il en soit, la fatigue du sol est un fait d'observation courante. En voici un exemple fourni par Pouget et Chouchak (1907).

On épuise à l'eau distillée 60 à 80 kilogrammes de terre provenant d'une vieille luzernière. On évapore le liquide à sec à basse température (40°), et l'on divise l'extrait obtenu en deux parties. L'une est incorporée à une terre qui n'a jamais porté de luzerne, l'autre est calcinée, et les cendres qui proviennent de cette calcination sont mélangées avec une égale quantité de cette même terre. On répartit dans des vases identiques 5 kilogrammes de chacun de ces échantillons, et on dispose, en outre, comme témoin, un vase semblable rempli de la même terre, mais sans aucune addition. Chaque vase reçoit toujours même quantité d'eau et un même nombre de graines de luzerne, germées préalablement. L'expérience, poursuivie pendant quatre ans a permis de constater que l'*extrait aqueux de terre de luzerne calciné* n'a pas agi de façon sensible sur la végétation, tout en mettant à la disposition de celle-ci une certaine quantité de matières salines. *L'extrait aqueux non calciné* a toujours produit une diminution de récolte qui ne peut provenir, par conséquent, *que des matières organiques apportées par cet extrait.*

Il faut conclure de ces essais que l'action toxique de l'extrait de terre de luzerne n'émane vraisemblablement que des sécrétions de la luzerne elle-même. En fait, ainsi que nous allons l'établir bientôt, il existe dans certaines terres des substances toxiques isolables. Dumont et Dupont (1907) ont montré que l'on pouvait rajeunir une terre à luzerne, soit en l'aérant fortement, soit en l'enrichissant d'engrais variés ; la matière humique paraissant présenter dans ce cas une grande efficacité. On obtient des résultats encore meilleurs par l'apport de 10 p. 100 d'une terre n'ayant jamais porté de légumineuses. Les auteurs pensent que l'influence microbienne doit être ici mise hors de cause.

Substances toxiques isolées du sol. — Un certain nombre de substances, dont la toxicité a été vérifiée vis-à-vis des plantes, ont été isolées du sol. Schreiner et Shorey (1908) ont trouvé dans une terre riche en sels minéraux, mais infertile, de Takoma Park de petites quantités d'*acide picoline-carbonique* (méthylpyridinecarbonique $CH^3C^6H^3N.CO^2H$). Cet acide exerce une action toxique vis-à-vis des semences du blé ; mais, à très faibles doses, il joue le rôle de stimulant, ainsi qu'il arrive souvent pour beaucoup de poisons. A la dose de 1 à 2 dix-millièmes dans le sol cette action toxique est très nette.

Ces mêmes auteurs ont isolé d'un certain nombre de sols infertiles l'*acide dioxystéarique* $C^{18}H^{36}O^4$. Dans une terre du Tennessée, on en aurait rencontré $0^{gr}.05$ par kilogramme de terre. La toxicité de ce corps est déjà notable à la dose de 1/50000 ; très notable à celle de 1/10000 pour les jeunes blés. L'acide dioxystéarique obtenu artificiellement se conduit de même. La présence de cet acide peut se concevoir de la manière suivante. L'acide oléique fait partie intégrante de la graisse que renferment nombre de végétaux ; il entre également dans la molécule de plusieurs lécithines végétales. L'acide nitreux qui change l'acide oléique en acide élaïdique se rencontre dans le sol, soit qu'il provienne de la dénitrification, soit qu'il constitue un avant-produit de la nitrification. Quant à l'oxydation de l'acide élaïdique, elle peut s'effectuer par l'intermédiaire de divers agents oxydants : air, enzymes des racines, microorganismes.

L'existence de l'acide dioxystéarique dans beaucoup de sols infertiles a engagé Schreiner et Lathrop (1911) à rechercher s'il y avait une relation entre la présence de cet acide et l'infécondité des terres. Les auteurs ont examiné à cet égard 84 sols (60 échantillons pris à la surface et 24 sous-sols). Dans un tiers des cas, on a pu établir l'existence de cet acide. Les 60 sols proprement dits se divisent en deux catégories : 1° *les bons sols*, c'est-à-dire ceux d'une fertilité satisfaisante ou moyenne, 2° *les sols pauvres*, c'est-à-dire les sols peu ou pas féconds. Dans les 25 sols qui constituaient ceux de la première catégorie, on n'a rencontré que 2 fois l'acide dioxystéarique, tandis qu'on a rencontré cet acide dans 18 des échantillons de la seconde catégorie qui en comprenait 35. Lorsqu'un sol est nettement infécond, la présence de l'acide peut y être décelée, et, cela, dans les localités les plus différentes. Aussi Schreiner et Lathrop estiment-ils que la recherche de cet acide est de quelque avantage lorsqu'il s'agit de contrôler la valeur culturale d'une terre.

On a rencontré dans certains sols de l'*ac.de x oxystéarique* $C^{18}H^{34}O^3$, dont la présence serait imputable à la réaction de l'acide nitreux sur quelques acides aminés. On a pu également caractériser l'acide *lignocérique* $C^{24}H^{48}O^2$, dont la formation serait explicable par l'action de certains microorganismes sur les tissus ligneux.

Schreiner et Sullivan (1909) ont trouvé dans un sol, qui avait été cultivé pendant longtemps en fèves, une substance cristalline, vénéneuse vis-à-vis de ces plantes. Ce sol était devenu acide et la plante refusait d'y végéter; débarrassé par lavage de ce produit toxique, il fut de nouveau capable de porter cette plante. Indépendamment des matières que nous venons de mentionner, Schreiner et Shorey ont isolé du sol des carbures paraphéniques, une cholestérine spéciale *l'agrostérine*, non toxique, de *l'arginine*, de *l'histidine*, des dérivés pyrimidiques, des bases puriques (xanthine, hypoxanthine).

Peut-on annuler ou diminuer la toxicité de certaines de ces substances? Il résulte de plusieurs essais, effectués par Schreiner et Reed (1908) sur des plantes cultivées en solutions aqueuses, que la toxicité de quelques substances organiques ajoutées intentionnellement (vanilline, coumarine, arbutine) s'abaisse au contact des racines vivantes jusqu'à un certain point, lorsque la concentration initiale de la solution n'est pas assez élevée pour nuire au végétal. Il semble que *le pouvoir oxydant des racines* joue dans le phénomène un rôle notable; les racines saines se défendraient elles-mêmes. On a, d'ailleurs, à propos de cette défense, émis certaines hypothèses appuyées parfois par des observations non douteuses, hypothèses dans lesquelles on a fait intervenir la destruction, par des microbes bienfaisants, de microbes nocifs pénétrant dans la racine.

L'addition de matières fertilisantes (nitrate de sodium, carbonate de calcium) combat, dans une certaine mesure, l'influence néfaste des substances toxiques présentes, et coopère, avec l'activité physiologique du végétal, à leur destruction. D'où cette opinion, formulée par beaucoup d'auteurs, que *l'influence bienfaisante des engrais salins s'exerce principalement vis-à-vis des poisons organiques du sol.* L'emploi de quelques antiseptiques énergiques — capables de détruire, non seulement les parasites dangereux (nématodes), mais même de neutraliser les toxines du sol (sulfure de carbone, chloroforme, éther, phénol, crésol, etc.) — a fourni dans plusieurs cas de bons résultats. D'après Milton Whitney, les sols se débarrasseraient de leurs toxines par le fait de l'humification de la matière organique qu'ils contiennent.

On ne saurait contester que, parmi les causes de stérilité partielle ou totale des terres arables, il faut placer le plus souvent, en première ligne, le manque ou l'insuffisance d'éléments minéraux indispensables : aussi voit-on la fécondité revenir sur une terre à laquelle on fait un apport judicieux de telle substance nutritive, rare ou absente. Une plante qui dispose d'aliments convenables pourra lutter avec avantage contre les influences défavorables que lui opposent les milieux ambiants et arriver à triompher dans cette lutte, ainsi qu'il advient de l'animal en équilibre physiologique. Mais la démonstration directe *de la neutralisation des poisons du sol* par tel sel minéral ne résulte pas forcément de ce fait que l'addition de ce sel au sol permet à la plante de se développer normalement.

Quant à *l'origine* des poisons du sol, elle est certainement multiple. Ceux-ci peuvent provenir de la plante elle-même, c'est-à-dire de certaines *secrétions radicales* ; de plus, beaucoup de parasites animaux et de microorganismes élaborent des toxines : cet ensemble de réactions conduit vraisemblablement à un empoisonnement plus ou moins lent du sol. Il est également très possible que, dans bien des cas, l'introduction dans une terre du fumier de ferme, avec les très nombreuses espèces microbiennes qui l'accompagnent, constitue une source de produits de putréfaction dont quelques-uns sont doués de toxicité.

Nous résumerons cette discussion de la façon suivante.

La fatigue du sol semble devoir être mise, assez souvent, sur le compte de substances spéciales, dont les unes sont issues du fonctionnement physiologique lui-même du végétal et se répandent dans le milieu ambiant, et dont les autres prennent naissance dans le sol par suite de l'action de certains microbes sur les débris, si variés quant à leur composition, des matières organiques intimement mélangées aux éléments minéraux de la terre. *Ces poisons*, d'origine microbienne, peuvent s'opposer à toute végétation ou, du moins, ralentir le développement de la plante. L'aération du sol par de fréquents labours, l'apport des matières salines absentes, ou insuffisantes dans leur quantité, rétablissent le fonctionnement normal de l'activité végétale. L'éloignement des substances toxiques, par lavage ou par stérilisation, coïncidant avec le retour de la fertilité, démontre la réalité de la présence des toxines, sans qu'il soit permis d'affirmer, jusqu'à nouvel ordre, que l'addition de tel sel minéral déterminé agisse directement dans le sol comme un contre-poison.

Il est une pratique qui présente de nombreux avantages lorsqu'on veut lutter contre l'intoxication du sol. *L'alternance des cultures* sur une pièce de terre permet, en effet, chez les plantes sarclées, de nettoyer la surface par des binages qui s'opposent au développement des mauvaises herbes et qui, dans une certaine mesure, détruisent une foule de parasites animaux ou végétaux.

CHAPITRE XII

APPLICATIONS DE L'ÉTUDE DE LA CONSTITUTION CHIMIQUE ET BIOLOGIQUE DES SOLS. EAUX DE DRAINAGE.

Importance de l'étude des eaux de drainage. — Substances solubles contenues dans les eaux de drainage. — Pertes par drainage. — Quantités d'eau de pluie qui tombent sur une surface déterminée. — Richesse des eaux de drainage en éléments fertilisants. — Pertes d'azote nitrique dans les conditions naturelles. — Cultures dérobées.

I

IMPORTANCE DE L'ÉTUDE DES EAUX DE DRAINAGE (1)

Dans l'exposé que nous avons consacré à l'étude de la constitution chimique de la matière minérale des sols (chapitre VII, page 211), nous avons examiné la nature des dissolutions contenues dans la terre arable. Nous avons montré par quels procédés on pouvait isoler les liquides qui mouillent normalement les particules terreuses avec leur degré réel de concentration et indiqué les conséquences que l'on doit tirer de leur présence au point de vue de la nutrition végétale. Il nous faut maintenant étudier ce qui se passe lorsque le sol reçoit, du fait de la chute des pluies, une quantité d'eau surabondante, capable de le traverser dans toute sa hauteur. On donne le

(1) Dans ce chapitre, il ne sera question que des eaux de drainage au point de vue chimique ; la pratique du drainage ayant été l'objet, dans cette Encyclopédie, d'un excellent travail de la part de MM. Risler et Wery (*Irrigations et drainage*), 2ᵉ édition, Paris, 1909).

nom *d'eaux de drainage* aux eaux qui s'infiltrent ainsi au travers du sol et qui s'écoulent, soit dans des drains artificiels, soit dans les drains naturels, c'est-à-dire dans les rivières. Leur étude complète ne pouvait être abordée avec profit qu'à la suite de celle des propriétés physiques, chimiques et biologiques du sol.

Lorsqu'on fait l'analyse de l'eau qui a traversé toute l'épaisseur d'un poids un peu notable d'une bonne terre arable, et dont l'excédent a été recueilli au bas de l'allonge où cette terre était enfermée, on remarque, ainsi que nous l'avons dit à la page 217, qu'il existe en quelque sorte deux catégories de substances en dissolution dans le liquide. Les unes sont relativement abondantes : chaux, acide nitrique, soude, acide sulfurique ; les autres sont moins abondantes ou même ne se rencontrent qu'à l'état de traces : potasse, silice, magnésie, chlore, acide phosphorique, ammoniaque.

On en conclut déjà que, si la masse des eaux pluviales qui traverse le sol est un peu considérable, la terre ayant subi ce lavage se dépouillera de quelques-uns des principes capables de fournir à l'organisme végétal un élément indispensable (azote nitrique), ou de quelque substance apte à jouer dans la terre un rôle physique ou chimique important (chaux). Il résulte de ces considérations préliminaires que l'étude du volume et de la composition des eaux qui filtrent au travers du sol est d'une grande importance pratique parce qu'elle permet d'apprécier, d'une part l'intensité et la nature des réactions chimiques et microbiennes dont ce sol est le siège, et, d'autre part, la quantité des matières fertilisantes perdues dans un laps de temps donné, matières qu'il sera nécessaire de réintroduire dans le sol si l'on veut y maintenir un certain degré de fertilité.

Principales questions que soulève l'examen des eaux de drainage. *Eaux pluviales ; eaux de drainage*. — Établissons, d'une manière générale, la nature des problèmes qui se présentent à nous dans ce genre de recherches. L'examen des eaux de drainage doit comporter *à priori* l'étude d'un certain nombre de phénomènes.

En premier lieu, il est d'observation courante que la quantité d'eau pluviale qui tombe sur le sol est extrêmement variable d'un point du globe à un autre.

Il existe sur notre planète des localités où il ne pleut presque jamais. La pluie est nulle, ou à peu près, sur de grands espaces entre le Pérou et le Chili ; les chutes pluviales dans le Sahara sont insignifiantes. Au sud de la Californie, il ne tombe qu'une hauteur de 60 millimètres d'eau par an. Dans l'immense région comprise entre la mer Caspienne et la Mandchourie, le sud de la Sibérie et le Thibet, la hauteur de l'eau qui tombe est très faible.

Par contre, il est des régions où la hauteur de la pluie dépasse 3 mètres par année (intérieur des Guyanes, fond du golfe de Guinée, Bornéo, côte méridionale de Java, etc.). A Sierra-Leone, au Cameroun, la hauteur de la pluie atteint plus de 4 mètres ; elle s'élève à 5 mètres sur les côtes de Birmanie. Enfin, dans le fond du golfe de Bengale, il existe une station, située à 1200 mètres d'altitude, qui reçoit plus de 12 mètres d'eau.

En France, on constate des variations notables dans la quantité d'eau qui tombe annuellement dans les diverses régions. Sur quelques points des contrées du midi, il tombe moins de 500 millimètres d'eau ; dans les lieux élevés (Alpes, Jura, Vosges, Auvergne, Morvan, Cévennes, monts d'Arrée en Bretagne), la chute d'eau annuelle dépasse souvent 1500 millimètres.

Dans la même région, deux points, situés parfois à quelques kilomètres de distance, sont arrosés par des masses d'eau très inégales. Nous n'avons pas à définir ici les causes de ces variations ; il nous suffit de constater le fait. De plus, dans un endroit déterminé, le volume de l'eau pluviale tombée diffère essentiellement d'une année à l'autre, au moins dans beaucoup de cas.

Parmi les facteurs qui influent sur la quantité d'eau récoltée dans les drains, il faut considérer d'abord la perméabilité du sol. Si celui-ci se laisse facilement traverser par les liquides, la quantité d'eau recueillie, toutes choses égales d'ailleurs, sera plus considérable que si on s'adresse à un sol moins perméable. De plus, la totalité de l'eau qui tombe sur une surface de terre déterminée ne traverse pas cette terre : une partie disparaît par évaporation, et cette fraction est d'autant plus notable que la température extérieure est plus élevée. Réciproquement, pendant les mois d'hiver, le rapport entre l'eau qui filtre au travers du sol et l'eau qui tombe à sa surface est beaucoup plus grand que pendant la période chaude de l'année, en raison de l'évaporation plus faible dans le premier cas.

On comprend que la perméabilité d'un sol considéré joue un rôle important en ce qui concerne le rapport entre l'eau qui le traverse et celle qu'il reçoit. Si le sol est très perméable, l'eau pluviale s'infiltrera promptement et soustraira ainsi à l'évaporation des quantités de liquide d'autant plus élevées que le passage au travers de la masse terreuse sera plus rapide, et inversement.

β Substances solubles dans les eaux de drainage : drainage et nitrification. — Une autre question se pose dans l'étude des eaux de drainage. Puisque la température de l'air, et celle du sol qui en dépend, possèdent une influence très marquée sur la fraction du liquide qui filtre, et que cette fraction ne saurait être la même dans les différentes saisons, *la composition chimique* des eaux de drainage doit varier aux diverses époques de l'année.

Il est un phénomène dont l'importance est dominante dans le cas actuel, c'est celui de la nitrification. Nous avons vu antérieurement que *les nitrates n'étaient par retenus par le pouvoir absorbant*, et qu'un lavage quelque peu prolongé suffisait pour les entraîner en totalité. Or, l'activité de la nitrification est essentiellement variable suivant les différentes saisons. Faible ou nulle en hiver, en raison de l'abaissement de la température, elle devient plus grande au printemps et possède un maximum en été.

*

Considérons le cas d'une bonne terre arable, nue, c'est-à-dire dépourvue de végétation : c'est vers la fin de l'été que cette terre contiendra le plus de nitrates. Mais comme, en général, les drains coulent peu pendant la saison chaude, par suite de l'évaporation active qui s'exerce à la surface du sol, la perte d'azote nitrique sera faible. Elle ne deviendra notable qu'à une époque ultérieure où, la température s'étant abaissée, l'évaporation sera moindre ; le volume de l'eau pluviale capable de traverser le sol sera alors plus considérable. On en conclut que le dosage de l'azote nitrique dans les eaux de drainage doit fournir des indications précieuses sur le travail microbiologique du sol ; mais il faut avoir égard au temps que met le liquide à traverser la terre considérée pour reporter avec justesse, à une époque déterminée, l'intensité des réactions dont cette terre a été le siège à un moment donné.

Un problème analogue se pose dans le cas d'un sol cultivé. Ici, la question est plus complexe. En effet, la végétation soustrait au sol des quantités importantes d'azote nitrique : d'où pauvreté relative des eaux de drainage. De plus, la plante évapore, durant toute la période ascendante de son existence, un volume d'eau considérable. Le sol qui la porte, s'il ne reçoit pas une quantité suffisante d'eaux météoriques ou d'eaux d'arrosage, peut se dessécher à tel point que la dose d'humidité qu'il renferme à une époque donnée soit trop faible pour subvenir aux exigences de la nitrification. Aussi, lorsqu'un sol semblable, une fois dépouillé des plantes qu'il a nourries, sera lavé par les pluies, celles-ci pourront-elles n'entraîner que des quantités très faibles d'azote nitrique ; d'abord parce que la végétation aura utilisé à son profit une fraction plus ou moins notable des nitrates, et, en second lieu, parce que le dessèchement de la terre, du fait même de l'évolution de la plante, aura entravé l'activité de la nitrification.

Ces considérations sont très importantes en matière de culture.

Dans les lignes qui précèdent, il n'a été question que de sols que l'on supposait doués d'une richesse satisfaisante en principes minéraux et auxquels on n'avait pas distribué d'engrais. L'étude des eaux de drainage de terres ayant reçu, soit des nitrates, soit des sels ammoniacaux, soit des fumures organiques, telles que le fumier de ferme, présente un intérêt de premier ordre. La composition des eaux de drainage, examinée à certaines époques de l'année, pourra renseigner sur la rapidité avec laquelle les nitrates ajoutés auront filtré au travers de la terre ; elle montrera le temps employé par les sels ammoniacaux à se convertir en nitrates ; elle permettra de comparer entre elles, au point de vue de leur aptitude à la nitrification, les diverses fumures organiques : fumier, sang desséché, tourteaux, etc. Par conséquent, elle indiquera, pour tel sol de constitution physique déterminée, quels seront les engrais azotés dont la distribution sera la plus avantageuse, c'est-à-dire ceux qui transformeront le plus rapidement leur azote organique en azote nitrique. On devine combien la vitesse de cette transformation doit être variable suivant la structure de la terre considérée.

Conséquences de l'entraînement des nitrates. — Puisque les nitrates s'écoulent facilement d'une terre lavée par une quantité suffisante d'eau de pluie, on aura tout intérêt à maintenir le sol couvert le plus longtemps possible de végétation, afin d'en extraire, par l'intermédiaire et au profit de la plante, une fraction importante de l'azote nitrique que ce sol contient. Or, à l'automne, à l'époque où la terre renferme encore, malgré l'exportation végétale, de fortes quantités de nitrates, et où des pluies abondantes sont à craindre, il arrive fréquemment que le sol est, pendant un certain temps, privé de végétaux, et exposé, par conséquent, à perdre ses nitrates d'une manière plus ou moins complète. Une pratique ancienne, et qui, suivant la nature du sol, fournit des résultats variables, mais souvent assez bons, consiste à établir sur la terre ainsi dénudée la culture d'une plante à végétation rapide, capable de se développer entre le moment où la récolte principale a été enlevée et celui où l'on entreprend le semis d'une plante nouvelle. Ce genre de culture, destiné à absorber une fraction de l'azote nitrique qui, sans cela, serait perdue, a reçu le nom de *cultures dérobées ou intercalaires*.

La plante fixe l'azote nitrique soluble et entraînable par l'eau pluviale ; elle le convertit en azote albuminoïde insoluble et le soustrait ainsi à une perte certaine. Le sort réservé aux cultures dérobées varie suivant les cas. Le plus souvent, on enterre les plantes sur place, dans le sol même qui les a portées, à la fin de l'automne. Il est évident que l'azote protéique va demeurer sous cet état pendant un espace de temps assez long ; car, pendant l'hiver, les phénomènes de décomposition microbienne, capables d'amener l'azote organique sous la forme ammoniacale, sont fortement ralentis par suite de l'abaissement de la température. Par le fait de l'installation d'une culture dérobée, *on insolubilise* en quelque sorte l'azote nitrique. Au bout d'un temps variable, qui dépend de la nature du sol et de l'élévation de la température, l'azote protéique reprendra successivement la forme ammoniacale, puis la forme nitrique ; il sera donc mis, dès le printemps suivant, à la disposition des végétaux que l'on sèmera à cette époque sur la parcelle de terre ayant reçu au préalable la culture dérobée. Nous reviendrons bientôt sur ce sujet (page 515).

Évaluation des pertes par drainage. — Cases de végétation. — L'étude rationnelle des eaux de drainage est donc fort instructive, et, si nous avons jusqu'à présent parlé surtout de l'azote nitrique, c'est que cet élément est indispensable à la plante et que son prix est assez élevé. De plus, c'est la perte, souvent considérable, de l'azote nitrique par drainage qui retentit le plus sur la fertilité des sols.

L'analyse de l'eau des drains naturels (rivières ou ruisseaux) fournit des renseignements sur les pertes qu'éprouve le sol lorsqu'il est traversé par les eaux de la pluie. Mais le calcul exact du volume de l'eau qui a traversé ce sol, ainsi que l'estimation réelle des surfaces arrosées ayant déversé leurs eaux dans telle rivière présentent quelque difficulté.

Les travaux les plus soignés et les plus fructueux, quant à l'interprétation des résultats obtenus, sont ceux dans lesquels il a été fait usage de *cases de végétation*.

On appelle ainsi de vastes cavités creusées dans le sol, dont les parois et le fond sont isolés de la terre qui les entoure par une maçonnerie suffisamment épaisse, rendue imperméable par un revêtement de ciment. De pareilles cases auront de 3 à 4 mètres carrés de surface et 1 mètre de profondeur. On ménagera dans le fond une ou deux ouvertures destinées à recueillir l'eau qui traversera la masse de terre. On garnit ces cases avec la terre que l'on doit soumettre à l'étude, et on pourra imiter la constitution naturelle d'un sol en disposant dans le fond de la case un sous-sol artificiel de telle structure que l'on voudra. Un pluviomètre, de surface connue, situé dans le voisinage, indiquera la quantité d'eau de pluie qui tombe. De semblables appareils donnent des renseignements très précis, non seulement dans le cas de terres nues, mais surtout dans le cas de sols plantés et pourvus ou non d'engrais. Ce sont ces renseignements dont nous ferons état dans ce qui va suivre.

Toutefois, une critique qui saute aux yeux s'impose lorsqu'on emploie ces appareils. La terre dont on garnit les cases est forcément moins tassée que dans les conditions naturelles. Si la case a une profondeur d'un mètre par exemple, cette terre se trouve ainsi ameublie sur une hauteur beaucoup plus grande que celle des sols même les mieux travaillés. Malgré cela, les conclusions que l'on peut tirer des observations faites sur les cases de végétation méritent quelque attention. On comprend que, en raison même de l'ameublissement du sol, les chiffres qui représentent la déperdition de certains éléments soient plus élevés que ceux que l'on obtiendrait dans des circonstances plus naturelles. Ceci est vrai particulièrement au début des observations; dans la suite, la terre se tasse peu à peu et prend une structure normale. D'ailleurs ce n'est pas là un inconvénient sérieux : mieux vaut connaître le maximum des pertes qu'éprouve un sol de façon à pouvoir y remédier par des apports suffisants de matières fertilisantes.

À défaut de cases de végétation, on a fait souvent usage de grands vases de grès, percés de trous, d'une cinquantaine de centimètres de hauteur et d'un diamètre à peu près égal.

L'étude des eaux de drainage, au point de vue chimique, a été entreprise par nombre d'auteurs ; nous retiendrons principalement ici les faits mis en lumière par Lawes, Gilbert et Warington en Angleterre, et par Dehérain en France.

Reprenons maintenant l'étude détaillée des divers points

que nous venons d'indiquer. Nous insisterons principalement sur les faits suivants : quantités d'eau pluviale qui tombent sur une surface déterminée et rapport existant entre l'eau qui traverse le sol et l'eau que ce sol a reçue ; expériences de Lawes et Gilbert destinées à établir ce rapport ; expériences de Dehérain ; substances dissoutes dans les eaux de drainage dans le cas des terres nues ou cultivées avec ou sans engrais ; pertes d'azote nitrique dans les conditions naturelles ; cultures dérobées.

II

QUANTITÉS D'EAU DE PLUIE
QUI TOMBENT SUR UNE SURFACE DÉTERMINÉE.

Apport total. — On possède à cet égard des données assez complètes, relatives à un grand nombre de régions du globe. Mais nous ne transcrirons ici que quelques chiffres en particulier, destinés à montrer la variabilité de la hauteur de la pluie tombée suivant les différentes années.

A Montsouris (1), dans la région sud de Paris, la hauteur moyenne de la pluie (en millimètres) pendant vingt ans (1875-1895) a été la suivante, dans les différents mois de l'année :

Décembre	Janvier	Février	Mars	Avril	Mai	Juin	Juillet
46,1	36,1	31,5	35,9	39,8	43,2	58,1	54,5

Août	Septembre	Octobre	Novembre.
50,6	45,4	58,7	48,1

soit donc une hauteur moyenne, pour l'année entière, de 548 millimètres. Durant cette période, les variations ont été considérables, pendant le même mois, d'une année à l'autre. Citons quelques exemples. Dans le tableau ci-dessous, le premier chiffre indique la hauteur maximum accompagné, entre parenthèses, du millésime de l'année, le chiffre placé au-dessous indique la hauteur minimum (en millimètres) :

(1) D'après l'*Annuaire de l'Observatoire municipal de Montsouris*, année 1897.

Décembre	Janvier	Février	Mars	Avril
84,6 (1872)	63,2 (1875)	59,1 (1873)	87,7 (1888)	84,9 (1878)
6,0 (1873)	9,1 (1876)	1,8 (1887)	6,0 (1893)	0,3 (1893)

Mai	Juin	Juillet	Août	Septembre
84,7 (1889)	137,9 (1873)	105,1 (1890)	79,2 (1886)	85,3 (1883)
3,5 (1880)	26,7 (1877)	16,6 (1885)	17,4 (1893)	0 (1895)

Octobre	Novembre
149,8 (1892)	106,7 (1882)
19,7 (1888)	15,9 (1879)

Dans le cours de l'année, s'étendant de décembre à novembre, la hauteur maximum d'eau de pluie a été observée en 1885-86 ; elle s'est élevée à 710^{mm},3. La hauteur minimum a été observée en 1873-74, elle s'est élevée à 396^{mm},4, soit 55 p. 100 seulement. La surface d'un hectare aurait donc reçu, en 1885-86, 7.103 mètres cubes d'eau ; en 1873-74, 3.964 mètres cubes. Une année moyenne fournirait 5.480 mètres cubes. En Angleterre, la quantité d'eau tombée est, en général, plus considérable qu'à Paris. A Rothamsted, notamment, où ont été faites les observations de Lawes et Gilbert, on trouve les moyennes suivantes, en millimètres, relatives à un intervalle de vingt- sept années (1853 à 1879) :

Janvier	Février	Mars	Avril	Mai	Juin	Juillet	Août
67,5	42,9	43,4	50,8	60,7	62,7	66,3	68,6

Septembre	Octobre	Novembre	Décembre	Total
64,0	75,7	58,9	51,6	713,3

Le minimum d'eau tombée se rencontre en février et le maximum en octobre, à Rothamsted comme à Paris.

Évaporation de l'eau. — Il est bien évident que la totalité de l'eau de pluie qui tombe sur une surface déterminée ne saurait traverser le sol. Une partie demeure dans l'épaisseur de celui-ci, et cette fraction varie avec l'état antérieur d'humidité de la terre considérée et avec sa constitution physique. Nous avons déjà étudié ce point particulier en traitant de l'imbibition des terres par l'eau (p. 144). L'autre partie de l'eau tombée s'évapore dans l'atmosphère, et cette fraction varie principalement avec la température et l'état hygrométrique de l'air. Lorsque le sol considéré est couvert de végétation, une portion de l'eau ayant primitivement pénétré dans la terre s'introduit dans la plante à l'activité physiologique de laquelle elle est indispensable. Cette eau ne s'y immobilise pas, elle est sans cesse rejetée dans l'atmosphère (transpiration), et sans cesse remplacée par une nouvelle quantité de liquide soustrait au sol par les racines. Au fur et à mesure des progrès de sa végétation, la plante se dessèche peu à peu, mais, alors même qu'elle paraît complètement sèche, elle contient encore une dose d'eau notable.

Il nous reste donc à chercher quelle est la fraction de l'eau de pluie, qui, suivant les diverses circonstances que nous venons d'énumérer, traverse complètement le sol et dissout pendant son passage certaines substances fertilisantes qui sont alors perdues pour la végétation.

On peut tout d'abord se faire, ainsi qu'il suit, une idée sommaire de la quantité d'eau évaporée. Prenons, comme le fait Duclaux, une étendue de terre considérable, au sujet de laquelle on possède des indications précises relativement à la quantité d'eau tombée et à celle que les fleuves déversent annuellement dans la mer. En France, sur une surface de 528 000 kilomètres carrés environ, il tombe, par an, 417 milliards de mètres cubes d'eau, pour une hauteur moyenne de pluie de 700 millimètres. Les fleuves en débitent 180 milliards de mètres cubes ; le rapport $\frac{180}{417}$ est égal à $\frac{43}{100}$. On en conclut que la totalité du sol de la France absorbe 43 p. 100 de l'eau tombée, laquelle passe dans les fleuves, et que 57 p. 100 de cette eau de pluie sont rejetés dans l'atmosphère par évaporation.

Ces données brutes ne nous renseignent pas sur *l'état* des surfaces ; il n'est question ici *que de l'ensemble de l'évaporation*, celle-ci provenant à la fois des espaces dépourvus de végétation et de ceux qui en sont couverts.

Risler, dans sa propriété de Calèves (Suisse), a étudié pendant dix ans (1867-1876) *le rapport* entre les quantités d'eau tombée et d'eau évaporée sur des terres cultivées à l'état normal (blé, luzerne, trèfle). Le champ de culture avait une surface de 10 ares ; les eaux qui traversaient le sol étaient reçues dans une série de drains régulièrement disposés. En sorte que cette expérience, faite sur une assez grande échelle, présente une valeur indiscutable.

La hauteur moyenne de la pluie des dix années a été de 944^{mm},6. Les drains en ont recueilli 250,8 ; la différence, c'est-à-dire 693, représente à la fois l'eau qui est retournée à l'atmosphère par simple évaporation, l'eau qui est demeurée dans le sol, et l'eau qui, à un moment donné, a fait partie des tissus végétaux. On trouve donc que, dans la localité où cette observation a été faite, sur 100 parties d'eau tombée, il y a eu 26 parties d'eau captée par les drains et 74 parties d'eau évaporée. Il s'agit ici d'un sol cultivé *normalement*. Les chiffres de cette expérience montrent, si on les compare à ceux que nous avons donnés relativement à la surface de la France, que l'influence de la végétation sur la quantité d'eau de pluie évaporée est considérable ; les plantes dessèchent partiellement le sol. Nous aurons l'occasion de trouver ultérieurement confirmation de ce fait.

Expériences de Lawes et Gilbert. — Ces auteurs, pour recueillir et mesurer l'eau de drainage, ont construit de grandes caisses en briques contenant des épaisseurs de terre égales à 0^m,50, 1 mètre, 1^m,50. Leurs expériences ont été poursuivies pendant un long espace de temps (1853-1880). Nous aurons surtout en vue ici la période décennale (1871-1880) sur laquelle il a été fourni beaucoup de renseignements.

Lawes et Gilbert ont d'abord étudié le rapport entre la quantité d'eau tombée pendant chaque saison et celle qui traverse une épaisseur de terre déterminée. La moyenne annuelle de la hauteur de la pluie a été de 786 millimètres ; les $\frac{44}{100}$ de cette eau ont pénétré dans le sol. Sous le climat de Paris, moins humide que celui de l'Angleterre, l'eau qui traverse le sol n'est guère que le tiers de l'eau tombée.

Lawes et Gilbert font remarquer que le passage de l'eau à travers la terre s'effectue de deux façons différentes : 1° *par drainage direct*. Dans ce cas, l'eau s'infiltre en suivant les canaux qui sillonnent la masse entière du sol. Ce passage est très facile, car ces canaux, qui consistent en fentes et fissures, persistent alors même que la sécheresse a cessé. 2° *par drainage général*. L'eau filtre alors peu à peu au travers de toute l'épaisseur de la terre. Elle se sature des sels qu'elle y rencontre ; tandis que, dans le cas du drainage direct, elle ne peut en dissoudre qu'une assez faible quantité. Lorsque la terre est légère, naturellement poreuse, l'imbibition est rapide et l'on a surtout affaire au drainage général. Mais s'il s'agit d'une terre forte, l'eau se glisse d'abord dans les canaux préexistants avant de mouiller la masse entière du sol ; le drainage direct précède donc le drainage général.

On a constaté en Angleterre, au point de vue de la variabilité annuelle de la chute des eaux pluviales, des phénomènes analogues à ceux que nous avons signalés plus haut à propos des observations faites à Montsouris. L'année 1874, par exemple, n'a fourni que 574 millimètres d'eau; l'année 1879 en a fourni 1079 millimètres. Il est donc tombé beaucoup plus d'eau à Rothamsted qu'à Paris.

Le rapport entre la quantité d'eau qui passe dans les drains et celle qui tombe sur le sol varie énormément avec les saisons et, cela, pour les causes que nous avons indiquées antérieurement. La période avril-septembre donne 26 p. 100 d'eau de drainage; donc 74 p. 100 de l'eau tombée se sont évaporés. La période octobre-mars donne 62 p. 100 de drainage et 38 p. 100 d'eau évaporée. Voilà pour la moyenne. Mais, d'une année à l'autre, les écarts sont parfois très grands : 100 parties d'eau tombée pendant l'été ont fourni de 7.9 à 47.6 parties d'eau de drainage ; pendant l'hiver, 100 parties d'eau ont fourni de 39 à 80 parties d'eau de drainage.

La quantité d'eau qui s'évapore à la surface d'un sol *non cultivé* dépend de la température de l'air, de son état hygrométrique, de l'intensité du vent, de la température du sol, du mode de distribution de l'eau dans le sol. Ce dernier point a son importance. En effet, l'observation montre qu'une pluie abondante et qui tombe rapidement fournit un volume d'eau de drainage plus grand, donc une évaporation moindre, que la même quantité d'eau répartie sur la même surface mais pendant un temps plus long. En été, étant donnée l'élévation de la température, l'évaporation de l'eau est incomparablement plus forte qu'en hiver ; cependant, la quantité d'eau qui tombe pendant l'été l'emporte toujours sur celle qui tombe en hiver. Malgré cela, et en raison même de l'évaporation très forte de l'eau pendant l'été, la terre laisse filtrer plus d'eau en hiver qu'en été.

A Rothamsted, durant la période décennale envisagée, le rapport entre l'eau évaporée et l'eau qui a traversé la terre a oscillé autour des chiffres suivants :

Sur 100 parties d'eau tombée :

	Janvier	Mars	Juin	Sept.	Novembre
Eau évaporée..................	24	60	80	65	30
Eau ayant filtré	76	40	20	35	70

Il convient de remarquer que l'on commet une erreur en calculant par différence l'eau évaporée. Car, à partir de l'hiver jusqu'au milieu de l'été, le sol subit une dessiccation progressive et continue ; donc l'évaporation réelle surpasse la différence observée entre la pluie tombée et l'eau de drainage recueillie. Le phénomène inverse a lieu pendant la période de refroidissement durant laquelle le sol se sature peu à peu d'humidité.

Lorsqu'il s'agit d'un sol cultivé, les choses se passent autrement. Les feuilles évaporent des quantités d'eau considérables en relation avec l'éclairage qu'elles reçoivent. Or, l'assimilation chlorophyllienne est sous la dépendance de cet éclairage. De sorte que, entre l'accroissement d'un végétal et sa transpiration, il doit exister une relation étroite. Lawes et Gilbert remarquent que, dans des circonstances favorables, cette relation est sensiblement constante. D'après leurs expériences, il faut admettre que, lorsque la plante fabrique 1 gramme de matière sèche, elle évapore de 250 à 300 grammes d'eau. En réalité, l'écart est encore plus grand, ainsi qu'il résulte de travaux ultérieurs.

Expériences de Dehérain. — En faisant usage de grands vases de grès remplis de terres de différentes origines Dehérain a constaté à Grignon (aux environs de Paris) que l'eau de drainage n'atteignait jamais le tiers de l'eau de pluie tombée. La quantité d'eau qui s'écoule des terres pauvres en humus est toujours un peu plus grande que celle qui filtre au travers d'une terre plus riche ; les différences sont toutefois assez faibles.

Voici un exemple, fourni par l'auteur précité, du drainage d'une terre nue, observé dans une case de végétation de 4 mètres carrés de surface sur 1 mètre de profondeur, du 27 février 1892 au 2 mars 1893. Si on rapporte les chiffres à une surface de 1 mètre carré, on trouve que l'eau pluviale a fourni 566 litres, l'eau de drainage 145 litres ; il en résulte que 25,6 p. 100 seulement de l'eau de pluie ont traversé la terre. Le drainage a été nul du 17 février au 24 juillet ; du 12 novembre au 2 mars il représentait 45 p. 100 de l'eau tombée. On voit, par ce seul exemple, quelles variations énormes présente la quantité d'eau qui filtre par rapport à celle qui tombe sur le sol, et la nécessité où l'on est d'étudier de pareils phénomènes sur de très longues périodes.

Lorsqu'il s'agit de sols cultivés, il arrive souvent que l'on ne recueille pas d'eau de drainage avant la fin de l'automne, car les plantes ont desséché à tel point le sol que les premières pluies d'automne ne suffisent pas à mouiller complètement la terre.

III

RICHESSE DES EAUX DE DRAINAGE EN ÉLÉMENTS FERTILISANTS.

La composition minérale des eaux de drainage varie essentiellement avec la composition chimique du sol ; elle varie aussi avec la présence ou l'absence de végétaux, puisque ceux-ci absorbent des éléments de fertilité qui sont alors soustraits aux liquides qui imbibent la terre ; elle dépend du degré de vigueur des plantes et de leur nature : telle plante absorbant davantage telle substance. Enfin elle est en relation avec la quantité et la nature des engrais distribués.

On trouve dans les eaux de drainage des terres cultivées ou cultivables deux éléments de première importance : de l'azote nitrique et de la chaux (sous forme de bicarbonate, de sulfate, de chlorure). On y rencontre aussi de notables quantités de soude. Beaucoup d'eaux de drainage renferment d'assez fortes proportions de chlore et d'acide sulfurique. Les autres éléments fertilisants, acide phosphorique, potasse, ammoniaque, n'existent le plus souvent qu'en doses minimes, parfois même à l'état de traces. En effet la plupart des terres arables, à moins qu'elles ne soient d'une excessive pauvreté en calcaire et en humus, possèdent, à l'égard des trois dernières substances que nous venons de citer, un pouvoir absorbant très marqué.

Cas des terres non cultivées ou des terres n'ayant pas reçu d'engrais. — L'acide nitrique est l'élément dont le taux est le plus intéressant à connaître, en raison de l'utilité incontestée de cette substance et de son prix relativement élevé. De plus, l'étude des pertes d'azote nitrique donne une mesure directe du travail chimique et bactériologique du sol.

Le maximum de richesse en nitrates se présente le plus souvent dans le premier drainage d'automne, d'après Lawes et Gilbert. Peu à peu, cette richesse diminue, et l'on observe un minimum de nitrates au printemps. La chose est facile à comprendre puisque les nitrates s'accumulent dans le sol pendant l'été, grâce à une température favorable à l'évolution du ferment nitrique. Le drainage est faible dans cette saison, quelquefois il est nul ; car, alors même qu'il s'agit d'une terre nue, l'évaporation est considérable. Il faut remarquer, cependant, que les premières eaux qui s'écoulent dans les drains au mois d'octobre ne sont pas forcément les plus chargées en nitrates. En effet, ceux-ci sont surtout abondants dans les couches supérieures du sol ; ils n'apparaissent dans les drains que lorsque toute l'eau de la couche qui leur est sous-jacente a d'abord été déplacée.

Pendant une période de neuf années, il a été trouvé en moyenne dans les eaux de drainage, par an et par hectare, à Rothamsted, les quantités suivantes d'azote nitrique : (1877-1886) :

Mars à juin = 7 ^{kg},5 ; juillet à septembre = 8,7 ; octobre à février = 27 ;

soit donc un total de 43 kilogrammes recueillis dans une case de végétation de 1^m,50 de profondeur (Warington). La seule période triennale (1877-1880) avait fourni, par an et par hectare : 49^{kg},4 d'azote nitrique ; ce qui équivaut à une fumure d'environ 300 kilogrammes de nitrate de sodium (Lawes et Gilbert). A cet azote nitrique perdu il convient d'ajouter de petites quantités d'azote ammoniacal et d'azote organique, le tout s'élevant à peu près à 2 kilogrammes. L'eau de pluie apporte annuellement sur le sol une moyenne de 5 kilogrammes d'azote combiné, chiffre plus faible que celui que l'on observe en France notamment.

Si la terre nue est soumise à de nombreux labours qui renouvellent les surfaces et activent la nitrification, la perte en azote nitrique peut être beaucoup plus élevée que celle que nous venons de signaler. Dehérain a trouvé, à Grignon, dans les eaux de drainage des terres nues de ses cases de végétation, terres travaillées et n'ayant pas reçu d'engrais, des chiffres d'azote nitrique infiniment plus forts que ceux qu'ont fournis Lawes et Gilbert.

Quoiqu'il en soit, les pertes d'acide nitrique sont notables, surtout dans le drainage d'automne. Nous verrons plus loin de quelle façon on peut les réduire. Ces pertes devront évidemment s'abaisser beaucoup lorsque le sol sera couvert de végétation et que celle-ci sera vigoureuse. Si le sol est peu calcaire, l'acide nitrique se trouve combiné à la potasse ; on le rencontre à l'état de nitrate de calcium lorsque les terres sont calcaires.

En ce qui concerne l'*acide phosphorique*, substance de première importance dans l'économie végétale, les pertes sont généralement minimes. Elles se chiffrent par une centaine de grammes par an et par hectare dans beaucoup de cas. Nous donnerons bientôt les résultats obtenus sur des terres enrichies d'engrais.

La potasse est entraînée dans les eaux de drainage en faible quantité. Toutefois, la proportion de cette base est plus élevée que celle de l'acide phosphorique. Dehérain a montré que le poids de cet alcali pouvait atteindre 2^{gr},5 par mètre cube d'eau chez les terres épuisées par la culture ; ce qui donnerait, pour la surface d'un hectare, une perte totale annuelle de 5 kilogrammes environ pour les terres de Grignon. Dans le cas d'une terre n'ayant jamais reçu d'engrais, la perte serait encore moindre. Elle est, au contraire, plus élevée chez les terres en bon état de fumure, mais ne dépasse que rarement une dizaine de kilogrammes par an et par hectare.

Il résulte de ce qui précède que, des trois principaux éléments de fertilité d'un sol, azote, acide phosphorique, potasse, les deux derniers sont presque intégralement conservés par la terre et n'en disparaissent que par les récoltes. Pour établir le bilan de ces deux éléments de fertilité, on fera la différence entre l'exportation par les récoltes et les apports par les fumiers ou les engrais chimiques. En ce qui concerne l'azote, il faut, au contraire, tenir compte des pertes imputables aux eaux de drainage.

La *chaux* est, ainsi que nous l'avons bien des fois signalé, un des éléments les plus utiles au sol. Quoique la solubilité de son carbonate dans l'eau soit faible, cette solubilité est augmentée du fait de la présence dans la terre d'une dose de gaz carbonique variable, mais parfois assez élevée : aussi doit-on s'attendre à trouver dans les eaux de drainage une quantité de carbonate, ou plutôt de bicarbonate de calcium, d'autant plus élevée que la terre sera plus chargée d'engrais organiques et qu'une bonne circulation de l'air permettra mieux à cette matière organique de s'oxyder. Or, nous savons que c'est l'intensité de la vie microbienne qui règle la teneur d'un sol en gaz carbonique. A cette perte de chaux sous forme de bicarbonate, il faut ajouter les pertes à l'état de sulfate de calcium ; la perte de chaux sous cette forme s'ajoutant à celle du bicarbonate donnera dans certains cas des chiffres très élevés, pouvant dépasser 400 à 500 kilogrammes de chaux par an à l'hectare. Si le sol est pauvre en sulfate de calcium, mais s'il reçoit des engrais sulfatés (sulfates d'ammonium ou de potassium), la double décomposition qui a lieu entre ces sulfates et le calcaire produira une élimination de sulfate de calcium d'autant plus élevée que les engrais sulfatés auront été plus largement distribués. Il en est de même de la présence de la chaux à l'état de chlorure de calcium. Cette élimination sera d'autant plus considérable que le sol aura reçu comme engrais un poids plus élevé de chlorure de potassium.

Prenons, comme exemple de l'importance de l'élimination de la chaux, les expériences de Lawes et Gilbert sur le champ de blé de Rothamsted (la culture du blé enlève au sol peu de chaux). Les auteurs ont trouvé, sur une parcelle sans engrais, la dose de 98^{gr},1 de chaux par mètre cube d'eau de drainage. Si on suppose, ainsi que nous l'avons dit plus haut (page 504), qu'il tombe en moyenne sur ce domaine 786 millimètres d'eau et que 44 p. 100 de cette eau s'écoulent dans les drains, cela ferait une perte à l'hectare égale à 338 kilogrammes de chaux.

On constate parfois des pertes encore plus fortes : Stoklasa a trouvé pour les sols de Bohême, chez lesquels la respiration microbienne est très variable, des chiffres variant de 218 à 1268 kilogrammes de carbonate de calcium éliminés par an et par hectare. Ces pertes énormes de chaux doivent fixer l'attention.

La quantité de calcaire que l'on rencontre dans les eaux de drainage ne dépend pas de la dose absolue de cette substance dans le sol ; nous savons qu'elle ne varie qu'avec le taux, c'est-à-dire la tension du gaz carbonique qui existe dans l'atmosphère interne de la terre. De même, les engrais sulfatés ou chlorurés solubles dissolvent, par double décomposition, autant de calcaire dans un sol riche que dans un sol pauvre en carbonate de calcium. Si, donc, à la suite de fumures abondantes, organiques, sulfatées, chlorurées, il disparaît un poids aussi notable de calcaire et que le sol soit naturellement pauvre en cette substance, il y aura lieu de restituer, à un moment donné, à ce sol la chaux qu'il aura perdue par l'effet des réactions que nous venons de signaler. A *fortiori* s'il a fallu chauler ou marner une terre trop peu calcaire, il est nécessaire de tenir grand compte des phénomènes qui tendent à éliminer peu à peu le carbonate de calcium.

Le *chlore* que l'on rencontre dans les eaux de drainage est combiné au sodium et au calcium. On en trouve des proportions très variables. La parcelle du champ de blé de Rothamsted, dont nous parlions plus haut, cultivée sans engrais, contenait, par mètre cube d'eau de drainage, $10^{gr}.7$ de chlore. A l'aide du calcul précédemment fait, on voit que, par an et par hectare, il s'élimine dans les eaux environ 37 kilogrammes de chlore. D'après une moyenne tirée d'un grand nombre d'expériences, l'eau de la pluie apporterait au sol environ 15 kilogrammes de chlore à l'hectare.

L'*acide sulfurique*, combiné également au sodium et au calcium, a été trouvé égal à $24^{gr}.77$ par mètre cube ; soit un départ de 85 kilogrammes par an et par hectare. Cette élimination continue de l'acide sulfurique, soit dit en passant, est à prendre en sérieuse considération ; car, dans les sols naturellement pauvres en sulfates, il peut arriver un moment où la dose d'acide sulfurique est assez faible pour mettre une entrave à la bonne marche de la végétation. Le soufre, en effet, fait partie intégrante de la molécule albuminoïde.

La *soude* s'écoule dans les eaux de drainage sous la forme de sulfate et de chlorure ; plus rarement sous la forme de nitrate, à moins que le sol n'ait reçu des doses excessives de cet engrais. L'emploi habituel, sur nombre de terres, de ce dernier agent de fertilité fait monter beaucoup le taux de soude que l'on rencontre dans les eaux de drainage.

La perte de soude est donc toujours notable ; nous savons, en effet, que cette base est mal retenue par le pouvoir absorbant. Dans l'exemple de la parcelle du champ de blé de Rothamsted sans engrais, cette perte, calculée à l'hectare, s'élevait à 20 kilogrammes environ. Mais, ainsi que nous le dirons plus loin, le poids de soude éliminée peut être dix fois plus grand dans certains cas.

Cas des terres cultivées ou ayant reçu des engrais. — Tous autres sont les chiffres qui représentent les pertes par eaux de drainage dans le cas de terres cultivées avec ou sans engrais. Une terre cultivée est toujours moins humide qu'une terre en jachère, et les pertes par infiltration diminuent par conséquent. Si, à titre d'expérience, ainsi que la chose a été pratiquée dans les cases de végétation, on distribue à une terre nue des engrais variés, afin de déterminer la nature et la quantité des substances qui apparaissent dans les eaux de drainage sous l'influence de ces engrais seuls, on peut faire certaines observations très intéressantes. En particulier, ces observations porteront sur la vitesse avec laquelle nitrifient les matières azotées organiques (fumier, engrais verts, tourteaux, sang desséché, etc.) ainsi que les sels ammoniacaux. On constate, dans de semblables essais, que les sels ammoniacaux nitrifient généralement très bien, à la condition que la dose d'humidité soit suffisante. Or cette dose optimum varie avec la structure physique du sol comme nous le savons. La nitrification de l'azote ammoniacal est également fonction de la température : à l'automne, par conséquent, elle est peu notable ; elle peut être suspendue pendant les mois d'hiver, et elle recommence au printemps. Mais l'azote ammoniacal demeure fixé dans le sol, et les eaux de drainage n'en renferment le plus souvent que des traces.

Si le sol est suffisamment calcaire, tous les engrais organiques azotés peuvent y nitrifier. La vitesse de la nitrification de ces matières dépend de leur degré de finesse d'abord, ainsi que de la rapidité avec laquelle les nombreux amides complexes qui entrent dans leurs molécules azotées se transforment en ammoniaque. Le sang desséché et les engrais verts sont les substances qui subissent avec le plus de facilité la transformation ammoniacale et qui, conséquemment, nitrifient avec la vitesse la plus grande. Les engrais torréfiés (cuir, corne) nitrifient beaucoup plus vite que ces mêmes engrais pris à l'état naturel, alors même qu'ils seraient finement divisés : on sait que l'action de la chaleur a pour effet de résoudre peu à peu la molécule albuminoïde en molécules plus simples. Quant au fumier de ferme, l'ammonisation de son azote est plus lente. En effet, s'il renferme des matières dont la transformation en ammoniaque est déjà parachevée à la suite des fermentations qu'il a éprouvées lors de sa mise en tas, la majeure partie de son azote se trouve encore sous forme albuminoïde (résidu des litières). Lorsque ces litières sont abondantes et qu'elles comprennent des débris de végétaux ligneux (bruyères, fougères), la décomposition complète du fumier dans le sol et la nitrification subséquente de l'azote de pareils matériaux exigeront un temps parfois fort long. Mais cette lenteur de transformation présente souvent des avantages réels, tant au point de vue chimique qu'au point de vue physique.

Telles sont les conséquences les plus remarquables que l'on peut tirer de l'étude des eaux de drainage qui s'écoulent des terres non cultivées, mais enrichies de substances fertilisantes azotées de constitution diverse. Il en résulte, au point de vue pratique, que, lorsqu'une terre réclame de l'azote, il est indispensable de tenir compte de sa perméabilité, de sa constitution chimique, de la nature des plantes qu'elle est destinée à porter, avant de se prononcer sur le choix à faire relativement à la *forme* de l'azote qu'il convient de donner à cette terre.

Lorsque le sol est enrichi d'engrais et qu'il porte des végétaux, l'étude des eaux de drainage est encore très intéressante. Elle nous montre, en effet, la quantité et la nature des pertes que subit la terre, et, par conséquent, elle nous permet de connaître, au moins d'une façon approchée, quelle est la fraction de la matière fertilisante qui, d'une part, demeure dans le sol et celle qui, d'autre part, pénètre dans la plante. Cette dernière fraction s'obtient par l'analyse de la récolte.

Signalons très sommairement à cet égard quelques-uns des résultats obtenus par Lawes et Gilbert sur le champ de blé de Rothamsted. Ces expériences font suite à celles que nous avons exposées plus haut relatives aux parcelles sans engrais.

Dans le tableau ci-joint, le premier chiffre indique, *en*

Pour un hectare.	Chaux.		Magnésie.		Potasse.		Soude.		Azote nitrique.		Chlore.		Acide sulfurique.		Acide phosphorique.	
	gr.	kil.	gr.	kil.	gr.	kil.	gr.	kil.	gr.	kil.	gr.	kil.	gr.	kil.	gr.	kil.
35000 kil. de fumier de ferme.....	147.4	508.5	4.9	16.9	5.4	18.6	13.7	47.2	16.1	56.5	20.7	71.4	106.1	366.6	»	»
224 kil. sels ammoniacaux + engrais minéraux......	143.9	496.4	7.9	27.2	4.4	15.1	10.7	36.9	8.5	29.3	20.7	71.4	73.3	252.8	1.54	5.3
448 kil. sels ammoniacaux seulement......	154.1	531.6	7.4	25.5	1.9	6.5	7.1	24.5	13.9	47.9	32.0	110.6	44.3	153.1	1.44	4.9
448 kil. sels ammoniacaux et superphosphates........	165.6	571.3	7.3	25.1	1.0	3.4	6.6	22.7	15.3	52.7	31.6	109.0	54.3	187.3	1.66	5.7

grammes, la quantité de substance contenue dans 1 mètre cube d'eau de drainage, le second chiffre la perte *en kilogrammes* à l'hectare, en supposant une chute de pluie annuelle de 786 millimètres de hauteur dont les 44/100 auraient traversé le sol, soit 3.450 mètres cubes.

Nous n'avons pas fait figurer ici les pertes en azote ammoniacal ; elles sont insignifiantes et n'atteignent que quelques centaines de grammes, même dans le cas d'une forte fumure en sels ammoniacaux.

Les chiffres précédents, bien que n'étant évidemment pas applicables à tous les pays, ni, surtout, à toutes les cultures, donnent néanmoins une idée des pertes subies par les sols sous l'influence du drainage par l'eau de pluie. Il faudrait les corriger suivant les variations que présentent entre eux les divers sols, au point de vue physique et chimique, suivant la quantité d'eau qui tombe dans telle localité et la fraction de cette eau qui traverse la couche arable, suivant la nature de la plante cultivée et son degré de vigueur. On ne peut établir à ce sujet que des règles générales : tel a été seulement le but de cette courte étude.

IV

PERTES D'AZOTE NITRIQUE
DANS LES CONDITIONS NATURELLES.

Dans les pages qui précèdent, il a été question des pertes d'azote nitrique dans des conditions souvent un peu artificielles. Car, lorsqu'on fait usage de cases de végétation, la terre est émiettée, très filtrante, et la nitrification y est exagérée, au moins dans les premiers temps.

Schloesing (1895) a essayé d'estimer la déperdition moyenne, par hectare, de l'azote entraîné par les eaux d'infiltration traversant une grande étendue de territoire. Ce sont les rivières qui constituent les drains naturels où aboutissent ces eaux d'infiltration. Elles reçoivent finalement l'azote enlevé à la terre végétale. C'est donc dans les eaux de rivière qu'il faut rechercher cet azote. Mais si les nitrates traversent une terre arable sans subir de pertes, ils peuvent éprouver un déchet du fait de la présence des végétaux aquatiques qui les absorbent.

En vue d'éliminer cette cause d'erreur et de déterminer avec précision le taux véritable des nitrates enlevés par les eaux qui traversent le sol, Schlœsing fait remarquer qu'il est nécessaire d'opérer dans un cas particulier, celui où la végétation aquatique est suspendue. Or, c'est ce qui a eu lieu vraisemblablement pendant la période de froid rigoureux du mois de février 1895. A ce moment, les rivières ne recevaient pas d'eau de ruissellement ; leur seule alimentation provenait des eaux souterraines d'infiltration. On a prélevé de l'eau sur différents points de la Seine, de la Marne, de l'Yonne, de l'Oise, dans le bassin de Paris, et les débits de ces rivières ont été calculés d'après les formules connues. Chose remarquable, les eaux souterraines ont conservé un titre en acide nitrique à peu près constant. La moyenne de tous ces dosages a fourni $9^{mg}.33$ d'acide nitrique par litre, soit de $2^{mg}.42$ d'azote. Adoptons ce dernier chiffre comme représentant le titre moyen des eaux d'infiltration qui traversent le sol pendant l'espace d'une année.

Si l'on admet que la hauteur moyenne des pluies soit de 700 millimètres dans le bassin de la Seine, et si la tranche d'eau qui s'infiltre est le sixième de cette valeur, la surface d'un hectare sera traversée par 1167 mètres cubes d'eau et la perte s'élèvera à $2^{kgr}.8$ d'azote. En supposant que la tranche d'eau qui s'infiltre soit le quart de l'eau tombée, la surface d'un hectare sera traversée par 1775 mètres cubes d'eau avec une perte de $4^{kgr}.29$ d'azote. Pour une infiltration du tiers, le volume de l'eau traversant la terre serait de 2333 mètres cubes, avec $5^{kgr}.65$ d'azote. On voit que la perte en nitrates, ainsi calculée, est bien inférieure à celle que fournissent les cases de végétation. Toutefois ces chiffres ne représentent qu'un minimum ; car si l'on dose l'acide nitrique dans l'eau des sources, en trouve des nombres infiniment plus élevés.

A l'époque des crues des rivières, le phénomène est très différent. Au mois de novembre 1896, Schlœsing a fait des prises d'eau : de la Seine à Paris, de la Marne à Charenton, de la Haute-Seine à Montereau, de l'Yonne à Montereau également. L'azote nitrique y était respectivement représenté dans un litre, par les chiffres suivants : $5^{mg}.08$ $3^{mg}.13$, $4^{mg}.46$, $4^{mg}.50$. Si on tient compte, au même moment, du débit de ces rivières, on trouve que, dans l'espace de vingt-quatre heures, ces cours d'eau auraient emporté :

	Acide nitrique $\dfrac{N^2O^5}{2}$		Acide nitrique calculé en NO^3K	
Yonne	351.000 kilogrammes		650.000 kilogrammes.	
Haute-Seine	54.000	—	101.000	—
Marne	107.000	—	200.000	—
Seine à Paris	486.000	—	909.000	—

Or ces nitrates ne proviennent évidemment que de la nitrification naturelle des champs des divers bassins : il faut donc penser que l'activité nitrifiante est infiniment plus grande que ne l'indiquent les premiers dosages, mais elle n'atteint les chiffres précédents que si les pluies sont assez abondantes pour laver complètement le sol.

Occupons-nous maintenant des *cultures dérobées* dont le but est d'enrayer, dans une certaine mesure, la perte des nitrates.

V

CULTURES DÉROBÉES

Un sol en jachère perd, par le fait des eaux de drainage, des quantités considérables d'azote nitrique. Lorsque la terre est couverte de végétation, nous savons que ces pertes sont beaucoup moindres, d'abord parce que la plante évapore de très grandes quantités d'eau dont elle prive, par conséquent, le sol, et que, de plus, elle utilise une importante fraction des nitrates. Les eaux de drainage sont donc moins abondantes et beaucoup moins chargées de nitrates. Etant donnée la variété des cultures que l'on installe sur un sol, il peut arriver que, après la maturité d'une récolte et son enlèvement, la terre reste nue pendant un temps plus ou moins long. Si cette époque coïncide avec l'automne, et s'il pleut abondamment pendant cette saison, les nitrates, accumulés dans le sol par suite de la température favorable de l'été, risquent de passer dans les eaux de drainage. Ce sont ces pertes qu'il s'agit d'éviter ou d'atténuer dans la mesure du possible.

Il semble, *à priori*, que l'on puisse y parvenir en disposant sur le sol, momentanément dépourvu de culture, une plante à végétation rapide, capable d'évaporer beaucoup d'eau et de s'emparer des nitrates que les pluies sont sur le point d'entraîner. Voici quelques indications sommaires empruntées aux expériences que Dehérain a faites sur ce point, expériences susceptibles de donner une idée très nette de l'utilité de la pratique dont nous nous occupons ici. Nous allons trouver, dans ce qui suit, une application intéressante de l'étude des eaux de drainage.

On installe principalement sur le sol des cultures dérobées de *moutarde blanche* ou de *vesce*. La moutarde végète rapidement, son feuillage est assez épais ; la vesce, en sa qualité de légumineuse, peut, en outre, fixer l'azote gazeux de l'air. La quantité de matière végétale que fournit une culture dérobée varie, comme on le conçoit, énormément d'une année à l'autre suivant les conditions climatériques de l'automne. Mais elle soustrait toujours au sol une fraction d'azote nitrique plus ou moins importante qui, sans cela, se perdrait dans les eaux de drainage.

Au début de la mauvaise saison, il s'agit de savoir ce qu'il convient de faire de cette culture : 1° on pourra, si l'année considérée a été pauvre en fourrages, donner la récolte en nourriture au bétail, et le sol ne conservera, en fait de fumure, que les racines seules de la plante ; 2° si la terre qui a porté la culture dérobée est en bon état de fumure et qu'une terre voisine soit, à cet égard, moins bien partagée, on pourra enfouir dans cette dernière la partie aérienne de la culture dérobée qui s'est développée sur le bon sol ; 3° enfin, et c'est là le cas le plus général, la culture dérobée sera enfouie sur le sol même qui l'a portée. Mais cet enfouissement devra-t-il se faire à l'automne, ou bien doit-on attendre le printemps suivant ; quel est l'effet que l'on obtiendra suivant l'époque de cet enfouissement ?

Utilisation des cultures dérobées. — De semblables expériences ont été effectuées par Dehérain sur les cases de végétation dont il a été question plus haut. L'analyse des eaux de drainage, au point de vue de leur teneur en azote nitrique, fournira la solution de la question.

On comparera la teneur en azote nitrique des eaux provenant des cases à cultures dérobées, disposées, comme nous l'avons dit, avec celle des terres restées nues : de cette comparaison ressortira l'utilité de ces cultures. Le dosage comparatif des nitrates devra commencer dès l'automne, afin de juger de l'efficacité des cultures dérobées pour restreindre ou annuler la perte des nitrates ; ce dosage devra être poursuivi pendant l'hiver. Les cultures dérobées, en effet, pourraient simplement retarder la perte d'azote nitrique, puisqu'un sol couvert de végétation est souvent desséché à ce point que les drains ne coulent pas par suite de la transpiration de la plante. Mais si les nitrates ont été simplement *retenus* en nature dans le sol, ils seront entraînés par les pluies d'hiver, et les eaux de drainage seront plus concentrées en azote nitrique que si elles filtraient au travers de terres nues, déjà dépouillées par les pluies d'automne.

Enfin, au moment où la culture dérobée est enfouie, l'azote qu'elle renferme s'y rencontre principalement à l'ét t d'*azote albuminoïde* provenant d'une transformation de l'azote nitrique qu'elle a absorbé au cours de son évolution. Cet azote albuminoïde subira au contact de la terre une série de métamorphoses que nous avons étudiées antérieurement, et dont le résultat final sera la transformation inverse de cet azote insoluble en azote soluble, c'est-à-dire en azote nitrique. Il en résulte qu'il est nécessaire de connaître à quelle époque cet azote des cultures dérobées reprendra la forme soluble et se trouvera à la disposition des végétaux que l'on planterait sur des sols enrichis de ces cultures dérobées. On aura la réponse à cette question en déterminant la teneur des eaux en nitrates pendant le reste de l'année.

L'enfouissement de la culture dérobée pouvant avoir lieu à diverses époques, ainsi que nous l'avons dit plus haut, le dosage des nitrates dans les eaux de drainage nous indiquera combien de temps les plantes enfouies doivent rester dans le sol afin que leur azote albuminoïde reprenne la forme soluble d'azote nitrique ; on connaîtra ainsi l'époque la plus favorable à l'enfouissement.

Voici l'exposé des recherches que Dehérain a exécutées pendant les années 1891-1892 :

1° Les cultures de moutarde et de vesce sont particulièrement indiquées en raison de la croissance rapide de ces plantes et de leur rusticité. Semée à l'automne de 1890 qui n'a pas été pluvieux, la moutarde n'a pas acquis un grand développement, mais elle était riche en azote (26 p. 100 de matière sèche, contenant 6 p. 100 d'azote). Si cette moutarde avait été enfouie, elle aurait fourni à l'hectare 1200 kilogrammes de matière sèche, contenant 72 kilogrammes d'azote. La vesce, en 1891, peu développée mais riche en azote, aurait fourni à l'hectare 167 kilogrammes d'azote ; en 1892, cette même plante avait pris un accroissement beaucoup plus notable, mais sa teneur en azote était plus faible ; elle n'en aurait fourni que 88 kilogrammes.

Ces cultures pourraient être maintenues sur pied durant tout l'hiver. Leur végétation est alors peu active, leur transpiration faible, et la terre laisse écouler de l'eau dans les drains. Malgré cela, les pertes d'azote nitrique sont moindres sur les sols plantés que sur la terre nue. Ainsi, pendant la période novembre 1891-février 1892, on a dosé dans les eaux de drainage (pour la surface de 1 hectare): dans le cas de terres nues 15^{kgr},6 ; dans le cas de la terre cultivée en vesce 12^{kgr},04, dans le cas de la terre cultivée en moutarde 6^{kgr},76 d'azote nitrique.

Lorsque la culture a été fauchée au mois de novembre pour servir d'aliment au bétail, le sol est resté exposé aux pluies de l'hiver après la coupe ; il ne contient plus que les racines de la plante sur lesquelles pousse encore un peu de verdure. Le sol porteur de ces racines n'a perdu, pendant l'intervalle de temps indiqué plus haut, que 12^{kgr},6 d'azote nitrique, au lieu de 15^{kgr},6 dans le cas de la terre nue.

2° Voyons maintenant comment les choses se passent lorsqu'on enfouit la vesce (partie aérienne fauchée) dans un sol autre que celui sur lequel elle s'est développée. Si cet enfouissement a lieu à la fin de novembre, la décomposition des parties vertes commence déjà pendant l'hiver, et, dès le mois de février, les eaux qui ont filtré au travers de la terre ainsi enrichie contiennent un poids d'azote nitrique un peu plus élevé que celui qui provient des terres nues : soit 17^{kgr},9, au lieu de 15^{kgr},6.

Les nitrates qui ont pris naissance pendant l'été et l'automne ne sont donc pas restés en nature dans le sol ; ils ont été assimilés par les plantes semées à l'arrière-saison.

L'étude de la richesse des eaux de drainage en azote nitrique, continuée pendant le printemps et l'été de l'année suivante, fait encore mieux ressortir l'utilité des cultures dérobées. Ainsi, la terre qui avait porté la vesce et dans laquelle il n'était resté que les racines de la plante, a fourni aux eaux de drainage une quantité plus forte d'azote nitrique que celle qui était restée sans culture. On a trouvé :

Azote nitrique des eaux de drai-nage de 1 hectare pendant le printemps, l'été et l'automne de 1892.	Terre nue.........	72 kilogrammes.
	Terre n'ayant conservé que les racines de la vesce.	93 kilogrammes.

L'azote organique des racines s'était donc, dans une large mesure, changé en azote nitrique.

La terre qui avait reçu en novembre la partie aérienne de la vesce a fourni aux eaux de drainage, pendant le même laps de temps, 102 kilogrammes d'azote nitrique.

On en conclut que, dans le cas où on aurait installé une culture sur le sol qui avait conservé les racines de vesce, et sur celui qui avait reçu la partie aérienne de cette plante, les végétaux auraient bénéficié d'un surcroît de nitrates s'élevant à $93 - 72 = 21$ kilogrammes dans le premier sol, à $102 - 72 = 30$ kilogrammes dans le second.

3° La terre dans laquelle on a enfoui sur place, en février 1892, la totalité de la culture dérobée a fourni aux eaux de drainage, pendant le printemps, l'été et l'automne de 1892, une quantité d'azote nitrique égale à 109^{kgr},9 ; soit une différence de $109,9 - 72 = 37^{kgr},9$ par rapport à la terre nue. Dans le cas d'une terre qui portait une culture dérobée de trèfle et de moutarde, enfouie le 27 mars 1892, l'azote nitrique ayant filtré pendant le printemps, l'été et l'automne de 1892, s'est élevé à 125 kilogrammes, soit un excédent de $125 - 72 = 53$ kilogrammes d'azote nitrique.

Une remarque importante trouve ici sa place. On a tout avantage à enfouir une culture dérobée *avant* l'*hiver*, et à ne pas attendre pour cela le début du printemps. En effet, pendant l'hiver, la matière organique de cette culture dérobée se décompose dans le sol, lentement sans doute, mais son azote sera apte à nitrifier en grande partie dès que les premières chaleurs se feront sentir : il se trouvera donc à la disposition des plantes semées au printemps, c'est-à-dire à une époque où celles-ci en ont le plus grand besoin. Si, au contraire, la culture dérobée n'était enfouie qu'au printemps, le travail préliminaire de décomposition, de simplification et d'ammonisation de l'azote organique exigeant un certain temps, la nitrification de cet azote ne commencerait que tardivement, et les nitrates produits ne seraient que d'un secours médiocre pour les plantes qui auraient été semées au printemps sur la parcelle considérée. Cette remarque concorde d'une manière absolue avec l'observation des faits.

Ainsi, grâce à l'emploi des cultures dérobées, l'azote nitrique que renferme un sol à l'automne peut être retenu en majeure partie, et échapper, par conséquent, à une déperdition certaine si on installe sur ce sol une plante à végétation rapide dont on enfouira ultérieurement par un labour les organes aériens. La plante se saisit de l'azote nitrique et l'immobilise en quelque sorte sous forme d'azote albuminoïde. Celui-ci, alors qu'il est en contact avec les microorganismes variés du sol, reprend peu à peu sa forme soluble et diffusible d'azote nitrique pour le plus grand profit des végétaux que l'on aurait cultivés sur la parcelle considérée.

Les chiffres qui précèdent peuvent paraître très élevés. Ils le sont, en effet, ainsi qu'il arrive dans les essais exécutés sur une petite échelle, étant donné que les façons auxquelles on soumet la terre d'une simple case de végétation sont incomparablement plus soignées que celles que l'on donne à un vaste espace de terrain. La terre d'une case est, en outre, fortement émiettée. Mais, quoi qu'il en soit et toutes proportions gardées, le sens du phénomène est le même dans tous les cas.

On peut *résumer* ainsi les données précédentes. Sauf dans les années à automne très sec qui fournissent de médiocres résultats au point de vue de la levée des graines, les cultures dérobées réussissent le plus souvent de façon satisfaisante. Cette réussite est mieux assurée dans les régions du Nord que dans celles du Midi. La culture dérobée dessèche partiellement le sol : elle entrave donc, d'une part, l'élimination des nitrates par drainage, puisqu'elle absorbe ces nitrates ; d'autre part, elle ralentit la nitrification par la raison qu'elle prive parfois le sol de la quantité d'humidité nécessaire à cette fonction biologique. Par conséquent, les cultures dérobées n'épuisent pas le sol auquel elles enlèvent de l'azote, car cet azote reparaît ultérieurement sous forme nitrique lorsque les végétaux ont été enterrés et sont restés enfouis pendant un certain temps.

Une conclusion s'impose donc ici. Étant donnée l'évaporation considérable que produit une végétation vigoureuse, le système de culture au moyen duquel la terre sera le plus longtemps possible couverte de végétation sera le meilleur pour restreindre les pertes en nitrates. Au contraire, les terres en jachère s'appauvriront beaucoup en azote nitrique.

Mais il est bien évident que, lorsqu'il s'agit de régler un ensemble de cultures et de fixer le choix à faire à cet égard dans un lieu déterminé, il faut tenir grand compte des influences météorologiques. « Si variée que soit la quantité totale de pluie tombée et sa répartition annuelle dans un même pays, l'agriculture locale a dû apprendre à se plier aux conditions météorologiques locales de la région, faire de préférence des céréales là où le printemps est pluvieux et l'été sec, des fourrages là où les pluies d'été ne sont pas rares. » (Duclaux.)

CHAPITRE XIII

ÉTUDE DES SOLS EN PLACE
CLASSIFICATION DES SOLS

Facteurs généraux de la végétation. — Caractères des sols au point
de vue agricole. — Premiers essais de classification ; terres fortes,
terres légères. — Classification des terres d'après leurs propriétés
physiques. — Classification de de Gasparin. — Classification
chimique. — Classification géologique. — Importance de la
géologie appliquée à l'agriculture. — Conclusions.

Facteurs généraux de la végétation. — Au point de
vue agricole, les bases scientifiques d'une classification rationnelle des différents sols que l'on rencontre à la surface du
globe restent encore à trouver. On ne peut, comme nous allons
le voir, fournir sur ce point que des données approximatives.

Il paraîtrait naturel d'admettre dans la même classe toutes
les terres ayant même constitution physique ou chimique ;
quelques restrictions à cet égard sont cependant nécessaires.

Remarquons, en effet, avec Hall, que l'on rencontre sur de
vastes étendues des sols du même type, c'est-à-dire dont la
constitution physique ou chimique présente quelque ressemblance et dont le rapprochement s'impose, soit parce qu'ils
portent une même flore spontanée, soit parce qu'ils sont aptes
à nourrir telle culture déterminée. De pareils sols ont même
origine géologique. Toutefois, leur délimitation exacte est
difficile en raison du passage insensible de tel sol à tel autre.
De plus, si un sol d'une certaine constitution physique ou chimique est, le plus souvent, couvert d'une même végétation
spontanée, telles des plantes qui composent cette végétation
peuvent aussi se rencontrer sur un autre sol, de structure très
différente. Une plante déterminée ne se développe donc pas

exclusivement sur une terre déterminée : les observations de ce genre sont très fréquentes. Le châtaignier, par exemple, ainsi que nombre de conifères, peuvent croître sur des sols calcaires en même temps que sur des sols siliceux. Il en résulte que la *qualité du sol* n'est pas le seul facteur qui intervienne dans l'évolution d'une plante.

On ne saurait trop insister également sur le point suivant. Ce qui fait la qualité d'un sol, ce qui distingue ce que l'on est convenu d'appeler un bon sol d'un mauvais sol, c'est évidemment la proportion plus élevée d'éléments de fertilité que l'on rencontre dans le premier, en supposant, bien entendu, que celui-ci possède une constitution physique telle que la plante soit capable d'utiliser ces éléments. Mais, ainsi que nous l'avons fait remarquer antérieurement, si la couche arable est de faible épaisseur et qu'elle soit superposée à un sous-sol peu meuble et mal pourvu ou dépourvu de substances actives, les végétaux qui s'y développent, surtout s'ils sont trop rapprochés les uns des autres, n'auront à leur disposition qu'un volume de terre insuffisant et ne disposeront, par conséquent, que d'une quantité médiocre de matières alimentaires. La richesse *absolue* d'un sol en matières nutritives n'a donc qu'une valeur relative. Il n'en est plus de même si un sol, bien que présentant une richesse peu satisfaisante, repose sur un sous-sol meuble dans lequel on rencontre jusqu'à de grandes profondeurs des éléments de fertilité identiques à ceux que contient la couche supérieure ; ces éléments fussent-ils même moins abondants encore que dans cette dernière couche. Dans ce cas, la plante émet de longues racines et va puiser en profondeur les substances que ne lui fournit pas la couche superficielle. Un sol pauvre n'est donc pas toujours un mauvais sol lorsqu'on n'en étudie que la surface.

Mais, quelle que soit la constitution d'un sol, il existe un ensemble de phénomènes *extérieurs* qui n'ont aucun rapport avec cette constitution et dont l'importance est cependant capitale vis-à-vis du développement des végétaux. Tous les agronomes sont d'accord sur le point suivant : *Une classification des sols doit tenir grand compte de la question de climat.* La constitution physique et la nature chimique d'un sol ne sont pas, en effet,

les seuls facteurs qui entrent en jeu quand il s'agit de culture :
la quantité d'eau qui tombe dans telle région, la répartition
de cette eau et la moyenne de la température suivant les
différentes saisons, l'altitude du sol, son inclinaison par
rapport à l'horizon, sont autant de facteurs qu'il est nécessaire d'introduire dans l'appréciation de la valeur culturale
d'une pièce de terre Nous allons revenir bientôt sur ces différentes particularités.

I

CARACTÈRES DES SOLS
AU POINT DE VUE AGRICOLE.

De Gasparin a bien fixé ces caractères ; nous lui emprunte-
rons ici quelques-uns des aperçus qu'il a donnés à cet égard.

L'agriculteur ne se préoccupe pas de savoir quelle est la
constitution intime d'une terre ; il se demande seulement quel
est le genre de plantes que cette terre pourra nourrir avec le
plus de profit pour lui, et quelle est la nature des amendements
qu'il faudra lui fournir pour arriver à ce résultat.

Une terre peut être examinée à plusieurs points de vue. *Au point
de vue chimique*, d'abord : certains éléments communiquent aux
terres des propriétés bien définies qui intéressent l'agriculteur. La
présence du calcaire permet la culture du blé : si la terre renferme
du gypse, ou si on lui en ajoute, la culture des légumineuses sera profitable.

Les propriétés physiques des terres interviennent également dans
la question. Une terre habituellement fraîche porte des prairies ;
une terre, sèche en été, convient au froment ou au seigle. Les terres
humides en hiver appellent des récoltes de printemps lorsqu'elles ont
perdu à cette époque une partie de leur humidité.

Les propriétés mécaniques à envisager sont celles qui ont trait à
la facilité, plus ou moins grande, avec laquelle une terre peut être
travaillée. Si elle est siliceuse, sablonneuse, ou riche en humus, le
travail mécanique en est aisé ; si elle est argileuse, le travail sera
d'autant plus pénible que la proportion de l'argile sera plus élevée.

Enfin, au point de vue des engrais et amendements à fournir à une
terre, on peut avancer que, dans les sols sableux et calcaires, la décomposition des engrais est facile et que ces sols demandent de fréquentes

fumures. Si la terre est argileuse, elle retient bien les engrais qu'on
lui distribue, mais elle les décompose avec lenteur. On lui fournira de
fortes fumures, à de longs intervalles. Une terre riche en humus exigera le chaulage.

L'eau et sa répartition. — Quels que soient les caractères
d'un sol, il est un élément qui ne doit jamais lui faire défaut.
Cet élément c'est l'eau. On retrouve son action indispensable
et son influence bienfaisante à la base de toute végétation.
Qu'il s'agisse de la germination, du développement de la
plante, puis enfin de la maturation de ses fruits, l'eau est, à
chaque étape de l'évolution végétale, l'élément primordial
qui intervient, d'abord comme dissolvant des substances minérales du sol, comme véhicule ensuite de ces substances au
travers des tissus, enfin comme agent de leur répartition dans
les différents organes. On sait, en effet, que le poids de matière
organique fabriqué par la plante est en relation avec la quantité d'eau que celle-ci évapore. Sur un sol habituellement sec,
il ne se développe qu'une maigre végétation, et les plantes qui
l'occupent luttent contre la sécheresse, soit en restreignant la
surface de leurs feuilles, soit en épaississant leur cuticule,
soit en se créant des réservoirs d'eau logés dans un tissu spécial
des feuilles.

De pareilles terres ne pourraient porter de récoltes rémunératrices. Nos plantes de la grande culture exigent une quantité d'eau suffisante qui doit se répartir sur toutes les périodes
de leur évolution. Si l'eau est nécessaire au premier développement du végétal pour assurer le fonctionnement normal
de la feuille, considérée comme le lieu où prennent naissance
les hydrates de carbone et les albuminoïdes, il est encore
indispensable que l'eau intervienne au moment de la maturation, c'est-à-dire à l'époque du transport, vers l'ovule fécondé,
des matières que la feuille a élaborées. Lorsque l'eau fait
défaut à cette période critique, le grain est mal rempli ; dans
le cas d'un végétal à tubercules ou à racine charnue, ces organes
n'acquièrent que de faibles dimensions.

Mais si l'eau est indispensable à la végétation, il faut remarquer,
ainsi que le dit très justement de Gasparin, que cette propriété pour

un sol d'être humide est trop souvent variable ; qu'elle s'applique, selon les cas, aux mêmes natures de sol. « *Elle est essentiellement locale, s'étend à tous les genres de terrain, quand elle provient d'une qualité excessive du climat. D'autres fois, elle tiendra à sa disposition topographique, et elle embrassera toute une section de territoire, quelle que soit la nature des terres. Ainsi, en Arabie, on n'aura que des terres sèches qui seront argileuses, sablonneuses, calcaires ; en Irlande, on n'aura que des terres humides, argileuses, sablonneuses, calcaires. Ailleurs, une partie du territoire, située sur un plateau, sera sèche, tandis que les pentes et les vallées formées des mêmes terrains seront humides... Ainsi l'humidité du sol, qui est la propriété physique la plus importante, celle dont le cultivateur doit surtout se préoccuper, n'est pas propre à régir une classification et ne ferait que la rendre confuse. Elle marche en première ligne dans l'appréciation des terrains ; elle doit être écartée dans leur classification.* »

Qualités physiques d'une terre arable. — Supposons que la quantité d'eau qui tombe sur une région déterminée soit suffisante. Les végétaux ne pourront néanmoins utiliser cette eau que lorsque la terre présentera certaines aptitudes physiques propres à la retenir. Il faudra, de plus, que les racines puissent cheminer convenablement dans la masse solide.

Dehérain, à la suite de de Gasparin, reconnaît à une terre arable trois qualités physiques principales. Une terre doit être *perméable, immobile* et *continue.*

Elle est *perméable* lorsque l'eau et les gaz la traversent aisément.

Elle est *immobile* lorsqu'elle résiste : 1° à l'action du vent qui ne doit pas l'éparpiller ; 2° à l'action de la gelée qui ne doit pas la soulever.

Elle est *continue* quand elle ne se fendille pas au moment de la sécheresse, mettant ainsi à nu les racines et les déchirant parfois.

Une terre très légère, exclusivement composée de grains sableux, tels que ceux qui constituent les dunes, est très perméable, mais elle est très mobile sous l'action du vent. Elle est continue, car la sécheresse n'y produit pas de fissures. Une terre très forte, composée surtout d'argile, est peu ou pas perméable à l'eau et aux gaz ; elle est discontinue, car elle se fendille pendant la sécheresse. Une terre très calcaire se soulève sous l'influence de la gelée.

Ces trois sortes de terres, prises dans leur état extrême, sont impropres à toute culture. Le rôle des amendements, qu'il est nécessaire de leur fournir, consiste précisément à corriger chacun des défauts que nous venons de mentionner.

II

PREMIERS ESSAIS DE CLASSIFICATION.

Terres fortes ; terres légères. — Ces notions préliminaires étant acquises, il s'agit maintenant de jeter les premières bases d'une classification des terres.

Supposons d'abord, avec Boussingault, l'existence de cas très simples. Au seul point de vue pratique, on divise souvent les terres arables en deux grandes catégories : *les terres fortes* et *les terres légères*.

Les premières, dans lesquelles domine l'argile, sont peu perméables, se dessèchent lentement et présentent au travail de la charrue ou de la bêche une résistance plus ou moins grande. Par contre, si elles absorbent et retiennent beaucoup d'eau, elles résistent mieux à la sécheresse et peuvent recevoir de notables quantités d'engrais dont la décomposition est lente. Si les pluies sont répétées, ces terres acquièrent un grand degré d'humidité ; l'eau et les gaz de l'atmosphère n'y peuvent plus circuler. Lorsqu'au contraire la sécheresse est intense et continue, ces terres deviennent très dures et se fendillent.

Les terres légères, inversement, sont très perméables ; leur dessiccation est rapide, leur travail facile. Elles consomment beaucoup d'engrais par suite de leur perméabilité et de la facilité avec laquelle l'oxygène brûle la matière organique. Elles résistent mal à la sécheresse et, comme conséquence, ne doivent donner que des récoltes médiocres ou nulles dans les années où la pluie est rare.

Si les choses se passaient ainsi normalement, un sol purement argileux et un sol purement sableux seraient incultivables. *« Les défauts de ces deux espèces de terrains sont de nature à se compenser, à se neutraliser, et c'est du mélange de ces sols extrêmes que résultent les terres reconnues comme les plus favorables à la culture* (Boussingault). » Les défauts inhérents aux terres fortes et aux terres légères se corrigent parfois d'eux-mêmes naturellement, non pas toujours d'une façon absolue, mais d'une façon relative. Tout dépend, dans ce cas, de la structure physique de la couche sur laquelle repose la terre arable, couche que nous appelons *sous-sol*.

Sous-sol. — Nous avons déjà fourni quelques éclaircissements à ce sujet (p 191). On sait que, le plus souvent, il est facile de distinguer le sous-sol du sol. La connaissance de la structure du sous-sol est d'une grande importance ; ses qualités physiques ont un retentissement très marqué, tant sur les qualités physiques que sur les qualités chimiques du sol lui-même.

Boussingault a fait à cet égard les réflexions suivantes. Lorsque la constitution minérale du sous-sol est la même que celle du sol, on peut, par des labours profonds, augmenter l'épaisseur de la couche arable aux dépens du sous-sol. Mais il est possible que la terre perde alors momentanément sa fertilité et ne la recouvre qu'au bout d'un temps assez long. En effet, on se prive ainsi, en partie, de l'humus que renfermait la couche arable et dont une certaine quantité est enfouie à une profondeur plus ou moins grande. De plus, on n'augmente pas la richesse en éléments fertilisants. Le travail mécanique d'un labour profond produit seulement un ameublissement de la terre sur une épaisseur plus grande et facilite la pénétration des racines.

Mais, lorsque la constitution minérale du sol et celle du sous-sol ne sont plus les mêmes, ce qui a lieu quand la couche arable est formée d'un dépôt d'alluvions provenant de la désagrégation de roches situées à une grande distance, on peut améliorer cette couche arable par l'adjonction d'une certaine quantité de la couche sous-jacente. On comprend que cette amélioration puisse retentir sur les propriétés physiques du sol dans les deux exemples que voici. Une terre argileuse est, généralement, peu perméable ; si elle repose sur un sous-sol sableux et que l'on incorpore une partie de ce sable à l'argile de la couche supérieure, celle-ci acquerra un certain degré de perméabilité. L'inverse est également vrai. Un sol très sableux et très filtrant reposera avec avantage sur un sous-sol argileux. Mais ici, il y a lieu d'établir une distinction relative à *l'inclinaison* de la couche argileuse. Nous allons revenir sur ce point.

Si la constitution d'un sol présente une importance majeure, il est indispensable également de faire entrer en ligne de compte la question de climat et la question d'orientation. Il faut, avec Boussingault, admettre que les terrains argileux conviennent mieux aux climats secs, les terrains sablonneux et les terrains crayeux aux climats humides. Sous les climats humides, les solutions du sol sont peu concentrées ; dans les climats secs, ces solutions sont plus concentrées. Parfois même les substances solubles s'accumulent et peuvent cristalliser.

Rapports du sol avec le sous-sol. — On peut, comme

l'a fait Dehérain, schématiser ces rapports réciproques de la façon suivante.

On envisage quatre cas principaux: A. *Terres légères* reposant : 1º sur un sous-sol perméable, 2º sur un sous-sol imperméable ; B. *Terres fortes* reposant : 1º sur un sous-sol perméable ; 2º sur un sous-sol imperméable.

Une terre légère reposant sur un sous-sol perméable est à la merci des conditions de climat. Si celui-ci est sec, une semblable terre peut être presque totalement ou totalement infertile. Si la terre est calcaire, on la boisera en conifères qui n'évaporent que peu d'eau. Avec le temps, on pourra disposer ainsi d'une couche d'humus appréciable. Si le climat est humide, ou si ces terres sont susceptibles d'être irriguées, elles peuvent devenir fertiles. Dans ce dernier cas, l'eau apporte avec elle des principes fertilisants, parfois en dose notable (potasse en particulier). Dehérain conseille de répandre sur ces terres du fumier de ferme, en faibles quantités à la fois, mais fréquemment renouvelées.

Les terres légères reposant sur un sous-sol imperméable peuvent être excellentes sous un climat moyennement humide, à la condition que le sous-sol présente une pente permettant l'écoulement de l'eau en excès, ou lorsque, par des travaux appropriés, on évacue ces eaux en creusant des tranchées. Alors même que le climat serait sec, de pareilles terres sont de bonne qualité, si, sur la couche argileuse du sous-sol incliné, coule une nappe d'eau douce. Par capillarité, le liquide remonte dans le sol et alimente les végétaux qui s'y développent.

Mais si un sol léger repose sur un sous-sol imperméable horizontal, les choses changent : il n'y a plus d'écoulement possible. La terre se gorge d'eau en hiver et se dessèche en été d'autant plus que cette saison sera moins pluvieuse. L'exemple classique de cette disposition est fourni par les landes de Gascogne. Avant le creusement des tranchées destinées à diriger les eaux, soit vers le bassin d'Arcachon, soit vers la Gironde, ces landes étaient noyées d'eau pendant l'hiver et devenaient sèches et brûlantes pendant l'été. L'écoulement des eaux surabondantes et la plantation de pins maritimes ont métamorphosé l'aspect du pays. Les pins qui évaporent peu trouvent, pendant la saison chaude, une quantité d'eau suffisante dans la couche imperméable sur laquelle viennent buter leurs racines.

Les terres fortes qui reposent sur un sous-sol perméable sont, en général, d'excellentes terres. Le défaut que présente une terre forte, d'être compacte et de retenir parfois trop d'eau, se trouve corrigé par la facilité avec laquelle cette eau s'écoule dans le sous-sol. Il est nécessaire de donner à ces sols des labours profonds capables de les ameublir jusqu'à la couche du sous-sol.

Les terres fortes qui reposent sur un sous-sol imperméable deviennent
très humides dans la saison des pluies et ne peuvent être travaillées.
Le drainage s'impose ; on les transformera ainsi en sols de très bonne
qualité.

Flore spontanée. — Si toutes les plantes doivent rencontrer dans le sol un certain nombre de principes qui sont toujours les mêmes et dont l'existence est étroitement liée à leur
développement ; si, par conséquent, elles ont *les mêmes besoins
qualitatifs*, il est d'observation courante que leurs besoins
quantitatifs sont très différents. Les sols naturels incultes
sont caractérisés par la présence de végétaux dont l'espèce
varie avec la composition chimique de la masse qui les porte.

Sur un sol exclusivement sableux, dénué de calcaire et très peu
argileux, on rencontrera certaines Graminées appartenant aux genres
Arundo, Aira, Phleum ; certaines Cypéracées (*Carex arenaria*) ; puis
quelques-unes des plantes suivantes : *Spergula arvensis, Armeria
vulgaris, Genista scoparia, Cytisus laburnum, Plantago arenaria, Ru-
mex acetosella*, etc. Si le sol sableux renferme un peu d'humus, on y
trouvera la bruyère (*Calluna vulgaris*) ; mais on n'y verra presque
jamais de légumineuses fourragères. Sur un sol calcaire, au contraire,
les légumineuses abondent : plantes des genres *Trifolium, Medicago,
Vicia, Anthyllis, Lotus*, etc. ; on y trouve aussi : *Reseda luteola, Pote-
rium sanguisorba, Silene inflata*, divers végétaux du genre *Rosa* et,
comme arbres, l'if (*Taxus baccata*), la viorne (*Viburnum lantana*), etc.
Les sols marneux portent un certain nombre de légumineuses ; on y
rencontre également : *Tussilago farfara, Rubus fructicosus, R. Cæsius*.
Les sols limoneux, dont la composition se rapproche de celle d'une
bonne terre franche, nourrissent un très grand nombre d'espèces végétales qu'il serait trop long d'énumérer ici, et dont on trouvera la nomenclature dans les Flores particulières à chaque région. Quant aux
sols tourbeux, ils portent de nombreuses plantes des genres *Cyperus,
Carex, Juncus, Scirpus, Eriophorum, Sphagnum*, etc., de valeur alimentaire nulle. Les indications que l'on puise dans l'observation de
ces plantes spontanées, relativement à la nature chimique du sol qui
les supporte, rendent parfois de grands services.

Exposons maintenant de façon très sommaire les principes généraux de quelques classifications : il est difficile de faire un choix absolu
dans le cas présent ; ce choix devra être subordonné aux conditions
climatériques de la région.

III

CLASSIFICATION DES TERRES
D'APRÈS LEURS PROPRIÉTÉS PHYSIQUES.

Cette classification, indiquée par Ramann, présente l'avantage d'exprimer des propriétés déterminées, telles que celles qui se rapportent à la capacité des sols pour l'eau. En voici, brièvement résumés, les points principaux.

D'après la grosseur de leurs particules, on peut classer les sols ainsi qu'il suit :

α. **Sols pierreux**. — Composés de fragments rocheux, souvent volumineux, difficilement décomposables par les agents de l'atmosphère ; ces sols sont couverts de forêts dans les régions humides. Les arbres insinuent leurs racines dans les fentes de ces fragments qui se tapissent de mousse ; ils parviennent ainsi à y puiser l'eau et les matières salines indispensables à leur croissance.

β. **Sols sableux**. — La silice est la matière fondamentale de ces sols ; plus elle domine et plus grande est leur infécondité. De pareils sols sont très perméables et généralement profonds. Leur capacité pour l'eau est faible. Il s'échauffent facilement et perdent par conséquent avec rapidité le peu de liquide qu'ils retiennent. Les plantes à enracinement superficiel s'y développent mal ou pas du tout ; seuls, les végétaux à racines pivotantes peuvent aller chercher assez loin l'humidité nécessaire à leur existence. Si ces sols très filtrants sont mélangés d'argile ou d'humus, leur capacité pour l'eau s'accroît ; s'ils sont mélangés de calcaire et de silicates variés, leur valeur culturale augmente. En raison de leur échauffement facile, les sols sableux portent une végétation précoce.

γ. **Sols limoneux**. — Ils sont formés d'un mélange de sable, d'argile et d'un peu de calcaire. Ils constituent la base de ce que l'on appelle, en France, *la terre franche*, surtout s'ils contiennent un peu d'humus. Selon la teneur de ces sols en éléments fins (Voir Analyse physique des sols, p. 195), leur capacité pour l'eau varie dans de grandes limites.

Ils s'échauffent d'autant moins que leurs éléments sont plus fins et que leur teneur en eau est plus élevée. La circulation de l'air dépend de leur division particulaire et de la profondeur à laquelle celle-ci se maintient.

δ. **Sols argileux**. — Ils forment une masse très plastique lorsqu'ils sont humides ; lorsqu'ils sont secs, ils s'agglomèrent en fragments plus ou moins durs, difficiles à émietter. Nous avons dit plus haut qu'un sol purement argileux serait impossible à cultiver, tant à cause de ses propriétés physiques qui entraînent l'imperméabilité et la discontinuité que de sa très faible teneur en éléments de fertilité : mais, en revanche, son pouvoir absorbant vis-à-vis des matières salines est élevé. L'échauffement de pareils sols est lent ; dans les terres où domine l'argile, la végétation est toujours en retard. L'aération en est d'autant plus difficile que l'argile est plus abondante, et la décomposition des matières végétales que l'on incorpore à cette argile est d'autant plus malaisée que l'accès de l'air est plus pénible. Nous savons que si un pareil sol repose sur un sous-sol perméable ses propriétés physiques sont heureusement modifiées.

ε. **Sols calcaires**. — Lorsque le sol est essentiellement calcaire, sa couleur varie du blanc au gris ou au brun (oxyde ferrique). Les sols calcaires sont perméables à l'eau et aux gaz ; ils souffrent de la sécheresse et n'ont qu'une faible valeur, car la plupart des principes nutritifs indispensables leur font défaut. Lorsque les roches calcaires qui donnent naissance à ces sols sont mélangées d'argile, la terre acquiert une plus grande valeur. La plasticité de pareils sols varie en raison de la quantité d'argile qu'ils contiennent ; il en est de même de leur capacité pour l'eau. Ces sols décomposent bien les matières organiques et s'échauffent d'autant mieux qu'ils sont plus calcaires.

ζ. **Sols humiques**. — On nomme ainsi les sols riches en matière organique. Lorsqu'ils sont siliceux, ils se dessèchent facilement. Ils sont très perméables (terres de forêts, terres de landes et de bruyère) ; s'ils sont argileux, ils demeurent gorgés d'eau et portent une végétation très spéciale : joncs, sphaignes, roseaux, etc. Leur richesse en éléments fertilisants est faible ; ils manquent d'acide phosphorique et surtout de calcaire. Leur culture ne peut être entreprise qu'à la suite d'améliorations physiques et chimiques très importantes.

La classification que nous venons d'exposer est avantageuse quand on veut apprécier la nature des travaux mécaniques auxquels il convient de soumettre le sol ; elle indique quel est le degré de perméabilité de la terre, mais elle ne nous renseigne pas sur la richesse propre du sol en éléments fertilisants. Elle demande donc à être complétée.

IV

CLASSIFICATION DE DE GASPARIN.

On pourrait qualifier cette classification du nom de *physicochimique*.

Quelle est la substance qui imprime aux sols dits *arables* leurs caractères principaux ? De Gasparin fait remarquer que les terres calcaires, par l'action qu'elles exercent sur les engrais, mettent rapidement ceux-ci en état de servir d'aliments aux plantes. Si une terre n'est pas calcaire, les engrais y demeurent inutilisés. Le calcaire, soit qu'il existe naturellement dans le sol, soit qu'il provienne d'un chaulage ou d'un marnage, change donc d'une façon absolue les conditions de la végétation et permet d'obtenir des récoltes rémunératrices. Aussi de Gasparin adopte-t-il, en principe, deux grandes classes de terres : *les terres calcaires*, *les terres non calcaires*. A côté de ces deux grandes classes, il admet deux groupes particuliers : *les terres argileuses* et *les terres où domine l'élément humique*.

Résumons rapidement les principales données de cette classification, en y joignant quelques observations de Dehérain.

Subdivisions des terres calcaires — a. Terres limoneuses.— Un limon renferme un mélange de sable, de calcaire et d'argile avec de faibles quantités d'humus. Il se couvre d'herbes à l'état naturel : graminées donnant de bons fourrages, trèfle blanc. Les bonnes terres limoneuses jouissent des propriétés que nous avons signalées antérieurement : la perméabilité, l'immobilité, la continuité. Les limons qui possèdent de pareilles qualités sont dits *limons meubles*. Dehérain estime qu'avec 30 p. 100 d'argile et de sable fin, la terre limoneuse, dite encore *terre franche*, est capable d'emmagasiner une proportion d'eau favorable. Si le sable grossier atteint 50 p. 100 et le sable fin seulement 20 p. 100, la perméabilité est bien assurée ; mais la dessiccation de la terre est trop rapide. Une terre franche ne doit pas contenir assez d'argile pour que la dessiccation y produise un retrait.

Lorsque l'argile existe en trop faible quantité, si la chaux et la silice dominent, la terre devient légère ; c'est à ce genre de sol que de Gasparin donne le nom de *limon inconsistant*. De pareils sols (sols *sablo-calcaires* de Dehérain) se dessèchent très rapidement. Ils sont continus, mais souvent mobiles.

Lorsque l'argile prédomine, le limon devient tenace. Comme type de ce limon, de Gasparin cite le limon du Nil, de couleur jaune-brunâtre, happant fortement à la langue. Ce limon présente dans sa composition d'assez fortes variations suivant les endroits où on le recueille. Il doit sa fertilité à la proportion notable d'humus qu'il renferme.

Lorsque le calcaire est peu abondant, la terre est dite *argilo-siliceuse*. Dehérain remarque que cette terre peut devenir imperméable aux gaz et à l'eau, mais qu'elle conserve bien l'humidité qu'elle a reçue. Par suite de sa pauvreté en calcaire, un pareil sol sera souvent mobile; il deviendra discontinu pendant la sécheresse. L'apport de marne et de chaux remédie à ces deux inconvénients; les fumures organiques copieuses peuvent également diminuer la plasticité de l'argile. L'écoulement des eaux surabondantes se fera par le drainage.

β. **Terres argilo-calcaires**. — D'après de Gasparin, des étendues considérables de terrains « *formées des débris de calcaires argileux, se trouvent dans des formations géologiques différentes, dans les bassins dominés par le calcaire jurassique, la craie, les formations d'eau douce, ou dans les alluvions des rivières qui en découlent* ». Ces terres sont bonnes pour le blé, et propres aux prairies artificielles. Quand elles portent des prairies naturelles, le foin y est d'excellente qualité.

Ces terres sont moins perméables que les terres franches, mais elles sont continues et immobiles.

γ. **Terres crayeuses**. — Au point de vue agricole, les craies sont caractérisées par l'abondance de l'élément calcaire, mélangé d'un peu d'argile et de sable siliceux. Elles sont perméables, se dessèchent vite, se soulèvent facilement par la gelée et sont entraînées par le vent. Les sols purement calcaires sont absolument infertiles dans les pays chauds; ils se couvrent d'herbes dans les contrées humides. Ils décomposent avec facilité les matières organiques; la nitrification y est intense, mais les nitrates sont facilement dissous par les pluies.

D'après de Gasparin, la luzerne et le sainfoin sont les fourrages qui conviennent le mieux aux terrains crayeux; le blé peut aussi s'y développer avantageusement. On appelle *craies fraîches* celles qui sont en communication par leur profondeur avec une nappe d'eau. Si le sous-sol sur lequel repose la craie est imperméable, on a la *craie sèche* avec tous ses inconvénients.

Subdivisions des terres non calcaires. — α. **Terres siliceuses**. — Formées par des débris de roches dépourvues de calcaire, ces terres se rencontrent sur le bord de la mer, sur les rives des cours d'eau. Les dunes représentent un type de terre siliceuse. Ce genre de sol est très perméable; il n'emmagasine pas l'humidité. Il est très mobile, et, si le climat est sec, sa fertilité est très faible. Certains arbres résineux (pins) s'y développent bien lorsque la profondeur du sol est suffisante.

Mais lorsque ces terres siliceuses sont irriguées, ou si elles sont situées sous un climat naturellement humide, elles peuvent donner d'excellents résultats, surtout si on leur fournit de copieuses fumures organiques. Dans ce dernier cas, elles sont particulièrement destinées à la culture maraîchère.

β. **Terres glaiseuses**. — De Gasparin range dans cette classe les terres composées d'un mélange d'argile et d'une quantité plus ou moins grande de silice libre, mais qui ne peut dépasser 55 p. 100. Il est bon de faire ici une remarque touchant le mot *argile*. Les méthodes physiques d'analyse du sol qu'employait l'auteur précité n'avaient pas la précision de celles que nous possédons aujourd'hui. Ce qu'il nomme *argile* est, ainsi que nous l'avons établi antérieurement (page 105), un mélange d'argile colloïdale avec des débris siliceux souvent fort abondants. De sorte que le taux de silice véritable, contenue dans les terres qualifiées de glaiseuses, doit excéder certainement 55 p. 100.

Lorsque l'argile domine, ces terres sont aptes à donner de très bonnes récoltes si, par suite d'une pente suffisante, les eaux pluviales peuvent s'écouler. Si le sable fin domine, ces terres seront très compactes quand elles auront reçu la pluie ; si la silice est en grains plus gros, la terre se dessèche facilement et prend le caractère des terres siliceuses. En principe, quand l'argile est abondante, la terre est pauvre en éléments de fertilité.

De Gasparin distingue dans ce groupe :

1° *Les glaises inconsistantes*. Elles renferment beaucoup de silice, et ont peu de ténacité, surtout si le sable à gros grains domine. Sèches en été, gorgées d'eau dans la saison des pluies, ces terres demandent à être boisées.

2° *Les glaises meubles*. Lorsque les terres sont formées de schistes micacés, elles retiennent bien l'humidité, mais s'égouttent facilement. Si la silice domine, elles sont légères et rentrent dans la catégorie des terres siliceuses. Les châtaigniers prospèrent bien dans de pareils sols. Sous le nom de *glaises meubles volcaniques*, de Gasparin comprend les terrains composés de débris basaltiques. Ces terrains sont perméables, mais retiennent cependant une quantité d'eau suffisante ; ils sont riches en potasse et en soude et sont d'une grande fertilité (campagne de Naples, Limagne d'Auvergne).

3° *Les glaises tenaces*. Elles forment une pâte dans laquelle le soc de la charrue ne peut pas pénétrer lorsqu'elles sont humides ; elles résistent pareillement au labour quand elles sont sèches parce qu'elles forment alors une masse très dure. Ces terres sont discontinues pendant la sécheresse ; elles se gorgent d'eau pendant l'hiver. « *Elles sont d'une culture difficile et, quand elles n'ont pas une pente suffisante, il faut les disposer en billons ou en ados* ».

γ. **Terres argileuses**. — De Gasparin classe dans cette catégorie les terres à 85 p. 100 d'argile au moins. Leur ténacité est telle que toute culture y est impossible.

δ. **Terres à base organique** (terreau, humus). — Le caractère principal de ces terres c'est de perdre, une fois desséchées, plus du cinquième de leur poids par la combustion.

De Gasparin distingue *les terreaux doux* (terre de jardin), formés de débris de végétaux au fond des étangs et des marais sur un sol calcaire, et les *terreaux acides*. Ceux-ci, bouillis avec de l'eau, donnent

une liqueur qui rougit le papier bleu de tournesol. A cette catégorie
appartiennent : 1° *les terres de bois* qui, pour être mises en culture,
exigent après leur défrichement une application de chaux ou de marne.
2° *Les terres de bruyères.* Celles-ci renferment des débris entiers de
plantes ; elles diffèrent des terres de bois par leur nature siliceuse.
On sait que la terre de bruyère convient à un grand nombre de plantes
(plantes de serre en particulier.) Si l'on veut que ces terres portent
d'autres végétaux que ceux qu'elles nourrissent ordinairement, il
faut les soumettre au chaulage ou à l'écobuage. Cette dernière opération
consiste, comme l'on sait, à brûler la couche superficielle du sol
couverte d'herbes ou de plantes ligneuses et à répandre ensuite les
cendres. On enrichira, en outre, ces terres en leur fournissant du
fumier de ferme. 3° *Les terres tourbeuses.* Nous avons indiqué antérieurement l'origine des tourbières (page 269). Une tourbière se remplit d'eau pendant l'hiver ; l'écoulement des liquides ne peut être
obtenu que par le creusement de fossés profonds et rapprochés.
Les modifications chimiques qu'il convient de faire subir aux tourbières
sont celles du chaulage ou du marnage.

La classification dont nous venons d'exposer seulement
les grandes lignes offre des avantages réels au point de vue pratique. Avec l'aide de la seule analyse physique, on peut, le
plus souvent, faire rentrer un sol donné dans une des catégories que nous avons mentionnées, et savoir, par conséquent, quelles sont les modifications physiques et chimiques
qu'il est nécessaire de lui faire subir pour l'amener à l'état
de sol cultivable. Il est bien entendu que la question de
climat (régime des eaux, température, orientation, etc.) doit
être prise en considération ; car telle terre rentrant dans
l'un quelconque des groupes que nous venons d'étudier pourra
fournir sous tel climat des récoltes satisfaisantes, alors que,
sous tel autre, sa fertilité sera beaucoup moindre.

V

CLASSIFICATION CHIMIQUE.

On a parfois tenté d'établir une classification des sols d'après
*la quantité de matières assimilables qu'ils contiennent dans
un poids déterminé de terre.* Mais on se heurte alors à de nombreuses difficultés. Devra-t-on, par exemple, classer en pre-

mière ligne la terre qui renferme le plus de principes fertilisants sous le poids le plus faible ? Il faudrait alors supposer que nous connaissons *le degré d'assimilabilité* de toutes les substances qui se rencontrent dans un échantillon donné de cette terre. Or nous avons montré, à propos de l'analyse chimique des sols, quelles étaient les difficultés, parfois insurmontables, que soulevait cette notion d'assimilabilité. On sait que ce n'est pas la richesse absolue d'un sol en telle ou telle substance qu'il importe de connaître, mais bien *la fraction de cette substance dont les plantes peuvent immédiatement profiter.* Ceci est particulièrement vrai en ce qui concerne l'azote, si abondant dans les terres humiques, mais si mal utilisable par la plupart des végétaux tant que ce principe n'aura pas subi certaines transformations qui doivent l'amener à l'état d'azote minéral diffusible. De plus, un sol que l'analyse chimique aura conduit à regarder comme pauvre en telle matière fertilisante, pourra, en effet, ne fournir que de médiocres récoltes avec tel végétal, mais en fournira de beaucoup plus satisfaisantes avec tel autre dont les besoins minéraux seront, au point de vue quantitatif, différents du premier. Il arrivera très fréquemment aussi que tel sol, classé au point de vue chimique parmi les sols pauvres, donnera, pendant une année chaude et humide, des produits supérieurs à ceux d'un sol mieux pourvu de matières fertilisantes, mais manquant d'eau.

Enfin, et l'on ne saurait trop le répéter, si un sol, même peu riche, est meuble sur une grande hauteur, si le sous-sol est perméable et si le volume d'eau pluviale qu'il reçoit est suffisant, la plante cherchera en profondeur ce qu'elle ne trouve pas en largeur. Son développement sera souvent plus satisfaisant que celui d'une plante de même espèce ayant végété dans un sol beaucoup plus riche, mais dénué de profondeur, et, par cela même, soumis aux variations météorologiques de sécheresse ou d'humidité excessives.

Une classification *chimique* des terres serait donc illusoire ; les propriétés physiques du sol ont un tel retentissement sur ses qualités chimiques, ainsi que nous l'avons maintes fois établi, que la plupart des éléments de fertilité indispensables resteraient sans emploi s'ils ne subissaient pas certaines modifications dues au jeu seul des agents physiques. C'est là un fait reconnu de tout temps : les façons fréquentes que l'on donne à une terre constituent une source d'enrichissement.

VI

CLASSIFICATION GÉOLOGIQUE.

Nous aurions pu commencer par cette classification qui, de prime abord, semble être la plus rationnelle et la plus scientifique.

Cette classification, qui divise les sols en deux grands groupes, nous l'avons déjà esquissée au début du second chapitre de ce petit livre (page 14).

A. **Sols primitifs**. — Ce sont ceux qui reposent encore sur la roche qui leur a donné naissance. Ces sols seront donc privés des éléments que la roche ne renferme pas.

Dans cette première catégorie, il faut placer les sols issus de la destruction sur place des roches cristallines : granite, porphyre, gneiss, micaschistes, très pauvres en chaux et en acide phosphorique, riches en potasse. Si la roche primitive contient de l'amphibole, du pyroxène, de la hornblende, les sols seront mieux partagés sous le rapport de la chaux. Lorsque la roche primitive est d'origine volcanique (trachytes, basaltes), ses débris seront beaucoup plus riches en éléments fertilisants (chaux, acide phosphorique). Mais il convient aussi de tenir compte du degré de finesse des fragments. Ceux d'entre eux qui sont grossiers demeurent au voisinage de la roche mère ; ils ne peuvent porter, le plus souvent, qu'une végétation assez maigre, étant donnée la petitesse de leur surface par rapport à leur volume. Lorsque les éléments rocheux, par suite du travail mécanique de la désagrégation, sont plus menus, ils sont entraînés par les eaux de pluie à une distance plus grande et peuvent fournir aux végétaux des conditions de développement plus favorables. En effet, leurs éléments de fertilité seront mis peu à peu à découvert sur une surface d'autant plus considérable que l'effritement aura été plus parfait.

B. **Terrains d'alluvion**. — Ces terrains ne reposent plus sur la roche primitive. Ils sont formés de débris, souvent très variés, que l'eau a entraînés plus ou moins loin de leur lieu d'origine suivant la vitesse du courant et la finesse des particules solides.

A cette catégorie appartiennent les *sols argileux* provenant de l'action chimique des eaux naturelles sur les roches cristallines primitives ; les *sols sableux*, provenant de roches dans lesquelles dominent les éléments siliceux ; *les sols limoneux*, provenant du mélange des deux précédents ; *les sols calcaires*, provenant de la carbonatation de la chaux contenue dans les roches primitives avec dissolution subséquente à l'état de bicarbonate, puis départ de l'excès de gaz carbonique ; *les sols marneux*, provenant d'un mélange de sable, d'argile et de calcaire.

Il convient de remarquer que cette classification ne rend guère de services au point de vue pratique. On trouve, en effet, des sols de même nature dans les deux grandes catégories que nous avons admises : l'argile, le limon, la marne peuvent se rencontrer sur la roche primitive d'où ils sont issus, ou dans son voisinage immédiat. Par conséquent, à l'égard de la nutrition de la plante, il est indifférent de savoir si un sol déterminé est situé plus ou moins loin de son point d'origine. De plus, il n'est pas fait mention de la matière organique. Toutefois, certaines alluvions sont particulièrement riches en matières fertilisantes parce qu'elles résultent du mélange d'une infinité de fragments de roches dont la composition chimique est très variée. En raison de cette variété, et du degré de finesse que présentent leurs particules, on conçoit que beaucoup de terres formées par des dépôts d'alluvions se distinguent par leur remarquable fécondité.

Importance de la géologie appliquée à l'agriculture. — S'il est malaisé d'établir une classification strictement géologique des sols, il n'est pas moins vrai que ce sont les études géologiques qui fournissent les meilleurs renseignements sur la qualité physique et chimique des terres. S'inspirant des idées de son maître E. Risler, Hitier a écrit avec raison : « Il existe entre les formations géologiques et la végétation des rapports étroits qui s'expliquent par ce fait qu'une même formation géologique donne naissance, en général, à des terres agricoles de qualités analogues, parce qu'elles contiennent les mêmes éléments dans des proportions à peu près uniformes.... Deux pays à constitution géologique différente présentent, par ce fait même, aussi bien dans leur aspect extérieur, dans leurs sols, que dans les systèmes de culture que l'on y suit, des différences profondes. Par contre, deux pays situés en France, ou l'un en France, l'autre à l'étranger, si éloignés soient-ils, s'ils ont la même constitution géologique, présentent, avec le même aspect extérieur, le même groupement des habitations, la même terre et les mêmes systèmes de culture. »

« Abondance ou rareté des sources, présence ou absence de nappes d'eau souterraines continues dans le sous-sol, profondeur à laquelle se maintient cette nappe d'eau, perméabilité des terrains : ce sont là toutes conditions qui dépendent étroitement de la constitution géologique du pays. »

Faisant une juste critique des anciennes classifications, Risler remarque que la division des terres en *terres franches*, *argileuses, sablonneuses*, etc., ne saurait suffire : « Il y a sable et sable. Il y a toutes sortes d'argiles. Il y a également toutes sortes de calcaires : la craie ne ressemble pas au calcaire corallien et le calcaire corallien ne ressemble pas davantage au calcaire grossier des environs de Paris. Les terres qui dérivent des uns ou des autres diffèrent par leur composition chimique comme par leurs propriétés physiques ; elles n'ont ni la même profondeur, ni le même sous-sol... En s'appuyant sur la géologie, les anciennes classifications pourront être plus utiles aux agriculteurs ; en devenant réellement plus scientifiques, elles seront du même coup plus pratiques ». Aussi Risler admet-il, avec A. de Lapparent, que la meilleure carte agronomique d'une région est sa carte géologique détaillée.

Cependant, il ne semble pas que les seules cartes géologiques aient toujours rendu à l'agriculture les services que l'on était en droit d'en attendre. Nous avons, bien souvent au cours de ces pages, montré que le sol, avec ses propriétés physiques et chimiques, n'était pas l'unique facteur qui entrât en jeu lorsqu'il s'agit de fixer les conditions de réussite d'une culture donnée. Les questions de régime des eaux, de température, de situation géographique, interviennent immédiatement pour modifier, d'une manière souvent profonde, les qualités de ce sol et, par conséquent, son rendement économique.

Une véritable carte agronomique devrait enregistrer fidèlement toutes les particularités qui impriment à telle région sa physionomie spéciale : tel est le but que s'est proposé d'atteindre un agronome allemand, Hazard, pour une certaine région du royaume de Saxe (*Landw. Jahrb.*, t. XXIX; p. 805 ; 1900). Nous ne pouvons ici qu'effleurer un sujet qui appartient plus spécialement au domaine de l'agriculture générale.

L'auteur envisage le sol, le climat, la situation géographique. On sait que, pour produire un kilogramme de matière sèche, les végétaux doivent disposer d'un poids d'eau variant de 300 à 700 kilogrammes : il y a donc, à cet égard, des oscillations assez notables. Hazard classe les plantes de la grande culture et les arbres forestiers d'après leurs exigences en eau. En ne considérant, pour abréger, que les principales des plantes de la première catégorie, on peut les distinguer, par ordre d'exigences croissantes en eau, de la façon suivante : pommes de terre, seigle, avoine, trèfle rouge et orge, blé et betteraves. Mais si l'eau joue un rôle capital dans la production de la matière sèche, la température moyenne possède également une importance de premier ordre dont il est tenu compte. A l'aide de l'analyse physique, l'auteur détermine la nature et les proportions des éléments capables d'influencer la distribution de l'eau dans le sol, c'est-à-dire de retenir ce liquide et de le mettre à la disposition des racines. Les cartes de Hazard comprennent : une *carte lithologique* qui renseigne sur la structure géologique du sol ; *une carte du sol*, s'appuyant sur la précédente, et dans laquelle sont notés les propriétés physiques du sol, la pente du terrain, les conditions climatériques, les renseignements culturaux que fournit la pratique seule et ceux que donnent les essais de laboratoire. Dans cette carte figurent les cinq types principaux de terres capables de nourrir les végétaux mentionnés plus haut. *Une carte d'aménagement du sol* montre quelle est l'étendue que doit occuper chaque culture ; elle est complétée par une *carte de l'assolement* répondant aux conditions économiques de la région considérée.

Il ressort de ce qui précède qu'il existe, dans telle contrée, des terres à blé, des terres à betteraves, des terres à pommes de terre, etc., et que l'on peut indiquer d'avance, à l'aide d'études bien conduites, quel est le végétal qu'il convient de cultiver de préférence, et dont on obtiendra des rendements satisfaisants, à l'exclusion de tel autre. On se trouve donc ici en présence d'un ensemble de données se complétant mutuellement, susceptibles de guider l'agronome dans le choix de cultures rationnelles.

Conclusions. — Supposons qu'un sol déterminé possède toutes les qualités physiques susceptibles d'assurer le développement parfait d'une plante déterminée ; supposons encore qu'il reçoive en temps opportun le volume d'eau nécessaire pour alimenter la plante. Ces deux conditions ne sont cependant pas les seules dont on devra tenir compte : il faudra, de plus, que ce sol renferme une proportion de matières alimentaires capable de répondre aux besoins du végétal. Or nous savons que l'analyse chimique d'un grand nombre de terres arables indique un approvisionnement en azote, acide phosphorique, potasse, chaux, etc., qui, calculé pour la surface d'un hectare et pour une profondeur de 40 centimètres environ, peut sembler suffire aux exigences de la plupart des plantes de la grande culture. Toutefois, la pratique montre que beaucoup de sols chez lesquels on rencontre cette richesse globale ne donnent souvent que des récoltes médiocres. Nous nous sommes expliqué bien des fois sur ce point : étant donné l'approvisionnement, parfois considérable, d'un élément indispensable, une fraction seulement de cet approvisionnement, fort petite dans certains cas, se trouve sous une forme telle que la plante puisse l'assimiler actuellement.

Il existe donc *des terres complètes* et *des terres incomplètes*. Les premières, par suite de leur origine, peuvent fournir, sans qu'il soit utile de leur faire aucune addition, des récoltes rémunératrices pendant un grand nombre d'années ; tandis que les secondes réclament l'apport d'une ou plusieurs matières fertilisantes qui leur font défaut, ou qu'elles ne renferment qu'en proportions trop réduites.

D'après Risler, sur un territoire agricole de 50 millions d'hectares que comprend la France, il n'y a guère que le cinquième de cette surface qui possède des terres complètes, c'est-à-dire renfermant, par suite de leur origine géologique, assez d'acide phosphorique, de potasse, etc., pour subvenir aux besoins de bonnes récoltes de blé, de racines, de trèfle ou de luzerne. Les quatre cinquièmes du sol agricole de la

France constituent donc des terres incomplètes dont la majeure partie manque, avant tout, d'acide phosphorique.

Il ne nous appartient pas d'exposer ici à quelles destinations on réservait ces terres, alors qu'on ignorait autrefois les causes de leur infertilité. Risler a développé ce point avec beaucoup d'ampleur (1).

Deux moyens s'offrent à nous pour lutter contre la stérilité partielle ou totale d'un sol : 1° l'apport sur ce sol, comme matières fertilisantes, de plantes étrangères destinées à nourrir le bétail et à lui servir de litière ; 2° l'emploi des engrais chimiques.

Les plantes étrangères au domaine sont celles que l'on trouve dans les eaux de la mer (fucus, varechs), dans les prés, dans les bois, sur les landes. On peut employer ces plantes directement comme engrais en les enfouissant dans le sol ; on féconde ainsi une terre aux dépens d'une autre terre. Cette dernière s'appauvrit donc, à moins que, mieux partagée que le domaine que l'on veut cultiver, elle ne reçoive des eaux d'irrigation qui entretiennent sa richesse ou ne soit située dans certaines vallées où se sont accumulées, à la suite des temps, de grandes quantités de matières fertilisantes ; tel est le cas de beaucoup de prairies naturelles. Le plus souvent, les plantes de prairies servent à nourrir le bétail ; on transforme ainsi la matière végétale en chair musculaire, en lait et en graisse, et le domaine à enrichir ne profite que du fumier des animaux. Très répandue encore à l'heure actuelle, cette pratique permet d'améliorer peu à peu des surfaces de terre considérables ; c'était la seule à laquelle on avait recours autrefois d'une manière instinctive, lorsque les lois de la production agricole étaient inconnues.

Toutefois, l'emploi exclusif de matières végétales ou de fumier sur des sols pauvres ne permet pas de culture intensive. Les transformations que subissent ces engrais organiques sont lentes ; elles ne peuvent libérer chaque année, sous une forme réellement assimilable pour la plante, qu'une fraction

(1) Géologie agricole, tome IV, p. 379. Paris, 1898.

assez faible des éléments de fertilité que ces engrais contiennent en puissance. L'azote organique, en particulier, ne revêt l'état d'azote nitrique que dans une proportion insuffisante pour nourrir une bonne récolte de blé, à moins que l'on ne dispose de masses énormes de fumier, ce qui n'est pas le cas le plus souvent. Encore faut-il supposer que le sol du domaine à améliorer contienne une dose convenable de calcaire.

Depuis cinquante ans, les engrais chimiques que fabrique l'industrie (sels d'ammoniaque, matières azotées inutilisables pour l'alimentation auxquelles on fait subir certains traitements), ou ceux que l'on rencontre en abondance sur quelques points du globe (nitrates, sels de potassium) ont amené une transformation radicale dans l'art de cultiver.

Il est facile actuellement de fournir au sol, sous un faible poids, telle substance fertilisante qui lui fait défaut, et cela sous une forme soluble qui profite immédiatement à la plante ; il serait superflu d'énumérer ici les résultats remarquables obtenus dans cette voie. Cependant, on ne saurait trop rappeler que les engrais chimiques ne doivent pas être utilisés d'une façon exclusive : l'emploi du fumier ou celui des engrais verts, joint d'une façon judicieuse à l'épandage des engrais chimiques, fournit toujours des résultats supérieurs à ceux que donnent les seuls engrais chimiques. Nulle règle générale ne peut être formulée à cet égard parce que ce point particulier dépend d'un trop grand nombre de circonstances variables, telles que : situation économique, nature du sol, influence du climat, espèces végétales cultivées. Malgré les avantages incontestables que procure l'apport des engrais chimiques, il ne faudrait pas croire qu'ils représentent à eux seuls une source inépuisable de fécondité, à supposer même qu'ils soient très largement distribués. La structure physique et la constitution chimique du sol auquel on les incorpore jouent un rôle capital dans la façon dont ils sont arrêtés par les particules terreuses d'abord, avant d'être absorbés ultérieurement par le végétal. Pour ne prendre qu'un exemple, il serait inutile de répandre des sels solubles de potassium ou d'ammonium sur un sol exclusivement sableux dépourvu de calcaire ; l'eau pluviale entraînerait ces sels que ne retiendrait aucune propriété absorbante.

Qu'il s'agisse de l'épandage d'un engrais ou de la culture d'une plante, on est donc toujours ramené à cette notion, fondamentale en matière de chimie agricole, que les propriétés physiques d'un sol sont, en somme, celles qu'il convient d'étudier avec le plus de soin afin de les modifier, si la chose est reconnue nécessaire, en vue de diriger une exploitation vers un but déterminé. L'utilisation par la plante des richesses alimentaires que renferme une terre est toujours subordonnée aux conditions physiques du milieu ambiant. Puissions-nous avoir réussi à faire cette démonstration dans les pages de ce petit ouvrage.

TABLE ALPHABÉTIQUE

TABLE ANALYTIQUE DES MATIÈRES

CHAPITRE III
ÉTUDE DES GAZ DE L'ATMOSPHÈRE ET DES EAUX MÉTÉORIQUES.... 77

CHAPITRE IV
CONSTITUTION PHYSIQUE DES SOLS 93

CHAPITRE V
PROPRIÉTÉS PHYSIQUES DES SOLS 141

CHAPITRE VI
ANALYSE MÉCANIQUE ET PHYSIQUE DES SOLS............ 188

CHAPITRE VII
CONSTITUTION CHIMIQUE DE LA MATIÈRE MINÉRALE DES SOLS... 211

CHAPITRE VIII
CONSTITUTION CHIMIQUE DE LA MATIÈRE ORGANIQUE DES SOLS.. 258

CHAPITRE IX
POUVOIR ABSORBANT DES SOLS VIS-A-VIS DES MATIÈRES FERTILISANTES. 303

CHAPITRE X
ANALYSE CHIMIQUE DE LA TERRE ARABLE.

CHAPITRE XI
PROPRIÉTÉS BIOLOGIQUES DU SOL.

CHAPITRE XII

APPLICATIONS DE L'ÉTUDE DE LA CONSTITUTION CHIMIQUE ET BIOLOGIQUE DES SOLS. EAUX DE DRAINAGE

CHAPITRE XIII

1626-12. — Corbeil. Imprimerie Crété

ANALYSES ALIMENTAIRES

Par R. GUILLIN

Directeur du laboratoire de la Société des Agriculteurs de France.

1910, 1 volume in-18 de 480 pages, avec 87 figures

Broché........................ 5 fr. | Cartonné.................... 6 fr.

Le nouvel ouvrage que publie M. GUILLIN dans l'*Encyclopédie agricole* est conçu sur le même plan que son ouvrage « Analyses agricoles » si apprécié des agriculteurs.

Ce livre d' « Analyses alimentaires » sera utile à tous ceux qui s'intéressent aux questions de l'alimentation humaine ; il indique en effet la composition et par suite la valeur nutritive de tous les produits alimentaires ; il signale les altérations auxquelles ces produits sont sujets et les moyens les plus pratiques pour les prévenir. On y trouvera relatées toutes les falsifications des produits alimentaires et les procédés employés pour les reconnaître.

Au point de vue analytique, ce livre indique les méthodes les plus précises pour déterminer la composition des aliments et rechercher les falsifications dont ils ont pu être l'objet.

Les produits alimentaires sont examinés dans l'ordre suivant :

Aliments sucrés : propriétés des divers sucres, analyse des sucres, sucres du commerce, produits de la confiserie, confitures, sirops, miel. — *Aliments féculents* : farines, pains, chapelures, pâtes alimentaires, pâtisseries. — *Boissons fermentées* : vins, mustelles, vins de liqueur, cidre, poiré, bière, vinaigre. — *Alcools et eaux-de-vie* : eaux-de-vie, rhum, kirsch, liqueurs. — *Matières grasses* : huiles, beurre, graisses animales, graisses végétales, lait, laits concentrés, crème, fromage, œufs. — *Viandes.* — *Conserves alimentaires* : conserves de viande, de légumes et de fruits. — *Café, thé, cacaos et chocolats.* — *Épices et condiments* : anis, cannelles, gingembre, girofle, moutarde, muscade, piments, poivre, safran, vanille, sel. — *Eaux* : composition et analyse des eaux minérales. — *Lois concernant la répression des fraudes* : lois d'ordre général, lois spéciales aux divers produits alimentaires.

L'ouvrage est illustré de nombreuses figures qui ajoutent encore à la clarté du texte. Nul n'était mieux qualifié que M. GUILLIN, directeur du laboratoire de la Société des Agriculteurs de France, pour cette tâche difficile et peu d'ouvrages étaient attendus avec autant d'impatience, aujourd'hui que les questions d'analyses jouent un si grand rôle en agriculture.